SCHÄFFER
POESCHEL

Guido Grunwald/Jürgen Schwill

Beziehungsmarketing

Gestaltung nachhaltiger Geschäftsbeziehungen – Grundlagen und Praxis

2017
Schäffer-Poeschel Verlag Stuttgart

Dozenten finden Begleitmaterialien für dieses Lehrbuch unter www.sp-dozenten.de (Registrierung erforderlich).

Gedruckt auf chlorfrei gebleichtem, säurefreiem und alterungsbeständigem Papier

Bibliografische Information der Deutschen Nationalbibliothek
Die Deutsche Nationalbibliothek verzeichnet diese Publikation in der Deutschen Nationalbibliografie; detaillierte bibliografische Daten sind im Internet über http://dnb.d-nb.de abrufbar.

Print	ISBN 978-3-7910-3522-2	Bestell-Nr. 10410-0001
ePDF	ISBN 978-3-7910-3523-9	Bestell-Nr. 10410-0150
ePub	ISBN 978-3-7910-3884-1	Bestell-Nr. 10410-0100

www.schaeffer-poeschel.de
service@schaeffer-poeschel.de

Umschlagentwurf: Goldener Westen, Berlin
Umschlaggestaltung: Kienle gestaltet, Stuttgart (Bildnachweis: Shutterstock)
Lektorat: Elke Schindler, Spabrücken
Layout: Ingrid Gnoth | GD 90, Buchenbach
Satz: Olaf Mangold Text&Typo, Stuttgart
Druck und Bindung: C. H. Beck, Nördlingen

Printed in Germany
August 2017

Schäffer-Poeschel Verlag Stuttgart
Ein Tochterunternehmen der Haufe Gruppe

Vorwort

Unternehmen sehen sich mit ständig ändernden Marktbedingungen und immer neuen und komplexeren Wettbewerbssituationen konfrontiert. Die zunehmende Komplexität wird zum einen gefördert durch Erscheinungsformen wie fortschreitende Globalisierung, die Geltung neuer bzw. modifizierter rechtlicher Rahmenbedingungen oder die Entwicklung verbesserter Informations- und Kommunikationstechnologien. Zum anderen müssen Unternehmen ein verändertes Kundenverhalten konstatieren, das geprägt ist durch Phänomene wie steigende (Service-) Ansprüche, den Wunsch nach maßgeschneiderten Angeboten oder die zunehmende Bereitschaft, den Anbieter zu wechseln. Auch in der Öffentlichkeit ist ein ständiger Wandel gesellschaftlicher, kultureller und sozialer Wertvorstellungen festzustellen, mit denen sich Unternehmen nicht nur im Rahmen ihrer Öffentlichkeitsarbeit auseinanderzusetzen haben.

Bedingt durch diese Entwicklung und eine zunehmend komplexere Vernetzung in Wertschöpfungsketten ergeben sich für Unternehmen neue Risiken, wie etwa unverschuldet in eine Produktkrise zu geraten, denen sie (z. B. als kleine und mittlere Unternehmen) mit zumeist nur begrenzten organisatorischen und finanziellen Ressourcen begegnen müssen. Gleichzeitig eröffnen sich aber auch große Chancen im Hinblick auf die Herstellung und Vermarktung ihrer Produkte und Leistungen. Sie können beispielsweise sowohl von einem kosteneffizienten Wissenstransfer von externen Partnern (wie Kunden, Lieferanten, Kooperationspartnern) in das eigene Unternehmen als auch von einem Austausch zwischen den Wissensträgern innerhalb des eigenen Unternehmens profitieren.

Hieran zeigt sich die besondere Relevanz eines professionellen Beziehungsmarketings. Als ganzheitlicher Managementansatz befasst sich das Beziehungsmarketing mit der Analyse und zielgerichteten Gestaltung, Steuerung und Kontrolle von freiwillig eingegangenen wie unfreiwilligen, z. B. zu Krisenzeiten bestehenden, Geschäftsbeziehungen durch den integrierten Einsatz der Marketinginstrumente. Ganzheitlichkeit bezieht sich dabei zum einen auf die verschiedenen Funktionsbereiche des Unternehmens (wie Produktmanagement, Produktion, Logistik, Controlling, Personalwesen etc.), die an der Gestaltung von Beziehungen teilhaben sowie zum anderen auf die mannigfaltigen Arten von Anspruchsgruppen und Beziehungen selbst, die es abzubilden, zu pflegen und neu zu knüpfen gilt. Voraussetzung für ein funktionierendes Beziehungsmarketing ist, dass entsprechende Informationen über die externen wie internen Beziehungspartner und Märkte fließen und den Entscheidungsträgern bereitstehen, um die Marketingmaßnahmen zieladäquat aufeinander abstimmen und stetig anpassen zu können. Damit die Entscheidungen im Rahmen des Beziehungsmarketings auch erfolgreich umgesetzt werden können, bedarf es im Vorfeld einer grundlegenden internen Implementierung der Beziehungsorientierung, indem in den Unternehmen beziehungsorientierte Strukturen, beziehungsorientierte Systeme und eine beziehungsorientierte Kultur geschaffen werden.

Aufgrund vielfach begrenzter Ressourcen und der Fülle zu bewältigender operativer Aufgaben sehen sich viele Unternehmen häufig nicht in der Lage, ein systematisches Beziehungsmarketing in allen Unternehmensbereichen und zu sämtlichen Wissensträgern zu etablieren. Häufig finden sich in der Wirtschaftspraxis nur ausschnittweise Umsetzungen des Beziehungsmarketings in Form des Kundenbeziehungsmanagements vor. Angesichts der Potenziale, die ein ganzheitliches Beziehungsmarketing Unternehmen bietet, vermittelt dieses Buch anhand von Fallbeispielen und Übungsaufgaben einen anwendungsbezogenen Überblick über die Grundlagen, Teilgebiete, Instrumente und Methoden des strategischen wie taktisch-operativen Beziehungsmarketings. Dabei wird nicht nur auf Kunden als zentrale Zielgruppe des Beziehungsmarketings eingegangen, sondern auch auf andere wichtige interne und externe Stakeholder des Unternehmens wie Mitarbeitende, Lieferanten, Wettbewerber, Handelsbetriebe und die allgemeine Öffentlichkeit.

Das Lehrbuch wendet sich an Studierende der Betriebswirtschaftslehre und angrenzender Disziplinen im Bachelor- wie im Masterstudium an Hochschulen, Universitäten und Akademien. Gleichermaßen geeignet ist es für Praktiker, die einen kompakten und schnell verwertbaren Einblick in die Herausforderungen und Lösungsansätze des Beziehungsmarketings zur Gewinnung neuer Impulse, zur Reflexion und Neuausrichtung ihrer eigenen Marketingarbeit benötigen.

Ein Buchprojekt – insbesondere zum Beziehungsmarketing – kann nicht ohne die Unterstützung von ›Beziehungspartnern‹ beendet werden. Ihnen sind wir zu großem Dank verpflichtet.

Sehr herzlich danken wir Frau Sabine Brandt, Frau Ursula Schwill und Frau Anett Wolf für das kritische inhaltliche Feedback und die redaktionellen Hinweise.

Ausdrücklich danken möchten wir Herrn Martin Bergmann, Herrn Stefan Brückner, Frau Claudia Dreiseitel und Frau Elke Schindler vom Schäffer-Poeschel Verlag für die stets engagierte Begleitung und insgesamt konstruktive Zusammenarbeit.

Lingen/Ems und Brandenburg an der Havel, im März 2017

Guido Grunwald
Jürgen Schwill

Inhaltsverzeichnis

Vorwort V
Abbildungsverzeichnis IX
Tabellenverzeichnis XI
Leserhinweise XIV

1 Grundlagen des Beziehungsmarketings 1

1.1 Geschäftsbeziehungen als Bezugsrahmen des Beziehungsmarketings 2
1.2 Entwicklung und Bedeutung des Beziehungsmarketings 9
1.3 Charakterisierung des Beziehungsmarketings 17
1.4 Zielvariablen des Beziehungsmarketings 22
1.5 Phasen des Beziehungsmarketings 29
1.6 Rahmenbedingungen des Beziehungsmarketings 32
1.7 Charakterisierung der Stakeholder als Bezugsgruppen des Beziehungsmarketings 43

2 Theoretische Erklärungsansätze des Beziehungsmarketings 51

2.1 Ökonomische Erklärungsansätze 52
2.1.1 Der informationsökonomische Ansatz 52
2.1.2 Die Prinzipal-Agent-Theorie 56
2.1.3 Die Transaktionskostentheorie 56
2.2 Verhaltenswissenschaftliche Erklärungsansätze 57
2.2.1 Die Anreiz-Beitrags-Theorie 57
2.2.2 Die Equity-Theorie 60
2.2.3 Das Confirmation/Disconfirmation-Paradigma 61
2.2.4 Das Indifferenzzonenkonzept 63
2.2.5 Das Kano-Modell 64
2.2.6 Die Commitment-Trust-Theorie 67

3 Planung eines nachhaltigen Beziehungsmarketings 71

3.1 Analyse der strategischen Ausgangssituation 71
3.2 Grundlegende strategische Optionen 79
3.2.1 Systematisierung von Beziehungsmarketingstrategien 79
3.2.2 Strategiegestaltung 83
3.3 Marktteilnehmerbezogene Strategien 85
3.3.1 Überblick über die zu untersuchenden Beziehungsebenen 85
3.3.2 Mitarbeiterbeziehungsmarketing 86
3.3.3 Lieferantenbeziehungsmarketing 110
3.3.4 Wettbewerberbeziehungsmarketing 137
3.3.5 Handelsbeziehungsmarketing 158

3.3.6 Kundenbeziehungsmarketing 177
3.3.7 Umweltbeziehungsmarketing 204

4 Ausgewählte Instrumente des Beziehungsmarketings 225

4.1 Instrumente vor und während der Leistungserstellung 227
4.1.1 Stakeholder-Integration in den Entwicklungsprozess 227
4.1.2 Management von Dienstleistungsprozessen mit Kunden-Koproduktion 243
4.1.3 Gestaltung der Garantiepolitik 252
4.2 Instrumente nach der Leistungserstellung 261
4.2.1 Lieferkettenkommunikation 261
4.2.2 Beschwerde- und Produktkrisenmanagement 271
4.2.3 Kundenrückgewinnungsmanagement 287

5 Steuerung und Kontrolle von Beziehungen 303

5.1 Erfassung der Mitarbeiterperspektive 305
5.2 Erfassung der Lieferantenperspektive 307
5.3 Erfassung der Kooperationspartnerperspektive 308
5.4 Erfassung der Kundenperspektive 309
5.5 Erfassung der Öffentlichkeitsperspektive 318

6 Erfolgsfaktoren des Beziehungsmarketings 321

Literatur und Internetquellen 325
Stichwortverzeichnis 357
Die Autoren 361

Abbildungsverzeichnis

Abb. 1-1	Interaktionsbeziehungen vs. Geschäftsbeziehungen	8
Abb. 1-2	Managementfokus im Wandel der Zeit	9
Abb. 1-3	Erfolgskette des Beziehungsmarketings	11
Abb. 1-4	Formen des Zusammenhangs zwischen Kundenzufriedenheit und Kundenbindung	12
Abb. 1-5	Entwicklung von Nutzenkategorien im Verlauf einer Kundenbeziehung	14
Abb. 1-6	Gründe für die Entwicklung des Beziehungsmarketings	15
Abb. 1-7	Zielvariablen im Rahmen des Beziehungsmarketings	28
Abb. 1-8	Phasen des Beziehungsmarketings	31
Abb. 1-9	Makro- und Mikroumwelt von Unternehmen	32
Abb. 1-10	PESTEL-Portfolio	36
Abb. 1-11	Potenzielle interne und externe Stakeholder	44
Abb. 2-1	Pyramide der informationsökonomischen Eigenschaften	53
Abb. 2-2	Determinanten systemkonformen Verhaltens	59
Abb. 2-3	Confirmation/Disconfirmation-Paradigma	62
Abb. 2-4	Indifferenzzonenkonzept	63
Abb. 2-5	Kano-Modell	64
Abb. 2-6	Beispiel für eine funktionale und eine dysfunktionale Frage im Kano-Fragebogen zur Anforderung »Erreichbarkeit des Außendienstmitarbeiters«	66
Abb. 2-7	Commitment-Trust-Theorie	68
Abb. 3-1	Elemente einer Analyse der strategischen Ausgangssituation	72
Abb. 3-2	Stakeholder-Matrix nach Savage et al.	78
Abb. 3-3	Ausgewählte Bezugsgruppen des Beziehungsmarketings	86
Abb. 3-4	Zusammenhang zwischen unternehmensinternen und unternehmensexternen Variablen und Unternehmenserfolg	88
Abb. 3-5	Strategische Entscheidungsbereiche eines Mitarbeiterbeziehungsmarketings	89
Abb. 3-6	Beziehungsmarketing-Dreieck	92
Abb. 3-7	Mitarbeitende im Mittelpunkt unterschiedlicher Konzepte	93
Abb. 3-8	Das Great Place to Work® Modell	107
Abb. 3-9	Beispiel eines Materialportfolios	114
Abb. 3-10	Beispiel eines Lieferantenportfolios	115
Abb. 3-11	Beispiel eines Beziehungsportfolios	117
Abb. 3-12	Lieferantenpyramide und potenzielle Sourcing-Strategien	118
Abb. 3-13	Coopetitive Beziehungstypen	143
Abb. 3-14	Teilbereiche der Wettbewerbsanalyse	145
Abb. 3-15	Instrumente des Infrastrukturmanagements	154
Abb. 3-16	Kosten-Nutzen-Bewertung von horizontaler Zusammenarbeit	155
Abb. 3-17	Strategien im Rahmen des Efficient Consumer Response	175

Abb. 3-18	Kundenfokussierung im Kundenbeziehungsmarketing und Zusammenhang zwischen Kundenbeziehungsmarketing und Mitarbeiterbeziehungsmarketing	178
Abb. 3-19	Erfolgskette der Kundenorientierung	180
Abb. 3-20	Informationsfelder einer Kundendatenbank	183
Abb. 3-21	Mehrdimensionale Darstellung von Abverkaufsdaten	184
Abb. 3-22	Phasen des Kundenbeziehungszyklus'	190
Abb. 3-23	Grundtypen von Umweltbeziehungsstrategien	208
Abb. 3-24	Entscheidungsbereiche eines Umweltbeziehungsmarketings	209
Abb. 4-1	Ablaufschritte der Stakeholder-Integration	228
Abb. 4-2	Formen der Kundenintegration im Entwicklungsprozess	236
Abb. 4-3	Entstehung des Qualitätsurteils bei Dienstleistungen	245
Abb. 4-4	Gap-Modell der Qualität	250
Abb. 4-5	Der Garantieprozess im Überblick	255
Abb. 4-6	Garantiepolitische Ziele in der Vorkauf- und Nachkaufphase	256
Abb. 4-7	Garantiepolitische Entscheidungsvariablen im Überblick	259
Abb. 4-8	Kommunikationsziele und -wirkungen von Sicherheitskommunikation am Produkt	262
Abb. 4-9	Beispiel zur derivativen Nachfrage – Lieferkette der chemischen Industrie	264
Abb. 4-10	Mehrstufige Lieferkettenkommunikation	265
Abb. 4-11	Beschwerdemanagementprozess im Überblick	274
Abb. 4-12	Feedback-Terminal	276
Abb. 4-13	Entstehung von Produktkrisen im Überblick	281
Abb. 4-14	Möglichkeiten der Formulierung von Kommunikationsinhalten	283
Abb. 4-15	Prozess eines ganzheitlichen Kundenrückgewinnungsmanagements	288
Abb. 4-16	Ausschnitt aus einem erweiterten Fragebogen zur Kundenzufriedenheit von Geschäftspartnern	293
Abb. 4-17	Frequenz-Relevanz-Matrix	294
Abb. 5-1	Kundenattraktivität-Wettbewerbsposition-Portfolio	316
Abb. 5-2	Kundenattraktivität-Verlustrisiko-Portfolio	317
Abb. 6-1	Erfolgsfaktoren des Beziehungsmarketings	321

Tabellenverzeichnis

Tab. 1-1 Erscheinungsformen von Geschäftsbeziehungen 5
Tab. 1-2 Datengrundlage für die PESTEL-Analyse 36
Tab. 1-3 Beispielhaftes Ergebnis einer qualitativen Chancen-Risiken-Analyse 38
Tab. 1-4 Exemplarische SWOT-Matrix im Rahmen des Beziehungsmarketings 42
Tab. 1-5 SWOT-Matrix und spezifische Fragestellungen 42
Tab. 2-1 Auswertungstabelle zum Kano-Fragebogen 66
Tab. 2-2 Unterschiede zwischen GDL und SDL 69
Tab. 3-1 Stakeholder im Rahmen des Zulassungsverfahrens nach der EU-Chemikalienverordnung (REACH) 74
Tab. 3-2 Fragenkatalog zur Bewertung von Stakeholder-Macht 75
Tab. 3-3 Exemplarische Stakeholder-Bewertung 77
Tab. 3-4 Basis-Beziehungsmarketingstrategien im Überblick 80
Tab. 3-5 Instrumentspezifische Aktionsmöglichkeiten im Rahmen des internen und externen Employer Branding 109
Tab. 3-6 Charakteristika strategischer Optionen 119
Tab. 3-7 Kriterien zur Lieferantenbeurteilung 122
Tab. 3-8 Beispiel eines Scoring-Verfahrens zur Lieferantenbeurteilung und -auswahl 123
Tab. 3-9 Checkliste für einen Lieferantenaudit vor Ort 125
Tab. 3-10 Grundlegende konkurrenzgerichtete Verhaltensstrategien 142
Tab. 3-11 Chancen und Risiken horizontaler Kooperationen 144
Tab. 3-12 Beschreibungsmerkmale von Anbietern als Grundlage für die Wettbewerbsanalyse 146
Tab. 3-13 Analyse der Wettbewerbskräfte nach Porter 148
Tab. 3-14 Kennzahlen des Performance Benchmarking des Fraunhofer-Instituts für System- und Innovationsforschung (ISI) 149
Tab. 3-15 Erscheinungsformen und Ausgestaltung beziehungsorientierter Kommunikationssysteme 151
Tab. 3-16 Zentrale Zieldivergenzen zwischen Hersteller- und Handelsunternehmen 162
Tab. 3-17 Grundlegende strategische Optionen im Absatzkanal 165
Tab. 3-18 Aufgabenbereiche des Kundenbeziehungsmarketings 185
Tab. 3-19 Kriterien im Rahmen einer mehrstufigen Segmentierung auf Business-Märkten 187
Tab. 3-20 Beispiele für Artefakte zur Darstellung von hoher und niedriger Kundenorientierung 193
Tab. 3-21 Typen von Kundenakquisitionsstrategien 196
Tab. 3-22 Typen von Kundenbindungsstrategien 198
Tab. 3-23 Typen von Kundenrückgewinnungsstrategien 199

Tab. 3-24	Strategien der verdeckten Beziehungsbeendigung	202
Tab. 3-25	Strategien der offenen Beziehungsbeendigung	203
Tab. 3-26	Funktionen der Public Relations	206
Tab. 3-27	Grundsätze der DIN ISO 26000	216
Tab. 3-28	Kernthemen und Handlungsfelder der DIN ISO 26000	217
Tab. 4-1	Fragenkatalog zur Vorselektion von Stakeholdern für eine Integration	231
Tab. 4-2	Gestaltungsmöglichkeiten von Methoden der Kundenintegration	240
Tab. 4-3	Ausgewählte Methoden zur Stakeholder-Integration bei Nicht-Vorliegen eines Produktproblems	241
Tab. 4-4	Ausgewählte Methoden zur Stakeholder-Integration bei Vorliegen eines Produktproblems	242
Tab. 4-5	Informationsökonomische Einordnung der Dienstleistungsdimensionen	246
Tab. 4-6	Tech- und Touch-Dimensionen der Dienstleistungsqualität	248
Tab. 4-7	Beispiel für einen SERVQUAL-Fragebogen	251
Tab. 4-8	Ziele des Beschwerdemanagements	273
Tab. 4-9	Mögliche Inhalte einer Krisenkommunikation	284
Tab. 4-10	Fragestellungen zur Identifizierung von (offenkundigen) Veränderungen in der Geschäftsbeziehung	290
Tab. 4-11	Feinsegmentierung abgewanderter bzw. abwanderungsanfälliger Kunden	296
Tab. 4-12	Ergebnisse der explorativen Faktorenanalyse für das Konstrukt Kundenbindung als Grundlage zur Kategorienbildung	299
Tab. 4-13	Ergebnisse der Kodierung	300
Tab. 5-1	Kennzahlen zur Erfassung der Mitarbeiterperspektive einer Beziehungsmarketing-Balanced-Scorecard	305
Tab. 5-2	Kennzahlen zur Erfassung der Lieferantenperspektive einer Beziehungsmarketing-Balanced-Scorecard	307
Tab. 5-3	Kennzahlen zur Erfassung der Kooperationspartnerperspektive einer Beziehungsmarketing-Balanced-Scorecard	309
Tab. 5-4	Kennzahlen zur Erfassung der Kundenperspektive einer Beziehungsmarketing-Balanced-Scorecard	310
Tab. 5-5	Punktbewertung auf Basis der RFMR-Methode	314
Tab. 5-6	Kennzahlen zur Erfassung der Öffentlichkeitsperspektive einer Beziehungsmarketing-Balanced-Scorecard	319

Leserhinweise

Das leserfreundliche Layout dieses Lehrbuchs verdeutlicht die inhaltliche Struktur des Buches, vermittelt Orientierung und erleichtert das Lernen und Arbeiten mit dem Text in vielfältiger Weise.

Lernziele: Jedes Kapitel verfolgt mehrere »Lernziele«, die jeweils zu Beginn des betreffenden Abschnitts aufgeführt sind. Diese Lernziele stimmen inhaltlich auf die nun folgenden Themen ein und verweisen auf die zu erwerbenden Kenntnisse und Fähigkeiten.

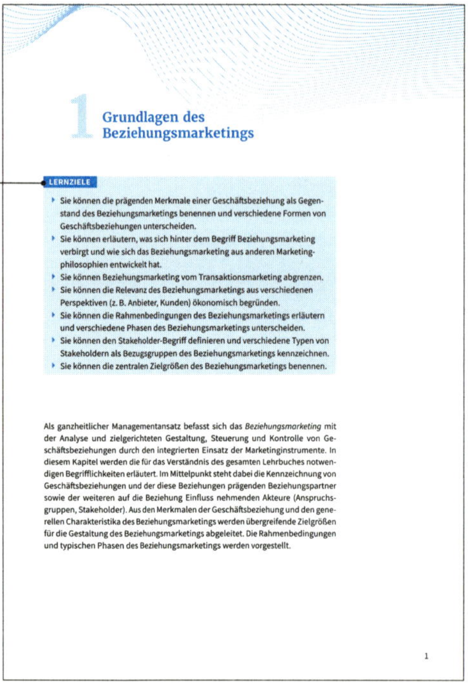
1 Grundlagen des Beziehungsmarketings

LERNZIELE

- Sie können die prägenden Merkmale einer Geschäftsbeziehung als Gegenstand des Beziehungsmarketings benennen und verschiedene Formen von Geschäftsbeziehungen unterscheiden.
- Sie können erläutern, was sich hinter dem Begriff Beziehungsmarketing verbirgt und wie sich das Beziehungsmarketing aus anderen Marketingphilosophien entwickelt hat.
- Sie können Beziehungsmarketing vom Transaktionsmarketing abgrenzen.
- Sie können die Relevanz des Beziehungsmarketings aus verschiedenen Perspektiven (z. B. Anbieter, Kunden) ökonomisch begründen.
- Sie können die Rahmenbedingungen des Beziehungsmarketings erläutern und verschiedene Phasen des Beziehungsmarketings unterscheiden.
- Sie können den Stakeholder-Begriff definieren und verschiedene Typen von Stakeholdern als Bezugsgruppen des Beziehungsmarketings kennzeichnen.
- Sie können die zentralen Zielgrößen des Beziehungsmarketings benennen.

Als ganzheitlicher Managementansatz befasst sich das *Beziehungsmarketing* mit der Analyse und zielgerichteten Gestaltung, Steuerung und Kontrolle von Geschäftsbeziehungen durch den integrierten Einsatz der Marketinginstrumente. In diesem Kapitel werden die für das Verständnis des gesamten Lehrbuches notwendigen Begrifflichkeiten erläutert. Im Mittelpunkt steht dabei die Kennzeichnung von Geschäftsbeziehungen und der diese Beziehungen prägenden Beziehungspartner sowie der weiteren auf die Beziehung Einfluss nehmenden Akteure (Anspruchsgruppen, Stakeholder). Aus den Merkmalen der Geschäftsbeziehung und den generellen Charakteristika des Beziehungsmarketings werden übergreifende Zielgrößen für die Gestaltung des Beziehungsmarketings abgeleitet. Die Rahmenbedingungen und typischen Phasen des Beziehungsmarketings werden vorgestellt.

1

Abbildungen: Die zahlreichen Abbildungen veranschaulichen und ergänzen die im Text beschriebenen Sachverhalte. Im Text wird jeweils auf die Abbildungen Bezug genommen und an gegebener Stelle auf diese verwiesen.

Marginalien: Marginalien direkt neben dem Text führen stichwortartig durch die wesentlichen Inhalte des jeweiligen Kapitels. Sie dienen der ersten Orientierung, verdeutlichen die Gliederung des Textes und fassen diesen zusammen.
Darüber hinaus helfen die Marginalien, bestimmte Schlagworte und Abschnitte rasch aufzufinden. Außerdem finden Sie hier in der Randspalte zusätzlichen Platz für eigene Notizen.

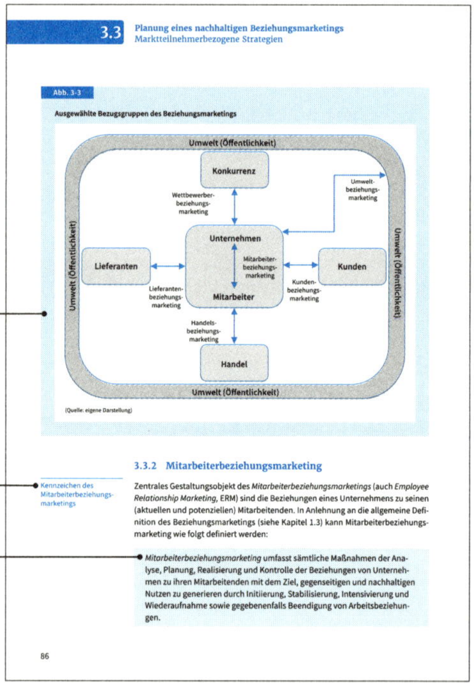
3.3 Planung eines nachhaltigen Beziehungsmarketings
Marktteilnehmerbezogene Strategien

Abb. 3-3

Ausgewählte Bezugsgruppen des Beziehungsmarketings

(Quelle: eigene Darstellung)

3.3.2 Mitarbeiterbeziehungsmarketing

Kennzeichen des Mitarbeiterbeziehungsmarketings

Zentrales Gestaltungsobjekt des *Mitarbeiterbeziehungsmarketings* (auch *Employee Relationship Marketing*, ERM) sind die Beziehungen eines Unternehmens zu seinen (aktuellen und potenziellen) Mitarbeitenden. In Anlehnung an die allgemeine Definition des Beziehungsmarketings (siehe Kapitel 1.3) kann Mitarbeiterbeziehungsmarketing wie folgt definiert werden:

Mitarbeiterbeziehungsmarketing umfasst sämtliche Maßnahmen der Analyse, Planung, Realisierung und Kontrolle der Beziehungen von Unternehmen zu ihren Mitarbeitenden mit dem Ziel, gegenseitigen und nachhaltigen Nutzen zu generieren durch Initiierung, Stabilisierung, Intensivierung und Wiederaufnahme sowie gegebenenfalls Beendigung von Arbeitsbeziehungen.

86

Definitionen/zentrale Begriffe werden in besonders hervorgehobenen Textkästen erläutert. Sie sind zum gezielten Lernen besonders geeignet.

Praxisbeispiele/Exkurse: Aufschlussreiche Fallbeispiele, Anwendungen in der Praxis und Forschungsergebnisse veranschaulichen die Theorie und sind ebenfalls gesondert hervorgehoben.

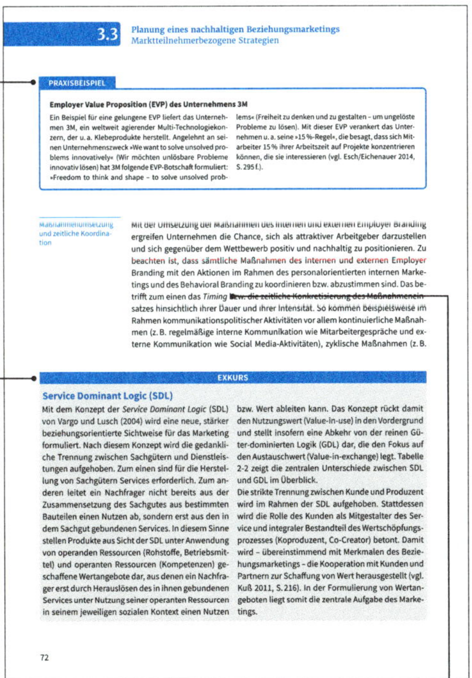

3.3 Planung eines nachhaltigen Beziehungsmarketings
Marktteilnehmerbezogene Strategien

PRAXISBEISPIEL

Employer Value Proposition (EVP) des Unternehmens 3M

Ein Beispiel für eine gelungene EVP liefert das Unternehmen 3M, ein weltweit agierender Multi-Technologiekonzern, der u. a. Klebeprodukte herstellt. Angelehnt an seinen Unternehmenszweck »We want to solve unsolved problems innovatively« (Wir möchten unlösbare Probleme innovativ lösen) hat 3M folgende EVP-Botschaft formuliert: »Freedom to think and shape – to solve unsolved problems« (Freiheit zu denken und zu gestalten – um ungelöste Probleme zu lösen). Mit dieser EVP verankert das Unternehmen u. a. seine »15 %-Regel«, die besagt, dass sich Mitarbeiter 15 % ihrer Arbeitszeit auf Projekte konzentrieren können, die sie interessieren (vgl. Esch/Eichenauer 2014, S. 295 f.).

Maßnahmenumsetzung und zeitliche Koordination

Mit der Umsetzung der Maßnahmen des internen und externen Employer Branding ergreifen Unternehmen die Chance, sich als attraktiver Arbeitgeber darzustellen und sich gegenüber dem Wettbewerb positiv und nachhaltig zu positionieren. Zu beachten ist, dass sämtliche Maßnahmen des internen und externen Employer Branding mit den Aktionen im Rahmen des personalorientierten internen Marketings und des Behavioral Branding zu koordinieren bzw. abzustimmen sind. Das betrifft zum einen das *Timing* bzw. die zeitliche Konkretisierung des Maßnahmeneinsatzes hinsichtlich ihrer Dauer und ihrer Intensität. So kommen beispielsweise im Rahmen kommunikationspolitischer Aktivitäten vor allem kontinuierliche Maßnahmen (z. B. regelmäßige interne Kommunikation wie Mitarbeitergespräche und externe Kommunikation wie Social Media-Aktivitäten), zyklische Maßnahmen (z. B.

EXKURS

Service Dominant Logic (SDL)

Mit dem Konzept der *Service Dominant Logic* (SDL) von Vargo und Lusch (2004) wird eine neue, stärker beziehungsorientierte Sichtweise für das Marketing formuliert. Nach diesem Konzept wird die gedankliche Trennung zwischen Sachgütern und Dienstleistungen aufgehoben. Zum einen sind für die Herstellung von Sachgütern Services erforderlich. Zum anderen leitet ein Nachfrager nicht bereits aus der Zusammensetzung des Sachgutes aus bestimmten Bauteilen einen Nutzen ab, sondern erst aus den in dem Sachgut gebundenen Services. In diesem Sinne stellen Produkte aus Sicht der SDL unter Anwendung von operanden Ressourcen (Rohstoffe, Betriebsmittel) und operanten Ressourcen (Kompetenzen) geschaffene Wertangebote dar, aus denen ein Nachfrager erst durch Herauslösen des in ihnen gebundenen Services unter Nutzung seiner operanten Ressourcen in seinem jeweiligen sozialen Kontext einen Nutzen bzw. Wert ableiten kann. Das Konzept rückt damit den Nutzungswert (Value-in-use) in den Vordergrund und stellt insofern eine Abkehr von der reinen Güter-dominierten Logik (GDL) dar, die den Fokus auf den Austauschwert (Value-in-exchange) legt. Tabelle 2-2 zeigt die zentralen Unterschiede zwischen SDL und GDL im Überblick.
Die strikte Trennung zwischen Kunde und Produzent wird im Rahmen der SDL aufgehoben. Stattdessen wird die Rolle des Kunden als Mitgestalter des Service und integraler Bestandteil des Wertschöpfungsprozesses (Koproduzent, Co-Creator) betont. Damit wird – übereinstimmend mit Merkmalen des Beziehungsmarketings – die Kooperation mit Kunden und Partnern zur Schaffung von Wert herausgestellt (vgl. Kuß 2011, S. 216). In der Formulierung von Wertangeboten liegt somit die zentrale Aufgabe des Marketings.

72

Sachwortregister: Das Sachwortregister am Ende des Buches dient zum raschen Auffinden von Begriffen, Instrumenten und Definitionen.

Literaturverzeichnis: Die Literaturverweise stehen direkt im Text, und zwar unter Nennung der Autoren und des Erscheinungsjahres.
Im Literaturverzeichnis im hinteren Teil des Buches sind sämtliche Literatur- und Internetquellen vollständig aufgeführt.

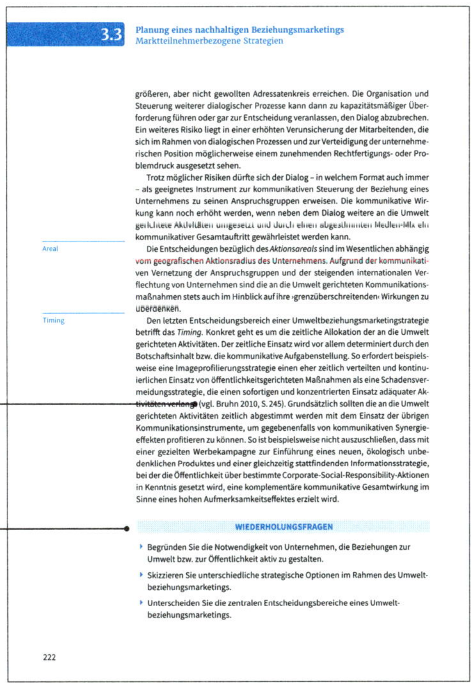

3.3 Planung eines nachhaltigen Beziehungsmarketings
Marktteilnehmerbezogene Strategien

größeren, aber nicht gewollten Adressatenkreis erreichen. Die Organisation und Steuerung weiterer dialogischer Prozesse kann dann zu kapazitätsmäßiger Überforderung führen oder gar zur Entscheidung veranlassen, den Dialog abzubrechen. Ein weiteres Risiko liegt in einer erhöhten Verunsicherung der Mitarbeitenden, die sich im Rahmen von dialogischen Prozessen und zur Verteidigung der unternehmerischen Position möglicherweise einem zunehmenden Rechtfertigungs- oder Problemdruck ausgesetzt sehen.

Trotz möglicher Risiken dürfte sich der Dialog – in welchem Format auch immer – als geeignetes Instrument zur kommunikativen Steuerung der Beziehung eines Unternehmens zu seinen Anspruchsgruppen erweisen. Die kommunikative Wirkung kann noch erhöht werden, wenn neben dem Dialog weitere an die Umwelt gerichtete Aktivitäten umgesetzt und durch einen abgestimmten Medien-Mix ein kommunikativer Gesamtauftritt gewährleistet werden kann.

Areal

Die Entscheidungen bezüglich des *Aktionsareals* sind im Wesentlichen abhängig vom geografischen Aktionsradius des Unternehmens. Aufgrund der kommunikativen Vernetzung der Anspruchsgruppen und der steigenden internationalen Verflechtung von Unternehmen sind die an die Umwelt gerichteten Kommunikationsmaßnahmen stets auch im Hinblick auf ihre ›grenzüberschreitenden‹ Wirkungen zu überdenken.

Timing

Den letzten Entscheidungsbereich einer Umweltbeziehungsmarketingstrategie betrifft das *Timing*. Konkret geht es um die zeitliche Allokation der an die Umwelt gerichteten Aktivitäten. Der zeitliche Einsatz wird vor allem determiniert durch den Botschaftsinhalt bzw. die kommunikative Aufgabenstellung. So erfordert beispielsweise eine Imageprofilierungsstrategie einen eher zeitlich verteilten und kontinuierlichen Einsatz von öffentlichkeitsgerichteten Maßnahmen als eine Schadensvermeidungsstrategie, die einen sofortigen und konzentrierten Einsatz adäquater Aktivitäten verlangt (vgl. Bruhn 2010, S. 245). Grundsätzlich sollten die an die Umwelt gerichteten Aktivitäten zeitlich abgestimmt werden mit dem Einsatz der übrigen Kommunikationsinstrumente, um gegebenenfalls von kommunikativen Synergieeffekten profitieren zu können. So ist beispielsweise nicht auszuschließen, dass mit einer gezielten Werbekampagne zur Einführung eines neuen, ökologisch unbedenklichen Produktes und einer gleichzeitig stattfindenden Informationsstrategie, bei der die Öffentlichkeit über bestimmte Corporate-Social-Responsibility-Aktionen in Kenntnis gesetzt wird, eine komplementäre kommunikative Gesamtwirkung im Sinne eines hohen Aufmerksamkeitseffektes erzielt wird.

WIEDERHOLUNGSFRAGEN

- Begründen Sie die Notwendigkeit von Unternehmen, die Beziehungen zur Umwelt bzw. zur Öffentlichkeit aktiv zu gestalten.
- Skizzieren Sie unterschiedliche strategische Optionen im Rahmen des Umweltbeziehungsmarketings.
- Unterscheiden Sie die zentralen Entscheidungsbereiche eines Umweltbeziehungsmarketings.

222

Wiederholungsfragen: Am Ende jedes Kapitels werden mittels zahlreicher Wiederholungsfragen die zentralen Elemente und Zusammenhänge der vorangegangenen Abschnitte abgefragt und auf Fälle aus der Praxis übertragen.

1 Grundlagen des Beziehungsmarketings

LERNZIELE

- Sie können die prägenden Merkmale einer Geschäftsbeziehung als Gegenstand des Beziehungsmarketings benennen und verschiedene Formen von Geschäftsbeziehungen unterscheiden.
- Sie können erläutern, was sich hinter dem Begriff Beziehungsmarketing verbirgt und wie sich das Beziehungsmarketing aus anderen Marketingphilosophien entwickelt hat.
- Sie können Beziehungsmarketing vom Transaktionsmarketing abgrenzen.
- Sie können die Relevanz des Beziehungsmarketings aus verschiedenen Perspektiven (z. B. Anbieter, Kunden) ökonomisch begründen.
- Sie können die Rahmenbedingungen des Beziehungsmarketings erläutern und verschiedene Phasen des Beziehungsmarketings unterscheiden.
- Sie können den Stakeholder-Begriff definieren und verschiedene Typen von Stakeholdern als Bezugsgruppen des Beziehungsmarketings kennzeichnen.
- Sie können die zentralen Zielgrößen des Beziehungsmarketings benennen.

Als ganzheitlicher Managementansatz befasst sich das *Beziehungsmarketing* mit der Analyse und zielgerichteten Gestaltung, Steuerung und Kontrolle von Geschäftsbeziehungen durch den integrierten Einsatz der Marketinginstrumente. In diesem Kapitel werden die für das Verständnis des gesamten Lehrbuches notwendigen Begrifflichkeiten erläutert. Im Mittelpunkt steht dabei die Kennzeichnung von Geschäftsbeziehungen und der diese Beziehungen prägenden Beziehungspartner sowie der weiteren auf die Beziehung Einfluss nehmenden Akteure (Anspruchsgruppen, Stakeholder). Aus den Merkmalen der Geschäftsbeziehung und den generellen Charakteristika des Beziehungsmarketings werden übergreifende Zielgrößen für die Gestaltung des Beziehungsmarketings abgeleitet. Die Rahmenbedingungen und typischen Phasen des Beziehungsmarketings werden vorgestellt.

1.1 Geschäftsbeziehungen als Bezugsrahmen des Beziehungsmarketings

Entstehung von Geschäftsbeziehungen

Mit der Entstehung von Märkten und dem Zusammentreffen von Angebot und Nachfrage finden zwangsläufig Austauschprozesse zwischen Wirtschaftssubjekten bzw. Marktteilnehmern statt. Auf der Angebotsseite stehen die Verkäufer mit ihren materiellen wie immateriellen Produkten und auf der Nachfragerseite die (potenziellen) Käufer mit ihren Bedürfnissen. Sind sich Anbieter und Nachfrager über die Austauschbedingungen (insbesondere über den Preis) einig, findet die Transaktion bzw. Markttransaktion (beide Begriffe werden im Folgenden als synonym betrachtet) statt.

> Eine *Transaktion* kann insofern bezeichnet werden als »Austausch von Gütern, Leistungen oder monetären Mitteln entsprechend einer monetären oder nicht-monetären Gegenleistung zwischen zwei Akteuren« (Lohmann 2014, S. 49).

Bevor eine Transaktion jedoch stattfinden kann, bedarf es erst einer Kontaktsituation von Akteuren – sei es in einem realen oder auch in einem virtuellen Raum (z. B. Internet). So kann, bevor es zu einem Tausch von Gütern gegen Geld kommt, zwischen den Akteuren vorab eine Kommunikation zum Zwecke der Abstimmung des Verhaltens bzw. des konkreten Handelns (z. B. Lieferant erklärt Lieferung zu einem festgelegten Termin und Kunde sagt Zahlung nach Eingang der Ware bis zu einem bestimmten Zeitpunkt zu) vorausgegangen sein. Vor der Transaktion hat also eine *Interaktion* stattgefunden.

> *Interaktionsprozesse* sind dadurch gekennzeichnet, dass zwei oder mehr Personen ihre verbalen und nicht-verbalen Aktionen aneinander orientieren und ihre Aktionen und Reaktionen interdependent sind, d. h. einem wechselseitigen Beeinflussungsprozess unterliegen (vgl. Diller 1992, S. 472; Backhaus/Voeth 2014, S. 107).

Transaktion vs. Interaktion

Insofern unterscheiden sich Transaktionen von Interaktionen. Während Transaktionen einen Leistungsaustausch zwischen den Akteuren beinhalten, beziehen sich Interaktionen lediglich auf die soziale Komponente des Austausches. Mit der sozialen Komponente des Austausches ist die Mensch-Mensch-Interaktion gemeint; diese soziale Komponente ist definitorischer Bestandteil des Beziehungsbegriffs nach Hinde: Nach seiner Auffassung besteht eine Beziehung aus einer Serie von Interaktionen zwischen Individuen über einen Zeitraum (vgl. Hinde 1976, S. 2). Diese zwischenmenschliche Interaktion spielt nun insbesondere im Rahmen des Beziehungsmarketings eine zentrale Rolle (vgl. Kapitel 1.2). In diesem Zusammenhang weniger relevant, aber dennoch anzutreffen sind auch Transaktionen, die durch andere Interaktionssysteme verursacht werden. So kann beispielsweise im Rahmen einer Produkt-Mensch-Interaktion in einer Einkaufsstätte ein Impulskauf oder im Rahmen einer Mensch-Computer-Interaktion eine Transaktion über das Internet ausgelöst werden.

Mit welchem Interaktionssystem auch immer, Interaktionen sind die Voraussetzung von Transaktionen, d. h. sie sind zeitlich vorgelagert (vgl. auch Lohmann 2014, S. 48). Demzufolge findet keine Transaktion ohne vorherige Interaktion statt, eine Interaktion aber muss nicht zwangsläufig eine Transaktion zur Folge haben.

Merkmale von Geschäftsbeziehungen

Wiederholung von Transaktionen

Transaktionen – und damit implizit auch Interaktionen – sind inhärenter Bestandteil von Geschäftsbeziehungen. Konstitutives Merkmal von *Geschäftsbeziehungen* ist die *Wiederholung von Transaktionen,* wie es in folgender Definition zum Ausdruck kommt.

> »*Eine* Geschäftsbeziehung *ist eine Folge von Markttransaktionen zwischen einem Anbieter und einem Nachfrager, die nicht zufällig ist.* ›Nicht zufällig‹ heißt entweder, daß es auf der Anbieter- und/oder der Nachfragerseite Gründe gibt, die eine planmäßige Verknüpfung zwischen Markttransaktionen sinnvoll oder notwendig erscheinen lassen oder die *de facto* zu einer Verknüpfung führen. Eine Geschäftsbeziehung läßt sich also als eine Folge von Markttransaktionen ansehen, zwischen denen eine *innere Verbindung* existiert« (Plinke 1997, S. 23; Hervorhebungen im Original).

Gemäß dieser Auffassung ist eine Einzeltransaktion keine Geschäftsbeziehung, wenn lediglich ein erster Geschäftsabschluss bzw. eine erste Transaktion vorliegt. Vielmehr liegt eine ›diskrete Transaktion‹ vor, die dadurch gekennzeichnet ist, dass die Transaktion auf einen konkreten Zeitpunkt gerichtet ist, eine nur auf das Notwendigste reduzierte minimale soziale Interaktion stattfindet und zwei einander fremde Akteure lediglich ein ›Einmal-und-nie-wieder-Geschäft‹ abschließen. Folgendes Beispiel illustriert diesen Transaktionstyp treffend: »A one-time purchase of unbranded gasoline out-of-town at an independent station paid for with cash approximates a discrete transaction« (Dwyer/Schurr/Oh 1987, S. 12).

Langfristig angelegt

Geschäftsbeziehungen zeichnen sich jedoch durch ihre »relationalen Austauschbeziehungen« aus. Diese sind *zeitraumbezogen* bzw. langfristig angelegt; es existieren soziale Kontakte und es findet ein regelmäßiger, auch informaler Informationsaustausch statt (vgl. zur ausführlichen Unterscheidung von »discrete transactions« und »relational exchange« Macneil 1980, S. 10 ff. und Dwyer/Schurr/Oh 1987, S. 13).

Erst mit der geplanten, d. h. nicht zufälligen Wiederholung einer Transaktion beginnt eine Geschäftsbeziehung (vgl. hierzu auch Butzer-Strothmann 1999, S. 7 ff.). Insofern ist es legitim, die im Rahmen eines Kontinuums zu platzierenden Endpunkte »diskrete Transaktion« und »relationale Transaktion« durch die gegensätzlichen Endpole »Einzeltransaktion« und »Geschäftsbeziehung« zu ersetzen (vgl. auch Saab 2007, S. 9 f.).

Eine geplante und damit nicht zufällige Wiederholung einer Transaktion – und insofern das Eingehen einer Geschäftsbeziehung – erfolgt im Regelfall jedoch nur dann, wenn die Akteure zu einem weiteren Austausch auch bereit sind und diese Geschäftsbeziehung auf *freiwilliger Basis* fortgesetzt werden soll (im Gegensatz dazu kann die Fortsetzung einer Geschäftsbeziehung – wie noch zu zeigen sein wird – auch aufgrund von *Gebundenheit* und damit eher unfreiwillig erfolgen). Diese Bereitschaft basiert auf den Zielen, die die jeweiligen Austauschpartner verfolgen. Auf die ausschließlich ökonomische Zielorientierung stellt beispielsweise Diller in seiner Definition ab: Geschäftsbeziehungen definiert er als »Gesamtheit der anbieterseitig von ökonomischen Zielen geleiteten, direkten, integrativen und auf mehrmalige Transaktionen ausgerichteten *Interaktionsprozesse* zwischen einem Güteranbieter und einem Wertschöpfungspartner« (Diller 1995a, S. 287; Hervorhebung im Original). Die explizite Fokussierung auf die ökonomischen Ziele und die damit einhergehende Ausgrenzung nicht-ökonomischer Zielbereiche ist bei bestimmten Partnerkonstellationen (z. B. im Business-to-Business-Sektor) durchaus plausibel, erscheint aber im Zuge eines noch zu charakterisierenden ganzheitlichen Beziehungsmarketings und des Einbezugs relevanter Stakeholder mit unterschiedlichen Interessen (holistischer Ansatz) als nicht haltbar. Folgende zentrale Gründe sprechen für eine Ausweitung der Zielbereiche:

Ökonomische und nicht-ökonomische Motive

- Transaktionen und auch Folgetransaktionen erfolgen aus *einzelwirtschaftlicher Perspektive* nicht ausschließlich, um ›Geschäfte zu machen‹. Sie können auch auf nicht-ökonomischer Zielebene stattfinden. Beispielsweise kann ein Wirtschaftsunternehmen eine Partnerschaft mit einem zivilgesellschaftlichen Akteur eingehen, um im Rahmen seines bürgerschaftlichen Engagements (z. B. durch regelmäßig initiierte Dialogforen zu einem gesellschaftlich relevanten Thema oder durch Unterstützung von Umweltschutzinitiativen) primär das Ziel der Gemeinwohloptimierung zu verfolgen. Auch wenn diese Zielsetzung in strategischer Absicht erfolgen sollte, um über sozial wünschenswerte Maßnahmen die Unternehmensreputation ›aufzuladen‹ und um auf diese Weise letztlich davon ökonomisch zu profitieren, bleibt es bei der vorgeschalteten nicht-ökonomischen Zielpriorisierung. Zudem ist es auch vorstellbar, dass Unternehmen bzw. Unternehmensvertreter ein grundlegendes Interesse an einer nachhaltigen, von moralisch-ethischen Prinzipien geleiteten Unternehmenspolitik verfolgen, ohne dass gleich eine bewusste strategische Vermarktung unterstellt werden muss.
- Folgetransaktionen werden aus *individueller Perspektive* auch durch nicht-ökonomische Motive geleitet. Sowohl das organisationale Beschaffungsverhalten als auch das Konsumentenverhalten wird nicht ausschließlich durch ›harte‹ ökonomische Ziele, sondern auch durch ›weiche‹ nicht-ökonomische Motive determiniert. So kann ein ›Gatekeeper‹ den unternehmerischen Kaufentscheidungsprozess beispielsweise dadurch beeinflussen, indem er Produkte oder Leistungen alternativer Anbieter vorselektiert und den anderen Mitgliedern des ›Buying Centers‹ ein reduziertes Set von Angeboten vorlegt, welches sich vorwiegend aus seinem persönlichen Beziehungsnetzwerk zusammensetzt (vgl. Backhaus/Vo-

eth 2014, S. 75). Bei einem Konsumenten wiederum erfolgt der Wiederkauf beispielsweise aufgrund individuell als positiv empfundener Kontextfaktoren (z. B. anmutende Ladenatmosphäre, attraktives Erscheinungsbild des Verkaufspersonals) oder aufgrund verhaltensrelevanter Motive (z. B. Kunde präferiert erlebnisorientiertes statt preisbewusstes Einkaufsverhalten).

Formen von Geschäftsbeziehungen

Geschäftsbeziehungen haben unterschiedliche Bezugsobjekte

Die von den Akteuren verfolgten Ziele spiegeln im Wesentlichen auch die mit dem Eingehen von Geschäftsbeziehungen zu erwartenden Nutzen- bzw. Wertaspekte wider. Dies wird auch durch die von Plinke in seiner Definition angesprochene »innere Verbindung« deutlich (vgl. hierzu Plinke 1997, S. 23 ff.; Kleinaltenkamp et al. 2011, S. 25 ff.). Die *Art der inneren Verbindung* kann dabei sowohl einseitig, d. h. vom jeweiligen Akteur (vom Nachfrager oder vom Anbieter) ausgehen, als auch wechselseitig ausgeprägt sein. Diese Bindungsbeziehungen wiederum können auf unterschiedliche *Bezugsobjekte* übertragen werden, wie es in der folgenden Tabelle idealtypisch zusammengefasst wird:

Tab. 1-1

Erscheinungsformen von Geschäftsbeziehungen

Bezugsobjekt	Sachbezug	Personenbezug	Unternehmensbezug
Bindung einseitig beim Nachfrager	• Marken-/Produkttreue • Systemtreue • Technologietreue	• Personentreue	• Einkaufsstättentreue • Lieferantentreue
Bindung einseitig beim Anbieter	• Problemtreue	• Personentreue	• Kundentreue
wechselseitige Bindung	• Gegengeschäftsbeziehung	• persönliche Beziehung	• Geschäftsbeziehung i. e. S.

(Quelle: vgl. Plinke 1997, S. 24)

Sachbezug

Bindungen zwischen Anbietern und Nachfragern können sich zum einen auf die *Transaktionssache* beziehen. So wird eine Wiederkaufentscheidung getroffen, wenn der Nachfrager vom Gegenstand überzeugt ist oder der Bezug eines Gegenstands von einem anderen Anbieter keine Kaufalternative darstellt. Hierunter fallen die beobachtbaren Verhaltensweisen wie die Marken- oder Produkttreue (einseitige Bindung an eine Marke bzw. an ein Produkt), die Systemtreue (einseitige Bindung an eine Systemarchitektur wie z. B. Microsoft Windows) oder die Technologietreue (einseitige Bindung an eine Technologie, z. B. Solartechnologie). Die Einseitigkeit beim Anbieter zeigt sich in der sogenannten Problemtreue. Diese liegt vor, wenn sich beispielsweise ein Unternehmen im Rahmen seiner Leistungspolitik an den Problemen immer der gleichen Zielgruppe ausrichtet und versucht, eine Bindung durch zielgruppenadäquate Problemlösungen zu erreichen. Eine wechselseitige

Bindung entsteht durch Gegengeschäftsbeziehungen, die sich aus gegenseitigen Leistungsverpflichtungen ergeben. Beliefert beispielsweise ein Automobilhersteller einen Autoverleiher und managt dieser im Gegenzug den Fuhrpark des Herstellers, liegt eine Gegengeschäftsbeziehung vor.

Personenbezug

Zum anderen können Bindungen entstehen, die sich aus *Affinitäten zu bzw. zwischen Personen* ergeben. Diese Personentreue kann wiederum einseitig angelegt oder auch wechselseitig ausgeprägt sein. Im letzteren Fall wird im Allgemeinen von einer ›Geschäftsfreundschaft‹ gesprochen.

Unternehmensbezug

Als weiteres Bezugsobjekt einer Bindung fungiert das *Unternehmen als solches.* Typisieren lassen sich dann die Einkaufsstättentreue oder die Lieferantentreue, wenn die einseitige Bindung auf der Nachfragerseite zugrunde gelegt wird. Bei der Einkaufsstättentreue wird das Geschäft durch den Nachfrager wiederholt aufgesucht bzw. werden die Einkäufe dort bevorzugt getätigt, obwohl alternative Einkaufsstätten existieren. Die Lieferantentreue bezeichnet das Festhalten des Nachfragers am Lieferanten als Bezugsquelle, auch wenn im Einzelfall attraktivere Konditionen von anderen Anbietern vorliegen sollten. Im Falle der einseitigen Bindung beim Anbieter liegt Kundentreue vor, wenn ein Interesse an der Fortsetzung der Lieferbeziehung mit diesem Nachfrager besteht, und zwar unabhängig von der Einstellung oder dem Verhalten dieses Nachfragers. Schließlich liegen gemäß dieser Typologie Geschäftsbeziehungen i. e. S. bei wechselseitigen Bindungen vor. Bei dieser Konstellation sind die beteiligten Akteure an einer längerfristigen Beziehung interessiert.

Die skizzierten Erscheinungsformen der Geschäftsbeziehungen stellen lediglich idealtypische Beziehungsarten dar. Die Grenzen sind fließend und Überschneidungen unübersehbar; die Beziehungsformen unterliegen eher einer Dynamik, die von unterschiedlichen Bedingungsfaktoren beeinflusst werden kann. So kann sich beispielsweise je nach Produktart eine andere dominante Beziehungsform ergeben. Handelt es sich um materielle Produkte, lässt sich aufgrund der Tangibilität des Transaktionsobjekts eine Produkttreue gegebenenfalls schneller etablieren. Im Falle von Dienstleistungen und damit immateriellen bzw. intangiblen Produkten erscheint die Personentreue oder die persönliche Beziehung allen anderen Erscheinungsformen überlegen, da das Leistungsergebnis im Wesentlichen von personenbezogenen Qualitätsdimensionen (z. B. von der Sach- und Sozialkompetenz) abhängt. Gerade im Dienstleistungsgeschäft ist es nicht unüblich, dass mit dem Wechsel eines Mitarbeiters oder einer Mitarbeiterin von einem Unternehmen zu einem anderen auch eine Kundenfluktuation einhergeht (›Rattenfänger-von-Hameln-Effekt‹). Den persönlichen Beziehungen zwischen den Akteuren in Geschäftsbeziehungen ist damit eine bedeutende Rolle zuzusprechen.

Fortsetzung von Geschäftsbeziehungen

Je nachdem, welche Geschäftsbeziehungsart auch relevant sein mag, entscheidend ist die Frage, welche wesentlichen Gründe Beziehungspartner dazu bewegen, die Geschäftsbeziehung fortzusetzen oder nicht. Die *Bindungsmotivation* basiert dabei auf zwei grundlegenden Ursachen: »People stay in relationships for two major reasons: because they want to; and because they have to« (Johnson 1982, S. 52 f.). Insofern kann die Bindungsmotivation eine eher intrinsische oder eine eher extrinsische Ursache haben, was die Differenzierung in verbundenheitsgetriebene und gebundenheitsgetriebene Geschäftsbeziehungen erlaubt (analog zur Kundenbindung vgl. Georgi 2003, S. 227 ff.).

Bindungsmotivation: Wollens-Beziehung

Die verbundenheitsgetriebene Beziehung stellt eine ›*Wollens-Beziehung*‹ dar; sie wird freiwillig eingegangen und basiert auf einer vom Beziehungspartner wahrgenommenen Vorteilhaftigkeit im Vergleich zum Nichteingehen dieser Beziehung und/oder des Eingehens einer Beziehung zu einem alternativen Partner. Diese Beziehung, die emotional begründet sein kann oder auch aus Überzeugung aufgrund antizipierter Beziehungsvorteile fortgesetzt werden soll, kann auch als Affirmationsbeziehung aufgefasst werden, wenn eine grundlegende Bejahung oder Zustimmung dieser Beziehung vorliegt.

Bindungsmotivation: Muss-Beziehung

Ist die Entscheidungsfreiheit der Beziehungspartner in Bezug auf die Bestimmung der Geschäftsbeziehungsdauer mehr oder weniger eingeschränkt, handelt es sich um eine ›*Muss-Beziehung*‹. Eine derartige Gebundenheit im Rahmen von Geschäftsbeziehungen liegt vor, wenn die Folgetransaktion vertraglich fixiert ist, sie technisch-funktional notwendig oder ökonomisch sinnvoll ist. Bei der vertraglichen Gebundenheit verpflichtet sich der Geschäftspartner zur Abnahme weiterer Leistungen bzw. zur Fortsetzung des Beziehungsverhältnisses durch weitere Transaktionen für einen bestimmten Zeitraum (z. B. Verträge zwischen Zulieferfirmen und Automobilherstellern über die Lieferung von Fertigteilen). Eine technisch-funktionale Gebundenheit liegt dann vor, wenn die Leistung des Anbieters nur in Verbindung mit einer anderen Leistung dieses Anbieters sinnvoll genutzt werden kann (z. B. Personenkraftwagen, bei denen nur das Navigationssystems des Autoherstellers verwendet werden kann). Im Rahmen der ökonomischen Bindung wird eine Wechselbarriere dadurch geschaffen, indem die Beendigung des Beziehungsverhältnisses finanzielle Verluste zur Folge hat (z. B. Kundenkarten mit Rabattfunktion oder Abonnements).

Zusammenfassend kann eine Geschäftsbeziehung als Abfolge von Einzeltransaktionen von mindestens zwei Akteuren definiert werden, die nicht zufällig erfolgt und zur Erfüllung ökonomischer und/oder nicht-ökonomischer Ziele eingegangen wird. Basis von Geschäftsbeziehungen sind vorher stattfindende Interaktionsbeziehungen in unterschiedlichen Interaktionssystemen, wobei das Mensch-Mensch-Interaktionssystem eine dominante Rolle spielt.

Interaktions- vs. Geschäftsbeziehungen

Die Akteure im Rahmen von Interaktionen und Transaktionen und damit auch von Geschäftsbeziehungen können sämtliche Stakeholder sein (vgl. hierzu Kapitel 1.7). Der Zustand einer Geschäftsbeziehung ist das Resultat aller Interaktionsepisoden im Interaktionsprozess. Jede Interaktionsepisode markiert eine Teilphase stattfindender Einzelinteraktionen (z. B. Austausch von Informationen, Durchführung von Verhandlungen), die zur Anbahnung, Realisation oder auch zur Beendigung von Transaktionen und damit Geschäftsbeziehungen führen kann. Die Interaktionsbe-

Abb. 1-1

Interaktionsbeziehungen vs. Geschäftsbeziehungen

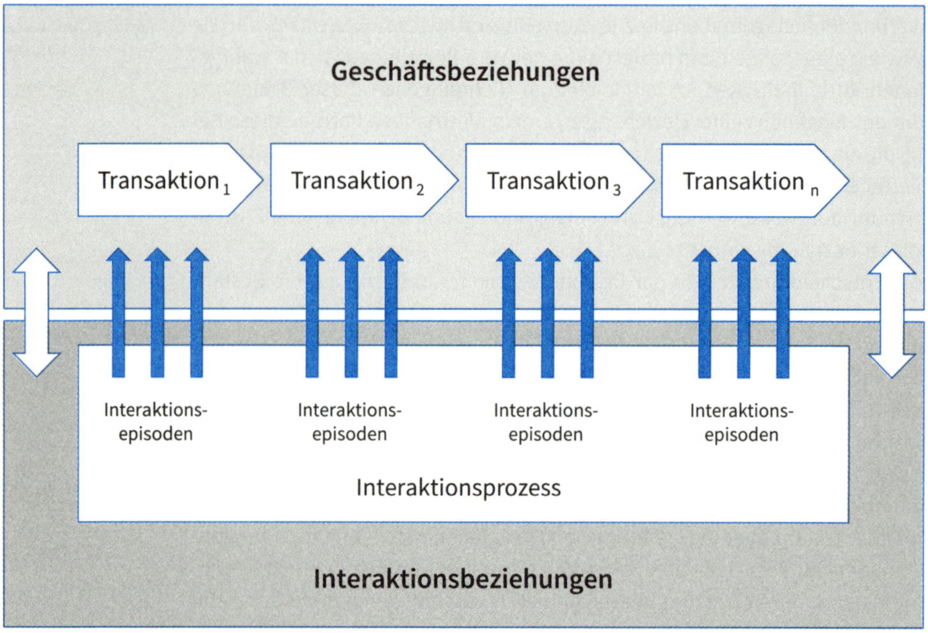

(Quelle: eigene Darstellung)

ziehungen determinieren die Geschäftsbeziehungen, die wiederum die weiteren Interaktionen beeinflussen, sodass insgesamt Interaktions- und Geschäftsbeziehungen in einem interdependenten Beziehungsverhältnis stehen. Abbildung 1-1 illustriert diesen Zusammenhang.

Die Interaktions- und Geschäftsbeziehungen sind nun Gegenstand des *Beziehungsmarketings,* das den Schwerpunkt auf den Aufbau, Erhalt und Ausbau der Interaktions- und Geschäftsbeziehungen zu Stakeholdern legt und den Anspruch hat, diese Beziehungen langfristig zu verfolgen (zur näheren Charakterisierung des Beziehungsmarketings vgl. Kapitel 1.3).

WIEDERHOLUNGSFRAGEN

- Erläutern Sie, was man im Beziehungsmarketing unter einer Geschäftsbeziehung versteht. Welche Merkmale kennzeichnen Geschäftsbeziehungen?
- Welche Arten von Geschäftsbeziehungen lassen sich nach dem Sach-, Personen- und Unternehmensbezug unterscheiden?

- Wie können Geschäftsbeziehungen entstehen? Gehen Sie hierbei auf den Unterschied zwischen Interaktion und Transaktion ein.
- Welche Gründe können Beziehungspartner dazu bewegen, eine Geschäftsbeziehung fortzusetzen? Unterscheiden Sie hierbei zwischen unterschiedlichen Formen der Gebundenheit und Verbundenheit.

1.2 Entwicklung und Bedeutung des Beziehungsmarketings

Mit der Bedeutung der Geschäftsbeziehungen hat sich zunehmend das Beziehungsmarketing als eigenständiger Forschungsbereich entwickelt (vgl. hierzu Hansen 2000, S. 415 ff.). Die Notwendigkeit der Orientierung auf Beziehungen statt auf Transaktionen ergibt sich insbesondere aus dem Wandel der wirtschaftlichen und wettbewerblichen Rahmenbedingungen und den damit einhergehenden neuen He-

Abb. 1-2

Managementfokus im Wandel der Zeit

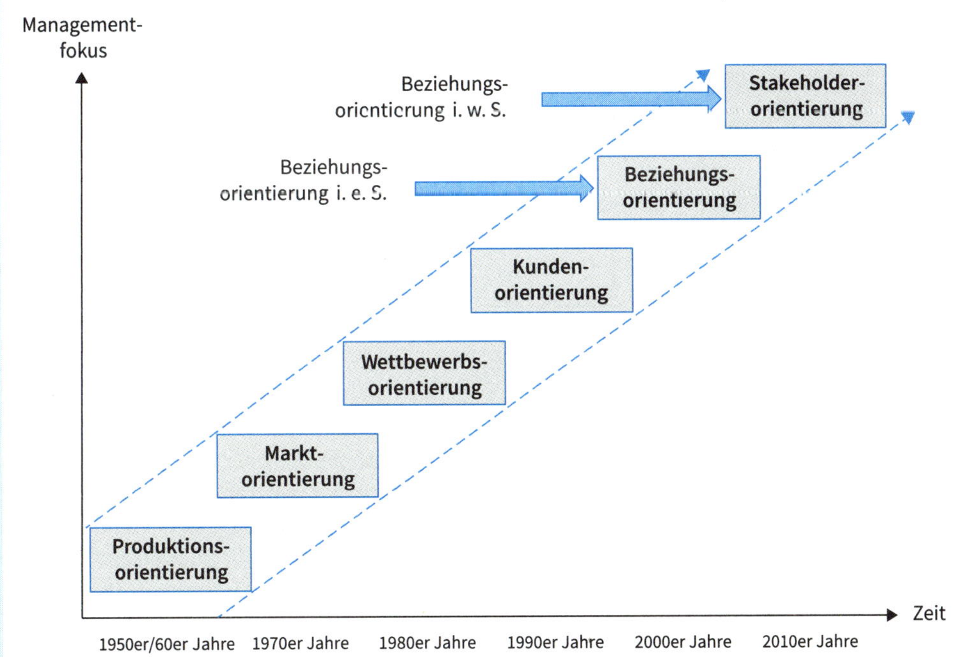

(Quelle: vgl. Bruhn 2016b, S. 1)

rausforderungen für die Unternehmensführung (vgl. hierzu und zum Folgenden Bruhn 2016b, S. 1 ff.). In der Abbildung 1-2 werden diese Entwicklungsphasen mit dem phasentypischen Managementfokus vereinfacht dargestellt.

Entwicklung der Marketing-Management-Philosophien

Während in den 1950er- und 1960er-Jahren Nachfrageüberhänge zu verzeichnen waren, konnten Unternehmen ihre produzierten Produkte problemlos vermarkten. Der Engpass bestand eher in den knappen internen (Produktions-) Kapazitäten, um die vorhandene Nachfrage befriedigen zu können *(Produktionsorientierung).* Im Zuge des in den Folgejahren zu beobachtenden Wandels vom Verkäufer- zum Käufermarkt und erster Anzeichen von Angebotsüberhängen wurde der Nachfrager zunehmend zum Engpass. Infolgedessen konzentrierten sich Unternehmen in den 1970er-Jahren zunehmend auf diejenigen Aktivitäten, die zur Beeinflussung der Zielgruppen dienten und den Produktabsatz förderten *(Marktorientierung).* Mit der zunehmenden Angleichung der Marketingaktivitäten und der damit einhergehenden Homogenisierung des Leistungsangebots bestand in den darauffolgenden 1980er-Jahren die Notwendigkeit, sich auf den Märkten stärker vom Wettbewerber zu differenzieren, um sein eigenes Angebot besser positionieren zu können *(Wettbewerbsorientierung).* In den 1990er-Jahren hat sich die Erkenntnis durchgesetzt, dass nur durch eine konsequente Ausrichtung an den Bedürfnissen, Erwartungen und Wünschen der Kunden Markterfolge zu erzielen sind *(Kundenorientierung).* Kundenzufriedenheit und darüber hinaus auch Kundenbindung haben sich zudem als zentrale Zielparameter herauskristallisiert, deren Realisierung dazu beiträgt, profitable Geschäftsbeziehungen auch dauerhaft zu erhalten.

Mit Beginn des neuen Jahrtausends zeichneten sich neue Herausforderungen für Unternehmen ab, um vor allem auf die in einigen Branchen deutliche Zunahme der Marktvolatilität bzw. die besonders hohe Veränderungsdynamik auf vielen Märkten angemessen reagieren zu können. Damit wuchs das Bewusstsein, ein systematisches Kundenbeziehungsmarketing im Sinne des Aufbaus, der Intensivierung und gegebenenfalls der Wiederherstellung von Kundenbeziehungen zu betreiben *(Beziehungsorientierung).* Seit den 2010er-Jahren zeigt sich im Zuge der Globalisierung, der zunehmenden Bedeutung von Informations- und Kommunikationstechnologien und einer erhöhten Aufmerksamkeit für Nachhaltigkeitsthemen die Tendenz, neben dem Denken im Kundenlebenszyklus nunmehr auch das Denken in Wertschöpfungsketten zu forcieren und Netzwerkarrangements als strategischer Gestaltungsoption kooperativer Wertschöpfungsaktivitäten mehr Aufmerksamkeit zu schenken. Neben den Kunden erhalten also auch andere Marktteilnehmer eine zunehmende Bedeutung in Managementkonzeptionen. Es scheint sich die Erkenntnis durchzusetzen, dass die Beziehungen zu Anspruchsgruppen und ihr Verhalten über den Erfolg des Unternehmens mit entscheiden *(Stakeholder-Orientierung).*

Zusammenhang zwischen Beziehungsorientierung und ökonomischem Erfolg

Die Bedeutung des Beziehungsmarketings ergibt sich vor allem aus der vorherrschenden Fokussierung auf Kundenbeziehungen und der Kundenbindung als zentralem Ziel der Marketingaktivitäten und dem damit zusammenhängenden Ein-

Abb. 1-3

Erfolgskette des Beziehungsmarketings

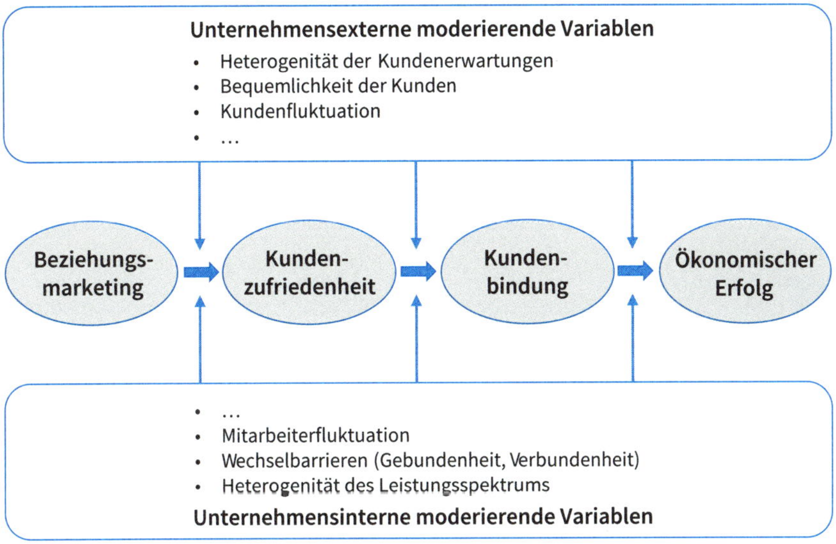

(Quelle: vgl. Bruhn 2016b, S. 73)

fluss auf den Unternehmenserfolg. Der ökonomische Erfolg kann zunächst exemplarisch an der *Erfolgskette des Beziehungsmarketings* dargestellt werden (siehe Abbildung 1-3).

Stärke und Art des Zusammenhangs

Wenn auch die Erfolgskette aufgrund von Plausibilitätsüberlegungen insgesamt logisch erscheint, erhebt sie jedoch nicht den Anspruch auf Allgemeingültigkeit. Zum einen wird die Stärke der Zusammenhänge zwischen den einzelnen Gliedern der Erfolgskette nicht unwesentlich beeinflusst durch sogenannte moderierende Variablen, sodass je nach Branche, Unternehmen oder Kunden diese Zusammenhänge unterschiedlich ausfallen können. Zum anderen zeigen auch empirische Ergebnisse, dass von nichtlinearen Strukturen der postulierten Zusammenhänge auszugehen ist (vgl. hierzu und zum Folgenden Bruhn/Georgi 2010, S. 646 ff.). Die Zusammenhänge zwischen den einzelnen Gliedern der Erfolgskette sind wie folgt zu analysieren:

1) Zusammenhang zwischen Niveau der Aktivitäten im Rahmen des Beziehungsmarketings und Kundenzufriedenheit

Grundsätzlich positiver Zusammenhang

Grundsätzlich kann davon ausgegangen werden, dass mit der Intensivierung von Beziehungsaktivitäten (z. B. durch die Implementierung eines Beschwerdemanagementsystems) auch die Wahrscheinlichkeit einer Kundenzufriedenheitserhöhung steigt. Diese positive Korrelation ist nicht nur theoretisch plausibel, sondern wird auch durch Untersuchungen in unterschiedlichen Branchen gestützt (siehe z. B. Kundenmonitor Deutschland 2016).

Progressiver vs. sattelförmiger Zusammenhang

2) Zusammenhang zwischen Kundenzufriedenheit und Kundenbindung

Weithin unbestritten und durch empirische Studien belegt ist der positive Zusammenhang zwischen Kundenzufriedenheit und Kundenbindung. Allerdings liegen zwischen diesen beiden Größen häufig nichtlineare Beziehungen vor; in der einschlägigen Literatur wird überwiegend von einem progressiven oder einem sattelförmigen Verlauf zwischen Kundenzufriedenheit und Kundenbindung ausgegangen (vgl. Töpfer 2008, S. 84 f.; Müller/Riesenbeck 1991):

Abb. 1-4

Formen des Zusammenhangs zwischen Kundenzufriedenheit und Kundenbindung

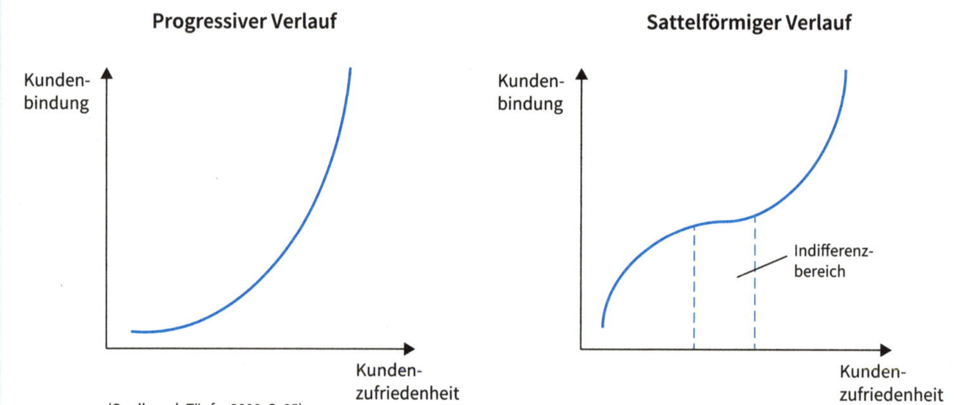

(Quelle: vgl. Töpfer 2008, S. 85)

- Ein *progressiver Verlauf* unterstellt, dass nach der Erfüllung von Basisanforderungen (z. B. Rostschutz oder Sicherheit beim PKW) zunächst keine nennenswerten Effekte auf die Kundenbindung zu erzielen sind. Erst mit der Realisierung von Leistungsanforderungen (z. B. Fahreigenschaften oder Benzinverbrauch beim PKW) ist ein leichter Anstieg der Kundenbindung festzustellen. Werden allerdings Begeisterungsanforderungen erfüllt (z. B. unerwartete Sonderausstattung beim PKW), ist ein deutlicher Anstieg der Kundenbindung zu verzeichnen. Dieser Verlauf, der dem sogenannten *Kano-Modell* (vgl. dazu Kapitel 2.2.5) zugrunde liegt, zeigt, dass nur bei sehr zufriedenen Kunden eine hohe Bindungswirkung erzielt werden kann.
- Bei einem *sattelförmigen Verlauf* führt bei Vorliegen geringer Zufriedenheitswerte eine Erhöhung der Zufriedenheit zu einer unterproportionalen Steigerung

der Kundenbindung. Im Gegensatz dazu bewirkt im Bereich mittlerer Zufriedenheit auch eine größere Zunahme der Kundenzufriedenheit keine nennenswerten Kundenbindungseffekte. Erst nach Überschreiten des Indifferenzbereichs bei Vorliegen hoher Kundenzufriedenheit führt bereits eine kleine Steigerung der Kundenzufriedenheit zu einer überproportionalen Steigerung der Kundenbindung.

Die skizzierten Funktionsverläufe können von Branche zu Branche oder von Kundensegment zu Kundensegment variieren. Weitere Faktoren wie z. B. Konkurrenzintensität, Wechselneigung der Nachfrager oder Mobilitätsbarrieren der Anbieter können die Kurvenverläufe und damit den Zusammenhang zwischen Kundenzufriedenheit und Kundenbindung beeinflussen.

3) Zusammenhang zwischen Kundenbindung und ökonomischem Erfolg

More-, Cross- und Up-Sell-Potenzial

Maßnahmen im Rahmen des Beziehungsmarketings, die zur Bindung des Kunden an das Unternehmen und damit zur Erhaltung der Geschäftsbeziehung beitragen, eröffnen Möglichkeiten zur Erschließung von More-, Cross- und Up-Sell-Potenzial (vgl. Kreutzer 2016, S. 20). Zum einen lässt sich die Kauffrequenz erhöhen, indem der Kunde dazu motiviert wird, mehr als bisher nachzufragen *(More-Sell)*. Zum anderen kann die Kundentreue dahingehend ausgeschöpft werden, dass Zusatzkäufe initiiert und dem Kunden weitere Produkte aus dem Angebotsprogramm des Unternehmens verkauft werden können *(Cross-Sell)*. Zudem besteht die Möglichkeit, den Kunden vom Kauf höherwertiger Angebote des Unternehmens zu überzeugen *(Up-Sell)*.

Weiterempfehlungsverhalten

Großes Nutzenpotenzial erfährt die Kundenbindung mit der *Weiterempfehlung* durch zufriedene Kunden. Je zufriedener ein Kunde mit den Leistungen des Anbieters ist, desto eher kann davon ausgegangen werden, dass diese positiven Erfahrungen auch an Freunde oder Bekannte weitergegeben werden (Mund-zu-Mund-Kommunikation). Im Zuge der verstärkten Nutzung auch sozialer Medien können hohe Multiplikatoreffekte erzielt werden, wenn Kunden dazu ermutigt werden, ihre Empfehlungen auf den von ihnen genutzten Kommunikationsplattformen (z. B. Facebook) zu ›posten‹. Bei Kunden, die dem Unternehmen treu sind, ist weiterhin eine erhöhte Preisbereitschaft festzustellen, sodass Erfolgsbeiträge auch aus Preiszuschlägen generiert werden können. Als Beispiel seien Kunden von Starbucks genannt, die für ihren Kaffee aufgrund des emotionalen Markenerlebnisses und der Bindung an die Marke einen relativ hohen Preis zu zahlen bereit sind (vgl. Riedel/Gresser 2016, S. 30).

Positive Kosteneffekte

Neben den Erlöswirkungen ergeben sich mit der Aufrechterhaltung der Geschäftsbeziehung mit dem Kunden auch positive Kosteneffekte (vgl. hierzu Diller 2011, S. 260 f.). Zum einen können *Kostensenkungspotenziale* aufgrund von Erfahrungseffekten, die mit der Bearbeitung gebundener Kunden anfallen, ausgeschöpft werden. Zum anderen sind *komparative Kostenersparnisse* möglich, wenn Kosten der Neukundenakquisition vermieden werden oder kundenspezifische Investitionen wie z. B. Erstellung kundenindividueller Produktentwürfe oder häufige Interaktionsepisoden zur Anbahnung einer Transaktion entfallen. Auch die laufenden Kosten der Kundenbearbeitung werden im Regelfall geringer mit der Dauer der Geschäftsbeziehung und dem vertrauteren Umgang miteinander.

Insgesamt kann die *Entwicklung von Nutzenkategorien* im Verlauf einer Kundenbeziehung idealtypisch wie in folgender Abbildung 1-5 skizziert werden:

Abb. 1-5

Entwicklung von Nutzenkategorien im Verlauf einer Kundenbeziehung

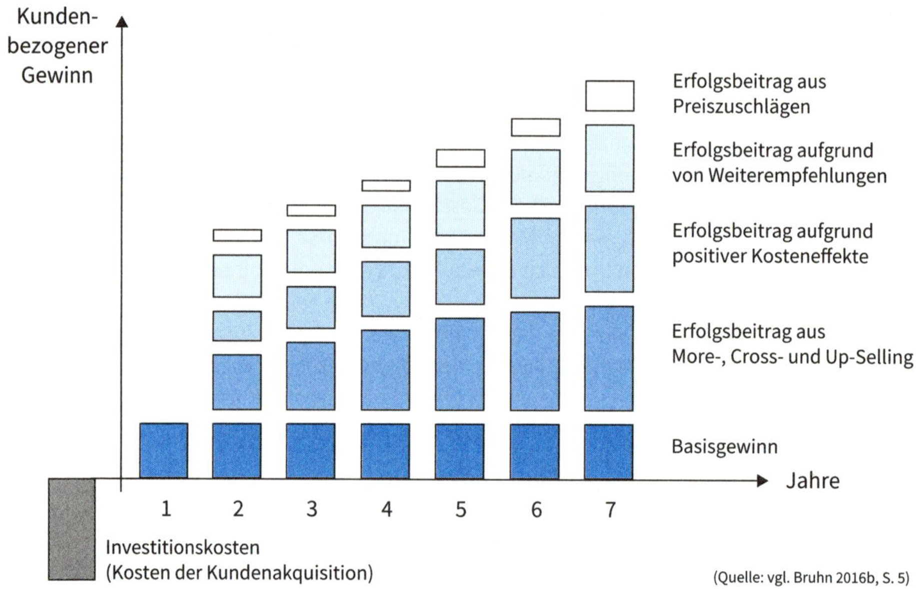

(Quelle: vgl. Bruhn 2016b, S. 5)

Zusammenhänge bei anderen Beziehungspartnern

Während die Kosten-Nutzen-Effekte im Rahmen von Kundenbeziehungen vielfach erforscht und empirisch untersucht worden sind, finden sich vergleichsweise wenige Untersuchungen, die den Fokus auf andere Beziehungspartner legen. Publikationen, die die Zusammenarbeit mit anderen Beziehungspartnern untersuchen, liegen beispielsweise vor für die Beziehungsebene Zulieferer – Hersteller (siehe z. B. Clauß 2013), für die Beziehungsebene Hersteller – Handel (siehe u. a. Zentes/Swoboda 2005) oder vor allem für die Ebene Kunde – Hersteller (siehe die umfangreiche Literatur zum Kundenbeziehungsmanagement bzw. zum Customer Relationship Management). Vereinzelt finden sich Untersuchungen, die sich auf spezielle Aspekte des Beziehungsmarketings fokussieren und dabei auch unterschiedliche sektorale Bereiche (Dienstleistungs-, Konsumgüter- und Investitionsbereich) einbeziehen (vgl. exemplarisch hierzu Cornelsen 2000, der sich mit Kundenwertanalysen im Beziehungsmarketing beschäftigt).

Vorteile des Beziehungsmarketings im Überblick

Aus den diversen Publikationen kann zusammenfassend festgehalten werden, dass sich aus einer langfristigen Zusammenarbeit mit Beziehungspartnern auf unterschiedlichen Ebenen Effektivitäts- und Effizienzvorteile generieren lassen, wie es in der folgenden Abbildung 1-6 veranschaulicht werden kann.

Abb. 1-6

Gründe für die Entwicklung des Beziehungsmarketings

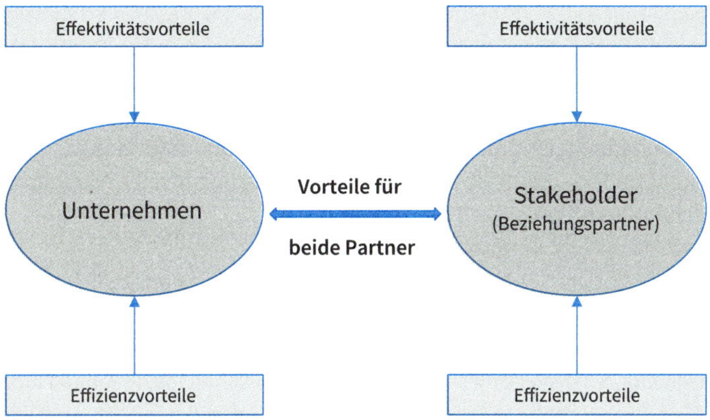

(Quelle: vgl. Backhaus 1998, S. 23)

Während in der Literatur vorwiegend die Vorteilhaftigkeit aus Unternehmensperspektive (Anbieterperspektive) betrachtet wird, muss diese Sichtweise zunehmend infrage gestellt werden. Da Interaktions- und Geschäftsbeziehungen in einem interdependenten Beziehungsverhältnis stehen (vgl. Kapitel 1.1), wäre eine einseitige Vorteilsauslegung bzw. die Nutzenerzielung nur eines Beziehungspartners kein tragfähiges Fundament für eine auf Langfristigkeit angelegte Geschäftsbeziehung. Für beide Beziehungspartner sind Effektivitäts- und Effizienzvorteile entscheidungsrelevant (vgl. hierzu Backhaus 1998, S. 22 ff.).

Vorteile aus Anbietersicht

Aus Anbietersicht ergeben sich *Effizienzvorteile,* wenn die für die Erhaltung oder den Ausbau bestehender Beziehungen notwendigen Investitionen geringer ausfallen als jene Investitionen, die für die Gewinnung neuer Beziehungspartner erforderlich sind. Im Rahmen von Kundenbeziehungen hat sich dieser Nutzenvorteil weitgehend bestätigt (vgl. auch Helm/Günter 2003, S. 13). Auch ist davon auszugehen, dass im Zuge des Einsatzes moderner Informations- und Kommunikationstechnologien die individualisierte Ansprache und Betreuung von Beziehungspartnern zunehmend kostengünstiger erfolgen kann.

Effektivitätsvorteile aus Anbieterperspektive ergeben sich, wenn mit dem Aufbau von langfristigen Geschäftsbeziehungen auch komparative Konkurrenzvorteile generiert werden können. Ein *komparativer Konkurrenzvorteil* kann sich beispielsweise bei einem Unternehmen ergeben, das im Vergleich zu Wettbewerbern einen schnelleren und kostengünstigeren Lieferservice anbietet.

Vorteile aus Stakeholder-Sicht

Aus Stakeholder-Sicht können sich *Effektivitätsvorteile* mit zunehmender Beziehungsdauer einstellen. Die unterschiedlichen Interaktionsepisoden im Rahmen des Interaktionsprozesses liefern in der Regel eine für Entscheidungen notwendige ausreichende Informationsgrundlage, sodass das Risiko von Fehlentscheidungen minimiert werden kann. *Effizienzvorteile* zeigen sich dann, wenn sich im Rahmen der Beziehung vor allem Zeit- und Kostenvorteile erzielen lassen. Diese Effekte zeigen sich beispielsweise bei Beziehungspartnern, die bislang positive Erfahrungen mit dem Leistungsangebot des Anbieters gemacht haben und keinen Grund sehen, Informationen über weitere Beschaffungsalternativen einzuholen oder gar den Beziehungspartner zu wechseln. Dieser ›Limited choice-Effekt‹ scheint ein aus Nachfragersicht fundamentaler Grundsatz des Beziehungsmarketings zu sein, da »consumers like to reduce choices by engaging in an ongoing loyalty relationship with marketers« (Sheth/Parvatiyar 1995, S. 256).

Zusammenfassend kann festgehalten werden, dass sich aus dem Management vorhandener Beziehungen positive Effekte für die jeweiligen Beziehungspartner ergeben können. Nur wenn alle Beziehungspartner einen Nutzen aus der Beziehung ziehen, lassen sich Geschäftsbeziehungen langfristig aufrechterhalten. Jeder beteiligte Akteur muss dabei seinen individuellen oder organisationalen Beziehungsnutzen durch einen Vergleich der Effektivitäts- und Effizienzvorteile sowie der jeweiligen Effektivitäts- und Effizienzverluste ›errechnen‹, um abschätzen zu können, ob sich das Eingehen oder die Fortsetzung der Geschäftsbeziehung ›lohnt‹.

WIEDERHOLUNGSFRAGEN

- Skizzieren Sie die schrittweise Entwicklung der Marketing-Management-Philosophien vom produktionsorientierten Ansatz zum beziehungs- und Stakeholder-orientierten Ansatz.
- Diskutieren Sie, worin die zunehmende Relevanz des Beziehungsmarketings begründet liegt. Gehen Sie dabei auf die Wirkungskette zwischen Beziehungsorientierung und ökonomischem Erfolg ein.
- Erläutern Sie die Vorteile des Beziehungsmarketings aus Anbieter- und Stakeholder-Perspektive.

1.3 Charakterisierung des Beziehungsmarketings

Der Begriff *Beziehungsmarketing* oder *Relationship Marketing* hat im Laufe der Zeit eine Vielzahl an Definitionen erfahren. Ursprünglich geht das Konzept auf Berry (1983) zurück, der Beziehungsmarketing wie folgt definiert:

> »Relationship marketing is attracting, maintaining and – in multi-service organizations – enhancing customer relationships« (Berry 1983, S. 25).

Dieser traditionelle Beziehungsmarketing-Ansatz fokussiert sich auf die bestehenden Kundenbeziehungen, die es zu gestalten gilt. Damit erfolgt eine Abkehr von einem ausschließlich auf die Gewinnung von Neukunden ausgerichteten Marketingansatz, der als *Transaktionsmarketing* bezeichnet wird.

Kritikpunkte des Transaktionsmarketings

Der grundlegende Theoriewandel begründet sich in der Kritik, die dem transaktionsorientierten Marketing zugeschrieben wird. Die Kritikpunkte konzentrieren sich auf die zugrunde liegende Marketingphilosophie, die Instrumentestrukturierung, die Marketingorganisation und das Leistungsangebot (vgl. hierzu Bruhn 2016b, S. 11 f.).

Marktorientierung statt Kundenorientierung

Im Hinblick auf die traditionelle *Marketingphilosophie* gilt die Ausrichtung der Marketingaktivitäten an den Bedürfnissen der Kunden als zentrale Handlungsmaxime. Wenn auch die Kundenorientierung als formulierte Zielrichtung vereinzelt in Leitbildern oder Unternehmensbroschüren zu finden ist, scheint dieser Anspruch in der Unternehmenspraxis nicht immer ›gelebt‹ zu werden. Relativ häufige Berichte über die ›Servicewüste Deutschland‹ seien hier nur stellvertretend genannt (vgl. z. B. Tödtmann 2015). Die einseitige Ausrichtung auf die Kundenorientierung ist allerdings zum einen aufgrund der gestiegenen Relevanz des Denkens in Wertschöpfungsketten und zum anderen wegen der hohen Bedeutung auch anderer Anspruchsgruppen zunehmend durch eine Marktorientierung zu ersetzen. Mit der Marktorientierung sollen die Unternehmensaktivitäten auf sämtlichen für das Unternehmen wichtigen Märkten (Beschaffungsmärkte für Produktionsfaktoren, Finanzmärkte, Absatzmärkte etc.) ausgerichtet sein und demzufolge neben den Ansprüchen der Kunden auch beispielsweise die der Lieferanten, Kapitalgeber oder Absatzmittler berücksichtigen (vgl. Bruhn 2009, S. 37).

Kundenbeziehung stabilisieren

Ein Kritikpunkt im Rahmen der *Instrumentestrukturierung* liegt in der Orientierung an den klassischen Instrumenten des operativen Marketings (die 4 P's: Product, Price, Promotion und Place) und deren primärem Bestreben, Transaktionen zu initiieren, statt Kundenbeziehungen zu stabilisieren. Hinzu kommt, dass unternehmens- und marketingrelevante Konzepte wie Qualitätsmanagement oder Beschwerdemanagement nicht einzelnen Instrumenten zuzuordnen sind, sondern im Rahmen eines Gesamtkonzepts moderner Unternehmensführung zu integrieren sind.

Marketing als Leitkonzept der Unternehmensführung

Weiterhin sind in Bezug auf die *Marketingorganisation* die in Marketingabteilungen zu verantwortenden isolierten Marketingaktivitäten weniger zeitgemäß. Vielmehr wird mit dem modernen Marketing ein Leitkonzept der Unternehmensführung verbunden, das das gesamte Unternehmen auf die Bedürfnisse aktueller und potenzieller Kunden ausrichtet (vgl. Meffert/Burmann/Kirchgeorg 2015, S. 13 f.). Demzufolge ist dem Marketing eine abteilungsübergreifende Funktion zuzuordnen.

Interaktion ist wesentlicher Leistungsbestandteil

Nicht zuletzt konzentriert sich ein Kritikpunkt des Transaktionsmarketings in der zu engen *Definition des Leistungsangebots.* Bei dieser Auslegung wird lediglich das Produkt und dessen Vermarktung in den Vordergrund gestellt, nicht aber die Interaktion. Insbesondere in Industriegüter- und Dienstleistungsmärkten stellt die Interaktion jedoch einen wesentlichen Teil der Leistung dar. So sind beispielsweise im Anlagenbau auf Kundenanforderungen basierende Produktspezifikationen ohne vorherige und zum Teil auch intensive Austauschprozesse (z. B. Informationsaustausch, Verhandlungsprozesse) kaum möglich. Bei Dienstleistungen sind Interaktionen integrativer Leistungsbestandteil, vor allem dann, wenn die Dienstleistung nicht ohne Integration des Kunden stattfinden kann (z. B. beim Friseur im Rahmen des Dienstleistungsprozesses Haare schneiden) und die Interaktionspartner im Rahmen des Dienstleistungserstellungsprozesses zwingend aufeinandertreffen (Uno-Actu-Prinzip) (vgl. Meffert/Bruhn 2012, S. 39). Dieser Interaktionsprozess kann zudem maßgeblich die Leistungsqualität bestimmen, wenn der Kunde im Rahmen der Interaktion durch die präzise Artikulation seiner individuellen Bedürfnisse aktiv in den Leistungserstellungsprozess eingreift und damit ein bedürfnisgerechteres Leistungsergebnis ermöglicht (vgl. Bruhn/Stauss 2009, S. 7). Ein Leistungsangebot stellt also eine Kombination von Produkt und Interaktion dar, wobei der Interaktion im Rahmen des Beziehungsmarketings eine dominante Rolle zuzuschreiben ist. Wie bereits erwähnt, sind Interaktionen die Voraussetzung für Transaktionen und für die Fortsetzung der Geschäftsbeziehung (siehe Kapitel 1.1).

Auch im Konsumgütermarketing vollzieht sich ein Perspektivenwandel, indem die Begrenztheit einer kurzfristigen Transaktionsorientierung erkannt und der Wechsel zur Beziehungsorientierung für notwendig erachtet wird. Begründet wird dies mit der veränderten Marktkonstellation (Marktsättigung) und dem veränderten Konsumentenverhalten. Während in Zeiten des Marktwachstums und vorwiegend passiver Konsumenten ein transaktionsorientiertes Marketing ausreichend war, ist in Zeiten weitgehend ausgeschöpfter Marktpotenziale und verschärfter Wettbewerbsintensität auf der einen Seite sowie zunehmend informierter, aktiver und individualisierter Konsumenten auf der anderen Seite ein beziehungsorientiertes Marketing strategisch notwendig (vgl. Hansen/Bode 1999, S. 296).

Transaktions- vs. Beziehungsmarketing

Transaktionsmarketing und Beziehungsmarketing sind im Kern nun keine sich widersprechenden Marketingphilosophien. Beziehungsmarketing stellt weder einen »Paradigmawechsel im Marketing« dar (vgl. Backhaus 1998; anderer Auffassung ist beispielsweise Gummesson 1997), noch findet eine »Revolution in der Marketingwissenschaft« statt. Beziehungsmarketing ist auch keine nur temporär relevante »modische Erscheinung« (so auch die Auffassung von Hansen/Bode 1999, S. 293). Beziehungsmarketing ergibt sich vielmehr aus der logischen Konsequenz, aufgrund der veränderten Bedingungskonstellationen (z. B. durch die Marktdynamik oder durch das veränderte Konsumentenverhalten) einen nunmehr erfolgswirksameren Marketingansatz zu verfolgen, bei dem das traditionelle, auf kurzfristige Transaktionen fixierte Marketing ersetzt wird durch ein Marketing, das über eine langfristige Beziehungsgestaltung nachhaltige Geschäftserfolge zu generieren versucht. Insofern ist lediglich ein Perspektivenwechsel zu konstatieren, der ein Beziehungsmarketing mit folgenden charakteristischen Merkmalen kennzeichnet:

Merkmale des Beziehungsmarketings

Langfristige Beziehung

- *Zeitraumorientierung:* Typisch für den beziehungsorientierten Ansatz ist die über eine einzelne Transaktion hinausgehende langfristige Betrachtung und Gestaltung der Geschäftsbeziehungen des Unternehmens. Insbesondere bei Geschäftstypen (wie etwa dem Anlagengeschäft), bei denen es nicht notwendigerweise zu Folge- oder Zusatzkäufen kommt, kann die Analyse der langfristigen Ziele der Geschäftspartner Impulse zur Gestaltung weiterer Leistungen bieten, um die Beziehung zu intensivieren. In ähnlicher Weise lassen sich auch die Beziehungen zu wichtigen Lieferanten auf die Erreichung langfristiger Ziele hin analysieren und bei Bedarf intensivieren. In diesem Zusammenhang stellt vor allem auch die Nachkaufphase einen zentralen zeitlichen Abschnitt für die Aufrechterhaltung dauerhafter Geschäftsbeziehungen dar (vgl. Jeschke 1995, S. 62).

Gestaltung der Interaktion ist wichtig

- *Interaktionsorientierung:* Marketingobjekt im beziehungsorientierten Ansatz ist weniger das Produkt bzw. die Leistung des Unternehmens; vielmehr wird die Beziehungsebene als zusätzlicher Gestaltungsparameter des Marketings gesehen. Es wird davon ausgegangen, dass über die Gestaltung der Interaktion Transaktionen initiiert, Folgetransaktionen generiert und damit Geschäftsbeziehungen konstituiert werden können.
- *Prozessorientierung:* Die Prozesse im Rahmen des Beziehungslebenszyklus' zwischen Unternehmen und Beziehungspartner lassen sich in eine Vielzahl unterschiedlicher Kontaktsituationen oder Interaktionsepisoden einteilen. Jede einzelne Kontaktsituation bzw. jede Interaktionsepisode kann einen signifikanten Einfluss auf die vom Beziehungspartner wahrgenommene Prozessqualität und Beziehungszufriedenheit haben (vgl. Hansen/Bode 1999, S. 296) und damit maßgeblich die Fortsetzung der Geschäftsbeziehung determinieren.
- *Dialogorientierung:* Prägend für Beziehungsmarketing ist die Gestaltung aller interaktiven Prozesse (Austauschprozesse bzw. -beziehungen) mit allen relevanten Beziehungspartnern (z. B. Kunden, Lieferanten, Medien). Indem beispielsweise Kunden rechtzeitig und offen an der Problemlösung (z. B. im Falle einer Kundenbeschwerde) beteiligt werden, können Verständnis und Vertrauen aufgebaut sowie Zufriedenheit und Partnerbindung gesteigert werden. Dialogorientierung setzt eine partnerschaftliche Beziehung mit den Anspruchsgruppen des Unternehmens voraus, die sich in einem stetigen wechselseitigen Austausch über Probleme und Lösungen befinden. Sich wandelnde Bedürfnisse können so einfach und schnell erkannt, passgenaue Problemlösungen gefunden und unpassende, teure Lösungen vermieden werden.
- *Partnerorientierung/Individualisierung:* Aus der Dialogorientierung ergeben sich Anhaltspunkte für die Individualisierung von Produkten bzw. Leistungen sowie

von Marketingmaßnahmen, die den (latenten) Bedürfnissen und Anforderungen der Beziehungspartner entsprechen. Indem beispielsweise Werbemaßnahmen an die individuellen Informationsbedürfnisse der Beziehungspartner angepasst werden, lassen sich Wirkungen solcher Maßnahmen verbessern sowie Streuverluste und die damit verbundenen Kosten vermeiden.

Orientierung an den Werten der Beziehungspartner

- *Werteorientierung/Nachhaltigkeitsprinzip:* Werte sind elementare und gelernte Vorstellungen von etwas Wünschenswertem, die das Verhalten von Individuen, wenngleich nicht immer bewusst, steuern. Orientiert sich das Marketing an den Werten der Beziehungspartner, indem es z. B. ihre jeweiligen Werte in das eigene Zielsystem integriert, so lassen sich in höherem Maße erwünschte Verhaltensweisen der Beziehungspartner auslösen und Bindungen zu den Partnern intensivieren. Aus Werten der Beziehungspartner wie Qualität, Vertrauen oder Zuverlässigkeit lassen sich Anhaltspunkte zur Gestaltung der eigenen Leistungen und zur Positionierung im Wettbewerb ableiten. In zunehmendem Maße wird das Käuferverhalten von den Werten einer nachhaltigen Entwicklung geprägt. Käufer schätzen hierbei Anbieter danach ein, ob und inwieweit sie Umweltgesichtspunkte gleichberechtigt neben sozialen und wirtschaftlichen Gesichtspunkten in ihren Leistungen und Maßnahmen berücksichtigen. Ein Anbieter, der im Rahmen von Corporate Social Responsibility (CSR) freiwillig und selbstverantwortlich über den gesetzlichen Rahmen hinausgehend Maßnahmen zum Schutz der Umwelt oder zur Unterstützung gesellschaftlicher Ziele und Vereinigungen ergreift, kann zu den entsprechenden gesellschaftlichen Gruppen auch leichter Beziehungen knüpfen und sich Märkte erschließen.

Intensivierung profitabler Geschäftsbeziehungen

- *Nutzenorientierung:* Im Beziehungsmarketing werden Marketingmaßnahmen als Investition in die Intensivierung von Geschäftsbeziehungen aufgefasst. Nach dem Wirtschaftlichkeitskalkül lohnen sich Investitionen in eine Geschäftsbeziehung nur dann, wenn der aus der Beziehung für den Anbieter resultierende Output (z. B. empfangene Erlöse, erhaltene Informationen) langfristig den in die Beziehung investierten Input (z. B. Kosten für Außendienstbesuche, Werbemaßnahmen, aufgewandte Mühe bei der Beratung) übersteigt. Nach diesem Ansatz werden also Beziehungspartner nach einem Output-Input-Kalkül bewertet, um hieraus sodann die profitabelsten von den weniger profitablen Geschäftsbeziehungen zu separieren und Maßnahmen auf die lohnendsten Geschäftspartner und Beziehungen zu fokussieren. Insgesamt ergibt sich ein Nutzen für das Unternehmen durch letztlich gewinnbringende Geschäftsbeziehungen.

Prinzip der Gegenseitigkeit

- *multilaterale Orientierung:* Beziehungsmarketing wird nicht als unilateraler Prozess verstanden. Auf an interne und externe Stakeholder gerichtete Handlungen müssen zumindest mittelfristig Reaktionen erfolgen, damit überhaupt von einer Beziehung gesprochen werden kann. Aufgrund der Vielzahl möglicher Beziehungen mit Partnern in unterschiedlichen Phasen der Wertschöpfungskette hat Beziehungsmarketing somit eine multilaterale Ausrichtung (vgl. Schrader 2008, S. 24).

Einbezug interner und externer Stakeholder

- *ganzheitliche Orientierung:* Beziehungsmarketing ist als holistischer Ansatz zu begreifen und befasst sich mit der Analyse und zielgerichteten Gestaltung, Steuerung und Kontrolle von freiwillig eingegangenen wie unfreiwilligen, z. B. zu Krisenzeiten bestehenden, Geschäftsbeziehungen durch den integrierten Einsatz der Marketinginstrumente. Ganzheitlichkeit bezieht sich dabei zum einen auf die verschiedenen Funktionsbereiche des Unternehmens (wie Produktmanagement, Produktion, Logistik, Controlling, Personalwesen etc.), die an der Gestaltung von Beziehungen teilhaben, sowie zum anderen auf die mannigfaltigen Arten von Anspruchsgruppen und Beziehungen selbst, die es abzubilden, zu pflegen oder neu zu knüpfen gilt. Im Sinne einer ganzheitlichen Orientierung werden dabei nicht nur die Bedürfnisse, Wünsche und Erwartungen der externen Anspruchsgruppen, sondern gleichermaßen auch die der internen Anspruchsgruppen (insbesondere Mitarbeitende) berücksichtigt. Die Notwendigkeit der Einbeziehung von externen und internen Stakeholdern steigt mit zunehmendem Anteil ihrer wertschöpfenden Aktivitäten; erst das Zusammenspiel aller Akteure in einem derartigen Beziehungsnetzwerk gibt dem Unternehmen die Chance, Synergiepotenziale vermehrt auszuschöpfen.

Unter Bezugnahme auf diese Merkmale soll Beziehungsmarketing wie folgt definiert werden (vgl. Bruhn 2016b, S. 12):

> *Beziehungsmarketing* umfasst sämtliche Maßnahmen der Analyse, Planung, Realisierung und Kontrolle der Beziehungen von Unternehmen zu ihren externen und internen Anspruchsgruppen mit dem Ziel, gegenseitigen und nachhaltigen Nutzen zu generieren durch Initiierung, Stabilisierung, Intensivierung und Wiederaufnahme sowie gegebenenfalls Beendigung von Geschäftsbeziehungen.

Da Beziehungsmarketing in diesem Zusammenhang im Sinne eines ganzheitlichen Managementansatzes zu sehen ist, ist eine synonyme Verwendung der Begriffe Beziehungsmarketing und Beziehungsmanagement legitim. Die terminologische Gleichsetzung begründet sich zudem durch die sich nicht wesentlich unterscheidenden Aktionsparameter beider Entscheidungsbereiche.

WIEDERHOLUNGSFRAGEN

- Erläutern Sie die prägenden Merkmale des Beziehungsmarketings.
- Erläutern Sie, worin die zentralen Unterschiede zwischen Beziehungsmarketing und Transaktionsmarketing bestehen.

1.4 Zielvariablen des Beziehungsmarketings

Als primäre Zielvariable des Beziehungsmarketings gilt der *Beziehungserfolg*.

Der *Beziehungserfolg,* verstanden als langfristiger Erfolg einer geschäftlichen Kooperation von Unternehmen mit internen und externen Beziehungspartnern (vgl. auch Gawantka 2006, S. 97), wird determiniert durch die Zielgrößen Kostenwirtschaftlichkeit, Beziehungssicherheit und Ergiebigkeit der Geschäftsbeziehung (vgl. hierzu und zum Folgenden Diller 1995b, S. 444 ff.; Hennig-Thurau/Hansen 2000, S. 6 ff.; Hansen 2011, S. 296).

Bestimmungsfaktoren des Beziehungserfolgs

Kostenwirtschaftlichkeit

Die *Kostenwirtschaftlichkeit* betrifft die Inputseite des Beziehungserfolgs. Hierunter können Ziele wie z. B. die Ausschöpfung von Größen- und Erfahrungskurveneffekten durch gemeinsame Nutzung von Beschaffungs-, Produktions- oder Absatzressourcen fallen, insbesondere aber auch die Senkung der mit Geschäftsprozessen verbundenen Transaktionskosten. Hinzu kommen Zeitersparnisse und damit auch Kosteneinsparungen, wenn sich die Akteure im Beziehungsnetzwerk kennen und die Geschäftsbeziehung ohne weitere intensive Abstimmungsprozesse fortgesetzt werden kann.

Beziehungssicherheit

Die Bekanntheit der Beziehungspartner und die Vertrautheit im Umgang mit den Beziehungspartnern sind wesentliche Voraussetzungen, um die Kontinuität der Geschäftsbeziehung sicherzustellen. Damit ergibt sich die *Beziehungssicherheit* als weitere Zielstellung des Beziehungsmarketings. Mit einer Erhöhung der Beziehungssicherheit geht in der Regel auch eine geringe Fluktuation der Beziehungspartner einher, sodass insgesamt das Beziehungsrisiko vermindert wird. Auch stellt sich eine Reduzierung des Interaktionsrisikos ein, da aufgrund bekannter und vertrauter Beziehungsverhältnisse die Motivation, neue und unsichere Partnerschaften einzugehen, eher gering sein dürfte.

Ergiebigkeit der Geschäftsbeziehung

Der Beziehungserfolg wird weiterhin durch die *Ergiebigkeit der Geschäftsbeziehung* determiniert. Sie basiert auf einer im Zuge einer positiv verlaufenden Zusammenarbeit sich ergebenden Nähe und Loyalität zum Beziehungspartner und verschafft die Möglichkeit, Wachstums- und Erfolgspotenziale durch gemeinsame Aktivitäten besser auszuschöpfen.

Beziehungsqualität

Diese zentralen ökonomischen Zielvariablen werden durch die *Beziehungsqualität* determiniert. Die Beziehungsqualität als zentrale Steuerungsgröße und Erfolgsfaktor und damit auch Zielvariable im Rahmen des Beziehungsmarketings ist in der Literatur weitestgehend unbestritten (vgl. Hennig-Thurau 2000, S. 136; Backhaus 2009, S. 44).

Beziehungsqualität versteht sich als die transaktionsübergreifende Beurteilung der Fähigkeit des Unternehmens, »in der Vergangenheit und in der Zukunft die Beziehung zwischen Unternehmen und Kunden entsprechend den Anforderungen der Kunden an die Beziehung zu gestalten« (Hadwich 2003, S. 22). Allgemein gesprochen ist damit die von einem Beziehungspartner wahrgenommene und erwartete Güte einer Geschäftsbeziehung und damit der Grad der Eignung einer Beziehung zur Erfüllung der Bedürfnisse der Beziehungspartner gemeint (vgl. Hennig-Thurau/Klee 1997, S. 751).

Die Beziehungsqualität kann als multidimensionales Konstrukt aufgefasst werden, welches sämtliche Beziehungsebenen (interne wie externe) umfasst (vgl. Hennig-Thurau/Gwinner/Gremler 2002, S. 234).

Schlüsselkomponenten der Beziehungsqualität

Da Beziehungsmarketing unter Berücksichtigung seiner charakteristischen Merkmale (siehe Kapitel 1.3) auch eine zeitraumbezogene Dimension besitzt, ist Beziehungsqualität als transaktionsaggregierendes Konstrukt zu verstehen. Zwar kann von jedem Beziehungspartner jede einzelne Transaktion beurteilt werden; entscheidend ist aber die vom Beziehungspartner wahrgenommene Summe der Qualitäten der einzelnen Transaktionen. Insofern bildet die Beziehungsqualität ein von der Transaktionsqualität abzugrenzendes Konstrukt (vgl. Hadwich 2003, S. 21).

Im Hinblick auf die zeitliche Orientierung spielen bei der Beurteilung der Beziehungsqualität jedoch nicht nur die Erfahrungen im Rahmen vergangener Transaktionen bzw. Beziehungsprozesse eine Rolle (Ex-post-Perspektive). Relevant ist auch die Abschätzung des zukünftigen Verlaufs der Beziehung aus der Sicht der jeweiligen Beziehungspartner (Ex-ante-Perspektive) (vgl. Hadwich 2003, S. 21). Demzufolge spiegelt die Beziehungsqualität nicht nur die Gesamtbeurteilung der bisherigen Güte der Beziehung wider, sondern auch die zukünftig erwartete Güte der Beziehung. So gesehen ist es vorstellbar, dass trotz einer von allen Beziehungspartnern als gut bezeichneten Beziehungsqualität ein Unternehmen die Geschäftsbeziehung auflöst, weil dem Beziehungspartner beispielsweise nicht zugetraut wird, den zukünftigen Anforderungen gewachsen zu sein. Insofern sind für die Beurteilung der Beziehungsqualität auch psychografische Komponenten ausschlaggebend, die als Zielvariablen ebenfalls von Bedeutung sind. In der Literatur herrscht weitgehend Einigkeit darüber, Zufriedenheit, Vertrauen und Commitment als eigenständige, aber miteinander in Beziehung stehende Konstrukte bzw. Schlüsselkomponenten der Beziehungsqualität zugrunde zu legen (vgl. hierzu und zum Folgenden Hadwich 2003, S. 22 ff.; Backhaus 2009, S. 50 ff.).

Zufriedenheit – das Confirmation/Disconfirmation-Paradigma

Unumstritten sind die Bedeutung der *Zufriedenheit* und ihre direkten und indirekten Wirkungen auf den Unternehmenserfolg (z. B. in Form von Wiederkauf- und Weiterempfehlungsverhalten oder auf Cross-Selling-Aktivitäten). Die Zufriedenheit wird dabei vorwiegend aus der Kundenperspektive reflektiert, wobei für das Zustandekommen der Kundenzufriedenheit das Confirmation/Disconfirmation-Paradigma als dominanter Erklärungsansatz herangezogen wird.

Nach dem *Confirmation/Disconfirmation-Paradigma* ergibt sich ein Zufriedenheitsurteil aus dem individuell wahrgenommenen Ergebnis eines Soll-Ist-Vergleichs einer Leistung. Übersteigt die Soll-Leistung (Kundenerwartung) die Ist-Leistung (wahrgenommene Leistung bzw. empfundener Nutzen), stellt sich Unzufriedenheit ein (negative Disconfirmation). Werden die Erwartungen des Kunden erfüllt, ergibt sich Zufriedenheit (Confirmation). Werden aus subjektiver Sicht des Kunden wesentliche Erwartungen sogar übererfüllt, führt dies zu Kundenbegeisterung (positive Disconfirmation, Delightment) (vgl. Töpfer/Mann 2008, S. 50; Fritz/Oelsnitz 2006, S. 85; vgl. auch Kapitel 2.2.3).

Unterschiedliche Bezugsobjekte

Da sich die Zufriedenheit jedoch auf unterschiedliche Bezugsobjekte (z. B. Produkte, Marken, Dienstleistungen) beziehen kann, ist im Kontext der Beziehungsqualität die *Beziehungszufriedenheit* zu berücksichtigen. Sie ist transaktionsübergreifend und repräsentiert ein eher stabiles, tendenziell leistungsunabhängiges Urteil, das einzelne negative Erfahrungen kompensieren oder überdauern kann. Beziehungszufriedenheit ist insofern abzugrenzen von der *Transaktionszufriedenheit*, die sich auf einzelne, abgeschlossene Transaktionen oder Konsumerlebnisse bezieht (vgl. Stenglin 2008, S. 53). Da im Kontext von Beziehungen vor allem auch Mensch-Mensch-Interaktionen eine Rolle spielen, wäre auch die *Interaktionszufriedenheit* als relevante Zielvariable zu konkretisieren. Interaktionszufriedenheit kann aufgefasst werden als Ergebnis eines Vergleichs der Erwartungen eines Beziehungspartners an eine Interaktion mit der tatsächlich erlebten Interaktion. Sie reflektiert, wie Akteure Ereignisse und Aktivitäten im Rahmen eines Interaktionsprozesses subjektiv bewerten (vgl. Geigenmüller 2012, S. 114). Nicht auszuschließen sind jedoch Überstrahlungseffekte spezifischer Interaktionszufriedenheiten auf Transaktionszufriedenheiten sowie einzelner Transaktionszufriedenheiten auf die Zufriedenheiten nachgelagerter Transaktionen und damit auch insgesamt auf die Beziehungszufriedenheit (vgl. auch Stauss/Seidel 2006, S. 182 f.).

Vertrauen

Vertrauen als weitere Schlüsselkomponente der Beziehungsqualität zu subsumieren, kann als Konsens in der Literatur festgestellt werden. Insbesondere mit der konstatierten zunehmenden Betonung relationaler Austauschbeziehungen und der damit einhergehenden gestiegenen Bedeutung des Beziehungsmarketings gilt Vertrauen als eine wesentliche Komponente der Beziehungsqualität.

Vertrauen kann definiert werden als »the willingness of a party to be vulnerable to the actions of another party based on the expectation that the other will perform a particular action important to the trustor, irrespective of the ability to monitor or control that other party« (Mayer/Davis/Schoorman 1995, S. 712). Mit Vertrauen verbindet sich demzufolge auch eine gewisse Erwartung in die zukünftige Leistungsfähigkeit und Leistungsbereitschaft des Partners, die jedoch aufgrund sich ständig verändernder Umfeldbedingungen (z. B. aufgrund der Marktdynamik) nicht mit Sicherheit vorhergesagt werden kann. Insofern impliziert Vertrauen auch »the

›willingness to take risk‹« (Schoorman/Mayer/Davis 2007, S. 346) und ist letztlich »eine positive Erwartungshaltung unter Risiko« (Eichinger 2010, S. 88).

Vertrauen setzt Zufriedenheit voraus

Vertrauen zwischen Geschäftspartnern ist nicht per se vorhanden, sondern entwickelt sich im Laufe der Zeit, in der die Beziehungspartner interagieren. Vertrauen wird aufgebaut, wenn die Erwartungen der Akteure erfüllt werden und sich Zufriedenheit einstellt. Je nach Bezugsebene zeigt sich dies im Produkt- bzw. Leistungsvertrauen (Bezugsebene Produkte oder Dienstleistungen) oder im Beziehungsvertrauen (Bezugsebene Mensch). Da zum einen – wie bereits konstatiert – im Beziehungsmarketing insbesondere die Mensch-Mensch-Interaktion eine dominante Rolle spielt und zum anderen Vertrauen auch als Qualität sozialer Beziehungen bezeichnet werden kann (vgl. Rossmann 2010, S. 19), wäre es angemessen, dem *Beziehungsvertrauen* als Zielvariable besondere Aufmerksamkeit zu schenken. Konkrete Maßnahmen zum Aufbau von Vertrauen sind beispielsweise Investitionen in die Reputation des Anbieters (z. B. Markenaufbau), die Integration von Stakeholdern (z. B. von Kunden in den Entwicklungsprozess) oder auch eine enge Ausrichtung der Leistungen an den Kundenwünschen im Sinne von Problemlösungen.

Vertrauen reduziert Unsicherheit und Komplexität

Der *Nutzen von Vertrauen* zeigt sich besonders in Situationen unvollständiger Information. So kann Vertrauen, z. B. abgeleitet aus Qualitätssignalen des Anbieters, fehlende Einsichten in tatsächliche Produkt- oder Anbieterqualitäten substituieren. Neben Unsicherheit lässt sich durch Vertrauen auch Komplexität, z. B. in einer Kaufentscheidungssituation, reduzieren (vgl. Luhmann 2000, S. 27; Rossmann 2010, S. 21). Durch Senkung der Transaktionskosten und bessere Steuerungsmöglichkeiten von Geschäftsbeziehungen sind positive ökonomische Effekte für die Beziehungspartner zu erwarten (vgl. Rossmann 2010, S. 26). Mögliche negative Effekte von Vertrauen, die insbesondere bei einem übermäßigen Vertrauen dominieren (vgl. Rossmann 2010, S. 36 ff.), können bestehen

- in einem unvorsichtigen Abbau von Monitoring- und Absicherungsmaßnahmen,
- in einer Informationsfilterung und Reduzierung von Feedback sowie
- in umfassenden sozialen Verpflichtungen, die für eine erfolgreiche Ausgestaltung der Beziehung gar nicht erforderlich sind.

Commitment

Als dritte Schlüsselkomponente der Beziehungsqualität gilt das Commitment. Das Konstrukt Commitment ist Bestandteil unterschiedlicher Forschungsrichtungen (vgl. hierzu Saab 2007, S. 27 ff.; Bryant 2010, S. 21 ff.).

Als beziehungsrelevantes Konstrukt kann *Commitment* allgemein verstanden werden als eine Verhaltensabsicht, alle Anstrengungen zu unternehmen, um eine Beziehung aufzubauen bzw. aufrechtzuerhalten (vgl. Morgan/Hunt 1994, S. 23). Konkret bezeichnet Commitment die psychologische (innere) und starke Bindung von Individuen an ein Bezugsobjekt (z. B. eine Geschäftsbeziehung im Allgemeinen oder eine Unternehmens-, Familien- oder Produktmarke im Speziellen) (vgl. Westphal/Gmür 2009, S. 203 f.)

Folgende relevante *Dimensionen des Commitments* können unterschieden werden (vgl. Meyer/Allen 1991, S. 67; Saab 2007, S. 29; Westphal/Gmür 2009, S. 204 f.):

- *Affektives Commitment* zeigt sich in der emotionalen Bindung an den Beziehungspartner bzw. die Organisation (›Wollens-Beziehung‹).
- *Kalkulatorisches Commitment* beinhaltet ein rationales Abwägen im Sinne einer Kosten-Nutzen-Betrachtung und beschreibt eine Beziehung, die deswegen aufrechterhalten wird, weil eine Beziehungsbeendigung mit Kosten verbunden ist (›Muss-Beziehung‹).
- *Normatives Commitment* beschreibt das Aufrechterhalten einer Beziehung aufgrund moralischer Verpflichtung gegenüber dem Beziehungspartner; es basiert auf einer normativen Überzeugung oder Wertvorstellung, empfangene Leistungen vom Beziehungspartner auch in irgendeiner anderen Form wieder zurückzugeben (›Soll-Beziehung‹).

Grundsätzlich ist dem affektiven Commitment im Rahmen des Beziehungsmarketings eine Zielpriorität einzuräumen. So bestätigen Untersuchungen im Kontext von Kundenbeziehungen, dass Strategien, die auf den Aufbau emotionaler Verbundenheit gerichtet sind, wesentlich effizienter sind als solche, die Kundenbeziehungen mittels ökonomischer oder vertraglicher Bindung aufrechterhalten wollen (vgl. Backhaus 2009, S. 56).

Beziehungsorientierte Unternehmenskultur – Schlüssel zum Beziehungserfolg

Die skizzierten ökonomischen und psychografischen Zielvariablen des Beziehungserfolgs sind jedoch nicht nur auf den externen Beziehungsebenen zu konkretisieren. Die ›Außenpolitik‹ eines Unternehmens kann nur dann erfolgreich sein, wenn im Rahmen der ›Innenpolitik‹ die Voraussetzungen dafür geschaffen worden sind (vgl. Schwill 2003, S. 780; vgl. auch Kapitel 3.3.2). Es sind beziehungsorientierte Strukturen und Systeme sowie eine beziehungsorientierte Unternehmenskultur aufzubauen, die die Rahmenbedingungen des Beziehungserfolgs darstellen. Die Beziehungsorientierung konkretisiert sich insgesamt in einer stärkeren Stakeholder-Orientierung (vgl. Kapitel 1.7), wobei der Mitarbeiterorientierung (vgl. Kapitel 3.3.2) und der Kundenorientierung (vgl. Kapitel 3.3.6) eine besondere Rolle zuzuschreiben ist.

Der *interne Beziehungserfolg* wird determiniert durch die interne Betrachtung der Kostenwirtschaftlichkeit, Beziehungssicherheit und Ergiebigkeit der Beziehung. Im Rahmen der internen Kostenwirtschaftlichkeit geht es im Wesentlichen um die Sicherstellung betrieblicher Leistungsprozesse durch optimale Faktorkombination von Arbeitsleistungen, Werkstoffen und Betriebsmitteln. Insbesondere Maßnahmen, die den Faktor Personal betreffen und entscheidend zum Beziehungserfolg beitragen (z. B. Personalentwicklungsmaßnahmen zur Verbesserung der sozialen Kompetenz von Mitarbeitenden mit Kundenkontakt), sind unter Berücksichtigung ihrer Effektivität und Effizienz zu bewerten.

Die *interne Beziehungssicherheit* betrifft vor allem das Bemühen, die Beziehungen zu den Mitarbeitenden zu erhalten bzw. Fluktuationen zu vermeiden, nicht nur, um die mit einem Personalwechsel verbundenen Kosten einzusparen, sondern auch, um negative Effekte auf externer Beziehungsebene zu verhindern (z. B. wenn Mitarbeitende, die das Unternehmen verlassen, auch Kunden ›mitnehmen‹).

Die *interne Ergiebigkeit der Beziehung* zeigt sich vor allem in der Verstetigung der Mitarbeiterbeziehungen und damit in der Mitarbeiterloyalität. Maßnahmen zur Steigerung der Mitarbeiterbindung konzentrieren sich dabei u. a. im Bereich der Arbeitsplatz- und Arbeitszeitgestaltung, der Arbeitsorganisation, der Arbeitsmotivation und -honorierung oder in der Karriereplanung.

Schlüsselkomponenten der internen Beziehungsqualität

Mitarbeiterzufriedenheit ist besonders wichtig

Eine entscheidende Rolle spielen dabei die *interne Beziehungsqualität* und ihre Schlüsselkomponenten Mitarbeiterzufriedenheit, Vertrauen und Commitment. Eine besondere Bedeutung im Kontext des ganzheitlichen Beziehungsmarketings muss der *Mitarbeiterzufriedenheit* beigemessen werden. Während in der populärwissenschaftlichen Managementliteratur auf Basis von Plausibilitätsannahmen von einem grundsätzlich positiven Zusammenhang zwischen der Zufriedenheit von Mitarbeitenden und Kunden ausgegangen wird, liefert die wissenschaftliche Forschung ein äußerst unklares und teilweise auch widersprüchliches Bild. Signifikante Zusammenhänge oder Kausalbeziehungen konnten sowohl nachgewiesen als auch nicht bestätigt werden (vgl. die Zusammenfassung der empirischen Befunde bei Winter 2005, S. 60 ff.). Aufgrund möglicher kausaler Zusammenhänge wäre betriebsindividuell und fallspezifisch zu überprüfen, ob mit der Umsetzung personalpolitischer Maßnahmen zur Erhöhung der Mitarbeiterzufriedenheit auch gleichzeitig höhere Zufriedenheiten bei den externen Beziehungspartnern erzielt werden können.

Vertrauen erzeugen durch geeignete Unternehmenskultur

Vertrauen gilt als zentrales Gestaltungs- und Steuerungselement des Unternehmens zur Schaffung einer Unternehmenskultur, die gekennzeichnet ist durch ein Wertesystem, das vor allem auch die Interessen der Mitarbeitenden in den Mittelpunkt stellt. Kommunikationswerte wie Achtung, Zugehörigkeit, Offenheit, Transparenz oder Verständigung gehören ebenso dazu wie Kooperationswerte wie Loyalität, Teamgeist oder Konfliktfähigkeit und moralische Werte wie Integrität, Fairness, Ehrlichkeit oder Gerechtigkeit. Komplettiert werden kann das Werteset durch Leistungswerte wie beispielsweise Kompetenz, Leistungsbereitschaft, Flexibilität oder Qualität (vgl. Wieland 2004, S. 23). Sie alle erscheinen geeignet, Vertrauen zu generieren und zu erhalten. Insbesondere im Beziehungsmarketing ist Vertrauen »als Kapital zu verstehen, das langsam und schwer aufgebaut werden kann, aber sehr leicht wieder zerstörbar ist« (Bruhn/Grund 1999, S. 508) – dies gilt nicht nur für die internen, sondern auch für die externen Beziehungsverhältnisse.

Emotionale Verbundenheit erzeugt Commitment

Commitment als unternehmensinterne Zielsetzung kann verstanden werden zum einen als das grundsätzliche Bekenntnis eines Mitarbeiters oder einer Mitarbeiterin zum Unternehmen und zum anderen als das generelle Bestreben eines bzw. einer Mitarbeitenden, zur Erreichung der Unternehmensziele beizutragen (vgl. Bruhn/Grund 1999, S. 507). Unter Berücksichtigung der Dimensionen kann auch im internen Beziehungskontext die hohe Bedeutung des affektiven Commitments konstatiert werden, welches sich in einer starken emotionalen Verbundenheit des oder

der Mitarbeitenden zum Unternehmen äußert und den Wunsch beinhaltet, dem Unternehmen weiterhin anzugehören.

Zusammenfassend ist festzuhalten, dass die (sachlich zusammenhängenden) Konstrukte Zufriedenheit, Vertrauen und Commitment in ihrer internen und externen Zielrichtung zentrale psychografische Determinanten der internen wie externen Beziehungsqualität sind. Die Beziehungsqualität wiederum beeinflusst den internen wie externen Beziehungserfolg, der durch die ökonomischen Zielgrößen Kostenwirtschaftlichkeit, Beziehungssicherheit und Ergiebigkeit der Beziehung – jeweils in ihrer internen wie externen Wirkungsrichtung – konkretisiert wird. Beziehungsqualität und Beziehungserfolg sind die aggregierten Zielvariablen des Beziehungsmarketings und repräsentieren in diesem Zusammenhang die zentralen Komponenten des Unternehmenserfolgs (siehe Abbildung 1-7).

Abb. 1-7

Zielvariablen im Rahmen des Beziehungsmarketings

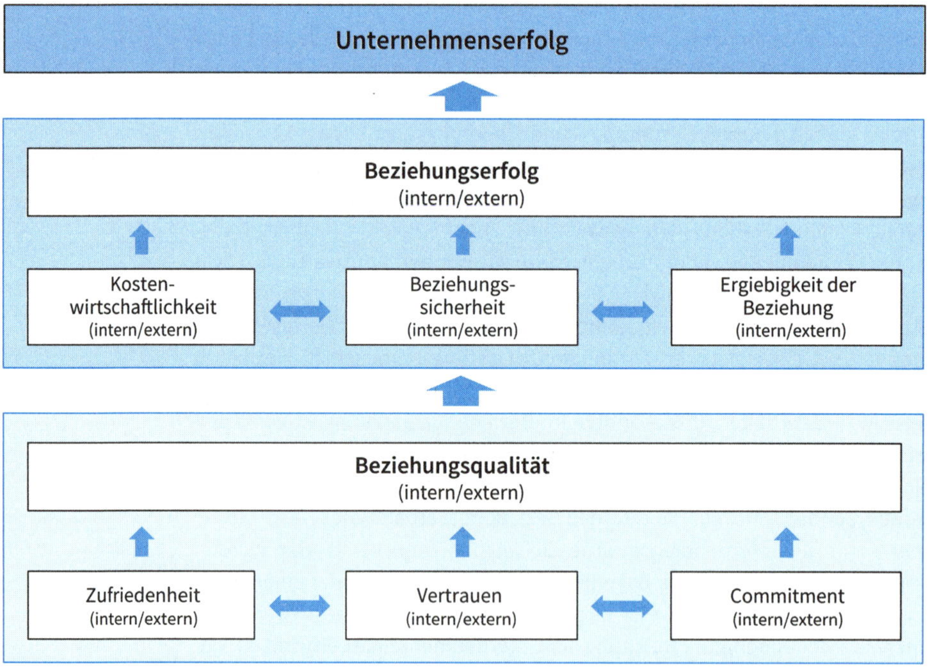

(Quelle: eigene Darstellung)

Ein Beziehungsmarketing, das die skizzierten Zielvariablen in sein Zielsystem einbaut, setzt eine Unternehmenskultur voraus, in der das ›Denken in Beziehungen‹ (kognitive Ebene), das ›Wollen von Beziehungen‹ (affektive Ebene) und das ›Handeln in Beziehungen‹ (konative Ebene) von allen im Unternehmen tätigen Personen ›gelebt‹ wird. Auf diesem ›kulturellen Fundament‹ dürften auch langfristig profitable Geschäftsbeziehungen leichter initiiert und verstetigt werden können.

WIEDERHOLUNGSFRAGEN

- Grenzen Sie die Zielvariablen Beziehungserfolg und Beziehungsqualität voneinander ab.
- Erläutern Sie die einzelnen Schlüsselkomponenten der Beziehungsqualität sowie ihre Beziehungen zueinander.
- Stellen Sie am Beispiel einer internen Anbieter-Mitarbeiter-Beziehung dar, worin ein affektives, kalkulatorisches und normatives Commitment eines Mitarbeiters oder einer Mitarbeiterin bestehen könnte.

1.5 Phasen des Beziehungsmarketings

Unternehmerische Beziehungen zu den Stakeholdern weisen einen dynamischen Charakter auf, der in typischen Phasen verlaufen kann. Unter Bezugnahme auf die hier zugrunde gelegte Definition des Beziehungsmarketings sollen im Folgenden die Initiierungs-, Stabilisierungs-, Intensivierungs-, Wiederaufnahme- und Beendigungsphasen kurz dargestellt werden.

Anbahnung der Geschäftsbeziehung

Im Rahmen der *Initiierungsphase* erfolgt die Auswahl der Beziehungspartner. Grundsätzlich kann jeder Beziehungspartner die Initiative ergreifen und versuchen, potenzielle Geschäftsbeziehungen anzubahnen. Der Partnerauswahl geht eine Alternativensuche und -bewertung voraus. Bewertungskriterien wie beispielsweise Vertrauen, Reputation oder bisherige Interaktionserfahrungen können den Auswahlprozess beeinflussen (vgl. Schrader 2008, S. 59). Im Rahmen eines Partner-Fits sollten insbesondere jedoch auch die Kompatibilität der Ziele und Erwartungen der einzelnen Partner, ihre jeweiligen (unternehmerischen) Fähigkeiten, die zu erwartenden Beziehungsvorteile und auch die kulturellen und persönlichen Faktoren als entscheidungsrelevante Aspekte abgeglichen werden. In dieser Phase können die gegenseitigen Interessen ausbalanciert und bereits formale Mechanismen zur Institutionalisierung der Beziehung (z. B. Verträge, Regeln oder Grundsätze der Zusammenarbeit, Prozessbeschreibungen) diskutiert oder ausgehandelt werden (vgl. auch Riemer 2008, S. 18 f.). Unter Berücksichtigung der Vertrauenstypen nach Lewicki und Bunker (vgl. Lewicki/Bunker 1996, S. 119 ff.) dominiert in dieser Phase ein »Calculated-based Trust«, das in der grundsätzlichen Zustimmung eines partnerschaftlichen Verhaltens zum Ausdruck kommt; die Beziehungspartner sind bestrebt, das zu tun, was sie sagen, da sie die Konsequenzen des Nicht-Einhaltens ihrer Versprechungen befürchten.

Verfestigung und Ausweitung der Geschäftsbeziehung

Nach der Partnerauswahl erfolgt im Rahmen der *Stabilisierungsphase* eine Verfestigung der Beziehung. Diese Phase ist geprägt vom Ausbau des Vertrauens und des Commitments und wird vor allem getragen durch eine offene und konstruktive Kommunikationskultur, um notwendige Anpassungsmaßnahmen oder Verhaltensänderungen rechtzeitig einleiten zu können. Die Akteure kennen sich gut, sodass das Verhalten des jeweiligen Beziehungspartners antizipiert werden kann; es liegt »Knowledge-based Trust« (ebd.) vor.

Die *Intensivierungsphase* ist gekennzeichnet durch Bemühungen der jeweiligen Beziehungspartner, die Partnerschaft noch stärker als bisher strategisch auszurichten. Auf der Basis einer gemeinsamen Vertrautheit, eines hohen gegenseitigen Verständnisses für die Wünsche und Erwartungen und eines von allen bekundeten Plädoyers, langfristig noch intensiver zusammenzuarbeiten, können strategische Partnerschaften entwickelt werden, um Synergiepotenziale noch besser auszuschöpfen (z. B. im Rahmen von Forschungs- und Entwicklungskooperationen). Mit der intensiveren Zusammenarbeit ergibt sich eine langsame aber stetige Identifikation mit dem Beziehungspartner; es stellt sich ein kollektives Bewusstsein (›Wir-Gefühl‹) ein, sodass von einem »Identification-based Trust« (ebd.) gesprochen werden kann.

Temporäre und dauerhafte Beendigung der Geschäftsbeziehung

Die *Wiederaufnahmephase* ergibt sich nach einem zwischenzeitlichen Aussetzen gemeinsamer Aktivitäten (›Beziehungspause‹). Dieser temporäre Abbruch der Beziehung – zumindest aber eine vorübergehende Inaktivität in bestehenden Beziehungsverhältnissen – kann unterschiedlich intendiert sein. Aus Kundensicht kann eine ›Auszeit‹ beispielsweise im Abwechslungsbedürfnis nach anderen Produkten begründet liegen (›Variety Seeking‹). Ein Unternehmen kann versuchen, auf diese Weise alternative Angebote ›auszuprobieren‹, z. B. Leistungen eines anderen EDV-Lieferanten. Nach jeweils negativen Erfahrungen können dann die ›alten‹ Beziehungen wieder reaktiviert und neue Transaktionen initiiert werden. Die Wiederaufnahme der Geschäftsbeziehung ist aber abhängig von der Wiederaufnahmebereitschaft des ›verlassenen‹ Beziehungspartners und diese wiederum auch von den Rückgewinnungsaktivitäten des noch interessierten Akteurs. Sind die Erfahrungen mit dem neuen Beziehungspartner jedoch positiv, besteht die Gefahr der Abwanderung bzw. der Beendigung der Beziehung. In dieser Phase kann ein opportunistisches Verhalten eines Beziehungspartners vorliegen, der – primär egoistisch motiviert – einen anderen Transaktionspartner sucht und eine bestehende Partnerschaft zumindest infrage stellt. In Erweiterung des Vertrauens-Ansatzes nach Lewicki und Bunker (1996) könnte in diesem Fall von einem ›Opportunism-based Trust‹ gesprochen werden.

Die *Beendigungsphase*, die zu jedem Zeitpunkt der Beziehung einsetzen kann, kann von jedem Beziehungspartner ausgehen. Aus Anbietersicht können u. a. ökonomische (z. B. sinkender Wert eines Kundensegments), organisatorische (z. B. Outsourcing von Aufgaben aufgrund von Reorganisationsmaßnahmen) oder auch technologische Gründe (z. B. aufgrund des Einsatzes einer Substitutionstechnologie) ausschlaggebend sein. Diese Gründe können auch aus Nachfragersicht relevant sein, insbesondere dann, wenn der Beziehungspartner unternehmerisch agiert

(z. B. als Lieferant) oder sich generell Kundenpräferenzen geändert haben. Grundsätzlich ist davon auszugehen, dass eine Beziehungspartnerschaft dann endet oder zumindest in Gefahr ist, wenn eine Verschiebung des Fits zwischen den Erwartungen oder Bedürfnissen des einen Partners und den Leistungen des anderen Partners vorliegt (vgl. hierzu Geiger 2011, S. 155 und S. 171 ff.). Der Auslöser einer Beziehungsbeendigung kann aber auch in einem begangenen Vertrauensbruch begründet liegen oder im generellen Misstrauen gegenüber dem Beziehungspartner, den zukünftigen eigenen Anforderungen nicht mehr zu genügen. In Fortführung des Vertrauens-Ansatzes nach Lewicki und Bunker (1996) wäre dann von »Distrust« zu sprechen. Abbildung 1-8 fasst die Phasen des Beziehungsmarketings zusammen:

Abb. 1-8

Phasen des Beziehungsmarketings

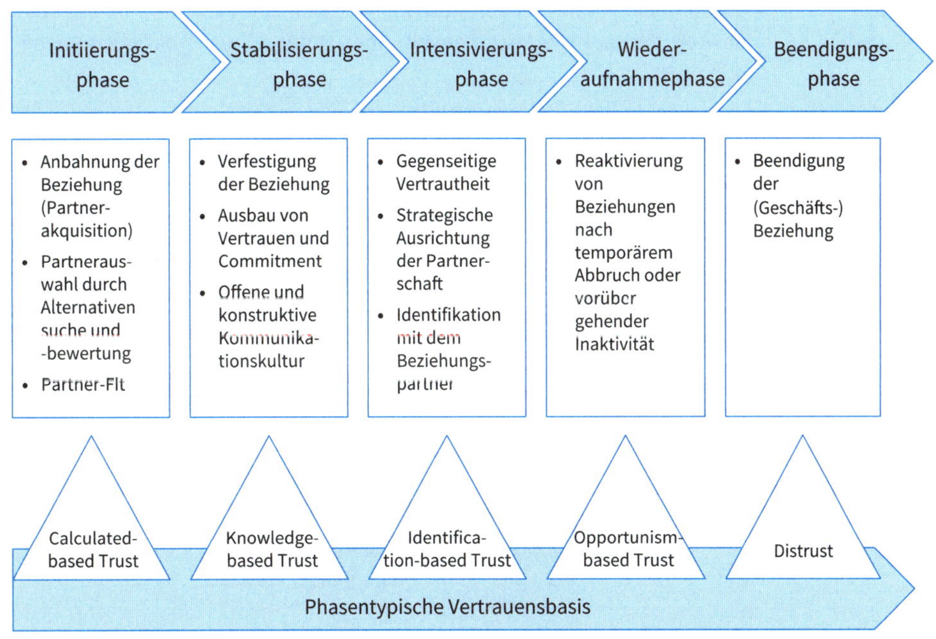

(Quelle: eigene Darstellung)

Die skizzierten Phasen sind idealtypischer Natur. Die Übergänge von der einen Phase zur anderen sind fließend. Zudem ist das Überspringen von Phasen grundsätzlich nicht ausgeschlossen. So kann es beispielsweise direkt nach der Stabilisierungsphase zur Beendigung der Geschäftsbeziehung kommen (z. B. als Folge einer Produktkrise).

WIEDERHOLUNGSFRAGEN

- Erläutern Sie die typischen Phasen des Beziehungsmarketings.
- Inwiefern sind Abweichungen von dem typischen Phasenschema des Beziehungsmarketings vorstellbar?
- Begründen Sie anhand von Beispielen, warum es zu einer vorübergehenden Inaktivität einer Geschäftsbeziehung kommen kann.

1.6 Rahmenbedingungen des Beziehungsmarketings

Makroumwelt vs. Mikroumwelt

Die zu gestaltenden Austauschprozesse zwischen Unternehmen und Beziehungspartnern sind nicht frei von determinierenden Faktoren, die sich auf die Makroumwelt und auf die Mikroumwelt eines Unternehmens beziehen (siehe Abbildung 1-9).

Abb. 1-9

Makro- und Mikroumwelt von Unternehmen

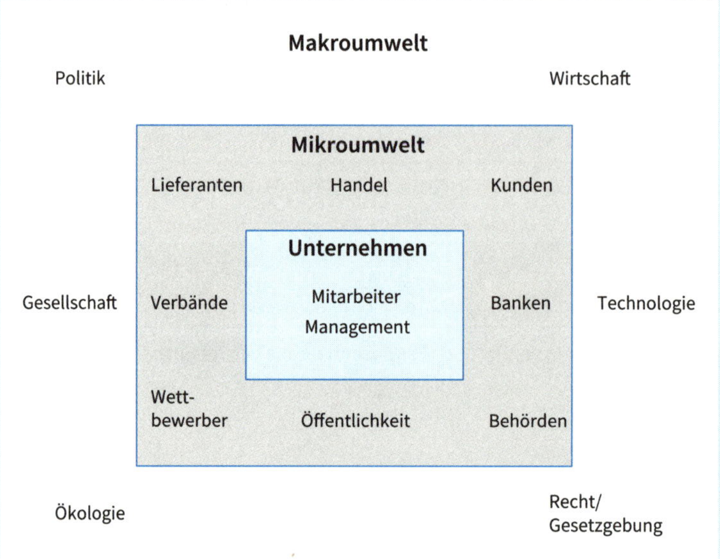

(Quelle: eigene Darstellung)

Die *Makroumwelt* umfasst die vom Unternehmen nicht zu kontrollierenden Faktoren; sie beeinflussen das Unternehmen und die Beziehungspartner zumeist indirekt (z. B. politisch-rechtliche, ökonomische, ökologische oder technologische Faktoren).
Die *Mikroumwelt* dagegen zeichnet sich durch eine Aufgabenumwelt aus, bei der engere Bindungen zwischen den Unternehmensaktivitäten und den Beziehungspartnern existieren. Hierzu zählen neben den Wettbewerbern vor allem die internen Stakeholder (z. B. Mitarbeitende, Management) und die externen Stakeholder auf Beschaffungs- und Absatzmärkten (wie Lieferanten, Handelsunternehmen oder Konsumenten), aber auch jene Anspruchsgruppen, die unmittelbaren Einfluss auf die Unternehmensaktivitäten haben (z. B. Behörden oder Banken) (vgl. Meffert/Burmann/Kirchgeorg 2015, S. 44).

Faktoren der Makroumwelt im Überblick

Die *Analyse der Makroumwelt* ist nun eine grundlegende Voraussetzung, um die strategische Ausgangssituation des Beziehungsmarketings definieren zu können. Folgende umweltrelevante und auf Faktorgruppen bezogene Leitfragen können formuliert werden, deren Beantwortung erste Hinweise für die Entwicklung einer Beziehungsmarketingstrategie liefern kann (vgl. auch Homburg 2017, S. 473):

- Welche allgemeinen oder auch konkreten *politischen Entwicklungen* sind für die Formulierung der Beziehungsmarketingstrategie relevant?
- Welche allgemeinen oder auch konkreten *wirtschaftlichen Entwicklungen* sind für die Formulierung der Beziehungsmarketingstrategie relevant?
- Welche allgemeinen oder auch konkreten *gesellschaftlichen Entwicklungen* sind für die Formulierung der Beziehungsmarketingstrategie relevant?
- Welche allgemeinen oder auch konkreten *rechtlichen Entwicklungen* sind für die Formulierung der Beziehungsmarketingstrategie relevant?
- Welche allgemeinen oder auch konkreten *technologischen Entwicklungen* sind für die Formulierung der Beziehungsmarketingstrategie relevant?
- Welche allgemeinen oder auch konkreten *ökologischen Entwicklungen* sind für die Formulierung der Beziehungsmarketingstrategie relevant?

Zur Beantwortung der Leitfragen können die Chancen-Risiken-Analyse und die Unsicherheitsanalyse herangezogen werden (vgl. zum Folgenden Grunwald/Hempelmann 2017, S. 96 ff.):

Chancen-Risiken-Analyse – Bewertung von Faktoren der Makroumwelt

Die *Chancen-Risiken-Analyse* befasst sich mit der Bewertung bereits aufgedeckter Umweltfaktoren aus Unternehmenssicht. Es sollen die für die Planung der Strategie des Beziehungsmarketings relevanten zukünftig wirksamen Umweltkräfte im Hinblick auf die Wirkung auf das eigene Unternehmen in der gegenwärtigen und auch zukünftigen Situation als günstig oder weniger günstig eingeschätzt werden. Eine positive Bewertung eines Umweltfaktors könnte dessen Charakterisierung als Chance, eine negative entsprechend als Risiko für das betrachtete Unternehmen bzw. den Markt nahelegen. Obgleich Umweltfaktoren vom Unternehmen selbst nicht beeinflussbar sind, kann sich das Unternehmen gleichwohl auf diese Faktoren strategisch einstellen, um Risiken frühzeitig abzuwehren und Chancen rechtzeitig auszunutzen. Als Beispiel lässt sich die Umstellung der Produktion auf umweltschonende Produkte anführen, die in Erwartung strengerer Umweltauflagen durch eine EU-Verordnung vorgenommen wird. Unter *Chancen* können schwer vorhersehbare Ereignisse verstanden werden, deren Eintritt für die Unternehmung mit angenehmen, plötzlichen und unvorhergesehenen Effekten verbunden ist und deren Ausnutzung ein schnelles Handeln erfordert. *Risiken* sind im Gegensatz dazu schwer vorhersehbare Ereignisse, deren Eintritt die Unternehmung mit der Gefahr der Insolvenz konfrontiert.

Unsicherheitsanalyse – Abschätzung von Faktoren der Makroumwelt

Da Umweltfaktoren weit in der Zukunft liegen können und nicht in jedem Falle einfach zu bestimmen sind, existieren Methoden, die der Identifikation und Abschätzung der Faktoren (etwa nach dem Ausmaß und Eintritt ihrer Folgen) dienen. Hiermit befasst sich die *Unsicherheitsanalyse,* die mit dem Einsatz von qualitativen und quantitativen Prognoseverfahren an der Identifikation und Abschätzung von Umweltfaktoren zur Reduzierung von Prognoseunsicherheiten ansetzt. Logisch betrachtet, ist die Identifikation und Abschätzung der Umweltfaktoren dem Schritt der Bewertung dieser Faktoren aus Unternehmenssicht vorgelagert. Relevante Methoden, die Veränderungen in der Umwelt rechtzeitig erkennen und abschätzen können, sind Frühwarnsysteme bzw. Frühaufklärungssysteme, Prognoseverfahren und Szenariotechniken (vgl. hierzu Homburg 2017, S. 476 ff.):

- *Frühwarn-/Frühaufklärungssysteme* dienen zur frühzeitigen Aufdeckung von für Unternehmen relevanten Umweltänderungen, um auf erkennbare drohende oder bereits bestehende Gefahren rechtzeitig reagieren zu können. Sie weisen auf ›schwache Signale‹ (weak signals) hin, die größere Veränderungen (Diskontinuitäten) ankündigen. So können beispielsweise zunehmende Marktsättigungstendenzen oder Einstellungsänderungen von Konsumenten Indikatoren für Veränderungen auf dem Absatzmarkt darstellen.
- Mithilfe von *Prognoseverfahren* dagegen lassen sich wesentlich konkretere Entwicklungen beschreiben. Herangezogen werden können dabei qualitative und quantitative Prognoseverfahren. In *qualitativen Prognoseverfahren* wird versucht, auf der Basis von Erfahrungen und Kenntnissen von Experten zukünftige Entwicklungen besser einschätzen zu können. Häufig eingesetzt wird hierfür die Delphi-Methode, bei der temporär konfigurierte Experten in mehreren Runden über ihre Einschätzung zukünftiger Umweltentwicklungen (üblicherweise schriftlich) befragt werden (zu Expertenbefragungen und Delphi-Studien vgl. auch Nagel/Mieke 2014, S. 17 ff.). In *quantitativen Prognoseverfahren* werden vergangenheitsorientierte Daten zugrunde gelegt und mittels mathematisch-statistischer Verfahren (z. B. Methode der gleitenden Durchschnitte) Prognosewerte ermittelt. So kann beispielsweise das zukünftige Absatzvolumen aus den Absatzvolumina vergangener Perioden ermittelt werden.
- *Szenariotechniken* hingegen generieren nicht – wie die meisten Prognoseverfahren – nur eine mögliche Zukunftsentwicklung; vielmehr werden mehrere potenzielle Zukunftsentwicklungen (Szenarien) aufgezeigt. Sie beschreiben verschiedene Entwicklungspfade bzw. zeichnen mögliche Ereignisse auf, mit denen ver-

schiedene (positive wie negative) Zukunftsbilder entwickelt werden können (z. B. Best-case- oder Worst-case-Szenario). Im Rahmen des Beziehungsmarketings lassen sich beispielsweise unter Berücksichtigung der Fragestellung »Welche Stakeholder sind wichtig und wie können ihre Ansprüche erfüllt werden?« mithilfe der Szenariotechnik Lösungsalternativen ableiten. Auf diese Problemstellung bezogene Szenarien erlauben zum einen eine Beschreibung möglicher relevanter Stakeholder und deren zukünftiger Bedeutung. Zum anderen lassen sich alternative Strategien entwickeln, die zur Erfüllung der Stakeholder-Ansprüche eingesetzt werden können.

PESTEL-Analyse – Strukturierung von Faktoren der Makroumwelt

Aufgrund der Vielzahl möglicher Faktoren zur Charakterisierung der Makroumwelt bietet sich zur Sicherstellung der Vollständigkeit und Überschneidungsfreiheit dieser Faktoren die sogenannte *PEST-Analyse* an (vgl. Eayrs/Ernst/Prexl 2011, S. 6 ff.). Gemäß dem verwendeten Kürzel definiert die Methode politische (political), wirtschaftliche (economical), gesellschaftliche (social) und technologische (technological) Einflussfaktoren. Bezieht man auch ökologische (ecological, environmental) und rechtliche Faktoren (legal) mit ein, so wird von einer *PESTEL-Analyse* gesprochen.

Bei der PEST- bzw. PESTEL-Analyse erfasst man im ersten Schritt (z. B. in einem Brainstorming) die potenziellen Umweltfaktoren, gruppiert sie entsprechend der genannten Faktorgruppen und wählt im zweiten Schritt aus der Menge der möglichen Faktoren die relevantesten aus (Vorselektion). Die Bewertung dieser Faktoren erfolgt sodann im dritten Schritt, wofür z. B. eine 10-Punkte-Skala verwendet werden kann. In diesem Schritt sind dann folgende drei Fragen zu beantworten:

1. Wie sicher ist es, dass der betrachtete Faktor eintritt?
2. Wie relativ stark wirkt sich dieser Faktor im Vergleich zu den anderen betrachteten Einflussfaktoren auf die Branche und das eigene Unternehmen aus?
3. Welches absolute Ausmaß (z. B. Schadenshöhe, hier in Millionen Euro gemessen) kommt dem Einflussfaktor voraussichtlich zu?

Im vierten Schritt der Analyse können die Antworten auf diese Fragen grafisch dargestellt und das Ergebnis ausgewertet und interpretiert werden. Die grafische Darstellung erfolgt üblicherweise in einem Portfolio-Diagramm. Abbildung 1-10 zeigt beispielhaft ein solches *PESTEL-Portfolio,* welches auf der Grundlage der in Tabelle 1-2 verwendeten Zahlen erstellt wurde.

PESTEL-Analyse – nützlich zur Priorisierung von Maßnahmen

So ist anhand des PESTEL-Portfolios erkennbar, dass dem ökologischen Einflussfaktor (E) relativ wie absolut zwar die größte Bedeutung zukommt, dieser Faktor aufgrund seiner hohen Unsicherheit im Eintreten jedoch zunächst weiter zu beobachten ist, bevor konkrete Handlungen abgeleitet werden sollten. Zudem wäre es empfehlenswert, weitere Methoden der Unsicherheitsanalyse einzusetzen, um beispielsweise Eintrittswahrscheinlichkeiten und den Umfang der Auswirkungen präziser quantifizieren zu können.

Dem technologischen Faktor (T) kommt dagegen sowohl relativ wie auch absolut eine mittlere Bedeutung zu. Sein Eintreten gilt zudem als vergleichsweise sicher, sodass bereits jetzt konkrete Handlungspläne erarbeitet werden sollten. Hier scheint außerdem kein weiterer Analysebedarf zur näheren Abschätzung dieses Faktors vorzuliegen.

Wie ersichtlich ist, kann die PESTEL-Analyse somit zur Priorisierung von Maßnahmen im Rahmen des Beziehungsmarketings verwendet werden. Die Orientierung

Tab. 1-2

Datengrundlage für die PESTEL-Analyse

	Sicherheit des Eintretens	Relative Einflussstärke	Absolutes Ausmaß
P – Politisch	2,0	4,0	500
E – Wirtschaftlich	4,0	8,0	700
S – Gesellschaftlich	2,0	4,0	300
T – Technologisch	6,0	6,0	500
E – Ökologisch	2,0	8,0	1000
L – Rechtlich	4,0	6,0	500

(Quelle: Grunwald/Hempelmann 2017, S. 99)

Abb. 1-10

PESTEL-Portfolio

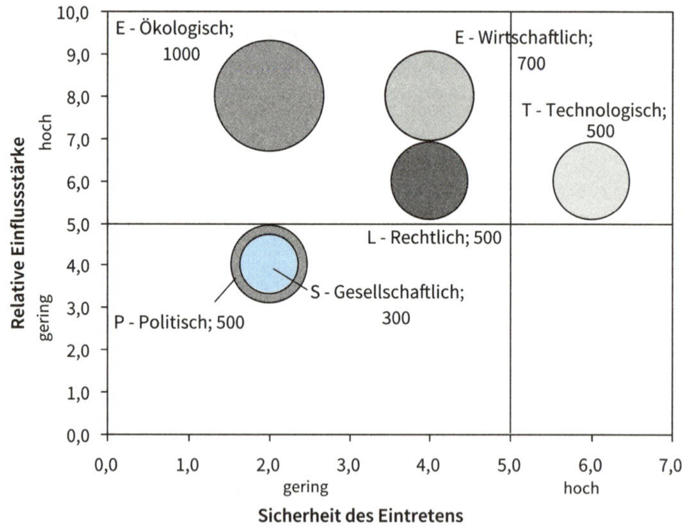

(Quelle: Grunwald/Hempelmann 2017, S. 99)

an den fest vorgegebenen Faktorgruppen begünstigt die vollständige Aufdeckung der potenziell relevanten Umwelteinflüsse und verbessert zudem deren trennscharfe Zuordnung in Faktorgruppen, womit Doppelzählungen vermieden und der Diskussionsprozess im Rahmen der Umweltanalyse insgesamt methodisch unterstützt werden kann. Mit dem Ergebnis der PESTEL-Analyse ist jedoch noch nicht ausgesagt, inwiefern es sich bei den betrachteten Faktoren um für das Unternehmen günstige oder weniger günstige Einflüsse handelt. Dieser Bewertungsschritt sollte sich jedoch für eine vollständige Chancen-Risiken-Analyse noch anschließen.

Bewertung durch Experten

In der eindeutigen Bewertung eines Umweltfaktors als Chance oder Risiko für das betrachtete Unternehmen besteht neben der Identifizierung und Vorhersage (Prognose) der Umweltfaktoren zugleich die Hauptproblematik bei der Durchführung einer Umweltanalyse. Während zur Identifikation und Prognose bereits ausgereifte Methoden und Techniken zur Verfügung stehen, die den Grad der Spekulativität und Subjektivität zu begrenzen in der Lage sind, bleibt die (eindeutige) Bewertung der aufgedeckten Umweltfaktoren eine in der Regel nur durch Nutzung von Erfahrungswissen zu lösende Aufgabe. Die Umweltanalyse greift daher sowohl zur Aufdeckung als auch zur Bewertung von Umweltfaktoren regelmäßig auf *Expertenurteile* (siehe Delphi-Methode) zurück.

Quantitative Bewertung

Sowohl Chancen wie auch Risiken lassen sich quantitativ durch Experten bewerten, indem man den mit einer Chance verbundenen zukünftigen Gewinn bzw. den mit einem Risiko verbundenen zukünftigen Verlust oder die erwartete Schadenshöhe mit der jeweiligen Eintrittswahrscheinlichkeit multipliziert. In der PESTEL-Analyse wurde bereits das absolute Ausmaß des Ereignisses betrachtet und durch die Kreisgrößen im PESTEL-Portfolio dargestellt. Die (Un-) Sicherheit des Eintretens dieses Ereignisses wurde ebenfalls bereits in der PESTEL-Analyse betrachtet und lässt sich durch Wahrscheinlichkeiten ausdrücken. Durch multiplikative Verknüpfung dieser beiden Komponenten könnte also die Bewertung erfolgen. Verschiedene einzelne auf diese Weise bewertete Chancen- bzw. Risikoarten lassen sich sodann zur Gesamtchance bzw. zum Gesamtrisiko summieren (Chancen- bzw. Risikenaggregation). Die multiplikative Verknüpfung von Wahrscheinlichkeit und Ergebnishöhe setzt allerdings deren Unabhängigkeit voraus, die faktisch nicht immer gegeben ist. Eine solche numerische Abschätzung von Chancen und Risiken rechtfertigt die Bezeichnung als *quantitative Chancen-Risiken-Analyse*. In der Praxis sind zumeist sowohl Eintrittswahrscheinlichkeiten als auch die erwarteten Konsequenzen durch Erfahrungswerte anzunähern. Zur Schätzung der Eintrittswahrscheinlichkeiten könnten etwa relative Häufigkeiten des Auftretens eines positiven bzw. negativen Umweltereignisses in der Vergangenheit genutzt werden. Als Schätzwert für das Ausmaß der Konsequenz wäre das arithmetische Mittel vergangener Ergebnishöhen verwendbar. Neben Punktschätzungen können auch Intervallschätzungen vorgenommen werden, bei denen eine Bandbreite realistischer Ergebnisse bzw. Wahrscheinlichkeiten unter Nennung einer Unter- und Obergrenze angegeben wird.

Qualitative Bewertung

Anstelle einer solchen quantitativen Chancen-Risiken-Analyse könnte auch eine *qualitative Chancen-Risiken-Analyse* in Form einer Punktbewertung (Scoring) durchgeführt werden. Hierbei werden Eintrittswahrscheinlichkeiten in Kategorien

Tab. 1-3

Beispielhaftes Ergebnis einer qualitativen Chancen-Risiken-Analyse

	2011		2010	
	Eintrittswahrscheinlichkeit	**Mögliche finanzielle Auswirkung**	**Eintrittswahrscheinlichkeit**	**Mögliche finanzielle Auswirkung**
Strategische und operative Risiken				
Gesamtwirtschaftliche Risiken		Groß		Wesentlich
Risiken aus Branchenkonsolidierung und Wettbewerb	Wahrscheinlich	Groß	Sehr wahrscheinlich	Wesentlich
Risiken durch außergewöhnliche externe Störfälle	Möglich		Unwahrscheinlich	
Risiken in Verbindung mit Markenimage oder Ruf	Sehr wahrscheinlich		Möglich	
Lagerbestandsrisiken	Sehr wahrscheinlich		Möglich	
Kundenrisiken	Wahrscheinlich		Höchstwahrscheinlich	
IT-Risiken	Möglich		Unwahrscheinlich	
Risiken in Verbindung mit der Einhaltung von Standards				
Rechtliche Risiken	Wahrscheinlich	Wesentlich	Möglich	Moderat
Sozial- und Umweltrisiken	Wahrscheinlich		Sehr wahrscheinlich	
Risiken in Verbindung mit Produktfälschungen und -nachahmungen	Sehr wahrscheinlich		Höchstwahrscheinlich	
Produktqualitätsrisiken	Wahrscheinlich		Möglich	
Risiken aufgrund der Nichteinhaltung von Standards	Möglich	Moderat	Unwahrscheinlich	Gering
Finanzrisiken				
Zinsrisiken		Gering		Moderat

Legende: Bewertungskategorien in aufsteigender Reihenfolge

Eintrittswahrscheinlichkeit	**Mögliche finanzielle Auswirkung**
Unwahrscheinlich	Unwesentlich
Möglich	Gering
Wahrscheinlich	Moderat
Sehr wahrscheinlich	Wesentlich
Höchstwahrscheinlich	Groß

(Quelle: Adidas Group 2012, S. 162)

(z. B. sehr wahrscheinlich, wahrscheinlich, sehr unwahrscheinlich) und ebenso die möglichen Auswirkungen in Kategorien (z. B. sehr groß, groß, sehr klein) unterteilt und in der Regel auf der Ebene einzelner Risiko- und Chancearten durch Experten abgefragt. Aus einem Vergleich der Einschätzungen über mehrere Perioden hinweg können Veränderungen der Risiko- und Chanceeinschätzung im Zeitablauf aufgedeckt werden.

Tabelle 1-3 zeigt am Beispiel des Herstellers Adidas ein mögliches Ergebnis einer qualitativen Chancen-Risiken-Analyse. In der Tabelle sind alle Risiken aggregiert dargestellt, die von verschiedenen Abteilungen berichtet werden. Insgesamt erwartet das Konzern-Management keine substanzielle Gefährdung der Unternehmensfortführung. Jedoch hat sich die Risikoeinschätzung im Vorjahresvergleich geändert.

Faktoren der Mikroumwelt im Überblick

Ebenso wie bei der Analyse der Makroumwelt können auch für die *Analyse der Mikroumwelt* Leitfragen formuliert werden, um relevante Ansatzpunkte für die Entwicklung einer Beziehungsmarketingstrategie ableiten zu können. Da die Mikroumwelt im Wesentlichen repräsentiert wird durch die internen und externen Stakeholder, können die Leitfragen differenziert nach relevanten Anspruchsgruppen formuliert werden.

Leitfragen für die verschiedenen Stakeholder

Beispielhafte Leitfragen für die Anspruchsgruppe Mitarbeitende:

- Welche allgemeinen oder auch konkreten personalpolitischen Entwicklungen sind für die Formulierung der internen Beziehungsmarketingstrategie (Mitarbeiterbeziehungsmarketingstrategie) relevant?
- Welche allgemeinen oder auch konkreten arbeitsrechtlichen Entwicklungen sind für die Formulierung der internen Beziehungsmarketingstrategie (Mitarbeiterbeziehungsmarketingstrategie) relevant?
- Wie zufrieden sind die Mitarbeitenden?
- Wie loyal sind die Mitarbeitenden gegenüber dem Unternehmen?

Beispielhafte Leitfragen für die Anspruchsgruppe Lieferanten:

- Welche allgemeinen oder auch konkreten Entwicklungen im Rahmen des Beschaffungsmarktes sind für die Formulierung der Beziehungsmarketingstrategie (Lieferantenbeziehungsmarketingstrategie) relevant?
- Welche Wertschöpfungsaktivitäten liefern die derzeitigen Lieferanten und wie werden sie sich zukünftig entwickeln?
- Welche Verhandlungsmacht haben die Lieferanten und wie wird sie sich zukünftig entwickeln?

Beispielhafte Leitfragen für die Anspruchsgruppe Wettbewerber (vgl. auch Homburg 2017, S. 480):

- Welche allgemeinen oder auch konkreten Entwicklungen im Rahmen des Wettbewerbs im relevanten Markt sind für die Formulierung der Beziehungsmarketingstrategie (Wettbewerberbeziehungsmarketingstrategie) relevant?
- Wer sind die relevanten Wettbewerber?

- Wie stark ist die Marktposition der Wettbewerber und wie wird sie sich zukünftig entwickeln?
- Welche besonderen Stärken und Schwächen kennzeichnen die relevanten Wettbewerber?
- Welche strategischen Positionen verfolgen die Wettbewerber?

Beispielhafte Leitfragen für die Anspruchsgruppe Handel:

- Welche allgemeinen oder auch konkreten handelspolitischen Entwicklungen sind für die Formulierung der Beziehungsmarketingstrategie (Handelsbeziehungsmarketingstrategie) relevant?
- Welche strukturellen Veränderungen im Groß- und Einzelhandel sind zu erwarten?
- Welche Veränderungen im stationären Einzelhandel sind erkennbar?
- Mit welchen Entwicklungen im Bereich E-Commerce ist zu rechnen?

Beispielhafte Leitfragen für die Anspruchsgruppe Kunden (vgl. auch Homburg 2017, S. 480):

- Welche allgemeinen oder auch konkreten Entwicklungen im Rahmen des Absatzmarktes sind für die Formulierung der Beziehungsmarketingstrategie (Kundenbeziehungsmarketingstrategie) relevant?
- Wer sind die Kundensegmente bzw. Kunden im Markt?
- Welche grundlegenden Bedürfnisse haben die Kundensegmente bzw. Kunden und mit welchen zukünftigen Bedürfnissen ist zu rechnen?
- Welche Veränderungen im Kundenverhalten zeichnen sich ab?

Beispielhafte Leitfragen für die Anspruchsgruppe Öffentlichkeit:

- Welches Image hat die unternehmensrelevante Branche?
- Welches Image hat das Unternehmen?
- Welche öffentlichen Beziehungen sind für das Unternehmen zukünftig relevant?
- In welchen Bereichen kann das Unternehmen gesellschaftliche Verantwortung übernehmen?

Zur Beantwortung dieser oder ähnlicher auf die Stakeholder bezogenen Leitfragen kann auf das umfangreiche Methodenspektrum der Marktforschung zurückgegriffen werden (vgl. hierzu Grunwald/Hempelmann 2012). Auf der Basis der Marktforschungsergebnisse und unter Zugrundelegung der Ergebnisse der Chancen-Risiken-Analyse sowie der Unsicherheitsanalyse ergeben sich vielfältige Erkenntnisse für die Transparenz der derzeitigen und die Entwicklung der zukünftigen externen Rahmenbedingungen. Um jedoch auch die internen Rahmenbedingungen besser einschätzen zu können, erscheint zudem eine Analyse der Unternehmenssituation notwendig. Ein in der Praxis weit verbreiteter Ansatz ist die *SWOT-Analyse* (»*S*trenghts« = Stärken; »*W*eaknesses« = Schwächen; »*O*pportunities« = Chancen; »*T*hreats« = Gefahren, Risiken). Die Chancen und Risiken sind dabei das Resultat einer externen Perspektive, die Stärken und Schwächen ergeben sich im Wesentlichen aus einer internen Perspektive.

Kriterien für eine Stärken-Schwächen-Analyse

Im Rahmen einer *Stärken-Schwächen-Analyse* wird zunächst versucht, die Stärken und Schwächen des eigenen Unternehmens in Bezug zur Konkurrenz im Allgemeinen oder zum stärksten Konkurrenten im Besonderen zu identifizieren. Relevante Untersuchungsebenen und Kriterien, um eine derartige Analyse durchzuführen, sind (vgl. Becker 2013, S. 99 f.):

1. Unternehmensposition im Markt
   - Gesamt- und Teilmärkte (z. B. Marktanteile, Markt- und Absatzprofile)
   - Produkt-/Leistungsvorteile (vor allem Alleinstellungsmerkmal, Produkt- oder Serviceinnovation, Markenstärke)
   - Produkt-/Leistungsmix (z. B. Umsatz-, Rentabilitäts-, Altersprofile)
   - Stückkosten-Marktpreis-Relationen (sowie Wertschöpfungsprofil)
2. Unternehmenspotenziale
   - Forschung und Entwicklung (z. B. Know-how, Patente)
   - Beschaffung (z. B. Lieferantenbeziehungen, Einkaufsmacht)
   - Fertigung (z. B. Technologie, Kapazität, Produktivität)
   - Marketing (z. B. Konzepte, Kundenbeziehungen, Produkt-/Markenportfolio)
   - Finanzierung (z. B. Kapitalausstattung, Investitionsintensität)
   - Unternehmen insgesamt (z. B. flache Hierarchien, flexible Prozesse im Rahmen der Organisation)
3. Unternehmensressourcen
   - Sachmittel (vor allem Anlagen, Einrichtungen, Ausstattungen)
   - finanzielle Mittel (insbesondere Liquidität, stille Reserven, Beziehungen zu Finanzgebern)
   - personale Mittel (z. B. Quantität und Qualität der Mitarbeitenden, Mitarbeiterbeziehungen)
   - informatorische Mittel (z. B. Art, Aktualität, Systeme)

Die zugrunde gelegten Kriterien können anschließend im Rahmen eines Stärken-Schwächen-Profils zusammengeführt und bewertet werden, um die unternehmensbezogenen Stärken (und Schwächen) von denen des Wettbewerbs abzugrenzen.

SWOT-Analyse zum Abgleich von Makro- und Mikroumwelt

Die ermittelten Stärken und Schwächen und die antizipierten Chancen und Risiken lassen sich schließlich in einer *SWOT-Matrix* zusammenfassen, wie es Tabelle 1-4 beispielhaft aufzeigt.

Die SWOT-Analyse verschafft einem Unternehmen Transparenz im Hinblick auf die derzeitigen spezifischen Ressourcen und Kompetenzen im Wettbewerbsumfeld und gibt einen Überblick über relevante Entwicklungen und zukünftige Anforderungen im Marktumfeld. Unter Berücksichtigung der ermittelten Bedingungskonstellation könnte zur Ableitung einer generellen strategischen Handlungsmaxime folgender Leitsatz gelten: »Stärken stärken und Schwächen schwächen«. Erste Ansatzpunkte für die Strategieformulierung ergeben sich durch die Beantwortung spezifischer Fragestellungen unter Berücksichtigung der Stärken und Schwächen sowie Chancen und Risiken (siehe Tabelle 1-5).

Tab. 1-4

Exemplarische SWOT-Matrix im Rahmen des Beziehungsmarketings

nicht beeinflussbare Aspekte / **beeinflussbare Aspekte**	**Chancen**	**Risiken**
Stärken	hohe Anzahl an Lieferanten gute Beziehungen aus Lieferantensicht	zunehmende Handelskonzentration enge Kooperation mit einzelnen Händlern
Schwächen	geringe Anzahl an Anbietern geringe Kundenbindung	geringer Anteil profitabler Kunden geringe Kundenzufriedenheit

(Quelle: vgl. Bruhn 2016b, S. 111)

Tab. 1-5

SWOT-Matrix und spezifische Fragestellungen

	Chancen	**Risiken**
Stärken	Welche *Stärken* hat das Unternehmen, um die *Chancen* zu nutzen?	Welche *Stärken* hat das Unternehmen, um die *Risiken* zu bewältigen?
Schwächen	Welchen *Chancen* kann das Unternehmen aufgrund der *Schwächen* zurzeit nicht nutzen?	Welche *Risiken* können dem Unternehmen durch derzeitige *Schwächen* entstehen?

(Quelle: vgl. Wicher 2015, S. 229)

WIEDERHOLUNGSFRAGEN

- Skizzieren Sie, worin sich Makro- und Mikroumwelt, die die Rahmenbedingungen des Beziehungsmarketings bilden, unterscheiden.
- Erläutern Sie verschiedene Faktoren der Makro- und Mikroumwelt, die bei der Konzeption von Strategien und Maßnahmen des Beziehungsmarketings zu beachten sind.
- Erläutern Sie, wozu die Nichtbeachtung wesentlicher Rahmenbedingungen bei der Gestaltung des Beziehungsmarketings führen könnte.

1.7 Charakterisierung der Stakeholder als Bezugsgruppen des Beziehungsmarketings

Definition Stakeholder

Die ganzheitliche Sicht eines wie hier verstandenen Beziehungsmarketings impliziert das Handeln von Unternehmen in einem Beziehungssystem. In diesem Beziehungssystem agieren Akteure, d. h. einzelne Personen oder Personengruppen, die unterschiedliche Interessen verfolgen und unterschiedliche Ansprüche an Unternehmen stellen können. Für derartige Interessen- oder Anspruchsgruppen hat sich in der betriebswirtschaftlichen Literatur der Begriff *Stakeholder* längst etabliert.

Wesentlich geprägt wurde dieser Begriff von Freeman, der *Stakeholder* definiert als »any group or individual who can affect or is affected by the achievement of the organization's objectives« (Freeman 1984, S. 46). Im deutschsprachigen Raum weit verbreitet ist die Definition nach DIN ISO 26000: Ein Stakeholder oder eine Anspruchsgruppe bzw. ein Anspruchsträger ist eine »Einzelperson oder Gruppe, die Interessen an einer Entscheidung oder Aktivität einer Organisation hat« (Bundesministerium für Arbeit und Soziales 2011, S. 26).

Interne vs. externe Stakeholder

Ein Unternehmen unterhält nun eine Vielzahl an Beziehungen zu einzelnen Personen oder Gruppen. Das interne Beziehungsumfeld umfasst sämtliche im Unternehmen tätigen Personen. Hierzu zählen die Eigentümer, das Management sowie die Mitarbeitenden mit ihren unterschiedlichen Aufgaben- und Verantwortungsbereichen. Sie werden als *interne Stakeholder* bezeichnet. Alle anderen Anspruchsgruppen, die nicht dem direkten Umfeld zuzurechnen sind und von außen ihren Einfluss ausüben, werden als *externe Stakeholder* zusammengefasst. Hierunter kann eine Vielzahl an Personen, Organisationen oder Interessengruppierungen subsumiert werden (siehe Abbildung 1-11).

Gründe für eine ganzheitliche Stakeholder-Orientierung

Die Berücksichtigung sämtlicher relevanter Stakeholder-Interessen entspricht einem hier verstandenen ganzheitlichen Verständnis des Beziehungsmarketings. Zwar sind die Mitarbeitenden als eine Zielgruppe der internen Stakeholder-Gruppe und die Kunden als ein Segment der externen Stakeholder von besonderer Bedeutung. Mitarbeitende tragen entscheidend zur Wertschöpfung bei; sie schaffen Werte in Form von Produkten und Dienstleistungen. Mit dem Verkauf dieser materiellen und immateriellen Werte an Kunden generiert das Unternehmen wiederum Einnahmen, die für die Erhaltung der unternehmerischen Existenz letztendlich notwendig sind. Die Fokussierung auf diese primären Zielgruppen des Beziehungsmarketings erweist sich gleichwohl als problematisch, da zum einen vom Unternehmenshan-

Abb. 1-11

Potenzielle interne und externe Stakeholder

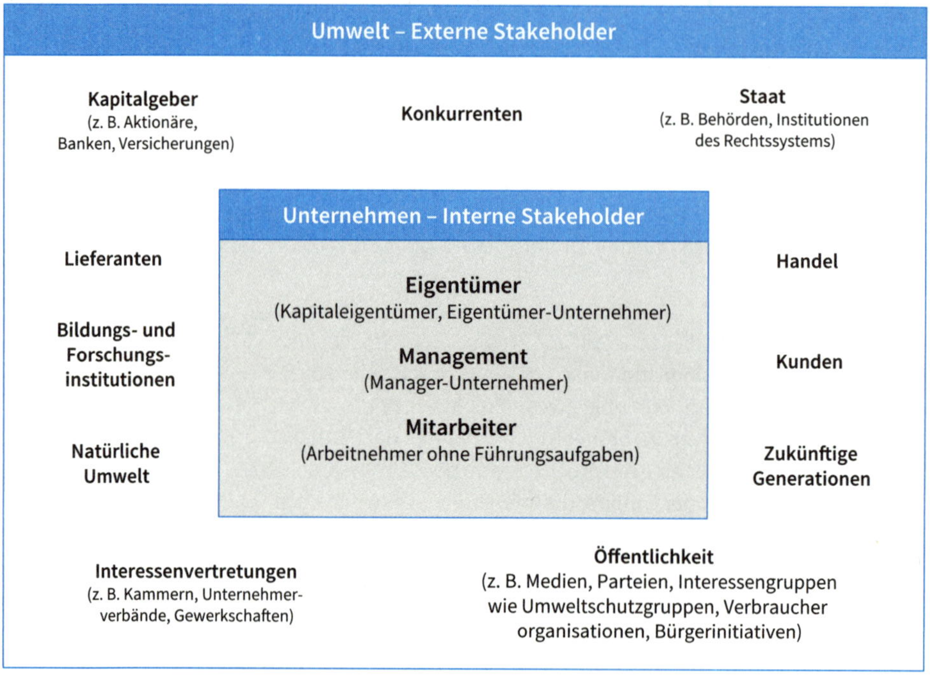

(Quelle: vgl. Hügens/Zelewski 2006, S. 372)

deln auch Individuen und Gruppen betroffen sind, die in keiner direkten Beziehung zum Unternehmen stehen (wie z. B. Verbraucherorganisationen) oder auch nicht stehen können (wie vor allem zukünftige Generationen). Zum anderen können sich auch vermeintlich ›kleine‹ Stakeholder untereinander austauschen und ›große Koalitionen‹ bilden, um anschließend verstärkt Einfluss auf das Unternehmensgeschehen zu nehmen. Insofern erscheint es legitim, eine ganzheitliche Stakeholder-Orientierung zu fordern. Diese Forderung lässt sich vor allem durch folgende sozioökonomische Entwicklungen begründen (vgl. hierzu auch Ungericht 2012, S. 279):

Sozioökonomische Entwicklungen

- Im Zuge weltwirtschaftlicher Verflechtungen und umweltoffener Systeme wenden sich neben den klassischen Stakeholder-Gruppen wie Eigentümer, Beschäftigte, Lieferanten oder Kunden zunehmend auch weitere Akteure wie Bürgerinitiativen, Umweltschutzorganisationen oder Medien mit ihren Ansprüchen an Unternehmen.
- Unternehmen agieren in einem zunehmend sensibleren und kritischeren gesellschaftlichen Umfeld. Wirtschaftliches Handeln unterliegt dabei nicht nur ökono-

mischen Zwängen, sondern zunehmend auch gesellschaftlichem Legitimationsdruck (z. B. im Hinblick auf die ökologische oder soziale Problematik transnationaler Beschaffungsketten).

- Durch die Entwicklung neuer Informations- und Kommunikationstechnologien können sich negative Erscheinungsformen (internationaler) Geschäftstätigkeit in kürzester Zeit verbreiten und entsprechende Kommunikationseffekte bewirken (z. B. Imageschäden). Dies erfordert eine verstärkte mediale Sensitivität von Unternehmen auf der einen Seite und gezielte kommunikationspolitische Maßnahmen auf der anderen Seite (z. B. durch eine aktive Krisenkommunikation).
- Mit der verstärkten Auslagerung von Wertschöpfungsaktivitäten (›Outsourcing‹) erweitert sich das Beziehungssystem um zusätzliche Beziehungspartner (z. B. Subkontraktoren). Diese Beziehungen sind aufzubauen und zu pflegen.
- Der Trend zu einer ›offenen Organisation‹ erfordert nicht nur eine intensivere Beschäftigung mit vorher weniger relevanten Anspruchsgruppen (z. B. Menschenrechtsorganisationen in Bezug auf Arbeitsbedingungen von im Ausland produzierenden Unternehmen), sondern auch eine stärkere Integration besonders wichtiger Bezugsgruppen (z. B. durch Einbindung von Kunden in die Produktentwicklung im Rahmen der generellen Öffnung von Innovationsprozessen) (vgl. Schwill 2010, S. 24 ff.).
- Versteht sich »Marketing als eine generelle *Theorie der Austauschprozesse*« (Hansen/Bode 1999, S. 397), ist damit eine Perspektivenverbreiterung verbunden, die zum einen sämtliche relevanten Austauschpartner zu berücksichtigen hat und zum anderen auch eine über die Marktorientierung hinausgehende Sichtweise fordert – beispielsweise in Richtung einer ethischen Unternehmensführung, um eine nachhaltige Sicherung des Unternehmens im ökonomischen, ökologischen und sozialen Sinne (Triple-Win-Situation) anzustreben (vgl. Schwill/Brandt 2013, S. 1108). Eine ethische Grundhaltung fördert nicht nur die unternehmerische Reputation, sondern wird auch zunehmend von Stakeholdern vorausgesetzt (vgl. Wüst 2012, S. 6).

Grundlagen von Stakeholder-Ansprüchen

Die skizzierten Entwicklungen führen nun dazu, den Stakeholdern und ihren Ansprüchen mehr Aufmerksamkeit zu schenken. Der Anspruch (stake) eines Stakeholders beruht dabei vor allem auf der Zurverfügungstellung von materiellen und immateriellen Ressourcen. Hierzu zählen (vgl. Figge/Schaltegger 1999, S. 11):

- Kapitalressourcen, wie z. B. Eigen- und Fremdkapital oder Humankapital
- Vertrauensressourcen in Form gesellschaftlicher Akzeptanz oder eines guten Betriebsklimas im Unternehmen
- Wissensressourcen, wie Informationen und Know-how

Die von den Stakeholdern zur Verfügung gestellten Ressourcen sind nun jedoch nicht als reine Inputfaktoren zu betrachten (›Input-Output-Modell‹). Das ›Stakeholder-Modell‹ geht von einem grundlegend anderen Ansatz aus: Es liegen dyadische Austauschbeziehungen (und nicht Einweg-Beziehungen) vor, sodass durch die Partizipation von Individuen oder Gruppen am Unternehmen Nutzen generiert werden kann (vgl. Donaldson/Preston 1995, S. 68 f., und Ungericht 2012, S. 281 f.). Aufgrund des dyadischen Beziehungskonstrukts beeinflussen Stakeholder die unternehmerischen Aktivitäten, während diese wiederum auch Einfluss auf die Stakeholder ausüben können. Insofern liegt ein interdependenter Beeinflussungsprozess vor (siehe auch Stakeholder-Definition nach Freeman).

Einfluss der Stakeholder auf den Unternehmenserfolg

Von besonderem Interesse aus Unternehmenssicht in diesem Zusammenhang ist die Frage, welchen Einfluss Stakeholder auf den Unternehmenserfolg haben können, um anschließend die Frage zu klären, welche Stakeholder im Rahmen des Beziehungsmarketings als relevante Zielgruppen zugrunde zu legen sind. Der Unternehmenserfolg bemisst sich insbesondere durch

- die Höhe der Geldzuflüsse- und/oder Geldabflüsse und
- durch die Risikohaftigkeit der Geldzuflüsse- und/oder Geldabflüsse (vgl. Figge 2002a, S. 4).

Stakeholder können einen unterschiedlichen Einfluss auf den Unternehmenserfolg haben (vgl. hierzu Figge 2002a, S. 3):

Stakeholder mit direktem Einfluss bzw. indirektem Einfluss sind am wichtigsten

1. Stakeholder, die einen *direkten Einfluss* auf den Unternehmenserfolg haben (z. B. Mitarbeitende oder Kunden), sind als wesentliche Zielgruppe des Beziehungsmarketings zu betrachten. Hierzu zählen beispielsweise Mitarbeitende als interne Stakeholder oder Kunden als externe Stakeholder; beide Gruppen lösen direkt Geldflüsse aus (z. B. als Personalaufwand oder als Kundenerträge).
2. Stakeholder mit einem *indirekten Einfluss* auf den Unternehmenserfolg sind ebenfalls relevant, da sie über die Beeinflussung anderer Stakeholder direkte Geldflüsse auslösen können (z. B. Einfluss von Umweltschutzgruppen auf das Konsumverhalten von Verbrauchern). Insofern ist die erwähnte dyadische Beziehung zwischen einem Unternehmen und seinen Stakeholdern durch eine Netzwerkperspektive zu ersetzen, da Stakeholder untereinander und ohne Einbeziehung des Unternehmens interagieren können.
3. Grundsätzlich sind auch diejenigen Stakeholder als Zielgruppe des Beziehungsmarketings relevant, deren Einfluss nicht mit Sicherheit stattfindet. Auch sind die Einflüsse zu berücksichtigen, deren Ausmaß nicht bekannt ist. Es handelt sich also nur um einen *möglicherweise stattfindenden Einfluss.*
4. Stakeholder, die *keinen expliziten Einfluss* auf den Unternehmenserfolg haben, sind als Zielgruppe auszuschließen. Im Rahmen zukünftiger Konstellationen im Beziehungsnetzwerk kann sich die Bedingungslage jedoch ändern, sodass eine zu einem Zeitpunkt als irrelevant eingestufte Anspruchsgruppe perspektivisch auch Einfluss ausüben kann oder sogar wird.

Stakeholder-Integration ist unerlässlich

Aufgrund dieser Einflussmöglichkeiten scheinen sich gute Beziehungen zu den Stakeholdern zu lohnen. Zumindest besteht ein Konsens dahingehend, dass die ökonomische Bedeutung der Stakeholder-Beziehungen zunimmt (vgl. Figge 2002b, S. 1). Die intensive Beschäftigung mit den Interessen und Ansprüchen der Stakeholder dürfte sich vor allem im Kontext von Globalität und Nachhaltigkeit verstärken. Den Unternehmensverantwortlichen scheint es zunehmend bewusst zu werden,

FALLBEISPIEL

Brent Spar

Dass die Vernachlässigung einflussreicher Stakeholder sogar einen Konsumboykott auslösen kann, zeigt das prominente Fallbeispiel »Brent Spar«: 1995 beabsichtigte das Unternehmen Shell, eine Erdölförderplattform in der Nordsee zu versenken. Um dies zu verhindern, besetzte die Umweltschutzorganisation Greenpeace die Ölplattform. Ihre Tat war die Initialzündung für eine der größten Boykottbewegungen von Bürgern gegen einen Konzern in der Bundesrepublik. Nach einigen Wochen der Auseinandersetzung gab Shell schließlich auf und entsorgte die Plattform an Land (vgl. Krüger/Müller-Henning 2005, S. 25).

dass ohne intensiven Dialog mit relevanten Stakeholdern und ohne deren aktive Einbindung zukünftige Herausforderungen kaum gemeistert werden können. Vielmehr kann die Nichtberücksichtigung oder falsche Einschätzung ihrer Interessen die Unternehmensexistenz gefährden, zumindest aber zu Imageschäden führen.

Der beziehungsorientierte Stakeholder-Ansatz

Instrumentelle Perspektive der Stakeholder-Integration

Zur Vermeidung derartiger negativer Effekte erscheint eine frühzeitige Auseinandersetzung mit möglichen Interessen und Ansprüchen potenzieller Stakeholder und damit eine proaktive Ausrichtung der Managementaktivitäten empfehlenswert. Bereits im Zielbildungsprozess können Stakeholder eingebunden und die Beziehungen dazu genutzt werden, um eigene Ziele zu erreichen und die mit Stakeholdern verbundenen Unsicherheiten (z. B. Haltung der Öffentlichkeit zu bestimmten Vorhaben des Unternehmens) zu vermeiden. Weiterhin können vorhandene Zielsetzungen revidiert und neue Zielformulierungen abgeleitet werden. Grundsätzlich geht es im Rahmen von Austauschprozessen mit Stakeholdern darum, zum einen Verständnis für die eigene Position und für zukünftige Vorhaben des Unternehmens zu schaffen. Zum anderen soll der Austausch auch dazu führen, von den relevanten Anspruchsgruppen Zustimmungen zu erhalten oder mit ihnen Kompromisse zu finden (vgl. Hentze/Thies 2014, S. 19).

Normative Perspektive der Stakeholder-Integration

Neben dieser instrumentellen Perspektive, Stakeholder aufgrund ihres Beitrags zur Erreichung von Unternehmenszielen einzubinden, sollte im Beziehungsmarketing vor allem die normative Perspektive zum Tragen kommen. Die normative Perspektive zeigt sich in der Erwünschtheit des Stakeholder-Ansatzes. Die Berücksichtigung von Stakeholdern wird als ›richtig‹ definiert, da die Anerkennung von Stakeholder-Interessen moralischen und philosophischen Prinzipien Rechnung trägt und demokratischen Werten entspricht (vgl. Donaldson/Preston 1995, S. 67; Ungericht 2012, S. 284f). ›Gutes‹ Beziehungsmarketing zeigt sich demzufolge nicht darin, Stakeholder zu instrumentalisieren und sie zur Verfolgung eigener Interessen ›auszunutzen‹, sondern sie vielmehr als Partner mit legitimen Ansprüchen anzuerkennen und mit ihnen auf freiwilliger Basis zu kooperieren, um gemeinsame nachhaltige Beziehungserfolge zu generieren. Zu fordern wäre also eine Abkehr vom ›old-style Stakeholder Management‹, das eher daran interessiert ist, Stakeholder manipulativ zu beeinflussen und sie zu kontrollieren, mit der Intention, sich gegen Kritik zu immunisieren (›Schutzschild-Ansatz‹). Verfolgt werden sollte vielmehr ein ›new-style Stakeholder Involvement‹, das ethisch reflektiert ist, am Aufbau von Vertrauen und an langfristiger Zusammenarbeit interessiert ist und dabei insgesamt auf frühzeitigen Dialog und Partnerschaft setzt (vgl. Maak/Ulrich 2007, S. 176 f.).

Grundlagen des beziehungsorientierten Stakeholder-Ansatzes

Ein derartiger *beziehungsorientierter Stakeholder-Ansatz* beruht auf folgenden konzeptionellen Grundlagen (vgl. hierzu Ungericht 2012, S. 304 ff.):

- Aufgrund der bereits erwähnten Bedeutung von Stakeholdern, die keinen direkten Bezug zur betrieblichen Leistungserstellung haben, gleichwohl aber von den unternehmerischen Handlungen betroffen sind und auch Einfluss auf das Unternehmen nehmen können, ist eine *breitere Stakeholder-Definition* notwendig.
- Ein beziehungsorientierter Ansatz erfordert ein insgesamt *breiteres Zielspektrum,* das neben den Unternehmensinteressen auch die Interessen und Ansprüche der Stakeholder berücksichtigt.
- Die Lösung des Auswahlproblems, welche Stakeholder und welche ihrer Interessen berücksichtigt werden sollen, soll weniger von operativer Rationalität, d. h. vom ökonomischen Kosten-Nutzen-Kalkül, geleitet sein, sondern vielmehr dem Leitbild eines werteorientierten Beziehungsmarketings folgen, das auch nicht-ökonomische Ansprüche einbezieht. Stakeholder-Anliegen sind insofern einer *Legitimitätsprüfung* zu unterziehen. Brauchbare Maßstäbe für Legitimität liefern beispielsweise die Grundrechte oder auch soziale und ökologische Prinzipien.
- Ein beziehungsorientierter Stakeholder-Ansatz erfordert eine Demokratisierung der Entscheidungsprozesse und demzufolge eine stärkere *Stakeholder-Partizipation.* Hierzu eignen sich vor allem unterschiedliche Formate des Stakeholder-Dialogs (vgl. hierzu Kapitel 3.3.7).

Ermittlung relevanter Stakeholder

Unter Berücksichtigung des beziehungsorientierten Stakeholder-Ansatzes ergibt sich ein umfangreiches Spektrum an Bezugsgruppen, die für das Beziehungsmarketing relevant sind bzw. perspektivisch an Bedeutung gewinnen können. Da zumindest großen Unternehmen eine Vielzahl an Beziehungen zu unterschiedlichsten Individuen, Gruppen, Institutionen oder Organisationen unterstellt werden kann – so hat beispielsweise das Unternehmen Tchibo 2012 im Rahmen seiner Stakeholder-Befragung über Nachhaltigkeitsthemen 1.200 relevante Stakeholder identifiziert und erfasst (vgl. Tchibo GmbH 2012, S. 1 und 3) – ist eine Stakeholder-Analyse notwendig, um wichtige interne und externe Anspruchsgruppen zu identifizieren, zu beschreiben und zu bewerten (siehe hierzu Kapitel 3.1). Im Rahmen der Bewertung ist vor allem auch eine Analyse der Wichtigkeit einzelner Stakeholder vorzunehmen, um Beziehungsmarketing ›praktikabel‹ zu machen. Zwar widerspricht das dem normativen Ansatz, alle Stakeholder-Gruppen und ihre Interessen gleichrangig zu betrachten, allerdings dürfte es sich in der Unternehmenspraxis als schwierig erweisen, diesem Prinzip gerecht zu werden. Unterschiedliche Marktsituationen führen zu unterschiedlichen Beziehungsverhältnissen mit verschieden ausgeprägten Macht- und Einflusspotenzialen. Herrscht beispielsweise – wie in vielen Konsumgütermärkten – ein Käufermarkt vor, ist den (potenziellen) Kunden als Stakeholder-Gruppe zwangsläufig eine höhere Priorität einzuräumen als möglicherweise der Anspruchsgruppe der Kapitalgeber. Grundsätzlich muss jedes Unternehmen für sich und unter Berücksichtigung der Rahmenfaktoren seine relevanten Stakeholder ermitteln und sein Beziehungsmarketing auf diese Bezugsgruppen ausrichten.

WIEDERHOLUNGSFRAGEN

- Welche Gründe sprechen für eine deutliche und ganzheitliche Stakeholder-Orientierung im Marketing? Gehen Sie hierbei auf verschiedene Einflüsse von Stakeholdern auf den Unternehmenserfolg ein.
- Was versteht man unter dem beziehungsorientierten Stakeholder-Ansatz? Erläutern Sie die Kernelemente dieses Ansatzes.
- Welche Überlegungen sind bei der Gestaltung der Integration von Stakeholdern in instrumenteller und normativer Hinsicht anzustellen?

2 Theoretische Erklärungsansätze des Beziehungsmarketings

LERNZIELE

- Sie können die zentralen ökonomischen und verhaltenswissenschaftlichen Ansätze zur Erklärung des Beziehungsmarketings benennen und voneinander abgrenzen.
- Sie sind mit den Konstrukten (Kernvariablen) dieser Ansätze vertraut und können diese voneinander abgrenzen.
- Sie können anhand der theoretischen Erklärungsansätze Konzepte des Beziehungsmarketings und deren Elemente (z. B. Ziele, Strategien, Maßnahmen) erläutern.
- Sie können auf der Grundlage der zentralen Aussagen und der Variablen der theoretischen Erklärungsansätze begründete grundlegende Hypothesen über die Wirkungsweise des Beziehungsmarketings ableiten.

Die theoretischen Grundlagen zum Beziehungsmarketing sind vielfältig und in unterschiedlichen Wissenschaftsbereichen wie der Mikroökonomik, der Soziologie sowie der Psychologie und Sozialpsychologie zu verorten. Entsprechend ihrer Herkunft und Ausrichtung lassen sich mit den ökonomischen Ansätzen und den verhaltenswissenschaftlichen Ansätzen zwei bedeutsame Grundströme von Theorien ausmachen (vgl. Franke 2002, S. 190). Während in den *ökonomischen Ansätzen* primär die Entstehung und Gestaltung von Geschäftsbeziehungen im Vordergrund steht, fokussieren die *verhaltenswissenschaftlichen Ansätze* das Verhalten in einer bestehenden Geschäftsbeziehung mit potenziellen Auswirkungen auf den Bestand (also Fortführung oder Beendigung) einer Beziehung. Die beiden Grundrichtungen unterscheiden sich weiterhin darin,

- welche Annahmen zum Grad der Rationalität der Akteure getroffen werden,
- wie rigide diese Annahmen in den Ansätzen gesetzt werden und
- auf welchem Aggregationsniveau und wie abstrakt Aussagen getroffen werden.

Ökonomische Ansätze betonen Rationalität

In den ökonomischen Ansätzen steht die Erklärung eines stärker geplanten und kognitiv kontrollierten Verhaltens im Mittelpunkt. Sie sind zumeist von der Annahme vollständiger oder überwiegender Rationalität der Entscheider geprägt. Es findet eine Betrachtung auf kollektiver Ebene (z. B. Haushalte anstelle einzelner Konsumenten) oder eines ›durchschnittlichen‹ bzw. typischen Akteurs statt, womit diese Ansätze eine insgesamt abstraktere Sichtweise einnehmen (vgl. Franke 2002, S. 191).

Verhaltenswissenschaftliche Ansätze betonen psychische Prozesse

Die den Verhaltenswissenschaften (also insbesondere Psychologie, Sozialpsychologie, Soziologie) zuzuordnenden Ansätze befassen sich mit der Erklärung des Verhaltens auf Basis von Wahrnehmungs-, Bewertungs- und Informationsverarbeitungsprozessen. Solche Prozesse sowie ein daraus resultierendes Verhalten lassen sich kaum alleine mit der Annahme vollständiger oder überwiegender Rationalität erklären (vgl. Franke 2002, S. 192). Typisch für verhaltenswissenschaftliche Ansätze ist eine Verankerung im S-O-R-Modell *(Stimulus-Organismus-Reaktions-Modell)*. Hierunter werden Modelle gefasst, die das Verhalten von Individuen (z. B. Käufern) als Reaktionsvariable nicht nur durch physische Reize (z. B. Werbung, Preisinformationen) außerhalb des Individuums als sogenannte Stimulusvariablen zu erklären suchen, sondern insbesondere auch durch die im Inneren ablaufenden psychischen Prozesse als Organismusvariablen (vgl. Kuß 2011, S. 192 f.). Zwar werden auch in den verhaltenswissenschaftlichen Ansätzen vereinfachende Annahmen getroffen, diese werden jedoch oftmals als weniger axiomatisch und rigide betrachtet als in den ökonomischen Ansätzen. Zudem liegt der Fokus der Betrachtung in den verhaltenswissenschaftlichen Ansätzen primär auf der Erklärung individuellen und tatsächlichen Verhaltens einzelner Marktakteure. Ihnen liegt eine vergleichsweise stärkere empirische Verankerung zugrunde.

In den folgenden beiden Abschnitten werden zu diesen beiden Grundrichtungen gehörende theoretische Ansätze besprochen, die für die Analyse und Gestaltung des Beziehungsmarketings besonders ergiebig erscheinen.

2.1 Ökonomische Erklärungsansätze

2.1.1 Der informationsökonomische Ansatz

Grundgedanke der Informationsökonomik

Die *Informationsökonomik* befasst sich mit *asymmetrisch verteilten Informationen* zwischen Wirtschaftssubjekten in unterschiedlichen Situationen (z. B. Anbieter und Nachfrager), hieraus resultierenden Problemen und deren Lösungsmöglichkeiten (vgl. Woratschek/Roth 2004, S. 347 ff.). Ansatzpunkt ist also bereits die Interaktionsphase einer Geschäftsbeziehung vor einer potenziellen Transaktion. So ist beim Kauf von Produkten der Anbieter in der Vorkaufphase regelmäßig besser über die Qualität der von ihm hergestellten Produkte informiert als ein privater Nachfrager. Daraus erwächst für den Nachfrager das Problem der *Qualitätsunsicherheit*, die seinen Kaufentscheidungsprozess lähmen kann. Als Lösungsmöglichkeit bieten sich käuferseitig die gezielte Suche nach qualitätsbezogenen Informationen und anbieterseitig das Aussenden qualitätsbezogener Informationen an. Außerdem vermag ein beziehungsorientierter Marketingansatz durch klare Zielgruppenorientierung, Individualisierung des Produkt- und Informationsangebotes und schrittweisen Aufbau von Vertrauen entsprechende Probleme wie Qualitätsunsicherheit zwischen den Beziehungspartnern (z. B. Lieferant und Abnehmer) zu reduzieren.

Informationsökonomische Eigenschaften von Gütern

Auf Basis der Erkenntnis, dass Wirtschaftssubjekte regelmäßig nur über begrenzte Fähigkeiten der Informationsaufnahme und -verarbeitung verfügen, teilt Nelson Güter nach ihrem Anteil an Such-, Erfahrungs- und Vertrauenseigenschaften (Glaubenseigenschaften) folgendermaßen ein (vgl. Nelson 1970, S. 311 ff.):

- Güter mit einem überwiegenden Anteil an *Sucheigenschaften*, sogenannte Suchgüter, können vom Nachfrager bereits vor dem Kauf hinsichtlich ihrer Qualität (nahezu) vollständig inspiziert werden. Als Beispiel lässt sich die Qualität eines Kleidungsstückes bereits vor dem Kauf (z. B. durch Anprobieren, Anfühlen des Stoffes usw.) relativ gut vom Nachfrager beurteilen. Suchgüter
- Bei Gütern mit einem dominierenden Anteil an *Erfahrungseigenschaften*, sogenannte Erfahrungsgüter, kann der Nachfrager dagegen die Qualität erst nach dem Kauf durch Ge- oder Verbrauch einschätzen. So lässt sich beispielsweise die Haltbarkeit oder Funktionstüchtigkeit eines Rasenmähers oder auch die Qualität einer Beratungsleistung eines Unternehmensberaters erst mit der Zeit anhand eigener Erfahrung einschätzen. Erfahrungsgüter
- Güter, die überwiegend aus *Vertrauenseigenschaften* (Glaubenseigenschaften) bestehen, sogenannte Vertrauensgüter (Glaubensgüter), können vom Käufer weder vor noch nach dem Kauf auf Qualität beurteilt werden. So können z. B. die Eigenschaften »Bio« oder »Nachhaltigkeit« wie auch »schadstofffrei« weder vor noch nach dem Kauf von privaten Käufern überhaupt oder zu vertretbaren Kosten abgeschätzt werden. Vertrauensgüter

Stellt man sich ein Produkt als Kombination aus diesen drei Typen von Eigenschaften in unterschiedlichen Anteilen vor, die jeweils maximal einen Erfüllungsgrad von

Abb. 2-1

Pyramide der informationsökonomischen Eigenschaften

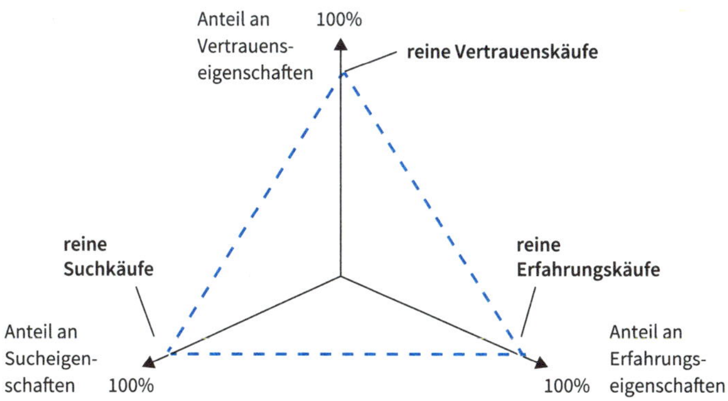

(Quelle: vgl. Weiber 1993, S. 63)

100 % aufweisen können, so ergibt sich die in Abbildung 2-1 dargestellte *Pyramide der informationsökonomischen Eigenschaften.* Hiernach zeichnen sich also reine Suchkäufe durch einen 100 %-igen Anteil an Sucheigenschaften aus, während reine Erfahrungskäufe (Vertrauenskäufe) jeweils entsprechend einen 100 %-igen Anteil an Erfahrungseigenschaften (Vertrauenseigenschaften) aufweisen. Häufiger sind in der Praxis jedoch Produkte anzutreffen, die unterschiedliche Anteile an allen drei oder zumindest zwei Eigenschaftstypen enthalten. Entsprechend ihrem jeweiligen Eigenschaftsanteil lassen sich die betrachteten Produkte dann als Punkte in der Pyramide verorten.

Einflussfaktoren auf die Einordnung als Such-, Erfahrungs- und Vertrauenseigenschaft

Bei der Einordnung des Produktangebotes nach den Anteilen der informationsökonomischen Produkteigenschaften in die obige Pyramide ist zu beachten, dass diese keineswegs statisch für alle Zeit und gleichermaßen konstant für alle Nachfrager einheitlich erfolgen kann:

Wissensstand

- Die Einordnung ist erstens abhängig von dem *Wissensstand des Nachfragers* selbst. Während beispielsweise ein professioneller Einkäufer eines Unternehmens die Qualität eines Reinigungsmittels, welches in großen Mengen geordert wird, bereits vor dem Kauf aufgrund seiner Sachkenntnis anhand der chemischen Zusammensetzung einschätzen kann, dürfte diese Qualitätsbeurteilung einem privaten Käufer wesentlich schwerer fallen. Für den professionellen Einkäufer tendiert dieser Kauf zu einem Suchkauf, für den privaten Konsumenten liegt dagegen ein Erfahrungskauf zugrunde.

Zeit

- Die Zuordnung ist zweitens abhängig von der im Laufe der *Zeit* über mehrere Transaktionen gesammelten Erfahrung des Nachfragers. Während beim Erstkauf eines technischen Produktes beispielsweise noch der Erfahrungskaufcharakter für den Nachfrager dominierte, wandelt sich dieser Kauf im Laufe der Zeit mit Zunahme an Käufen vermehrt zu einem Suchkauf.

Vertriebskanal

- Drittens ist zu beachten, dass der Anteil der jeweiligen informationsökonomischen Eigenschaften von ein und demselben Produktangebot auch mit der durch den *Vertriebskanal* beeinflussten Kaufsituation variieren kann. Beim Kauf eines Buches im stationären Einzelhandel handelt es sich mangels vorrätiger Bestände oftmals um einen Erfahrungskauf. Dagegen ist derselbe Kauf in einem Onlineshop tendenziell ein Suchkauf, da der Käufer dort nämlich Teile des Buches häufig bereits Probe lesen und sich an Kundenrezensionen orientieren kann. Im Grundsatz dürfte jedoch gelten, dass sich Suchgüter eher für den Vertrieb über das Internet eignen, da sich die zur Qualitätsbeurteilung erforderlichen Informationen (z. B. Marke, Preis, technische Details) relativ leicht über das Internet kommunizieren lassen. Bei Erfahrungs- oder Vertrauensgütern fällt dies tendenziell schwerer, sodass im Falle des Internetvertriebs als Substitut für die fehlende eigene Erfahrung kommunizierte fremde Erfahrungen anderer Kunden treten können.

Strategien zum Abbau von Qualitätsunsicherheit

Dominieren aus Käufersicht bei einem Kauf Erfahrungs- oder Vertrauenseigenschaften, so wird der Konsument vermutlich höhere Unsicherheit bei der Abschätzung der Qualität wahrnehmen. Diese höhere wahrgenommene Unsicherheit über die Qualität des Produktes kann nun den Käufer zur Reduktion dieser Unsicherheit motivieren. Hierfür kommen Strategien des Käufers wie auch Strategien des Anbieters oder Kombinationen aus beidem in Betracht (vgl. Spence 1973 und 1974):

Screening: Strategie des Käufers

- Beim *Screening* geht die Aktivität zur Reduzierung der Qualitätsunsicherheit von der schlechter informierten Seite, hier also dem Käufer, aus. Dieser könnte ihm bekannte Käufer um Rat und Erfahrungsberichte bitten. Er könnte zudem verstärkt nach Informationen über das Produkt in verschiedenen Fachzeitschriften oder auf Vergleichsportalen im Internet suchen. Alternativ kann er sich von einem vertrauenswürdigen Händler beraten lassen und gegebenenfalls dort das Produkt erstehen.

Signaling: Strategie des Anbieters

- Beim *Signaling* geht dagegen die Initiative zum Abbau der Qualitätsunsicherheit von der besser informierten Seite, hier also dem Anbieter, aus. Der Anbieter könnte durch Qualitätssignale, wie etwa Gütesiegel, Garantien, die Marke, Setzung eines überdurchschnittlichen Preises, Testergebnisse neutraler Warentests sowie zur Verfügung gestellte Kundenrezensionen, auch von sich aus proaktiv hohe Produktqualität signalisieren.

Bezogen auf die in Abbildung 2-1 dargestellte Pyramide der informationsökonomischen Eigenschaften zielen die beschriebenen Strategien des Signaling und Screening darauf ab, den Anteil an Erfahrungs- bzw. Vertrauenseigenschaften zugunsten eines höheren Anteils an Sucheigenschaften abzubauen. Der Käufer soll vermehrt bereits vor dem Kauf in die Lage versetzt werden, das Produktangebot anhand glaubwürdiger Qualitätssignale zu beurteilen.

Insgesamt erhält somit der Anbieter aus der Kenntnis des sein Produkt auszeichnenden Anteils an Such-, Erfahrungs- und Vertrauenseigenschaften neben Hinweisen auf die Existenz und das Ausmaß an Qualitätsunsicherheit des Käufers auch Ansatzpunkte zu deren Abbau und zur Gestaltung des Vertriebskanals. Mit der *Informationsökonomik* können informations- und kommunikationsbezogene Marketingaktivitäten wie Werbung, Markenaufbau und die Verwendung von Gütesiegeln sowie auch Besonderheiten bei der Vermarktung von Produkten, die eine längere Geschäftsbeziehung nach sich ziehen (Kontraktgüter), erklärt werden (vgl. Franke 2002, S. 190 f.).

PRAXISTIPP

Anbieter können ihre Produkte nach dem Anteil informationsökonomischer Eigenschaften im Hinblick auf den Grad der Qualitätsunsicherheit der Käufer abschätzen. Hierauf aufbauend lassen sich Maßnahmen zur Reduzierung der Qualitätsunsicherheit ergreifen. Insbesondere kann der Anbieter über den Aufbau von Vertrauen im Rahmen langfristiger Beziehungen mit dem Käufer Qualitätsunsicherheit nachhaltig reduzieren. Auch wirkt sich die Wahl des Vertriebskanals auf die Einordnung eines Produktes als Such-, Erfahrungs- oder Vertrauensgut aus und sollte in die Strategie zur Reduktion von Qualitätsunsicherheit des Käufers einfließen.

2.1.2 Die Prinzipal-Agent-Theorie

Grundgedanke der Prinzipal-Agent-Theorie

Die *Prinzipal-Agent-Theorie* untersucht die zwischen Auftraggeber *(Prinzipal)* und Auftragnehmer *(Agent)* bestehenden kooperativen Beziehungen im Hinblick auf mögliche Konflikte und Lösungsmöglichkeiten (vgl. Picot 1991, S. 150). Als Beispiele lassen sich die Beziehungen zwischen Anbieter und Kunde, Arbeitgeber und Arbeitnehmer sowie zwischen Abnehmer und Lieferant anführen. Hierbei wird davon ausgegangen, dass der Agent gegenüber dem Prinzipal Wissensvorsprünge besitzt (Informationsasymmetrie), die dieser auch eigennützig unter Einsatz von List und Tücke zulasten des Prinzipals ausnutzen kann *(Opportunismus)*. Eine hieraus für den Prinzipal entstehende Nutzeneinbuße wird auch als *Agency-Kosten* (Agenturkosten) bezeichnet (vgl. Weber/Schäffer 2016, S. 28).

Probleme von Informationsasymmetrien

Informationsasymmetrien können sowohl nach Vertragsabschluss, aber auch schon bei Vertragsabschluss bestehen (vgl. Weißenberger 1997, S. 148; Weber/Schäffer 2016, S. 28 f.).

- Nach Vertragsabschluss kann der Prinzipal oftmals das Verhalten des Agenten nicht vollständig beobachten *(Hidden Action)*. Kann der Agent hieraus einen Nutzen auf Kosten des Prinzipals ziehen, so liegt eine Situation des *Moral Hazard* vor.
- Bei Vertragsabschluss kann der Prinzipal oftmals wesentliche, für die Erfüllung einer Aufgabe erforderliche Eigenschaften des Agenten oder auch exogene Störgrößen nicht beobachten *(Hidden Information)*. Kann der Agent diese Situation zulasten des Prinzipals ausnutzen, so liegt eine Situation der *adversen Selektion* vor.

Problemlösungen

Eine Lösung des Moral-Hazard-Problems zur Reduzierung von Agency-Kosten kann in einem langfristig angelegten Beziehungsmarketing gesehen werden, in dem auf der Grundlage langfristig eingegangener Geschäftsbeziehungen Vertrauen zwischen beiden Akteuren aufgebaut und gefestigt wird. Das Problem der adversen Selektion und daraus resultierende Agency-Kosten könnte der Prinzipal durch Anbieten unterschiedlicher Vertragsvarianten (wie z. B. im Falle von Garantien für unterschiedlich risikogeneigte Käufertypen) reduzieren. Der Agent gibt hierbei seinen Informationsvorsprung durch Wahl der für ihn passenden Vertragsvariante preis. Da die Initiative zur Reduzierung der Informationsasymmetrie von der schlechter informierten Seite (hier also dem Prinzipal) ausgeht, liegt *Screening* vor. Umgekehrt kann diese Aktivität im Sinne des *Signaling* auch von der besser informierten Seite (dem Agent) ausgehen. Beispielsweise könnte ein Lieferant von Vorprodukten (Agent) dem potenziellen Abnehmer dieser Produkte (Prinzipal) durch Kennzeichnung seiner Produkte mit einem von einem unabhängigen Testinstitut vergebenen Gütesiegel eine überdurchschnittliche Qualität glaubwürdig kommunizieren.

2.1.3 Die Transaktionskostentheorie

Grundgedanke der Transaktionskostentheorie

Die *Transaktionskostentheorie*, die eng mit den Namen Ronald Coase und Oliver Williamson verbunden ist, betrachtet als *Transaktionskosten* sämtliche Kosten, die im Zuge der Übertragung von Sach- und Dienstleistungen (einschließlich zugehöriger Verfügungsrechte) entstehen (vgl. Williamson 1981; Hubert 2016, S. 894). Hierzu zählen Kosten für Suche, Information, Verhandlung, Entscheidung, Überwachung und Durchsetzung, die bei jeder Form des Austausches von Gütern anfallen (vgl. Krieger 2005, S. 118, sowie Picot 1991, S. 147). Bezogen auf eine Geschäftsbeziehung wird mit dem Ansatz somit der Übergang von der Interaktions- zur Transaktionsphase mit Fokus auf die letztgenannte Phase thematisiert.

Transaktionsprobleme

Die Kernfrage der Transaktionskostentheorie liegt in der effizienten Gestaltung von Austauschbeziehungen (Transaktionen). Die Transaktionspartner sind aufgrund ihrer begrenzten Rationalität jedoch nicht in der Lage, die Transaktionskosten im Voraus über die gesamte Dauer der Austauschbeziehungen perfekt vorauszusehen, wodurch Spielräume für opportunistisches Verhalten entstehen. Sich hieraus ergebende Transaktionsprobleme entstehen vor allem bei hoher *Spezifität, Unsicherheit* und *Komplexität* der Austauschbeziehungen (vgl. Picot 1991, S. 147). Als weiterer Einflussfaktor wird die *Häufigkeit* der Transaktion betrachtet. Gesucht wird nun jene Organisationsform, die bei gegebenen Einflussgrößen die relativ geringsten Transaktionskosten verursacht (vgl. Picot 1991, S. 149).

Langfristige Geschäftsbeziehungen als Problemlösung

Unter Abwägung dieser Einflussfaktoren erscheinen langfristige, kooperative Geschäftsbeziehungen hinsichtlich ihrer Transaktionskosten umso vorteilhafter,
- je höher die Unsicherheit und Komplexität ist,
- je höher die Spezifität der einzubringenden Ressourcen ist und
- je häufiger Transaktionen stattfinden (vgl. Krieger 2005, S. 118).

WIEDERHOLUNGSFRAGEN

- Erläutern Sie den Kerngedanken von Informationsökonomik, Prinzipal-Agent-Theorie und Transaktionskostentheorie.
- Erläutern Sie, wie sich diese drei Erklärungsansätze für die Gestaltung des Beziehungsmarketings nutzen lassen. Welche Folgerungen für das Beziehungsmarketing ergeben sich aus den drei genannten Ansätzen?
- Worin liegt speziell nach der Transaktionskostentheorie der Vorteil langfristiger Geschäftsbeziehungen begründet?

2.2 Verhaltenswissenschaftliche Erklärungsansätze

2.2.1 Die Anreiz-Beitrags-Theorie

Grundgedanke der Anreiz-Beitrags-Theorie

Bei der auf March und Simon sowie Barnard zurückgehenden *Anreiz-Beitrags-Theorie* handelt es sich um einen verhaltenswissenschaftlichen Ansatz zur Erklärung der Verknüpfung divergierender Ziele, die Mitglieder in einem Verbund bzw. einer Organisation (geprägt von wechselseitigen Abhängigkeiten der Mitglieder) durch ihre Mitwirkung am organisationalen Prozess durchsetzen wollen (vgl. Barnard 1974; March/Simon 1993; Simon/Smithburg/Thompson 1950; Simon 1957 und

PRAXISBEISPIEL

Franchisesystem

So lässt sich beispielsweise ein Franchisesystem im Sinne der Anreiz-Beitrags-Theorie als langfristig orientierter freiwilliger Zusammenschluss bzw. Verbund (Kooperation, Koalition) von Franchisegeber als Kontraktgeber und Franchisenehmer als Kontraktnehmer interpretieren mit dem Ziel, gemeinsame oder harmonierende Ziele besser als bei autonomem Agieren zu erreichen (vgl. zum Folgenden Steiff 2004). Die Organisationsmitglieder (i. d. R. ein Franchisegeber und viele Franchisenehmer) erhalten durch ihre Teilnahme an der Kooperation bestimmte Anreize, für die sie jeweils entsprechende Beiträge zu leisten haben. Anreize (Beiträge) können in allen materiellen und immateriellen Vorteilen (Nachteilen) bestehen, die sich aus Sicht der Mitglieder aus der Teilnahme an dem Zusammenschluss ergeben. Zentrale Annahme der Anreiz-Beitrags-Theorie ist in diesem Zusammenhang, dass die Teilnahme von Franchisegeber und Franchisenehmer abhängig ist von ihrem jeweils subjektiv wahrgenommenen Anreiz bzw. Nutzen, der den zu leistenden Beiträgen bzw. Kosten gegenübergestellt wird. Darüber hinaus wird angenommen, dass die Systemmitglieder eine Vorstellung davon haben, welcher Ertrag ihnen entgeht, wenn sie ihre Beiträge nicht an das Franchisesystem leisten, sondern diese in eine Alternative (z. B. ein konkurrierendes Franchisesystem oder eine andere Vertriebsform) einbringen (Opportunitätskostengedanke).

1997). Sie macht Aussagen über die Bedingungen, unter denen eine Organisation ihre Mitglieder dazu bringen kann, dass sie weiterhin mitwirken und folglich das Überleben der Organisation gewährleisten. Unzureichende Anreize können Zerfall, Veränderung der Organisationsziele oder gar ein Scheitern der Zusammenarbeit induzieren. Die Organisation befindet sich im Gleichgewicht, wenn für jeden Teilnehmer die angebotenen Anreize zur Mitwirkung am Organisationsprozess (wie z. B. Einkommen oder Gewinn, Arbeitsklima) gerade ihre Beiträge zur Erfüllung der Organisationsziele übersteigen oder von jedem Teilnehmer als mindestens gleich hoch bewertet werden.

Ausgeglichener (positiver) Anreiz-Beitrags-Saldo

Ist die Summe aller empfangenen Anreize bzw. Nutzen der Kooperationsteilnehmer größer oder gleich der Summe der in das System geleisteten Beiträge respektive dem erwarteten Nutzenentgang, so resultiert ein *positiver Anreiz-Beitrags-Saldo,* der sich in Zufriedenheit der Systemmitglieder manifestiert und sich als Gleichgewichtszustand des Systems interpretieren lässt. Ein positiver Anreiz-Beitrags-Saldo wiederum ist Voraussetzung zum einen für die Entstehung der Kooperation und zum anderen für deren Aufrechterhaltung (Bestand). Kommt es im Zeitablauf zu Veränderungen des Anreiz-Beitrags-Verhältnisses einzelner Mitglieder, können – gegebenenfalls unter Hinzutreten bestimmter Nebenbedingungen – Verhaltenskonsequenzen dieser Mitglieder resultieren, die nachgelagert auch das System als Ganzes in seinem Fortbestand tangieren:

Unausgeglichener (negativer) Anreiz-Beitrags-Saldo

Wenn abzusehen ist, dass der Anreiz-Beitrags-Saldo dauerhaft negativ ausfallen wird (Anreiz bzw. Nutzen < Beitrag bzw. Nutzenentgang), so kann es zum Austritt aus dem System und eventuell zu einem Eintritt in ein anderes System kommen. Ist hingegen abzusehen, dass lediglich kurzfristig ein *negativer Anreiz-Beitrags-Saldo* droht oder aber, wenn kurz- und langfristig erkennbar ist, dass sich zwar der Anreiz-Beitrags-Saldo verschlechtert hat, dieser jedoch weiterhin positiv bleiben wird (Anreiz bzw. Nutzen > Beitrag bzw. Nutzenentgang), so erscheinen nach der Anreiz-Beitrags-Theorie zwei Verhaltenskonsequenzen plausibel: Das Systemmitglied (z. B. der Franchisenehmer) unternimmt keine weiteren Schritte und akzeptiert das verschlechterte Verhältnis, oder es unternimmt Maßnahmen zur Wiederherstellung des früheren Zustands bzw. zur Verhinderung einer weiteren Verschlechterung, wobei sowohl opportunistische als auch nicht-opportunistische Maßnahmen ergriffen werden können.

Maßnahmen

Opportunistische Maßnahmen mögen etwa bestehen in einer Verringerung des Service- bzw. Qualitätsniveaus zum Zweck der Kostensenkung durch den Franchisenehmer ohne Kenntnisnahme und zulasten des Franchisegebers, der Reputation des Systems insgesamt und damit auch zulasten anderer Franchisenehmer. *Nicht-opportunistische Maßnahmen* bestehen beispielsweise in einer umfassenderen Beteiligung des Franchisenehmers am Informationsaustausch mit dem Franchisegeber oder an gemeinsamen Maßnahmen zur Steigerung der Servicequalität und Mitarbeitermotivation.

Gleichwohl ist es denkbar, dass im Einzelfall unter bestimmten Voraussetzungen ein Systemmitglied trotz nachhaltig verschlechterten Anreiz-Beitrags-Saldos von einem Austritt aus dem System absieht. Dies ist der Fall, wenn unmittelbare Austrittskosten (bezogen auf die bereits gewählte Alternative), wie etwa Stilllegungskosten bzw. verlorenes spezifisches Know-how oder mittelbare bzw. nachgelagerte Austrittskosten (bezogen auf die erwogene Alternative bzw. Opportunität), wie beispielsweise eine neu erforderliche aufwendige Einarbeitung, auf das Koalitionsmitglied zukommen.

Abbildung 2-2 fasst die Determinanten für systemkonformes, d. h. nicht-opportunistisches bzw. nicht das System schädigendes Verhalten der Systemmitglieder auf der Grundlage der Anreiz-Beitrags-Theorie zusammen. Hierbei symbolisiert das positive Vorzeichen (+) einen positiven Einfluss (je höher, desto höher). Beispiele für ein solches systemkonformes Verhalten sind etwa ein umfassender Informationsaustausch bzw. das Nicht-Zurückhalten strategisch wichtiger Informationen oder der Verbleib in dem System.

Abb. 2-2

Determinanten systemkonformen Verhaltens

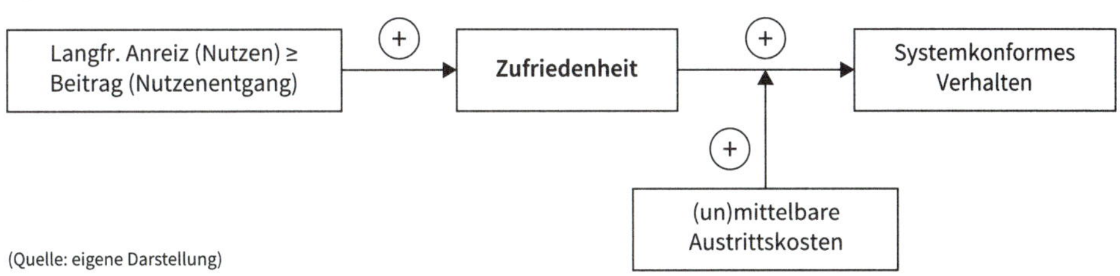

(Quelle: eigene Darstellung)

Auswirkungen auf Zufriedenheit

Zufriedenheit, z. B. in Form der Franchisenehmerzufriedenheit (vgl. Schul/Little/Pride 1985, S. 13; Meinig 1995, S. 18; Decker 1998, S. 6; Schlüter 2001, S. 76), erweist sich also auf der Grundlage der Anreiz-Beitrags-Theorie als strategisch wichtige Zielvariable (notwendige und bei Irrelevanz (un-)mittelbarer Austrittskosten vermutlich auch hinreichende Bedingung) zur Beeinflussung der Motivation für systemkonformes Mitgliederverhalten.

Zufriedenheit wiederum entsteht, solange die Summe der erhaltenen und zukünftig erwarteten Anreize von den Mitgliedern höher eingeschätzt wird als die von ihnen zu leistenden Beiträge. Sofern (un-)mittelbare Austrittskosten für das Mitglied entscheidungsrelevant werden, ergibt sich deren positiver, über die Zufriedenheit vermittelter Einfluss auf das systemkonforme Verhalten im Sinne einer moderierenden Variable. Das heißt, (un-)mittelbare Austrittskosten für sich betrachtet werden bei Fehlen von Zufriedenheit kaum eine hinreichende Motivation für systemkonformes Mitgliederverhalten induzieren können.

2.2.2 Die Equity-Theorie

Grundgedanke der Equity-Theorie

Nach der auf Homans und Adams zurückgehenden *Equity-Theorie* (Gerechtigkeitstheorie) stellen Individuen in Austauschbeziehungen ihrem Einsatz (Input) den Ertrag (Outcome, Output) gegenüber, der ihnen aus der Beziehung erwächst (vgl. Homans 1968, S. 30; Adams 1965, S. 267 ff.). Bezogen auf eine Kunde-Anbieter-Beziehung vergleichen beispielsweise Kunden sowohl ihren eigenen Input mit dem aus der Austauschbeziehung resultierenden Output als auch ihre eigenen In- und Outputs mit denen des Anbieters und anderer Kunden.

Input vs. Output einer Geschäftsbeziehung

Unter dem *Input* können wahrgenommene Verluste materieller wie immaterieller Art (etwa erfahrene Schäden oder Folgeschäden, der gezahlte Kaufpreis, Unzufriedenheit bzw. kognitive Dissonanzen) subsumiert werden. Als *Output* lässt sich der Wert der erhaltenen Leistung (einschließlich einer nachträglich, d. h. nach dem Kauf gewährten bzw. in Aussicht gestellten Entschädigungsleistung) respektive deren Nutzen fassen.

Aus diesem Vergleich ziehen die an einer Austauschbeziehung Beteiligten Schlüsse über die Gerechtigkeit einer Austauschbeziehung, wodurch im Equity-Modell die Zufriedenheit und in der Folge die Bindung in einer Geschäftsbeziehung (etwa die Kundenbindung) beeinflusst werden.

Wahrgenommene (Un-) Gerechtigkeit

Gerechtigkeit (equity) aus Sicht des Urteilenden (A) wird empfunden, wenn sein eigenes Output-Input-Verhältnis mit demjenigen (denjenigen) der Referenzperson(en) (B) (z. B. Anbieter und/oder andere Kunden) übereinstimmt respektive in einem gewissen, nicht zu großen Rahmen zugunsten des Urteilenden ausfällt:

$$\frac{\text{Output}_A}{\text{Input}_A} \geq \frac{\text{Output}_B}{\text{Input}_B}$$

Weicht das wahrgenommene Output-Input-Verhältnis des Urteilenden nach unten, d. h. zu seinen Ungunsten, ab, gilt also

$$\frac{\text{Output}_A}{\text{Input}_A} < \frac{\text{Output}_B}{\text{Input}_B},$$

dann resultiert *negative Ungerechtigkeit* (negative inequity). Im Falle eines deutlich nach oben über einen gewissen Toleranzrahmen hinausragenden Output-Input-Verhältnisses des Urteilenden zu seinen Gunsten relativ zu demjenigen (denjenigen) der Referenzperson(en), entsteht umgekehrt *positive Ungerechtigkeit* (positive inequity) (vgl. Garrett 1999, S. 26 ff.; Ho/Lim/Camerer 2006, S. 313):

$$\frac{\text{Output}_A}{\text{Input}_A} >> \frac{\text{Output}_B}{\text{Input}_B}$$

Das Gefühl der Ungerechtigkeit (inequity), sowohl in Form der negativen als auch der positiven Ungerechtigkeit, kann einen inneren Spannungszustand beim Urteilenden auslösen, der dazu motiviert, denselben abzubauen (vgl. Fisk/Young 1985, S. 341; Hunt/Kernan/Mizerski 1983, S. 136 f.). Als Strategien zur Wiederherstellung von Gerechtigkeit (equity) kommen dabei sowohl eine tatsächliche (faktische) Modifikation der eigenen bzw. beobachteten In- bzw. Outputs, etwa durch nachträglich geforderte bzw. gewährte Kompensationsleistungen, in Betracht (actual restoration activity) wie auch eine kognitive Restrukturierung bzw. Neubewertung faktisch unveränderter wahrgenommener In- und Outputs (psychological restoration activity) (vgl. Hunt/Kernan/Mizerski 1983, S. 137).

Formen von Gerechtigkeit

Neueren Ansätzen der Equity-Theorie zufolge wird Gerechtigkeit als mehrdimensionales Konstrukt aufgefasst, das eine distributive, prozedurale und interaktionale Gerechtigkeitsdimension beinhaltet (vgl. Blodgett/Hill/Tax 1997; Blodgett/Tax 1993; Tax/Brown/Chandrashekaran 1998; Smith/Bolton/Wagner 1999):

- *Distributive Gerechtigkeit* (Verteilungsgerechtigkeit) ist dabei auf das Ergebnis des Austauschprozesses bezogen.
- *Prozedurale Gerechtigkeit* (Verfahrensgerechtigkeit) bezieht sich auf die angewandten Verteilungsregeln (»policies, procedures, criteria«), durch die ein Verteilungsergebnis herbeigeführt wird.
- *Interaktionale Gerechtigkeit* stellt auf die Behandlung des Austauschpartners während der Anwendung der Verteilungsregeln (etwa durch Mitarbeitende des Anbieters) im Einzelfall ab.

Sowohl die Equity-Theorie als auch die Anreiz-Beitrags-Theorie lassen sich den sogenannten Austauschtheorien zuordnen, die Gerechtigkeit als Voraussetzung dauerhafter Beziehungen ansehen. Zu weiteren Austauschtheorien sei auf die Literatur verwiesen (vgl. z. B. Raab/Unger/Unger 2010, S. 332 ff.).

2.2.3 Das Confirmation/Disconfirmation-Paradigma

Grundgedanke des CD-Paradigma

Neben einem ausgewogenen Output-Input-Verhältnis kommt es für das Entstehen von Zufriedenheit von Beziehungspartnern in einer Geschäftsbeziehung auch auf den Vergleich mit definierten Soll-Größen an. Zufriedenheit wird, dem *Confirmation/Disconfirmation-Paradigma* (CD-Paradigma) folgend, als Ergebnis eines komplexen Soll-Ist-Vergleichs verstanden, der mehrere Dimensionen umfasst (vgl. Oliver 1980). Den Maßstab zur Beurteilung der wahrgenommenen Qualität (Ist-Größe) bilden dabei Erwartungen bzw. Anspruchsniveaus (Soll-Größen). Erfüllen der Erwartungen führt zu Zufriedenheit (Confirmation). Ein Nichterfüllen der Erwartungen führt hingegen zu Unzufriedenheit (negative Disconfirmation). Werden Leistungen angeboten, die in der Wahrnehmung der Kunden das Erwartungsniveau deut-

Abb. 2-3

Confirmation/Disconfirmation-Paradigma

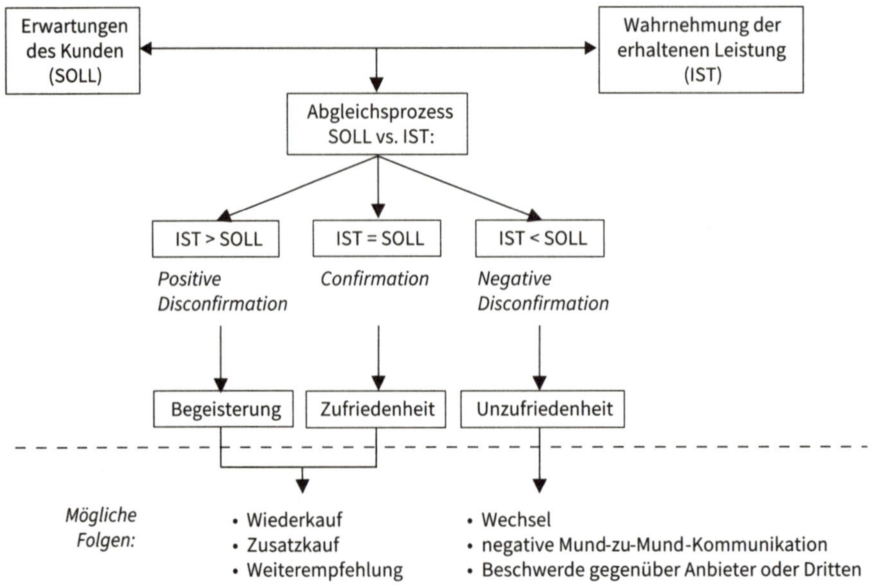

(Quelle: eigene Darstellung)

lich übertreffen, kann Kundenbegeisterung (positive Disconfirmation, Delightment) als stark emotionale Form hoher Zufriedenheit entstehen (vgl. Fritz/Oelsnitz 2006, S. 85). Abbildung 2-3 zeigt die Entstehung von Zufriedenheit bzw. Unzufriedenheit und mögliche Folgen.

Gründe für das Entstehen von (Un-) Zufriedenheit

Für das Zustandekommen von Unzufriedenheit kommen damit sowohl eine als relativ zu gering wahrgenommene Ist-Leistung bei durchschnittlichen (normalen) Erwartungen als auch relativ zu hohe (übersteigerte) Erwartungen bei durchschnittlicher (normaler) wahrgenommener Ist-Leistung in Betracht.

Folgen von (Un-)Zufriedenheit

Außerhalb des Modells (unterhalb der in Abbildung 2-3 dargestellten gestrichelten Linie) werden mögliche Konsequenzen von (Un-)Zufriedenheit betrachtet. So können Käufer auf Zufriedenheit bzw. Begeisterung mit gesteigerter Kundenbindung reagieren, die sich an vermehrten Wiederkäufen, Zusatzkäufen (Cross-Buying) und Weiterempfehlungen festmachen lässt. Mögliche Folgen von Unzufriedenheit sind ein Wechsel zu anderen Anbietern, negative Kundenempfehlungen oder Beschwerden gegenüber dem Anbieter oder auch anderen Instanzen (z. B. Verbraucherschutzverbände, Behörden).

Kritik am CD-Paradigma

Kritisch an dem CD-Paradigma ist anzumerken, dass jede noch so kleine Abweichung zwischen Erwartungen und wahrgenommener Ist-Leistung zu Zufriedenheit oder Unzufriedenheit führen kann. In der Praxis ist dagegen häufig festzustellen, dass ein Kunde durchaus mit einem neuen Produkt zufrieden ist, obwohl der Anbieter bei ihm höhere Erwartungen durch seine Werbemaßnahmen geweckt hat als das Produkt tatsächlich erfüllt. Ein Zufriedenheitsgefühl kann sich bei Kunden sogar auch dann einstellen, wenn sie negative Qualität erfahren haben, weil beispielsweise die betreffende Produkteigenschaft für sie unbedeutend ist oder es keine adäquaten Alternativen gibt. Auch sind Fälle vorstellbar, bei denen Kunden mit dem Produkt unzufrieden sind, obwohl ihre Erwartungen übertroffen wurden. Mit dem CD-Paradigma lassen sich solche Phänomene offenbar nicht erklären.

2.2.4 Das Indifferenzzonenkonzept

Grundgedanke des Indifferenzzonenkonzeptes

Eine Erweiterung des CD-Paradigmas zur Berücksichtigung eben solcher Fälle stellt das *Indifferenzzonenkonzept* dar (vgl. Woodruff/Cadotte/Jenkins 1983, S. 299 f.). Wie in Abbildung 2-4 dargestellt, wird mit der Indifferenzzone ein Intervall um die Erwartungen als Vergleichsmaßstab herum beschrieben. Fällt die Ist-Leistung in dieses Intervall hinein, so nimmt der Kunde sie als äquivalent zu seinen Erwartungen wahr. Die Leistung erregt beim Kunden keine besondere Aufmerksamkeit, sie stellt für ihn nichts Besonderes dar, weshalb er weder zufrieden noch unzufrieden, eben indifferent, ist. Der Kunde wird erst dann aufmerksam, wenn die Ist-Leistung außerhalb der Indifferenzzone liegt. Erst wenn die Erwartungen durch die Ist-Leistung deutlich über- oder unterschritten werden, wird die Aufmerksamkeit des Kunden geweckt und dieser erfährt Zufriedenheit bzw. Unzufriedenheit.

Abb. 2-4

Indifferenzzonenkonzept

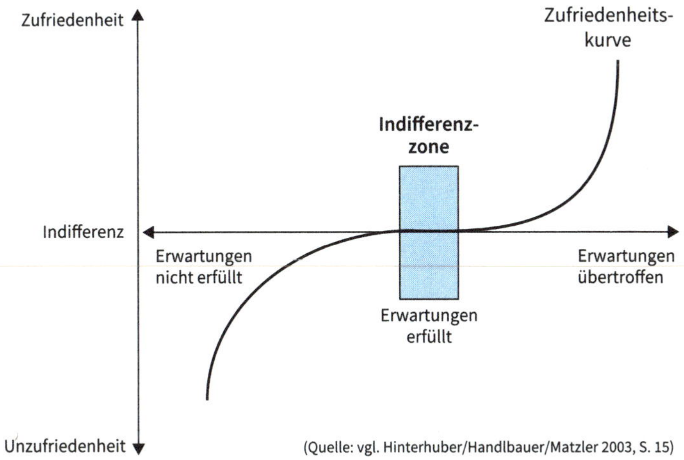

(Quelle: vgl. Hinterhuber/Handlbauer/Matzler 2003, S. 15)

Breite der Indifferenzzone

Die Breite der Indifferenzzone hängt u. a. von den individuellen Erfahrungen des Käufers ab. So mag ein besonders erfahrener Käufer auch geringfügige Abweichungen einer Leistung von seinem Erwartungsstandard schneller bemerken als ein noch unerfahrener Käufer. Zudem spielen auch situationsspezifische Effekte eine Rolle. In einer für den Käufer besonders wichtigen Verwendungssituation (z. B. Verwendung eines Produktes zu beruflichen Zwecken) mag der Käufer besonders sensibel auf Abweichungen von seiner Norm reagieren. Anders verhält es sich dagegen in Situationen, denen der Käufer eine untergeordnete Bedeutung beimisst. Verwendet er das betreffende Produkt beispielsweise bei einer Freizeitaktivität, werden möglicherweise geringe Nutzungseinschränkungen des Produktes ignoriert oder als gering bewertet, sodass sich Unzufriedenheit nicht unmittelbar einstellt.

2.2.5 Das Kano-Modell

Grundgedanke des Kano-Modells

Für einen Anbieter wäre es interessant zu wissen, bei welchen Kundenanforderungen bzw. entsprechenden Produkteigenschaften es leichter oder umgekehrt schwieriger erscheint, aus der Indifferenzzone auszubrechen, um Zufriedenheit deutlich zu steigern. Das *Kano-Modell* (vgl. Kano et al. 1984) bietet in Erweiterung des CD-Paradigmas und des Indifferenzzonenkonzeptes hierzu einen Beschreibungs- und Erklärungsansatz. Es nimmt eine Dreiteilung der Anforderungen des

Abb. 2-5

Kano-Modell

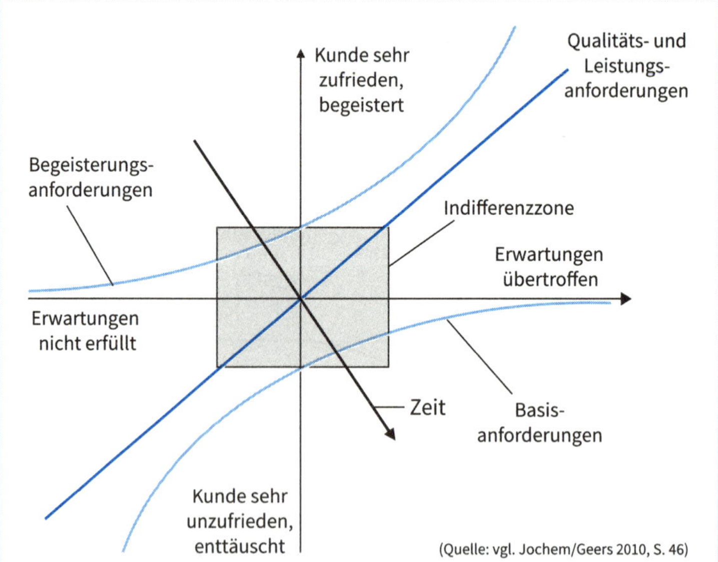

(Quelle: vgl. Jochem/Geers 2010, S. 46)

Kunden an Produkteigenschaften oder Leistungen eines Anbieters wie folgt vor (siehe Abbildung 2-5):

1. *Basisanforderungen* bilden Muss-Kriterien aus Käufersicht ab. Sie werden von Kunden häufig nicht direkt artikuliert, sondern stillschweigend vorausgesetzt. Beispiele sind etwa die Erreichbarkeit des Außendienstes, die Sauberkeit einer Filiale, die Freundlichkeit der Mitarbeitenden oder eine korrekte Zahlungsabwicklung. Das Produkt muss diese Basisanforderungen unbedingt zu einem gewissen Grad erfüllen, da die Nichterfüllung ansonsten zu drastischer Unzufriedenheit beim Käufer führt. Umgekehrt führt jedoch die (Über-) Erfüllung nicht wirklich zu Zufriedenheit, sondern lediglich zu einem Zustand der Nicht-Unzufriedenheit. Muss-Eigenschaften
2. *Qualitäts- und Leistungsanforderungen* werden dagegen vom Kunden nicht als selbstverständlich erachtet. Sie werden im Sinne von Soll-Kriterien erwartet und artikuliert, wie beispielsweise ein gutes Preis-Leistungs-Verhältnis oder eine bestimmte Produktfunktionalität. Der Käufer wünscht sich diese Eigenschaften, weshalb er das betreffende Produkt, das eben diese Eigenschaften nach seiner Einschätzung bestmöglich vereint, nachfragt. Werden nun diese Qualitäts- und Leistungsanforderungen vom Anbieter in der Wahrnehmung des Käufers nicht erfüllt, so resultiert Unzufriedenheit, bei Erfüllen dieser Anforderungen entsteht dagegen Zufriedenheit. Bei Nichterfüllung entsteht jedoch nicht in so hohem Maße Unzufriedenheit wie bei Enttäuschung der Basisanforderungen, welche dem Käufer nur dann und zwar in hohem Maße auffallen, wenn sie fehlen. Sofern weder Basis- noch Qualitäts- und Leistungsanforderungen von dem Produkt erfüllt werden, kann auch ein höheres Maß an Unzufriedenheit resultieren. Eine umfassende Zufriedenheit des Kunden kann jedoch nicht oder nur begrenzt durch die Erfüllung der selbstverständlichen und erwarteten Anforderungen erzielt werden. Soll-Eigenschaften
3. *Begeisterungsanforderungen* lassen sich als Kann-Kriterien auffassen. Kunden setzen diese Faktoren nicht als selbstverständlich voraus. Bei Übererfüllung kann ein hohes Zufriedenheitsniveau erreicht werden. Bei Nichterfüllung entsteht jedoch nur ein Zustand der Nicht-Zufriedenheit, aber eben keine Unzufriedenheit. Begeisterungsanforderungen können sich auf Zusatzleistungen (Extras) eines Angebotes beziehen, die der Käufer nicht erwartet, von deren Vorhandensein sie jedoch positiv überrascht werden (z. B. ein sehr handliches Produktdesign, unerwartet hoher Tragekomfort, Zusatzfunktionen). Kann-Eigenschaften

In Abbildung 2-5 ist neben dem Verlauf der Zufriedenheitskurven in Abhängigkeit von der Erfüllung von Erwartungen zusätzlich die *Zeitachse* eingeblendet. Hiermit wird angedeutet, dass sich Begeisterungsanforderungen im Zeitablauf zu Qualitäts- und Leistungsanforderungen und diese wiederum weiter in Richtung Basisanforderungen entwickeln können. Ein solcher Effekt lässt sich einerseits mit technischem Fortschritt begründen, andererseits aber auch mit wachsenden Ansprüchen der Kunden, die von einer Zusatzfunktion am Produkt beim ersten Kauf noch positiv überrascht sein mögen, beim Kauf des Nachfolgemodells eine solche Eigenschaft aber schon als selbstverständlich voraussetzen.

PRAXISTIPP

Fragebogen zum Kano-Modell

Um Basis-, Leistungs- und Begeisterungsanforderungen aufzudecken, kann ein standardisierter Fragebogen verwendet werden, in dem die Anforderungen durch sogenannte funktionale (positiv formulierte) und dysfunktionale (negativ formulierte) Fragen abgefragt werden. Dies sei für die Anforderung Erreichbarkeit des Außendienstes an folgendem Fragebogen (siehe Abbildung 2-6) demonstriert. Tabelle 2-1 zeigt die zugehörige Auswertungstabelle für die Antworten. In dieser Tabelle werden dann die Häufigkeiten für die im gesamten Datensatz vorkommenden Kombinationen von Antworten auf die funktionale und dysfunktionale Frage registriert. Auf dieser Basis kann dann anhand der maximalen Häufigkeit für jede Anforderung angegeben werden, ob es sich um eine Basis-, Leistungs- oder Begeisterungsanforderung handelt bzw. ob die Anforderung für den Kunden nicht relevant ist (indifferente Anforderung), ob sie nicht gewünscht ist (reverse bzw. entgegengesetzte Anforderung) oder ob es sich um eine unklare (fragliche) Anforderung handelt, zu der der Kunde ein widersprüchliches Urteil abgegeben hat.

Abb. 2-6: Beispiel für eine funktionale und eine dysfunktionale Frage im Kano-Fragebogen zur Anforderung »Erreichbarkeit des Außendienstmitarbeiters«

Wenn der Außendienstmitarbeiter gut erreichbar ist, wie denken Sie darüber? *(Funktionale Form der Frage)*	☐ Das würde mich sehr freuen. ☐ Das setze ich voraus. ☐ Das ist mir egal. ☐ Das könnte ich eventuell in Kauf nehmen. ☐ Das würde mich sehr stören.

Wenn der Außendienstmitarbeiter nicht gut erreichbar ist, wie denken Sie darüber? *(Dysfunktionale Form der Frage)*	☐ Das würde mich sehr freuen. ☐ Das setze ich voraus. ☐ Das ist mir egal. ☐ Das könnte ich eventuell in Kauf nehmen. ☐ Das würde mich sehr stören.

(vgl. Karpe/Scharf 2006, S. 9)

Tab. 2-1: Auswertungstabelle zum Kano-Fragebogen

		dysfunktionale (negative) Frage				
		würde mich sehr freuen	setze ich voraus	das ist mir egal	könnte ich in Kauf nehmen	würde mich sehr stören
funktionale (positive) Frage	würde mich sehr freuen	Q	A	A	A	O
	setze ich voraus	R	I	I	I	M
	das ist mir egal	R	I	I	I	M
	könnte ich in Kauf nehmen	R	I	I	I	M
	würde mich sehr stören	R	R	R	R	Q

Legende: M(ust-be): Basisanforderung; O(ne-dimensional): Leistungsanforderung; A(ttractive): Begeisterungsanforderung; I(ndifferent): indifferente (nicht relevante) Anforderung; R(everse): entgegengesetzte (nicht gewünschte) Anforderung; Q(uestionable): fragliche (unklare) Anforderung

(Quelle: Karpe/Scharf 2006, S. 9)

2.2.6 Die Commitment-Trust-Theorie

Zusammenhang Zufriedenheit – Commitment

Im Rahmen der Charakterisierung des Beziehungsmarketings ist die Bedeutung des Commitments als Schlüsselkomponente der Beziehungsqualität verdeutlicht worden (vgl. Kapitel 1.4). Unter Berücksichtigung der dort vorgestellten Dimensionen des Commitments (affektives, kalkulatorisches und normatives Commitment) und im Kontext der hier interessierenden verhaltenswissenschaftlichen Erklärungsansätze lässt sich ein Zusammenhang zwischen Zufriedenheit und Commitment konstatieren. Vor allem scheint der Einfluss auf die affektive Commitment-Komponente relevant zu sein (vgl. Stenglin 2008, S. 56 ff.), welche die Bindung an einen Beziehungspartner bzw. die resultierende Beziehung aufgrund von Identifikation und emotionaler Verbundenheit ausdrückt. Der Einfluss von Zufriedenheit auf das affektive Commitment lässt sich auf Basis des CD-Paradigmas begründen mit der Bestätigung von erlebter und erwarteter Leistung. Aus mehrfach zufriedenstellend erlebter Leistung erwächst eine emotionale Bindung an den Anbieter (vgl. Stenglin 2008, S. 58). Der Einfluss von Zufriedenheit auf das normative Commitment, also die Bindung aufgrund von moralischer Verpflichtung, kann auf Basis von Austauschtheorien, wie z. B. der Equity-Theorie, dahingehend erklärt werden, dass durch wiederholt zufriedenstellende Leistungen der zusätzliche Nutzen (Output) aus einer Geschäftsbeziehung steigt. Bei unverändertem Input kann dies zu einem unausgewogen wahrgenommenen Output-Input-Verhältnis führen, verbunden mit dem Gefühl der Ungerechtigkeit. Im Ergebnis fühlt sich das Individuum verpflichtet, für das Empfangene etwas zurückzugeben (vgl. Stenglin 2008, S. 59). Ein Einfluss von Zufriedenheit auf das kalkulatorische Commitment ist dagegen weniger naheliegend, da hier rationale Kosten-Nutzen-Erwägungen entscheidend für die Bindung sind.

Determinanten und Wirkungen von Commitment und Vertrauen

Aus der Perspektive des Beziehungsmarketings kommt es nach der *Commitment-Trust-Theorie* von Morgan und Hunt (1994) vor allem auf die Beziehungsqualität an, die die Autoren durch die Variablen Commitment und Vertrauen modellieren. Diese Variablen werden ihrerseits im Modell positiv (+) bzw. negativ (-) beeinflusst von verschiedenen Einflussfaktoren (Determinanten) wie z. B. von gemeinsamen Werten der Beziehungspartner. Umgekehrt gehen von der Beziehungsqualität (Commitment und Vertrauen) Wirkungen auf die Performance des Beziehungsmarketings aus, wie z. B. Abwanderungsneigung und Kooperation. Insofern kommt den Variablen Commitment und Vertrauen die Rolle als Mediatorvariable zu, da sie die Wirkung von Maßnahmen des Beziehungsmarketings auf relevante Zielgrößen vermitteln (vgl. Morgan/Hunt 1994, S. 22; Rossmann 2010, S. 3).

Zusammenhang zum Beziehungserfolg

Commitment und Vertrauen werden als Schlüsselvariablen für den Erfolg des Beziehungsmarketings angesehen, weil sie den Marketingverantwortlichen anreizen,

1. daran zu arbeiten, Investitionen in die Beziehung aufrechtzuerhalten, indem sie mit Beziehungspartnern kooperieren,
2. einem langfristig zu erwartenden Nutzen aus der Aufrechterhaltung existierender Geschäftsbeziehungen den Vorrang gegenüber attraktiv erscheinenden Kurzfrist-Alternativen einzuräumen und

3. mit potenziell hoch riskant erscheinenden Maßnahmen wohlüberlegt umzugehen, weil sie glauben, dass ihre Beziehungspartner nicht opportunistisch handeln (vgl. Morgan/Hunt 1994, S. 22).

Für eine förderliche Wirkung im Sinne einer Steigerung von Effizienz, Produktivität und Effektivität des Beziehungsmarketings kommt es auf das Vorhandensein beider Faktoren, also sowohl von Commitment und Vertrauen, an (vgl. Morgan/Hunt 1994, S. 22).

Abb. 2-7

Commitment-Trust-Theorie

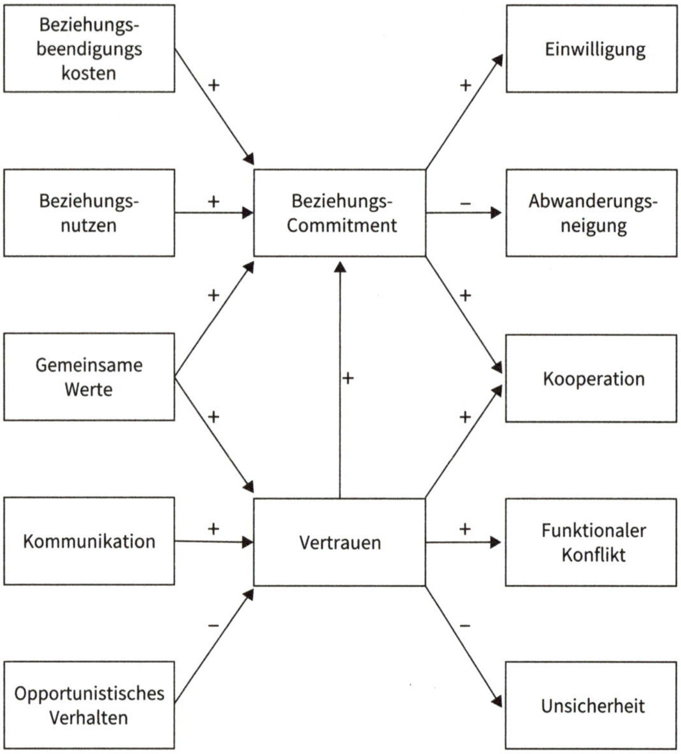

(Quelle: Morgan/Hunt 1994, S. 22)

EXKURS

Service Dominant Logic (SDL)

Mit dem Konzept der *Service Dominant Logic* (SDL) von Vargo und Lusch (2004) wird eine neue, stärker beziehungsorientierte Sichtweise für das Marketing formuliert. Nach diesem Konzept wird die gedankliche Trennung zwischen Sachgütern und Dienstleistungen aufgehoben. Zum einen sind für die Herstellung von Sachgütern Services erforderlich. Zum anderen leitet ein Nachfrager nicht bereits aus der Zusammensetzung des Sachgutes aus bestimmten Bauteilen einen Nutzen ab, sondern erst aus den in dem Sachgut gebundenen Services. In diesem Sinne stellen Produkte aus Sicht der SDL unter Anwendung von operanden Ressourcen (Rohstoffe, Betriebsmittel) und operanten Ressourcen (Kompetenzen) geschaffene Wertangebote dar, aus denen ein Nachfrager erst durch Herauslösen des in ihnen gebundenen Services unter Nutzung seiner operanten Ressourcen in seinem jeweiligen sozialen Kontext einen Nutzen bzw. Wert ableiten kann. Das Konzept rückt damit den Nutzungswert (Value-in-use) in den Vordergrund und stellt insofern eine Abkehr von der reinen Güter-dominierten Logik (GDL) dar, die den Fokus auf den Austauschwert (Value-in-exchange) legt. Tabelle 2-2 zeigt die zentralen Unterschiede zwischen SDL und GDL im Überblick.

Die strikte Trennung zwischen Kunde und Produzent wird im Rahmen der SDL aufgehoben. Stattdessen wird die Rolle des Kunden als Mitgestalter des Service und integraler Bestandteil des Wertschöpfungsprozesses (Koproduzent, Co-Creator) betont. Damit wird – übereinstimmend mit Merkmalen des Beziehungsmarketings – die Kooperation mit Kunden und Partnern zur Schaffung von Wert herausgestellt (vgl. Kuß 2011, S. 216). In der Formulierung von Wertangeboten liegt somit die zentrale Aufgabe des Marketings.

Tab. 2-2: Unterschiede zwischen GDL und SDL

	Güter-dominierte Logik (GDL)	Service-dominierte Logik (SDL)
Austauschobjekt	Güter	Kompetenzen, Service
Rolle von Gütern	Endprodukte	Hilfsmittel im Wertschöpfungsprozess des Kunden
Rolle des Kunden	Abnehmer des Gutes	Koproduzent/Co-Creator des Service
Ergebnisbeitrag	Austauschwert wird durch den Produzenten definiert	Ergebnis und Nutzen werden durch den Kunden wahrgenommen und definiert
Interaktionsbeziehung	Kunden und Produzenten stehen in einer Transaktionsbeziehung	Kunden sind aktive Teilnehmer des Austauschprozesses und Koproduzenten/Co-Creator
ökonomisches Wachstum	Vermögen ergibt sich aus Gewinn, Wohlstand resultiert aus Eigentum, Steuerungs- und Produktionsmöglichkeiten	Vermögen ergibt sich aus dem Einsatz und dem Austausch von Kompetenzen, es repräsentiert das Recht auf zukünftige Zusammenarbeit

(Quelle: vgl. Vargo/Lusch 2004, S. 7)

WIEDERHOLUNGSFRAGEN

- Erläutern Sie jeweils den Kerngedanken von Anreiz-Beitrags-Theorie, Equity-Theorie, CD-Paradigma, Indifferenzzonenkonzept, Kano-Modell und der Commitment-Trust-Theorie.
- Erläutern Sie, wie sich diese Erklärungsansätze für die Gestaltung des Beziehungsmarketings nutzen lassen.
- Leiten Sie aus dem Kano-Modell Implikationen für das Marketing eines Anbieters ab! Gehen Sie hierbei insbesondere auf die Gestaltung der Produkt- und Kommunikationspolitik ein.
- Kennzeichnen Sie die wesentlichen Prämissen der Service Dominant Logic (SDL) nach Vargo und Lusch (2004). Grenzen Sie das Konzept vom dem der Goods Dominant Logic (GDL) ab.
- Leiten Sie aus dem Konzept der Service Dominant Logic Folgerungen für die (Neu-) Gestaltung des Marketings ab.

3 Planung eines nachhaltigen Beziehungsmarketings

LERNZIELE

- Sie können die grundlegenden Inhalte und Methoden zur Analyse der strategischen Ausgangssituation zur Planung des Beziehungsmarketings darstellen.
- Insbesondere können Sie Ansätze und Methoden zur Durchführung einer Stakeholder-Analyse benennen und anwenden.
- Auf Basis einer durchgeführten Analyse der strategischen Ausgangssituation können Sie Beziehungsmarketingstrategien identifizieren, systematisieren und charakterisieren.
- Sie können ausgewählte Beziehungsmarketingstrategien anhand verschiedener Kriterien erläutern.
- Sie können Ansätze zur näheren Gestaltung von Beziehungsmarketingstrategien für die Umsetzung in die Praxis erläutern.

Die Ableitung langfristiger und nachhaltiger Handlungspläne über die Bearbeitung von Stakeholdern zur Erreichung langfristiger Ziele des Beziehungsmarketings (Beziehungsmarketingstrategie) setzt zunächst die Analyse der strategischen Ausgangssituation, bestehend aus einer vergleichenden Betrachtung von Umwelt-, Markt- und Unternehmensfaktoren, voraus. Ein wesentlicher Bestandteil hiervon ist die Stakeholder-Analyse, mit der die relevanten Stakeholder identifiziert, beschrieben und bewertet werden. Mit der Analyse der strategischen Ausgangssituation werden Potenziale für das Beziehungsmarketing erkennbar, die durch verschiedene Beziehungsmarketingstrategien abgeschöpft werden können, die sodann näher auszugestalten sind.

3.1 Analyse der strategischen Ausgangssituation

Identifizierung von Potenzialen

In der Analyse der strategischen Ausgangssituation sind allgemein die Chancen und Risiken der Unternehmensumwelt (z. B. technologischer, rechtlich-politischer, wirtschaftlicher, gesellschaftlicher Art) und des Marktes (bestehend aus Nachfrage und Angebot) den Stärken und Schwächen des eigenen Unternehmens im Markt gegen-

Abb. 3-1

Elemente einer Analyse der strategischen Ausgangssituation

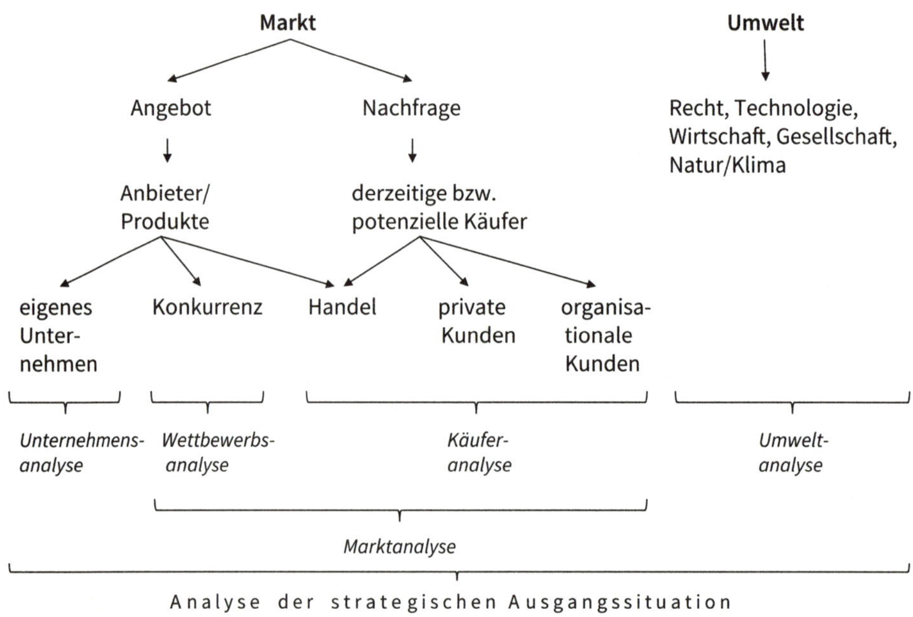

(Quelle: vgl. Grunwald/Hempelmann 2013, S. 3)

überzustellen, um Potenziale für die Bearbeitung der Märkte abzuleiten. Abbildung 3-1 zeigt die typischen Bestandteile einer Analyse der strategischen Ausgangssituation.

Mit Blick auf das Beziehungsmarketing beziehen sich die Potenziale einerseits auf die Möglichkeiten zur intensiveren oder effizienteren Bearbeitung der gegenwärtig bereits bearbeiteten Stakeholder und deren jeweiliger Beziehungen zum Anbieter. Hierbei stehen folgende Fragen im Mittelpunkt:

- Inwieweit und wie lässt sich also beispielsweise die Wiederkaufbereitschaft der bereits gewonnenen Kunden steigern (*Wiederkaufpotenzial*)?
- Welche Möglichkeiten des Mitverkaufs weiterer Produkte an bestehende Kunden gibt es (*Cross-Selling-Potenzial*)?
- Wie groß sind die Möglichkeiten, durch Weiterempfehlungen bereits gebundener Kunden neue Kunden zu gewinnen (*Referenzpotenzial*)?

Andererseits leiten sich die Potenziale aber auch ab aus den noch nicht bearbeiteten Stakeholder-Beziehungen. Welche weiteren Kunden wären also beispielsweise vom Anbieter ebenfalls anzusprechen, um in einen neuen Markt eintreten zu können? Welche Beziehungen bestehen zwischen den bereits akquirierten eigenen Kunden und den potenziell neuen Kunden? Wie ersichtlich, stellt hier die Analyse des Referenzpotenzials den Übergang dar zwischen der Analyse bereits bearbeiteter und neuer Stakeholder-Beziehungen.

Die Umwelt- und Marktfaktoren (z. B. eine bestimmte konjunkturelle Situation und Marktentwicklung, Trends) geben hierbei die externen und oftmals schwer von einem einzelnen Unternehmen zu beeinflussenden Möglichkeiten zur Intensivierung oder Effizienzsteigerung einer Stakeholder-Beziehung vor. Die Unternehmensfaktoren bilden dagegen die internen und beeinflussbaren Möglichkeiten zur Intensivierung oder Effizienzsteigerung von Beziehungen ab (z. B. durch bestimmte vorhandene Mitarbeiterkompetenzen, eine entsprechende Unternehmensorganisation, vorhandene finanzielle Ressourcen).

Gegenstand einer Stakeholder-Analyse

Die Analyse gegenwärtiger und neuer (zukünftiger) Stakeholder-Beziehungen erfolgt systematisch im Rahmen der sogenannten Stakeholder-Analyse. Die *Stakeholder-Analyse* umfasst

- die Identifikation,
- die Beschreibung und
- die Bewertung

der relevanten internen und externen Anspruchsgruppen des Unternehmens isoliert und in deren Beziehungen zueinander. Zu den *internen Stakeholdern* zählen insbesondere Mitarbeitende, das Management und Anteilseigner. Zu den *externen Stakeholdern* gehören unter anderem (potenzielle) Kunden, Lieferanten, Wettbewerber, die allgemeine Öffentlichkeit, Anwohner, Behörden und Nichtregierungsorganisationen (vgl. ausführlich dazu Kapitel 1.7).

Die Stakeholder-Analyse könnte zum einen zeigen, welche Themen für welche Stakeholder besonders relevant sind. Zum anderen können auch die Stakeholder selbst auf ihre Bedeutung für das eigene Handeln und die Erreichung der eigenen Ziele eingeschätzt werden. Aus beidem kann sich eine Priorisierung von Themenfeldern und Stakeholdern für die weitere Bearbeitung der Beziehungen zu den bisherigen oder neuen Stakeholdern durch Strategien und Maßnahmen ableiten.

Stakeholder-Identifikation

Zur *Identifikation* potenziell relevanter Stakeholder kann auf verschiedene Suchstrategien zurückgegriffen werden (vgl. Hügens/Zelewski 2006, S. 370) wie insbesondere

- Expertenbefragung zu potenziellen Stakeholdern,
- Verwendung von Meinungsartikulationen von Mitarbeitenden,
- Verhaltensbeobachtung von Stakeholdern (z. B. aktive Teilnahme an Gremiensitzungen oder in Dialogforen),
- Aufdeckung von Stakeholdern anhand vorgegebener Kriterien, die für den Unternehmenserfolg relevant sein können (z. B. anhand von demografischen Eigenschaften wie Alter, Geschlecht, Ausbildung).

Häufig leiten sich die Stakeholder auch unmittelbar aus einem Regelwerk (wie beispielsweise einer EU-Verordnung) ab (vgl. Grunwald/Hempelmann 2017, S. 275 f.).

So gelten beispielsweise aus rechtlicher Perspektive als Stakeholder der Europäischen Chemikalienverordnung (REACH)

- private Akteure: Hersteller und Importeure, nachgeschaltete Anwender, Händler, Lieferanten,
- staatliche Akteure: EU-Kommission, Europäische Chemikalienagentur (ECHA), Mitgliedsstaaten/mitgliedsstaatliche Behörden.

Bezogen auf das Zulassungsverfahren im Rahmen der REACH-Verordnung können auf Grundlage des Verordnungstextes die folgenden Stakeholder identifiziert werden, die weiter nach dem Betroffenheitsgrad im Verfahren in direkte vs. indirekte sowie nach ihrer Stellung in interne vs. externe Stakeholder unterteilt werden können (siehe Tabelle 3-1).

Tab. 3-1

Stakeholder im Rahmen des Zulassungsverfahrens nach der EU-Chemikalienverordnung (REACH)

	direkt	**indirekt**
intern	• Antragsteller (z. B. Hersteller oder Importeur) • nachgeschalteter Anwender (andere Akteure der Lieferkette)	• EU-Kommission • Europäische Chemikalienagentur (ECHA) (z. B. Ausschüsse für Risikobeurteilung und für sozioökonomische Analyse) • Mitgliedsstaaten • nationale Behörden • Helpdesks
extern	• interessierte Kreise (Nichtregierungsorganisationen wie z. B. Umweltschutz-, Tierschutz-, Verbraucherschutzorganisationen, Medien) • andere Betroffene (z. B. Arbeitsorganisationen wie Gewerkschaften oder Berufsgenossenschaften oder Gesundheitsverbände wie Krankenversicherungen, Patientenvereinigungen u. Ä.) • Gesellschaft	• interessierte Kreise (Nichtregierungsorganisationen wie z. B. Umweltschutz-, Tierschutz-, Verbraucherschutzorganisationen, Medien) • andere Betroffene (z. B. Arbeitsorganisationen wie Gewerkschaften oder Berufsgenossenschaften oder Gesundheitsverbände wie Krankenversicherungen, Patientenvereinigungen u. Ä.) • Unternehmens-/Industrieverbände • wissenschaftliche Forschung und Entwicklung • andere Staaten (nicht EU) • zwischenstaatliche Organisationen

(Quelle: vgl. Ingerowski/Kölsch/Tschochohei 2008, S. 25)

Stakeholder-Beschreibung

Die *Beschreibung* (Charakterisierung) der identifizierten Stakeholder kann anhand der Kriterien

- Ziele,
- Macht und Legitimität,
- Einsatz sowie
- Dringlichkeit von Ansprüchen

erfolgen (vgl. Hügens/Zelewski 2006, S. 372).

Als mögliche *Ziele* von Stakeholdern kommen beispielsweise Wirtschaftlichkeit und Prestige (Kunden), Schutz- und Überwachungsziele (Behörden), Gewinn-, Image- und Reputationsziele (Wettbewerber, Lieferanten, Händler), Erhaltung und Verzinsung des eingesetzten Kapitals (Banken, Anteilseigner) sowie Aufklärung und Transparenz (Medien, Nichtregierungsorganisationen) in Betracht.

Das Kriterium *Macht* beinhaltet einen sozialen Einfluss, der es Individuen ermöglicht, sich bei Interessenkonflikten gegen andere erfolgreich durchzusetzen (vgl. Theuvsen 2001, S. 7). Es beinhaltet das Potenzial zur positiven wie negativen Sanktionierung des Machthabers gegenüber dem Machtunterworfenen. Nach French und Raven können sechs verschiedene Machtgrundlagen (Machtbasen) unterschieden werden (vgl. French/Raven 1959 und Raven 1965), die zur näheren Charakterisierung von Stakeholder-Macht herangezogen werden können:

- *Belohnungsmacht:* Sie beruht auf der positiven Sanktionsgewalt des Machthabers (z. B. bevorzugte Belieferung, Intensivierung der Geschäftsbeziehung).
- *Bestrafungsmacht:* Sie beruht auf der negativen Sanktionsgewalt des Machthabers (z. B. Beendigung der Geschäftsbeziehung, Androhung einer intensivierten Marktbearbeitung).
- *Legitimationsmacht:* Sie beruht auf der inneren Überzeugung, dass der Machthaber ein legitimiertes (z. B. vertraglich fixiertes) Recht hat, den Machtunterworfenen zu beeinflussen (z. B. Kontroll- und Auskunftsrechte).
- *Identifikationsmacht:* Sie basiert auf dem Wunsch, so sein zu wollen, wie der Machthaber (z. B. die Verbundenheit aufgrund gemeinsamer Werte und Normen, Ausüben einer Vorbildfunktion).

Tab. 3-2

Fragenkatalog zur Bewertung von Stakeholder-Macht

Fragestellung	Charakterisierung/Beispiele
• Über welche Machtbasen verfügen Stakeholder?	alle ökonomischen und außerökonomischen Ressourcen, die ein Akteur zum Aufbau von Machtpotenzialen einsetzen kann, u. a. Geld, Informationen, Know-how, Rechte, Persönlichkeitsmerkmale (wie Wissen, Charisma); Gliederung z. B. anhand der Machtgrundlagen nach French und Raven (1959)
• Auf welche Machtbereiche erstreckt sich der Einfluss der Stakeholder?	alle inhaltlich abgegrenzten Handlungsfelder, auf die ein Stakeholder Einfluss ausüben kann, z. B. Programmentscheidungen, personalpolitische Fragen
• Wie groß ist die Stärke der Macht, über die die Stakeholder verfügen?	Intensität der Einflussmöglichkeiten; Wahrscheinlichkeit, mit der ein Stakeholder in einer bestimmten Situation tatsächlich andere Akteure gegen ihren Willen zu Handlungen veranlassen kann, z. B. Verfügbarkeit von Informationen und Wert der Informationen für die zu beeinflussenden Personen
• Wie groß ist die Ausdehnung der Macht eines Stakeholders?	Anzahl beeinflussbarer Personen; Bedeutsamkeit dieser Personen in dem betrachteten Machtbereich

(Quelle: vgl. Grunwald/Hempelmann 2017, S. 277; Theuvsen 2001, S. 7 f.; Krüger 1974, S. 10 ff.)

- *Expertenmacht:* Sie basiert auf einer dem Machthaber zugeschrieben Rolle als Experte (z. B. Aufzeigen von guten Sachkenntnissen, Methodenwissen).
- *Informationsmacht:* Sie gründet auf dem Zugang zu relevanten Informationen (z. B. Einsichten in die Verwendungsweisen bestimmter chemischer Stoffe in der Lieferkette).

Zur Beschreibung von Stakeholder-Macht enthält Tabelle 3-2 einen Fragenkatalog mit beispielhaften Kriterien.

Das Kriterium *Legitimität* bezieht sich auf den wahrgenommenen Grad der Angemessenheit und Richtigkeit von Handlungen, z. B. die Konformität des Handelns mit bestehenden Werten und Normen oder gesetzlichen Bestimmungen (vgl. Theuvsen 2001, S. 8). Es ist im Ansatz der Machgrundlagen nach French und Raven (1959) bereits erfasst und kann gemeinsam mit dem Kriterium Macht eingeschätzt werden.

Das Kriterium *Einsatz* beschreibt das Engagement des Stakeholders, etwa gemessen am Mitteleinsatz, der für die Erreichung der Ziele riskiert wird.

Das Kriterium *Dringlichkeit* beschreibt, wie rasch sich das Unternehmen mit den Ansprüchen seiner Stakeholder auseinandersetzen muss, also wie zeitkritisch die Ansprüche sind (vgl. Theuvsen 2001, S. 9).

Stakeholder-Bewertung

Die *Bewertung* der Stakeholder kann nun in Form einer Punktbewertung anhand der oben aufgeführten Kriterien erfolgen, durch die die Stakeholder zuvor gekennzeichnet wurden. Zudem kann eine Gesamtbeurteilung über alle Kriterien hinweg vorgenommen werden. Hierbei ist zu fragen, wie relevant die jeweiligen Stakeholder für die Leistungserstellung und den Erfolg des eigenen Unternehmens insgesamt zum gegenwärtigen Zeitpunkt und mit Blick auf die Zukunft eingeschätzt werden (vgl. Hügens/Zelewski 2006, S. 371). Die Bewertung erfolgt also subjektiv aus Sicht des betrachteten Unternehmens. Nach dem Stakeholder-Ansatz von Mitchell, Agle und Wood steigt die Bedeutung eines Stakeholders für das Management umso stärker an, je mehr der Kriterien Macht, Legitimität und Dringlichkeit ein Stakeholder erfüllt (vgl. Mitchell/Agle/Wood 1997, S. 879).

Ein beispielhaftes Ergebnis einer solchen Stakeholder-Bewertung zeigt Tabelle 3-3.

Die in der Tabelle betrachteten Stakeholder-Gruppen können zudem weiter in einzelne Stakeholder-Untertypen untergliedert und auf disaggregierter Ebene näher bewertet werden.

Analog zur Analyse der Umweltfaktoren im PESTEL-Portfolio (vgl. Kapitel 1.6) kann auch eine zweidimensionale Einordnung der Stakeholder in einer *Stakeholder-Matrix* erfolgen. Hierzu können Stakeholder nach den Kriterien Einstellung (Unterstützungspotenzial) und Einflussstärke (Bedrohungspotenzial), jeweils in hoch und niedrig abgestuft, bewertet und in einer Vier-Felder-Matrix abgebildet werden. Abbildung 3-2 zeigt die resultierende Stakeholder-Matrix nach Savage et al. (1991), die sich auch als Grundlage zur Strategieableitung verwenden lässt. Die für die Bearbeitung der jeweiligen Stakeholder-Typen empfohlenen Strategien (Normstrategien) sind in der Abbildung vermerkt.

Tab. 3-3

Exemplarische Stakeholder-Bewertung

Stakeholder-Gruppe	Ziele	Macht (einschl. Legitimität)	Einsatz	Dringlichkeit	Gesamt-bewertung
Konsumenten	• Wirtschaftlichkeit • Konsumsicherheit • Identifikation • soziale Abgrenzung/Angleichung	+	+	+	+
Händler	• Gewinn • Imageverbesserung • Reputationsaufbau • Erhöhung der Einkaufsstätten-treue	++	++	++	++
Lieferanten	• Gewinn • stabile Gechäftsbeziehungen • Gewinnung zusätzlicher Abnehmer	o	+	o	+
Banken	• Erhaltung und Verzinsung des eingesetzten Kapitals	++	+	+	+
Anteilseigner	• Gewinn • Erhaltung und Verzinsung des eingesetzten Kapitals • Einflussnahme	+	+	+	+
Behörden	• Schutzziele (z. B. Verbraucher-schutz, Umweltschutz) • Einhalten von Rechtsvorschriften	+	o	+	+
Medien	• Aktualität • kontinuierliche Berichterstattung • Aufklärung/Transparenz	++	+	++	++

Legende: Bewertungskategorien

Bewertungsskala Macht:	++	große Macht des Stakeholders über das Unternehmen
	+	geringe Macht des Stakeholders über das Unternehmen
	o	gleichmäßig verteilte Macht
	–	geringe Macht des Unternehmens über den Stakeholder
	––	große Macht des Unternehmens über den Stakeholder
Bewertungsskala Einsatz:	++	hoher Einsatz des Stakeholders
	+	geringer Einsatz des Stakeholders
	o	kein Einsatz des Stakeholders
Bewertungsskala Dringlichkeit:	++	hohe Dringlichkeit der Ansprüche
	+	geringe Dringlichkeit der Ansprüche
	o	derzeit keine Dringlichkeit der Ansprüche
Gesamtbewertung:	++	höchste Relevanz (Top-Priorität)
	+	mittlere Relevanz
	o	neutrale Bedeutung

(Quelle: Grunwald/Hempelmann 2017, S. 278)

Abb. 3-2

Stakeholder-Matrix nach Savage et al.

(Quelle: Savage et al. 1991, S. 65)

Als spezielle und besonders relevante Stakeholder-Gruppe können *Nachfrager* näher im Hinblick auf ihr Kauf- und Verwendungsverhalten analysiert werden. Konsumenten stehen am Ende einer Lieferkette und mögen, isoliert oder in Gruppen (z. B. Beschaffungsverbünden, Kundenclubs, Interessengemeinschaften) auftretend, ebenfalls Ansprüche aus eigener Betroffenheit an das Unternehmen richten. Durch Kaufzurückhaltung, Anbieterwechsel und/oder negative Mund-zu-Mund-Kommunikation – gerichtet an andere Kunden oder Medien – können sie den Absatz einzelner gemiedener Produkte massiv gefährden und so Druck auf Anbieter (Hersteller wie Händler) und ganze Lieferketten ausüben, womit sie letztlich deren Existenz gefährden. Zur Analyse des Kauf- und Verwendungsverhaltens von Nachfragern liegen bereits zahlreiche empirische Studien vor, aus denen sich Ansatzpunkte für das eigene Engagement, z. B. im Rahmen freiwilliger Unternehmensverantwortung (Corporate Social Responsibility) ableiten lassen (vgl. für einen Überblick Grunwald/Ostendorf 2013).

WIEDERHOLUNGSFRAGEN

- Erläutern Sie die typischen Schritte zur Durchführung einer Analyse der strategischen Ausgangssituation (Ist-Situationsanalyse) zur Ableitung von Beziehungsmarketingstrategien.

- Diskutieren Sie methodische Ansätze zur Identifikation, Beschreibung und Bewertung von Stakeholdern. Gehen Sie bei der Beschreibung auch auf unterschiedliche Arten von Stakeholder-Macht ein.
- Die Metallic KG ist ein kleines und mittleres Unternehmen (KMU), das Armaturen für Badezimmer herstellt, die sie an Groß- und Einzelhändler sowie an gewerbliche Kunden im Sanitär- und Installationsbereich absetzt. Bei der Herstellung wird der als krebserzeugend und fortpflanzungsgefährdend eingestufte Stoff Chromtrioxid eingesetzt, der hauptsächlich in der Metallveredelung wie Galvanoplastik (z. B. Hartverchromen und Dekorationsbeschichtung) verwendet wird. Der Stoff ist aufgrund seiner besonders besorgniserregenden Eigenschaften (sogenannter SVHC-Stoff) bereits als Kandidat für eine weitergehende Regulierung vorgesehen und wird auf einer öffentlich bekannt gemachten Liste (der sogenannten REACH-Kandidatenliste) geführt. Stoffbedingte Risiken gehen vor allem für Arbeiter im Produktionsprozess aus. Dekorative Verchromungen sorgen bei unzähligen industriell hergestellten Produkten wie der Armatur im Bad oder dem Emblem am Schaltknauf im Pkw seit Jahrzehnten für eine dauerhaft edle Optik und verschleißfesten Glanz. Andererseits sorgen insbesondere funktionelle Hartverchromungen bei Millionen unsichtbarer sowie teilweise funktions- und sicherheitsrelevanter Teile, beispielsweise in der Automobilindustrie, dem Maschinen- und Anlagenbau, der Luft- und Raumfahrt, der Druck- und Stahlindustrie, für bedarfsgerechte Eigenschaften wie Korrosions- und Verschleißbeständigkeit. Etwaige Alternativen zu verchromten Badarmaturen sind Armaturen aus Edelstahl mit vergleichbarer Haltbarkeit, aber höheren Herstellkosten sowie Armaturen aus Kunststoff mit geringerer Haltbarkeit und geringeren Herstellkosten. Für deren Pflege ist jedoch ein spezielles Pflegemittel erforderlich. Der hohe Qualitätsanspruch der Kunden kann derzeit nur durch Einsatz von Chromtrioxid befriedigt werden.

  Führen Sie aus Sicht der Metallic KG eine ganzheitliche Stakeholder-Analyse durch. Ziel der Analyse soll sein, Ansatzpunkte für die langfristige Gestaltung der Beziehungen zu den verschiedenen, durch die Analyse aufgedeckten und bewerteten Stakeholdern abzuleiten.

3.2 Grundlegende strategische Optionen

3.2.1 Systematisierung von Beziehungsmarketingstrategien

Als *Beziehungsmarketingstrategie* lässt sich ein langfristiger Handlungsplan zur Bearbeitung der Stakeholder des Unternehmens ansehen, mit dem langfristige Ziele des Beziehungsmarketings (z. B. Verbesserung der Beziehungsqualität, Kundenbindungsziele) erreicht werden sollen.

Basisstrategien des Beziehungsmarketings sind also einzelnen Stakeholder-Gruppen und Marketinginstrumenten grundsätzlich übergeordnet. An ihnen orientieren sich dann die konkreter auf einzelne Stakeholder gerichteten Strategien sowie die Gestaltung der Instrumente und Maßnahmen des taktisch-operativen Marketings. Die Basisstrategien können nach ihrer grundsätzlichen Stoßrichtung danach unterschieden werden, ob durch sie eine Geschäftsbeziehung eher *direkt* über die (stetige) Setzung von Anreizen (z. B. zum Kauf, zum Anbieterwechsel usw.) und/oder eher *indirekt* über die Schaffung von Einsicht (z. B. Vertrauen, Überzeugung und Zufriedenheit) beeinflusst werden sollen (vgl. zum Folgenden Bruhn 2016b, S. 146 ff.).

Ansetzend an den typischen Phasen einer Geschäftsbeziehung lassen sich die Strategien in Abhängigkeit von der Zeit weiter nach ihren (primären) Zielen danach differenzieren, ob sie auf die

- *Anbahnung* (Akquise),
- *Einbindung und Bindung* (Intensivierung) oder die
- *Rückgewinnung* (Vermeidung bzw. Rückgängigmachung der Beendigung)

der Geschäftsbeziehung ausgerichtet sind.

Speziell bezogen auf das Kundenbeziehungsmarketing lassen sich so etwa Strategien zur Kundenakquise, Strategien zur Kundenbindung und Strategien zur Kundenrückgewinnung unterscheiden. Die Rückgewinnung setzt die Beendigung der Geschäftsbeziehung voraus, die auch vom Anbieter durch bestimmte Strategien verfolgt werden kann (vgl. ausführlich hierzu Kapitel 3.3.6). Die hier dargestellte Systematik ist jedoch keineswegs nur auf den Bereich des Kundenbeziehungsmarketings begrenzt, sondern von genereller Art und lässt sich auch auf andere Stakeholder-Typen übertragen, weshalb sie hier auch für die Unterscheidung übergeordneter Basis-Beziehungsmarketingstrategien herangezogen wird.

Aus der Anwendung dieser beiden Systematisierungskriterien resultiert die folgende Matrix der Beziehungsmarketingstrategien in Tabelle 3-4.

Tab. 3-4

Basis-Beziehungsmarketingstrategien im Überblick

	Anbahnung	**Einbindung und Bindung**	**Rückgewinnung**
direkt	Stimulierungsstrategie	Gebundenheitsstrategie	Wiedergutmachungsstrategie
indirekt	Nutzenstrategie	Verbundenheitsstrategie	Verbesserungsstrategie

(Quelle: vgl. Bruhn 2016b, S. 148 ff.)

Anbahnungsstrategien

Stimulierungsstrategie

Eine Geschäftsbeziehung lässt sich direkt durch Stimulierung über Anreize oder indirekt über die Demonstration des Nutzens anbahnen: Bei einer *Stimulierungsstrategie* werden dem potenziellen Beziehungspartner gegenüber Anreize gesetzt, in die Beziehung einzutreten (vgl. Bruhn 2016b, S. 147 ff.). Diese Anreize können materiell beispielsweise in einem besonders günstigen Kaufpreis oder in kostenlosen Zusatzdienstleistungen bestehen oder immateriell in dem Aufbau eines verkaufsfördernden Images. Unter dem Image lässt sich näher der Gesamteindruck (das Bild) verstehen, das sich potenzielle Beziehungspartner von dem Beurteilungsobjekt machen. Dieses Bild ergibt sich relativ zu anderen relevanten Beurteilungsobjekten und ist bezogen auf die aus Sicht der Beurteilenden relevanten Eigenschaften des Beurteilungsobjektes (vgl. Grunwald/Hempelmann 2012, S. 23). Das Image wiederum kann der Anbieter aktiv im Rahmen seiner Positionierungsstrategien (z. B. durch Differenzierung, Imitation, Marktausschöpfung oder Restrukturierung) gestalten (vgl. Grunwald/Hempelmann 2017, S. 267 ff.; Grunwald 2017). Die im Rahmen der Stimulierungsstrategie gesetzten Anreize sind dabei für den Empfänger relativ leicht zu entschlüsseln, sodass ein länger andauernder intensiver kognitiver Beurteilungsprozess seitens der Empfänger eher nicht zu erwarten ist.

Nutzenstrategie

Bei einer *Nutzenstrategie* läuft die Anbahnung der Geschäftsbeziehung dagegen weniger direkt über Anreize ab als indirekt über die Gewinnung von Einsicht in die überlegene Qualität der Geschäftsbeziehung (z. B. Produkt- und Servicequalität) (vgl. Bruhn 2016b, S. 147 ff.). Unter dem Begriff *Nutzen* lässt sich der Grad der erwarteten Bedürfniserfüllung seitens der Stakeholder des betrachteten Unternehmens ansehen. Um eine Geschäftsbeziehung anzubahnen, könnte der Anbieter den Nutzen seiner Produkte potenziellen Käufern gegenüber besonders glaubwürdig kommunizieren, wozu sich Produktdemonstrationen, Produktproben, vergleichende Warentests oder Produktgarantien (vgl. Grunwald 2013) eignen. Die stetige Ausrichtung der Leistungen des Anbieters an den Bedürfnissen und Erwartungen der Stakeholder (z. B. Kunden) kann dazu führen, dass sich eine insgesamt verbesserte Nutzenwahrnehmung bei diesen Stakeholdern einstellt, die den Einstieg in die Geschäftsbeziehung begünstigt. Anders als die Stimulierungsstrategie, die mit vergleichsweise einfach zu entschlüsselnden Signalen auskommt, zielt die Nutzenstrategie somit stärker auf die Überzeugung der Empfänger durch Bildung reflektierter Urteile (Einstellungen, Meinungen) über das Beurteilungsobjekt, sodass eine rasche Entscheidung über den Eingang einer Geschäftsbeziehung hier weniger naheliegt. Erst im Umweg über die erwartete Erfüllung wahrgenommener Bedürfnisse, die sich wiederum aus Abwägungen von wahrgenommenen Kosten und Nutzen hinsichtlich verschiedener Merkmale der Geschäftsbeziehung ergibt, leiten sich Motive zum Eintritt in die Geschäftsbeziehung ab.

Einbindungs- und Bindungsstrategien

Gebundenheitsstrategie

Eine Geschäftsbeziehung lässt sich durch Anwendung von Gebundenheits- und Verbundenheitsstrategien intensiver gestalten: Bei einer *Gebundenheitsstrategie* wird die Bindung der Beziehungspartner in der Geschäftsbeziehung durch den Aufbau von Wechselbarrieren gesteigert (vgl. hierzu die Aussagen zur Anreiz-Beitrags-Theorie sowie zum Konstrukt Commitment in Kapitel 2.2 sowie Bruhn 2016b, S. 150). Hierzu können individuelle technische Standards, langfristige Verträge bzw. Abonnements, Rabatte oder auch Garantien eingesetzt werden. Garantien ermöglichen in diesem Zusammenhang eine Gebundenheit an den Anbieter, da die Einlösung des Garantieversprechens zumeist an das Vorliegen bestimmter Voraussetzungen gebunden ist, wie beispielsweise die Durchführung regelmäßiger Wartungen oder Reparaturen beim Anbieter. Die zusätzliche Abnahme solcher Leistungen impliziert Cross-Selling seitens des Anbieters, worin neben Wiederkauf und Weiterempfehlung eine dritte Facette der Kundenbindung liegt.

Verbundenheitsstrategie

Die *Verbundenheitsstrategie* zielt dagegen indirekt auf die Beziehungsintensivierung durch Festigung und Steigerung der Kundenzufriedenheit (vgl. hierzu die Aussagen zum CD-Paradigma in Kapitel 2.2 sowie Bruhn 2016b, S. 151). So kann Zufriedenheit nach dem *CD-Paradigma* zum einen bei gegebenen Erwartungen durch Verbesserung der wahrgenommenen Ist-Leistung gesteigert werden. Hierzu kann die stetige Anpassung der Qualität an die Bedürfnisse und Anforderungen der Beziehungspartner erfolgen. Im Falle von Kundenbeziehungen lässt sich dies beispielsweise im Wege einer intensiveren Kundeneinbindung (Kundenintegration) in die Produktentwicklung erreichen. Soweit Kundenbedürfnisse unterschiedlich sind, lässt auch die Individualisierung des Produktangebotes eine höhere Verbundenheit mit dem Anbieter erwarten. Umgekehrt kann Zufriedenheit zum anderen bei gegebener Ist-Leistung aber auch durch ein Erwartungsmanagement des Anbieters gesteigert werden. Zwar fließen in die Erwartungsbildung auch viele Größen ein, die sich einer unmittelbaren Beeinflussung durch den Anbieter entziehen. Jedoch könnte der Anbieter seine Aktivitäten in den Bereichen Kommunikations- und Vertriebspolitik daraufhin überprüfen, ob möglicherweise unrealistische Erwartungen an die Qualität geschürt werden oder ob – bei fehlender Segmentierung des Marktes – uneinheitlich über das Leistungsangebot kommuniziert wird.

Rückgewinnungsstrategien

Wiedergutmachungsstrategie

Eine drohende oder bereits erfolgte Beziehungsbeendigung lässt sich grundsätzlich rückgängig machen durch die Strategien der Wiedergutmachung oder Verbesserung. Bei einer *Wiedergutmachungsstrategie* soll der Beendigung vorgebeugt oder eine schon erfolgte Abwanderung rückgängig gemacht werden durch eine Kompensation (Entschädigung) seitens des Anbieters (vgl. Bruhn 2016b, S. 152). So können beispielsweise im Wege des Beschwerdemanagements Leistungen an geschädigte Kunden erfolgen, wie beispielsweise Umtausch, Reparatur oder Geldleistung in jeweils unterschiedlicher Höhe. Positive Effekte auf die Fortsetzung einer erodierenden Geschäftsbeziehung mögen hier vor allem von einer Überkompensation ausgehen, bei der der Beziehungspartner nach einem Problemanfall materiell besser gestellt ist als vor dem Fall. Für den Fall, dass sich ein Kunde mit dem Gedanken der Kündigung trägt oder eine solche bereits ausgesprochen hat, diese aber infolge längerer Kündigungsdauer noch nicht vollzogen ist, könnte der Anbieter mit Vergünstigungen und dem Abstellen der kommunizierten Kündigungsgründe die Beziehungsbeendigung abwehren. Sofern der Beziehungspartner bereits abgewandert ist, lässt sich ebenfalls die Wiederaufnahme der Beziehung im Wege der Abwerbung durch Geschenke oder Vergünstigungen anreizen.

Verbesserungsstrategie

Die *Verbesserungsstrategie* zielt dagegen wiederum stärker auf die Erzielung von Einsicht in die möglicherweise in Vergessenheit geratenen Vorzüge der Geschäftsbeziehung zur Vermeidung des Austritts bzw. zur Motivation des Wiedereintritts ab (vgl. Bruhn 2016b, S. 153). Hierbei spielen sowohl die Kommunikation, z. B. im Rahmen des Beschwerdemanagements bei der Erklärung und Aufklärung eines Problemfalls oder im Rahmen der Nachkaufkommunikation zur Vermeidung kognitiver Dissonanzen, wie auch die stetige Verbesserung des Leistungsprogramms des Anbieters eine entscheidende Rolle. Für einen Kunden wahrnehmbare Verbesserungen des Leistungsangebotes, insbesondere wenn sich diese aus auf Kundenerfahrungen beruhenden Lernprozessen des Anbieters ableiten, mögen einen hohen Bindungswillen des Anbieters signalisieren.

3.2.2 Strategiegestaltung

Die betrachteten Basisstrategien können grundsätzlich einzeln wie auch kombiniert, also entlang des Beziehungszyklus' auch im Wechsel von direkter und indirekter Strategievariante, eingesetzt werden. Die aufgezeigten grundlegenden Basis-Beziehungsmarketingstrategien sind unter Berücksichtigung

- der *Spezifika des jeweiligen Beziehungspartners* bzw. *Stakeholders* (Segmentierung z. B. nach B2B- und B2C-Kunden, Involvement, Kundenwert usw.),
- der *Unternehmens- und Produktspezifika* (z. B. Produktart, Ressourcen, Zeitbedarf, Ziele, Präferenzen usw.) sowie
- der *situativen Besonderheiten* (z. B. Markt- und Wettbewerbssituation)

näher zu gestalten.

Segmentierung der Stakeholder zur Analyse der Ist-Situation

Eine der Strategieableitung vorgeschaltete Ist-Situationsanalyse (s. o.) kann Antworten auf die Ausprägungen dieser Einflussfaktoren der Strategiewahl geben (vgl. Grunwald/Hempelmann 2017, S. 96 ff.). Insbesondere könnte eine *Segmentierung der Stakeholder* (z. B. nach Kaufverhaltensmerkmalen wie dem Involvement und dem Ausmaß der bei einer Kaufentscheidung beteiligten Denkprozesse und Personen) Aufschlüsse darüber geben, ob eher eine direkte, standardisierte und einfachere Ansprache wie bei der Stimulierungs-, Gebundenheits- oder Wiedergutmachungsstrategie Erfolg versprechend ist oder eher eine indirekte, individuelle und detailliertere Ansprache wie bei der Nutzen-, Verbundenheits- und Verbesserungsstrategie.

In diesem Zusammenhang kann die *Grobsegmentierung* der Käufer nach dem Merkmal Kundentypus in Geschäftskunde (B2B-Kunde) und Privatkunde (B2C-Kunde) bereits aufschlussreich im Hinblick auf die zu wählende Basisstrategievariante sein, da sich die Kaufentscheidungsprozesse auf diesen Märkten markant voneinander unterscheiden. So fallen Kaufentscheidungen im B2B-Markt anders als im B2C-Markt häufig langwieriger aus, sind gekennzeichnet durch ein höheres Involvement und einen höheren Informationsbedarf der Entscheider, die sich zudem im Einkaufsgremium (Buying-Center), das typischerweise hierarchisch geprägt ist, von

Fachexperten beraten lassen und Kaufalternativen intensiv vergleichen und kritisch prüfen. Zudem sind B2B-Kunden im Unterschied zu B2C-Kunden häufig an einer viel intensiveren Beziehung zum Anbieter interessiert, um über einen intensiven Informationsaustausch (z. B. über mögliche nachgelagerte Abnehmer in der Lieferkette oder auch über Methoden der Kundenintegration) die eigene Wettbewerbsfähigkeit im Markt zu steigern. Aus diesen Unterschieden wird ersichtlich, dass im B2B-Markt vor allem die indirekte, individuelle und detailliertere Ansprache geeignet erscheint, um die Marketingziele zu erreichen.

Die nähere Gestaltung der Basis-Strategien kann nun in Abhängigkeit der genannten Einflussfaktoren – und insbesondere unter Berücksichtigung der Segmentierung – durch die *Festlegung der Marketinginstrumente* erfolgen. Hinsichtlich des Einsatzes der Marketinginstrumente lassen sich die Strategien zum einen instrumentübergreifend und zum anderen instrumentspezifisch ausgestalten:

Paralleler Einsatz mehrerer Marketinginstrumente

- Bei einer *instrumentübergreifenden Strategiegestaltung* sollen bewusst parallel mehrere Marketinginstrumente zur Umsetzung der Strategie eingesetzt werden. So können z. B. zur Ausgestaltung einer Verbundenheitsstrategie sämtliche Marketinginstrumente parallel eingesetzt werden, wie beispielsweise Produktpolitik (z. B. Individualisierung des Angebotes), Preispolitik (z. B. Hochpreisstrategie, Nutzung des Preises als Qualitätsindikator), Distributionspolitik (z. B. Vertriebsschulungen zur Steigerung der Beratungsqualität) und Kommunikationspolitik (z. B. Botschaftsgestaltung, integrierte Markenkommunikation). Wird die Verbundenheitsstrategie also instrumentübergreifend ausgelegt, impliziert dies die Verankerung sämtlicher Marketinginstrumente zur Steigerung der Intensität der Geschäftsbeziehung.

Einsatz spezifischer Marketinginstrumente

- Bei einer *instrumentspezifischen Strategiegestaltung* werden umgekehrt Prioritäten auf den Einsatz ganz bestimmter Marketinginstrumente (z. B. den vorrangigen Einsatz der Produktpolitik) gelegt. Dahinter steht die Überlegung, dass sich die mit der Strategie verfolgten Ziele möglicherweise durch einen fokussierten Einsatz bestimmter Instrumentbereiche effizienter erreichen lassen. So kann etwa die Stimulierungsstrategie aus Sicht des Anbieters besonders erfolgreich durch Setzung preislicher Anreize umgesetzt werden.

Die Wahl zwischen einer instrumentspezifischen oder instrumentübergreifenden Strategiegestaltung ist indes ebenfalls in Abhängigkeit von einer zuvor vorgenommenen Stakeholder-Segmentierung sowie von den Spezifika des Unternehmens und des betrachteten Produktes sowie der Situation zu beantworten. Es ist also beispielsweise zu fragen, ob sich manche Stakeholder (-Gruppen) besser durch bestimmte Marketinginstrumente (also instrumentspezifisch-differenziert) als andere Segmente (nämlich instrumentübergreifend bzw. undifferenziert) ansprechen lassen.

WIEDERHOLUNGSFRAGEN

- Nach welchen Kriterien lassen sich Beziehungsmarketingstrategien systematisieren? Erläutern Sie die sich durch Anwendung dieser Kriterien ergebenden grundlegenden Typen von Beziehungsmarketingstrategien.
- Vergleichen Sie die Wirkungsweise einer Gebundenheitsstrategie mit der einer Verbundenheitsstrategie.
- Erläutern Sie Einflussfaktoren auf die Wahl und Gestaltung von Beziehungsmarketingstrategien. Unterscheiden Sie hierbei auch zwischen einer instrumentübergreifenden und einer instrumentspezifischen Strategiegestaltung.

3.3 Marktteilnehmerbezogene Strategien

3.3.1 Überblick über die zu untersuchenden Beziehungsebenen

Die marktteilnehmerbezogenen Strategien konzentrieren sich im Folgenden auf die zentralen Bezugsgruppen des Beziehungsmarketings. Hierzu zählen zum einen die Bezugsgruppen, die maßgeblich die Wertschöpfungskette beeinflussen, wie Mitarbeitende als interne Stakeholder sowie Lieferanten, Wettbewerber, Handel und Kunden als externe Stakeholder. Zum anderen soll die Öffentlichkeit als weitere externe Bezugsgruppe betrachtet werden; sie wirkt auf übergeordneter, d. h. auf Stakeholder übergreifender Ebene und kann mehr oder weniger direkt auf alle Akteure der Wertschöpfungskette und damit auch auf das Unternehmensgeschehen Einfluss ausüben.

Bei den ausgewählten Bezugsgruppen werden die strategisch bedeutungsvollen Gestaltungsoptionen des Beziehungsmarketings diskutiert. Dabei wird insgesamt die Perspektive des Unternehmens eingenommen, ohne die jeweils interdependenten Beziehungsverhältnisse – auch zwischen den Stakeholdern untereinander – zu verkennen.

Folgende Ebenen im Kontext des Beziehungsmarketings werden zugrunde gelegt und in den anschließenden Kapiteln betrachtet (siehe auch Abbildung 3-3):

- Beziehungsebene Unternehmen – Mitarbeitende: *Mitarbeiterbeziehungsmarketing*
- Beziehungsebene Unternehmen – Lieferanten: *Lieferantenbeziehungsmarketing*
- Beziehungsebene Unternehmen – Konkurrenz: *Wettbewerberbeziehungsmarketing*
- Beziehungsebene Unternehmen – Handel: *Handelsbeziehungsmarketing*
- Beziehungsebene Unternehmen – Kunden: *Kundenbeziehungsmarketing*
- Beziehungsebene Unternehmen – Öffentlichkeit: *Umweltbeziehungsmarketing*

Abb. 3-3

Ausgewählte Bezugsgruppen des Beziehungsmarketings

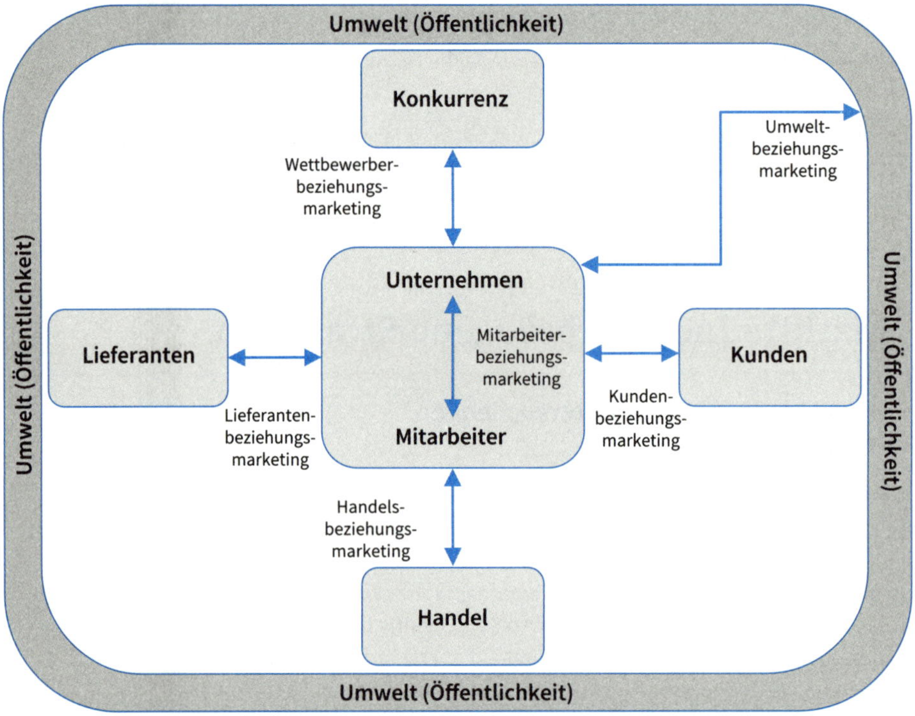

(Quelle: eigene Darstellung)

3.3.2 Mitarbeiterbeziehungsmarketing

Kennzeichen des Mitarbeiterbeziehungsmarketings

Zentrales Gestaltungsobjekt des *Mitarbeiterbeziehungsmarketings* (auch *Employee Relationship Marketing*, ERM) sind die Beziehungen eines Unternehmens zu seinen (aktuellen und potenziellen) Mitarbeitenden. In Anlehnung an die allgemeine Definition des Beziehungsmarketings (siehe Kapitel 1.3) kann Mitarbeiterbeziehungsmarketing wie folgt definiert werden:

Mitarbeiterbeziehungsmarketing umfasst sämtliche Maßnahmen der Analyse, Planung, Realisierung und Kontrolle der Beziehungen von Unternehmen zu ihren Mitarbeitenden mit dem Ziel, gegenseitigen und nachhaltigen Nutzen zu generieren durch Initiierung, Stabilisierung, Intensivierung und Wiederaufnahme sowie gegebenenfalls Beendigung von Arbeitsbeziehungen.

Bedeutung des Mitarbeiterbeziehungsmarketings

Die Relevanz, die Beziehungen zu den Mitarbeitenden zu gestalten, ergibt sich vor allem aus folgenden Gründen:

- Mitarbeitende sind die wichtigste Ressource in Unternehmen, da sie unmittelbar an der Erstellung von Betriebsleistungen beteiligt sind. Ihr Know-how, ihre Fähigkeiten und Fertigkeiten, ihr Engagement und ihre Motivation bestimmen maßgeblich die Effizienz des Unternehmens (vgl. Balderjahn/Specht 2007, S. 89).
- Immer weniger Mitarbeitende fühlen sich an ›ihr‹ Unternehmen gebunden. Verlässt ein Mitarbeiter oder eine Mitarbeiterin das Unternehmen, werden (Erfahrungs-) Wissen und mitunter auch Kunden mitgenommen (vgl. Kornmeier/Schneider 2006, S. 268). Know-how- und Kundenverluste sind die Folge.
- Der externe Beziehungserfolg wird determiniert durch internes Beziehungsmarketing (vgl. Liljander 2000; Gummesson 2008, S. 226).
- Empirische Untersuchungen bestätigen positive Beziehungen zwischen der Mitarbeiterzufriedenheit und der Kundenzufriedenheit sowie zwischen der Mitarbeiterbindung und Kundenbindung (vgl. Liljander 2000, S. 161). Damit begründet sich der hohe Einfluss der Mitarbeitenden auf den Unternehmenserfolg (vgl. Heskett et al. 1994; Heskett/Sasser/Schlesinger 1997).
- Entwicklungen wie die Internationalisierung und Digitalisierung der Arbeitswelt, der demografische Wandel, der Fach- und Führungskräftemangel oder abnehmende Mitarbeiterloyalitäten konfrontieren Unternehmen mit Herausforderungen von existentieller Bedeutung (vgl. Rosenberger 2014, S. 9). Demzufolge sind vor allem Maßnahmen zur Stabilisierung und Intensivierung von Beziehungen zu Mitarbeitenden, aber auch zur Initiierung von Beziehungen zu potenziellen Beschäftigten verstärkt erforderlich.

Zusammenfassend kann die herausragende Bedeutung der Mitarbeitenden für den Unternehmenserfolg konstatiert werden. Insofern ist davon auszugehen, dass über eine gute ›Innenpolitik‹ eines Unternehmens auch die ›Außenpolitik‹ dieses Unternehmens – und hier vor allem die Beziehung zu den externen Stakeholdern – positiv beeinflusst werden kann (vgl. Schwill 2003, S. 780).

Zusammenhang zwischen internem und externem Beziehungsmarketing

Service-Profit Chain: Zusammenhang zwischen interner und externer Servicequalität

Die konkreten Wirkungszusammenhänge zwischen ›innenpolitischen‹ Maßnahmen (Input) und ›außenpolitischen‹ Erfolgen (Output) werden in der Literatur in sogenannten Erfolgs- oder Wertketten abgebildet, die sich im Wesentlichen auf das theoretische Rahmenkonzept der *Service-Profit Chain* von Heskett et al. (1994) beziehen. Die Service-Profit Chain beschreibt Kausalbeziehungen zwischen den Größen interne Servicequalität, Mitarbeiterzufriedenheit und Mitarbeiterbindung als unternehmensinterne Variablen sowie externe Servicequalität, Kundenzufriedenheit, Kundenbindung und Profitabilität bzw. Umsatzwachstum als unternehmensexterne Variablen. Wenngleich die postulierten Zusammenhänge aus wissenschaftstheoretischer Sicht kaum stringent deduktiv oder induktiv abgeleitet werden können und somit keine eindeutigen Kausalitäten bestehen, so verweist die Service-Profit Chain doch auf gemeinhin anerkannte Annahmen, die sich zumindest in einzelnen Fallstudien und Teilbereichen der Kausalkette empirisch validieren las-

Abb. 3-4

Zusammenhang zwischen unternehmensinternen und unternehmensexternen Variablen und Unternehmenserfolg

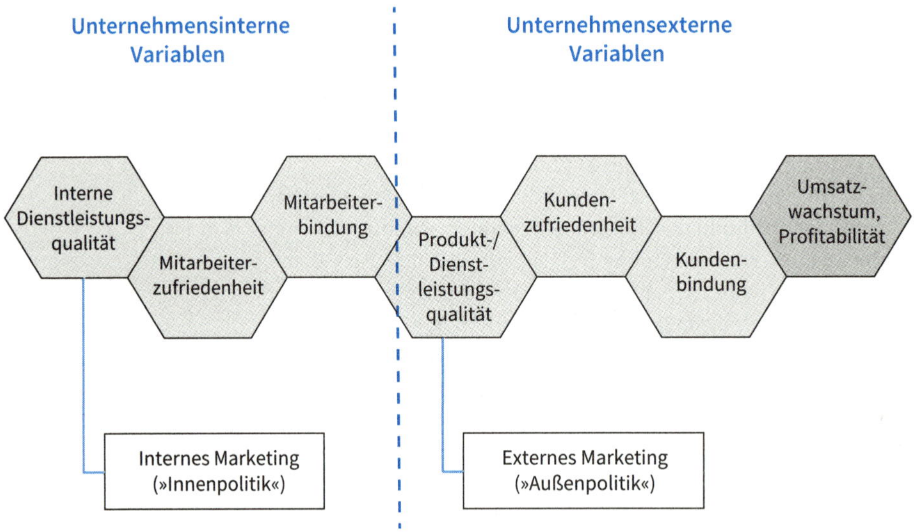

(Quelle: vgl. Heskett et al. 1994, S. 166; Bickmann/Schad 1998, S. 38)

sen (vgl. Thurau 2002, S. 49). Grundsätzlich kann jedoch unterstellt werden, dass Unternehmen, die umfangreiche interne, d. h. auf Mitarbeitende bezogene Marketingmaßnahmen umsetzen, insgesamt erfolgreicher sind, als Unternehmen, die sich nur in geringem Maß um ihre Mitarbeitenden kümmern (vgl. Michaelis 2009, S. 111 f.). In der Abbildung 3-4 wird der Zusammenhang zwischen unternehmensinternen und unternehmensexternen Variablen und dem Unternehmenserfolg grafisch dargestellt.

Gestaltungsmöglichkeiten des Mitarbeiterbeziehungsmarketings

Im Folgenden sollen die strategischen Gestaltungsalternativen im Rahmen des Mitarbeiterbeziehungsmarketings aufgezeigt werden. Zur Strukturierung der einzelnen Entscheidungsbereiche bieten sich folgende zentrale Fragestellungen an (ähnlich auch Bruhn/Grund 1999, S. 516 ff.):

- *Welche?* Diese Fragestellung betrifft die *Beziehungsebenen* des Mitarbeiterbeziehungsmarketings und die Festlegung, welche der Beziehungsebenen zwischen dem Unternehmen und seinen Mitarbeitenden relevant ist.

- *Wer?* Bei dieser Fragestellung geht es um die Entscheidung, welche *interne Zielgruppe* angesprochen werden soll. Konkret sind Mitarbeitersegmente zu definieren, für die entsprechende Maßnahmen zu entwickeln sind.
- *Womit?* Hierbei geht es um die Entscheidung über die einzusetzenden *Instrumente.*
- *Wie oft und wann?* Das *Timing* betrifft die zeitliche Konkretisierung des Einsatzes bestimmter Maßnahmen hinsichtlich ihrer Dauer und ihrer Intensität.

Abbildung 3-5 illustriert die zentralen strategischen Entscheidungsbereiche eines Mitarbeiterbeziehungsmarketings.

Abb. 3-5

Strategische Entscheidungsbereiche eines Mitarbeiterbeziehungsmarketings

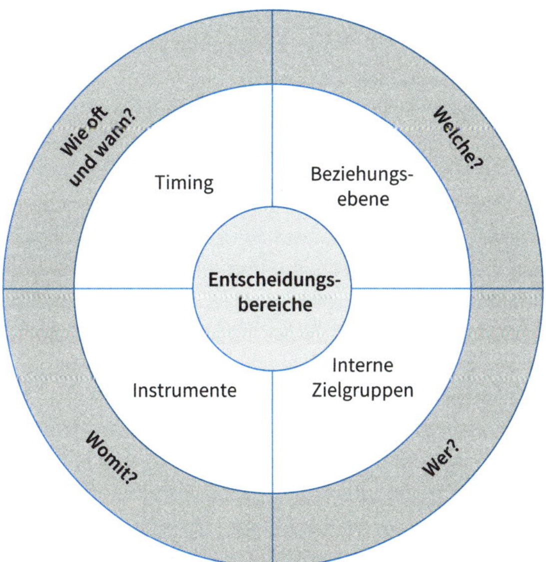

(Quelle: vgl. Bruhn/Grund 1999, S. 516)

Organisationale und personale Beziehungsebene des Mitarbeiterbeziehungsmarketings

Zu den *Beziehungsebenen* eines Mitarbeiterbeziehungsmarketings zählt zum einen die organisationale Ebene zwischen dem Unternehmen und den Mitarbeitern dieses Unternehmens. Zum anderen ist die personale Ebene betroffen, d. h. die Beziehung zwischen einzelnen Personen und dabei insbesondere zwischen Mitarbeitenden unterschiedlicher Hierarchieebenen (z. B. Vorgesetzte – Mitarbeitende). Grundsätzlich sind im Mitarbeiterbeziehungsmarketing beide Beziehungsebenen relevant. Auf organisationaler Ebene spielen eher übergeordnete Aspekte eine Rolle, die die Beziehung zwischen dem Unternehmen und seinen Mitarbeitenden grundsätzlich definieren. Im Wesentlichen geht es um die Bestimmung übergeordneter Prinzipien, welche etwa in Unternehmensleitbildern oder in Verhaltenskodizes (Code of Conduct) zum Ausdruck kommen. Sie beschreiben das grundsätzliche ›Menschenbild‹ des Unternehmens, welches sich durch Werte konkretisieren lässt. Die Werte wiederum bilden die grundlegende Handlungsmaxime für die personale Beziehungsebene.

Nachhaltiges Beziehungsmarketing durch wertebasierte Ausrichtung

Im Rahmen eines hier verstandenen nachhaltigen Beziehungsmarketings empfiehlt sich zur Gestaltung der Beziehungsebene zu den Mitarbeitenden eine *wertebasierte Ausrichtung* (vgl. hierzu auch Schwill/Brandt 2013, S. 1110 f.). Werte spiegeln die »Prinzipien des erwünschten Verhaltens« (Grüninger 2010, S. 51) wider und kennzeichnen »eine Idee, eine Norm oder eine Verhaltensweise, die der oder dem Einzelnen, einer Gruppe, Institution, Gemeinschaft als wichtig und erstrebenswert gilt (subjektiver Wert). Je verallgemeinerbarer eine solche Idee, Norm, Vorstellung oder Verhaltensweise ist, desto objektiver wird ein Wert (Gesundheit, Wohlstand, Umweltqualität)« (Dietzfelbinger 2008, S. 66).

Werteviereck als Basis des Mitarbeiterbeziehungsmarketings

Da Werte allgemeiner Natur sind und sich häufig auf relativ hohem Abstraktionsniveau darstellen, ist es für die Unternehmenspraxis empfehlenswert, ein unternehmensspezifisches Werteset zu bestimmen. Einen praktikablen Ansatz bietet das *Werteviereck nach Wieland,* das aus der Analyse amerikanischer und deutscher Firmenstandards gewonnen werden konnte. Hierzu gehören *Leistungswerte* (z. B. Nutzen, Kompetenz, Leistungsbereitschaft, Flexibilität, Kreativität, Innovationsorientierung und Qualität), *Kommunikationswerte* (z. B. Achtung, Zugehörigkeit, Offenheit, Transparenz, Verständigung), *Kooperationswerte* (wie Loyalität, Teamgeist, Konfliktfähigkeit) und *moralische Werte* (wie Integrität, Fairness, Ehrlichkeit, Vertragstreue und Verantwortung) (vgl. Wieland 2004, S. 23).

Die im Werteviereck erwähnten Werte sind die »Visitenkarte eines Unternehmens«, bestimmen die »Verhaltenspräferenzen einer Unternehmung, sind eine Absichts- und Willenserklärung und ein Selektionskriterium für Entscheidungen in Konfliktsituationen« (Wieland 2004, S. 23). Sie sind eher ganzheitlich ausgerichtet, da sie neben den moralischen Werten auch Leistungs- und Interaktionswerte (Kommunikations- und Kooperationswerte) beinhalten.

Das Werteviereck nach Wieland beinhaltet grundlegende Verhaltensprinzipien. Im Rahmen eines Mitarbeiterbeziehungsmarketings, das langfristige Beziehungen zu den Mitarbeitenden anstrebt, gilt es, die Werte auf der personalen Beziehungsebene zu ›leben‹ und in die tägliche ›Beziehungsarbeit‹ zu integrieren.

Adressaten des Mitarbeiterbeziehungsmarketings

Die Adressaten des Mitarbeiterbeziehungsmarketings können in unterschiedliche *interne Zielgruppen* segmentiert werden. Eine Segmentierung bietet sich vor allem deshalb an, weil Mitarbeitende unterschiedliche Fähigkeiten, Fertigkeiten und Erfahrungen, aber auch unterschiedliche Bedürfnisse und Erwartungen haben, die im Rahmen einer differenzierten internen Marketingarbeit zu berücksichtigen sind. Zur

Ermittlung zweckgerichteter, d. h. intern homogener und extern heterogener Mitarbeitersegmente, wird oft vorgeschlagen, verschiedene Merkmale wie vor allem demografische Kriterien (z. B. Alter, Bildung, Familienstand oder Position im Unternehmen) und psychografische Kriterien (z. B. Bedürfnisse, Erwartungen, Werte oder Einstellungen) zugrunde zu legen. Anhand dieser Segmente lässt sich anschließend ein zielgruppenkonsequenter Einsatz der Instrumente vornehmen (vgl. Schulze 1992, S. 119).

Mitarbeitersegmente nach Relevanz für Kundenwahrnehmung

Bezogen auf die konstatierte Relevanz der Mitarbeitenden für die unternehmensexternen Größen wie vor allem Kundenzufriedenheit oder Kundenbindung bietet es sich an, eine Segmentierung der Mitarbeitenden hinsichtlich ihrer Wichtigkeit für die Kundenwahrnehmung vorzunehmen. Demzufolge lassen sich folgende Mitarbeitersegmente unterscheiden (vgl. hierzu Thurau 2002, S. 45 ff.; Stauss/Schulze 1990, S. 150 f.):

- *Mitarbeitende mit unmittelbarem Kundenkontakt* (Kundenkontaktpersonal bzw. Front-line Staff): Hierzu zählen Unternehmensmitglieder, die aufgrund ihres Aufgabenbereichs mit Kunden in direkten Kontakt treten (z. B. synchron durch Face-to-Face-Gespräche und Telefongespräche oder asychron mittels Briefe oder E-Mails). Zentrales Kriterium ist der Interaktionsgrad, der über das Ausmaß des Kundenkontaktes definiert und über die Kontakthäufigkeit operationalisiert werden kann (vgl. Fließ 2006, S. 83). Bei Mitarbeitenden mit direktem Kundenkontakt liegt ein hoher Interaktionsgrad vor, da ihre Tätigkeit durch häufig oder periodisch stattfindende Interaktionssequenzen mit Kunden bestimmt wird. Dies betrifft insbesondere Mitarbeitende auf primär interaktionsintensiven bzw. ›kontaktorientierten‹ Arbeitsplätzen (z. B. Verkaufspersonal, Außendienstmitarbeitende oder Mitarbeitende im Kundenservice).
- *Mitarbeitende mit mittelbarem Kundenkontakt* (Back-office Staff): Ihr Tätigkeitsbereich sieht üblicherweise keinen direkten Kundenkontakt vor (keine Ausprägung des Mitarbeiter-Kunden-Interaktionsgrades). Diese Mitarbeitenden agieren im Hintergrund und sorgen mit ihren unterstützenden Tätigkeiten dafür, dass die Mitarbeiterinnen und Mitarbeiter an der ›Kundenfront‹ kundenorientiert und leistungsadäquat arbeiten können. Insofern können sie auch als »interne Dienstleister« bezeichnet werden (vgl. Bruhn 2011a, S. 122). Diese Mitarbeitenden finden sich eher auf Arbeitsplätzen mit ›produktorientierten‹ Aufgabenbereichen (z. B. Mitarbeitende in der Produktion, im Rechnungswesen oder im IT-Service) (vgl. auch Schwill 1995, S. 276).

Mitarbeitende mit direktem Kundenkontakt sind besonders relevant

Dem Segment der Mitarbeitenden mit direktem Kundenkontakt wird vor allem aus folgenden Gründen eine besondere Relevanz im Kontext eines hier verstandenen ganzheitlichen Beziehungsmarketings im Allgemeinen bzw. eines Mitarbeiterbeziehungsmarketings im Besonderen zugesprochen:

- Sie sind im Rahmen des Beziehungsmarketing-Dreiecks das personale Bindeglied zwischen Unternehmen und Kunden. Aufgrund ihrer ›Sandwich-Position‹ fungieren sie als Schnittstelle interner und externer Beziehungsebenen (siehe Abbildung 3-6).

Abb. 3-6

Beziehungsmarketing-Dreieck

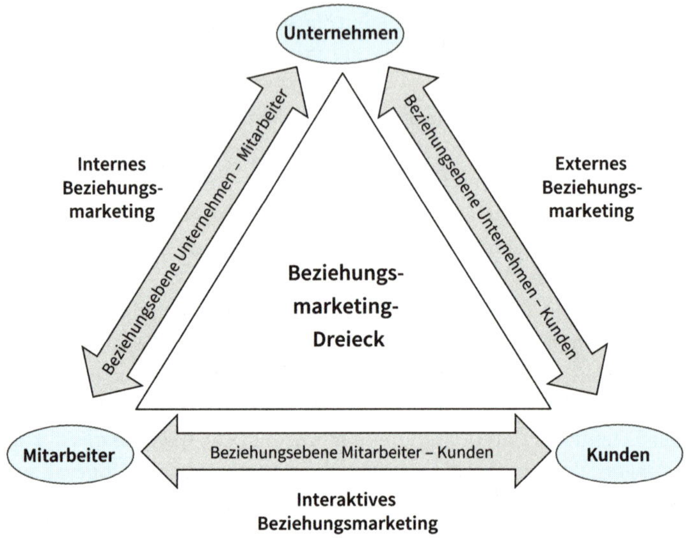

(Quelle: vgl. Liljander 2000, S. 163; Kotler et al. 2011, S. 701)

- Sie beeinflussen die »Augenblicke der Wahrheit« (moments of truth), in denen der Kunde mit dem Unternehmen bzw. Elementen des Leistungsangebots in Kontakt kommt; im Rahmen dieser Kontaktsituation erfolgt die Qualitätswahrnehmung der Kunden und ihre Entscheidung darüber, ob die angebotenen Leistungen zur Erfüllung der Bedürfnisse und Erwartungen beitragen oder nicht (vgl. Carlzon 1987; Stauss 2000b, S. 323).
- Sie sind das »Gesicht« des Unternehmens und beeinflussen das allgemeine Unternehmensimage (vgl. Walsh/Deseniss/Kilian 2013, S. 424).
- Front-line-Mitarbeitende fungieren als Markenbotschafter (vgl. Schmidt/Kilian 2012) und verkörpern die Unternehmensmarke nach innen und nach außen (vgl. Kernstock/Brexendorf 2014, S. 244). Sie haben entscheidenden Einfluss auf die Wahrnehmung der Unternehmensmarke durch externe Stakeholder (vgl. Foster/Punjaisri/Cheng 2010, S. 402).
- Aufgrund ihres »direkten Drahtes« zu den Kunden können Front-line-Mitarbeitende wesentliche Informationen beschaffen, die zum Aufbau einer partnerschaftlichen Beziehung und zur langfristigen Beziehungspflege genutzt werden können (vgl. Gummesson 2002, S. 43).
- In Unternehmen mit hoher Personalintensität – und damit vor allem in Dienstleistungsunternehmen – fungieren sie als wichtiger Potenzialfaktor; die Art der

Leistungserstellung bzw. das Verhalten der Mitarbeitenden als Leistungserbringer determinieren die Qualität der (Dienst-) Leistung und damit auch die Zufriedenheit der Kunden (vgl. Schwill 2013b, S. 227).

Konzepte des Mitarbeiterbeziehungsmarketings

Nach der Definition relevanter interner Zielgruppen schließt sich die Festlegung konkreter *Instrumente* an. Die instrumentspezifischen Entscheidungsbereiche und die damit zusammenhängenden Entscheidungsfelder sollen aus folgenden Konzepten abgeleitet werden:

- Konzept des personalorientierten internen Marketings
- Konzept des Behavioral Branding
- Konzept des Employer Branding

Diese Konzepte sind deswegen ausgewählt worden, weil sie jeweils die Mitarbeitenden als interne Stakeholder in den Mittelpunkt stellen, aber auch die Beziehungen der Mitarbeitenden zu ihrer ›Außenwelt‹ (z. B. zu Kunden, zur Öffentlichkeit oder zu potenziellen Arbeitnehmern) thematisieren (siehe Abbildung 3-7). Sie haben insofern eine besondere Relevanz für das Mitarbeiterbeziehungsmarketing.

Konzept des personalorientierten internen Marketings

Auch im Rahmen des Konzepts des *personalorientierten internen Marketings* spielt vor allem das Segment der Mitarbeitenden mit Kundenkontakt eine bedeutende Rolle. Personalorientiertes internes Marketing versteht sich als planmäßige Gestaltung von Austauschbeziehungen eines Unternehmens mit seinen Mitarbeitenden zu absatzmarktorientierten Zwecken (vgl. Stauss/Schulze 1990, S. 154). Konkrete

Abb. 3-7

Mitarbeitende im Mittelpunkt unterschiedlicher Konzepte

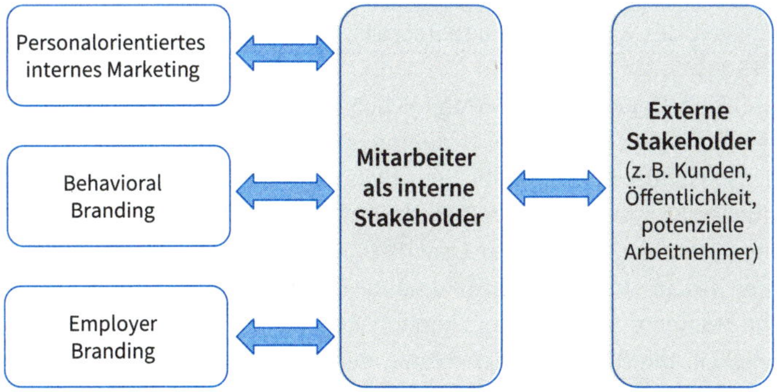

(Quelle: eigene Darstellung)

Gestaltungsoptionen des personalorientierten internen Marketings

instrumentspezifische Gestaltungsoptionen ergeben sich aus den folgenden drei zentralen Instrumentegruppen (vgl. hierzu Stauss 2000c, S. 211):

- absatzmarktorientierter Einsatz personalpolitischer Instrumente
- absatzmarktorientierter Einsatz interner Kommunikationsinstrumente
- personalorientierter Einsatz qualitätsbezogener externer Kommunikationsmaßnahmen

Diese Instrumentbereiche sollen im Folgenden zur Beeinflussung der Mitarbeitenden mit direktem Kundenkontakt herangezogen werden (vgl. hierzu und zum Folgenden auch Schwill 2003).

Absatzmarktorientierter Einsatz personalpolitischer Instrumente

Im Rahmen des *absatzmarktorientierten Einsatzes personalpolitischer Instrumente* ergeben sich Handlungsalternativen vor allem in den personalpolitischen Aktionsfeldern Personalbeschaffung, Personaleinsatz, Personalentwicklung sowie Personalerhaltung und Leistungsstimulation.

Rekrutierung geeigneter Mitarbeitender

Im Rahmen der *Personalbeschaffung* geht es um die Rekrutierung von geeigneten Mitarbeitenden, welche in quantitativer, qualitativer, zeitlicher und örtlicher Hinsicht die arbeitsplatzspezifischen Anforderungen des Unternehmens erfüllen. Insbesondere die komplexen Verhaltensanforderungen im Rahmen des Kundenkontaktes (qualitative Komponente) sind hierbei zu berücksichtigen und bei der Personalauswahl zugrunde zu legen. Demzufolge liegt der Fokus bei der Mitarbeiterauswahl weniger im Bereich der (als generell vorauszusetzenden) Fachkompetenz als vielmehr im Bereich der Sozialkompetenz, in dem der Anforderungskatalog wesentlich komplexer ist. Er impliziert allgemein beschriebene Fähigkeiten und Eigenschaften, die insbesondere an die Mitarbeitenden eines Unternehmens mit Kundenkontakt, grundsätzlich aber an alle in Interaktion tretenden Personen gerichtet sind (vgl. zu den Anforderungen im Überblick Stauss 2000c, S. 213). Insgesamt liegt der Anforderungsschwerpunkt im Bereich der Servicekompetenz, d. h. der Fähigkeit des Kundenkontaktpersonals, den Kunden effektiv zu dienen (vgl. Coenen 2001, S. 354).

Psychologische Anforderungen

Ausschlaggebend für einen erfolgreichen und wirksamen Umgang mit Kunden ist ein gewisses psychologisches Einfühlungsvermögen, eine entsprechende Sensibilität, insbesondere perzeptuelle Sensitivität und die Bereitschaft zur Lösung der individuellen Kundenprobleme. Dies gilt insbesondere in Beschwerdesituationen (vgl. hierzu Jeschke/Schulze/Bauersachs 2000, S. 206 ff.). Zum einen bedarf es hier vonseiten des Servicepersonals einer hohen Konflikt- und Belastungsfähigkeit, um kritische Momente bewältigen zu können, sowie einer entsprechenden Kompromissfähigkeit, die die Wiederherstellung der Kundenzufriedenheit zum Ziel hat. Zum anderen sind Interaktionsfertigkeiten notwendig, die durch Einstellen auf den emotionalen Zustand des Kunden, Kooperationsbereitschaft, Überzeugungsfähigkeit, Takt und die Initiative, durch eigene Aktivitäten ständig Kundenerwartungen zu erfüllen, zum Ausdruck kommen. Auch prägt eine gewisse Ambiguitätstoleranz, die zum Umgang mit unsicheren oder fremden Situationen befähigt, die Sozialkompetenz. Nicht zuletzt lassen guter sprachlicher Ausdruck und kommunikative Fähigkeiten einen guten Service erwarten.

Das Anforderungsprofil impliziert – neben der als selbstverständlich erachteten Höflichkeit – des Weiteren auch die Fähigkeit zu einer überzeugenden ›Gefühlsarbeit‹: Ein Mitarbeiter oder eine Mitarbeiterin mit Kundenkontakt sollte persönliche Reife und Selbstvertrauen besitzen, gut mit Menschen umgehen und relativ viele Kontakte bewältigen können, ohne das Gefühl psychischer Überlastung oder von Überforderung zu haben. Diese Burn-out-Problematik scheint immer stärker bei Mitarbeitenden vor allem im Dienstleistungsbereich aufzutreten (vgl. Homburg/Stock 2001, S. 482); als Konsequenz kann es zu einer stereotypen Behandlung des Kunden durch den Mitarbeitenden oder die Mitarbeitende in Form des Gebrauchs monoton ›abgespulter‹ Floskeln wie ›Guten-Tag-Danke-Auf-Wiedersehen‹ kommen.

Äußere Anforderungen

Bei den Anforderungen an das Kundenkontaktpersonal zählt auch der äußere Eindruck, den ein Kunde im Rahmen eines Face-to-Face-Kontaktes erhält. Das äußere Erscheinungsbild wird geprägt durch die beobachtbaren Signale der Gesichts- und Körpersprache (Mimik, Gestik). Sie fungieren als ›zweite Gesprächsdimension‹ und determinieren in nicht unwesentlichem Maße die Wahrnehmung der Leistungsqualität. Konsequenterweise sind an das Front-line-Personal vor allem auch Anforderungen an das nonverbale Ausdrucksvermögen zu stellen, wobei insbesondere Kenntnisse über die Wirkung und Fähigkeiten zur Deutung dieser Signale von Bedeutung sind.

Soziale Anforderungen

Aus den definierten Anforderungen an die Sozial- und Servicekompetenz der Mitarbeitenden mit Kundenkontakt ergeben sich Kriterien für die *Personalakquisition und -selektion*. Für eine serviceadäquate Personalauswahl stellt sich dabei die Aufgabe, die einzelnen Kriterien arbeitsplatzspezifisch (z. B. Mitarbeiter im Back-office-Bereich oder Front-line-Mitarbeiterin) auszuwählen und zu gewichten, um ein entsprechendes Anforderungsniveau definieren zu können. Auf der Grundlage dieses Soll-Profils kann mithilfe diverser Auswahlmethoden das Ist-Profil des oder der potenziellen Mitarbeitenden im Service- bzw. Kundenkontaktbereich bestimmt werden. Als grundsätzliche Methoden zur Feststellung des Eignungspotenzials von Bewerbern des externen Arbeitsbeschaffungsmarktes gelten u. a. die Auswertung der Bewerbungsunterlagen, Bewerbungs- und Einstellungsgespräche, Einstellungs-, Begabungs- und Persönlichkeitstests. Insbesondere die psychologischen Auswahlmethoden dürften – trotz aller Problematik – wichtige Aufschlüsse über die Persönlichkeitsdimensionen bzw. sozialen Eigenschaften (Selbstvertrauen, Grad der Extraversion, Soziabilität, emotionale Stabilität, Empathie, Frustrationstoleranz etc.) geben, die gerade für die Mitarbeitenden mit Kundenkontakt ausschlaggebend sind.

Bei der Feststellung des Eignungspotenzials von Bewerbern des internen Arbeitsbeschaffungsmarktes dagegen können Methoden der Personalbeurteilung wie z. B. Rangordnungs-, Einstufungs- und Kennzeichnungsmethoden oder neben der Beurteilung durch Vorgesetzte auch Stellungnahmen durch hierarchisch Gleichgestellte oder Untergebene herangezogen werden (vgl. zu Methoden der Personalbeurteilung z. B. Achouri 2011, S. 152 ff.).

Personaleinsatz

Im Rahmen des *Personaleinsatzes* ergeben sich schwerpunktmäßig Aktionsmöglichkeiten in qualitativer Hinsicht.

Abstimmung von Anforderungs- und Eignungsprofil

Beim *qualitativen Personaleinsatz* kommt es darauf an, eine Zuordnung von Mensch und Arbeitsaufgabe (bzw. Arbeitsplatz) zu treffen, mit dem Ziel einer möglichst vollständigen Deckung von Stellenanforderungen und Mitarbeiterfähigkeiten. Vor allem zur Beeinflussung der qualitätsrelevanten Kontaktpunkte (moments of truth) gilt es, der qualitativen Personaleinsatzplanung besondere Aufmerksamkeit zukommen zu lassen. Eine wesentliche Aufgabe des Managements liegt hierbei darin, die zur Verfügung stehenden Mitarbeitenden dort einzusetzen, wo sie ihre jeweiligen Fähigkeiten, Charaktereigenschaften oder Einstellungen am besten zum Vorteil des Unternehmens einbringen können. Je nach individuellem Eignungsprofil kann das Personal unter Berücksichtigung des Interaktionsgrades in interaktionsintensiven bzw. ›kontaktorientierten‹ Tätigkeitsfeldern (high-contact services) oder in ›produktorientierten‹ Tätigkeitsfeldern (low-contact services) eingesetzt werden. Gegebenenfalls haben Mitarbeitende auch Tätigkeiten mit nur begrenztem direkten Kundenkontakt (medium-contact services) und demzufolge nur sporadische unmittelbare Interaktionsepisoden mit Kunden (vgl. Lovelock/Wright 2002, S. 54). Unter Berücksichtigung der tätigkeitsspezifischen Anforderungsprofile und der jeweiligen Eignungsprofile der Mitarbeiter und Mitarbeiterinnen kann unter Zuhilfenahme verschiedener Lösungsverfahren (z. B. Methode des Profilvergleichs, Modelle zur Maximierung der Eignungskoeffizienten) eine qualitative Personalzuordnung getroffen werden.

Personalentwicklung

Im Rahmen der *Personalentwicklung* geht es primär um die Vermittlung von Fähigkeiten und Fertigkeiten zur zielgerechten Bewältigung von Kundenkontaktsituationen. Dabei handelt es sich weniger um eine – in Aus- und Weiterbildungsprogrammen der Praxis noch anzutreffende – ›Schule des Lächelns‹, in der ›Methoden des guten Verhaltens‹ eher vordergründig trainiert werden. Vielmehr geht es um systematische und kontinuierlich durchzuführende Humaninvestitionen unter Berücksichtigung kognitiver, affektiver und psychomotorischer Zielsetzungen (vgl. dazu Bieberstein 2001, S. 370 ff.).

Sozialkompetenz des Front-line-Personals verbessern

Zur Erreichung kognitiver Ziele dienen die auf reine Wissensvermittlung ausgerichteten Trainingsmaßnahmen (z. B. über die Unternehmensphilosophie, das Leistungsprogramm oder die Kundenbedürfnisse). Fertigkeiten, die eine Verbesserung der manuellen oder motorischen Fähigkeiten intendieren, sind im Bereich der psychomotorischen Zielsetzungen einzuordnen.

Weit wichtiger sind die *affektiven Ziele,* bei denen es um Änderungen von Einstellungen und Werten der Mitarbeitenden geht. Zentraler Fokus liegt hierbei auf der Vermittlung kundenorientierter Denk- und Verhaltensweisen, die insbesondere im Rahmen kontaktintensiver Interaktionsprozesse (high-contact services) relevant sind. Letztlich geht es um die Beeinflussung der Sozialkompetenz des Front-line-Personals. Als Trainingsmaßnahmen eignen sich beispielsweise Verhaltensschulungen (z. B. Kommunikations-, Kooperations- und Konfliktlösungstraining), Persönlichkeitsschulungen (z. B. Hervorheben persönlicher Fähigkeiten zur Stärkung des Selbstvertrauens oder zur Förderung der persönlichen Reife) oder Verkaufsschulungen (z. B. Gesprächstaktik und -technik).

Besonders geeignete Methoden: Sensitivity-Training und Transaktionsanalyse

Zur Vermittlung der unterschiedlichen Schulungsinhalte lassen sich diverse methodisch-didaktische Ansätze heranziehen, darunter traditionelle Trainingsmethoden wie Lehrvorträge, Gruppenarbeiten, Workshops, Fallstudien oder Rollen- und Planspiele und im Rahmen moderner Methoden E-Learning-Ansätze wie Computer-based Training, Web-based Training, E-Learning-Portale oder virtuelle Seminare (vgl. Becker 2011, S. 226 ff.; Dessler 2003, S. 196 ff.). Zur Behandlung intrapersonaler sowie interpersonaler Prozesse eignen sich in diesem Zusammenhang insbesondere das Sensitivity-Training und die Transaktionsanalyse. So bezweckt das *Sensitivity-Training* u. a. ein intensiveres Erleben zwischenmenschlicher Beziehungen, eine Stärkung der Persönlichkeit, eine Erhöhung der Kommunikations- und Kooperationsfähigkeit. Die *Transaktionsanalyse* (vgl. Schulze 1992) trägt im Wesentlichen zur Erhöhung der sozialen Kompetenz bei. Konkret lässt sich durch ihre Anwendung u. a. eine Steigerung der Arbeitseffizienz erreichen, da sie den Mitarbeitenden mit Kundenkontakt ein besseres Verständnis und eine tiefere Einsicht in die Persönlichkeit erlaubt und auch interpersonale Kommunikationsprozesse zu verstehen hilft. Insofern fördert die Transaktionsanalyse Analysekompetenzen (Selbst- und Fremdwahrnehmung, Analyse von Transaktionen) und Beeinflussungskompetenzen (Kenntnis und Fähigkeit der Steuerung von Kommunikationsprozessen) (vgl. Hansen/Schulze 1990, S. 19 f.). Durch die Beschäftigung mit dem eigenen Verhalten und dessen Wirkungsweise auf andere besteht somit die Möglichkeit, das Verhalten – sei es verbal oder nonverbal – zu verändern und kundenorientierter, servicebewusster zu gestalten.

Zur Förderung der Sozial- bzw. Servicekompetenz sind die in speziellen Lern- oder Trainingssituationen erworbenen Qualifikationen jedoch oft unzureichend, da ihr Transfer in den beruflichen Alltag nicht automatisch gewährleistet ist. Flankierend zu den teilweise die Arbeitssituation simulierenden Entwicklungsmaßnahmen ›off the job‹ in Form von externen Bildungsveranstaltungen oder Inhouse-Schulungen ist es empfehlenswert, auch Maßnahmen ›on the job‹ mit einzubeziehen, um die Anwendung des Gelernten einzuüben bzw. zu verfestigen.

Informelles Training: Erfahrene Mitarbeitende arbeiten mit unerfahrenen

In diesem Zusammenhang bietet sich das *informelle Training* an, das einen nicht unerheblichen Beitrag zur Förderung der Sozial- bzw. Servicekompetenz am Ort des Geschehens zu leisten imstande ist. Unerfahrene Mitarbeitende arbeiten hier mit erfahrenen Kolleginnen und Kollegen zusammen und lernen auf diese Weise soziales Verhalten im Allgemeinen und service- bzw. kundengerechte Umgangsformen im Besonderen. Diese ›vorgelebte‹ Beziehungskultur, die dem zu qualifizierenden Personal als Verhaltensmuster dienen soll, setzt allerdings eine entsprechende Qualifikation und Kompetenz der ›Ausbilder‹ voraus, um dieser Vorbildfunktion in jeder Weise gerecht werden zu können.

Personalerhaltung und Leistungsstimulation

Das Instrument der *Personalerhaltung und Leistungsstimulation* beinhaltet alle Maßnahmen, die zum einen eine Leistungsmotivation und zum anderen eine Effizienzerhöhung der Mitarbeiterinnen und Mitarbeiter intendieren. Beide Zielbereiche lassen sich durch unterschiedliche Handlungsalternativen beeinflussen.

Wesentliche Gestaltungsmöglichkeiten ergeben sich aus der *Entgeltpolitik* bzw. aus einer weiter gefassten *Anreizpolitik*. Hier kommt es vor allem darauf an, Kundenzufriedenheit und Leistungsqualitätsziele mit der Entlohnung bzw. weiteren materiellen und immateriellen Anreizelementen zu verbinden.

Zeitlohn mit Leistungszulage

Im Rahmen der finanziellen Honorierung ist eine leistungsorientierte und – bezogen auf die Relevanz für das Unternehmen – angemessene Entlohnung zu gewährleisten. Die gestiegenen Anforderungen des Personals mit Kundenkontakt sollten sich demzufolge auf die Höhe des monetären Äquivalents auswirken, was eine finanzielle ›Aufwertung‹ des Kundenkontaktarbeitsplatzes erfordert. Unter Berücksichtigung der klassischen Entgeltformen erscheint für diesen Arbeitsplatz das Zeitlohnsystem sinnvoll. Da insbesondere aufgrund seiner nur kurzfristigen qualitätsmotivierenden Wirkung ein reines Zeitlohnsystem ausscheidet, bietet sich ein dem Leistungsanreiz eher gerecht werdender *Zeitlohn mit Leistungszulage* an. Bei dieser Entgeltvariante werden zusätzlich zur anforderungsabhängigen Komponente leistungsbezogene Elemente in die Beurteilung mit einbezogen, die an weniger objektiv messbaren Bezugsgrößen anknüpfen (z. B. Prämien für kundenorientierte Beratung). Sie eignet sich vor allem für das Personal mit Kundenkontakt, da für die Bewertung der Leistungszulage u. a. Persönlichkeitsmerkmale und insbesondere auch Verhaltensmerkmale ausschlaggebend sind. Verhaltensorientierte Beurteilungsskalen können beispielsweise herangezogen werden, um Mitarbeitende hinsichtlich ihres Verhaltens in kritischen Situationen mit Kunden zu beurteilen (z. B. durch Einsatz von Testkunden im Rahmen von Silent-Shopper-Verfahren).

Kundenorientierte Vergütungssysteme

Um das kundenorientierte Verhalten von Mitarbeitenden zu fördern, werden verstärkt auch *kundenorientierte Vergütungssysteme* eingesetzt. Maßstab für den variablen Vergütungsbestandteil sind Leistungsbeurteilungen durch Kunden, die durch Zufriedenheitsanalysen ermittelt werden können. So wendet beispielsweise die Commerzbank seit 2012 ein Vergütungssystem für ihre Vertriebsmitarbeitenden an, bei dem neben Kriterien wie aktuelles Ergebnis und langfristiges Wachstum (z. B. des verwalteten Vermögens) auch die Kundenzufriedenheit in die Bewertung mit einfließt. Die Kundenzufriedenheitswerte werden jährlich von jeder Filiale durch Telefoninterviews mit 100 Kunden ermittelt (vgl. Meffert/Bruhn 2012, S. 387).

Mitarbeiterbeteiligung

Aufgrund der begrenzten Eignung des Motivationsfaktors Gehalt, vor allem längerfristig zur Personalbindung und Leistungsstimulierung beizutragen, sind alternative personalwirtschaftliche Formen der Entgeltpolitik heranzuziehen. Für den vorliegenden Zusammenhang erscheinen zum einen *materielle Partizipationsmöglichkeiten* in Gestalt von Erfolgs- und Kapitalbeteiligungsmöglichkeiten denkbar. Zum anderen dürften insbesondere *immaterielle Mitarbeiterbeteiligungen* in Form einer Einflussnahme auf betriebliche Entscheidungsprozesse durch zusätzliche Informations-, Anhörungs- und Einwirkungsmöglichkeiten (z. B. Beteiligung an internen Interaktionsprozessen und an Entscheidungen der Organisations- und Personalentwicklung) über die Förderung der intrinsischen Motivation zur Verbesserung der Servicequalität beitragen.

Anreizsysteme

Neben den alternativen Partizipationsmöglichkeiten können zur Ausschöpfung interner Humanpotenziale und zur Erreichung von Kundenzufriedenheit und Leistungsqualität auch attraktive *Incentive-Systeme* beitragen. Sie enthalten nicht nur monetäre Vergütungen, sondern insbesondere auch wesentlich bedeutungsvollere immaterielle Komponenten. Auf der Grundlage eines umfangreichen Anreiz-Katalogs resultiert eine Vielzahl von Möglichkeiten zur Gestaltung eines flexibel handhabbaren Incentive-Systems. Wichtig ist eine mitarbeiteradäquate und -effiziente Ausrichtung, da die Wirkung einzelner Anreizelemente durch unterschiedliche individuelle und im Zeitablauf dynamische Bedürfnis- und Anforderungsstrukturen beeinflusst wird. Eine Möglichkeit individuenspezifischer bzw. motivkongruenter Anreizgestaltung wäre, die Mitarbeitenden – unter Berücksichtigung vorgegebener (und erreichter) Leistungsstandards sowie fixierter Kostenbudgets – aus einer Leistungspalette individuell die jeweils von ihnen präferierten Angebote auswählen zu lassen. Eine nach diesem *Cafeteria-System* ausgestaltete Anreizpolitik impliziert aufgrund ihrer Flexibilität und Individualisierungsmöglichkeit ein beträchtliches Anreizpotenzial.

Einen weiteren entscheidenden Einfluss auf die Personalerhaltung und Leistungsstimulation übt die *Personalführung* aus. Sie trägt insbesondere zur positiven Bewältigung der ›moments of truth‹ bei und ist insofern ein wesentliches Instrument zur Steuerung der Leistungs- und Interaktionsqualität.

Kundenorientierte Mitarbeiterführung

Um den Marketinggedanken konsequenter zu verankern, empfiehlt sich in diesem Zusammenhang ein – in Anlehnung an die traditionellen Management-by-Prinzipien – *Management-by-customer-Führungskonzept*. Diese Führungstechnik postuliert eine kundenorientierte Mitarbeiterführung (dies forderte bereits Klaus 1984, S. 474), wobei die Bedürfnisse des Kunden zur wesentlichen handlungsbestimmenden Komponente werden. Um den jeweiligen Wünschen bzw. Bedürfnissen auch in kürzester Zeit gerecht werden zu können, ist es eine notwendige Voraussetzung, dem Personal mit Kundenkontakt entsprechend erweiterte Handlungskompetenzen und flexibel gestaltbare Handlungsmöglichkeiten (Entscheidungsfindung und -durchführung) zu übertragen und ihren Einfluss- bzw. Verantwortungsbereich zu vergrößern, damit sie auf situations- und personenbedingte Anforderungen jeder einzelnen Kontaktsituation adäquat reagieren können. Eine konsequente Delegation von Handlungskompetenzen und -möglichkeiten auf die operative Ebene wiederum bedingt zum einen ›flachere Hierarchien‹, in denen kurze Informationswege und dezentrale Entscheidungswege den Regelfall bilden, und zum anderen ›lockere Strukturen‹, in denen die Nutzung individueller Fähigkeiten und Methoden zur Problemlösung dominiert statt immer enger und präziser definierter Dienstanweisungen und Kontrollinstrumente bzw. standardisierter und mechanischer Verfahrensweisen.

Empowerment

Die postulierte Erweiterung der Entscheidungs- und Handlungsspielräume insbesondere des Kundenkontaktpersonals stellt eine wesentliche Forderung des in den letzten Jahren verstärkt diskutierten *Empowerment-Ansatzes* dar. Als Kernelement gilt hierbei das Vertrauen des Managements in die Fähigkeit der Mitarbeitenden, verantwortungsvolle Entscheidungen zu treffen (vgl. Liljander 2000, S. 179). Auf dieser internen Vertrauensbasis wiederum lässt sich eine vertrauensvolle (langfristige) Beziehung der Mitarbeitenden bzw. des Unternehmens zum Kunden generieren.

Absatzmarktorientierter Einsatz interner Kommunikationsinstrumente

Maßnahmen im Rahmen des *absatzmarktorientierten Einsatzes interner Kommunikationsinstrumente* betreffen die interne Kommunikation (Mitarbeiterkommunikation). Sie fokussiert Maßnahmen, die die Kenntnisse, Einstellungen und Verhaltensweisen der Mitarbeiterinnen und Mitarbeiter beeinflussen.

Kontinuierlicher Dialog durch interaktive Kommunikationsformen

Vielfältige Aktionsmöglichkeiten zur Verbesserung der *internen Kommunikation* ergeben sich durch die Anwendung abwärtsgerichteter Kommunikation (z. B. Mitarbeiterzeitungen, Informationen über Intranet), aufwärtsgerichteter Kommunikation (z. B. Mitarbeitergespräche, internes Beschwerdemanagement, Company Communities) und seitwärtsgerichteter Kommunikation (z. B. Besprechungen auf gleicher Hierarchieebene, Mitarbeiter-Blogs) (vgl. hierzu Bruhn 1998, S. 1053 ff.; Kreutzer 2014, S. 29). Zur Anwendung kommen sollten in diesem Zusammenhang vor allem *interaktive Kommunikationsformen,* die einen – sowohl formellen als auch informellen – kontinuierlichen und dialogischen Kontakt zwischen Management und Mitarbeitenden sicherstellen. Das Ziel kann hierbei darin bestehen, ›hierarchische Distanzen‹, d. h. Kluften zwischen organisatorischen Ebenen in vertikaler Richtung, abzubauen, um einen hierarchieübergreifenden zwischenmenschlichen Dialog (Aufwärts- und Abwärtskommunikation) durchführen zu können. Zur Reduzierung oder Eliminierung derartiger ›Distanzbarrieren‹ bedarf es einer hohen internen Interaktionsintensität zwischen Management und Mitarbeitenden. Je höher die interne Interaktionsintensität ist, desto größer ist die Wahrscheinlichkeit, dass die externe Interaktionsintensität, also die Austauschbeziehung zwischen Mitarbeitenden und Kunden, zielgemäß (markt-, kundenorientiert) verläuft. Die Interaktionsebene Management – Mitarbeitende (Mitarbeiterkommunikation) determiniert demnach die Interaktionsebene Mitarbeitende – Kunde (Kundenkommunikation).

Infolge dieser kommunikativen Wirkungskette empfiehlt sich zur – zumindest mittelbaren – Steuerung externer Beziehungen die interaktive Kommunikation auf der internen Beziehungs- bzw. Interaktionsebene Management – Mitarbeitende. Möglichkeiten zur Förderung der interaktiven Kommunikation auf dieser Ebene und damit auch zur Reduzierung oder Vermeidung hierarchischer Distanzen liegen – abgesehen von den institutionalisierten und periodisch stattfindenden Mitarbeitergesprächen und -besprechungen – insbesondere in der Praktizierung unterschiedlich angesetzter, im allgemeinen formloser Mitarbeitergespräche als Teil eines ›visible management‹. Zum einen kann das Management im Rahmen eines ›Management-by-walking-around‹ eigeninitiativ die Kontaktaufnahme mit den Mitarbeitenden suchen und gegenseitigen Berührungs- und Schwellenängsten entgegenwirken. Zum anderen hat die Unternehmensleitung die Möglichkeit, durch ein ›Management-by-open-door‹ ihre Zugänglichkeit bzw. kommunikative Öffnung zu demonstrieren.

Regelmäßige Informationsveranstaltungen

Gefördert wird die interaktive Kommunikation nicht zuletzt auch durch regelmäßig stattfindende Informationsveranstaltungen, bei denen die Unternehmensleitung die Mitarbeitenden offen über alle unternehmensrelevanten externen und betriebsinternen Vorgänge informiert (Auftragslage, wirtschaftliche Lage generell, geplante Aktionen (›Marschroute‹) etc.), oder auch durch die Institutionalisierung gemeinsamer Begegnungs- und Gesprächsmöglichkeiten in Pausen- oder Versorgungsbereichen (beispielsweise in Form eines ›Management-by-breakfast‹). Diese vertikale, hierarchieübergreifende Kommunikation trägt dazu bei, Kommunikationsdefizite (in Form von Störungen oder Barrieren) zwischen den Mitarbeitenden und dem Management zu vermeiden. Auf diese Weise lässt sich dann in aller Regel auch gleichzeitig das Entstehen von Kommunikationsdefiziten auf der Interaktionsebene Mitarbeitende – Kunden verhindern. Insgesamt wird damit eine Kommunikationskultur geschaffen, deren interner Steuerungsprozess eine indirekte Beeinflussung der Kundenkommunikation und damit der Leistungsqualität darstellt.

Serviceorientierte Kommunikationskultur

Eine derartige *serviceorientierte Kommunikationskultur* kann allerdings nur dann gedeihen, wenn das Management und das ihm unterstellte Personal über eine ausreichend ausgeprägte soziale bzw. serviceadäquate Kompetenz verfügt, um einen für beide Seiten fruchtbaren Dialog führen zu können. Das erfordert ein Kommunikationsklima, in dem Offenheit und Wechselseitigkeit dominieren und in dem mitarbeiterbezogenen Bedürfnissen nach Kontakt, Bestätigung und Wertschätzung Rechnung getragen wird. Daneben bedarf es auch einer psychischen Bereitschaft insbesondere seitens des Managements, diesen Dialog auch auf informeller Basis zu führen. Dazu gehört, die Mitarbeiterin oder den Mitarbeiter als gleichberechtigten Gesprächspartner anzuerkennen und die serviceorientierte Kommunikationskultur ›vorzuleben‹, damit sie von den Mitarbeitenden auf die Kundeninteraktionsebene ›kopiert‹ werden kann.

Im Gegensatz zur internen Mitarbeiterkommunikation, die eine persönliche, direkte Kommunikation darstellt, werden bei der ebenfalls an die Zielgruppe Mitarbeitende gerichteten *internen Massenkommunikation* (interne Public Relations) vermittelnde Medien zwischengeschaltet. Neben traditionellen Formen wie Rundbriefen, Mitarbeiterzeitungen oder Betriebsversammlungen eignen sich auch intranetbasierte Kommunikationsformen oder speziell eingerichtete interne Kommunikationsplattformen (z. B. Newsgroups oder Company-Weblogs).

Neue Kommunikationsformen

Vor allem stellen *Blogs* eine neuere Variante der dialogischen Kommunikation dar, bei der sowohl interne als auch externe Stakeholder miteinander kommunizieren können. So können sich Unternehmensmitglieder beispielsweise über Mitarbeiter-Blogs über alle Hierarchieebenen hinweg austauschen und über Company-Blogs auch mit Kunden kommunizieren. Derartige weblogbasierte Kommunikationsformen können dem Unternehmen ein zusätzliches »Gesicht nach außen« geben, den Aufbau eines »Wir-Gefühls« bei den Mitarbeitenden fördern und zu einer verstärkten Identifikation der Mitarbeiterinnen und Mitarbeiter mit dem Unternehmen führen (vgl. Kreutzer 2014, S. 28).

Unabhängig von dem ausgewählten Instrumentarium sollten die Prinzipien effizienter interner Kommunikation wie Einbindung der Mitarbeitenden (»Betroffene zu Beteiligten machen«), frühzeitige und vollständige Information, Offenheit und Vertrauen berücksichtigt werden (vgl. hierzu Bruhn 1998, S. 1059 ff.). Die Umsetzung dieser Prinzipien fördert die Motivation, erhöht die Identifikation mit dem Unternehmen und schließt positive Irradiationseffekte auf die Beziehungsqualität auf der einen Seite und auf die Leistungsqualität auf der anderen Seite nicht aus.

Personalorientierter Einsatz qualitätsbezogener externer Kommunikationsmaßnahmen

Externe Kommunikation betrifft Kunden und Mitarbeitende

Die letzte Instrumentegruppe des personalorientierten internen Marketings betrifft den *personalorientierten Einsatz qualitätsbezogener externer Kommunikationsmaßnahmen.* Beim Einsatz qualitätsbezogener externer Kommunikationsmaßnahmen, die sich primär an Kunden richten, sind die Mitarbeitenden als »second audience« gleichermaßen betroffen (vgl. Stauss 2000c, S. 215). So stellen die beispielsweise über Werbung gestreuten Qualitätsversprechen gleichzeitig deutliche Leistungsvorgaben für die Mitarbeitenden dar und werden – gemäß dem subjektiven Qualitätsverständnis – dem kundenindividuellen Vergleichsprozess unterworfen.

Im Rahmen der Gestaltung der kommunikationspolitischen Maßnahmen empfiehlt es sich deshalb, darauf zu achten, dass die qualitätspolitischen Ziele mit dem gegebenen Leistungspotenzial des Service bzw. des Servicepersonals auch erreichbar sind. Überzogene und nicht realisierbare Qualitätsversprechen wirken sich in mehrfacher Hinsicht kontraproduktiv aus: Bei den Mitarbeitenden sind demotivierende Effekte nicht auszuschließen; bei den Kunden dürften sich in aller Regel (Nachkauf-) Unzufriedenheiten aufbauen, wenn die geweckten Erwartungen nicht erfüllt werden können und eine Lücke zwischen versprochenem und tatsächlich geleistetem Service entsteht.

Eine Möglichkeit, die Wirkung qualitätsbezogener externer Kommunikationsmaßnahmen zu erhöhen, kann dann erreicht werden, wenn die externe Kommunikation durch die interne getragen wird und damit ein einheitlicher kommunikativer Auftritt sichergestellt werden kann. Dies unterstreicht die Notwendigkeit einer integrierten Gesamtunternehmenskommunikation insbesondere zur Sicherstellung der Leistungsqualität (vgl. Bruhn 2000).

Konzept des Behavioral Branding

Neben dem Konzept des personalorientierten internen Marketings finden sich auch im Konzept des *Behavioral Branding* strategische Ansätze zur Steuerung vor allem der Mitarbeitenden, die im direkten Beziehungskontakt zu Kunden stehen.

> »Unter Behavioral-Branding werden alle Maßnahmen verstanden, die dazu geeignet sind, den Aufbau und die Pflege von Marken durch zielgerichtetes Verhalten und persönliche Kommunikation zu unterstützen« (Tomczak et al. 2005, S. 29).

Primär geht es darum, Mitarbeitende zu einem markenkonformen bzw. markenkonsistenten Verhalten (Brand Behavior) anzuleiten, da sie an der Schnittstelle zum Kunden einen entscheidenden Beitrag zum Markenaufbau und zur Markenpflege leisten (vgl. Kernstock 2012, S. 7). Treffend formuliert das de Chernatony wie folgt: »Brands […] start living their lives through the work of employees« (Chernatony 2001, S. 71).

Identitätsorientiertes Marketing

Die Notwendigkeit, im Rahmen der Markenführung Mitarbeitende als zentrale Anspruchsgruppe auszuwählen, ergibt sich aus dem *identitätsbasierten Ansatz der Markenführung*. Dieser Ansatz ergänzt die einseitige Ausrichtung der Markenführung mit ihrer Outside-in-Betrachtung (Nachfrage- bzw. Imageorientierung) um eine Inside-out-Perspektive (Mitarbeiter- bzw. Kompetenzorientierung). Es geht dabei nicht nur um die Wahrnehmung einer Marke durch externe Stakeholder (Markenimage als Fremdbild einer Marke), sondern auch um die wesensprägenden Merkmale einer Marke aus Sicht interner Zielgruppen (Markenidentität als Selbstbild einer Marke) (vgl. Burmann/Halaszovich/Hemmann 2012, S. 27 ff.).

Handlungsfelder des Behavioral Branding

Zur Entwicklung einer *Behavioral-Branding-Strategie* sind im Wesentlichen die folgenden Handlungsfelder zu bearbeiten (vgl. hierzu und zum Folgenden Henkel et al. 2012, S. 204 ff.; Piehler 2011, S. 100 ff.):

- Markenidentität (Fragestellung: Was wollen wir vermitteln?)
- Zielsegment (Fragestellung: Wen wollen wir erreichen?)
- Markenbotschafter (Fragestellung: Wer soll es umsetzen?)
- Instrumente (Fragestellung: Welche Maßnahmen sind zu berücksichtigen?)
- Intensität des Wandels (Fragestellung: Wieviel wollen wir in welcher Zeit erreichen?)

Markenwissen und Marken-Commitment

Für die Entwicklung der *Markenidentität* bei den Mitarbeitenden ist zunächst *Markenwissen* zu transportieren. Das Markenwissen stellt »die kognitive Repräsentation der Marke in den Köpfen der Mitarbeiter dar« (Piehler 2011, S. 102). Anschließend ist das *Marken-Commitment* erforderlich, das sich vor allem in der emotionalen Bindung der Mitarbeitenden an die Marke äußert (affektives Marken-Commitment). Zudem spielen bei der Markenidentität noch die Fähigkeiten der Mitarbeitenden eine Rolle. Zum einen betrifft es die funktionalen Fähigkeiten, d. h. die Kompetenz des oder der Mitarbeitenden, sein bzw. ihr fachliches Markenwissen auch zu benutzen. Zum anderen sind die im Beziehungskontext wichtigen sozio-emotionalen Fähigkeiten gemeint. Damit sind insbesondere die Kompetenzen gemeint, die die Qualität der sozialen Beziehungen bestimmen, wie etwa der Umgang mit den Emotionen und Wünschen von Kunden.

Segmentierung nach Markenaffinität

Die Bildung von *Zielsegmenten* beinhaltet die Bestimmung intern homogener und extern heterogener Kundengruppen. Im Rahmen der Behavioral-Branding-Strategie könnte die *Markenaffinität* ein Segmentierungskriterium darstellen, an dem sich dann der segmentspezifische Maßnahmeneinsatz auszurichten hat. So sind beispielsweise Kunden, die sich mit einer Marke identifizieren und sich mit ihr emotional verbunden fühlen, in ihrem Markenverhalten zu bestätigen, während bei Kunden, die sich eher markenresistent verhalten, zunächst Maßnahmen zu ergreifen sind, die den Aufbau einer Markensympathie begünstigen.

Führungskräfte und Mitarbeitende als Markenbotschafter

Die Rolle des *Markenbotschafters* übernehmen zum einen die Führungskräfte (vgl. hierzu Esch et al. 2014) und zum anderen die Mitarbeitenden. Die Führungskräfte fungieren als interne Markenbotschafter, indem sie die mit der Marke verbundenen Werte im Unternehmen kommunizieren und markenkonsistentes Verhalten ›vorleben‹. Als Multiplikator und Rollenvorbild beeinflussen sie das Verhalten der Mitarbeitenden. Die Mitarbeitenden agieren im Rahmen ihrer Beziehungen zu externen Stakeholdern als externe Markenbotschafter. Ihre zentrale Aufgabe besteht darin, sich nach außen markenkonform zu verhalten bzw. die Markenidentität glaubwürdig zu vertreten.

Instrumente zur Beeinflussung markenkonformen Verhaltens

Das markenkonforme bzw. markenkonsistente Verhalten von Mitarbeitenden lässt sich durch folgende *Instrumente* beeinflussen:

Interne und externe Kommunikation

Zunächst sind *Maßnahmen der internen Kommunikation* umzusetzen. Sie dienen dem Aufbau von Markenwissen bei den Mitarbeitenden. Konkret geht es um die Vermittlung von Markeninhalten und den Aufbau eines Markenbewusstseins. Neben dem Einsatz massenmedialer Kanäle (z. B. Mailings, Company Communities oder Newsletter) eignet sich vor allem der Einsatz persönlicher Kommunikationsinstrumente wie Interaktionen mit Vorgesetzten und Kollegen, Trainings und Schulungen oder Mitarbeiterveranstaltungen.

Maßnahmen im *Rahmen der externen Kommunikation* sind dann relevant, wenn sie eine innengerichtete Wirkung haben. So können beispielsweise Werbebotschaften Einfluss auf die Markenidentifikation und auf das Marken-Commitment ausüben und demzufolge auch Auswirkungen auf das Brand Behavior der Mitarbeitenden haben.

Personalmanagement

Weiterhin stehen im Rahmen des Behavioral-Branding-Ansatzes *Maßnahmen des Personalmanagements* zur Verfügung. Diese können zum einen darauf gerichtet werden, neue Mitarbeiterinnen und Mitarbeiter zu finden, die sich durch eine hohe Markenpassung (Mitarbeiter-Marken-Fit) auszeichnen. Hierzu zählen etwa Maßnahmen wie Imagewerbung, Stellenanzeigen, E-Recruiting und Jobmessen sowie auf die Markenpassung angelegte Auswahlverfahren. Nach dem *Attraction-Selection-Attrition-Modell* (ASA-Modell) von Schneider werden Mitarbeitende von Unternehmen und Marken angezogen, die eine hohe Übereinstimmung mit eigenen Persönlichkeitsmerkmalen aufweisen (»Attraction« und »Selection«). Umgekehrt zeigen Personen, die diese Übereinstimmung nicht aufweisen, die Tendenz, das Unternehmen zu verlassen (»Attrition«) (vgl. Schneider 1987). Zum anderen können personalpolitische Maßnahmen an der Entwicklung bereits gewonnener Mitarbeiterinnen und Mitarbeiter ansetzen. Hierzu zählen markenbezogene Einführungsprogramme, Trainings und Schulungen zum Aufbau und zur Aktualisierung des Markenwissens von Mitarbeitenden. Sowohl durch eine auf die Marke ausgerichtete Mitarbeiterakquise wie auch durch auf die Marke ausgerichtete Sozialisationsprozesse lässt sich der Mitarbeiter-Marken-Fit und damit das affektive Marken-Commitment steigern. Zudem können Anreiz- und Belohnungssysteme des Unternehmens markenkonform gestaltet werden, um auch Mitarbeitende mit geringem Mitarbeiter-Marken-Fit und geringem affektiven Marken-Commitment zu einem markenförderlichen Verhalten zu beeinflussen.

Markenorientierter Führungsstil

Brand Behavior und Marken-Commitment lassen sich weiterhin auch durch eine *markenorientierte Mitarbeiterführung* beeinflussen. Neben der Aufgabe der Führungskräfte, als interne Markenbotschafter zu fungieren und die damit verbundene Vorbildfunktion zu übernehmen, spielt vor allem auch der praktizierte Führungsstil eine Rolle. Als Führungsstile im Kontext der markenorientierten Mitarbeiterführung werden insbesondere der transaktionale und der transformationale Führungsstil betrachtet (vgl. hierzu Esch et al. 2014, S. 276 ff.):

- Bei einem *transaktionalen Führungsstil* werden Standards festgelegt, wie sich eine Mitarbeiterin oder ein Mitarbeiter als Botschafter der Marke zu verhalten hat. Mitarbeitende werden belohnt, wenn sie die Rollenerwartungen erfüllen. Umgekehrt werden Konsequenzen einer mangelnden Erfüllung der Rollenerwartungen aufgezeigt und sanktioniert, was wiederum entsprechende Kontrollen erfordert.
- Der stärker emotional geprägte *transformationale Führungsstil* zielt darauf ab, die Werte und Motivationen der Mitarbeitenden dahingehend zu verändern (transformieren), dass die eigenen Ziele den Zielen der Marke untergeordnet werden. Merkmale sind gegenseitige Anerkennung und Respekt, die Integration der Mitarbeitenden in wichtige Prozesse, das Vorleben der Markenidentität und der Aufbau von Vertrauen.

Aufgrund empirischer Untersuchungen, die einen positiven Zusammenhang zwischen transformationalem Führungsstil und affektivem Commitment belegen, wäre die transformational gestaltete Mitarbeiterführung zu präferieren: »Je transformationaler die Mitarbeiterführung, desto größer die Wahrscheinlichkeit, dass Mitarbeiter eine starke affektive Bindung zur Marke aufbauen« (Esch et al. 2014, S. 280).

Empowerment

Markenkonformes Verhalten kann zudem durch die *Schaffung von Handlungsfreiräumen* (Empowerment) gefördert werden. Daraus resultierende erweiterte Entscheidungs- und Handlungskompetenzen können als Motivationshebel wirken und Ansatzpunkt eines verstärkten Markenengagements sein.

Evolutionärer vs. revolutionärer Wandel

Schließlich wäre zur Umsetzung einer *Behavioral-Branding-Strategie* noch die Fragestellung nach der Intensität des Wandels zu beantworten. Als grundsätzliche Handlungsoptionen bieten sich ein evolutionärer und ein revolutionärer Wandel an. Im Rahmen des *evolutionären Wandels* vollzieht sich der organisatorische Entwicklungsprozess kontinuierlich in kleinen, sukzessiven und aufeinander aufbauenden Schritten. Im Gegensatz dazu zeigt sich der *revolutionäre Wandel* als radikaler, in kurzer Zeit stattfindender Wandlungsprozess. Welche strategische Option zu präferieren ist, hängt u. a. von der zur Verfügung stehenden Zeit, von der Unterstützung des Managements oder auch von einzelnen Entscheidungsträgern ab. Es ist aber davon auszugehen, dass ein insgesamt markenkonsistentes Verhalten der Mitarbeitenden nicht abrupt und mit einer ›von oben‹ diktierten Verhaltensweise im Sinne eines »Ab morgen handeln wir markenorientiert« zu erzielen ist, sondern vielmehr auch einen mentalen Prozess voraussetzt, der stetige Entwicklungsmaßnahmen erfordert. Die erwünschten Wirkungen lassen sich infolgedessen erst langfristig feststellen.

Konzept des Employer Branding

Abschließend sollen zur Steuerung des Mitarbeiterbeziehungsmarketings auch instrumentspezifische Maßnahmen aus dem *Konzept des Employer Branding* abgeleitet werden.

> *Employer Branding* kann definiert werden als »der außen- und innengerichtete arbeitnehmerfokussierte Prozess der identitätsbasierten Planung,

Koordination, Implementierung und Kontrolle aller für die Employer Brand zum Aufbau und zur Pflege werthaltiger Beziehungen mit potenziellen, aktuellen und ehemaligen Mitarbeitern notwendigen Maßnahmen« (Roj 2013, S. 12).

Der zentrale Zweck besteht darin, ein Unternehmen als attraktiven Arbeitgeber darzustellen und gegenüber anderen Unternehmen positiv zu positionieren. Das Hauptziel besteht in einer positiv wahrgenommenen Arbeitgebermarke (Employer Brand) (vgl. Schuhmacher/Geschwill 2014, S. 35).

Gestaltungsoptionen des Employer Branding

Zur Entwicklung einer *Employer-Branding-Strategie* sind folgende zentrale Handlungsfelder zu berücksichtigen:

- *Employer Value Proposition* (Fragestellung: Worin besteht die Einzigartigkeit des Unternehmens als Arbeitgeber?)
- *Zielsegment* (Fragestellung: Wen wollen wir erreichen?)
- *Instrumente* (Fragestellung: Welche Maßnahmen sind zu berücksichtigen?)

Messung von Arbeitgeberattraktivität

Zur Ermittlung der *Employer Value Proposition* (EVP), also jener Merkmale, die das Unternehmen als Arbeitgeber einzigartig machen und von anderen Unternehmen unterscheiden, ist eine Analyse der Stärken und Schwächen des Unternehmens im Vergleich zu denen von Wettbewerbern erforderlich (vgl. hierzu Künzel, H. 2013, S. 51 ff.). Zur Erhebung der wahrgenommenen Arbeitgebereigenschaften können folgende Fragestellungen beitragen (vgl. Immerschitt/Stumpf 2014, S. 53):

- Was macht das Unternehmen als Arbeitgeber attraktiv?
- Was zeichnet das Unternehmen aus?
- Warum sollten sich besonders gute Fach- und Führungskräfte für das Unternehmen entscheiden?
- Wie wird das Unternehmen von den Mitarbeitenden wahrgenommen?
- Welche Angebote werden von den Mitarbeitenden besonders geschätzt (z. B. in Bezug auf Arbeitsbedingungen, Gehalt, Personalentwicklung, Karriereaussichten)?

Als Methoden zur Erhebung der Arbeitgebereigenschaften können beispielsweise Interviews, Mitarbeiterbefragungen, Fokusgruppen oder auch Workshops mit Mitarbeitenden und Führungskräften zur Anwendung kommen.

Zur Operationalisierung von Eigenschaften, die attraktive Arbeitgeber kennzeichnen, kann das in der Praxis populäre *Great Place to Work® Modell* herangezogen werden (vgl. hierzu Great Place to Work® Deutschland 2016, S. 5 ff.). Im Vordergrund steht das Kriterium Vertrauen, das durch Werte wie Glaubwürdigkeit, Respekt und Fairness konkretisiert wird. Ergänzt wird es durch die Qualitätskriterien Stolz und Teamgeist (siehe Abbildung 3-8).

Als Untersuchungsinstrumente werden eine anonyme Mitarbeiterbefragung und eine Befragung des Managements zu den vom Unternehmen durchgeführten Maßnahmen im Rahmen der Personalarbeit eingesetzt. Unternehmen mit einer Mindestbeschäftigtenzahl von 10 Mitarbeitenden können sich an den regionalen oder

Abb. 3-8

Das Great Place to Work® Modell

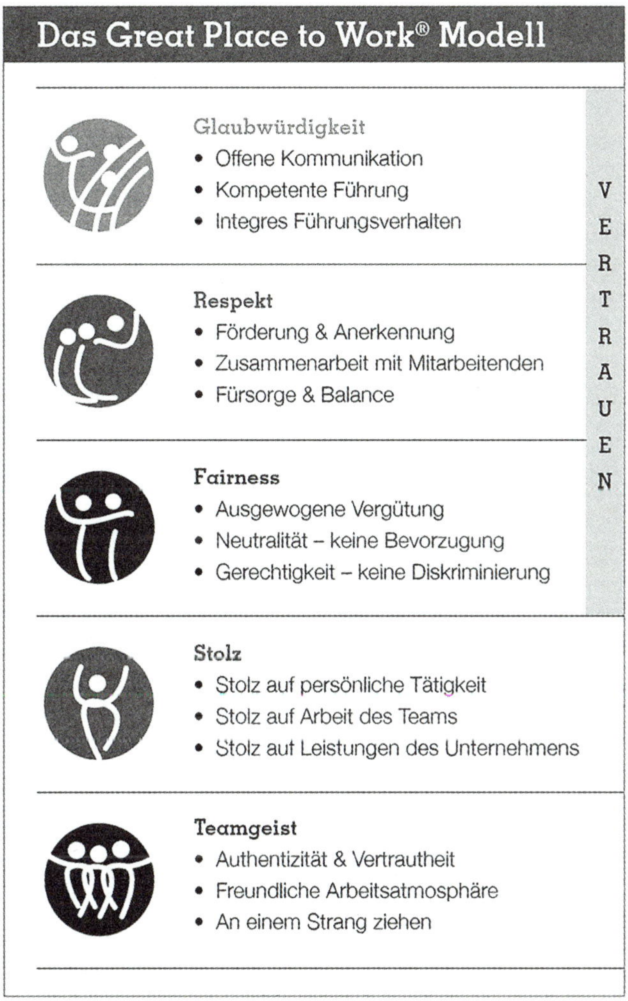

(Quelle: Great Place to Work® Deutschland 2016, S. 5)

branchenspezifischen Great Place to Work®-Initiativen beteiligen, ab 50 Beschäftigten sogar bundes- und europaweit. Mit dem Arbeitgeberwettbewerb besteht die Chance, die Auszeichnung »Deutschlands Beste Arbeitgeber« zu erhalten. Die prämierten Unternehmen erhalten ein Qualitätssiegel, das für ein zielgerichtetes Employer Branding eingesetzt werden kann.

PRAXISBEISPIEL

Employer Value Proposition (EVP) des Unternehmens 3M

Ein Beispiel für eine gelungene EVP liefert das Unternehmen 3M, ein weltweit agierender Multi-Technologiekonzern, der u. a. Klebeprodukte herstellt. Angelehnt an seinen Unternehmenszweck »We want to solve unsolved problems innovatively« (Wir möchten unlösbare Probleme innovativ lösen) hat 3M folgende EVP-Botschaft formuliert: »Freedom to think and shape – to solve unsolved problems« (Freiheit zu denken und zu gestalten – um ungelöste Probleme zu lösen). Mit dieser EVP verankert das Unternehmen u. a. seine »15 %-Regel«, die besagt, dass sich Mitarbeiter 15 % ihrer Arbeitszeit auf Projekte konzentrieren können, die sie interessieren (vgl. Esch/Eichenauer 2014, S. 295 f.).

Segmentierung

Die ermittelte Employer Value Proposition kann als arbeitgeberspezifisches Alleinstellungsmerkmal dazu dienen, neue Mitarbeiterinnen und Mitarbeiter zu gewinnen und das Engagement der im Unternehmen Beschäftigten zu fördern sowie die Bindung der Mitarbeitenden zu stärken. Damit sind die *Zielsegmente* des Employer Branding angesprochen. Sowohl potenzielle zukünftige Mitarbeitende als auch aktuelle Mitarbeitende sind zu berücksichtigen, sodass die einzusetzenden Maßnahmen auf den externen Arbeitsmarkt der potenziellen Bewerber und auch auf den internen Arbeitsmarkt fokussiert werden müssen (vgl. Mattmüller/Buschmann 2015, S. 5). Als weitere Zielgruppen kommen auch relevante Teilöffentlichkeiten infrage wie z. B. Bildungseinrichtungen, Verbände, (regionale) Vereine oder gesellschaftliche Gruppierungen, da sie als Multiplikatoren der Arbeitgeberattraktivität bzw. der Employer Value Proposition wirken können.

Einsatz des Marketing-Mix im Employer Branding

Unter Berücksichtigung der zentralen Zielsegmente lassen sich strategische Optionen eines internen und eines externen Employer Branding ableiten. Als Grundgerüst zur Vermarktung der Employer Value Proposition können die klassischen vier »P« des Marketing-Mix (Product, Price, Place und Promotion) herangezogen werden (vgl. Künzel 2013, S. 56 ff.). Tabelle 3-5 fasst die Vermarktungsinstrumente unter Berücksichtigung instrumentspezifischer Beispiele zusammen.

Maßnahmenumsetzung und zeitliche Koordination

Mit der Umsetzung der Maßnahmen des internen und externen Employer Branding ergreifen Unternehmen die Chance, sich als attraktiver Arbeitgeber darzustellen und sich gegenüber dem Wettbewerb positiv und nachhaltig zu positionieren. Zu beachten ist, dass sämtliche Maßnahmen des internen und externen Employer Branding mit den Aktionen im Rahmen des personalorientierten internen Marketings und des Behavioral Branding zu koordinieren bzw. abzustimmen sind. Das betrifft zum einen das *Timing* bzw. die zeitliche Konkretisierung des Maßnahmeneinsatzes hinsichtlich ihrer Dauer und ihrer Intensität. So kommen beispielsweise im Rahmen kommunikationspolitischer Aktivitäten vor allem kontinuierliche Maßnahmen (z. B. regelmäßige interne Kommunikation wie Mitarbeitergespräche und externe Kommunikation wie Social-Media-Aktivitäten), zyklische Maßnahmen (z. B. Recruiting-Veranstaltungen) oder unregelmäßige Maßnahmen (z. B. informelle Kontakte von Führungskräften mit Repräsentanten von Verbänden) als Alternativen infrage (vgl. Bruhn/Grund 1999, S. 518).

Inhaltliche Maßnahmenkoordination

Zum anderen sind die Maßnahmen auch *inhaltlich* durch einen integrierten Instrumente-Mix zu koordinieren. Die skizzierten, strategisch relevanten Gestaltungs-

Tab. 3-5

Instrumentspezifische Aktionsmöglichkeiten im Rahmen des internen und externen Employer Branding

Instrumente	Beispiele
Produktpolitik (product)	*Arbeitsplatz und -umfeld* wie Arbeitszeitmodelle (z. B. Arbeitszeitkonto, Teilzeit, Work-Life-Balance-Modelle), Arbeitsort (z. B. Home Office), Bürolage, -größe und -ausstattung; *Unternehmenskultur* wie Werteset, Verhaltensprinzipien; *Führungskultur* wie Führungsinstrumente (z. B. Zielvereinbarungen, Beurteilungssysteme, Mitarbeiterfördergespräche), betriebliches Vorschlagswesen, Umgang mit Fehlern (Fehlerkultur), Einbindung von Mitarbeitenden in Entscheidungsprozesse; *Entwicklungsmöglichkeiten* wie Führungskräfteentwicklung, Nachwuchsförderung (Talent Management), Übertragung von Projektverantwortung; *betriebliches Gesundheitsmanagement* wie Gesundheitstage, Ernährungstipps, Seminare zur Stressbewältigung, Ergonomieberatung, Betriebssport etc.
Preispolitik (price)	*direkte Vergütung* wie Höhe der Fixvergütung, Sonderzahlungen (z. B. Urlaubs- und Weihnachtsgeld), perspektivische Vergütungserhöhung, variable Vergütung; *Fringe Benefits/Zusatzleistungen* wie zweckgebundene Geld- und Sachprämien, präventive Sportangebote eines Gesundheitsmanagements, Unterstützung privater Weiterbildungen (z. B. Finanzierung eines berufsbegleitenden Studiums), vermögenswirksame Leistungen, arbeitgeberfinanzierte Altersvorsorge etc.
Distributionspolitik (place)	*interne Vertriebskanäle* wie Führungskräfte, Mitarbeitende oder Praktikanten; *externe Vertriebskanäle* wie Bildungseinrichtungen, Verbände, Vereine oder gesellschaftliche Gruppierungen etc.
Kommunikationspolitik (promotion)	*interne Kommunikation* wie Mitarbeitergespräche, Besprechungen, Mitarbeiterzeitungen, Intranet oder Mitarbeiter-Blogs; *externe Kommunikation* wie Anzeigen (gegebenenfalls mit dem Qualitätssiegel »Deutschlands Beste Arbeitgeber«), Hochschulmarketing, Recruiting-Veranstaltungen, Vorträge, Social Media, Kommunikation in Blogs, Arbeitgeber-PR, Arbeitgeber- und Imagevideos, Informationen über Corporate-Social-Responsibility-Aktivitäten etc.

(Quelle: vgl. Künzel 2013, S. 56ff; Schuhmacher/Geschwill 2014, S. 38 ff.)

optionen des personalorientierten internen Marketings, des Behavioral Branding und des Employer Branding legen ja den Fokus auf die Mitarbeitenden. Eine aus dem jeweiligen Konzept abgeleitete mitarbeiterbezogene Maßnahme kann aber durchaus auch gleichzeitig als Instrument eines anderen Konzepts wirken (z. B. Bestimmung der Unternehmens- und Führungswerte oder Maßnahmen im Bereich der internen und externen Kommunikation). Insofern bedarf es eines abgestimmten, integrativ wirkenden Maßnahmenbündels, das eine nach innen und außen konsistente Unternehmensperformance bewirkt. Dies ist ganz im Sinne eines ganzheitlich auszurichtenden Beziehungsmarketings, das zwar im Rahmen des Mitarbeiterbeziehungsmarketings primär die Beziehungsebene Mitarbeitende – Unternehmen betrachtet, aber stets mögliche Auswirkungen auf die nachfolgend zu betrachtenden externen Beziehungsebenen zu berücksichtigen hat.

WIEDERHOLUNGSFRAGEN

- Skizzieren Sie die Bedeutung der Mitarbeitenden im Kontext eines ganzheitlichen Beziehungsmarketings.

- Erläutern Sie die Service-Profit Chain. Diskutieren Sie insbesondere den Zusammenhang zwischen Mitarbeiterzufriedenheit und Kundenzufriedenheit.
- Begründen Sie die hohe Bedeutung von Mitarbeitenden mit unmittelbarem Kundenkontakt.
- Unterscheiden Sie die Konzepte des personalorientierten internen Marketings, des Behavioral Branding und des Employer Branding hinsichtlich ihrer wesentlichen Zielsetzungen.
- Diskutieren Sie strategische Gestaltungsoptionen des personalorientierten internen Marketings.
- Diskutieren Sie strategische Gestaltungsoptionen des Behavioral Branding.
- Diskutieren Sie strategische Gestaltungsoptionen des Employer Branding.

3.3.3 Lieferantenbeziehungsmarketing

Kennzeichnung des Lieferantenbeziehungsmarketings

Zentrales Gestaltungsobjekt des Lieferantenbeziehungsmarketings (auch *Supplier Relationship Marketing*, SRM) sind die Beziehungen zwischen einem beschaffenden Unternehmen und einem oder mehreren Lieferanten. In Anlehnung an die allgemeine Definition des Beziehungsmarketings (siehe Kapitel 1.3) kann Lieferantenbeziehungsmarketing wie folgt definiert werden:

> *Lieferantenbeziehungsmarketing* umfasst sämtliche Maßnahmen der Analyse, Planung, Realisierung und Kontrolle der Beziehungen von Unternehmen zu ihren Lieferanten mit dem Ziel, gegenseitigen und nachhaltigen Nutzen zu generieren durch Initiierung, Stabilisierung, Intensivierung und Wiederaufnahme sowie gegebenenfalls Beendigung von Geschäftsbeziehungen.

Abgrenzung des Lieferantenbeziehungsmarketings

Lieferantenbeziehungsmarketing grenzt sich zu in diesem Kontext verwandten Begriffen wie folgt ab (vgl. hierzu Kleemann 2014, S. 99 ff.).

- Mit dem Begriff *Beschaffung* (Procurement) oder auch *Einkauf* verbindet sich im Allgemeinen die Aufgabe der Versorgung des Unternehmens mit Produktionsfaktoren. Mit den für die Leistungserstellung benötigten Gütern (wie z. B. Roh-, Hilfs- und Betriebsstoffe, Halb- und Fertigfabrikate oder auch Anlagen) befasst sich die *Beschaffungswirtschaft.* Wenn neben der Beschaffung noch Aufgaben der Lagerung, Entsorgung und Wiederverwendung von Materialien hinzukommen, wird hierfür auch der Begriff *Materialwirtschaft* verwendet. Um die Ziele der Materialwirtschaft optimal erfüllen zu können, greift das *Beschaffungsmarketing,* dessen Aufgabe in der Beobachtung, Analyse und zielorientierten Gestaltung der Beschaffungsmärkte besteht (vgl. Balderjahn/Specht 2007, S. 222 f.).

- Konzentriert sich das Management auf die gesamte Wertschöpfungs- bzw. Lieferkette vom Rohstofflieferanten bis zum Endkunden, wird vom *Supply Chain Management* gesprochen. Da Lieferantenbeziehungsmarketing lediglich die Wertschöpfungskette vom Lieferanten zum nachfragenden Unternehmen betrifft, kann Lieferantenbeziehungsmarketing begrifflich dem Supply Chain Management untergeordnet werden (vgl. auch Appelfeller/Buchholz 2011, S. 6). Trotz der begrifflichen Trennung sind Entscheidungen, die beispielsweise lediglich eine Beziehungsebene betreffen (z. B. Lieferant – Hersteller), nicht losgelöst von einer anderen Ebene (z. B. Hersteller – Endverbraucher) zu fällen. So begleiten etwa Zulieferprodukte eines Lieferanten als sogenannte begleitende Marken (z. B. die Marken Intel® oder Gore-Tex®) den weiteren Verarbeitungsprozess bis zum Endverbraucher. Dieses sogenannte *Ingredient Branding* kann insofern für die gesamte Wertschöpfungskette von Bedeutung sein (vgl. Homburg, C. 2017, S. 629).
- *Lieferantenmanagement* befasst sich mit der Auswahl, Bewertung und Kontrolle von Lieferanten, der Lieferantenentwicklung und der Lieferantenintegration, während *Lieferantenbeziehungsmarketing* gezielt das Management der Lieferantenbeziehungen fokussiert und damit die zwischenbetrieblichen Beziehungen bzw. den Aspekt der sozialen Integration betont.

In der Literatur finden sich zum Teil starke begriffliche Überlappungen und insgesamt keine einheitlichen Begriffsverwendungen. Ausrichtung eines in diesem Zusammenhang zu verstehenden Lieferantenbeziehungsmarketings ist die proaktive Gestaltung aller Lieferbeziehungen mit dem Ziel, für das Unternehmen alle notwendigen Materialien und erforderlichen Vorleistungen in der entsprechenden Qualität und Quantität rechtzeitig am richtigen Ort zur Verfügung zu stellen. Dazu ist es notwendig, einen Lieferantenstamm aufzubauen und zu erhalten, um eine kontinuierliche Zusammenarbeit erreichen und eine nachhaltige Wertschöpfungspartnerschaft mit strategisch wichtigen Lieferanten etablieren zu können. Demzufolge liegt die Priorität beim Lieferantenbeziehungsmarketing weniger in der zeitpunktbezogenen Optimierung der Lieferantenbeziehung, sondern vielmehr in einer zukunftsorientierten Weiterentwicklung dieser interorganisationalen Beziehung (vgl. Piontek 2013, S. 88).

Relevanz des Lieferantenbeziehungsmarketings

Folgende *Gründe* sprechen dafür, der Beschaffungsseite bzw. dem Lieferantenbeziehungsmarketing zukünftig mehr Aufmerksamkeit zu schenken (vgl. hierzu Stollenwerk 2016, S. 15 ff.; Appelfeller/Buchholz 2011, S. 2):

- Die zunehmende *Globalisierung* und die damit einhergehende steigende internationale Konkurrenzintensität erhöhen den Druck auf Unternehmen, verstärkt nach kosteneffizienten Lösungen auf Beschaffungsmärkten zu suchen. Gerade produzierende Unternehmen haben einen hohen Anteil an Materialkosten in Relation zu den Gesamtkosten zu tragen. Aber auch durch den kontinuierlichen Abbau der Fertigungstiefe und durch die Verlagerung produzierender Tätigkeiten und administrativer Aufgaben in Wirtschaftsräume mit Arbeitskostenvorteilen sind Unternehmen anfälliger für Versorgungsengpässe auf der Beschaffungsseite geworden.

- Aufgrund von Ressourcenknappheit, umweltpolitischen Herausforderungen durch Klimaveränderungen, politischen Umbrüchen oder einer erhöhten Terrorgefahr sind *Versorgungsengpässe* nicht auszuschließen. Zur Sicherstellung einer kontinuierlichen Materialversorgung ist ein Risikomanagement über die Supply Chain mehr denn je gefordert.
- Die *Nachhaltigkeit in der Beschaffung* wird zukünftig an Bedeutung gewinnen. Die Verantwortung von Unternehmen bezieht sich nicht nur auf das Endprodukt, sondern erstreckt sich auf die gesamte Wertschöpfungskette. Eine Supply Chain oder ein Lieferant ist infolgedessen nicht mehr nur nach rein betriebswirtschaftlichen Kriterien zu bewerten, sondern zunehmend auch nach ökologischen und sozialen Gesichtspunkten.
- Die Relevanz der *Lieferanten als Kollaborationspartner* wird zunehmen. Vor allem durch die Zusammenarbeit mit Lieferanten, denen ein spezifisches Know-how (z. B. im Technologiebereich) zugeordnet werden kann oder die sich durch eine hohe Innovationskompetenz ausgezeichnet haben, können Unternehmen im Rahmen einer frühen Einbindung beispielsweise in den Bereichen Forschung und Entwicklung oder Produktion qualitativ bessere und damit wettbewerbsfähigere Produkte herstellen. Insofern gewinnen relationale Geschäftsbeziehungen im Gegensatz zu transaktionalen Austauschbeziehungen an Bedeutung (vgl. Daecke 2013, S. 103).
- Durch den zu beobachtenden Trend zur *Verschiebung von Wertschöpfungsanteilen* von Herstellern zu Lieferanten und der damit einhergehenden steigenden Abhängigkeit von Lieferantenleistungen gewinnt ein Management der Interaktionen der Hersteller mit den Akteuren auf den Beschaffungsmärkten an Bedeutung (vgl. Dölle 2013, S. 20).

Ziele und Aufgaben des Lieferantenbeziehungsmarketings

Unter Berücksichtigung dieser Entwicklungen rückt ein Lieferantenbeziehungsmarketing zunehmend in den Fokus eines strategischen Beziehungsmarketings. Die generelle Zielsetzung im Beschaffungssektor besteht darin, eine betrieblich optimale Lösung im strategischen Zieldreieck Qualität, Kosten und Zeit zu erreichen. Übergeordnete *Zielsetzungen* im Rahmen des Lieferantenbeziehungsmarketings sind:

Ziele

- »Optimierung der Beziehungen zur gesamten Lieferantenbasis,
- Reduzierung der Prozesskosten und Durchlaufzeiten für strategische und operative Beschaffungsprozesse,
- Reduzierung der Einstandspreise,
- Erhöhung der Prozessqualität und
- Erhöhung der Transparenz über materialgruppenbezogene und lieferantenbezogene Ausgaben, Bewertungen und Maßnahmen« (Appelfeller/Buchholz 2011, S. 7)

Aufgaben

Die strategisch relevanten Aufgabenbereiche zur Erfüllung dieser Zielsetzungen liegen im Management der Lieferantenbasis, der Lieferantenentwicklung, der Lieferantenintegration und letztlich auch in der Beendigung der Beziehung zum Lieferanten.

Das *Management der Lieferantenbasis* beinhaltet folgende Aktivitäten (vgl. hierzu und zum Folgenden Wagner 2003, S. 695 ff.):

- Segmentierung der Lieferantenbasis
- Reduzierung der Lieferantenbasis
- Lieferantenbeurteilung und -auswahl
- Lieferantenauditierung
- Lieferantenkommunikation
- Lieferantenbefragung
- Lieferantenbewertung und -entwicklung

Segmentierung von Lieferanten

Die *Segmentierung der Lieferantenbasis* bildet den Ausgangspunkt eines Beziehungsmarketings, das nur dann adäquate segmentspezifische Strategien generieren kann, wenn ausreichende Kenntnisse über die Charakteristika der einzelnen Lieferanten oder Lieferantengruppen vorliegen. Zur Segmentierung können diverse Ansätze zugrunde gelegt werden:

Segmentierung nach Beschaffungsvolumen

Zum einen kann vereinfacht eine *Segmentierung nach dem Beschaffungsvolumen* vorgenommen werden. Unter Berücksichtigung dieses Kriteriums und unter Anwendung der *ABC-Analyse* lassen sich dann Lieferanten mit unterschiedlich hoher Bedeutung und unterschiedlichen Implikationen für die strategisch relevanten Optionen segmentieren. So handelt es sich um A-Lieferanten, wenn ein auch wertmäßig hohes Beschaffungsvolumen vorliegt, sodass der Pflege, der Intensivierung oder dem Ausbau dieser Beziehung mit der Intention einer langfristigen Wertschöpfungspartnerschaft hohe Priorität einzuräumen ist. Andere Aktivitäten sind bei B- oder gar C-Lieferanten notwendig. Insbesondere bei C-Lieferanten konzentrieren sich die Aufgaben beispielsweise eher im Bereich der Optimierung der Beschaffungswege durch den Ausbau elektronischer Bezugsquellen (E-Procurement) oder im Rahmen eines C-Teile-Managements mit dem Ziel, Prozesskosten zu reduzieren.

Segmentierung nach Komplexität und Bedeutung

Zum anderen kann eine *Segmentierung nach Komplexität und Bedeutung* vorgenommen werden. Die Komplexität spiegelt sich in den Gegebenheiten des Beschaffungsmarktes wider und kann z. B. durch die Anbieter- und Nachfragerstrukturen des Beschaffungsmarktes, durch die Produktkomplexität oder durch die technische Komplexität dargestellt werden. Die Bedeutung kann u. a. unter Hinzuziehung produktbezogener Aspekte vorgenommen und an Kriterien wie Produktkosten je Lieferung, wertmäßiger Anteil am Beschaffungsvolumen oder materialbezogenes Versorgungsrisiko operationalisiert werden.

Zur Beurteilung des Versorgungsrisikos können zum einen unternehmensbedingte Kriterien wie z. B. technische Anforderungen an das Produkt, Standardisierungsgrad des Beschaffungsobjektes, Kosten eines Lieferantenwechsels sowie Möglichkeiten der Substitution oder Eigenfertigung und zum anderen marktbedingte Kriterien wie etwa Struktur des Beschaffungsmarktes, Kapazitätsauslastung des Lieferanten, erwartete Marktpreisentwicklung, Lieferanten-Know-how oder Lieferantenflexibilität herangezogen werden (vgl. Stollenwerk 2016, S. 114).

Materialportfolio

Je nach ausgewählten Kriterien lassen sich Portfolios erstellen, die positionsbezogene Ansatzpunkte für die strategischen Handlungsoptionen liefern. So kann beispielsweise unter Zugrundelegung der Dimensionen »Wertmäßiger Anteil am Beschaffungsvolumen« und »Materialgruppenbezogenes Versorgungsrisiko« folgendes *Materialportfolio* erstellt werden (siehe Abbildung 3-9) (vgl. hierzu Appelfeller/Buchholz 2011, S. 103):

Abb. 3-9

Beispiel eines Materialportfolios

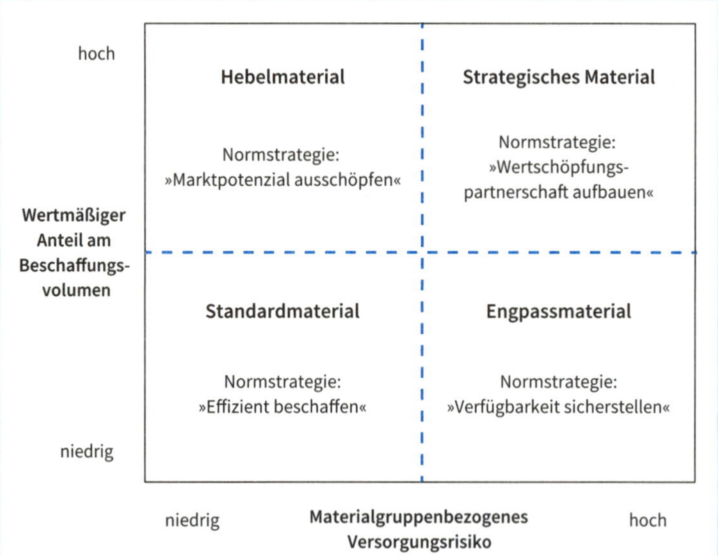

(Quelle: vgl. Appelfeller/Buchholz 2011, S. 103)

Besondere Bedeutung haben die *strategischen Materialien,* da ihnen ein hoher wertmäßiger Anteil der Materialien zuzuordnen und auch das Versorgungsrisiko als hoch einzustufen ist. Als Normstrategie bietet sich der Aufbau einer langfristig wirksamen Wertschöpfungspartnerschaft an, bei der durch eine enge Kooperation beispielsweise gemeinsame Kostensenkungspotenziale realisiert werden.

Im Gegensatz dazu repräsentieren *Standardmaterialien* Produkte mit geringem Anteil am Beschaffungsvolumen und geringem Versorgungsrisiko. Als grundsätzliche Handlungsoption empfiehlt sich eine effiziente Beschaffungsstrategie u. a. durch Ausnutzung von Möglichkeiten zur Optimierung der Beschaffungsprozesse oder durch ›Pooling‹ (z. B. in Form einer Bündelung durch Sammelbestellungen oder einer Bündelung des Bedarfs, falls mehrere Standorte existieren).

Hebelmaterialien zeichnen sich durch einen hohen wertmäßigen Anteil am Beschaffungsvolumen und durch ein geringes Versorgungsrisiko aus. Da alternative

Lieferanten vorhanden sind, bietet sich als Normstrategie das Ausschöpfen des Marktpotenzials an, um vor allem nachhaltige Kostenreduzierungen erzielen zu können.

Für *Engpassmaterialien* mit niedrigem wertmäßigem Anteil am Beschaffungsvolumen, aber hohem Versorgungsrisiko bzw. fehlenden alternativen Bezugsquellen besteht die strategische Handlungsoption in der Sicherstellung der Verfügbarkeit der für das Unternehmen notwendigen Materialien (z. B. durch den Aufbau höherer Sicherheitsbestände).

Lieferantenportfolio

Analog zum Materialportfolio lässt sich unter Berücksichtigung der Bedeutung der Materialien (z. B. aufgrund ihres wertmäßigen Anteils am Beschaffungsvolumen) und dem lieferantenspezifischen Versorgungsrisiko ein *Lieferantenportfolio* erstellen (siehe Abbildung 3-10).

Strategische Lieferanten repräsentieren besonders wichtige Lieferanten, die auch perspektivisch eine zentrale Rolle für Unternehmen spielen. Die Zielsetzung besteht im Anstreben einer langfristigen Lieferantenbindung bzw. im Bestreben, eine Wertschöpfungspartnerschaft einzugehen, von der beide Seiten nachhaltig profitieren. Im Beziehungsmarketing sind vor allem intensive Maßnahmen im Rahmen der Beziehungspflege notwendig.

Im Gegensatz dazu sind *Standardlieferanten* unkritische Lieferanten, da sie in Bezug auf das wirtschaftliche Ergebnis relativ unbedeutend und im Hinblick auf die

Abb. 3-10

Beispiel eines Lieferantenportfolios

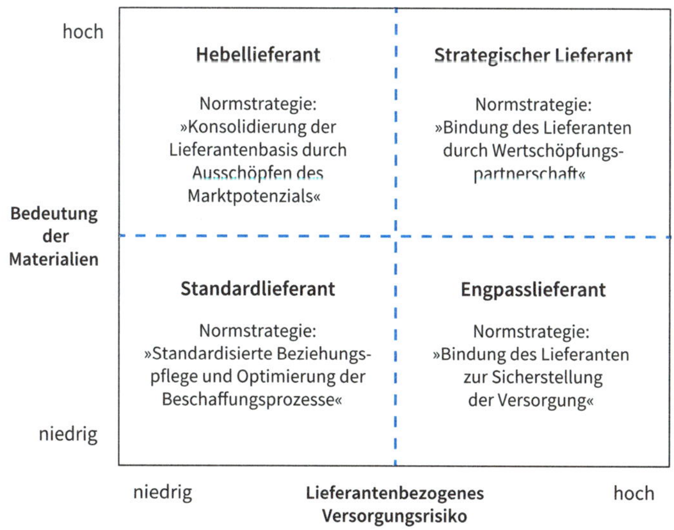

(Quelle: vgl. Wagner 2003, S. 699; Appelfeller/Buchholz 2011, S. 107)

Versorgung des Unternehmens mit Material als unkritisch einzustufen sind. Die Maßnahmen der Beziehungspflege können auf das Notwendigste ›heruntergefahren‹ werden, da zur Sicherstellung der Materialversorgung genügend Alternativen auf dem Beschaffungsmarkt vorhanden sind. Im Fokus steht die Optimierung der Beschaffungsprozesse.

Zu den *Hebellieferanten* zählen Lieferanten mit niedrigem Versorgungsrisiko, jedoch hoher Bedeutung der Materialien. In dieser Position kann das Unternehmen seine Markt- bzw. Einkaufsmacht ausspielen und eine Konsolidierung der Lieferantenbasis dergestalt erreichen, dass über eine Intensivierung des Lieferantenwettbewerbs oder über internationale Beschaffungsalternativen (Global Sourcing) kostengünstige Einkaufsentscheidungen erzielt werden.

Engpasslieferanten haben aufgrund der insgesamt geringen Lieferantenbasis eine höhere Angebotsmacht, sodass das Versorgungsrisiko als hoch einzustufen ist. Zur Sicherstellung der Materialversorgung wären Strategien zur Bindung des Lieferanten relevant (z. B. durch Abschluss langfristiger Verträge). Alternativ kann die Suche nach Ersatzlieferanten verstärkt und damit eine Verbreiterung der Lieferantenbasis erreicht werden.

Beziehungsportfolio

Eine weitere Möglichkeit, die Lieferantenbasis aufzuteilen, besteht in der *Segmentierung nach Lieferantenbeziehungen.* Dieser Segmentierungsansatz ist deswegen von hoher Praxisrelevanz, da vor allem kleine und mittelständische Unternehmen kaum über ausreichende Ressourcen und Kompetenzen verfügen, um intensive Beziehungen zu allen Lieferanten pflegen zu können.

Einen diesbezüglichen Vorschlag unterbreitet Bensaou, der Lieferantenbeziehungen unter Berücksichtigung der spezifischen Investitionen (die Investitionen werden dann als »spezifisch« bezeichnet, wenn sie sich speziell auf die Geschäftsbeziehung beziehen) der jeweiligen Marktpartner in vier Gruppen unterteilt (vgl. Bensaou 1999 sowie Wagner 2003, S. 699 f.):

- *strategische Partnerschaft:* Unternehmen und Lieferant stehen in enger Kooperation; es herrscht gegenseitiges Vertrauen; die gemeinsamen Aktivitäten sind umfangreich; beide Marktpartner investieren viel zur Aufrechterhaltung dieser Beziehung bzw. zur Erzielung eines gemeinsamen Erfolgs; aufgrund der gegenseitigen Abhängigkeit gehen sie auch ein hohes Risiko ein; aus Sicht des Unternehmens als Abnehmer und der strategischen Bedeutung des Lieferanten ist ein proaktives Beziehungsmarketing als Normstrategie erforderlich.
- *›gefangener‹ Lieferant:* Die Investitionen des Lieferanten sind höher als die des Abnehmers; aufgrund der starken Abhängigkeit vom Abnehmer und der Gefahr, dass der Abnehmer seine Marktposition ausnutzt, ist er ›Gefangener‹ in dieser Beziehung; für den Abnehmer ergibt sich demzufolge weniger Aufwand im Rahmen des Lieferantenmanagements oder der Beziehungspflege; als Normstrategie erweist sich ein ›reaktives Beziehungsmarketing‹ als ausreichend.
- *›gefangener‹ Abnehmer:* In dieser Beziehungskonstellation ist der Abnehmer ›Gefangener‹, da er wesentlich mehr als der Marktpartner investieren muss, um die Beziehung aufrechtzuerhalten; der hohe Aufwand zur Betreuung des Lieferanten erfordert ein ›aktives Beziehungsmarketing‹.

- *marktlicher Austausch:* Die Investitionen beider Marktpartner sind gering; wenn gemeinsame Aktivitäten vorliegen, konzentrieren sie sich im operativen Geschäft; beide Akteure können auf genügend alternative Geschäftsbeziehungen zurückgreifen; als strategische Option bietet sich ein ›Transaktionsmarketing‹ an.

Als Portfolio kann dieser Segmentierungsansatz zusammenfassend wie folgt dargestellt werden (siehe Abbildung 3-11):

Abb. 3-11

Beispiel eines Beziehungsportfolios

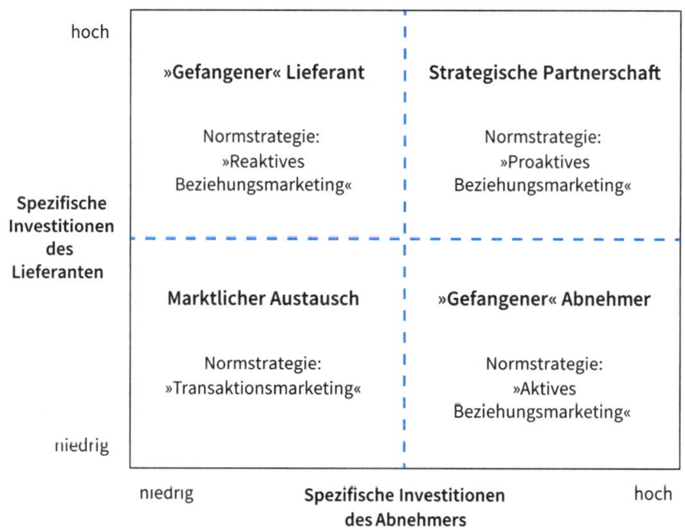

(Quelle: vgl. Bensaou 1999, S. 36; Wagner 2003, S. 700)

Eine auch in der Unternehmenspraxis vorzufindende Möglichkeit zur Lieferanteneinteilung ist die *Segmentierung nach der Wertschöpfungsleistung.* Die Wertschöpfungsleistung umfasst »die aus Sicht des abnehmenden Unternehmens an den Lieferanten vergebenen Wertschöpfungsaktivitäten« (Appelfeller/Buchholz 2011, S. 123). Aus der Sicht eines Endproduktherstellers können Lieferanten nach der Relevanz ihres Beitrages zur Wertschöpfung vereinfacht in folgende Stufen (»Tiers«) angeordnet werden (vgl. hierzu Schönsleben 2016, S. 73; Wannenwetsch 2010, S. 131):

- Der *Endprodukthersteller* (oft abgekürzt mit OEM = Original Equipment Manufacturer) stellt die an die Verbraucher zu vertreibenden Produkte her.
- Zu den *Lieferanten der ersten Stufe* (1st-Tier-Lieferanten) gehören meist Systemlieferanten; sie verfügen über eine hohe technologische Kompetenz (z. B. Motor-

einspritzsysteme für Automobile); zu dieser Stufe können auch Modullieferanten zählen; sie haben eine hohe Fertigungskompetenz und beliefern den Hersteller mit montagefertigen Modulen (z. B. Modul Lampen im Automobilbereich).

- *Lieferanten der zweiten Stufe* (2nd-Tier-Lieferanten) sind häufig Komponentenlieferanten; sie liefern komplette Baugruppen mit mittlerer Komplexität zur fertigen Montage (z. B. Schalter oder Steuergeräte in der Automobilfertigung).
- *Lieferanten der dritten Stufe* (3rd-Tier-Lieferanten) sind vorwiegend Material- oder Teilelieferanten; ihr Wertschöpfungsbeitrag konzentriert sich im Wesentlichen auf die Produktion von Normteilen mit hohem Standardisierungsgrad (z. B. Schrauben).

Lieferantenpyramide

Die Lieferantenstruktur mit dem sukzessive abnehmenden Wertschöpfungsbeitrag der jeweiligen Lieferanten für den Endprodukthersteller kann grafisch als *Lieferantenpyramide* dargestellt werden. Je nach Lieferantenstatus können unterschiedliche Sourcing-Strategien abgeleitet werden (siehe Abbildung 3-12):

Abb. 3-12

Lieferantenpyramide und potenzielle Sourcing-Strategien

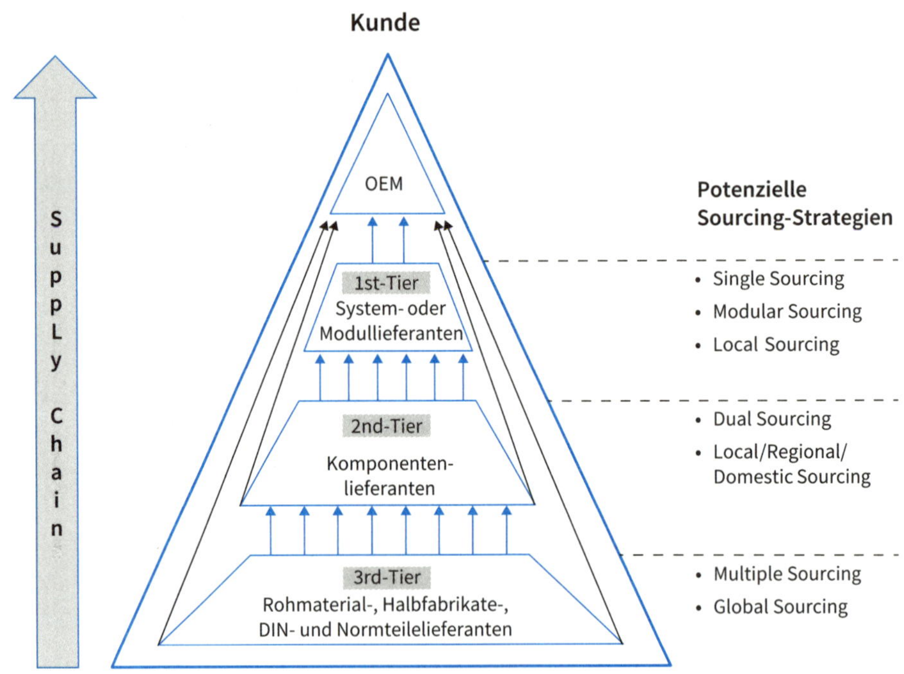

(Quelle: vgl. Wannenwetsch 2010, S. 131 und S. 163)

Sourcing-Strategien

Die gemäß der Lieferantenstruktur relevanten Sourcing-Strategien können – tabellarisch zusammengefasst – wie folgt skizziert werden:

Tab. 3-6

Charakteristika strategischer Optionen

strategische Optionen	zentrale Charakteristika
Single Sourcing	• Beschaffung von Gütern von nur einem Lieferanten • Anstreben einer partnerschaftlichen Win-Win-Beziehung durch Strategie der Partnerschaft • Notwendigkeit eines engen Vertrauensverhältnisses • Einbindung des Lieferanten in frühen Phasen der Produktentwicklung • konsequente Lieferantenförderung
Modular Sourcing	• Beschaffung kompletter Module bzw. komplexer Systeme von wenigen Lieferanten • Strategie zur Senkung der Fertigungstiefe • Notwendigkeit eines engen, vertrauensvollen Verhältnisses
Dual Sourcing	• Beschaffung von Gütern von zwei im Wettbewerb stehenden Lieferanten (Zweiquellenbezug); günstigerer Lieferant erhält meist ein höheres Beschaffungsvolumen • Strategie zur Sicherstellung der Versorgung des Unternehmens und zur Förderung des Lieferantenwettbewerbs
Multiple Sourcing	• Beschaffung gleicher Güter von mehreren Lieferanten • Strategie zur Reduzierung des Versorgungsrisikos und zur Ausschöpfung der Vorteile durch den Lieferantenwettbewerb (z. B. in preislicher oder zeitlicher Hinsicht)
Local Sourcing (auch Regional Sourcing)	• Beschaffung von Gütern aus der unmittelbaren Umgebung • Strategie zur Hervorhebung der sozialen Verantwortlichkeit (z. B. Berücksichtigung lokaler bzw. regionaler Interessen wie Schaffung von Arbeitsplätzen) • insgesamt geringerer logistischer Aufwand aufgrund der Nähe zum Hersteller
Domestic Sourcing	• Beschaffung von Gütern aus dem Inland • Strategie zur Ausschöpfung des Herkunftslandeffekts (Country-of-Origin-Effekt, wie z. B. Made in Germany), um Qualitäts- oder Imagevorteile erzielen zu können
Global Sourcing	• weltweiter Bezug von Beschaffungsobjekten • Strategie zur Ausschöpfung von Kosteneinsparpotenzialen durch Nutzung internationaler Quellen und zur Auswahl leistungsstärkster Lieferanten

(Quelle: vgl. Schönsleben 2016, S. 74 f.; Wannenwetsch 2010, S. 163 ff.)

Die skizzierten strategischen Optionen stellen keine grundlegenden Alternativen dar, sondern können kombinativ angewendet werden. Ausschlaggebend für die Wahl der strategischen Optionen sind vor allem das zu beschaffende Objekt, die Wettbewerbssituation des Unternehmens oder auch die Lieferantenstrukturen.

PRAXISBEISPIEL

SAZUG-Klassifizierung der ZF Friedrichshafen AG

Als Best-Practice-Beispiel der Lieferantensegmentierung wird in der Literatur häufig die SAZUG-Klassifizierung der ZF Friedrichshafen AG – ein Unternehmen der Automobilzulieferindustrie – angeführt. Basierend auf diesem Akronym ergeben sich fünf Lieferantensegmente (vgl. Appelfeller/Buchholz 2011, S. 105; Schmitt 2010, S. 105 ff.):

- *strategische Lieferanten (S):* Sie repräsentieren wichtige Lieferanten, mit denen eine enge und langfristig ausgerichtete Zusammenarbeit angestrebt wird. Eine frühzeitige Einbindung in unternehmerische Entscheidungsprozesse (z. B. in der Produktentwicklung) ist ausdrücklich erwünscht. Nach ZF werden Lieferanten als strategisch relevant eingestuft und in die konzernweit bindende »Strategic Supplier List« aufgenommen, wenn sie zehn Kriterien erfüllen. Dazu gehören beispielsweise die Anerkennung einer spezifischen Qualitätsmanagement-Richtlinie, die Erfüllung der Logistikziele, die Anerkennung der Einkaufsbedingungen, die – nach vorab durchgeführter Lieferantenbeurteilung – Eingruppierung als A-Lieferant, die Bereitschaft zur Produktkostenoptimierung und die Registrierung auf »SupplyOn« – einer E-Procurement-Plattform, die von ZF gemeinsam mit weiteren Automobilzulieferern wie u. a. Robert Bosch GmbH, Continental AG oder Schaeffler Technologies AG & Co.KG ins Leben gerufen wurde.
- *Aufbaulieferanten (A):* Aufgrund ihres Potenzials soll die Zusammenarbeit mit diesen Lieferanten kontinuierlich intensiviert und strategisch weiterentwickelt werden.
- *Abbaulieferanten (Z):* Die Geschäftsbeziehungen werden perspektivisch aufgelöst. Es erfolgen keine Neubestellungen mehr (z. B. aufgrund von Produktsubstitutionen).
- *unerwünschte Lieferanten (U):* Hierzu zählen die Abbaulieferanten, deren Produkte bzw. Zulieferteile zurzeit noch benötigt werden (z. B. aufgrund fehlender Alternativen).
- *gesperrte Lieferanten (G):* Sie werden von Neubestellungen momentan ausgeschlossen, jedoch sind Maßnahmen geplant, um die Sperrung aufzuheben. Gelingt dies nicht bzw. ist keine Zurückführung zu einer A- oder S-Einstufung möglich, erfolgt eine konsequente Ausgliederung des Lieferanten.

Reduzierung der Lieferantenanzahl

Nach der erfolgten Segmentierung der Lieferantenbasis schließt sich im Rahmen des Lieferantenbeziehungsmarketings die Frage nach einer *Reduzierung der Lieferantenbasis* an.

Den Unternehmen steht aufgrund der Globalisierung grundsätzlich eine potenziell breitere Lieferantenbasis zur Verfügung. Wenn damit auch Vorteile verbunden sind, wie eine bessere Verhandlungsposition gegenüber den Lieferanten aufgrund einer großen Anzahl alternativer Lieferanten oder auch größere Unabhängigkeit gegenüber einzelnen Lieferanten, so scheinen die Vorteile einer reduzierten Lieferantenanzahl insgesamt jedoch zu dominieren. Folgende wesentlichen Effekte lassen sich mit einer gezielten Reduzierung der Lieferantenbasis erzielen (vgl. Wagner 2003, S. 701 f.):

- Kosteneinsparungen durch Bündelung von Beschaffungsvolumina
- Reduzierung des administrativen Aufwands und der damit verbundenen Prozesskosten aufgrund einer geringeren Anzahl von Lieferantenvorgängen
- Erhöhung der Attraktivität für Lieferanten, da Skaleneffekte erzielt werden können
- Möglichkeit zum selektiven Aufbau strategischer Lieferantenpartnerschaften
- Fokussierung der (knappen) Ressourcen auf wenige Lieferanten und damit Erhöhung der Chance zur Umsetzung eines aktiven Beziehungsmarketings

Lieferantenvorzugslisten

Die Fragestellung nach der optimalen Lieferantenbasis kann zum einen durch den Einsatz von *Lieferantenvorzugslisten* gelöst werden. In derartigen Listen finden sich im Vorfeld analysierte und bewertete Lieferanten, die dann im Beschaffungsfall schnell einbezogen werden können. So nutzt beispielsweise das Unternehmen Mettler Toledo, ein Hersteller u. a. von Industrie-, Handels- und Laborwaagen, eine Lieferantenvorzugsliste, die EDV-unterstützt auf Standardsoftware läuft und variable Suchkriterien beinhaltet wie Firma, Adresse, Ansprechpartner, Kreditorennummer, Umsatz, Technologie, typische Teile sowie das Kriterium »Besonderes« (vgl. Wagner 2003, S. 704).

Rahmenverträge

Zum anderen stellen auch *Rahmenverträge* ein probates Mittel zur Definition der optimalen Lieferantenbasis dar. Sie bieten sich insbesondere im Zuge der Beschaffung geringwertiger Materialien mit hohem Bestellvolumen und konstantem Bedarf an. Wird zudem angestrebt, die Einkaufsprozesse dieser geringwertigen Güter durch den Einsatz elektronischer Bestellsysteme zu optimieren, wäre es sinnvoll, organisatorische und technische Vereinbarungen zu treffen und auf diese Weise Lieferanten längerfristig zu binden (vgl. Stoll 2007, S. 54). Die Lieferantenbasis lässt sich hiermit auf diejenigen Lieferanten beschränken, die auf E-Procurement-Plattformen interagieren.

Lieferantenbeurteilung und Lieferantenauswahl

Die *Lieferantenbeurteilung* als Vorstufe der Lieferantenauswahl erfolgt ex ante (im Gegensatz zur Lieferantenbewertung, die ex post vorgenommen werden kann) und dient im Wesentlichen dazu, die ›richtigen‹ Lieferanten bzw. zukünftigen Beziehungspartner zu bestimmen. Einen Katalog zentraler Beurteilungskriterien liefert Tabelle 3-7.

Beschaffungsmarktforschung

Informationen über die Ausprägungen einzelner Kriterien können über Aktivitäten der Beschaffungsmarktforschung eingeholt werden. Zum einen kann im Rahmen einer Sekundärforschung vorhandenes Datenmaterial wie beispielsweise Branchenhandbücher, Geschäftsberichte, Lieferantenkataloge bzw. -listen oder internetbasierte Informationsquellen gesichtet und ausgewertet werden. Zum anderen lassen sich originäre und lieferantenspezifische Daten über Aktivitäten der Primärforschung gewinnen. Die Informationsbeschaffung erfolgt hier u. a. über Anfragen bei den Lieferanten selbst, durch Messebesuche, Einkaufsreisen oder Betriebsbesichtigungen (siehe Lieferantenauditierung).

Um Informationen über Unternehmen im Allgemeinen oder Lieferanten im Besonderen zu erhalten, können auch Informationsdienstleister kontaktiert werden. In der Praxis scheint sich *Bisnode* als europäischer Anbieter von digitalen Wirtschaftsinformationen etabliert zu haben (vgl. hierzu Bisnode o. J.a). Bisnode ist Teil des Dun & Bradstreet-Netzwerks (D&B) und hat Zugriff auf eine Wirtschaftsdatenbank mit 250 Millionen Adressen aus über 220 Ländern. Darunter finden sich allein mehr als 5,1 Millionen aktive deutsche Unternehmen. Jedem in dieser Datenbank registrierten Unternehmen wird eine sogenannte *DUNS-Nummer* (*D*ata *U*niversal *N*umbering *S*ystem), ein von Dun & Bradstreet entwickelter und eingeführter neunstelliger Zahlencode, zugeordnet. Mit dieser Nummer lassen sich Unternehmen weltweit identifizieren (die DUNS-Nummer ist quasi der Fingerabdruck eines Unternehmens) und gezielt unternehmensspezifische Informationen abrufen. Speziell für die Lieferantenanalyse liefert die DUNS-Nummer u. a. Informationen über die

Tab. 3-7

Kriterien zur Lieferantenbeurteilung

Wirtschaftlichkeit • finanzielle Situation des Lieferanten • Wettbewerbsfähigkeit und Stabilität der Preise • Liefer- und Zahlungsbedingungen • Bezugsnebenkosten • Kostenoptimierungspotenzial	**Qualität** • implementiertes Qualitätsmanagementsystem • Zertifizierungen • etablierte Programme zur kontinuierlichen Verbesserung • Erstmusterprüfungen • Qualifikation des Personals
Logistik • Infrastruktur • Beherrschung der logistischen Prozesse • Flexibilisierungsmöglichkeiten • aktuelle und potenziell mögliche Belieferungskonzepte • Transportkapazitäten	**Technologie** • Technologie-Infrastruktur – Status quo und Entwicklungspotenzial • Produkt-Know-how • vorhandene Patente und Lizenzen • Möglichkeiten zur Integration externen Wissens (Open Innovation) • Dokumentation
Ökologie • implementiertes Umweltmanagementsystem • Ökobilanzierung • Verwendung recyclingfähiger Produkte und Materialien • Suche nach Substitutionsalternativen	**Strategie und Organisation** • derzeitige Geschäftsfelder • Organisationsstruktur • Kommunikationsstrukturen • Standorte • Partnerschaften • Zulieferbeziehungen

(Quelle: vgl. Appelfeller/Buchholz 2011, S. 79; Wagner 2003, S. 708 f.)

Unternehmensverbindungen zwischen Lieferanten oder auch wichtige Finanzzahlen. Zudem besteht die Möglichkeit, über das Nummernsystem die eigene Lieferantendatenbank mit der weltweiten D&B-Datenbank zu verknüpfen und abzugleichen (vgl. Bisnode o. J.b).

Die Vorlage einer DUNS-Nummer wird von einigen Unternehmen zudem verlangt, um überhaupt Lieferant werden zu können. Das Unternehmen CLAAS beispielsweise, ein internationaler Landmaschinenkonzern mit Hauptsitz im ostwestfälischen Harsewinkel, erwartet von potenziellen Lieferanten zunächst eine Lieferantenselbstauskunft; auf diesen im Internet verfügbaren Fragebogen kann aber nur dann zugegriffen werden, wenn die DUNS-Nummer eingetragen wird. Erst dann werden die Lieferanteninformationen erfasst und evaluiert (siehe Claas o. J.a).

Lieferantenauswahl

Nach der Sammlung der Informationen sind diese zu evaluieren, um letztlich eine relevante *Lieferantenauswahl* treffen zu können. Aus der Vielzahl möglicher Lieferantenbeurteilungsverfahren ragt das *Scoring-Verfahren* auch in der Praxis heraus (vgl. Wagner 2003, S. 706). Das Scoring-Verfahren verläuft im Regelfall in folgenden Schritten:

1. Festlegung der Beurteilungskriterien: Für die Beurteilung der Lieferanten sind die relevanten Auswahlkriterien zu definieren.
2. Gewichtung der Beurteilungskriterien: Die ausgewählten Kriterien sind zu gewichten, um die unterschiedliche Bedeutung einzelner Kriterien hervorzuheben.

3. Vergabe von Punkten: Für jedes zugrunde gelegte Beurteilungskriterium und für alle in der Alternativenmenge vorhandenen Lieferanten sind Punkte zu vergeben, um den jeweiligen Erfüllungsgrad der aufgelisteten Kriterien zu bestimmen.
4. Gewichtung der Punkte: Durch Multiplikation der Gewichtungsfaktoren (GF) mit den einzelnen Beurteilungspunkten (BP) ergibt sich ein gewichteter Punktwert.
5. Ermittlung des Gesamtwerts und Auswahlentscheidung: Aus der Summe der gewichteten Punktwerte lässt sich der Gesamtwert ermitteln und die letztendliche Auswahlentscheidung treffen.

Scoring-Verfahren zur Lieferantenbeurteilung und -auswahl

Am folgenden fiktiven Beispiel soll dieses Verfahren dargestellt werden:

Tab. 3-8

Beispiel eines Scoring-Verfahrens zur Lieferantenbeurteilung und -auswahl

Beurteilungskriterien	**Gewichtungsfaktor**	**Alternativenmenge Lieferantenbasis**					
		Lieferant A		Lieferant B		Lieferant C	
	GF	BP	BP · GF	BP	BP · GF	BP	BP · GF
Wirtschaftlichkeit							
• finanzielle Situation	3	2	6	2	6	4	12
• Liefer- und Zahlungsbedingungen	5	2	10	2	10	3	15
• …							
Qualität							
• implementiertes QM-System	4	3	12	1	4	4	16
• Zertifizierungen	3	2	6	1	3	4	12
• …							
Logistik							
• Infrastruktur	2	3	6	4	8	3	6
• Beherrschung log. Prozesse	3	4	12	5	15	4	12
• …							
Technologie							
• Technologie-Infrastruktur	5	2	10	4	20	3	15
• Produkt-Know-how	5	3	15	3	15	4	20
• …							
Ökologie							
• implementiertes UM-System	3	1	3	1	3	4	12
• Ökobilanzierung	2	1	2	1	2	4	8
• …							
Strategie und Organisation							
• Geschäftsfelder	2	3	6	2	4	3	6
• Organisationsstruktur	1	2	2	3	3	3	3
• …							
Gesamtwert			∑ 90		∑ 93		∑ 137

Skala Gewichtungsfaktoren (GF):
5 = sehr hohe Bedeutung
4 = hohe Bedeutung
3 = mittlere Bedeutung
2 = geringe Bedeutung
1 = keine Bedeutung

Skala Beurteilungspunkte (BP):
5 = sehr gut erfüllt
4 = gut erfüllt
3 = befriedigend erfüllt
2 = ausreichend erfüllt
1 = nicht erfüllt

(Quelle: eigene Darstellung)

Bei den in der Tabelle gegebenen Daten wäre Lieferant C zu priorisieren, da er unter Berücksichtigung der ausgewählten Kriterien und gewichteten Punktwerte die meisten Gesamtpunkte erreicht hat. Die alternativen Lieferanten A und B sind aufgrund des nur geringfügigen Unterschieds bei den Gesamtpunkten austauschbar; wenn einer von diesen ausgewählt werden müsste, um beispielsweise perspektivisch als substitutiver Lieferant zu fungieren, könnten zur Ermittlung einer eindeutigeren Rangfolge zusätzliche Kriterien herangezogen werden.

Beurteilung des Scoring-Verfahrens

Wenn auch das Scoring-Verfahren eine einfach anzuwendende Entscheidungshilfe zur Alternativenauswahl darstellt, so ist die Beurteilung komplexer und/oder qualitativer Kriterien nicht unproblematisch. Es liegen nicht immer eindeutige Beurteilungsmaßstäbe vor. Auch spielt die Subjektivität der Beurteilung eine nicht unbedeutende Rolle, sodass von unterschiedlichen Personen die jeweiligen Gewichtungen anders interpretiert und auch der Erfüllungsgrad der einzelnen Kriterien unterschiedlich beurteilt werden können. Insofern bietet es sich an, das Scoring-Verfahren möglichst im Team durchzuführen, um im Vorfeld Gewichtungs- und Beurteilungsprobleme zu diskutieren, eventuelle Beurteilungskorridore zu definieren und insgesamt zu einer ausgewogenen, konsensualen Gesamtbeurteilung zu kommen.

Lieferantenauditierung

Zur Beurteilung und Auswahl besonders wichtiger Lieferanten, mit denen eine intensive Geschäftsbeziehung eingegangen werden soll, bietet sich eine *Lieferantenauditierung* an (vgl. zum Folgenden Wagner 2003, S. 709 ff.). Derartige Audits basieren nicht nur auf Sekundärdaten, sondern vor allem auf Primärerhebungen, um originäre Daten gewinnen zu können. Sie dienen insbesondere dazu, die Auswahlentscheidung in qualitativer Hinsicht abzusichern (vgl. Arnolds et al. 2016, S. 305).

Grundsätzlich – und auch in der Praxis üblich – wird bei der Lieferantenauditierung zwischen dem System-, dem Prozess- und dem Produktaudit unterschieden (vgl. hierzu Stollenwerk 2016, S. 239):

- Bei einem *Systemaudit* wird das gesamte Qualitätsmanagementsystem des Lieferanten überprüft.
- Ein *Prozessaudit* (oder auch Verfahrensaudit) bezieht sich auf die vom Lieferanten durchgeführten Prozesse.
- Ein *Produktaudit* konzentriert sich auf das für die Beschaffung relevante Produkt. Es gleicht einer Qualitätskontrolle bzw. einem Abnahmeaudit, da hier die Konformität des Produktes mit den zugrunde gelegten Produktanforderungen verglichen wird.

Die Audits können unternehmensintern oder -extern durchgeführt werden. Im Rahmen des Einsatzes eines eigenen Auditors empfiehlt sich die Bildung eines cross-funktionalen Teams, das sich aus Mitgliedern aus der Einkaufs-, Qualitäts-, Entwicklungs- oder auch Produktionsabteilung zusammensetzt. Als Hilfestellung für die Vor-Ort-Begutachtung dienen auch im Internet verfügbare Lieferantenaudit-Fragebögen, die nach Kriterien geordnet relevante Fragestellungen zusammengefasst haben (siehe z. B. Via Consulting Group 2016). Der Bundesverband Materialwirtschaft, Einkauf und Logistik e. V. (BME), ein Fachverband für Einkäufer, Supply

Chain Manager und Logistiker in Deutschland und Kontinentaleuropa, empfiehlt beispielsweise folgende Checkliste für ein Lieferantenaudit vor Ort:

Tab. 3-9

Checkliste für einen Lieferantenaudit vor Ort

Grundlegendes
- Wie und wo werden wir von wem empfangen?
- Sind die Gesprächspartner gut vorbereitet und gibt es eine Agenda für den Besuch?
- Herrscht eine entspannte Atmosphäre?
- Werden die Produkte bzw. Leistungsangebote attraktiv präsentiert?
- Werden relevante Informationen und Kennzahlen (Unternehmensstruktur, Geschäftsentwicklung, Bonität, Liquidität, Kalkulation etc.) zur Beurteilung des Unternehmens zur Verfügung gestellt?
- Welche Sicherungsmaßnahmen hinsichtlich des Datenschutzes existieren?
- Welchen Gesamteindruck macht das Unternehmen?

Führungs- und Personalfragen
- Ist das Management beim Audit greifbar bzw. sichtbar?
- Werden Ziele und Visionen des Unternehmens erkennbar kommuniziert?
- Gibt es Compliance-Richtlinien?
- Welche Anreizsysteme zur Motivation der Mitarbeiter existieren?
- Welche Weiterbildungs- bzw. Schulungsprogramme für Mitarbeiter existieren?
- Wird die Mitarbeiterzufriedenheit gemessen und dokumentiert? Werden die Ergebnisse für alle Beschäftigten sichtbar gemacht?
- Wie hoch ist die Beschäftigtenanzahl und wie hoch ist das Durchschnittsalter?
- Wie lange sind die Mitarbeiter im Durchschnitt im Unternehmen?
- Wie hoch ist die durchschnittliche Fehlzeitenquote?
- Werden die Mitarbeiter regelmäßig bezüglich der Arbeitssicherheit unterwiesen?

Umweltaspekte
- Hat der Lieferant eine ISO-14001-Zertifizierung?
- Ist eine Umwelt- bzw. Nachhaltigkeitsstrategie festgelegt?
- Welche Partner werden in diese Prozesse mit eingebunden?
- Wie wird die Umweltpolitik in der Öffentlichkeit dargestellt?

Prozesse und Produktion
- Werden Prozesse dokumentiert?
- Gibt es ein zertifiziertes Qualitätsmanagementsystem?
- Sind Leistungswerte definiert (Durchlaufzeit, Fehler, Kosten)?
- Werden Qualitätskennzahlen ermittelt?
- Gibt es einen kontinuierlichen Verbesserungsprozess (KVP)?
- Werden Fehlermöglichkeits- und -einflussanalysen (FMEA) durchgeführt?
- Welchen Eindruck macht der Produktionsbereich hinsichtlich Zustand, Organisation, Ordnung, Sauberkeit?
- Welche Qualität haben die im Einsatz befindlichen Maschinen und Materialien?
- Wie hoch sind die Kapazitätsreserven?
- Gibt es einen eigenen Werkzeugbau?
- Hat das Unternehmen eine Konstruktions- bzw. Entwicklungsabteilung?
- Wie hoch ist das Entwicklungsbudget?
- Wie ist das Lager strukturiert und ist die Lagerung zweckmäßig?
- Hat der Lieferant einen eigenen Fuhrpark?

Kundenorientierung
- Sind unsere Anforderungen bekannt und werden diese fortlaufend gemessen?
- Wie werden Kundenreklamationen behandelt?
- Wird die Kundenzufriedenheit gemessen und dokumentiert? Werden die Ergebnisse für Mitarbeiter sichtbar gemacht?
- Welche Referenzen kann der Lieferant nachweisen?
- Sind wir ein wichtiger bzw. strategischer Kunde?
- Wie flexibel ist der Lieferant im Falle von Produkt- und Mengenänderungen?
- Wie ist die Bereitschaft zu Kostensenkungsprojekten?
- Zu welchem Preis können Ersatzteile geliefert werden?
- Ist der Lieferant auf Messen vertreten?

Lieferzuverlässigkeit
- Auf welcher Planungsgrundlage basieren die Lieferzusagen?
- Welches System zur Kontrolle der Lieferzuverlässigkeit existiert?
- Gibt es Unterlieferanten und – wenn ja – wie wird ihre Lieferzuverlässigkeit überwacht?
- Welche Notfallpläne zur Sicherstellung termingerechter Lieferung gibt es?

(Quelle: vgl. Bundesverband Materialwirtschaft, Einkauf und Logistik e.V., 2017)

Zudem gibt es eine Vielzahl an Unternehmen bzw. Institutionen, die Lieferantenaudits bzw. Second-Party-Audits als Dienstleistung anbieten. Als Beispiel kann der TÜV SÜD genannt werden; er verfügt über ein globales Netzwerk an Auditoren und ist in der Lage, Lieferantenaudits nach unternehmensspezifischen Vorgaben weltweit durchzuführen (vgl. TÜV Süd o. J.).

Lieferantenkommunikation

Im Rahmen der *Lieferantenkommunikation* geht es zunächst um die Kommunikation mit der Lieferantenbasis, d. h. mit mehreren Lieferanten. Die Aktivitäten können dabei ausgerichtet werden auf die derzeitigen und auf die potenziellen Lieferanten (vgl. zu den Instrumenten der Business-to-Business-Kommunikation Höft 2012, S. 259 ff.).

Veranstaltungen

Eine Form der Kommunikation mit aktuellen Lieferanten ist die in der Unternehmenspraxis nicht unübliche Durchführung von *Lieferantentagen*. Lieferantentage sind vom Abnehmer organisierte ein- bis zweitägige Veranstaltungen, zu denen Lieferanten eingeladen werden, um z. B. über Innovationen des Unternehmens zu informieren, über Verbesserungsmaßnahmen zu diskutieren oder um sich über allgemeine beschaffungsrelevante Themen auszutauschen. Die Zielsetzung eines thematisch wie auch immer ausgerichteten Lieferantentags besteht im Wesentlichen darin, eine partnerschaftliche Einstellung zwischen Hersteller bzw. Abnehmer und Lieferanten zu erzeugen und die Lieferanten dazu zu motivieren, die Zusammenarbeit zu verstetigen oder auch zu intensivieren (vgl. Winter 2014, S. 62).

PRAXISBEISPIEL

Internationaler Lieferantentag des Unternehmens CLAAS

Das Unternehmen Claas führt Lieferantentage seit 2004 jährlich durch mit dem Ziel der »Festigung von Lieferpartnerschaften«. Im Rahmen dieser Veranstaltung werden auch die besten Lieferanten ausgezeichnet durch Verleihung des Titels »Lieferant des Jahres«. Vergeben wird dieser ›Lieferanten Award‹ in den Kategorien Qualität, Innovation, Logistik und Service/Dienstleistung. Zudem gibt es auch eine Auszeichnung für den Gesamtsieger des Jahres (vgl. Claas o. J.b).

Homepages

Unternehmen können sich im Rahmen ihrer Kommunikation an Lieferanten auch über ihre *Lieferanten-Homepage* richten. Sie stellt eine heutzutage unabdingbare Voraussetzung dar, um sich zum einen als Unternehmen gerade auch für potenzielle Lieferanten als attraktiver Abnehmer zu positionieren und sich zum anderen im Nachfragerwettbewerb um geeignete Lieferanten von anderen Abnehmern zu differenzieren (vgl. Wagner 2003, S. 715).

Die Möglichkeiten zur Gestaltung der Lieferanten-Homepage reichen von einer bloßen Information über die vom Unternehmen angebotenen Produkte und die für die Produktion notwendigen Materialien bis hin zu Zugängen zur internen Datenbank.

Portale

Neben unternehmenseigenen Kommunikationsportalen kann die Kommunikation auch über *externe Lieferantenportale* gesteuert werden. Von Unternehmen häufig genutzt wird die Business-to-Business-Plattform *SupplyOn;* nach eigenen

PRAXISBEISPIEL

Lieferanten-Homepage bei CLAAS

Das Unternehmen CLAAS hat sein »CLAAS Supplier.Net« beispielsweise wie folgt strukturiert (siehe hierzu Claas o. J.c):

- Auf der Startseite erfolgt die Begrüßung »Willkommen im CLAAS Supplier.Net«.
- Unter der Rubrik »Aktuelles« wird über »Aktuelles aus dem Einkauf« berichtet (z. B. Lieferantentag, Start des neuen CLAAS Einkaufsprojektes Supply Net Mapping).
- In der Rubrik »Einkaufsorganisation« finden sich allgemeine Informationen zur CLAAS-Einkaufsorganisation sowie spezifische Informationen zu Stichpunkten wie Produktionsmaterial, Nicht-Produktionsmaterial, Logistik, Global Sourcing, Produktkostenoptimierung und Purchasing Intelligence.
- Die Rubrik »Supplier Management« enthält Hinweise, wie man bei CLAAS Lieferant werden kann, und Informationen über die Lieferantenbewertung, gemeinsame Lieferantenentwicklungsprojekte sowie über die Lieferantentage und die Supplier of the Year Awards. Hinweise zum Vertragsmanagement sowie spezielle Dokumente, die über ein »Downloadcenter« zur Verfügung gestellt werden (z. B. Einkaufsbedingungen, Qualitätsleitfaden oder Bedingungen für Erstmustervorstellungen), sind dort ebenfalls hinterlegt.
- Schließlich liegt im »Lieferantenportal« ein passwortgeschützter Bereich vor, auf dem Lieferanten Zugriff auf ihre Anwendungen und Dokumente (z. B. Zeichnungen, Protokolle oder Projektpläne) haben.

Aussagen sind in diesem Netzwerk rund 20.000 Unternehmen in über 70 Ländern aktiv (vgl. Supplyon 2016). So hat sich beispielsweise die DEUTZ AG, ein weltweit agierender Motorenhersteller, entschieden, die unternehmensübergreifenden Geschäftsprozesse über SupplyOn abzuwickeln. Das Unternehmen empfiehlt den Lieferanten, sich dieser Plattform anzuschließen, um eine standardisierte und dokumentierte Kommunikation und eine transparente Abwicklung sämtlicher Prozesse wie z. B. Angebotsanfragen, Entwicklungsprojekte oder Reklamationen zu ermöglichen (vgl. Deutz AG o. J.).

Eine Kommunikation mit mehreren Lieferanten gleichzeitig kann zudem zu bestimmten Schwerpunkten initiiert werden. Geht es im Wesentlichen darum, von Lieferanten auch Innovationsideen zu erfahren oder Problemlösungsansätze zu integrieren, bieten sich Innovationsworkshops, Innovationswettbewerbe oder Innovationsportale an. Diese Kommunikationsformen eignen sich auch für die Kommunikation mit potenziellen Lieferanten.

Maßnahmen zur Ideengewinnung

Innovationsworkshops beispielsweise können gezielt zur Ideengenerierung und Lösungsfindung konkreter Problemstellungen eingesetzt werden. Durch den Einsatz von Kreativitätstechniken lassen sich die Kreativitätspotenziale ausschöpfen und vielfältige Ideen erzeugen. Der Teilnehmerkreis sollte in derartigen Workshops aber bewusst ausgewählt werden. Direkt in Konkurrenz stehende Lieferanten beispielsweise wären nicht zu berücksichtigen; aufgrund des Know-how-Schutzes dürften sie wohl kaum innovative Ideen einbringen (vgl. Winter 2014, S. 64 f.). Geeigneter erscheinen Innovationsworkshops mit Lieferanten, die für unterschiedliche Beschaffungsobjekte (Produktionsmaterial oder Nicht-Produktionsmaterial) und bezüglich der Beschaffungsobjekte auch für unterschiedliche Beschaffungsgüter (z. B. als Teilelieferant für Schrauben und Muttern oder als Modullieferant für komplette Fertigteile oder Baugruppen) zuständig sind.

Eine Intensivierung der Kommunikation zur Förderung des Ideenaustauschs lässt sich auch durch den Einsatz von *Innovationswettbewerben* erreichen, und zwar in Form von Ideenwettbewerben, Konzeptwettbewerben und Leistungswettbewerben (vgl. hierzu Winter 2014, S. 66 f.). Ideenwettbewerbe dienen dazu, Verbesserungsvorschläge oder neue Ideen zu bestimmten beschaffungsrelevanten Problemen zu erarbeiten. Bei Konzeptwettbewerben werden auf der Basis definierter Anforderungen des Abnehmers Lösungsvorschläge z. B. für die Produktentwicklung, -fertigung oder -lieferung von den Lieferanten erwartet. Im Rahmen von Leistungswettbewerben wiederum können Vorschläge etwa für konkrete Produktinnovationen oder für Kostenreduzierungen eingereicht werden.

Neben Vor-Ort-Workshops in Unternehmen bieten sich im Rahmen der Ideengenerierung auch *Innovationsportale* für Lieferanten an. Dort können Ideen oder Innovationen von Lieferanten eingestellt werden. Beispielsweise bietet die Bosch-Gruppe, ein international tätiges Technologie- und Dienstleistungsunternehmen mit Aktivitäten in den Unternehmensbereichen Mobility Solutions, Industrial Technology, Consumer Goods sowie Energy and Building Technology, das »Bosch Purchasing Innovation Portal« insbesondere für Lieferanten an, die patentierte Produkte, Prozesse und Materialien in diversen Themenfeldern (z. B. Komponenten und Systeme der Automobiltechnik, Fertigungs- und Produkttechnologien oder Material- und Oberflächentechnologien) einbringen möchten (siehe Bosch 2017).

Richtlinien

Um die Kommunikation mit den Lieferanten zu steuern, haben einzelne Unternehmen konkrete *Richtlinien für die Lieferantenkommunikation* definiert, um sich

PRAXISBEISPIEL

Lieferantenrichtlinie von Caterpillar

»Alle Lieferanten müssen die Caterpillar-Geheimhaltungsvereinbarung (NDA, Non-Disclosure Agreement) unterzeichnen. Die Lieferanten sind verpflichtet, vertrauliche Informationen von Caterpillar nicht an Dritte weiterzugeben, sofern nicht im NDA ausdrücklich erlaubt.

- Bestimmte Stellungnahmen zu nicht vertraulichen/nicht urheberrechtlich geschützten Fakten hinsichtlich des Verhältnisses zwischen Caterpillar und dem Lieferanten sind angemessen, müssen von Caterpillar jedoch von Fall zu Fall genehmigt werden. Im Allgemeinen werden genehmigt:
- Eine erste Pressemitteilung des Lieferanten, in welcher der Vertragsschluss mit Caterpillar bekanntgegeben wird.
- Eine Pressemitteilung des Lieferanten, in welcher eine Auszeichnung für Lieferantenqualität von Caterpillar bekanntgegeben wird.
- Alle Mitteilungen, in denen Caterpillar genannt wird, sind vom Caterpillar-Einkäufer des Lieferanten zu prüfen, der die Prüfung zusammen mit der Abteilung Corporate Public Affairs durchführt.

Nicht genehmigt werden:

- Einzelheiten über Produkte/Dienstleistungen/Beratungsleistungen vom Lieferanten an Caterpillar
- Einzelheiten über Maschinen und Geräte, die vom Lieferanten für ein Caterpillar-Werk hergestellt bzw. dort installiert werden
- Einzelheiten über Softwareprogramme und andere technische Dienstleistungen vom Lieferanten an Caterpillar
- Andere Informationen, die von Caterpillar von Fall zu Fall entschieden werden:
- Geldbeträge und/oder Vertragsinhalte
- Vermutungen über die Verbesserung im Geschäft von Caterpillar dank der Produkte/Dienstleistungen des Lieferanten
- Werbung für das Produkt bzw. die Dienstleistung des Lieferanten
- Zitate von Caterpillar-Mitarbeiterinnen und -Mitarbeitern
- Grundsätzlich untersagt ist die Verwendung unserer Fotos, Logos und Markennamen in öffentlich zugänglichen Dokumenten, z. B.:
- Websites
- Fallstudien oder Abhandlungen
- Flugblättern, Broschüren, Werbung in Funk und Fernsehen sowie allen anderen Werbematerialien« (Caterpillar 2017)

u. a. auch davor zu schützen, dass wettbewerbssensible Informationen öffentlich zugänglich sind. So hat beispielsweise Caterpillar, ein Produzent von Baumaschinen und Anbieter weiterer Produkte, relativ strenge Richtlinien auf seiner Webseite publiziert (siehe Praxisbeispiel).

One-on-One-Gespräche

Neben der eher massenmedial gesteuerten und die gesamte (aktuelle wie potenzielle) Lieferantenbasis betreffenden Kommunikation bieten sich für die Lieferanten, die eine strategisch wichtige Lieferantenposition bereits eingenommen haben oder perspektivisch einnehmen werden, *direkte Dialogformen* an. Insbesondere zur Verstetigung und Intensivierung der Zusammenarbeit sind One-on-One-Gespräche zwischen Mitarbeitenden des Unternehmens und Repräsentanten des Lieferanten unabdingbar. Dieser direkte persönliche Dialog schafft auch Raum für einen informellen und sozialen Austausch und verhilft dazu, Vertrauen und Commitment aufzubauen. Die persönliche Kommunikation stellt damit ein entscheidendes Instrument für die Gestaltung der Beziehungsqualität dar (siehe auch Kapitel 1.4). Diese Form der Kommunikation sollte deshalb zumindest auf operativer Ebene (z. B. Einkäufer des Unternehmens – Vertriebsmitarbeiter des Lieferanten) regelmäßig eingesetzt werden. Eine aktive Beteiligung des Topmanagements bietet sich insbesondere bei strategischen Fragen an. Grad und Intensität der Topmanagement-Involvierung kann zudem abhängig sein von der Bedeutung des Lieferanten bzw. seiner Positionierung im Lieferantenportfolio (vgl. Wagner 2003, S. 713).

Inhalt eines partnerschaftlich ausgerichteten Dialogs sollte stets auch die Zufriedenheit des Lieferanten sein. Zumindest tendenziell kann davon ausgegangen werden, dass die Dauerhaftigkeit einer Hersteller-Lieferanten-Beziehung über die Lieferantenzufriedenheit gestärkt werden kann (vgl. Werner 2013, S. 438).

Lieferantenbefragung

Zufriedenheiten, aber auch Bedürfnisse und Erwartungen der Lieferanten lassen sich über eine *Lieferantenbefragung* ermitteln. Diese Befragung sollte in regelmäßigen Abständen (z. B. alle zwei Jahre) durchgeführt werden und alle beschaffungsrelevanten Themenfelder umfassen. Auf diese Weise wird dem Lieferanten zum einen eine gewisse Wertschätzung gezeigt (»Ihre Meinung ist uns wichtig.«); zum anderen kann damit auch das unternehmensseitige Interesse an einer Verstetigung der Geschäftsbeziehung verdeutlicht werden. Der Hauptzweck des Einsatzes von Lieferantenbefragungen liegt jedoch vielmehr darin, Verbesserungspotenziale identifizieren und Maßnahmen zur Verbesserung der Geschäftsbeziehung ableiten zu können.

Als traditionelle Befragungsformen gelten persönliche, telefonische oder schriftliche Befragungen, die unter Berücksichtigung des Standardisierungsgrades als standardisierte oder offene Befragung gestaltet werden können. Unternehmen scheinen die schriftlich durchgeführte, standardisierte Befragungsform zu präferieren. Insbesondere bei einer großen Lieferantenbasis ist die schriftliche Befragung gegenüber persönlichen Interviews überlegen, da sie sowohl weniger Ressourcen beansprucht als auch eine bessere Quantifizierbarkeit und Vergleichbarkeit der Befragungsergebnisse ermöglicht. Wird die Befragung zudem online durchgeführt, ergeben sich noch weitere Kosteneinsparungen aufgrund des geringeren Aufwands bei der Datenerfassung und bei der Datenauswertung (vgl. Wagner 2003, S. 718 f.).

Wenn auch umfassende Lieferantenbefragungen zu bestimmten Zeitpunkten unabdingbar sind, kann der Status quo der Lieferantenzufriedenheit grundsätzlich in jedem Lieferantengespräch thematisiert werden. Jeder direkte Kontakt mit einem Lieferanten sollte dazu genutzt werden, um momentane Zufriedenheiten abzufragen oder um konkrete Wünsche und Erwartungen für die Zukunft zu erfahren. Folgende zwei oder maximal drei Fragen könnten dabei gestellt werden:

1. Was gefällt Ihnen in der Zusammenarbeit mit uns?
2. Was können oder sollten wir aus Ihrer Sicht verbessern?
3. Welche Möglichkeiten sehen Sie, um unsere Geschäftsbeziehung auszubauen?

Diese Fragestellungen können situationsspezifisch angepasst bzw. konkretisiert werden. So hat beispielsweise ein Gespräch über die zukünftige Ausgestaltung der Einkaufsbedingungen andere thematische Schwerpunkte als ein Gespräch über Produktkostenoptimierungen. Wichtig ist, die eigenen Mitarbeiterinnen und Mitarbeiter, die Gespräche mit Lieferanten zu führen haben, dahingehend zu sensibilisieren, dass die Kommunikation mit Lieferanten auch gezielt als Marktforschungsinstrument genutzt werden kann. Damit lassen sich nicht nur Zufriedenheiten ermitteln. Jede Gesprächssituation eröffnet auch die Chance, Problembereiche frühzeitig zu erkennen und Impulse für die proaktive Beziehungsgestaltung zu erhalten. Insbesondere sollte aber jedes Gespräch auch dazu genutzt werden, um die soziale Beziehungsebene zu beeinflussen. Vor allem für den Aufbau von Vertrauen und zur Kontaktpflege bieten sich unbelastete Themen an (wie z. B. Hobbys, Sport, Wetter), die im Rahmen eines ›Small Talk‹ angesprochen werden können.

Lieferantenbewertung und Lieferantenentwicklung

Die Bewertung einer Lieferantenbeziehung muss jedoch auch durch den Abnehmer selbst erfolgen. Im Rahmen einer durchzuführenden *Lieferantenbewertung* ist die Performance des Lieferanten insgesamt oder auch nur einzelner Leistungsdimensionen (z. B. Logistik) zu prüfen. Bei dieser Ex-post-Bewertung können die gleichen Kriterien zugrunde gelegt werden wie im Rahmen der Ex-ante-Lieferantenbeurteilung.

Ziele der Lieferantenentwicklung

Ist die Leistungsperformance insgesamt zu beanstanden oder sind auch nur einzelne Leistungskriterien nicht hinreichend erfüllt worden, werden von Unternehmen neben Lieferantengesprächen, verstärkten Kontrollen oder Volumenreduzierungen zunehmend auch Maßnahmen der Lieferantenentwicklung angesetzt (vgl. Wagner 2003, S. 728).

Die *Lieferantenentwicklung* (oder auch Lieferantenförderung) verfolgt das Ziel, Defizite im Rahmen der Leistungsperformance des Lieferanten oder einzelner leistungsrelevanter Kriterien auszugleichen bzw. den Lieferanten bei einzuleitenden Verbesserungsmaßnahmen zu unterstützen. Die Lieferantenentwicklung gilt als eines der wichtigsten Instrumente zur Entwicklung strategischer Lieferpartnerschaften, da es im Wesentlichen um die langfristige und nachhaltige Verbesserung be-

PRAXISBEISPIEL

Lieferantenbewertung beim Unternehmen CLAAS

Als praktisches Unternehmensbeispiel einer Lieferantenbewertung soll das ganzheitliche Bewertungssystem des Unternehmens CLAAS vorgestellt werden (siehe Claas o. J.d):
Als operative und strategische Bewertungskriterien gehen bei CLAAS die Dimensionen Qualität, Logistik, Kosten, Innovation und Motivation ein. Die konkrete Leistungsmessung erfolgt unter Berücksichtigung der den Dimensionen zuzuordnenden operativen Kriterien wie z. B. Mengen- und Termintreue, Produktqualität oder Störfallrate. Diese von CLAAS als »Hardfacts« bezeichneten Kriterien werden kontinuierlich erfasst, bewertet und analysiert. Sie dienen als Entscheidungsgrundlage für Maßnahmen, die je nach Bewertungsergebnis zur Aufrechterhaltung von Qualität und Versorgungssicherheit einzuleiten sind.
Neben kontinuierlichen Leistungsmessungen bei allen Lieferanten erfolgt einmal pro Jahr für strategische Lieferanten der CLAAS-Gruppe eine umfassende Lieferantenbewertung. Neben den »Hardfacts« werden zusätzlich noch »Softfacts« in die Bewertung einbezogen, bei der die Lieferperformance evaluiert wird anhand weitestgehend objektivierter Kriterien, wie z. B. Stärken und auch Verbesserungspotenziale hinsichtlich der Leistung und Kooperationsbereitschaft.

stehender Geschäftsbeziehungen geht und weniger um kurzfristige Reaktionen auf nicht den Anforderungen entsprechende Lieferantenleistungen (vgl. Stollenwerk 2016, S. 241).

Passive und aktive Lieferantenentwicklung

Je nach Beteiligungsgrad des einkaufenden Unternehmens kann zwischen einer passiven und einer aktiven Lieferantenentwicklung differenziert werden (vgl. hierzu Appelfeller/Buchholz 2011, S. 126; Stollenwerk 2016, S. 242 f.).

- Im Rahmen einer *passiven Lieferantenentwicklung* übernimmt das Unternehmen im Wesentlichen eine beratende Funktion und definiert präzise Entwicklungs- bzw. Zielvorgaben, die der Lieferant innerhalb eines bestimmten Zeitraums zu berücksichtigen bzw. zu erfüllen hat. Es handelt sich aufgrund des geringen Beteiligungsgrads des belieferten Unternehmens im Wesentlichen um eine Lieferanten-Selbstentwicklung.
- Bei einer *aktiven Lieferantenentwicklung* ist der Beteiligungsgrad des Unternehmens ungleich höher. Notwendige Maßnahmen werden weniger auf den Lieferanten ›abgewälzt‹; vielmehr investiert das einkaufende Unternehmen in die ›Qualifizierung‹ des Lieferanten, der eine strategisch bedeutende Rolle eingenommen hat oder perspektivisch einnehmen wird.

Der Maßnahmenkatalog einer aktiven Lieferantenentwicklung reicht vom einfachen Wissenstransfer vom Abnehmer zum Lieferanten (Schulung seiner Mitarbeitenden) über die Durchführung gemeinsamer Workshops, die Initiierung gemeinsamer Forschungs- und Entwicklungsprojekte bis hin zum Personal-Transfer, indem Mitarbeitende des Abnehmers zum Lieferanten entsandt und dort zur aktiven Unterstützung eingesetzt werden.

Umsetzung der Lieferantenentwicklung

Die Umsetzung der Lieferantenentwicklung in der Unternehmenspraxis soll am Beispiel der Robert Bosch GmbH (siehe Praxisbeispiel), u. a. selbst auch als Ausrüster für die Automobilindustrie tätig, illustriert werden (siehe Bosch o. J.a).

Die Umsetzung von Lieferantenentwicklungsmaßnahmen impliziert Auswirkungen auf den Lieferanten selbst und auf das abnehmende Unternehmen (vgl. hierzu und zu den empirischen Befunden Durst 2011, S. 31 ff.).

PRAXISBEISPIEL

»Supplier Development Program« von Bosch

Im Rahmen des »Supplier Development Program« arbeitet Bosch mit den wichtigsten Lieferanten in gemeinsamen Projekten daran, in der Praxis bewährte Methoden einzusetzen, die zur Sicherung und Erhöhung der Wettbewerbsfähigkeit beitragen. Auf diese Weise sollen zum einen die internen Abläufe optimiert und zum anderen die Schnittstellen zu Bosch verbessert werden.

Weiterhin können Lieferanten im »Bosch Training Center« Schulungen und Trainings besuchen, um in ein- oder mehrtägigen Seminaren spezifische Kompetenzen zu erlangen. Für Bosch-Lieferanten, die bei der Plattform SupplyOn registriert sind, stehen zudem kostenlose Web-based Trainings (WBT) zur Verfügung. Dort können u. a. Kurse zur Nachhaltigkeit, zu Qualitätsthemen oder zu Logistikgrundlagen besucht werden (vgl. Bosch o. J.b).

Auswirkungen der Lieferantenentwicklung

Für den Lieferanten kann sich zum einen eine Verbesserung der Lieferantenleistung ergeben (z. B. in puncto Qualität, Lieferzeit oder -zuverlässigkeit). Zum anderen lassen sich Lieferantenfähigkeiten verbessern (z. B. Erlangung von Kompetenzen zur Anwendung spezifischer Methoden wie Six Sigma oder Kaizen). Nicht zuletzt eignen sich die Maßnahmen auch zur Verbesserung der Beziehung zwischen Abnehmer und Lieferant (z. B. in Form einer verbesserten Atmosphäre zwischen den Akteuren).

Von einer verbesserten Beziehung zum Lieferanten profitiert ebenfalls das abnehmende Unternehmen. Weitere Auswirkungen können die Abnehmerleistung betreffen (z. B. qualitativ bessere Produkte aufgrund eines verbesserten Lieferanteninputs) und auch die Gesamtunternehmensperformance, wenn durch optimierte Lieferantenleistungen auch die Leistungen des Unternehmens insgesamt verbessert und damit Wettbewerbsvorteile induziert werden können.

Erfolgsfaktoren der Lieferantenentwicklung

Zu den drei wesentlichen *Erfolgsfaktoren der Lieferantenentwicklung* zählen (vgl. Durst 2011, S. 36):

- *effektive Kommunikation:* Sie ist gekennzeichnet durch Charakteristika wie häufig, zeitnah, informell, Austausch auch vertraulicher Informationen und eine Kommunikation, die über mehrere Kontaktpunkte zwischen den Kommunikationspartnern der beteiligten Unternehmen verläuft. Eine derartige Kommunikation hat gemäß diverser Studien einen positiven Einfluss auf die Lieferantenentwicklung.
- *partnerschaftlicher Ansatz:* Eine partnerschaftliche Beziehung zwischen Unternehmen zeichnet sich vor allem durch eine enge Verbundenheit und Vertrauensbasis sowie durch gemeinsame Werte und auch durch eine von beiden Seiten getragene Win-Win-Philosophie aus. Diese Faktoren begünstigen die Lieferantenentwicklung.
- *gegenseitiges Commitment:* Commitment zeichnet sich als beziehungsrelevantes Konstrukt durch eine Verhaltensabsicht aus, alle Anstrengungen zu unternehmen, um die Beziehung auch zwischen Unternehmen aufrechtzuerhalten (vgl. auch Kapitel 1.4). So kann ein Commitment eines Lieferanten beispielsweise auch stimuliert werden durch materielle oder immaterielle Anreize, sodass sich letztlich beide Partner gegenseitig verpflichten, die Geschäftsbeziehung fortzusetzen.

Lieferantenintegration

Als grundsätzlicher Erfolgsfaktor für die Aufrechterhaltung und Weiterentwicklung bestehender Lieferantenbeziehungen kann die *Lieferantenintegration* angesehen werden. Mit der Lieferantenintegration vollzieht sich die Einbindung von Lieferanten in Strukturen und Abläufe des Unternehmens, um durch die Synchronisierung der Prozesse und Systeme effektiver und effizienter zusammenarbeiten zu können (vgl. Hofbauer/Mashhour/Fischer 2009, S. 104; Helmold/Terry 2016, S. 92).

Integration in Entwicklungs- oder Industrialisierungsphase

Bei der Lieferantenintegration kann zwischen zwei grundsätzlichen Arten unterschieden werden (vgl. Winter 2014, S. 51 f.):

- *Integration in der Entwicklungsphase:* Diese Integrationsart beinhaltet die direkte Mitwirkung des Lieferanten bei Innovationen (vor allem in der Produktentwicklung). Die Zielsetzung besteht insbesondere darin, durch erfolgreiche Produktinnovationen Wettbewerbsvorteile zu erhalten oder aufzubauen.
- *Integration in der Industrialisierungsphase:* Bei dieser Einbindungsart findet eine Unterstützung des Lieferanten nicht nur durch die kontinuierliche Verbesserung des Beschaffungsobjektes und damit auch des Endproduktes statt, sondern auch im Rahmen von Produktions- und Logistikprozessen.

Eine phasenbezogene Trennung dieser Integrationsarten und die damit zusammenhängende unterschiedliche Einbindung der Lieferanten scheint für die Unternehmenspraxis wenig hilfreich zu sein, da phasenübergreifende Prozesse und Aktivitäten kaum zu vermeiden, sondern im Sinne eines Simultaneous Engineering, bei dem zur Verkürzung von Entwicklungszeiten Prozesse weitgehend zeitlich parallel laufen sollen, eher wünschenswert sind. Vielmehr bietet es sich an, die *Möglichkeiten der Lieferantenintegration* nach dem Zeitpunkt, dem Ausmaß und der Auswahl des Lieferanten zu differenzieren (vgl. hierzu Winter 2014, S. 52 ff.):

Integration nach Zeitpunkt

- *Integration von Lieferanten nach Zeitpunkt und Ausmaß:* Eine möglichst frühzeitige Integration in unternehmerische Prozesse wie etwa Innovationsprozesse wird empfohlen für Lieferanten von komplexen und kritischen Beschaffungsobjekten oder Technologien, System- und Subsystemlieferanten, strategisch relevanten und sogenannten Black-Box-Lieferanten. Black-Box-Lieferanten verantworten Entwicklungsaufgaben und führen diese auch selbstständig durch; für das nachfragende Unternehmen bleibt der Entwicklungsprozess eher im Verborgenen. Im Gegensatz dazu wäre eine spätere Integration geeignet für Lieferanten von einfachen und weniger kritischen Beschaffungsobjekten und Technologien, Komponentenlieferanten und von nicht alliierten Lieferanten. Auch die White-Box-Lieferanten, die lediglich die detaillierten Vorgaben des Unternehmens zu erfüllen haben, aber keine Entscheidungsrechte besitzen oder Entwicklungsverantwortung tragen, sind in spätere Phasen des Innovationsprozesses zu involvieren (vgl. Becker 2014, S. 42).

  Für einen Originalgerätehersteller (OEM) beispielsweise wäre ein Lieferant, der den Hersteller direkt beliefert (1st-Tier-Lieferant) und ihn mit komplexen Bauteilen und Systemen bzw. kundenspezifischen Modulen versorgt (z. B. Sicherheitsmodule wie ESP [Elektronisches Stabilitätsprogramm] oder Airbags für die Automobilindustrie), möglichst frühzeitig einzubinden. Ein vom OEM-Unternehmen eingruppierter Normteilelieferant (3rd-Tier-Lieferant), der lediglich Standardteile wie z. B. Schrauben liefert, wäre demzufolge eher irrelevant für Einbindungsmaßnahmen in frühen Phasen. Die Bestimmung des optimalen *Zeitpunkts* der Lieferantenintegration ist generell kaum möglich, sondern eher branchenabhängig zu definieren. In der Elektronikindustrie oder auch in der IT-Branche beispielsweise sind aufgrund des volatilen Marktumfelds und der damit verbundenen immer kürzer werdenden Entwicklungszyklen unternehmerische Flexibilität und Agilität gefragt, sodass Lieferanten mit entsprechendem Entwicklungs-Know-how früh in Entwicklungsprozesse einzubinden sind.

Integration nach Ausmaß

Das *Ausmaß* der Lieferantenintegration ist wiederum abhängig von der Fähigkeit (Können) und der Bereitschaft (Wollen) des jeweiligen Lieferanten, Verantwortung für Entwicklungsarbeiten zu übernehmen. Je mehr sich Unternehmen bereit erklären und Lieferanten über Entwicklungsvorhaben bzw. -pläne oder Produktentwicklungsprogramme und auch Strategien informieren, desto eher können Lieferanten entscheiden, ob Aufgaben in der Entwicklungsarbeit übernommen werden können und auch übernommen werden wollen. Diese ›kommunikative Öffnung‹ des Unternehmens setzt jedoch vor allem eine vertrauensvolle Abnehmer-Lieferanten-Beziehung voraus. Das Vorhandensein einer Vertrauensbasis ist auch Voraussetzung zur Umsetzung bestimmter Integrationsmaßnahmen, wie beispielsweise des ›Resident Engineering‹. Im Rahmen dieser Maßnahme entsenden Lieferanten für eine bestimmte Zeit (z. B. zwei bis drei Jahre) eigene Mitarbeitende zum Hersteller. Dort werden sie in die frühen Phasen des Produktentwicklungsprozesses integriert und übernehmen konkrete entwicklungsspezifische Aufgaben vor Ort (vgl. Werner 2013, S. 121).

Auswahl von Lieferanten

- *Auswahl von Lieferanten:* Die Auswahl relevanter Lieferanten wird im Wesentlichen determiniert durch die Bedeutung des Beschaffungsobjektes und die strategische Relevanz, die dem Lieferanten attestiert werden kann. Die jeweilige Positionierung im Materialportfolio (siehe Abbildung 3-9) und im Lieferantenportfolio (siehe Abbildung 3-10) könnte hier als Entscheidungsgrundlage dienen. Grundsätzlich ist es empfehlenswert, mit den Lieferanten eng zusammenzuarbeiten, die zurzeit und perspektivisch von strategisch hoher Bedeutung für das Unternehmen sind und auch ein hohes Leistungspotenzial aufweisen. Durch die intensive Zusammenarbeit des Unternehmens mit diesen Lieferanten insbesondere im Rahmen von Innovationsprozessen kann ein ›Co-Creation‹ realisiert werden, was das Schaffen neuer Erfahrungen und neuen Wissens ermöglicht. Auf dieser Basis wiederum sind (Weiter-) Entwicklungen von Technologien und innovativen Produkten denkbar (vgl. Becker 2014, S. 22 f.).

Beendigung der Lieferantenbeziehung

Eine Zusammenarbeit zwischen Hersteller und Lieferant funktioniert jedoch nicht immer. Im Rahmen des Lieferantenbeziehungsmarketings kann im Laufe der Geschäftsbeziehung die *Beendigung der Lieferantenbeziehung* intendiert werden. Folgende Gründe können u. a. ausschlaggebend sein (vgl. hierzu und zum Folgenden Stollenwerk 2016, S. 245 ff.; Bubendorf 2014, S. 17; Large 2009, S. 274 ff.):

- Es besteht kein zukünftiger Bedarf mehr an den bislang bezogenen Beschaffungsobjekten.
- Ein schwerwiegendes Fehlverhalten des Lieferanten (z. B. Bestechungs- oder Betrugsversuch) ist festgestellt worden.
- Zielvorgaben im Zusammenhang mit der Lieferantenentwicklung sind wiederholt nicht eingehalten worden.
- Das Vertrauensverhältnis ist massiv beeinträchtigt.
- Es besteht keine gemeinsame Perspektive für die Erhaltung oder den Ausbau der Geschäftsbeziehung.
- Ein leistungsfähigerer Lieferant ist akquiriert worden.

Schleichende Beendigung

Das sogenannte Ausphasen oder Phase-out von Lieferanten sollte geplant und strukturiert ablaufen. Vor allem sollten die möglichen Konsequenzen wie z. B. Imageschäden, Know-how-Verlust, eventuelle Gegenreaktionen des Abbruchlieferanten, vertragliche Probleme und damit die insgesamt verbundenen Kosten bedacht werden. Dieser Prozess der Beendigung der Geschäftsbeziehung sollte zunächst damit beginnen, Alternativlieferanten zu identifizieren, um die kontinuierliche Versorgung des Unternehmens mit den Beschaffungsobjekten nicht zu gefährden. Anschließend können die Bestellvolumina beim ›alten‹ Lieferanten sukzessive reduziert und beim ›neuen‹ Lieferanten schrittweise aufgebaut werden. Bei dieser eher *schleichenden Beendigung der Geschäftsbeziehung* erfolgt im Regelfall keine offene Kommunikation seitens des belieferten Unternehmens hinsichtlich seiner Ausphasungsintentionen. Ein derartiges Vorgehen widerspricht zwar einer auf Vertrauen, Ehrlichkeit und Transparenz basierenden Beziehungskultur, erscheint aber in diesem Zusammenhang als eher unvermeidlich. Sofern nämlich keine rechtzeitigen Gegenmaßnahmen eingeleitet werden, besteht das Risiko, dass ein Lieferant nach der Information über die Ausphasung Fehllieferungen in quantitativer, qualitativer oder auch zeitlicher Hinsicht erbringt – oder die Lieferungen sogar komplett einstellt, wie es beispielsweise der Volkswagen-Konzern im Jahr 2016 erfahren musste (vgl. o. V. 2016a).

Die Gefahr, plötzlich nicht mehr beliefert zu werden, ist insbesondere im Single Sourcing, bei dem die Belieferung nur durch einen Lieferanten erfolgt, hoch. In diesem Fall wären Ausweichstrategien (z. B. Dual Sourcing oder Multiple Sourcing)

FALLBEISPIEL

Zulieferer erzwingen neue Vereinbarungen

Nachdem die zur Prevent-Gruppe gehörenden Zulieferunternehmen ES Automobilguss und Car Trim erfahren hatten, dass Aufträge gekündigt werden, hatten sie die Belieferung des Automobilherstellers mit Getriebegehäusen und Sitzbezügen gestoppt. VW musste demzufolge vor allem die Produktion des Modells VW Golf einstellen. Erst nach intensiven Verhandlungen, einer neuen Vereinbarung zwischen VW und den Lieferanten und der Verpflichtung, auf gegenseitige Schadensersatzforderungen zu verzichten, wurden die bestehenden Lieferverträge wieder erfüllt (vgl. o. V. 2016a).

rechtzeitig einzuleiten, um Versorgungsengpässe mit Beschaffungsgütern zu vermeiden.

Abrupte Beendigung

Neben der Möglichkeit, die Geschäftsbeziehung schleichend zu beenden, kann auch eine *aktive und abrupte Beendigung der Geschäftsbeziehung* in Erwägung gezogen oder gar notwendig werden. Hat sich ein Unternehmen beispielsweise zu einer Rückverlagerung durch Eigenfertigung entschlossen (sogenanntes Insourcing), ist der relevante Lieferant davon in Kenntnis zu setzen bzw. der eventuell bestehende Vertrag zu kündigen. Notwendig werden kann dies beispielsweise dann, wenn dem Abbruchlieferanten kostenintensive Werkzeuge oder weitere Materialien und Vorrichtungen überlassen wurden, diese aber nun für den neuen Lieferanten bereitgestellt werden müssen. Um auch in diesen Fällen möglichen negativen Reaktionen zuvorzukommen, wäre es empfehlenswert, Gegenmaßnahmen frühzeitig einzuleiten (z. B. Aufbau von Vorräten, Sicherstellung alternativer Bezugsquellen). Nicht zuletzt ist ein schnelles Ausphasen auch dann empfehlenswert, wenn die Fortsetzung der Geschäftsbeziehung untragbar geworden ist (wie z. B. bei Betrugsversuchen oder beim Verrat von Geschäftsgeheimnissen). Ist dieses schwerwiegende Fehlverhalten des Lieferanten publik geworden, müssen vor allem kommunikative Maßnahmen (insbesondere im Rahmen der Krisenkommunikation) umgehend realisiert werden, um Schäden für das eigene Unternehmen (z. B. negativer Imagetransfer) möglichst vermeiden zu können.

Zusammenfassend bleibt festzuhalten, dass ein Lieferantenbeziehungsmarketing, das auf einem partnerschaftlichen Beziehungsmuster basiert, grundsätzlich mehr Erfolgspotenziale beinhaltet. Dieses im Lieferantenbeziehungsmarketing ›gelebte‹ Beziehungskonzept prägt zudem auch die im Folgenden zu betrachtenden Beziehungsebenen.

WIEDERHOLUNGSFRAGEN

- Zählen Sie Gründe auf, die die zunehmende Bedeutung eines Lieferantenbeziehungsmarketings unterstreichen.
- Diskutieren Sie unterschiedliche Ansätze zur Segmentierung von Lieferanten und die sich daraus ergebenden strategischen Implikationen.
- Nehmen Sie das Beziehungsportfolio als Grundlage und diskutieren Sie unter Hinzuziehung von Beispielen, wie die einzelnen Normstrategien umgesetzt werden können.
- Nennen Sie Vor- und Nachteile potenzieller Sourcing-Strategien für 1st-, 2nd- und 3rd-Tier-Lieferanten.
- Unterscheiden Sie die Lieferantenbeurteilung von der Lieferantenbewertung. Ergeben sich Ihrer Meinung nach Konsequenzen bezüglich der Anwendung des Scoring-Verfahrens? Begründen Sie Ihre Antwort.

- Unterscheiden Sie Möglichkeiten einer Lieferantenauditierung.
- Beschreiben Sie wesentliche Erfolgsfaktoren der Lieferantenentwicklung und diskutieren Sie mögliche Implikationen für das strategische Lieferantenbeziehungsmarketing.
- Diskutieren Sie Möglichkeiten und Probleme einer Lieferantenintegration.
- Diskutieren Sie Probleme einer schleichenden und einer aktiven bzw. abrupten Beendigung einer Lieferantenbeziehung aus Sicht eines Automobilherstellers.

3.3.4 Wettbewerberbeziehungsmarketing

Kennzeichen des Wettbewerberbeziehungsmarketings

Die Beziehungen eines Unternehmens zu Konkurrenzunternehmen sind Untersuchungsgegenstand der folgenden Ausführungen. In Anlehnung an die allgemeine Definition des Beziehungsmarketings (siehe Kapitel 1.3) kann Wettbewerberbeziehungsmarketing (auch *Competitor Relationship Marketing,* CompRM) wie folgt definiert werden:

> *Wettbewerberbeziehungsmarketing* umfasst sämtliche Maßnahmen der Analyse, Planung, Realisierung und Kontrolle der Beziehungen von Unternehmen zu Unternehmen auf horizontaler Ebene mit dem Ziel, gegenseitigen und nachhaltigen Nutzen zu generieren durch Initiierung, Stabilisierung, Intensivierung und Wiederaufnahme sowie gegebenenfalls Beendigung von Geschäftsbeziehungen.

Während im Beziehungskontext vorwiegend Beziehungsmuster thematisiert werden, die unterschiedliche Wertschöpfungsstufen betreffen (z. B. Lieferanten – Hersteller oder Hersteller – Handel), betrifft der Gestaltungsansatz zur Koordination kompetitiver Beziehungen Unternehmen auf gleicher Ebene im Wertschöpfungsprozess. Es handelt sich also um Akteure mit identischen Rollen, da sie auf ein und derselben Wertschöpfungsstufe (oder auch Marktseite) agieren – im Gegensatz zu Akteuren mit verschiedenen Rollen auf unterschiedlichen Marktseiten (vgl. Neumann 2017, S. 11).

Relevanz des Wettbewerberbeziehungsmarketings

Die Relevanz, sich mit kompetitiven Beziehungsaspekten zu befassen, ergibt sich zum einen aus dem in diesem Zusammenhang zugrunde gelegten holistischen Ansatz des Beziehungsmarketings. Zum anderen begründen folgende zentrale *Faktoren* die Notwendigkeit der Betrachtung dieser Beziehungsebene (vgl. zum Folgenden Neumann 2017, S. 2 ff.):

Komplexitätssteigerung

- *Komplexitätssteigerung:* Nicht nur die Kundenorientierung, sondern auch die Wettbewerberorientierung sind maßgebliche Determinanten eines dauerhaften Erfolgs von Unternehmen. Das Wettbewerbsumfeld zeichnet sich aber durch seine Vielzahl und Vielfalt aus. Einerseits ist vor allem aufgrund der Globalisierungstendenzen eine gestiegene Anzahl von Konkurrenten festzustellen. Anderseits ergeben sich durch die zunehmende Verschmelzung von reiner Offline- und Online-Welt zu sogenannten No-Line-Systemen (vgl. auch Kapitel 3.3.5) und im Zuge der steigenden Durchdringung der Digitalisierung neue Wettbewerbskonstellationen, sodass Hersteller mit anderen Anbietern auch auf neuen Märkten (z. B. Online-Märkten) konkurrieren. Nicht zuletzt zeigt sich eine weitere Komplexitätssteigerung in der zunehmenden Anzahl hybrider Produkte und in der damit einhergehenden hybriden Rolle von Wettbewerbern. Hybride Produkte stellen integrierte Leistungsbündel dar, bestehend aus einem Produkt und weiteren Leistungen (z. B. in Form einer produktbezogenen Dienstleistung wie Reparaturservice). So konkurriert etwa ein Hersteller von Maschinen auch mit selbstständigen Reparaturwerkstätten, wenn der Maschinenproduzent auch den Reparaturservice als eigenständigen Nachkaufservice anbietet. Der Hintergrund dieser Entwicklung liegt im Bestreben der Kunden, Problemlösungen »aus einer Hand« nachfragen zu können (vgl. Leimeister/Glauner 2008, S. 248).

Organisierter Wettbewerb

- *organisierter Wettbewerb:* In der betriebswirtschaftlichen Praxis ist ein zunehmender Verbreitungsgrad kompetitiver Organisationsformen zu erkennen. Zu derartigen organisierten Wettbewerberbeziehungen zählen u. a. Ausschreibungen und Auktionen von Entwicklungs-, Konstruktions- oder Produktionsaufträgen, kompetitive Dual-Sourcing-Strategien (vgl. Kapitel 3.3.3) oder kompetitive Leistungsbewertungen im Rahmen von Rankingverfahren (z. B. Arbeitgeberrankings wie Great Place to Work®). Mithilfe dieser von Dritten initiierten und organisierten Wettbewerbsveranstaltungen sollen vor allem leistungsstimulierende und innovationsfördernde Strukturen generiert werden.

Hybride Beziehungen

- *hybride Beziehungen:* Aufgrund der zunehmenden Digitalisierung, Wissensintensivierung und Vernetzung verfolgen immer mehr Unternehmen hybride Geschäftsmodelle. Hybride Geschäftsmodelle stellen eine Bündelung von (Industrie-) Waren und Dienstleistungen dar, die kooperativ von mehreren Unternehmen angeboten werden (vgl. Bahrke/Kempermann 2015, S. 3 und S. 5). Hybride Beziehungen finden sich insbesondere in der industriellen Produktionsorganisation, in der ein Trend von der traditionellen Fabrikorganisation zu einer netzwerkförmigen Produktionsorganisation identifiziert werden kann. Treiber einer derartigen vernetzten Produktion sind u. a. die hohen Innovations- und Entwicklungskosten produzierender Unternehmen, die bei dezentralen Strukturen ›verteilt‹ werden können, sodass sich für das einzelne Unternehmen insgesamt Kostenvorteile ergeben können (vgl. Ehrenmann 2015, S. 68 f.). Aber auch für kleine und mittelständische Unternehmen eignen sich derartige Wertschöpfungsnetzwerke, um im kooperativen Verbund Effektivitätsvorteile realisieren zu können, die – wie beispielsweise im Falle von kostenträchtigen Produkt-, Prozess- oder Dienstleistungsinnovationen – im Alleingang unter Nutzung lediglich eigener Ressourcen nicht möglich wären. In diesem Zusammenhang wäre vor allem die Nutzung von Ideen- und Innovationsnetzwerken zu nennen.

Motive zur Kooperationsbildung

Aus den genannten Faktoren lassen sich bereits erste Motive überbetrieblicher Kooperationsbildung ableiten. Für die Wahl eines oder mehrerer Kooperationspartner sprechen zusammengefasst folgende zentrale *Gründe* (vgl. hierzu Voeth/Herbst 2013, S. 261 f.):

- *mangelnde Ressourcen:* Unternehmen verfügen nicht immer über genügend eigene Ressourcen, um im Wettbewerb langfristig bestehen zu können. Vor allem kleine und mittelständische Unternehmen haben Bedarf an Kapital und Personal, um bestehende Märkte effizient bearbeiten oder neue (inter-) nationale Märkte erobern zu können.

  Mangelnde Ressourcen

- *mangelndes Know-how:* Zur Erschließung vor allem internationaler Märkte fehlt Unternehmen häufig länderspezifisches Know-how, sodass sich eine Einbeziehung nationaler Kooperationspartner als Vorteil erweisen könnte. Auch können durch das Eingehen von Partnerschaften betriebsindividuelle ›Wissenslücken‹ gegenseitig kompensiert werden, sodass über diesen Know-how-Verbund weitere Wissenspotenziale erschlossen und insgesamt Wissensvorsprünge erzielt werden können (z. B. im Bereich kooperativer Forschungs- und Entwicklungsprojekte).

  Mangelndes Know-how

- *nationale Anforderungen:* Im internationalen Kontext verlangen öffentliche Auftraggeber häufig die Zusammenarbeit mit lokalen Partnern des Ziellandes und stellen im Zuge dessen Regelungen auf, in welchem Umfang lokale Wertschöpfung in Form nationaler Fertigungsteile zu erfolgen hat (Local-Content-Regelungen). Bei Nichtberücksichtigung dieser Anforderungen kann der Marktzugang versperrt bleiben (vgl. Zentes/Swoboda/Schramm-Klein 2013, S. 257 f.).

  Nationale Anforderungen

- *Kostenvorteile:* Im Rahmen unternehmensübergreifender Zusammenarbeit ergeben sich über die gesamte Wertschöpfungskette hinweg Möglichkeiten zur Realisierung von Synergieeffekten, zur Ausnutzung von Größenvorteilen (Skaleneffekte) oder zur Vermeidung von Kapazitätsengpässen, sodass Kostenvorteile im Bereich der Forschung und Entwicklung, der Beschaffung, der Produktion oder im Bereich des Absatzes erreicht werden können.

  Kostenvorteile

- *Wettbewerbseinschränkung:* Die Zusammenarbeit konkurrierender Unternehmen in bestimmten Kooperationsfeldern reduziert den Wettbewerb in diesen Feldern. Das kann zwar für Unternehmen ein Motiv darstellen, stößt aber dann an Grenzen, wenn sich Konzentrationstendenzen zeigen und infolgedessen wettbewerbliche Marktmechanismen ausgehebelt werden.

  Wettbewerbseinschränkung

Grundlegende Verhaltensweisen

Bevor zentrale hybride bzw. kooperative Beziehungsarrangements zwischen Unternehmen auf derselben Wertschöpfungsstufe diskutiert werden, sollen vorab die grundlegenden konkurrenzgerichteten strategischen Optionen systematisiert und anschließend voneinander abgegrenzt werden. Zur Systematisierung konkurrenzgerichteter Strategien können unterschiedliche grundlegende Verhaltensweisen unterschieden werden (vgl. hierzu Bruhn 2016b, S. 179 f.; Meffert/Burmann/Kirchgeorg 2015, S. 297 ff.):

Passive Verhaltensweisen

Unternehmen können sich bezüglich der Konkurrenz zunächst passiv oder aktiv verhalten. Eine *passive Verhaltensweise* liegt vor, wenn im Rahmen der unternehmerischen Entscheidungen Maßnahmen der Konkurrenz weder implizit noch explizit eine Rolle spielen. Eine derartige Strategie ist eher bei Unternehmen anzutreffen, die eine dominierende Rolle (beispielsweise als Marktführer) im Wettbewerbsumfeld spielen (›wettbewerbsautonome Verhaltensweise‹), oder bei Unternehmen, die die Bedeutung, sich an der Konkurrenz zu orientieren und sich an ihr zu ›messen‹, nicht erkennen (›wettbewerbsignorante Verhaltensweise‹). In Einzelfällen kann noch eine unternehmerische Überheblichkeit hinzukommen, wenn sich Unternehmen vor allem aufgrund ihrer marktbeherrschenden Stellung oder ihres momentanen Alleinstellungsmerkmals als unangreifbar fühlen und eine Wettbewerbsorientierung als überflüssig erachten (›wettbewerbsarrogante Verhaltensweise‹).

Aktive Verhaltensweisen

Im Gegensatz dazu liegt *aktives Verhalten* vor, wenn in der unternehmerischen Planung kompetitive Maßnahmen mit berücksichtigt und eigene Maßnahmen daran ausgerichtet werden. Als generelle Typologisierungsdimensionen lassen sich hierbei innovative und imitative sowie wettbewerbsvermeidende und wettbewerbsstellende Verhaltensmuster unterscheiden.

Innovative Verhaltensweisen zeichnen sich durch die Umsetzung von Leistungsinnovationen aus, die als neue Problemlösungen auf dem Markt angeboten und im Idealfall auch als echte Marktneuheit entwickelt (»New to the world«) und eingeführt werden (vgl. Tomczak/Kuß/Reinecke 2014, S. 134). Leistungspotenziale lassen sich ebenfalls durch *imitatives Verhalten* eines Unternehmens erschließen, wenn das eigene Verhalten im Wesentlichen geprägt wird durch eine Nachahmung des Marktführers (Leader) oder durch Leistungen der Konkurrenz. Die Imitatoren agieren als sogenannte Folger (Follower), ohne selbst in die eigene Innovationskraft zu investieren (vgl. Schuh et al. 2011, S. 73).

Wettbewerbsvermeidend kennzeichnet eine Verhaltensstrategie, die grundsätzlich defensiv ausgerichtet ist und sich durch ein primär reaktives Verhalten äußert. Maßnahmen werden erst dann ergriffen, wenn Unternehmen durch ›Angriffe‹ der Konkurrenz ›gezwungen‹ werden, mit eigenen Maßnahmen zu reagieren. Demgegenüber liegt ein *wettbewerbsstellendes Verhalten* vor, wenn Unternehmen offensiv dem Wettbewerb gegenübertreten und proaktiv agieren. Charakteristisch für diese unternehmerische Verhaltensweise ist, wenn Unternehmen bereits auf erste ›schwache Signale‹ des Marktes reagieren (z. B. auf sich abzeichnende Konsumentenbedürfnisse) und tätig werden, bevor Maßnahmen der Konkurrenz realisiert werden. Auf diese Weise kann die Chance genutzt werden, Produkte als Erster zu positionieren und Pioniergewinne vor allem durch die Realisierung höherer Preise einzufahren.

Strategieoptionen

Unter Berücksichtigung dieser Typologisierungsdimensionen lassen sich die folgenden vier konkurrenzgerichteten strategischen Optionen unterscheiden (vgl. zum Folgenden Bruhn 2016b, S. 180 f.; Meffert/Burmann/Kirchgeorg 2015, S. 299 ff.):

- *Ausweichstrategie:* Das primäre Ziel dieser Strategie besteht darin, den Wettbewerbsdruck zu umgehen bzw. sich dem Wettbewerb zu entziehen, und zwar durch aktive wettbewerbsvermeidende Verhaltensweisen. Eine Möglichkeit liegt in der kontinuierlichen Versorgung des Marktes mit innovativen Leistungsangeboten (Innovationswettbewerb). Eine weitere Variante zeigt sich in der Suche nach Marktnischen, die mit spezifischen Leistungsangeboten bedient und gegenüber der Konkurrenz durch Ausnutzung von Spezialisierungseffekten weitgehend abgeschirmt werden. Kleine Luftverkehrsgesellschaften beispielsweise verfolgen diese Strategie, um den Wettbewerb mit großen internationalen Anbietern in der Luftfahrt zu umgehen. Sie bedienen Strecken, die von den konkurrierenden Fluggesellschaften ausgelassen werden.

Ausweichstrategie

- *Anpassungsstrategie:* Diese Strategie verfolgt das Ziel, die realisierte Marktposition zu behaupten, indem Maßnahmen ergriffen werden, die lediglich eine Reaktion auf die Aktivitäten der Konkurrenz darstellen. Unternehmen agieren defensiv und ziehen lediglich mit dem Markt mit. Teilweise werden auf dem Markt befindliche Wettbewerbsangebote imitiert (›Me-too‹-Angebote), um zumindest Alternativen anbieten zu können. So finden sich etwa auf dem Pharmamarkt Medikamente als ›Me-too‹-Produkte, die nach Ablauf des Patentschutzes als Generika – meist als preisreduzierte Imitation – auf den Markt gebracht werden. Auch in Lebensmittelmärkten sind Anpassungsstrategien beobachtbar. So haben auf die preisaggressiven Angebote der Discounter viele Supermärkte durch die Erweiterung ihrer Sortimente mit preisgünstigen Eigenmarken reagiert.

Anpassungsstrategie

- *Konfliktstrategie:* Mit der Konfliktstrategie begeben sich Unternehmen bewusst in einen Machtkampf mit der Konkurrenz. Die Intention besteht darin, durch proaktive und innovative Verhaltensmaßnahmen die eigene Marktposition zu stärken oder sogar die Marktführerschaft zu übernehmen. Aggressive Wettbewerbsverhaltensweisen sind z. B. auf Märkten zu beobachten, die sich in der Stagnations- oder Schrumpfungsphase befinden. Um die eigene Marktstellung auszubauen, mindestens aber zu halten, versuchen Unternehmen, Wettbewerber durch frontale Angriffe zu schwächen oder vom Markt zu verdrängen. Auch auf oligopolistisch strukturierten Märkten, d. h. auf Märkten mit einer überschaubaren Anzahl von Wettbewerbern, sind konfliktäre Verhaltensweisen vorzufinden. Konfliktstrategien sind u. a. auch in Branchen zu beobachten, in denen Unternehmen vor allem aufgrund kurzer Innovationszyklen im intensiven technologischen Wettbewerb stehen. Patentstreitigkeiten – wie beispielsweise in der Mobilfunk-Branche zwischen Apple und Samsung – sind nur ein Indiz dafür. Auch die häufig anzutreffenden regelmäßigen Preisunterbietungen und Leistungserhöhungen bei Telekommunikationsanbietern belegen konfliktäre Anbieterverhalten (vgl. Bruhn/Meffert 2012, S. 266).

Konfliktstrategie

- *Kooperationsstrategie:* Bei einer Zusammenarbeit eines Unternehmens mit einem oder mehreren Wettbewerbern handelt es sich um eine Kooperationsstrategie. Sie bietet sich generell an, wenn deutliche Wettbewerbsnachteile antizipiert werden bei weiteren unternehmerischen Alleingängen. Kooperationen können durch Verträge formal fixiert werden oder sie bestehen auf der

Kooperationsstrategie

Basis informaler, d. h. stillschweigender Übereinkunft. Die unterschiedlichen kooperativen Ansätze werden im weiteren Verlauf des Kapitels differenziert behandelt.

Tabelle 3-10 fasst die grundlegenden strategischen Optionen konkurrenzgerichteter Verhaltensweisen zusammen.

Tab. 3-10

Grundlegende konkurrenzgerichtete Verhaltensstrategien

Verhaltensdimensionen	**innovativ**	**imitativ**
wettbewerbsvermeidend	Ausweichen	Anpassung
wettbewerbsstellend	Konflikt	Kooperation

(Quelle: Meffert/Burmann/Kirchgeorg 2015, S. 299)

Im Rahmen eines näher zu betrachtenden Wettbewerberbeziehungsmarketings sind im Folgenden lediglich Gestaltungsoptionen kooperativer Beziehungen zwischen Unternehmen auf gleicher Wertschöpfungsstufe (horizontale Kooperationen) zu analysieren. Dabei wird – wie im vorliegenden Buch vorherrschend – die Perspektive eines produzierenden Unternehmens eingenommen.

Das Eingehen einer Kooperation eines Unternehmens mit einem Wettbewerber erscheint zunächst paradox. Auf der einen Seite sind Unternehmen bemüht, sich im Wettbewerb gegenüber der Konkurrenz vor allem unter Einsatz marketingpolitischer Instrumente abzuheben. Auf der anderen Seite sprechen ökonomische Gründe dafür, Kooperationen bewusst einzugehen, um Synergiepotenziale auszuschöpfen. Allerdings stellt das Eingehen einer Partnerschaft mit einem Wettbewerber in gewisser Weise ein Dilemma dar, denn durch die Zusammenarbeit macht man den Kooperationspartner zwangsläufig auch wettbewerbsfähiger (vgl. Hollensen/Opresnik 2015, S. 103).

Das Coopetition-Konzept

Einen Ausweg aus diesem Dilemma scheint das vor allem durch Nalebuff und Brandenburger bekannt gewordene *Konzept der Coopetition* zu finden (vgl. Nalebuff/Brandenburger 1996). Das englische Kunstwort stellt eine Verknüpfung aus *Coop*eration (Kooperation) und Com*petition* (Wettbewerb) dar und beschreibt die Gleichzeitigkeit von Kooperation und Konkurrenz (›Koopkurrenz‹ als deutsche Wortschöpfung), indem Unternehmen in einigen Aktivitäten zusammenarbeiten, bei anderen aber im Wettbewerb stehen (vgl. Bengtsson/Kock 2000, S. 412). Grundsätzlich lässt sich die Beziehung zwischen Kooperation und Konkurrenz durch mindestens drei unterschiedliche coopetitive Beziehungstypen beschreiben, die abhängig sind vom Grad der Kooperation und vom Grad der Konkurrenz (vgl. Bengtsson/Kock 2000, S. 415 f.):

- *kooperationsdominante Beziehung:* Zwischen Unternehmen liegen mehrheitlich kooperative statt konkurrierende Beziehungen vor.
- *ausgeglichene Beziehung:* Zwischen Unternehmen existiert ein ausgeglichenes Verhältnis konkurrierender und kooperativer Beziehungen.
- *wettbewerbsdominante Beziehung:* Zwischen Unternehmen liegen mehrheitlich konkurrierende statt kooperative Beziehungen vor.

Diese idealtypischen Beziehungskonstellationen zwischen Unternehmen können wie folgt illustriert werden:

Abb. 3-13

Coopetitive Beziehungstypen

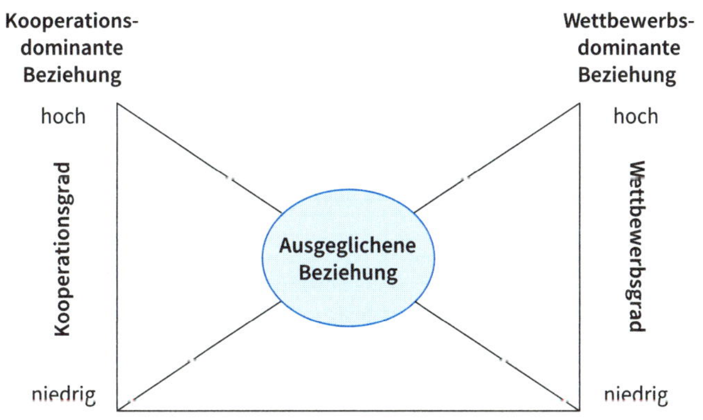

(Quelle: eigene Darstellung)

Wettbewerberbeziehungsmarketing-Gestaltungsmodell

Grundsätzlich kann davon ausgegangen werden, dass eine kooperationsdominante Beziehung einen höheren Managementaufwand beinhaltet. Gleichwohl muss auch eine Zusammenarbeit, die sich lediglich in einem kleineren Kooperationsfeld manifestiert (z. B. ›nur‹ im Rahmen gemeinsamer Beschaffungsaktivitäten), geplant, organisiert, gesteuert und kontrolliert werden. Insofern bedarf es eines Konzepts zur Gestaltung eines – mehr oder weniger umfassenden – Wettbewerberbeziehungsmarketings. Einen praktikablen Ansatz liefert das *CompRM-Gestaltungsmodell* nach Neumann, das im Folgenden als handlungsleitendes Strukturkonzept zugrunde gelegt werden soll. Er unterscheidet folgende Bausteine zur Gestaltung der Beziehungen zwischen Wettbewerbern (vgl. hierzu und zum Folgenden Neumann 2017, S. 194 ff.):

- Gestaltungsziel
- Gestaltungsbedingung
- Gestaltungsinstrumente

Generelles *Gestaltungsziel* des Wettbewerberbeziehungsmarketings ist die »optimale Intensität der Beziehung zwischen Wettbewerbern vor dem Hintergrund eines maximalen Saldos von Wettbewerbskosten und Wettbewerbsnutzen« (Neumann 2017, S. 195). Demzufolge ist eine optimale Beziehungsintensität dann gegeben, wenn ein maximaler Wettbewerbsgewinn erreicht wird bzw. wenn keiner der Kooperationspartner seinen eigenen Nutzen auf Kosten des anderen steigern kann. Zur Einschätzung zukünftiger Wettbewerbsgewinne können im Rahmen der Zielplanung Prognosemodelle zugrunde gelegt werden, um zukünftige Entwicklungen vorhersagen (Entwicklungsprognosen) oder um Auswirkungen bestehender Handlungsalternativen abschätzen (Wirkungsprognosen) zu können (vgl. Grunwald/Hempelmann 2017, S. 24).

Beurteilung horizontaler Kooperationen

In diesem Zusammenhang sind auch die mit einer Kooperation verbundenen *Chancen- und Risikenpotenziale* abzuklären. In Tabelle 3-11 werden zentrale Chancen und Risiken, die sich im Rahmen der horizontalen Zusammenarbeit ergeben können, zusammengefasst:

Tab. 3-11

Chancen und Risiken horizontaler Kooperationen

Chancen von Kooperationen	Risiken von Kooperationen
• bessere Auslastung betrieblicher Funktionsbereiche (z. B. Forschung und Entwicklung, Beschaffung, Produktion, Marketing) • Zugang zu neuen Produkt- und Fertigungstechnologien • gemeinsame Markterschließung • Austausch von Know-how • Kostenteilung und Kostendegressionspotenziale durch Skalenvorteile • Risikostreuung • Entwicklung, Nutzung und Durchsetzung gemeinsamer Standards • Imagegewinn durch Kooperation mit einem renommierten Partner • Sicherung von Arbeitsplätzen	• unterschiedliche Kooperationserwartungen und -ziele • mangelnde Kooperationserfahrung des Partnerunternehmens • unzureichende Leistungen des Partners • opportunistisches Verhalten des Kooperationspartners • Wissenstransfer und Gefahr des Ausnutzens durch den Unternehmenspartner • Einschränkung unternehmerischer Flexibilität • Mentalitätsunterschiede • Widerstand der Mitarbeitenden auf beiden Seiten • Know-how-Verlust durch Mitarbeiterwechsel

(Quelle: vgl. Harland 2002, S. 1 ff.)

Gestaltung von Kooperationen

Zu den *Gestaltungsbedingungen* zählt zum einen der Status quo der Wettbewerberbeziehung. Je nach Kooperationsgrad bzw. coopetitivem Beziehungstyp ergibt sich eine mehr oder weniger intensive Form der Zusammenarbeit. In ihrer intensivsten Form zeigt sich die Zusammenarbeit beispielsweise in einem Joint Venture, bei dem eine hochgradig eng ausgeprägte Beziehungskonstellation vorliegt. Besteht die Zusammenarbeit im Gegensatz dazu z. B. lediglich darin, relevante Daten von Lieferanten auszutauschen, um die Beschaffungsaktivitäten zu optimieren, ist die Zusammenarbeit eher als geringfügig eng ausgeprägt zu bezeichnen.

Zum anderen stellt der Kontext der Wettbewerberbeziehung eine weitere Gestaltungsbedingung dar. Zu den Kontextbedingungen zählen insbesondere die Ausprägungen der Faktoren in der Mikroumwelt und in der Makroumwelt (vgl. hierzu Kapitel 1.6). Die Bedingungen der Unternehmensumwelt bilden die Grundlage für die Ausgestaltung des Wettbewerberbeziehungsmarketings im Allgemeinen und die möglichen Optionen bei den Gestaltungsinstrumenten im Besonderen.

Zum *Gestaltungsinstrumentarium* des Wettbewerberbeziehungsmarketings (vgl. hierzu und zum Folgenden auch Neumann 2017, S. 197 ff.) zählen die

- Instrumente des Konfigurationsmanagements,
- Instrumente des Interaktionsmanagements,
- Instrumente des Infrastrukturmanagements,
- Instrumente des Kosten- und Nutzenmanagements sowie die
- Ausgestaltungsformen der Kooperation.

Abb. 3-14

Teilbereiche der Wettbewerbsanalyse

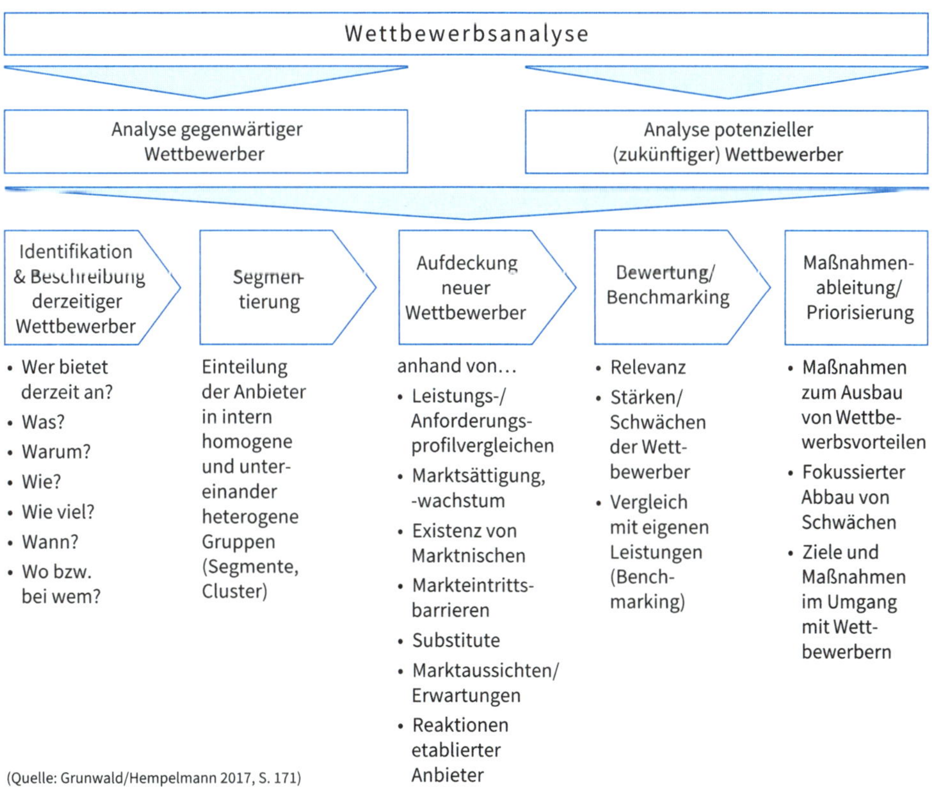

(Quelle: Grunwald/Hempelmann 2017, S. 171)

Tab. 3-12

Beschreibungsmerkmale von Anbietern als Grundlage für die Wettbewerbsanalyse

Fragestellungen zur Aufdeckung von Wettbewerbermerkmalen	Beispiele für Wettbewerbermerkmale
Wer bietet derzeit an?	• Anzahl relevanter Wettbewerber (abgeleitet aus der Definition des relevanten Marktes) • Marktanteile • Unternehmensgröße (Marktanteil, Anzahl Beschäftigte, Umsatzklasse, Bilanzsumme, Größe nach der EU-Definition für kleine und mittlere Unternehmen) • Rechtsform, Eigentumsverhältnisse • Standorte (Hauptsitz, Niederlassungen) • Hauptabnehmer der Produkte (z. B. als %-Anteil vom Umsatz, aufgegliedert nach Regionen, Branchen, Kunden) • Anzahl und Art der Kunden (Hauptkundensegment) • Innovationskraft des Unternehmens (z. B. gemessen an Anzahl Patenten, Altersstruktur des Produktportfolios, Budget für Forschung und Entwicklung) • Bekanntheitsgrad • Image
Was wird angeboten?	• Programmbreite: Anzahl verschiedener Produkt (-linien) • Programmtiefe: Anzahl Typen, Sorten, Ausführungen, Marken usw. je Produkt (-linie) • Art der (Kern-) Produkte und Qualitätsniveau (z. B. nach technischer Produktqualität, gemessen am Entwicklungsstand der Produkte) • Anzahl und Art der Zusatzleistungen (z. B. komplementäre Produkte, Garantien, Absatzfinanzierung wie Leasingangebote, Schulungen, Wartungen) • Innovationsgrad der Produkte
Warum wird angeboten?	• Kernkompetenzen, Stärken und Schwächen • Lieferquellen (gegebenenfalls als Ingredient Brand, also markierte Lieferquelle, im Marketing verwendet) • Derzeitig verfolgte Strategien (z. B. beobachtbare Differenzierungs- vs. Imitationsstrategie, Diskont- vs. Hochpreisstrategie usw.) • Pläne (z. B. abgeleitet aus bisheriger Entwicklung des Unternehmens, Verlautbarungen des Managements, Analyse der Werbebotschaften, Analyse der Veränderung im Einsatz der Marketinginstrumente)
Wie wird angeboten?	• Preisstellung (Preishöhe, Zu- und Abschläge vom Basispreis, Preisdifferenzen zwischen Anbietern) • Aktionen (z. B. Sonderangebotspreise, Sonderpackungen) • Einzelangebote vs. Systemlösungen (z. B. Preisbündelung)
Wie viel wird verkauft?	• Mengen • Packungsgrößen
Wann wird angeboten?	• Konzentration auf bestimmte Zeit (z. B. Saisonabhängigkeit, zeitliche Begrenzung von Angeboten/Limited Editions) • Bezug zu eigenen Angebotszeiten (z. B. zeitlicher Abstand zur eigenen Neuprodukteinführung)
Wo bzw. bei wem wird angeboten?	• Länge des Absatzkanals • Breite des Absatzkanals (Standorte, Filialen je Handelsbetriebstyp) • Tiefe des Absatzkanals (Typenvielfalt nach Universal-, Selektiv-, Exklusivvertrieb)

(Quelle: Grunwald/Hempelmann 2017, S. 173 f.)

Aus der Sicht eines Herstellers mit Kooperationsabsichten dienen die Instrumente des *Konfigurationsmanagements* vor allem zur Identifikation, Beschreibung, Aufteilung (Segmentierung) und Bewertung von gegenwärtigen oder potenziellen (zukünftigen) Kooperationspartnern.

Wettbewerbsanalyse

Hierzu bietet sich eine *Wettbewerbsanalyse* an (vgl. Grunwald/Hempelmann 2017, S. 171). Die relevanten Fragestellungen bzw. Aufgabenbereiche ergeben sich zusammengefasst in Abbildung 3-14.

Zur näheren Beschreibung von Wettbewerbern können unter Zugrundelegung der Fragestellungen diverse Wettbewerbermerkmale herangezogen werden, wie in Tabelle 3-12 aufgezeigt wird.

Fünf-Kräfte-Modell nach Porter

Zur Identifikation neuer Wettbewerber, die zukünftig als Kooperationspartner relevant sein können, kann auf das *Fünf-Kräfte-Modell* von Porter zurückgegriffen werden (vgl. hierzu Porter 1995, S. 25 ff.). Unter Zugrundelegung der fünf Wettbewerbskräfte

- Rivalität unter den bestehenden Wettbewerbern,
- Bedrohung durch neue Wettbewerber,
- Bedrohung durch Ersatzprodukte (Substitute),
- Verhandlungsmacht der Lieferanten und
- Verhandlungsmacht der Kunden

lässt sich die Intensität des Branchenwettbewerbs bestimmen. Je höher (geringer) die Wettbewerbsintensität ausfällt, desto geringer (höher) erscheint das Erfolgspotenzial eines Unternehmens, sich im Wettbewerb zu behaupten. Das eingeschätzte Erfolgspotenzial wiederum determiniert die Wettbewerbsstrategie des Unternehmens. Das in der Branche bestehende Erfolgspotenzial beeinflusst aber auch die Wahrscheinlichkeit des Markteintritts neuer Wettbewerber. Insbesondere als lukrativ beurteilte Märkte locken im Regelfall neue Anbieter an, sodass sich die Wettbewerbsintensität erhöht. Um nun das Verhalten der gegenwärtigen und potenziell neu in den Markt eintretenden Wettbewerber abschätzen zu können, lassen sich unter Berücksichtigung der fünf Wettbewerbskräfte die beispielhaft zugeordneten Indikatoren verwenden, so wie sie in Tabelle 3-13 zusammengefasst werden (vgl. Grunwald/Hempelmann 2017, S. 175).

Unter Berücksichtigung der fünf Wettbewerbskräfte lässt sich die folgende Aussage über die Wettbewerbsintensität des bestehenden Marktes ableiten:

> »Je stärker (geringer) die Bedrohung des Marktes durch diese fünf Faktoren eingeschätzt wird, desto höher (geringer) ist die Wettbewerbsintensität des gegenwärtigen Marktes zu beurteilen. Je höher (geringer) wiederum die Wettbewerbsintensität beurteilt wird, desto weniger (mehr) ist mit dem Markteintritt neuer Wettbewerber zu rechnen« (Grunwald/Hempelmann 2017, S. 175).

Wettbewerberbewertung

Auf der Basis der Analyseergebnisse der gegenwärtigen und zukünftigen (potenziellen) Wettbewerber kann zur Auswahl des oder der Kooperationspartner eine Bewer-

Tab. 3-13

Analyse der Wettbewerbskräfte nach Porter

Determinanten der Wettbewerbsintensität	**Indikatoren zur Messung der Determinanten (Beispiele)**
1. Rivalität unter den bestehenden Wettbewerbern	• Anzahl der bereits vorhandenen Wettbewerber • Größenstruktur der Wettbewerberunternehmen • Beziehungen (z. B. Absprachen, Kooperationen) zwischen den Wettbewerbern • bestehende Preiskämpfe • Werbeschlachten zwischen Wettbewerbern • erweiterte Kundenservice- und Garantieversprechen
2. Bedrohung durch neue Wettbewerber	• Markteintrittsbarrieren (z. B. Patente, treuer Kundenstamm) • Marktaustrittsbarrieren (z. B. vertragliche Bindungen, Umsatz-/Imageverluste bei Marktaustritt, Abfindungsprämien für Mitarbeiter, neu angeschaffte Produktionsanlagen etc.) • Kapitalbedarf • regulative Eingriffe des Staates
3. Bedrohung durch Ersatzprodukte (Substitute)	• Wechselmöglichkeiten und Wechselkosten auf alternative Produkte/Anbieter • Grad der wahrgenommenen Gleichwertigkeit der Angebote • Anzahl vergleichbarer Angebote
4. Verhandlungsmacht der Lieferanten	• Anzahl geeigneter Lieferanten • Größe und Konzentrationsgrad der Lieferanten • Substitutionsmöglichkeiten des Lieferanten bzw. Vorprodukts • Wechselkosten auf andere Lieferanten • Wichtigkeit des Vorprodukts für die Produktion
5. Verhandlungsmacht der Kunden	• Wechselkosten • Beziehungen zwischen den Kunden (z. B. Absprachen) • Konzentrations- und Organisationsgrad der Kunden (z. B. Einkaufskooperationen) • Grad der Differenziertheit und Einzigartigkeit des Produkts

(Quelle: Grunwald/Hempelmann 2017, S. 176)

tung der Wettbewerber erfolgen. Hierfür bietet sich die Anwendung eines *Scoring-Verfahrens* an (siehe analoges Anwendungsbeispiel zur Auswahl von Lieferanten in Kapitel 3.3.3).

Die Attraktivität eines Kooperationspartners lässt sich zudem durch ein *Benchmarking* ermitteln (vgl. hierzu Grunwald/Hempelmann 2017, S. 176 ff.). Im Rahmen eines Vergleichs mit dem ›Klassenbesten‹ (z. B. einer Branche) können eventuell bestehende Vorteile des Referenzunternehmens für das eigene Unternehmen und damit auch potenzielle Partner identifiziert werden. Als Vergleichsgrößen (Benchmarks oder Referenzpunkte) eignen sich beispielsweise Wettbewerberunternehmen, Wettbewerberprodukte und/oder -marken, Serviceleistungen des Wettbewerbers, Wettbewerberprozesse oder auch einzelne Wettbewerberinstrumente (z. B. Marketinginstrumente).

Zur Unterstützung eigener Benchmarking-Analysen bietet das Fraunhofer-Institut für System- und Innovationsforschung (ISI) speziell für produzierende Unternehmen ein Portal an, das u. a. einen Vergleich der Leistungsfähigkeit des eigenen Unternehmens mit anderen Unternehmen ermöglicht (vgl. Fraunhofer o. J.a). Mithilfe dieses sogenannten *Performance Benchmarking* sind Vergleiche möglich unter Berücksichtigung spezifischer Kennzahlen der Innovationsleistung und der Unternehmensperformance, wie sie in Tabelle 3-14 zusammengefasst werden (vgl. auch Grunwald/Hempelmann 2017, S. 180).

Insbesondere für kleine und mittelständische Unternehmen bieten sich zur Identifikation von Unternehmenspartnern auch *Online-Kooperationsbörsen* an. Unter Eingabe von Suchkriterien in den Feldern Wirtschaftszweig (z. B. verarbeitendes Gewerbe, Bauindustrie, Groß- und Einzelhandel), Kooperationsfeld (z. B. Einkauf, Forschung und Entwicklung, Logistik, Marketing), Umkreissuche und Stichwort

Tab. 3-14

Kennzahlen des Performance Benchmarking des Fraunhofer-Instituts für System- und Innovationsforschung (ISI)

Indikator	Erläuterung
1. Innovationsleistung	
Umsatzanteil mit Produktinnovationen	Welchen Umsatzanteil erzielen Sie mit Produkten, die Sie in den letzten drei Jahren in Ihr Produktionsprogramm aufgenommen haben und die wesentliche technische Verbesserungen enthielten oder für Ihren Betrieb neu waren?
FuE-Anteil am Umsatz	Anteil der gesamten Ausgaben für Forschung und Entwicklung am Umsatz? (Die Ausgaben beinhalten sowohl die internen Aufwendungen für Forschung und Entwicklung als auch die Kosten für extern vergebene Aufträge.)
Time to market für Produktinnovationen	Wie lange dauerte es im Durchschnitt, neue Produkte, welche für den Betrieb neu waren oder wesentliche technische Verbesserungen enthielten, zu entwickeln? (von der Ideenfindung bis zur Markteinführung)
2. Unternehmensperformance	
Produktivität (Wertschöpfung)	berechnet sich aus Umsatz abzüglich Vorleistungen geteilt durch die Anzahl der Beschäftigten
Fertigungsdurchlaufzeit	Welche Zeit benötigen Sie, um das Hauptprodukt bzw. die Hauptproduktgruppe herzustellen? (Fertigungsdurchlaufzeit, von der Auftragseinlastung bis zur Fertigmeldung)
Ausschussquote	Wie viel Prozent der bei Ihnen hergestellten Produkte bzw. Zwischenprodukte müssen aufgrund einer Qualitätskontrolle einer Nachbearbeitung unterzogen werden oder sind endgültig nicht verwertbar?
Termintreue	Wie viel Prozent der Aufträge können termingerecht ausgeliefert werden? (bestätigter Liefertermin)

(Quelle: vgl. Fraunhofer o. J.b)

können online relevante Kooperationspartner gefunden werden (vgl. z. B. Handelskammer Hamburg o. J.). Erscheinen nach der Online-Suche mehrere potenzielle Partnerunternehmen als geeignet, wären wiederum weitere Schritte (Benchmarking, Anwendung des Scoring-Verfahrens etc.) notwendig, um letztlich eine Auswahlentscheidung treffen zu können.

Steuerung von Wettbewerberbeziehungen

Im Rahmen des *Interaktionsmanagements* geht es um die interaktionelle Steuerung der Beziehungen zwischen dem Unternehmen und dem (den) Wettbewerber(n) (vgl. hierzu und zum Folgenden Neumann 2017, S. 221 ff.). Als Dimensionen der Interaktion zwischen Wettbewerbern lassen sich die transaktionale, die kommunikative und die normative Dimension unterscheiden.

Transaktionale Dimension

Die *transaktionale Dimension* beinhaltet die Übertragung von Rechten und Ressourcen. Im Falle des Eingehens einer Kooperation kann das erklärte Ziel der Zusammenarbeit zwischen Unternehmen etwa darin bestehen, komplementäre Ressourcen zu übertragen und bestehende Ressourcen damit weiterzuentwickeln oder gemeinsame Ressourcenpools zu nutzen (beispielsweise im Rahmen der Produktion zur Verbesserung der Produktionsprozesse hinsichtlich Menge, Qualität, Ort und Zeit).

Kommunikative Dimension

Im Bereich der *kommunikativen Dimension* geht es im Wesentlichen um den formalen und informalen Informationsaustausch. Im Regelfall sind bei Kooperationen multipersonale Entscheidungsprozesse notwendig, die ohne einen vorherigen (intensiven) Informationsaustausch nicht effizient vollzogen werden können. Neben den formalen, d. h. vorgeschriebenen und organisatorisch geregelten Informationsprozessen, ist vor allem auch der informale Austausch relevant. Dieser kann sich zum einen darin äußern, dass ein Austausch über betriebliche Angelegenheiten außerhalb der organisatorisch definierten Kommunikationswege stattfindet. Zum anderen betrifft er den persönlichen Austausch zwischen den Funktionsträgern aus den jeweiligen Partnerunternehmen. So ist gerade eine dialogische Face-to-Face-Interaktion, bei der auch nicht betriebliche Angelegenheiten ausgetauscht werden, besonders relevant für die Gestaltung der Beziehungsebene. Auf diese Weise lassen sich gegenseitige Sympathien entwickeln und vertrauensvolle Beziehungen schaffen.

Normative Dimension

Die *normative Dimension* schließlich betrifft die jeweiligen Erwartungshaltungen der Kooperationspartner. Diese sollten im Vorfeld der Zusammenarbeit und bei eingegangener Kooperation klar kommuniziert werden, um möglichst zukünftige Enttäuschungen bei nicht erfüllten Erwartungen zu vermeiden und den Gesamterfolg der Kooperation nicht zu gefährden.

Beziehungsorientierte Kommunikationssysteme

Aus den einzelnen Dimensionen ergibt sich implizit die hohe Bedeutung der Kommunikation. Insofern spielen zur Steuerung dieser Dimensionen kommunikationspolitische Instrumente eine zentrale Rolle. Zur Ausgestaltung beziehungsorientierter Kommunikationssysteme lassen sich unterschiedliche Instrumente, die nach der Art sowie der Synchronität der Kommunikation strukturiert werden können, unterscheiden (vgl. hierzu Bruhn 2016b, S. 276 f.).

Hinsichtlich der *Art der Kommunikation* findet Kommunikation persönlich oder unpersönlich statt. Die *Synchronizität* spiegelt die Möglichkeit der Interaktivität wider. Für ein Beziehungsmarketing – in welcher Partnerkonstellation auch immer – wären persönliche, synchrone Kommunikationsformen prioritär einzusetzen, da sie insbesondere geeignet sind, die für eine Beziehung so wichtigen sozialen Funktionen wie z. B. Aufbau von Vertrauen und Empathie zu erfüllen. Kommunikation kann als Indikator für die Beziehungsqualität der Beteiligten gesehen werden; insbesondere kann Kommunikation Beziehungen beeinflussen und auch verändern (vgl. Jochims 2013, S. 165). Trotz des zu fordernden dominanten Einsatzes persönlicher und synchroner Kommunikationsformen wie z. B. Face-to-Face-Gespräche oder Telefonate sollte auf den Einsatz etwa auch unpersönlicher und asynchroner Kommunikation nicht grundsätzlich verzichtet werden. Soll beispielsweise die Funktion der reinen Informationsübermittlung erfüllt werden, wären elektronische Newsletter unter Umständen ausreichend. Grundsätzlich kann empfohlen werden, einen ausgewogenen Kommunikationsmix zu wählen, der sowohl die informative als auch die soziale Funktion der Kommunikation beachtet. Zusammengefasst finden sich Beispiele für die Ausgestaltung beziehungsorientierter Kommunikationssysteme in folgender Tabelle 3-15:

Tab. 3-15

Erscheinungsformen und Ausgestaltung beziehungsorientierter Kommunikationssysteme

Art / Synchronizität	persönlich	unpersönlich
asynchron	• Briefe • Direct Mailings • E-Mails	• elektronische Newsletter • Homepage • mobile Datenträger (DVD/CD-ROM, USB-Sticks)
synchron	• Face-to-Face-Gespräche (formal/informal) • Telefonate	• Dialogangebote im Internet (z. B. Chaträume) • unternehmensübergreifende Informationsveranstaltungen

(Quelle: vgl. Bruhn 2016b, S. 277)

Die Möglichkeit zur Ausgestaltung der Kommunikationssysteme ist ohne eine entsprechende betriebliche und überbetriebliche Infrastruktur nicht möglich. Insofern sind Instrumente des *Infrastrukturmanagements* zu berücksichtigen, die ein effizientes Wettbewerberbeziehungsmarketing ermöglichen (vgl. hierzu und zum Folgenden Neumann 2017, S. 228 ff., sowie Reiß/Ehrenmann/Neumann 2011). Zu den Instrumenten des Infrastrukturmanagements zählen

- kulturelles Management,
- technokratisches Management,

- strukturelles Management,
- informationelles Management und das
- personelle Management.

Kooperationskultur

Das *kulturelle Management* nimmt eine Sonderrolle ein, da es alle anderen Managementbereiche überlagert. Im Rahmen eines kooperationsrelevanten Unternehmenskontextes besteht die zentrale Zielsetzung darin, ein »spirit of cooperation« (Bleicher 1992, S. 280) zu erreichen. In Anlehnung an die drei Kulturebenen nach Schein (vgl. Schein 1984, S. 4) lässt sich eine derartige *Kooperationskultur* wie folgt entwickeln (vgl. auch Ehrenmann 2015, S. 292 ff.):

- *Artefakte:* Sie bilden sichtbare Handlungsmuster und Symbole ab. Eine Kooperationskultur kann sich beispielsweise ausdrücken in gemeinsamen Ritualen (z. B. regelmäßigen Meetings und jährlichen Partner-Awards), in bestimmten Verhaltensweisen (etwa in einer intensiven Kommunikation) oder in der Standortwahl und Standortgestaltung (z. B. in Form kollaborativer Industrieparks oder durch einen ›Hightech-Campus‹ im Rahmen einer Forschungs- und Entwicklungskooperation).
- *Verhaltensstandards und Normen:* Diese teilweise sichtbare Kulturebene beinhaltet dokumentierte und kommunizierte Wertesysteme, die sich u. a. in Leitbildern, Visionen oder Management-Grundsätzen wiederfinden. Dort kann beispielsweise kommuniziert werden, an welchen Leitlinien sich Unternehmen im Umgang mit Wettbewerbern orientieren (z. B. klares Plädoyer für einen ›sauberen‹ Wettbewerb und damit Verzicht auf ethisch nicht vertretbare Praktiken wie Bestechung oder unlauteren Wettbewerb).
- *Basiswerte und Grundannahmen:* Diese Ebene spiegelt den unsichtbaren ›Kulturkern‹ einer Kooperationskultur wider. Zu diesen kollektiven Basiswerten zählen vor allem Vertrauen, Fairness, Loyalität, Offenheit und Ehrlichkeit. Sie beeinflussen maßgeblich das Verhalten von Unternehmensmitgliedern und insbesondere die Beziehungsebene von Interaktionspartnern. So bildet beispielsweise eine offen und ehrlich geführte Kommunikation eine geeignete Basis, um sich abzeichnende Probleme in der Zusammenarbeit frühzeitig thematisieren und mögliche Kooperationskrisen vermeiden zu können.

Durch die sich in den unterschiedlichen Kulturebenen ergebenden Gestaltungsansätze offenbart sich der instrumentelle Charakter der Kultur. Im Rahmen eines Wettbewerberbeziehungsmarketings sollte demzufolge der Versuch unternommen werden, intangible Kulturelemente wie kollektive Werte, Grundhaltungen und Einstellungen zu gestalten, und zwar aufseiten aller Kooperationspartner. Instrumente des Personalmanagements wie Personalentwicklung, Personalführung oder Mitarbeiterkommunikation stellen nur einige Aktionsbereiche dar, um die jeweiligen Unternehmenskulturen auf eine erforderliche gemeinsame Kooperationskultur ›einzustimmen‹, zumindest aber, um ein gemeinsames Verständnis für unterschiedliche Kulturen zu schaffen. In der Kooperationsphase scheint letztlich aber eine Harmonisierung der unterschiedlichen Kulturen und damit die Entwicklung einer gemeinsamen kulturellen Basis unumgänglich zu sein (vgl. Keller 2004, S. 198).

Instrumente des Infrastrukturmanagements

Zentrale Aufgabe im *technokratischen Management* ist es, grundlegende Regelwerke, die die Stabilität und die Entwicklung der Zusammenarbeit betreffen, zu definieren und zur Verfügung zu stellen. Die Instrumente für das technokratische Management können von den Wettbewerbspartnern selbst umgesetzt oder von staatlichen, zwischenstaatlichen und nichtstaatlichen Institutionen als Richtlinien oder Standards definiert werden.

Kooperationspartner können ihre gemeinsamen ›Spielregeln‹ vor allem durch vertragliche Vereinbarungen bestimmen. So sind aus Sicht eines produzierenden Unternehmens beispielsweise Vertragsklauseln denkbar, die die Beziehungen zur vorgelagerten Marktstufe wie Lieferanten (z. B. Blockieren von Beschaffungskanälen aufgrund unethischen Verhaltens einzelner Lieferanten) oder zur nachgelagerten Marktstufe wie Handel oder Kunden (z. B. Selektivvertrieb über ausgewählte Fachhändler) regeln und das gemeinsame Handeln bestimmen. Weitere zwischenbetriebliche Vereinbarungen können in gemeinsam entwickelten Standards und Normen liegen (z. B. Service-Level-Agreements, Standards für den elektronischen Datentransfer, Zielvereinbarungen).

Deutscher Corporate Governance Kodex als Grundlage

Wettbewerbsbeziehungen können sich zudem an vorgegebenen Regelwerken orientieren. Zum einen kann der *Deutsche Corporate Governance Kodex* als Grundlage kollektiven Handelns gelten. Dieser Kodex »stellt wesentliche gesetzliche Vorschriften zur Leitung und Überwachung deutscher börsennotierter Gesellschaften dar und enthält in Form von Empfehlungen und Anregungen international und national anerkannte Standards guter und verantwortungsvoller Unternehmensführung« (Regierungskommission Deutscher Corporate Governance Kodex 2017). Zum anderen können Vereinbarungen und Leitlinien auf freiwilliger Basis berücksichtigt werden. So haben sich beispielsweise zur Förderung einer nachhaltigen Unternehmensführung diverse Initiativen, Konzepte und Standards etabliert. Hierzu zählen Vereinbarungen auf zwischenstaatlicher Ebene, wie der UN Global Compact und die Richtlinien für multinationale Unternehmen (OECD-Leitsätze), und auf nichtstaatlicher Ebene solche, wie Leitfäden für Nachhaltigkeitsberichte (z. B. Global Reporting Initiative [GRI] oder das Netzwerk Corporate Social Responsibility [CSR] Europe), ICC-Charta des International Chamber of Commerce und die weltweite Initiative Responsible Care (vgl. Balderjahn 2004, S. 23 ff.).

Das *strukturelle Management* beinhaltet kooperationsfördernde Instrumente wie z. B. Aufsichtsinstanzen (u. a. zur Überwachung der Compliance-Leitlinien), gemeinsame Arbeitskreise (etwa im Bereich Qualitätsmanagement) oder unternehmensübergreifende Projektgruppen (z. B. im Rahmen von Forschungs- und Entwicklungsprozessen oder bei der gemeinsamen Optimierung von logistischen Prozessen).

Das *informationelle Management* beinhaltet im Wesentlichen Koordinationsinstrumente zum Abbau von Informationsasymmetrien. Im Mittelpunkt stehen dabei Instrumente zur Erzielung eines effizienten Informations- und Datenaustauschs. Hierzu gehören u. a. Datenbanken, Workflow-Management-Systeme, Broschüren, Newsletter oder auch spezielle Software-Systeme (wie z. B. Enterprise-Resource-Planning [ERP]-Software für die Materialbedarfsplanung).

Instrumente des Personalmanagements

Das *personelle Management* schließlich betrifft vor allem Aktionsbereiche des Personalmanagements, die im Rahmen des kooperativen Verbunds zu gestalten sind. Relevante Instrumente sind beispielsweise der Personaleinsatz, um eventuelle Mitarbeiterrotationen innerhalb der kooperierenden Unternehmen zu regeln, die Personalentwicklung, die gemeinsame Mitarbeiter-Trainings zu entwickeln und zu organisieren hat, oder die Anreizpolitik, die materielle und immaterielle Anreizsysteme zur Steigerung der Motivation von unternehmensübergreifenden Arbeitsteams zu gestalten hat. Nicht zuletzt geht es auch darum, eine kulturadäquate Informationspolitik zu etablieren, damit die Basiswerte der Kooperationskultur von allen Mitarbeitenden internalisiert und damit auch ›gelebt‹ werden können.

Die skizzierten Instrumente des Infrastrukturmanagements lassen sich zusammengefasst wie folgt abbilden (siehe Abbildung 3-15).

Kosten- und Nutzenmanagement

Aussagen über die Vorteilhaftigkeit von Coopetition bzw. einer Zusammenarbeit ergeben sich letztlich erst durch eine Gegenüberstellung von Kosten und Nutzen. Demzufolge sind die Instrumente des *Kosten- und Nutzenmanagements* abzuklären.

Abb. 3-15

Instrumente des Infrastrukturmanagements

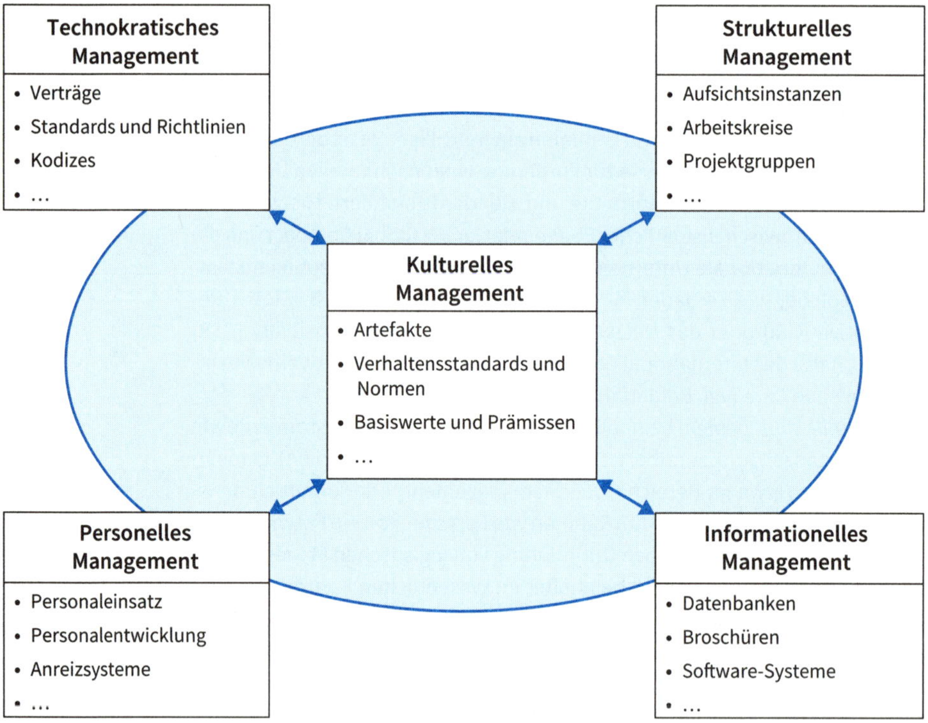

(Quelle: vgl. Neumann 2017, S. 228; Reiß/Ehrenmann/Neumann 2011, S. 9)

Die *Kosten-Nutzen-Analyse* bietet sich als Instrument an, um die voraussichtlich anfallenden Kosten mit dem zu erwartenden Nutzen abgleichen und auf dieser Basis eine Erfolgsabschätzung vornehmen zu können (vgl. hierzu Reiß/Ehrenmann/Neumann 2011, S. 12 f.). Als theoretische Grundlage zur Aufdeckung relevanter Kosten- und Nutzenkategorien kann auf die Anreiz-Beitrags-Theorie zurückgegriffen werden (vgl. Kapitel 2.2.1). Zu den Kosten zählen zum einen die *Infrastrukturkosten,* die für den Aufbau und die Pflege bzw. Aufrechterhaltung entstehen (z. B. für Datenbanken oder Software-Systeme). Zum anderen sind mögliche *Opportunitätskosten* zu berücksichtigen. Sie spiegeln den entgangenen Nutzen wider, der beispielsweise dann eintreten kann, wenn eine unzureichende Vertrauensbasis zwischen den Kooperationspartnern besteht und deswegen Chancenpotenziale (etwa gemeinsame Markterschließung) ungenutzt bleiben.

Im Gegensatz dazu sind auf der Nutzenseite Effektivitäts- und Effizienzsteigerungen möglich.

Ein *Effektivitätsnutzen* kann beispielsweise aufgrund gemeinsamer Produktentwicklungsprozesse entstehen, wenn daraus Produkte mit besserer Qualität und Innovativität resultieren. Ein *Effizienznutzen* zeigt sich vor allem im geringeren Kosten- und Zeitbedarf, der sich etwa durch das Ausschöpfen von Synergiepotenzialen ergeben kann wie z. B. im Rahmen der Produktion aufgrund gemeinsam genutzter Produktionsplattformen (wie es u. a. in der Automobilindustrie praktiziert wird). Als Instrumente der Nutzenquantifizierung eignen sich z. B. die Prozesskostenrechnung, die Nutzwertanalyse oder die Investitionsrechnung, auf die hier nur verwiesen werden soll (zu den Instrumenten vgl. z. B. Heilmann 2016, S. 55 ff.).

Abbildung 3-16 fasst die zentralen Kosten- und Nutzeneffekte zusammen.

Abb. 3-16

Kosten-Nutzen-Bewertung von horizontaler Zusammenarbeit

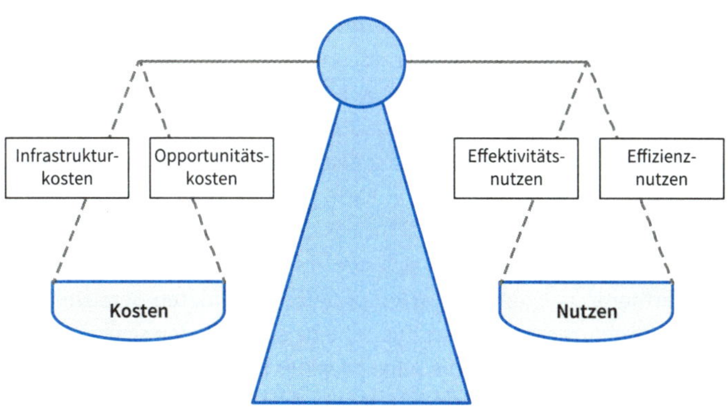

(Quelle: vgl. Reiß/Ehrenmann/Neumann 2011, S. 13)

Die Gestaltung der Kooperation

Die Zusammenarbeit zwischen Unternehmen kann sich nun in unterschiedlichen *Ausgestaltungsformen* manifestieren. In der Empirie findet sich eine Vielfalt zwischenbetrieblicher horizontaler Kooperationsarrangements bzw. -designs. Diese Vielfalt ergibt sich allein schon durch die unterschiedlichen Bindungsstufen der Zusammenarbeit, die in einem Kontinuum zwischen nichtvertraglichen Bindungen und damit lockeren Kooperationsformen (z. B. Informations- und Erfahrungsaustausch), vertraglichen Bindungen sowie kapitalmäßigen Bindungen und letztlich engen Kooperationsformen (z. B. Joint Venture) liegen. Im Folgenden sollen die in der Literatur vielfach zitierten und in der Praxis häufig vorzufindenden Ausgestaltungsformen horizontaler Kooperationsarrangements skizziert werden. Hierzu gehören vor allem Lizenzierungen, strategische Allianzen und Joint Ventures (vgl. hierzu und zum Folgenden Baum 2011, S. 12 ff.; Theling/Loos 2004, S. 14 ff., sowie Morschett 2003).

Lizenzierung

- Die *Lizenzierung* betrifft die Übertragung eines Nutzungsrechts »an einer rechtlich geschützten oder ungeschützten Erfindung bzw. Technologie, das einem Unternehmen gewährt wird« (Morschett 2003, S. 396). Nutzungsrechte können für die gesamte Marke, für einzelne Produkte oder Produktbereiche übertragen und auch auf bestimmte Regionen begrenzt werden. Zentrale Ziele im Abschließen von Lizenzverträgen bestehen vor allem darin, zusätzliche Einnahmequellen zu erschließen und in bisher nicht erschlossene Märkte zu expandieren (z. B. Vergabe von Lizenzen an Bierhersteller im Ausland durch Biermarken wie Paulaner oder Löwenbräu).

Allianz

- *Allianzen* sind Kooperationsformen, die gekennzeichnet werden können als »enge, unter Umständen langfristige, Vereinbarungen zwischen zwei oder mehr Partnern, in denen Ressourcen, Wissen und Fähigkeiten zwischen Partnern geteilt oder gemeinsam eingebracht werden mit der Zielsetzung, die Wettbewerbsposition jedes Partners zu verbessern« (Morschett 2003, S. 389). Als besondere Form von Allianzen haben sich *strategische Allianzen* etabliert, bei denen die Langfristigkeit der Zusammenarbeit betont wird. Mit dem Eingehen strategischer Allianzen erhoffen sich die Unternehmen vor allem,
  - Skalenvorteile (Economies of Scale) und Lernkurveneffekte zu erzielen,
  - Know-how-Zugang zu erhalten bzw. Kompetenzlücken zu schließen,
  - Einfluss auf den Wettbewerb auszuüben durch Machtzuwachs,
  - komplementären Technologieaustausch vorzunehmen oder
  - Zeitvorteile zu gewinnen (z. B. in Form gemeinsamer Aktivitäten im Bereich Forschung und Entwicklung).

  Strategische Allianzen zeichnen sich nun vor allem auch dadurch aus, dass die Allianzpartner in einigen Feldern kooperieren, in anderen Bereichen aber weiterhin als Konkurrenten agieren. Typische Beispiele finden sich u. a. in der Automobilindustrie. So arbeiten die Allianzpartner Renault-Nissan und die Daimler AG auf vielen Gebieten wie Produkte, Motoren und Cross-Supply in Europa, Asien und Amerika zusammen (vgl. Daimler 2016a), konkurrieren ansonsten aber im Automobilmarkt mit ihrem Angebotsprogramm.

- Bei einem *Joint Venture* liegt die höchste Bindungsintensität zwischen den Kooperationspartnern vor. Ein »Joint Venture ist eine auf Kapitalbeteiligungen und der Teilung von Geschäftsführung und Risiko beruhende, vertraglich festgelegte und dauerhaft angelegte zwischenbetriebliche Zusammenarbeit« (Morschett 2003, S. 398). Der gemeinsame Geschäftszweck kann in unterschiedlichen Bereichen liegen, wie z. B. im Bereich der Forschung und Entwicklung, der Beschaffung, der Produktion oder des Marketings. Diese Kooperationsform findet häufig zwischen einem inländischen und einem ausländischen Unternehmen statt, um vor allem auch jeweilige Märkte besser erschließen zu können. Teilweise verlangen Staaten im Rahmen ihrer Local-Content-Politik auch das Eingehen von Joint Ventures.

Joint Venture

In welchem Kooperationsdesign eine horizontale Zusammenarbeit auch immer erscheinen mag, der Erfolg wird letztlich durch die jeweiligen Beiträge bzw. Investitionen der Partner determiniert; er ist insofern abhängig von der Qualität der Partnerbeziehung (vgl. Büchel 2003, S. 595). Investieren beide Kooperationspartner in die Beziehungsqualität durch Berücksichtigung und ›gemeinsames Leben‹ der im Rahmen der Kooperationskultur relevanten Basiswerte, dürfte sich der intendierte Kooperationserfolg bzw. die erstrebte Win-Win-Situation einstellen.

WIEDERHOLUNGSFRAGEN

- Begründen Sie die Notwendigkeit eines Wettbewerberbeziehungsmarketings unter Berücksichtigung der zunehmenden Digitalisierung.
- Unterscheiden Sie konkurrenzgerichtete strategische Optionen und bewerten Sie diese unter Nennung von Vor- und Nachteilen.
- Charakterisieren Sie das Konzept der Coopetition und unterscheiden Sie coopetitive Beziehungstypen. Welche strategischen Implikationen für das Wettbewerberbeziehungsmarketing ergeben sich je Beziehungstyp?
- Fassen Sie Chancen und Risiken horizontaler Kooperationen zusammen. Skizzieren Sie anschließend ein Konzept des Risikomanagements mit dem Ziel der Risikominimierung.
- Unterscheiden Sie Instrumente des Konfigurations-, Interaktions- und Infrastrukturmanagements.
- Charakterisieren Sie Lizenzierungen, strategische Allianzen und Joint Ventures und bewerten Sie diese horizontalen Kooperationsarrangements unter Berücksichtigung von Vor- und Nachteilen.

3.3.5 Handelsbeziehungsmarketing

Kennzeichen des Handelsbeziehungsmarketings

Zentrales Gestaltungsobjekt des Handelsbeziehungsmarketings sind die Beziehungen zwischen einem Unternehmen und einer oder mehreren Handelsorganisationen. In Anlehnung an die allgemeine Definition des Beziehungsmarketings (siehe Kapitel 1.3) lässt sich Handelsbeziehungsmarketing (auch *Trade Relationship Marketing,* TRM) wie folgt definieren:

> *Handelsbeziehungsmarketing* umfasst sämtliche Maßnahmen der Analyse, Planung, Realisierung und Kontrolle der Beziehungen von Unternehmen zu ihren Handelsorganisationen mit dem Ziel, gegenseitigen und nachhaltigen Nutzen zu generieren durch Initiierung, Stabilisierung, Intensivierung und Wiederaufnahme sowie gegebenenfalls Beendigung von Geschäftsbeziehungen.

Die folgenden Ausführungen beschränken sich auf die Gestaltung der Beziehungsebene zu Einzelhandelsunternehmen. Diese sind im Gegensatz zu Großhandelsunternehmen zum einen in der Distributionskette zahlenmäßig stärker vertreten und haben zum anderen aufgrund ihrer direkten Beziehung zu den Endkunden für Anbieter von Konsumgütern eine größere Bedeutung.

> Unter *Einzelhandelsunternehmen* (im Folgenden synonym verwendet mit den Begriffen Einzelhandelsbetrieb, Einzelhandel oder Handel) im institutionellen Sinne ist derjenige Unternehmenstypus zu verstehen, der hauptamtlich als wirtschaftlich selbstständiger Marktmittler sowohl Beschaffungs- als auch Absatzaufgaben ausführt und Endverbraucher (Konsumenten) als Zielgruppe hat (vgl. Hansen 1990, S. 1).

Funktionen des Handels

Diese Definition spiegelt die traditionelle Funktion des Handels wider, nämlich einen Spannungsausgleich zwischen Produktion und Konsumtion zu erzielen. In differenzierter Betrachtung ergeben sich weitere Vermittlungsfunktionen auf den Ebenen Warenstrom, Kommunikationsstrom und Wertstrom (vgl. hierzu Hansen 1990, S. 14 f.):

- *Vermittlungsfunktionen des Warenstroms* beinhalten die vertikalen Güterströme im Rahmen der Wirtschaftsstufen; sie zeigen sich in der
  - Funktion der quantitativen Warenumgruppierung (Sammeln und Aufteilen der Güter),
  - Funktion der qualitativen Warenumgruppierung (vor allem Sortimentierung durch Ein- und Auslistungen, Warenveredelung und -pflege, Serviceleistungen),
  - Funktion der Raumüberbrückung (Warentransport) und
  - Funktion des zeitlichen Ausgleichs (z. B. Lagerhaltung).

Die Warenströme verlaufen innerhalb der Wirtschaftsstufen zum einen vertikal abwärtsgerichtet, d. h. von der Produktion über den Handel zum Endverbraucher, oder zum anderen auch vertikal aufwärtsgerichtet, wenn die Güter dem Wirtschaftskreislauf durch Redistributionssysteme (z. B. Recycling und Entsorgung) wieder zurückgeführt werden.

- Vermittlungsfunktionen des Kommunikationsstroms konkretisieren sich in der
  - Funktion der Angebots- und Nachfrageermittlung (Marktforschung) und der
  - Funktion der Angebots- und Nachfragelenkung (z. B. Werbung, Verkaufsförderung, persönlicher Verkauf).

  Die Kommunikationsströme verlaufen sowohl abwärts- als auch aufwärtsgerichtet und im Zuge der Verbreitung der Informations- und Kommunikationstechnologie auch auf anderen Kommunikationsplattformen (z. B. soziale Netzwerke).
- Vermittlungsfunktionen des Wertstroms zeigen sich in der
  - Funktion der Preisermittlung (vor allem Kalkulation von Angebotspreisen) sowie in der
  - Funktion des zeitlichen Zahlungsausgleichs (insbesondere in Form der Kreditierung).

Aktuelle Treiber der Handelsdynamik

Diese traditionellen Funktionen des Handels scheinen sich im Zuge des technologischen Fortschritts auf der einen Seite und der Nutzung neuer Technologien durch den Kunden auf der anderen Seite zunehmend ›aufzulösen‹, zumindest aber eine teilweise andere Bedeutung zu erlangen. Im Folgenden sollen zentrale aktuelle Entwicklungen skizziert werden, die als neue Treiber der Handelsdynamik gekennzeichnet werden können (vgl. hierzu und zum Folgenden Heinemann 2013, S. 4 ff.; Bovensiepen/Rumpff/Bender 2016).

Technologische Entwicklungen und Internetpenetration

Digitalisierungsbestrebungen

Mit den Entwicklungen im Bereich der Informations- und Kommunikationstechnologie geht eine zunehmende Internetpenetration einher, die im Handel durch Digitalisierungsbestrebungen zum Ausdruck kommt. Diese elektronischen Märkte zeichnen sich durch eine hohe Informationsdichte aus, auf die Nachfrager zurückgreifen und sich so eine Markttransparenz verschaffen können. Besteht zudem eine hohe Konkurrenzdichte, verschiebt sich die Marktmacht zugunsten der Nachfrager. Hinzu kommt die Möglichkeit, über den Einsatz mobiler Endgeräte (z. B. Smartphones oder Tablets) ortsungebunden Güter und Dienstleistungen zu beziehen. Derartige Rahmenbedingungen begünstigen das auch in den kommenden Jahren prognostizierte Wachstum des Online-Handels.

Entwicklungen des Verbraucherverhaltens

Omnichannel-Nutzung durch Verbraucher

Verbraucher nutzen parallel unterschiedliche Einkaufs- und Informationskanäle (sogenannte Omnichannel-Nutzung oder auch Multi-Screening), wobei die mobilen Kanäle an Bedeutung gewinnen. Die strikte Trennung von Offline-Betriebsformen (klassischer stationärer Handel) und Online-Betriebsformen (Pure-Online-Handel wie z. B. Amazon) dürfte zukünftig nicht mehr aufrechtzuerhalten sein. Vielmehr wird von einer Verschmelzung von reiner Offline- und Online-Welt zu sogenannten No-Line-Systemen ausgegangen, worauf sich insbesondere der traditionelle stationäre Handel einstellen muss, um auch den Ansprüchen der mit mobilen Endgeräten ausgestatteten Kunden gerecht werden zu können (vgl. Heinemann/Gaiser 2016, S. 10). Insbesondere über den Einsatz von leistungsfähigen Smartphones kann sich der Kunde im traditionellen Handel eine erweiterte Realität (sogenannte Augmented Reality) schaffen, indem am stationären Verkaufsort (PoS = Point of Sale) digitale Zusatzinformationen oder Visualisierungen geliefert werden (vgl. hierzu Kull 2013, S. 831 ff.). So bietet beispielsweise der Möbel- und Einrichtungshändler IKEA eine IKEA-APP an, die es ermöglicht, mittels Augmented Reality Einrichtungsgegenstände in die eigene Wohnung zu projizieren und festzustellen, wie diese Möbelstücke in der Wohnung ›real‹ aussehen (vgl. CHIP 2017).

Aber auch reine Online-Händler entdecken die Vorteile der Offline-Präsenz (z. B. Kundennähe) und eröffnen stationäre Läden (vgl. KPMG AG Wirtschaftsprüfungsgesellschaft 2016, S. 13). Hinzu kommt das Auftreten des sogenannten ROPO-Effekts (häufige Abkürzung für Research Online – Purchase Offline), bei dem sich Verbraucher im Internet online über Produkte informieren und diese dann offline im stationären Geschäft erwerben. Vor allem bei den Produktgruppen Unterhaltungselektronik, Computer und Computerzubehör, PKW, Telekommunikationsdienste und Haushaltsgeräte ist dieser Effekt nachgewiesen (vgl. Mayerhofer/Dickert/Müller 2016, S. 42).

Veränderte Bevölkerungsstrukturen – andere Zielgruppen

Soziodemografische Entwicklungen

In soziodemografischer Hinsicht haben Omnichannel-Konzepte vor allem im Alterssegment bis 40 Jahre sowie in Haushalten mit mittlerem oder höherem Einkommen eine hohe Bedeutung. Allerdings dürften auch einkommensschwache Zielgruppen aufgrund der prognostizierten steigenden Armut an Bedeutung gewinnen. Die demografische Entwicklung zeigt sich insgesamt vor allem im Rückgang der Einwohnerzahl (die zunehmende Migration in die Bundesrepublik hat eher kurzfristige Effekte), in der Alterung der Bevölkerung und in der Zunahme kleiner Haushalte (vgl. KPMG AG Wirtschaftsprüfungsgesellschaft 2016, S. 8 und S. 15).

Neue Rollenverteilung bei Händlern und Herstellern

Entwicklungen der Märkte

Neben den weiter ansteigenden Marktanteilen des Online-Handels ist auch eine fortschreitende Vertikalisierung im Rahmen der Wirtschaftsstufen zu konstatieren. Auf der einen Seite ist eine zunehmende Vorwärtsintegration der Hersteller (z. B. durch den Aufbau von Factory Outlets oder durch Franchising) und auf der anderen Seite eine zunehmende Rückwärtsintegration des Handels (z. B. durch Entwicklung und Kontraktproduktion von Eigenmarken) festzustellen. Dadurch, dass Hersteller zu Händlern und Händler zu Herstellern werden, ergeben sich neue Rollenverteilungen bzw. Rollenüberschneidungen, was zu einer Intensivierung des Wettbewerbs, aber auch zur Auslösung von Absatzkanalkonflikten führt (vgl. Zentes 2012, S. 89 f.)

Nachhaltiges Wirtschaften gewinnt an Bedeutung

Gesellschaftliche und politische Entwicklungen
Die gesellschaftliche Strömung, die insbesondere das zukünftige unternehmerische Handeln tangieren wird, ist die Nachhaltigkeit (Sustainability) bzw. das nachhaltige Wirtschaften (Sustainable Management). Es werden zunehmend Konzepte relevant, die in der Lage sind, die soziale Gerechtigkeit, die ökologische Verträglichkeit sowie den ökonomischen Erfolg nicht als konfliktäre, sondern vielmehr als komplementäre Zielstellungen zu definieren und dementsprechende Maßnahmen zu implementieren (vgl. Zentes et al. 2012, S. 15 f.; Balderjahn 2013, S. 82 ff.).

In diesem Zusammenhang ist auch die Politik gefordert, die durch die Schaffung von Rahmenbedingungen sowohl auf nationaler wie auf internationaler Ebene Unternehmen dazu ermutigen kann, ein nachhaltiges Wirtschaften in ihre unternehmerischen Überlegungen mit einzubeziehen. Zudem sind infolge der zunehmenden Digitalisierung leistungsfähige Infrastrukturen erforderlich, die politische Entscheidungen voraussetzen und öffentliche Investitionen erfordern.

Logistik und Auslieferung nutzen neue Technologien

Logistische Entwicklungen
Im Wettbewerb um Kunden spielt die Geschwindigkeit der Logistik eine entscheidende Rolle. Diverse Ansätze werden bereits umgesetzt oder sind geplant. So hat sich beispielsweise das Unternehmen Amazon Ende 2013 eine Methode patentieren lassen, bei der Waren schon vor der tatsächlichen Bestellung verschickt werden. Dieser ›vorausschauende Versand‹ (anticipatory shipping) basiert auf Datenauswertungen, die aus unterschiedlichen Kanälen kommen. So können frühere Bestellungen, Kaufhistorien oder Suchanfragen im Internet analysiert und Bestellprognosen erstellt werden. Auf der Grundlage der Prognoseergebnisse werden dann die Waren an ein Versandzentrum oder an spezielle Zwischenlager (auch an mobile Bevorratungssysteme wie LKWs) geschickt, welche sich in der Nähe des Kunden befinden. Im Bedarfsfall kann dann schnell geliefert werden (vgl. Zhalgassova 2014). In dem Zusammenhang ist ein weiteres Patent im April 2016 erteilt worden, wiederum an Amazon. Die patentierte Idee beinhaltet »luftgestützte Auslieferungszentren« (airborne fulfillment center oder kurz AFC), die in ca. 14 Kilometer Höhe als »fliegende Warenhäuser« (»Zeppelin-Warenhäuser«) fungieren und die Waren nach der Online-Bestellung per Paketdrohne direkt vor die Haustür des Kunden ausliefern (vgl. o. V. 2016b).

Herausforderungen in der Hersteller-Handels-Beziehung
Diese fundamentalen Veränderungen der Handelsstrukturen und des Konsumentenverhaltens und die jeweilig sich abzeichnenden Trends stellen Hersteller – und hierbei insbesondere Konsumgüterhersteller – vor die Frage, welche strategischen Maßnahmen im Rahmen eines Handelsbeziehungsmarketings zu entwickeln und zu implementieren sind. Die Entwicklung und Implementierung der Maßnahmen stellt vor allem deswegen eine Herausforderung dar, da Hersteller- und Handelsbeziehungen vom Kernproblem, nämlich dem strukturellen Zielkonflikt, überschattet werden (vgl. Becker 2013, S. 595). Zentrale Zieldivergenzen zwischen Hersteller- und Handelsunternehmen sind in Tabelle 3-16 zusammengefasst.

Tab. 3-16

Zentrale Zieldivergenzen zwischen Hersteller- und Handelsunternehmen

Zielbereiche	Herstellerziele	Handelsziele
Produktpolitik	• primär produktbezogene Ausrichtung • Aufbau von Produkt- und Markenimage • Forcierung der Herstellermarke • Platzierung neuer Produkte in den Handel	• primär sortimentsbezogene Ausrichtung • Aufbau von Sortiments- und Ladenimage • Forcierung der Handelsmarke • Listen von ›Renner‹-Produkten und Auslisten von ›Penner‹-Produkten
Preispolitik	• tendenziell hochpreisige Politik • möglichst einheitliche Endverbraucherpreise einer Marke • niedrige Handelsspanne • weitestgehende Preisstabilität	• tendenziell niedrigpreisige Politik • Ausschöpfung von raum- und zeitbezogenen Preisdifferenzierungen • hohe Handelsspanne • Preisausgleichspolitik über Sonderangebote
Distributionspolitik	• große Bestellmengen • hohe Distributionsdichte (Ubiquität) • hohe Lieferbereitschaft • möglichst hoher Serviceanteil (inkl. Beratung)	• schnelle Belieferung auch kleinerer Bestellmengen • selektive Distribution, evtl. Alleinvertretungsanspruch • niedrige Lagerhaltung • möglichst geringer Serviceanteil (inkl. Beratung)
Kommunikationspolitik	• Produkt- bzw. Markenartikelwerbung • Schaffung von Präferenzen für die Herstellermarke • Herstellerorientierte PoS-Werbung • Erhöhung bzw. Stabilisierung der Markentreue	• Einkaufsstättenwerbung • Schaffung von Präferenzen für die Handelsmarken und die Storebrand (Händlermarke) • handelsorientierte PoS-Werbung • Erhöhung bzw. Stabilisierung der Einkaufsstättentreue

(Quelle: vgl. Meffert/Burmann/Kirchgeorg 2015, S. 517; Becker 2013, S. 595; Schröder 2012a, S. 208)

Machtgrundlagen

Zur Durchsetzung der jeweiligen Ziele spielen die bestehenden *Machtverhältnisse* eine nicht unerhebliche Rolle. Im Vergleich der Beziehungspartner Hersteller und Handel ist dem Handel vor allem aufgrund struktureller Änderungen eine zunehmende Marktmacht zu unterstellen (vgl. hierzu Wey 2011, S. 1 f.):

- Veränderungen im technologischen Umfeld und hier vor allem informationstechnologische Entwicklungen im Bereich der Warenwirtschaftssysteme erlauben eine effiziente Organisation auch größerer Warenströme durch den Handel.
- Konzentrations- und Kooperationstendenzen aufgrund der Liberalisierung nationaler und internationaler Märkte sind seit den 1990er-Jahren festzustellen. Im Zuge dessen haben sich zum einen Handelsketten und große Verkaufsformate (Hypermarkets) und zum anderen Eigenmarken von Handelsorganisationen ausgebreitet.
- Mit der Liberalisierung der Märkte sind auch Internationalisierungsbestrebungen des Handels – beispielsweise in Form internationaler Zusammenschlüsse oder Kooperationen – umgesetzt worden.

- Im Bereich der Güter des täglichen Bedarfs wie Nahrungsmittel, Hygieneartikel oder Tabakwaren (sogenannte Fast Moving Consumer Goods oder kurz FMCG) sind die Discounter Aldi und Lidl sowie die Supermarktketten Edeka und Rewe die Läden, die von den Konsumenten am häufigsten aufgesucht werden (vgl. Institut für Handelsforschung (IfH)/BBE Retail Expert 2009, S. 153). Während die Supermärkte in den letzten Jahren zunehmend Marktanteile gewinnen konnten, versuchen die Discounter, durch eine Verbesserung des Leistungsangebots (sogenanntes Trading-up) wie z. B. durch ein vermehrtes Angebot an frischen Waren ihre verlorenen Marktanteile wieder zurückzuholen (vgl. KPMG AG Wirtschaftsprüfungsgesellschaft 2016, S. 68 f.). Trotz der Dominanz der Discounter und Lebensmitteleinzelhändler im deutschen Markt scheint sich unter Berücksichtigung von Marktstrukturanalysen zumindest im Bereich der Fast Moving Consumer Goods ein pauschaler Machtüberhang des Handels jedoch nicht zu bestätigen (vgl. Institut für Handelsforschung (IfH)/BBE Retail Expert 2009, S. 5).

Neben den strukturell bedingten Machtverschiebungen ergibt sich eine grundsätzliche Machtposition des Handels durch seine Rolle als ›*Gatekeeper*‹. Den Begriff »gatekeeper« hat Lewin im Rahmen seiner Channel-Theorie entwickelt (vgl. hierzu Lewin 1963, S. 206 ff.). Der Handel hat in dieser Rolle prinzipiell die Macht zu entscheiden, welche (Hersteller-) Artikel er listet und welche nicht. Ähnlich wie ein Pförtner entscheidet er über das »Offen« oder »Geschlossen« eines Tores bzw. eines Absatzkanals (vgl. Hansen 1990, S. 45). Im Rahmen dieser »Schleusenwärterfunktion« kann der Handel entscheidende Impulse im Absatzkanal setzen und sich beispielsweise als »ökologieorientierter gatekeeper« positionieren (vgl. Kull 1998, S. 85; Hansen 1988).

Strategische Ansätze

Push- vs. Pull-Strategien

Klassische strategische Ansätze, die Hersteller im Rahmen ihres handelsgerichteten Marketings nutzen können, sind Push- und Pull-Strategien (vgl. Grunwald 2010b; Grunwald 2009b; Grunwald 2009c). Im Rahmen der *Push-Strategie* (Druckerzeugung) versucht der Hersteller, den Handel über Push-Anreize wie finanzielle Konditionen, Werbemittelunterstützung oder Gemeinschaftswerbeaktionen davon zu überzeugen, Herstellermarken in das Handelssortiment aufzunehmen bzw. in den Handel ›hineinzuverkaufen‹. Bei der *Pull-Strategie* (Sogerzeugung) findet eine indirekte Handelsstimulierung über den Endverbraucher statt, indem über kundengerichtete Werbung und absatzfördernde Maßnahmen Kunden dazu gebracht werden, die Produkte des Herstellers verstärkt im Handel nachzufragen. Auf diese Weise soll der Handel ›gezwungen‹ werden, die Produkte ins Sortiment aufzunehmen (vgl. Voeth/Herbst 2013, S. 452 ff.). Unter Berücksichtigung empirischer Untersuchungen dürfte die Pull-Strategie effektiver sein, da sich der Handel weniger von Push-Maßnahmen überzeugen lässt (vgl. Becker 2013, S. 596, und die dort zitierten Untersuchungen). Um diesen Sogeffekt stärker auszunutzen, wären gezielte Maßnahmen beispielsweise im Rahmen der Markenpolitik (z. B. durch Aufbau einer starken Marke, die neben der Produktleistung auch zusätzlichen Nutzen, sogenannten

Added Value, verspricht) und der Kommunikationspolitik (z. B. Erhöhung des Werbedrucks durch intensive Verbraucherwerbung) empfehlenswert.

Machtpolitische Strategieoptionen

Je nach Ausprägung des Marktseitenverhältnisses bzw. der jeweiligen Machtposition ergeben sich für den Hersteller folgende grundsätzlichen Strategiealternativen. Liegt eine Nachfragemacht des Handels vor und wird diese durch den Hersteller akzeptiert, kann eine Anpassungsstrategie oder eine Umgehungs- und Ausweichstrategie verfolgt werden. Akzeptiert der Hersteller die Machtposition des Handels nicht und versucht er, seine Ziele verstärkt durchzusetzen, wäre zwischen einer Konfliktstrategie und einer Kooperationsstrategie zu entscheiden. Unter Berücksichtigung der Verhaltensdimensionen Aktivität/Passivität des Herstellers in der Gestaltung der Absatzwege und im Hinblick auf die Aktivität/Passivität in der Reaktion des Herstellers auf die Marketingaktivitäten des Handels ergeben sich folgende Strategiealternativen (vgl. hierzu und zum Folgenden Bruhn 2016b, S. 182 ff.; Meffert/Burmann/Kirchgeorg 2015, S. 302 ff.):

Anpassungsstrategie: Hersteller folgt Handel

- Im Rahmen der *Anpassungsstrategie* (auch Strategie der Machtduldung) dominieren passive Verhaltensweisen des Herstellers in Bezug auf die Gestaltung der Absatzwege und hinsichtlich der Reaktion auf handelsspezifische Marketingaktivitäten; der Hersteller folgt den Vorstellungen des Handels. Diese Vorgehensweise ist häufig zu beobachten im Lebensmitteleinzelhandel in Deutschland. Einzelne Handelsketten verfügen über eine große Verhandlungsmacht, sodass Hersteller, die ihre Produkte an die Handelsketten verkaufen wollen, oftmals keine andere Wahl haben, als die Konditionen des Handels zu akzeptieren.

Umgehungsstrategie: aktive Gestaltung eigener Absatzwege

- Bei der *Umgehungsstrategie* greift der Hersteller aktiv in die Gestaltung der Absatzwege ein, und es wird auch auf die Marketingaktivitäten des Handels durch eigene Marketingmaßnahmen aktiv reagiert. Zu den grundsätzlichen strategischen Optionen dieses Strategietyps zählen vor allem der eigene stationäre Vertrieb (z. B. Filial- und Fabrikverkauf), der mobile Vertrieb (z. B. fahrbare Verkaufsstellen, Messeverkauf) und der Direktvertrieb (z. B. Telefonverkauf, Online-Verkauf). Ein bekanntes Beispiel ist der Haushaltswarenhersteller Tupperware®, der seine Produkte überwiegend im Direktvertrieb verkauft.

Ausweichstrategie: Hersteller bedient teils Handel, teils eigene Absatzwege

- Im Gegensatz zur Umgehungsstrategie, bei der keinerlei Geschäftsbeziehungen mit dem Handel bestehen, werden bei der *Ausweichstrategie* lediglich die Beziehungen zu nachfragemächtigen Handelsunternehmen aufgegeben. Insofern handelt es sich um eine partielle Umgehungsstrategie, bei der weiterhin der Handel selektiv bedient, zusätzliche Absatzkanäle aber über weitere Vertriebsformen genutzt werden. Ein derartiges Multi-Channel-Marketing betreibt beispielsweise der Sportartikelhersteller Adidas. Neben der Distribution auf klassischen Vertriebskanälen (z. B. Warenhäuser, Sportartikelgeschäfte) und über das Internet vertreibt Adidas seine Produkte auch über Factory Outlet Stores zu meist reduzierten Preisen.

Konfliktstrategie: Hersteller nutzt Marktstellung gegenüber Handel aus

- Werden die Marketingaktivitäten des Handels nicht beachtet oder sogar bewusst ignoriert, liegt eine *Konfliktstrategie* vor. Die dominante Stellung des Herstellers gegenüber dem Handel und der Versuch, herstellereigene Präferenzen aktiv und bestimmend im Absatzkanal durchzusetzen, resultiert dabei aus einer vorherrschenden Marktstellung bzw. größeren Machtbasis des Herstellers.

So stellte beispielweise der Backwarenhersteller Bahlsen im September 2008 die Belieferung der Handelsketten Rewe und Kaufland ein, da die Handelsunternehmen nicht bereit waren, den Preisvorstellungen des Herstellers zu folgen. Die Belieferung wurde erst wieder fortgesetzt, als die Einzelhandelsbetriebe die Preisforderungen des Herstellers akzeptierten (vgl. Berentzen 2010, S. 135). Eine derartige auf Machtkampf ausgerichtete Strategie widerspricht jedoch der Grundeinstellung eines auch nachhaltigen Handelsbeziehungsmarketings, bei der eine grundsätzliche Bereitschaft besteht bzw. bestehen sollte, partnerschaftliche Geschäftsbeziehungen mit dem Handel einzugehen und langfristig aufrechtzuerhalten.

- Der Grundgedanke des Handelsbeziehungsmarketings, die Beziehungen zu den Handelsunternehmen partnerschaftlich auszurichten, findet sich in der *Kooperationsstrategie* am ehesten wieder. Hierbei reagiert der Hersteller aktiv auf die Marketingaktivitäten des Handels und versucht, durch die bewusste Einschaltung des Handels die Marketingaktivitäten insgesamt so zu koordinieren, dass divergente Zielvorstellungen aufgelöst und vielmehr Win-Win-Situationen geschaffen werden können. Dieser strategische Ansatz, der die aktive Gestaltung der Handelsbeziehungen zum Gegenstand hat, findet sich in der Literatur auch unter dem Begriff des *vertikalen Marketings* (vgl. z. B. Müller-Hagedorn et al. 1999).

Kooperationsstrategie: Koordination der Aktivitäten von Hersteller und Handel

Tabelle 3-17 fasst die grundlegenden strategischen Optionen im Absatzkanal zusammen, wobei festzuhalten bleibt, dass im Rahmen des Handelsbeziehungsmarketings die Konfliktstrategie eher ausscheidet.

Tab. 3-17

Grundlegende strategische Optionen im Absatzkanal

Marketing des Herstellers	passiv in der Gestaltung der Absatzwege	aktiv in der Gestaltung der Absatzwege
passiv in der Reaktion auf Marketingaktivitäten des Handels	Anpassung (Machtduldung)	Konflikt (Machtkampf)
aktiv in der Reaktion auf Marketingaktivitäten des Handels	Kooperation (Machterwerb)	Umgehung/Ausweichen (Machtumgehung)

(Quelle: Meffert/Burmann/Kirchgeorg 2015, S. 304)

Strategische Optionen des kooperativen Ansatzes

Die strategischen Optionen im Rahmen des kooperativen Ansatzes werden im Folgenden betrachtet. Um die aus einer einseitigen Machtausübung der Vertriebspartner resultierenden Konflikte zu vermeiden, kann ein Anbieter im Rahmen des kooperativen Ansatzes verschiedene Maßnahmen ergreifen. Eine vergleichsweise

Regelmäßige Kommunikation und Trade Marketing

milde Form der Kooperation ist die regelmäßige *Kommunikation* mit dem Händler, also die (unverbindliche) Abstimmung im Rahmen regelmäßiger Treffen (z. B. zu Zielen, Planungen, Diskussion gemeinsamer Herausforderungen usw.) in Ergänzung zu den sogenannten Jahresgesprächen. Weitergehend kann ein Hersteller gezielte Marketingaktivitäten an seine Handelspartner im Rahmen von *Trade Marketing* (im Sinne eines Business-to-Business-Marketings, bei dem der Hersteller den Handel als primäre Zielgruppe fokussiert) richten (vgl. Czech-Winkelmann 2002, S. 12 f.). So könnte beispielsweise ein Hersteller mehrere Händler dahingehend zu überzeugen versuchen, für bestimmte Produkte möglichst homogene Endverbraucherpreise einzuhalten. Halten sich mehrere Händler an diese Empfehlung des Anbieters und geben ihre ansonsten vorhandene Preisautonomie auf, lässt sich eine partielle und regional begrenzte Preiskonkurrenz zwischen Handelsunternehmen abbauen, woran einzelnen Händlern gelegen sein kann. Auf diese Weise kann der Produktanbieter sein Qualitätsimage durch eine weitgehend einheitliche Preissetzung bewahren. Um die Motivation der Händler für die Erreichung der Herstellerziele zu erhöhen, sind weitere Trade-Marketing-Maßnahmen denkbar, wie etwa abverkaufsunterstützende Point-of-Sale-Aktivitäten, die individuell auf den Handel abgestimmt werden, oder regalplatzsparende Verpackungen.

Integrierte Absatzkanalsystemsteuerung und vertragliche Vereinbarungen

Eine noch weitergehende, intensivere Kooperation kann in solchen Optimierungsansätzen gesehen werden, die für eine *integrierte Steuerung des gesamten Absatzkanalsystems* auf der Grundlage gemeinsam verfolgter Ziele stehen. Hierzu zählen der Ansatz des Supply Chain Management und der Ansatz des Efficient Consumer Response (vgl. hierzu Meffert/Burmann/Kirchgeorg 2015, S. 546 ff.). Schließlich kann in *vertraglichen Vereinbarungen* zwischen Handel und Hersteller im Rahmen von Vertragshändlersystemen, Franchisesystemen und Shop-in-the-Shop-Systemen eine noch weitergehende Form der Abstimmung zur Konfliktvorbeugung gesehen werden, durch die die Rechte und Pflichten der Kooperationspartner von vornherein verbindlich festgelegt bzw. eingeschränkt werden und eben auch rechtliche Sanktionen im Falle von Zuwiderhandlungen (z. B. Konventionalstrafen) vorgesehen werden können.

Die häufig in der Praxis zu beobachtenden Formen der Zusammenarbeit zwischen Hersteller und Händler im Rahmen von Supply Chain Management und Efficient Consumer Response sowie in Form vertraglicher Kooperation werden im Folgenden näher erläutert.

Supply Chain Management vs. Efficient Consumer Response

Supply Chain Management (SCM) umfasst den gesamten Wertschöpfungsprozess vom Vorproduktlieferanten über den Hersteller der Produkte und den möglicherweise einzuschaltenden Handel (Groß- und Einzelhandel) bis hin zum Kunden bzw. Endverbraucher und betrifft die Informations-, Material- und Finanzmittelflüsse. Die zentrale Aufgabe des Supply Chain Management liegt in der unternehmensübergreifenden Optimierung der gesamten Supply Chain (Lieferkette). Im Gegensatz dazu liegt beim Ansatz des *Efficient Consumer Response* (ECR) der Fokus zum einen auf dem Konsumenten (Consumer), dessen Bedürfnisse befriedigt oder dessen Erwartungen erfüllt werden sollen. Zum anderen liegt der Fokus auf der wirtschaftlich effizienten Reaktion (Efficient Response) durch die Partner im Rahmen der Efficient-Consumer-Response-Kooperation. Insgesamt kann Efficient

Consumer Response übersetzt werden mit »effiziente Reaktion auf die Kundennachfrage« (Klumpp/Jasper 2007, S. 2). In Wissenschaft und Praxis ist jedoch die englische Bezeichnung gebräuchlich.

Ziele des Efficient-Consumer-Response-Ansatzes

Der Efficient-Consumer-Response-Ansatz verfolgt das Ziel, die Absatzkette vom Hersteller über den Handel bis zum Endverbraucher effizient zu steuern, um auf der Absatzseite Kostenvorteile und auf der Nachfragerseite eine bessere und schnellere Befriedigung der Konsumentenbedürfnisse zu erreichen. Auf diese Weise soll eine Win-Win-Win-Situation herbeigeführt werden, bei der alle Akteure der Absatzkette profitieren. Bei diesem Ansatz stehen drei Prinzipien im Mittelpunkt (vgl. hierzu Obersojer 2009, S. 53 ff.):

- *Konsumentenorientierung:* Im Rahmen der Konsumentenorientierung besteht das gemeinsame Bestreben von Hersteller und Handel darin, die am Point of Sale, durch Marktforschung oder mittels weiterer Kommunikationskanäle (z. B. Beschwerdesysteme) gewonnenen Informationen über Kundenbedürfnisse, -wünsche oder -erwartungen für die Optimierung des Absatzkanals zugrunde zu legen.
- *Wertschöpfungsorientierung:* Über die kooperative Zusammenarbeit von Hersteller und Handel soll eine höhere Wertschöpfung erreicht werden. Hierzu ist es zum einen notwendig, auf operativer Ebene bestehende Ineffizienzen zu identifizieren und abzubauen. Zum anderen sind in strategischer Hinsicht sämtliche Geschäftsprozesse einer kritischen Prüfung zu unterziehen, um die Wertschöpfungsaktivitäten gegebenenfalls neu auszurichten oder zu stärken.
- *Kooperationsorientierung:* Durch die kooperative Zusammenarbeit soll die Chance genutzt werden, sich auf die partnereigenen Kernkompetenzen zu konzentrieren und durch gegenseitige Unterstützung komplementäre Kompetenzen (z. B. beidseitiger Wissensaustausch über Märkte im Allgemeinen oder Kunden im Besonderen) zu erlangen, die auf beiden Seiten zu einer Verbesserung der Wettbewerbsfähigkeit führen.

Die Prinzipien lassen bereits erkennen, dass Efficient Consumer Response im Gegensatz zu Supply Chain Management kein alternatives oder gar konfligierendes Konzept darstellt. Vielmehr ist Efficient Consumer Response ohne Berücksichtigung der Lieferkette und der damit verbundenen logistischen Aspekte kaum möglich, sodass eine ganzheitliche Betrachtung – ganz im Sinne des holistischen Ansatzes des Beziehungsmarketings – notwendig ist. Insofern soll im Folgenden der Efficient-Consumer-Response-Ansatz mit der Unterscheidung von anbieterorientierten Optimierungsansätzen und nachfragerorientierten Optimierungsansätzen differenziert dargestellt werden.

Die *anbieterorientierten Optimierungsansätze* konzentrieren sich auf die Warenflüsse zwischen Hersteller und Handel (Logistikperspektive oder Supply Side). Zur Optimierung der Warenflüsse bedarf es eines Supply Chain Management. Die *nachfragerorientierten Optimierungsansätze* berücksichtigen verstärkt die Nachfragerseite (Nachfrageperspektive oder Demand Side). Hierbei werden Warengruppen als strategische Geschäftseinheiten definiert und im Rahmen der kooperativen Zusammenarbeit auf die Bedürfnisse bestimmter Zielgruppen ausgerichtet.

Category Management-Prozess

Zur Planung, Steuerung und Kontrolle dieser Warengruppen sind Maßnahmen im Rahmen des *Category Management* umzusetzen, um die gesamte Leistung jeder einzelnen Warengruppe (Category) optimieren zu können (vgl. Voeth/Herbst 2013, S. 454 f.). Der *Prozess* des Category Management umfasst folgende strategischen Entscheidungsbereiche (vgl. Schröder 2012b, S. 534):

- Abgrenzung der Warengruppe
- Definition der strategischen Ziele
- Festlegung der Strategien
- Umsetzung der Strategien
- strategische Kontrolle

Kundenorientierung als zu beachtendes Prinzip bei der Warengruppendefinition

Bei der grundlegenden Entscheidung, der *Abgrenzung der Warengruppe,* ist das Prinzip der Kundenorientierung strikt zu beachten. Warengruppen im Category Management sind nach den Bedürfnissen der Kunden bzw. nach Bedarfsbündeln zusammenzustellen. Insofern ist eine genaue Kenntnis der Kriterien, die Kunden bei der Kaufentscheidung zugrunde legen, notwendig, um eine bedarfsadäquate Warengruppeneinteilung vornehmen zu können. Am folgenden Beispiel soll der Unterschied einer klassischen Warengruppendefinition und einer kundenorientierten (oder auch bedarfsträgerorientierten) Warengruppendefinition dargestellt werden (vgl. hierzu Theis 2007, S. 349):

PRAXISBEISPIEL

Kundenorientierte Warengruppendefinition

Ein Einzelhandel, der auch Güter für den Haustierbedarf anbietet, könnte eine stoffliche Einteilung vornehmen und für Hunde, Katzen oder andere Haustiere die Bereiche Tiernahrung, -hygiene und -spielzeug unterteilen. Die Produkte für die Tiernahrung, für die Tierhygiene und die Spielzeuge für die Tiere sind im Handel bei diesem Orientierungsprinzip üblicherweise unterschiedlich platziert. Ein Kunde müsste demzufolge, wenn er beispielsweise für seinen Hund diverse Produkte kaufen möchte, unterschiedliche innerbetriebliche Standorte aufsuchen. Bei einer kundenorientierten Sortimentszusammenstellung würde dies entfallen. Danach findet der Kunde spezielle Warengruppen konzentriert auf einer bestimmten Verkaufsfläche vor, die den kompletten Bedarf decken, z. B. in der Warengruppe »Alles für den Hund« (vgl. Theis 2007, S. 349).

Diese konzentrierte Platzierung der Warengruppe beinhaltet zudem die Chance, akquisitorisches Potenzial vermehrt auszuschöpfen, da sich die warengruppenspezifischen Artikel im unmittelbaren Wahrnehmungsumfeld des Kunden befinden und auf diese Weise auch ein nicht geplanter Artikel als Kaufoption schneller erkannt werden kann.

Zieldefinition als Basis erfolgreicher Partnerschaft

Unter Berücksichtigung der übergeordneten *Zielsetzung* des Category Management, nämlich die Optimierung der Geschäftsprozesse zwischen Hersteller und Handel unter Berücksichtigung der Kundenorientierung, ist ein strategisches Zielsystem zu definieren, das von beiden Partnern getragen wird. Dieser Schritt ist vor allem deswegen von Bedeutung, da, wie eingangs erwähnt, Hersteller- und Handelsunternehmen jeweils unterschiedliche Zielpräferenzen haben, im Rahmen des Category Management zumindest jedoch partielle Zielkompromisse erforderlich sind, um die Basis für eine insgesamt erfolgreiche Partnerschaft zu schaffen.

Festlegung der Strategien

Bei der Festlegung und der anschließenden Umsetzung der Strategien des Category Management können anbieter- und nachfrageorientierte Optimierungsansätze differenziert werden. Im Folgenden sollen die jeweilig zu subsumierenden *Basisstrategien* skizziert werden (vgl. hierzu Lammers 2012, S. 107 ff.; Lietke 2009, S. 14 ff.; Klumpp/Jasper 2007, S. 3 ff.).

Angebotsseitige Strategieoptionen

Als *Basisstrategien der Supply Side* können vor allem Efficient Replenishment, Efficient Administration und Efficient Operating Standards unterschieden werden:

Efficient Replenishment

Just-in-Time-Belieferung durch nachfrageorientierte Warenlieferung

Efficient Replenishment (effizienter Warennachschub) verfolgt das Ziel, durch die Realisierung einer nachfrageorientierten Warenlieferung Vorratsbestände (im Lager und am Point of Sale) zu vermeiden und eine Just-in-Time-Belieferung zu erreichen. Das herkömmliche Belieferungssystem (der Hersteller reagiert auf Bestellungen des Handels) wird hierbei ersetzt durch einen koordinierten Prozess, der eine automatische Belieferung vorsieht auf der Basis von Bestands- und Abverkaufsdaten und gemeinsamen Bestellprognosen (Joint Forecasting). So können beispielsweise Abverkaufszahlen über Scannerkassen erfasst und direkt zum Hersteller weitergeleitet werden. Damit dieser Datenaustausch auch stattfinden kann, ist eine Verknüpfung von Informations- und Kommunikationssystemen beider Partner notwendig. Auf der Basis aller relevanten Beschaffungsinformationen wie z. B. Lagerbestände im Handel, Abverkaufszahlen oder Retouren kann dann der Hersteller den Warennachschub organisieren.

Efficient Administration

Optimierung aller administrativen Prozesse

Efficient Administration (effiziente Verwaltung) betrifft alle administrativen Prozesse zwischen Hersteller und Handel im Bereich des Dokumenten- und Informationsflusses und umfasst die Ziele, nicht der Wertschöpfung dienende bzw. redundante Aktivitäten zu reduzieren oder zu eliminieren sowie die Bestellsysteme und die Informationsübermittlungszeiten zu optimieren. Probleme zwischen den Interaktionspartnern ergeben sich häufig aufgrund nicht abgestimmter und damit ineffizienter Bestell-, Liefer- und Zahlungsprozesse. Optimierungsmöglichkeiten beim Dokumenten- und Informationsfluss zeigen sich in der Nutzung einheitlicher Standards bei Datenformaten und beim Datentransfer. Für die zentrale Datenspeicherung eignet sich ein Data Warehouse. Für diese administrativen Aufgaben bieten internationale Standardisierungsorganisationen Unterstützung an. Beispielsweise offeriert die deutsche Vertretung der internationalen Dachorganisation zur Standardisierung, GS1 Germany (GS1 = Global Standards 1), Kunden aus unterschiedlichen Branchen die Umsetzung von Identifikations-, Datenträger-, Kommunikations- und

Prozessstandards, um Prozesse entlang der Wertschöpfungskette unternehmensübergreifend und effizient steuern zu können (vgl. GS1 Germany 2016).

Optimierung der Logistik durch effiziente Steuerung des Warenflusses

Efficient Operation Standards

Efficient Operating Standards (effiziente Ausführungsstandards) betreffen den Warenfluss zwischen Lieferanten (z. B. Konsumgüteranbieter) und Abnehmern (z. B. Handelsunternehmen). Die Zielsetzung besteht in der Optimierung der operativen Logistik durch koordinierte und standardisierte Steuerung des Warenflusses. Ein Ansatz liegt in der Gestaltung von ›Efficient Unit Loads‹, d. h. in der Schaffung einheitlicher, standardisierter Ladungsträger (Unit Loads). Als traditionelles Beispiel wäre die Euro-Palette zu nennen. Ein weiterer Gestaltungsansatz besteht im ›Roll Cage Sequencing‹. Hierbei werden vornehmlich Rollcontainer (Roll Cage) in der Art filialgerecht beladen, dass der Ladungsträger in der Filiale bzw. im Handel abgeladen und direkt am PoS platziert werden kann, gegebenenfalls mit kleineren Anpassungen bei der Regalbestückung. Besonders relevant im Zusammenhang mit zu optimierenden Warenbelieferungen ist der ›Cross-Docking‹-Ansatz. Beim Cross Docking (Kreuzverkupplung) werden die Waren vom Hersteller bzw. Lieferanten vorkommissioniert und direkt an die Handelsfilialen weitergeleitet. Die angelieferten Waren werden dort nicht eingelagert, sondern unmittelbar den entsprechenden Warenausgängen zugeordnet (vgl. Wellbrock/Traumann 2012, S. 29; ausführlich zum Cross-Docking-Ansatz vgl. Nagel/Mieke 2014, S. 114 ff.).

Nachfrageseitige Strategieoptionen

Zu den *Basisstrategien der Demand Side* zählen Efficient Store Assortment, Efficient Product Introduction und Efficient Promotions:

Optimales Sortiment durch Hersteller-Händler-Kooperation

Efficient Store Assortment

Efficient Store Assortment (effiziente Sortimentsgestaltung) repräsentiert einen kooperativen Hersteller-Händler-Prozess, bei dem gemeinsam versucht wird, ein kunden- und renditeorientiertes Sortimentsangebot zusammenzustellen. Im Wesentlichen geht es um die optimale Struktur des Sortiments hinsichtlich der Sortimentsbreite und der Sortimentstiefe. Die Sortimentsbreite gibt die Anzahl der verschiedenen Produktarten und damit den Umfang der additiven Kaufmöglichkeiten an. Bietet die Einkaufsstätte ein breites Sortiment an, kann der Kunde einen Großteil seines Bedarfs aus unterschiedlichen Warenbereichen (z. B. Bekleidung/Textilien, Haushaltswaren, Wohnbedarfsartikel) decken. Die Sortimentstiefe hingegen umfasst die Anzahl der Varianten eines gleichartigen Produkts bzw. einer ähnlichen Sorte und definiert damit das Angebot alternativer Kaufmöglichkeiten (z. B. Duschgels in unterschiedlichen Duftnoten für unterschiedliche Zielgruppen wie Frauen oder Männer) (vgl. Hansen 1990, S. 207). Sortimentsbreite und -tiefe sind mit den Bedürfnissen der Kunden abzugleichen (z. B. über Bedürfnisanalysen); auf der Grundlage dieser kundenorientierten Sortimentsstruktur lassen sich dann auch renditeorientierte Ziele besser erreichen.

Category Captain: Chance zur Stabilisierung der Beziehung zum Handel

Da sich der Handel im Regelfall von mehreren Herstellern mit Waren beliefern lässt, wäre es aus Sicht eines Herstellers zum Aufbau einer langfristigen Partnerschaft und zur Differenzierung von konkurrierenden Lieferanten interessant, sich als sogenannter *Category Captain* zu profilieren und zu etablieren. Ein Category

Captain ist für alle die gesamte Warengruppe betreffenden Entscheidungen verantwortlich, auch für den Ein- und Verkauf der Artikel in dieser Kategorie. Das impliziert auch die Auswahl und Platzierung von Wettbewerbsprodukten. Da Hersteller in dieser Funktion eher geneigt sind, Produkte aus dem eigenen Unternehmen prioritär zu behandeln, kann auf diese Weise die Chance zur Ausschöpfung eigener Absatzpotenziale im Allgemeinen oder zur konkreten Markenplatzierung im Besonderen genutzt werden (vgl. Theis 2007, S. 344). Allerdings sollte der Hersteller die ihm vom Handel übertragene Funktion des Category Captain nicht ›überstrapazieren‹ und dergestalt ausnutzen, eine dominant einseitige und herstellerlastige Warengruppierung vorzunehmen. Damit könnte zum einen bestehendes Vertrauenspotenzial verletzt werden und somit Zielstellungen wie Stabilisierung oder Intensivierung der Hersteller-Handelsbeziehung grundsätzlich belasten. Zum anderen besteht auch die Gefahr, dass eine wenig ausgewogene Warengruppe nicht die vom Kunden erwünschte Artikelauswahl widerspiegelt und insofern Renditeziele negativ beeinflusst werden.

Efficient Product Introduction

Efficient Product Introduction (effiziente Produktneueinführung) umfasst die Entscheidungen zur effizienten Einführung neuer Produkte, betrifft aber auch Entscheidungen hinsichtlich der Entwicklung neuer Produkte und der Entwicklung und Produktion von Handelsmarken. Diese drei separaten Strategiebereiche stellen unterschiedliche Anforderungen an die Kooperation bzw. an die Intensität der Hersteller-Handelsbeziehung.

Gemeinsame Produktentwicklung setzt vertrauensvolle Hersteller-Handels-Beziehung voraus

Die *Einführung neuer Produkte* als erste Teilstrategie ist eher weniger anspruchsvoll. Im Wesentlichen sind lediglich Informationen auszutauschen wie beispielsweise über den vom Hersteller geplanten Produktlaunch, über vorgesehene Werbe- oder Preisaktionen. Der Handel wiederum kann seinerseits Informationen zur Verfügung stellen über die Point-of-Sale-relevanten Daten wie z. B. verfügbare Regalplatzfläche oder Anzahl der gelisteten konkurrierenden Marken. Unter Abwägung dieser Informationsbasis können dann gemeinsame Aktionen zur Produktneueinfühung koordiniert und umgesetzt werden.

Entschließen sich die Kooperationspartner zu einer Zusammenarbeit bei der Entwicklung von Neuprodukten, sind weitaus sensiblere Daten auszutauschen. So kann der Hersteller den Handel über Produktideen oder geplante Innovationen informieren, der Handel wiederum dem Hersteller spezielle Kenntnisse übermitteln, die er durch den direkten Kundenkontakt am Point of Sale erhalten hat. Ein derartiger Informationsaustausch setzt schon eine vertrauensvolle Hersteller-Handelsbeziehung voraus, ist aber notwendig, um an gemeinsamen Produktentwicklungskonzepten überhaupt arbeiten zu können. In der Praxis scheinen Produktentwicklungskooperationen jedoch wenig Akzeptanz zu finden (vgl. Lietke 2009, S. 15). Ein Grund mag darin liegen, dass die Beteiligung des Handels am Produktentwicklungsprozess des Herstellers umfangreiche Entscheidungsbereiche bedingt (z. B. Einflussrechte wie Mitsprache- oder Mitbestimmungsrechte, Art und Umfang der inhaltlichen Fragestellungen wie Grad der Einbeziehung in die Entscheidungen über Produktqualität, Verpackung oder Warenkennzeichnung), die im Vorfeld geprüft bzw. mit dem Handel abzuklären sind (zu den Gestaltungselementen einer Handelsbeteiligung vgl. Heuer 1999, S. 164 ff.).

Duale Markenstrategie birgt Chancen und Risiken

Als Teilstrategie mit den engsten Kooperationsbeziehungen gilt die *gemeinsame Handelsmarkenentwicklung und -produktion.* Die Beteiligung eines Herstellers an der Entwicklung einer Handelsmarke (auch Händler- oder Hausmarke) erscheint dann kontraproduktiv, wenn der produzierende Anbieter seine Herstellermarke (auch Fabrik- oder Industriemarke) im gleichen Handel platzieren möchte, in dem die Handelsmarke angeboten wird. Ein möglicher Kannibalisierungseffekt dürfte jedoch beispielsweise dann ausgeschlossen sein, wenn in der Wahrnehmung der Kunden zwischen der Herstellermarke und der Handelsmarke ein unterschiedliches Markenimage besteht. Da mit Handelsmarken oftmals auch andere, nämlich preissensiblere Käuferschichten angesprochen werden sollen, kommen sich Hersteller- und Handelsmarke weniger ›in die Quere‹. Eine Doppelstrategie (duale Markenstrategie) – Platzierung von Herstellermarke sowie Entwicklung und Produktion der Handelsmarke – kann für den Hersteller aber auch diverse Vorteile induzieren (vgl. zu Chancen und Risiken der dualen Markenstrategie Grunwald 2010b; Grunwald 2009b und Grunwald 2009c). So kann der Hersteller im Rahmen der Handelsmarken(mit)entwicklung seine eigenen Vorstellungen einbringen und – sofern es sinnvoll erscheint – auf die Andersartigkeit der Handelsmarke hinwirken. Vor allem können auf diese Weise auch Me-too-Produkte (Nachahmerprodukte) vermieden werden; sie stiften keinen wesentlichen Nutzen für den Kunden, sondern ›verstopfen‹ eher den Absatzkanal und behindern die Verbreitung echter, nutzenstiftender Produktinnovationen (vgl. Steiner 2007, S. 112). Auch kann über die Zusammenarbeit mit dem Handel der Einfluss konkurrierender Lieferanten begrenzt werden, da bei funktionierender und erfolgreicher Zusammenarbeit die Motivation des Handels im Regelfall niedrig sein dürfte, andere Kooperationspartner zu akquirieren. Kommt noch die Handelsmarkenproduktion hinzu, erhöht sich insgesamt die Abhängigkeit des Handels von der Herstellerleistung. Mit der auf diese Weise verstärkten Sicherung des Absatzkanals bestehen wiederum gute Chancen, herstellereigene Marken besser im Handel zu platzieren. Sofern sich der Handel aber dazu entscheiden sollte, lediglich die Handelsmarke produzieren zu lassen, auf die Listung der Herstellermarke aber verzichtet, hat der Hersteller immer noch den Vorteil einer besseren Auslastung seiner Produktionskapazitäten und der Versorgung des Handels mit ›seinen‹ Produkten. In der Praxis finden sich diverse Hersteller, die eigene Marken anbieten und gleichzeitig auch Handelsmarken produzieren. Als Beispiel sei nur das Unternehmen Bahlsen genannt, das u. a. seine Traditionsmarke »Leibniz Butterkeks« in vielen Einzelhandelsgeschäften platziert hat und für den Discounter Aldi u. a. die Handelsmarke »Choco Bistro Butterkeks« herstellt (vgl. Wer zu Wem Firmendatenbank 2017).

Gemeinsame Verkaufsförderung verspricht langfristig Rentabilitätsvorteile

Efficient Promotions

Efficient Promotions (effiziente Verkaufsförderung) umfasst die Zusammenarbeit des Herstellers mit dem Handel im Rahmen der Verkaufsförderung mit dem Ziel, durch abgestimmte Maßnahmen und durch die Bündelung von Ressourcen eine effizientere und damit kostengünstigere Planung, Durchführung und Kontrolle der Maßnahmen am Point of Sale zu erreichen. Die Notwendigkeit eines gemeinsamen Vorgehens ergibt sich aus den im Wesentlichen negativen Erfahrungen in der Praxis. Sie zeigt, dass Hersteller und Handel primär (zum Teil stark) preisorientierte und eher operativ ausgerichtete Point-of-Sale-Aktionen umsetzen. Vor allem wird versucht, über Sonderpreisaktionen Kunden anzulocken. Auf diese Weise werden Kunden jedoch zu Schnäppchenjägern ›erzogen‹, die auf derartige preisgünstige Angebote spekulieren. Kurzfristige Umsatzzuwächse können damit zwar erreicht werden, auf die Gesamtleistung der Warengruppe wirkt sich dieses Vorgehen aber eher negativ aus. Integrierte, gemeinsam abgestimmte Verkaufsförderungsaktionen verhelfen eher dazu, auch langfristig Rentabilitätsvorteile zu generieren. So können beispielsweise Aktionen am Verkaufsort bzw. in der Einkaufsstätte geplant werden, die die Kundenloyalität fördern und belohnen, etwa in Form einer kostenlosen Zugabe von Produktproben. Damit lassen sich auch neue Kundensegmente ansprechen und Innovationen wirkungsvoll lancieren (vgl. Steiner 2007, S. 110 f.).

Basistechnologien unterstützen die Umsetzung der Strategien

Eine vollständige Implementierung der skizzierten Basisstrategien der Supply Side und der Demand Side kann nur dann gewährleistet werden, wenn auch eine Unterstützung durch die notwendigen *Basistechnologien* erfolgt. Zu den Basistechnologien (Enabling Technologies) zählen die Informations- und Kommunikationstechnologien, die dem Austausch von Daten und Informationen zwischen den Akteuren der Wertschöpfungskette dienen (vgl. hierzu und zum Folgenden Barta 2015, S. 9 f.; Obersojer 2009, S. 68 ff.).

Elektronischer Datenaustausch nach internationalen Standards

Sichergestellt werden muss zunächst ein *elektronischer Datenaustausch* (Electronic Data Interchange = EDI), der nach einheitlichen internationalen Standards strukturiert ist. Sämtliche warengruppen- und produktbezogenen sowie prozessbezogenen Daten sind dort verfügbar, um einen effizienten, d. h. schnellen und verlässlichen Datenfluss zwischen Hersteller und Handel zu gewährleisten. Zentrale Vorteile liegen im weitgehenden Verzicht auf Papier, in der Vermeidung von Doppelerfassungen bei der Dateneingabe und in der Erzielung von Kostenvorteilen durch reduzierte Administrations-, Logistik-, Kapital- oder Marketingkosten. Gelegentlich wird heutzutage auch das Internet zur Datenübertragung genutzt und damit das sogenannte Web-EDI eingesetzt. Die Abwicklung über das Internet eignet sich eher für (kleinere) Unternehmen, die nur geringere Datenmengen an ihre Systempartner weiterleiten möchten.

Zeitliche und finanzielle Vorteile durch RFID-System

Eine schnelle und umfassende Identifikation von Artikeln, Paletten oder auch kompletten Containerladungen ermöglicht die *RFID-Technologie* (RFID = Radio Frequency Identification). Bei der Nutzung des RFID-Systems werden auf den relevanten Gegenständen Mikrochips, sogenannte Transponder (oder auch Tags), angebracht. Diese dienen als Speichermedium und übertragen Daten auf Basis elektromagnetischer Wellen, die dann mit einem Lesegerät ausgelesen werden können. Durch die RFID-Technologie ist es möglich, selbst eine hohe Datenmenge bzw. eine hohe Anzahl an Datenträgern durch Hindernisse hindurch (z. B. durch LKW-Wände) auszulesen. Laut GS1 Germany belegen Best Practices, dass durch die Nutzung von

PRAXISBEISPIEL

Lagerlogistik

Werden Etiketten durch RFID-Mikrochips ersetzt, können pro Jahr ca. 40.000 Euro eingespart werden.

Textilbranche

Der Einsatz von RFID ermöglicht eine Aufwandsreduzierung im Rahmen des Wareneingangs von 75 % und im Rahmen der Inventur von 80 %.

(vgl. GS1 Germany 2017b)

RFID enorme zeitliche und finanzielle Vorteile erzielt werden können (vgl. GS1 Germany 2017b).

Die Einsatzpotenziale der RFID-Technologie scheinen noch nicht ausgeschöpft zu sein, insbesondere im Zusammenhang mit der Produktnutzung bzw. dem Konsumort. So wäre es möglich, eine Kommunikation von Produktverpackung und Kühlschrank oder Mikrowelle dergestalt zu planen und umzusetzen, dass der Kühlschrank notwendige Nachschubprozesse meldet und die Mikrowelle durch den Transponder auf der Lebensmittelverpackung gleichzeitig die Information über die optimale Garzeit erhält und den Zubereitungsvorgang automatisch startet (vgl. Obersojer 2009, S. 101).

Prognosen über künftige Nachfrage durch CPFR

Neben der RFID-Technologie bietet sich bei Efficient Consumer Response-Konzepten auch die *CPFR-Technologie* an. CPFR (Collaborative Planning, Forecasting and Replenishment) steht für gemeinsame Planungs-, Prognose- und Bevorratungsprozesse. Durch die Zusammenarbeit von Herstellern mit Händlern auf der Basis dieser Technologie lassen sich Prognosen über die zukünftige Nachfrage bilden, sodass die Warenversorgung auf der Nachfragerseite sichergestellt und auf der Anbieterseite Lagerbestände minimiert und Produktionspotenziale besser ausgeschöpft (z. B. gleichmäßigere Auslastung vorhandener Produktionskapazitäten) werden können (vgl. GS1 Germany 2017a). Für die Unternehmenspraxis stehen im Internet Leitfäden zur Umsetzung von CPFR zur Verfügung (siehe z. B. unter GS1 Germany 2017a). Dort finden sich pragmatische Ansätze und praktische Beispiele, wie Unternehmen – unabhängig von der Unternehmensgröße und dem jeweiligen (technologischen) Entwicklungsstand – CPFR einsetzen können, um im Verbund mit Partnern relevante Prozesse der Supply und Demand Side gemeinsam steuern und eine integrierte Gesamtlösung erzielen zu können.

Schnelle Produktidentifikation durch Barcodes

Zur effizienten Abbildung von physischen Güterströmen im Allgemeinen und zur schnellen Identifikation von Produkten oder auch Paletten im Besonderen werden auch *Barcodes* eingesetzt. Barcodes sind auf Produktverpackungen sichtbar abgedruckt, und zwar numerisch und auch als Strichcode. Über das Einscannen des Barcodes beispielsweise an der Kasse kann der Preis erfasst, der Verkaufsvorgang abgewickelt und weitere Prozesse (wie z. B. der Warennachschub) ausgelöst werden.

DWCodes versprechen Optimierung in mehreren Bereichen

Neben der Anbringung von sichtbaren Barcodes eröffnet sich eine neuere Möglichkeit durch die Nutzung einer Technologie, die mit unsichtbaren Barcodes, sogenannte *Digital Watermark Codes* (DWCode), arbeitet. Ein DWCode ist ein für das menschliche Auge unsichtbares Wasserzeichen, das auf die komplette Produktverpackung aufgebracht wird. Voraussetzung für das Lesen des Wasserzeichens sind spezielle Kamerascanner, mit denen – so die Erwartungen – wohl zukünftige Generationen der Scannerkassen ausgestattet sein dürften. Mit diesen unsichtbaren Barcodes erhofft man sich vor allem einen schnelleren Check-out-Prozess im Handel, weitere Effizienzvorteile in der Logistik und ein verbessertes Verpackungsdesign, da nunmehr der Platz, der zum Aufdruck des traditionellen sichtbaren Barcodes notwendig war, eingespart und für andere Zwecke (z. B. für akquisitorische Zwecke durch Hinweise auf weitere Produkte des Anbieters) genutzt werden kann (vgl. Neue Verpackung online 2016).

Nachfolgend werden die vorgestellten Basisstrategien der Supply Side und der Demand Side sowie die relevanten Basistechnologien in Abbildung 3-17 im Überblick dargestellt:

Abb. 3-17

Strategien im Rahmen des Efficient Consumer Response

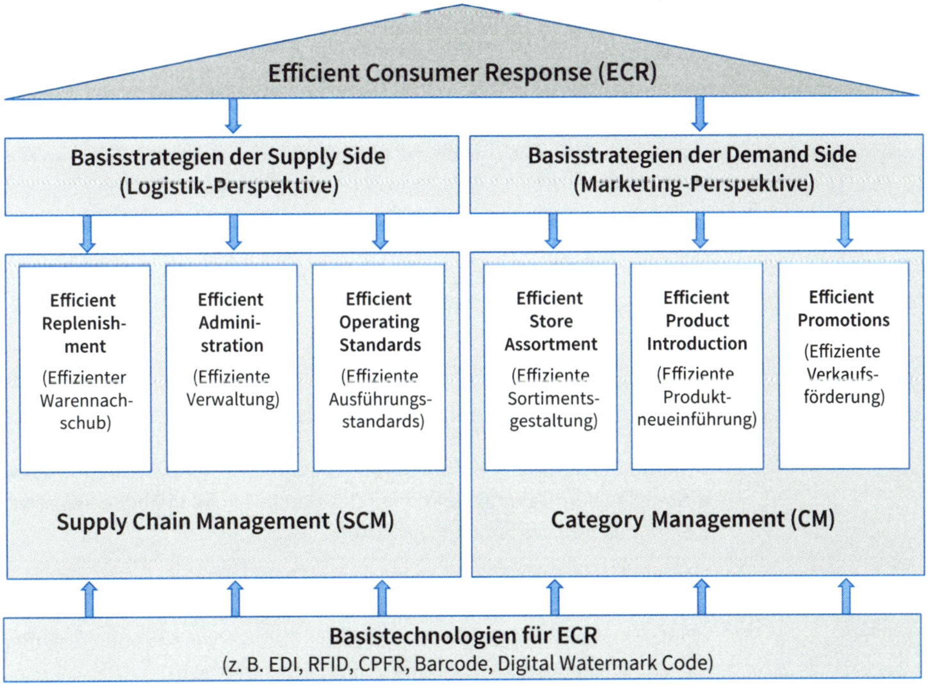

(Quelle: vgl. Voeth/Herbst 2013, S. 455; Obersojer 2009, S. 68; Steiner 2007, S. 18)

Zusammenfassend kann festgehalten werden, dass sich vielfältige Kooperationsfelder anbieten, die im Rahmen eines Handelsbeziehungsmarketings umgesetzt werden können. Insbesondere eine Efficient Consumer Response-Partnerschaft bietet Potenziale, um bestehende Geschäftsbeziehungen zu stabilisieren oder zu intensivieren. Zentrale Vorteile auf der Herstellerseite bestehen in der Sicherung des Absatzkanals für die eigenen Güter und durch die kontinuierliche Versorgung der Kunden mit diesen Gütern auch im Aufbau von Kundenbindung sowie in der Möglichkeit, bedarfsgerecht fertigen zu können. Für den Handel liegen die Vorteile vor allem in Kosteneinsparungen (u. a. durch Entlastungen in der Warenbevorratung) sowie in der Verbesserung der Warenverfügbarkeit (vgl. Klumpp/Jasper 2007, S. 6). Im Zuge der nunmehr koordinierten Tätigkeiten im Rahmen von Efficient Consumer Response-Partnerschaften werden die eingangs aufgelisteten Vermittlungsfunktionen des Waren-, Kommunikations- und Wertstroms für den Handel zwar nicht obsolet, allerdings ergeben sich in vielen Aktionsfeldern neue, auch geteilte Verantwortlichkeiten bzw. andere Zuständigkeiten. Durch das gemeinsame ›Kümmern‹ um bestimmte Aufgaben und durch das gemeinsame Bemühen um optimale Aufgabenerfüllung besteht die Chance, Synergiepotenziale besser auszuschöpfen und insgesamt eine höhere ›Schlagkraft‹ im Wettbewerbsumfeld zu erlangen.
Eine Efficient Consumer Response-Partnerschaft kann aber nur dann erfolgreich gestaltet werden, wenn die Partner keine kurzfristige, projektorientierte Zusammenarbeit anvisieren, sondern der Fokus auf eine auf Nachhaltigkeit bzw. auf Langfristigkeit ausgerichtete Beziehung gelegt wird. Diese strategische Ausrichtung ist deswegen auch sinnvoll, da mit der Implementierung von Efficient Consumer Response zum Teil nicht unerhebliche Investitionen (z. B. in neue Informations- und Kommunikationstechnologien) verbunden sind und sich diese erst im Laufe der Zeit amortisieren lassen (vgl. Lingenfelder/Kreipl 2005, S. 251).

WIEDERHOLUNGSFRAGEN

- Diskutieren Sie die Auswirkungen der zunehmenden Digitalisierung auf die traditionellen Vermittlungsfunktionen des Handels auf den Ebenen Warenstrom, Kommunikationsstrom und Wertstrom.
- Nennen Sie zentrale Zieldivergenzen zwischen Hersteller- und Handelsunternehmen unter Berücksichtigung der marketingpolitischen Instrumente. Wählen Sie pro Marketinginstrument eine Zieldivergenz aus und diskutieren Sie Möglichkeiten zur Erreichung von Zielkonvergenzen.
- Recherchieren Sie empirische Untersuchungen, die zum einen den Machtüberhang des Handels und zum anderen den Machtüberhang von Herstellern belegen, und diskutieren Sie diese kritisch.

- Unterscheiden Sie machtpolitische Strategieoptionen im Absatzkanal.
- Diskutieren Sie Basisstrategien der Supply Side und Basisstrategien der Demand Side.

3.3.6 Kundenbeziehungsmarketing

Kennzeichen des Kundenbeziehungsmarketings

Zentrales Gestaltungsobjekt des Kundenbeziehungsmarketings sind die Beziehungen zwischen Unternehmen und ihren Kunden. Gemäß der allgemeinen Begriffsbestimmung des Beziehungsmarketings (siehe Kapitel 1.3) ist Kundenbeziehungsmarketing wie folgt zu definieren:

> *Kundenbeziehungsmarketing* umfasst sämtliche Maßnahmen der Analyse, Planung, Realisierung und Kontrolle der Beziehungen von Unternehmen zu ihren Kunden mit dem Ziel, gegenseitigen und nachhaltigen Nutzen zu generieren durch Initiierung, Stabilisierung, Intensivierung und Wiederaufnahme sowie gegebenenfalls Beendigung von Geschäftsbeziehungen.

In der Literatur werden bei der Betrachtung dieser Beziehungsebene häufig die Begriffe Kundenbeziehungsmanagement oder auch Customer Relationship Management bzw. Customer Relationship Marketing (CRM), teilweise auch nur Relationship Marketing (RM) verwandt. Welche Begrifflichkeit auch immer zugrunde gelegt wird – Einigkeit besteht darin, den Kunden in den Mittelpunkt aller unternehmerischer Bemühungen zu rücken bzw. sämtliche Geschäftsprozesse und Verantwortlichkeiten auf den Kunden auszurichten (vgl. Schwill 2009, S. 6).

Kundenbeziehungsmarketing wendet sich an potenzielle, aktuelle und verlorene Kunden

Im Rahmen des hier zugrunde gelegten Verständnisses des Beziehungsmarketings, das neben dem Aufbau vor allem auch den Erhalt von Interaktions- und Geschäftsbeziehungen verfolgt (vgl. Kapitel 1.1), sind im Rahmen der Kundenbeziehungen die noch nicht existierenden, die bestehenden und die beendeten Geschäftsbeziehungen relevant. Demzufolge bezieht sich das Kundenbeziehungsmarketing auf potenzielle, aktuelle und verlorene Kunden und umfasst die Aufgaben der Gewinnung neuer Kunden, der Erhaltung bzw. Bindung bestehender Kunden und der Rückgewinnung verlorener bzw. abgewanderter Kunden. Da Kundenbeziehungen entscheidend von den Mitarbeitenden beeinflusst werden, die direkten Kundenkontakt haben, ist das Kundenbeziehungsmarketing stets mit dem Mitarbeiterbeziehungsmarketing abzugleichen (siehe Abbildung 3-18 und auch Kapitel 3.3.2).

Relevanz des Kundenbeziehungsmarketings

Im Rahmen des Kundenbeziehungsmarketings spielen die aktuellen und hier vor allem die loyalen Kunden für den Unternehmenserfolg eine zentrale Rolle. Grundsätzlich kann davon ausgegangen werden, dass loyale Kunden häufiger Leistungen des Unternehmens nachfragen bzw. Zusatzkäufe tätigen (sogenanntes Cross-Selling), das Unternehmen weiterempfehlen (positive Mund-zu-Mund-Kommunika-

Abb. 3-18

Kundenfokussierung im Kundenbeziehungsmarketing und Zusammenhang zwischen Kundenbeziehungsmarketing und Mitarbeiterbeziehungsmarketing

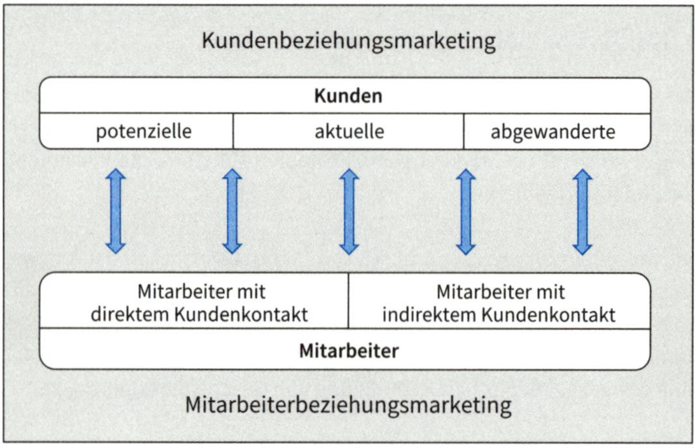

(Quelle: eigene Darstellung)

tion), mehr zu zahlen bereit sind (geringere Preissensitivität) oder sich auch weniger beschweren (wenn auch eine hohe Beschwerderate zur Erhaltung der Beziehung durchaus wünschenswert ist; siehe hierzu Kapitel 4.2.2). Die Notwendigkeit, sich intensiv mit Kundenbeziehungen zu befassen, und die hohe *Bedeutung,* die bestehenden Kundenbeziehungen zugerechnet werden muss, spiegelt sich in folgenden Untersuchungsergebnissen wider (vgl. hierzu Bruhn 2016b, S. 4 ff., und die dort zitierten Studien):

- Im Rahmen einer BBDO-Befragung von Marketingentscheidern wird die Kundenbindung als wichtigster Erfolgsfaktor identifiziert. Auch gemäß einer Studie der Unternehmensberatung Roland Berger ist die Bindung profitabler Kunden einer der wichtigsten Erfolgsfaktoren; erst danach kommen die Leistungsqualität und eine vorteilhafte Kostenstruktur. So plante die Mehrheit der befragten Unternehmen Budgetsteigerungen für Maßnahmen der Kundenbindung, um weiterhin erfolgreich auf dem Markt agieren zu können. Diese Schwerpunktsetzung fruchtet aber nur, wenn die getroffenen Kundenbindungsmaßnahmen u. a. mit den strategischen Zielsetzungen des Unternehmens übereinstimmen, sie von den Kunden akzeptiert werden oder sie im gesamten Marketing-Mix eingebunden sind.
- Einer branchenübergreifenden Studie zufolge erbringt ein intensiverer Einsatz eines CRM-Systems höhere qualitative (wie z. B. Kundenzufriedenheit oder Kundenbindung) und ökonomische (wie etwa Profitabilität oder Wachstum) Erfolge.

- Aus einer weiteren Studie ließ sich ableiten, dass der Unternehmensgewinn maximiert werden kann durch verstärkte Investitionen in Kundenbindungsmaßnahmen (ca. 75 % des Marketingbudgets) und geringere Investitionen in Maßnahmen der Kundenakquisition (ca. 25 % des Marketingbudgets).
- Eine Studie, in der die finanziellen Auswirkungen verschiedener Formen von Kundenbindungsmaßnahmen untersucht wurden, stellte heraus, dass sich der höchste kurzfristig gemessene wirtschaftliche Erfolg nicht durch finanzielle Maßnahmen wie beispielsweise Rabatte oder Belohnungssysteme ergab, sondern durch Marketing-Programme, mit denen die sozialen Beziehungen beeinflusst werden sollten.
- Insgesamt ist es kostengünstiger, bestehende Kunden zu halten als neue Kunden zu gewinnen. Im Durchschnitt sind für die Kundenakquisition fünfmal so hohe Aufwendungen erforderlich (vgl. Kenzelmann 2008, S. 13).
- Studien belegen die zunehmende Bedeutung der Kundenbindung auch im Business-to-Business-Bereich.

Ziele des Kundenbeziehungsmarketings

Die *Zielsetzungen des Kundenbeziehungsmarketings* liegen grundsätzlich darin, profitable Kundenbeziehungen zu erreichen, um auf diese Weise den ökonomischen Erfolg zu erhöhen. Profitable Kundenbeziehungen sind allerdings nur über zufriedene Kunden und zufriedene Kunden nur durch eine kundenorientierte Ausgestaltung sämtlicher Unternehmensprozesse möglich (siehe auch Abbildung 3-19).

Kundenbindung entsteht durch Kundenzufriedenheit, der Schlüssel dazu ist Mitarbeiterzufriedenheit

Auf der Grundlage dieser Erfolgskette sind die Zielrichtungen festzulegen. Im Rahmen der *Kundenorientierung* ist das gesamte Denken und Handeln im Unternehmen auf den Kunden, d. h. auf die aktuellen und potenziellen Bedürfnisse, Wünsche und Probleme auszurichten. Bezogen auf die *Kundenzufriedenheit* liegt die zentrale Ausrichtung auf der Erhaltung oder Erhöhung dieser Zielgröße. Nur zufriedene Kunden tendieren dazu, das Unternehmen beim nächsten Mal wieder zu wählen oder das Unternehmen weiterzuempfehlen, eventuell sogar zum Stammkunden zu werden. Insofern liegt der Schlüssel zur Kundenbindung in der Zufriedenheit der Kunden (und der Schlüssel zur Kundenzufriedenheit wiederum liegt in der Zufriedenheit der Mitarbeitenden; siehe Kapitel 3.3.2). Die Zielrichtungen im Rahmen der *Kundenbindung* liegen in der Stabilisierung der Kundenbeziehungen und damit in der Verlängerung der Dauer dieser Beziehung.

Die jeweilig zugrunde gelegte Zielsetzung wird von unternehmensexternen und -internen Faktoren beeinflusst. So kann aufseiten der *unternehmensexternen Faktoren* beispielsweise das Verhalten der Wettbewerber dazu führen, dass, um sich vom Wettbewerber abheben zu können, generell andere Maßnahmen der Kundenorientierung entwickelt werden müssen. Unter Berücksichtigung der *unternehmensinternen Faktoren* kann beispielsweise die geringe Breite des Leistungsangebots die Kunden dazu animieren, zur Konkurrenz zu wechseln.

Unter Berücksichtigung der unternehmensinternen und -externen Faktoren und zur zielgerichteten Gestaltung von Maßnahmen zur Steuerung der Kundenorientierung, Kundenzufriedenheit und Kundenbindung (und gegebenenfalls auch der Kundenrückgewinnung) bedarf es eines Kundenbeziehungsmarketingsystems, das un-

Abb. 3-19

Erfolgskette der Kundenorientierung

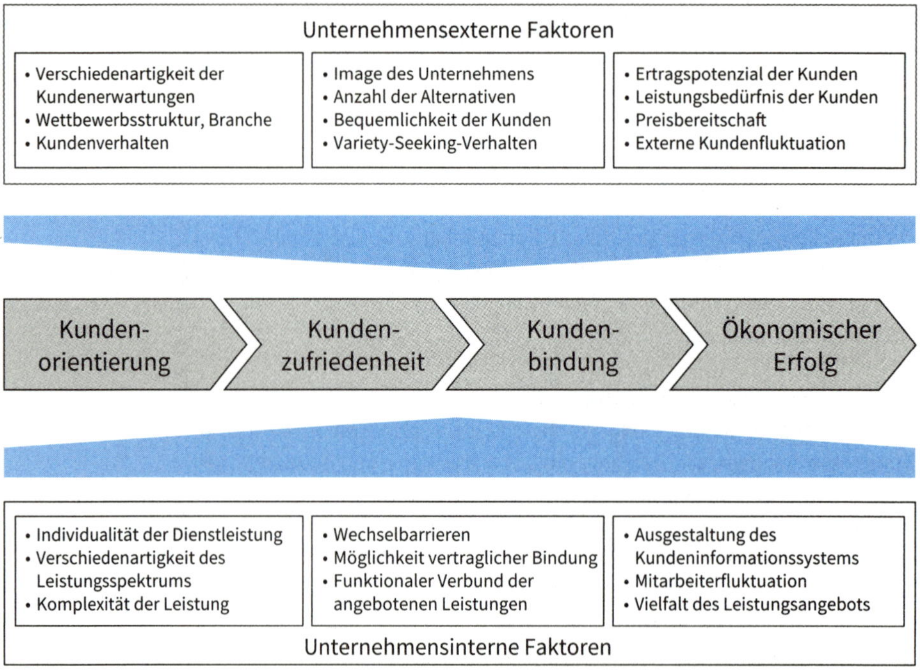

(Quelle: vgl. Bruhn 2016a, S. 13)

terschiedliche *Komponenten* integriert. Hierzu zählen das operative, das kommunikative und das analytische Kundenbeziehungsmarketing (vgl. hierzu und zum Folgenden Helmke/Uebel/Dangelmaier 2017, S. 10 ff.; Hippner/Wilde 2003, S. 12 ff.):

Operatives Kundenbeziehungsmarketing

Das *operative Kundenbeziehungsmarketing* unterstützt die operativen Prozesse der Bereiche, die den direkten Kontakt mit dem Kunden haben (Front-Office). Hierzu zählen hauptsächlich das Marketing, der Vertrieb (Sales) und der (Kunden-) Service.

Kampagnenmanagement ist wesentlich

Wesentliches Instrument zur Gestaltung und Steuerung der Geschäftsprozesse im Sinne eines ganzheitlichen Kundenkontakts ist das *Kampagnenmanagement*. Auf der Basis von Kauf- und Kontakthistorien werden kunden-, kundengruppen- und zeitpunktspezifische Marketingaktionen ermittelt. Unter Berücksichtigung dieses Wissens kann dann durch spezifische Kampagnen

- das richtige Informations- und Leistungsangebot
- an den richtigen Kunden

- im richtigen Kommunikationsstil,
- im richtigen Kommunikationskanal,
- zum richtigen Zeitpunkt

vermittelt werden.

Eine weitere Aufgabe liegt in der Erstellung und Pflege von Marketingmaterialien. Diese unterstützen die Mitarbeitenden an der ›Kundenfront‹ im Rahmen ihres Dialogs mit den Kunden.

Vertriebsautomation, spezifische Analysen und Interactive-Selling-Systeme unterstützen den Vertrieb

Die *Vertriebsautomation* hat administrative Aufgaben zu verantworten wie Termin- und Routenplanung, Besuchsberichtserfassung, Kundendatenverwaltung, Unterstützung bei der Angebotserstellung oder Spesenabrechnung. Zum Einsatz kommen auch folgende Analysen, die insbesondere für den Vertrieb interessant sind (vgl. Schwill 2009, S. 17; Winkelmann 2005, S. 599 ff.):

- *Lost-Order-Analyse*: Die Lost-Order-Analyse untersucht alle Angebote, die nicht zu einem Kaufabschluss geführt haben, hinsichtlich der Ablehnungsgründe. Über diese Analyse lassen sich Schwachstellen in den kundenbezogenen Prozessen identifizieren und abstellen.
- *Sales-Cycle-Analyse:* Mithilfe dieser Analyse lassen sich Wiederbeschaffungszeitpunkte vormerken, damit der Kunde rechtzeitig auf mögliche Ersatzkäufe angesprochen werden kann. Ansonsten besteht die Gefahr, dass sich der Kunde ›selbstständig‹ macht bzw. Ausschau nach einem alternativen Angebot hält.
- *Opportunity Management:* Hierunter ist die Erfassung, Verwaltung, Steuerung und Verteilung von ›Verkaufschancen‹ zu verstehen. Eine Verkaufschance (Opportunity) stellt eine Möglichkeit für Unternehmen dar, Produkte und/oder Dienstleistungen an potenzielle Kunden zu verkaufen. Das zentrale Ziel des Opportunity Management besteht darin, einen Überblick über alle Verkaufschancen zu erhalten und Erkenntnis darüber zu gewinnen, wie diese Chancen im Rahmen eines optimierten Verkaufsprozesses zu Vertragsabschlüssen geführt werden können.

Weitere Unterstützung in diesem Zusammenhang erfährt das Vertriebspersonal durch *Interactive-Selling-Systeme*; diese bieten eine direkte Hilfe im eigentlichen Verkaufsgespräch, indem sie z. B. elektronische Produktkataloge und Produktkonfiguratoren ermöglichen. Grundsätzlich können dem Vertriebspersonal durch derartige Systeme sämtliche Informationen zur Verfügung gestellt werden, die sie zur Unterstützung ihrer Verkaufsargumentation benötigen.

Enterprise-Resource-Planning-Systeme und Vertriebsautomation unterstützen Kundenservice

Bezogen auf den *Kundenservice* wird zum einen dem Serviceinnendienst hauptsächlich Kontaktunterstützung geboten, um vor allem die vom Kunden initiierten Kontakte besser annehmen und bearbeiten zu können (z. B. im Rahmen des Beschwerdemanagements). Zum anderen erhalten die Außendienstmitarbeitenden vorwiegend Unterstützung bei ihren Routine- und Administrationsaufgaben, z. B. durch Kontaktmanagement, Routenplanung, Spesenverwaltung oder Verfügbarkeitsangaben von Ersatzteilen mittels Enterprise-Resource-Planning (ERP)-Systemanbindung. Der Kundenservice kann hierbei von Funktionen, die die Vertriebsautomation erfüllt, profitieren.

Kommunikatives Kundenbeziehungsmarketing

Das *kommunikative Kundenbeziehungsmarketing* betrifft die gesamte Steuerung und Unterstützung der Kommunikation des Unternehmens mit dem Kunden. Als Kommunikationskanäle kommen E-Mail, Telefon, Internet, Mailings, persönlicher Kontakt etc. infrage. Um eine effektive und effiziente Kundenkommunikation zu gewährleisten, müssen die einzelnen Kanäle aufeinander abgestimmt bzw. synchronisiert werden. Diese Aufgabe übernehmen heutzutage zunehmend sogenannte *Customer Interaction Center* (CIC); sie sind als multimediale Schnittstelle dafür verantwortlich, bisher isolierte Kommunikationskanäle zu integrieren und alles so zu organisieren, dass ›mit einer Zunge‹ kommuniziert wird.

Analytisches Kundenbeziehungsmarketing

Im Gegensatz zum operativen und kommunikativen Kundenbeziehungsmarketing, bei denen jeweils eine unmittelbare Unterstützung kundenbezogener Geschäftsprozesse erfolgt, werden im Rahmen des *analytischen Kundenbeziehungsmarketings* mit Unterstützung einer Kundendatenbank (Customer Data Warehouse) Kundenkontakte und Kundenreaktionen systematisch aufgezeichnet und zur Optimierung der Geschäfts- bzw. Vertriebsprozesse analysiert. Als Analysewerkzeuge stehen dabei das Online Analytical Processing (OLAP) und das Data Mining zur Verfügung.

Kundendatenbank erfordert einheitliches Datenmodell

In einer *Kundendatenbank* werden alle Kundendaten aus den unterschiedlichsten Quellen in einem virtuellen Datenlager gesammelt. In der Regel, d. h. ohne Anwendung eines Data Warehouse, sind diese Daten insgesamt nicht nur sehr umfangreich, sondern nicht miteinander verknüpft oder sogar noch in unterschiedlichen Datenhaltungssystemen abgespeichert. Insofern ist es erforderlich, ein einheitliches Datenmodell zu schaffen, Kundendaten zu bereinigen (z. B. Adressbereinigung) und eine in sich stimmige und übersichtliche Datenbasis (z. B. gegliedert nach Kunden oder Kundengruppen) zu schaffen. Die Informationsinhalte einer Kundendatenbank sind je nach Branche oder Geschäftszweig unterschiedlich. So wird sich beispielsweise die Kundendatenbank einer Bank von der eines Maschinenbauunternehmens hinsichtlich Aufbau und Inhalt unterscheiden.

G-P-A-R-Strukturierungsmodell zur Einrichtung von Kundendatenbanken

Bei der *Einrichtung einer Kundendatenbank* empfiehlt sich ein Vorgehen in Strukturblöcken, wie im folgenden G-P-A-R-Strukturierungsmodell dargestellt wird (vgl. hierzu Rudolph/Rudolph 2000, S. 82 f.):

- *G = Grunddaten:* Die Kunden-Grunddaten dienen der Beschreibung der Kunden. Hierzu gehören z. B. Adressdaten, soziodemografische und geografische Kriterien.
- *P = Potenzialdaten:* Sie liefern Anhaltspunkte für das kundenindividuelle Nachfragevolumen. Beispiele sind: produkt- oder produktgruppenspezifischer Bedarf, derzeitige Maschinenausstattung, Zielvorgaben.
- *A = Aktionsdaten:* Sie enthalten die Historie der kundenspezifischen Marketingmaßnahmen wie z. B. Besuchs- und Kontaktdaten, Inhalt und Ergebnis des letzten Kundenbesuchs, Angebotsdaten (Menge, Preis).
- *R = Reaktionsdaten:* Diese Daten halten das Kundenverhalten fest und speichern ergänzende Angaben als Kundenhistorie ab. Daten wie Kundenanfragen, bisherige Aufträge oder Reklamationen können hier dokumentiert werden.

Abbildung 3-20 spiegelt die Informationsfelder einer Kundendatenbank nach dieser Struktur wider:

Abb. 3-20

Informationsfelder einer Kundendatenbank

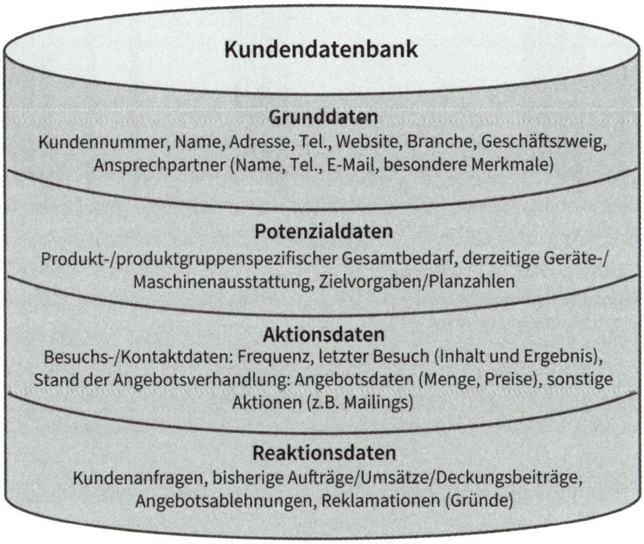

(Quelle: vgl. Rudolph/Rudolph 2000, S. 82)

Mehrdimensionale Abbildung von Kundendaten durch OLAP-Verfahren

Während die Kundendatenbank alle relevanten Daten aufbereitet, kann mithilfe von *OLAP-Verfahren* ein mehrdimensionaler Datenwürfel (siehe Abbildung 3-21) abgebildet werden (z. B. unter Berücksichtigung von Kriterien wie Produktgruppen, Kundengruppen, Preisklassen, Verkaufsgebiete, Vertriebskanäle). So lässt sich beispielsweise mit Einsatz von OLAP analysieren, welches Produkt in welcher Preisklasse von welchem Kunden wie oft gekauft wurde.

Prognose von Kundenbedürfnissen und -verhalten mittels Data Mining

Während OLAP-Verfahren nach vom Unternehmen vorgegebenen Dimensionen und Zusammenhängen arbeiten (z. B. beantworten sie die Frage: In welchen Verkaufsgebieten verliert das Unternehmen prozentual die meisten Kunden pro Jahr?), wird mit *Data Mining* (›Datenschürfen‹) nach neuen, bisher noch nicht bekannten Mustern, Regeln, Zusammenhängen oder Trends ›geschürft‹. Mit Data Mining haben Unternehmen die Möglichkeit, Kundenbedürfnisse vorauszusagen bzw. zu prognostizieren, welche Produkte oder Leistungen die Kunden voraussichtlich nachfragen werden. Aus diesen Analysedaten können wertvolle Erkenntnisse beispielsweise für die Kampagnenplanung gewonnen werden So kann für den Vertrieb z. B. die Antwort auf folgende Fragestellung sehr nützlich sein: Auf welche Kunden sollte sich

Abb. 3-21

Mehrdimensionale Darstellung von Abverkaufsdaten

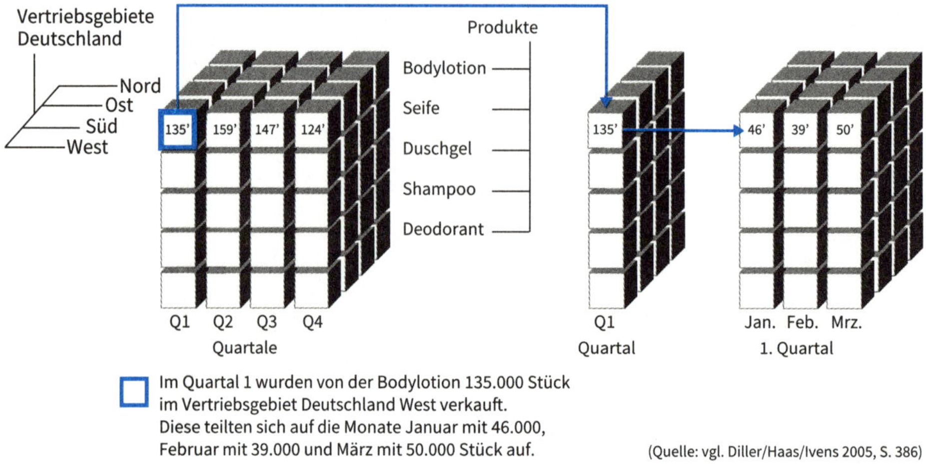

(Quelle: vgl. Diller/Haas/Ivens 2005, S. 386)

das Unternehmen beim Vertrieb des Produktes X und der geplanten Kampagne Y konzentrieren?

Typische für Data Mining relevante Fragestellungen sind (vgl. hierzu Zipser 2001, S. 48):

- *Assoziationen:* Welche Produkt-/Leistungskombinationen kaufen die Kunden? Wenn bekannt ist, welche Kombinationen von Produkten und/oder Leistungen Kunden tendenziell kaufen, dann lassen sich wirkungsvollere Vertriebskampagnen starten und letztlich auch Unternehmenserfolge steigern.
- *Segmentierung und Profilierung:* Welche Eigenschaften teilen die Kunden? Welche Eigenschaften haben die Kunden, die nicht mehr Produkte oder Leistungen nachfragen bzw. abgewandert sind? Ist bekannt, welche Kundeneigenschaften dem Unternehmen am wichtigsten sind? Sind Kunden und Kundengruppen mit ähnlichen Eigenschaften erst einmal identifiziert, können kunden- oder zielgruppenspezifische Vertriebsaktionen eingesetzt werden.
- *Verhaltensweisen:* Was tun die Kunden, wie reagieren sie? Wie verhalten sich Kunden, nachdem das Angebot unterbreitet wurde? Wie reagieren sie auf Nachfragen des Unternehmens, wenn bislang noch kein Auftrag erteilt wurde? Welche Zahlungsmoral haben sie? Wenn man in der Lage ist, das wahrscheinliche Verhalten eines Kunden zu antizipieren, dann lassen sich unternehmerische Maßnahmen besser darauf abstimmen.
- *Ausnahmen:* Wer passt nicht in die Norm? Data-Mining-Techniken alarmieren Unternehmen, wenn sich Kunden plötzlich anders als gewohnt verhalten oder bestimmte Unregelmäßigkeiten festzustellen

sind, wenn sie z. B. bestimmte Leistungen weniger nachfragen, eine andere Zahlungsmoral an den Tag legen etc. Lassen sich diese untypischen Verhaltensweisen bzw. Unregelmäßigkeiten schnell feststellen, dann kann rechtzeitig gegengesteuert und ein mögliches Abwandern von Kunden vermieden werden.

Unter Berücksichtigung der skizzierten Komponenten lassen sich die zusammengefassten *Aufgabenbereiche* des Kundenbeziehungsmarketings gemäß folgender Tabelle 3-18 zuordnen:

Tab. 3-18

Aufgabenbereiche des Kundenbeziehungsmarketings

		strategisch	taktisch	operativ
Planung (Strategy, Process & Project Map)		Welchen Kundenbedürfnissen ist mit welchen Maßnahmen gerecht zu werden?	Wie sind Budgets auf Instrumente zu verteilen? Wie sind die Prozesse zu gestalten?	Wer ist für welche Maßnahmen einsetzbar?
DURCHFÜHRUNG	analytisches KBM	Welche Kundendaten sind zu welchem Zweck zu erheben?	An wen sind welche Kundendaten weiterzuleiten? Wie sind die Daten zu strukturieren?	Mit welchen Verfahren sind die Kundendaten zu analysieren und aufzubereiten?
DURCHFÜHRUNG	operatives KBM	Welche Instrumente eignen sich für die Erfüllung welcher Bedürfnisse? Welche Instrumente eignen sich, um zukünftige Erwartungen zu generieren?	Wie werden die Instrumente abgestimmt? Wie sind Front-/Back-Office-Prozesse umzusetzen?	Wer führt welche Maßnahmen wann, wie und womit durch?
DURCHFÜHRUNG	kommunikatives KBM	Welche Kontaktkanäle passen zu Maßnahmen und Kundenstruktur?	Welche Inhalte sind wie zu transportieren? Wie sieht die kommunikative Harmonisierung aus?	Welche Mitarbeitenden sind für welchen Kommunikationskanal zuständig?
Kontrolle		Inwieweit werden die identifizierten Kundenbedürfnisse erfüllt? Wie erfolgreich ist Kundenbeziehungsmarketing?	Welche Methoden und Kennzahlen sind einzusetzen? Wer erhält welche Auswertungen?	Wie, wie oft und womit werden Daten analysiert?

(Quelle: vgl. Helmke/Uebel/Dangelmaier 2017, S. 13)

Strategische Entscheidungsbereiche

In den weiteren Ausführungen sollen die strategischen Gestaltungsalternativen im Rahmen des Kundenbeziehungsmarketings aufgezeigt werden. Zur Strukturierung der einzelnen Entscheidungsbereiche bieten sich folgende zentrale Fragestellungen an:

- *Wer?* Bei dieser Fragestellung geht es um die Entscheidung, welche *Zielgruppe* angesprochen werden soll. Konkret sind Kundensegmente zu definieren, für die entsprechende Maßnahmen zu entwickeln sind.

- *Welche Phase?* Hierbei geht es um die Differenzierung der Phasen im *Rahmen des Kundenbeziehungszyklus'*.
- *Welche Optionen?* Zur Entscheidung stehen grundsätzliche *strategische Gestaltungsoptionen,* die ein Unternehmen im Rahmen des Kundenbeziehungsmarketings wählen kann.

Die Kundensegmentierung

Im Rahmen des Beziehungsmarketings im Allgemeinen bzw. des Kundenbeziehungsmarketings im Besonderen spielt die *Kundensegmentierung* eine wichtige Rolle, da es kaum noch Märkte gibt, in denen eine nicht auf die Kunden und deren Wünsche oder Erwartungen abgestimmte Vorgehensweise sinnvoll ist (vgl. hierzu und zum Folgenden Schwill 2009, S. 42 ff.). Zwar spielen die Überlegungen zur Identifikation von Zielgruppen im B2B-Geschäft tendenziell eine geringere Rolle als im B2C-Marketing, da mit organisationalen Käufern sowieso schon kundenindividuelle Produkte und Leistungen erstellt werden; trotzdem ist es auch im B2B-Bereich notwendig, sich Transparenz darüber zu verschaffen, welche Kunden denn überhaupt anvisiert werden sollen. Dazu ist es notwendig, eine Kundensegmentierung durchzuführen.

Unter *Kundensegmentierung* ist die Aufteilung sämtlicher potenzieller und aktueller Kunden in intern homogene und extern heterogene Zielgruppen (Kundensegmente) zu verstehen (vgl. Grunwald/Hempelmann 2017, S. 242 f.).

Die *Ziele der Segmentierung* liegen vor allem in der Bestimmung von Kundenprofitabilitäten, -werten und -potenzialen sowie in der Umsetzung eines kundenorientierten Lösungsdenkens. Wer hier die ‹Nase vorn haben‹ will, muss folgende *Voraussetzungen* schaffen:

Voraussetzungen für Kundensegmentierung

Zunächst ist auf die Qualität, Aktualität und Vollständigkeit der Kundendaten zu achten; sie bilden das ›Rohmaterial‹, die Basis für eine ›saubere‹ Kundensegmentierung. Der Einsatz zentraler Datenbanken bzw. einer Kundendatenbank hilft, die Effizienz der Segmentierung zu erhöhen und die Analysequalität zu verbessern. Weiterhin ist es notwendig, bei den Verantwortlichen vor allem Transparenz zu schaffen, d. h., Informationsmonopole sind abzubauen (der Kunde gehört dem Unternehmen, nicht einem einzelnen Mitarbeiter) und die interne Kommunikation ist zu verbessern; dazu gehört auch, dass die Vorteile der Kundensegmentierung darzulegen sind, erst dann kann auch ein Verständnis dafür entwickelt werden.

Segmentierung erfolgt idealerweise in zwei Stufen

Sind die Voraussetzungen geschaffen, stellt sich nun die Frage, wie Markt- bzw. Kundensegmente gebildet werden können. Grundsätzlich kann folgende *zweistufige Vorgehensweise* vorgeschlagen werden (vgl. hierzu Godefroid/Pförtsch 2008, S. 121 ff.):

- *Makrosegmentierung:* Märkte und Kunden werden nach Kriterien unterschieden, bei denen das Kundenunternehmen als organisatorische Einheit gesehen wird.
- *Mikrosegmentierung:* In dieser Stufe sind die Merkmale der Personen relevant, die im Unternehmen an den Beschaffungen beteiligt sind.

In der folgenden Tabelle 3-19 sind beispielhaft relevante Kriterien der Makro- und Mikrosegmentierung zusammengefasst:

Tab. 3-19

Kriterien im Rahmen einer mehrstufigen Segmentierung auf Business-Märkten

Makrosegmentierung	
geografische Kriterien	• lokal • regional • national • international • global
demografische Kriterien	• Branchen • Unternehmensgröße (z. B. Anzahl der Mitarbeitenden, Umsatz) • Einkaufsvolumen bzw. Bedarf • Wertsteigerung der eingekauften Produkte • Bedeutung der eingekauften Produkte für das beschaffende Unternehmen
organisatorische Kriterien	• Einkaufspolitik • Organisation des Beschaffungsprozesses • Zusammensetzung des Buying Centers • durchschnittliche Auftragsgröße • Häufigkeit der Aufträge • Lagerungsmöglichkeiten
Lieferanten-/Kunden-beziehung	• Neukunde • Stammkunde • ehemaliger Kunde • Kunde eines Wettbewerbers • (noch) Nichtverwender der Produkte • Möglichkeit von Gegenseitigkeitsgeschäften
Mikrosegmentierung	
demografische Merkmale	• Alter • Ausbildung • Stellung im Unternehmen
Rollenträger im Buying Center	• Entscheider • Beeinflusser • Nutzer • Einkäufer • Informationsselektierer
Persönlichkeitsmerkmale	• Lifestyle • Wertepräferenzen • Risikobereitschaft • Entscheidungsstil • Informationsgrad
Kaufmotive	• Interesse an der Beschaffung • persönliche Ziele • Präferenzen für Anbieter bzw. Produkte

(Quelle: vgl. Godefroid/Pförtsch 2008, S. 122 f.)

PRAXISBEISPIEL

Hilti: Bauingenieure als wichtige Beeinflussergruppe im Dübelmarkt

»Eine Business Unit des Hilti-Konzerns fertigt und vertreibt ein umfassendes Dübel- und Ankerprogramm für alle Befestigungsaufgaben im Hoch- und Tiefbau. Im Rahmen von Marktsegmentierungsüberlegungen wurde vor einigen Jahren der im Dübelmarkt relevante Entscheidfindungsprozess untersucht. Das Buying Center des Entscheidprozesses für den Einsatz einer Dübelmarke umfasst als wichtigste Rollenträger den Bauingenieur als ›Beeinflusser‹ und den Bauunternehmer als ›Entscheider‹. Der Bauingenieur erstellt die statischen Berechnungen eines neuen Bauwerkes und bestimmt die dafür einzusetzenden Baumaterialien. Der Bauunternehmer erstellt das Gebäude aufgrund der Berechnungen des Bauingenieurs. Die Marktumfrage hat die wichtige Rolle des Bauingenieurs in der Spezifikation der Dübelmarke aufgezeigt, die bei einem Bauprojekt eingesetzt wird. Kein Bauingenieur wird zwar jemals einen Dübel selber bestellen! Trotzdem ist die Bearbeitung dieser Beeinflussergruppe für den Absatz der Dübel von hoher Bedeutung. Über 80 % der befragten Bauunternehmer folgen nämlich der Dübelspezifikation des planenden Bauingenieurs, ohne diese zu hinterfragen […].
Hilti hat aufgrund der Erkenntnisse aus dieser Marktumfrage die Betreuung der Bauingenieure stark ausgebaut. Eine Beratungsgruppe wurde aufgebaut, die die Bauingenieure in vielen Bereichen mit einer weitgehenden Beratung unterstützt. Die Beratungsleistungen umfassen Schulungsprogramme, themenspezifische Handbücher und Software für verschiedene Berechnungsprogramme im Bereich der Baustatik. Neben der grundlegenden Dübeltechnik werden die Bauingenieure auch über spezielle Fragen informiert, wie z. B. das Korrosionsverhalten, die Reaktion der Dübel bei Feuer und Erdbeben und der Dübeleinsatz bei speziellen Bauwerken wie Tunnels und Brücken. Die Bauingenieure zeigen sich sehr interessiert an diesen erweiterten Dienstleistungen von Hilti« (Ammann 2000, S. 327 und S. 329.)

Im Rahmen der Mikrosegmentierung wird deutlich, dass es viele Personen im sogenannten Buying Center gibt, die innerhalb eines Unternehmens einen Einfluss auf die Kaufentscheidung ausüben können. Obiges Praxisbeispiel belegt die Bedeutung unterschiedlicher Entscheidungs- bzw. Funktionsträger in solchen organisationalen Entscheidungsfindungsprozessen.

Ermittlung von Kundenwerten

Mit dieser Makro- und Mikrosegmentierung lassen sich zwar ganz allgemein wichtige von weniger wichtigen Kunden differenzieren. Dies betrifft aber doch primär potenzielle Kunden, die es zu gewinnen gilt. Wesentlich interessanter sind jedoch auch die aktuellen Kunden, die ebenfalls zu segmentieren sind, um vor allem anhand ihrer zukünftigen Kundenpotenziale spezifische Kundenbeziehungsmarketing-Maßnahmen ableiten zu können. Zu diesem Zweck ist die Ermittlung von *Kundenwerten* empfehlenswert (vgl. hierzu Schwill 2009, S. 46 ff.). Der Begriff Kundenwert (Customer Value) kann unter Berücksichtigung unterschiedlicher Perspektiven betrachtet werden. Zum einen beurteilt der Kunde aus seiner Sicht den Nutzen, den er einer Geschäftsbeziehung beimisst und der je nach individueller und subjektiver Höhe die Entscheidung beeinflusst, ob ein Kunde die Geschäftsbeziehung aufrechterhält oder beendet. Dieser *Wert aus Kundensicht* kann z. B. durch Befragungen ermittelt werden.

Zum anderen kann der *Kundenwert aus der Anbieterperspektive* definiert werden als »der vom Anbieter wahrgenommene, bewertete Beitrag eines Kunden bzw. des gesamten Kundenstamms zur Erreichung der monetären und nichtmonetären Ziele des Anbieters« (Helm/Günter 2006, S. 7). So kann man diesen Wert danach differenzieren, ob der gesamte Kundenstamm (Customer Equity) oder der eines einzelnen Kunden oder von Kundengruppen Gegenstand der Bewertung sein sollen. Während der Wert des gesamten Kundenstamms vor allem für die Bewertung eines Unternehmens benötigt wird, ist es für das strategische und operative Marketing von Interesse, den individuellen Kundenwert zu kennen, um die Steuerungsinstrumente gezielt einsetzen zu können.

Im Rahmen der Kundenbewertung ist grundsätzlich zwischen den bestehenden (aktuellen) Kunden und den potenziellen Kunden zu unterscheiden. Naturgemäß sind viele Informationen zu bestehenden Kunden vorhanden, wie z. B. die Art der Produkte, die vom Kunden gekauft werden, wie viele, wie oft und zu welchen Konditionen. Diese Informationen sind zu analysieren und in aussagekräftige Bewertungen umzuwandeln. Allerdings sind diese Aussagen vergangenheitsbezogen. Für eine möglichst entscheidungsrelevante Bewertung eines Kunden wäre es jedoch besonders interessant zu wissen, wie sich der Kunde in Zukunft für das Unternehmen ›lohnen‹ wird. Hier wären vor allem *Prognoseverfahren* oder Trendanalysen zugrunde zu legen.

Anders sieht es bei den potenziellen Kunden aus. Die Informationen, die hier vorliegen, sind häufig allgemeiner Natur und damit auch Konkurrenten zugänglich. Daher haben diese Bewertungen – so wichtig sie auch im Entscheidungsprozess sind – nur begrenzte Aussagekraft, da sie meist auf Annahmen beruhen, die nicht valide sind.

Verfahren zur Kundenbewertung

Verfahren zur Kundenbewertung lassen sich in statische und dynamische Verfahren einteilen. Dabei verwenden die *statischen Verfahren* Daten, die entweder zu einem bestimmten Zeitpunkt ermittelt worden sind oder deren zeitliche Abfolge nicht von Bedeutung ist. Zu den statischen Verfahren zählen die Kunden-ABC-Analyse, die Kundendeckungsbeitragsrechnung, Scoring-Modelle zur Kundenbewertung und die Kunden-Portfolio-Analyse. Bei *dynamischen Verfahren* wird die Zeitabfolge von Daten berücksichtigt. Die Kundenbeziehung ist als Investitionsobjekt zu betrachten und – analog zu einem Produktlebenszyklus und unter der Annahme eines idealtypischen Verlaufs – werden sich die am Anfang einer Geschäftsbeziehung entstehenden Kosten erst in späteren Phasen der Beziehung amortisieren. Insofern ist es notwendig, den Kundenwert auf den gesamten Beziehungslebenszyklus zu berechnen und zukünftige Kosten und Erlöse mit einzubeziehen. Als Berechnungsmethode dient hierfür der *Customer Lifetime Value* (CLV) (vgl. hierzu Kapitel 5.4).

Der Kundenbeziehungszyklus

Drei Phasen des Kundenbeziehungszyklus'

Neben der Klärung der Kundensegmentierung und der Kundenbewertung ergeben sich Fragestellungen im Rahmen des *Kundenbeziehungszyklus'* (oder auch Kundenbeziehungslebenszyklus). Dieser Beziehungszyklus unterscheidet in seinem idealtypischen Verlauf drei Kernphasen (vgl. zum Folgenden Bruhn 2016b, S. 65 ff.; Schwill 2009, S. 12 ff.; siehe auch Abbildung 3-22):

- Kundenakquisition
- Kundenbindung
- Kundenrückgewinnung

Phase 1: Kundenakquisition

Die Phase der *Kundenakquisition* (Kundenneugewinnung) bezeichnet die Aufnahme der Beziehung zwischen Unternehmen und Kunden. Im Rahmen der *Anbahnungs-*

Abb. 3-22

Phasen des Kundenbeziehungszyklus'

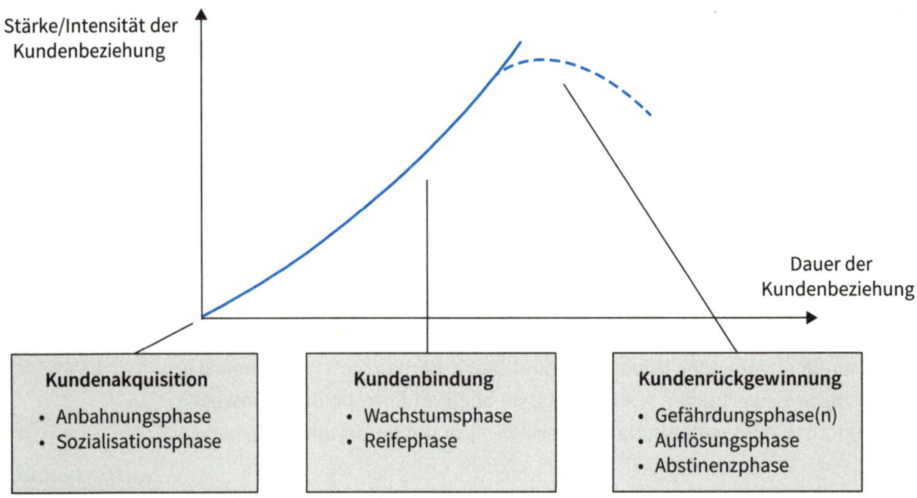

(Quelle: Bruhn 2016b, S. 66; vgl. auch Stauss 2000a, S. 16)

phase holt der Kunde Informationen über den Anbieter ein und der Anbieter ergreift Maßnahmen, um den Kunden zu gewinnen. Die erfolgreiche Anbahnung führt zur *Sozialisation,* d. h., der Kunde sammelt erste Erfahrungen mit dem Produkt oder mit der Dienstleistung des Unternehmens, während das Unternehmen seinerseits Informationen über den Kunden gewinnt, um dann später diese Leistungen kundenindividueller auszugestalten. Beide Beziehungspartner gewöhnen sich aneinander. Diese Phase ist insgesamt gesehen kostenintensiv und rechnet sich zunächst nicht.

Phase 2: Kundenbindung

In der *Kundenbindungsphase* wird die Beziehung zwischen Unternehmen und Kunden stärker (intensiver); in der *Wachstumsphase* steigt die Nachfrage des Kunden, beispielsweise nach weiteren Leistungen des Unternehmens (Cross-Selling). Diese Potenziale des Kunden sind in der *Reifephase* weitgehend ausgeschöpft. Hier geht es darum, die Erlöse mit dem Kunden zu halten, auf keinen Fall sollen sie sinken.

Phase 3: Kundenrückgewinnung

Die Phase der *Kundenrückgewinnung* ist zunächst dadurch gekennzeichnet, dass es erste Anzeichen einer Beziehungskrise gibt *(Gefährdungsphase).* Der Kunde spielt mit dem Gedanken, die Geschäftsbeziehung aufzulösen und sich nach einem alternativen Beziehungspartner umzuschauen. Gründe hierfür können beispielsweise im Wunsch nach Abwechslung (sogenanntes Variety Seeking), in der Attraktivität des Konkurrenzangebots (günstigerer Preis, besserer Service etc.) oder einfach im

Fehlverhalten des Unternehmens (keine ›Liebesbeweise‹ wie kulantes Handeln o.Ä.) liegen. Wird der anfängliche Gedanke der Beziehungsbeendigung in die Tat umgesetzt, kündigt der Kunde die Beziehung (bei vertraglich fixierter Partnerschaft) oder er entschließt sich, die Leistungen des Unternehmens zukünftig nicht mehr zu nutzen *(Auflösungsphase)*. Die Folge davon ist die Phase, in der der Kunde keine Leistungen des Anbieters mehr nachfragt *(Abstinenzphase)*.

Folgerungen

Wenn auch das Konzept des Kundenbeziehungszyklus' dem Kundenbeziehungsmarketing als wertvolle Basis dient (schließlich hilft es bei der Entscheidung, wie, wann und mit welchen Mitteln der Kunde ›bearbeitet‹ werden kann), so bildet es doch einen idealtypischen Verlauf einer Unternehmen-Kunde-Beziehung ab. So muss ein Kunde nicht sämtliche Phasen durchlaufen; beispielsweise kann bereits in der Wachstumsphase, in der der Kunde bereit ist, mehr zu kaufen, das Unternehmen aber auf spezielle Kundenwünsche nicht eingeht, die Gefährdungsphase eingeläutet werden. Auch ist die Dauer der Phasen nicht eindeutig festlegbar. Während die Sozialisationsphase bei Standardleistungen, wie z.B. Konsumgütern des täglichen Gebrauchs, normalerweise recht kurz ausfällt, ist sie bei Individualleistungen, wie z.B. Investitionsgütern, länger. Das liegt daran, dass Investitionsgüter in der Regel komplexer und verschiedenartiger, d.h. auf die speziellen Unternehmensbedürfnisse zugeschnitten, sind.

Kundenorientierung als Basisbaustein des Kundenbeziehungsmarketings

Bevor die dem Kundenbeziehungszyklus zuzuordnenden strategischen Optionen aufgezeigt werden, ist die *Kundenorientierung* als der zentrale Baustein des Kundenbeziehungsmarketings zu thematisieren. Die Kundenorientierung stellt das strategische Fundament dar, auf dem die strategischen Gestaltungsoptionen im Rahmen der einzelnen Phasen des Kundenbeziehungszyklus' aufbauen. Die Notwendigkeit, Unternehmen grundsätzlich kundenorientiert zu gestalten, ergibt sich zum einen durch die Erfolgskette der Kundenorientierung (siehe Abbildung 3-19). Zum anderen belegen empirische Studien, dass kundenorientierte Unternehmen erfolgreicher sind (höhere Kundenbindung, bessere Rendite) als Unternehmen mit anderen strategischen Schwerpunkten (vgl. Diller/Haas/Ivens 2005, S. 81).

Der Begriff *Kundenorientierung* beschreibt »die umfassende, kontinuierliche Ermittlung und Analyse der individuellen Kundenerwartungen sowie deren interne und externe Umsetzung in unternehmerische Leistungen sowie Interaktionen im Rahmen des Relationship-Marketing-Konzepts mit dem Ziel, langfristig stabile und ökonomisch vorteilhafte Kundenbeziehungen zu etablieren« (Bruhn 2016a, S. 15).

Ganzheitliche Kundenorientierung

Zur Umsetzung des Konzepts einer ganzheitlichen Kundenorientierung sind verschiedene Entscheidungsbereiche relevant (vgl. zum Folgenden Riedel/Gresser 2016, S. 8 ff.; Schwill 2009, S. 28 ff.; Peterke 2007):

Unternehmensleitbild Kundenorientierung

Zunächst ist auf der Basis einer unternehmerischen *Vision* ein übergeordneter Orientierungsrahmen, ein *Leitbild Kundenorientierung* zu schaffen, das in wenigen, aber umso griffigeren Leitsätzen Verhaltensstandards, die in der Beziehung zum Kunden wichtig sind, kommuniziert. Diese Verhaltensstandards oder -regeln sind allerdings nicht einfach nur zu kommunizieren (gemäß dem Motto: »Ab morgen arbeiten wir kundenorientiert.«); es ist ein Irrtum zu glauben, dass eine unternehmensweit verkündete Botschaft ihre Wirkung quasi von selbst entfaltet. Kundenorientierung muss im Rahmen eines unternehmensweiten Veränderungsprozesses gelehrt und gelernt werden. Zunächst muss den Mitarbeitenden kommuniziert werden, welchen Stellenwert ein Kunde für das Unternehmen und für jeden Mitarbeiter und jede Mitarbeiterin hat. Ein bloßes Kommunizieren dieser Philosophie reicht aber bei weitem nicht aus. Floskeln wie »Guten Tag, was kann ich für Sie tun?« kann man Mitarbeitenden zwar schnell ›einimpfen‹, aber das Verhalten, welches sich jahrelang entwickelt und gefestigt hat, kann nur über einen langen Prozess verändert werden. Insofern ist es wichtig, dass die Führungskräfte gegenüber ihren Mitarbeitenden tagtäglich Kundenorientierung vorleben; auf diese Weise kann ein Verhaltenssog von oben nach unten erfolgen. Die Dimensionen der Kundenorientierung wie Akzeptanz, Freundlichkeit, Zuvorkommenheit, emotionale Nähe, Zufriedenheit, Flexibilität, Reaktionsgeschwindigkeit oder Aufmerksamkeit müssen also intern in vertikaler (Vorgesetzter – Mitarbeitende) und in horizontaler Richtung (Mitarbeitende untereinander, auf gleicher Hierarchiestufe stehend) eingefordert werden, wenn dies vor allem von den Mitarbeitenden mit direktem Kundenkontakt gegenüber den (externen) Kunden verlangt wird. Denn Folgendes steht fest:

> Eine nach innen gerichtete (interne) Kundenorientierung kann nicht losgelöst von einer nach außen gerichteten (externen) Kundenorientierung gesehen werden.

Die Maßnahmen zur Gestaltung der internen Kundenorientierung sind vielfältig; sie reichen von einer kundenorientierten Unternehmenskultur, einem Führungssystem, das kundenorientiert ausgerichtet ist, einem Vergütungssystem, das kundenorientiertes Verhalten belohnt, bis hin zu einem Arbeitsplatz, der freundlich und einladend gestaltet ist und an dem man sich als (interner und externer) Kunde wohl fühlt (vgl. auch Kapitel 3.3.2).

Unternehmenskultur ist zentral für Kundenorientierung

Neben der Vision spielt die *Unternehmenskultur* eine weitere zentrale Rolle im Rahmen der Kundenorientierung. Die Unternehmenskultur ergibt sich aus dem Zusammenspiel von Werten, Normen und Denkhaltungen, die im Unternehmen gelebt werden – und gelebt wird das, was man verinnerlicht hat. Daraus ergibt sich eine klare Forderung: Um eine kundenorientierte Unternehmenskultur zu schaffen, ist es zunächst notwendig, ein Bewusstsein und eine Atmosphäre zu schaffen, die ein kundenorientiertes Verhalten der Mitarbeitenden überhaupt erst ermöglichen.

Da kundenorientierte Werte und Normen jedoch selten direkt verhaltenssteuernd wirken, müssen sie durch Artefakte veranschaulicht bzw. »zum Leben erweckt« werden (vgl. Homburg 2017, S. 1294). Die folgende Tabelle 3-20 verdeutlicht, auf welche Weise Artefakte eine hohe oder niedrige Kundenorientierung zum Ausdruck bringen:

Tab. 3-20

Beispiele für Artefakte zur Darstellung von hoher und niedriger Kundenorientierung

	Ausprägung	
Artefaktkategorie	**hohe Kundenorientierung**	**niedrige Kundenorientierung**
Erzählungen	In einem Maschinenbauunternehmen kursieren Erzählungen über ein Vorstandsmitglied, das bei krankheitsbedingtem Ausfall vieler Servicetechniker am Wochenende selbst Ersatzteile zu Kunden gefahren hat.	In einem Finanzdienstleistungsunternehmen wird mit positiver Bewertung von Vertriebsmitarbeitern erzählt, die erfolgreich sind, indem sie den Kunden Produkte proaktiv verkaufen, die für das Unternehmen renditestark, aber für die Kunden nicht bedürfnisgerecht sind.
Sprache	In einem Software-Unternehmen gehört es zum allgemeinen Sprachgebrauch, bei internen Besprechungen die Frage zu stellen: »Wie würden unsere Kunden entscheiden?«	In einem Transportunternehmen ist es weit verbreitet, von Kunden als »Beförderungsfällen« zu sprechen.
Rituale	In einem Dienstleistungsunternehmen wird jeden Monat ein Mitarbeiter als »Customer Orientation Champion« ausgezeichnet.	In einem Dienstleistungsunternehmen werden viele Kundenschalter zur Hauptgeschäftszeit geschlossen, um den Mitarbeitern ein gemeinsames zweites Frühstück zu ermöglichen.
Arrangements	Die Anordnung und Gestaltung der Büroräume fördert die offene Kommunikation zwischen verschiedenen Abteilungen.	In einem Unternehmen ist die Beschwerdeabteilung an einem anderen regionalen Standort als die anderen Marketingabteilungen untergebracht.

(Quelle: Homburg 2017, S. 1295)

Mit der kundenorientierten Ausgestaltung der Unternehmenskultur werden die organisationale und die persönliche Kundenorientierung sichtbar. Die *organisationale Kundenorientierung* beinhaltet zum einen die grundlegende Ausrichtung des Managements, der betrieblichen (Infra-) Strukturen und Prozesse und zum anderen auch Bereiche des Personalmanagements oder der Unternehmenskommunikation. Die *persönliche Kundenorientierung* betrifft die Interaktionsebene der Mitarbeitenden, die im Rahmen ihrer operativen Aufgabenerledigung kundenorientiertes Verhalten beweisen können. Die Interaktionsebene stellt das wichtigste Aktionsfeld dar. »Hier liegt es am Mitarbeiter, nicht nur kundenorientiert zu handeln, sondern Beziehungen zu gestalten« (Riedel/Gresser 2016, S. 9) – ein weiteres Argument dafür, Mitarbeiterbeziehungsmarketing und Kundenbeziehungsmarketing im Sinne eines ganzheitlichen Beziehungsmarketings integrativ auszurichten und sämtliche internen Maßnahmen auf ihre kundenbezogene Wirkung abzuklären.

Zehn Gebote der Kundenorientierung

Zusammenfassend kann ein Unternehmen, welches von einer konsequenten Kundenorientierung noch weit entfernt ist, die folgenden *Zehn Gebote der Kundenorientierung* berücksichtigen und als Eckpfeiler einer erfolgreichen Umsetzung zugrundelegen (vgl. dazu auch Raab/Werner 2009, S. 22 f.):

PRAXISTIPP

Die zehn Gebote der Kundenorientierung

1. Gebot
Pflegen Sie einen engen Kontakt mit Ihren Kunden, dies gilt insbesondere auch für leitende Angestellte. Wichtig ist, in regelmäßigen Abständen – auch außerhalb der Geschäftsräume – ein Gespräch von Angesicht zu Angesicht mit den Kunden zu führen und den ›Kontakt zur Basis‹ zu halten.

2. Gebot
Machen Sie sich mit den Bedürfnissen, Erwartungen und Wünschen Ihrer Kunden vertraut. Es sollte das Ziel Ihres gesamten Unternehmens sein, nicht nur die Wünsche Ihrer Kunden zu erfüllen, sondern ihre Erwartungen noch zu übertreffen.

3. Gebot
Überprüfen Sie regelmäßig die Zufriedenheit Ihrer Kunden mit Ihren Produkten und Dienstleistungen. Ein ständiger Informationsfluss zwischen Ihnen und Ihren Kunden ist sehr wichtig – sei er positiv, neutral oder negativ. Fordern Sie Kunden auch auf, im Falle der Unzufriedenheit sich bei Ihnen zu beschweren, denn Beschwerden liefern Impulse für Verbesserungen – Beschwerden sind Chancen!

4. Gebot
Konzentrieren Sie sich auf alle Ihre Leistungen, mit denen Sie die Wertschöpfung für den Kunden erhöhen. Bieten Sie nicht einfach Produkte an, sondern kundenindividuellen Nutzen, z. B. im Hinblick auf Qualität, Kundenservice, Umweltfreundlichkeit, Wirtschaftlichkeit, Schnelligkeit oder Sicherheit. Kunden wollen kein Produkt, sondern eine Problemlösung!

5. Gebot
Beziehen Sie Ihre Kunden in Ihre Entscheidungsfindung mit ein, indem Sie sie zu Workshops, Dialogforen, Kreativsitzungen oder zu themenmäßigen Diskussionsrunden einladen. Machen Sie Betroffene zu Beteiligten!

6. Gebot
Verlangen Sie von jeder Person innerhalb der Organisation, Ihre Kunden mindestens einen oder mehrere Tage im Jahr persönlich zu treffen und zu bedienen. Auch Mitarbeitende, die aufgrund ihres Aufgabenfeldes keinen direkten Kundenkontakt haben, sollten mal ›Kundenluft schnuppern‹.

7. Gebot
Passen Sie Ihre Geschäftsprozesse an die Bedürfnisse und Wahrnehmungen des Kunden an, und strukturieren Sie sie gegebenenfalls um. Gehen Sie von oben nach unten vor, und beziehen Sie alle Funktionsbereiche Ihrer Organisation mit ein.

8. Gebot
Strukturieren Sie Ihre Organisation entsprechend dem Markt. Richten Sie die Organisation so aus, dass sie auf Ihre Märkte zugeschnitten ist (d. h. 1 Kunde = 1 Mitarbeiter des Unternehmens).

9. Gebot
Entwickeln Sie eine Kundenrückgewinnungsstrategie (Customer Recovery Strategy = CRS) und wenden Sie sie an. Versuchen Sie, insbesondere die Gründe herauszufinden, warum Kunden die Beziehung beendet haben, und belohnen Sie Mitarbeiterinnen und Mitarbeiter für ihr CRS-Verhalten.

10. Gebot
Entwickeln Sie eine Mitarbeiterbeziehungsmarketingstrategie und wenden Sie sie an. Bedenken Sie, dass nur zufriedene Mitarbeitende die Basis für zufriedene Kunden sind!

(vgl. dazu auch Raab/Werner 2009, S. 22 f.)

Aus diesem ›strategischen Fundament‹ der Kundenorientierung lassen sich weitere strategische Handlungsalternativen ableiten. Diskutiert werden sollen nun unterschiedliche *Strategieoptionen,* die sich an den Phasen des Kundenbeziehungszyklus' orientieren und wie folgt unterteilt werden können:

- Kundenakquisitionsstrategie
- Kundenbindungsstrategie
- Kundenrückgewinnungsstrategie
- Beziehungsbeendigungsstrategie

Strategien der Kundenakquise

Zentrales Ziel der *Kundenakquisitionsstrategie* ist die Neukundengewinnung. Mithilfe von Marketingmaßnahmen können kundenbezogene psychologische Wirkungen (z. B. Kundeninteresse, Bekanntheit, positives Image) erzielt werden, um das

(Erst-) Kaufverhalten zu beeinflussen. Wenn auch die Neukundengewinnung aufgrund gesättigter Märkte und hohen Konkurrenzdrucks grundsätzlich schwierig ist, sind zwei strategische Ansatzpunkte möglich (vgl. hierzu Winkelmann 2005, S. 501 ff.):

- *Kontinuitätsstrategie:* Hier erfolgt eine permanente Neukundenakquise gemäß dem Motto »keine neue Verkaufschance versäumen und stets schneller sein als die Konkurrenz«.
- *Diskontinuitätsstrategie:* Neukundenkampagnen können anlassbezogen gestartet werden, z. B. bei der Markteinführung neuer Produkte/Modelle.

Instrumente zur Gewinnung von Kundenkontakten

Beide Grundstrategien können kombiniert werden. Die schwierigste Aufgabe dabei besteht darin, die potenziellen Kunden zu identifizieren; folgende Hilfsmittel zur Gewinnung neuer Kontakte können dazu genutzt werden:

- Adressbücher, Adressverlage, Internet
- Interessentendatei
- Existenzgründerdatei
- Hinweise von Bestandskunden (deren Kunden, Lieferanten, Wettbewerber)
- Ansprache ›alter‹ Kunden (Kundenrückgewinnung)
- Ansprache von wechselbereiten Kunden
- Telemarketing
- Direktmarketing
- Messen und Ausstellungen
- Fachtagungen, Workshops und Konferenzen
- Anzeigen (mit auch digitalen Antwortmöglichkeiten)
- Stellenanzeigen
- Web-Monitoring und Monitoring von Kundenaktivitäten in sozialen Medien

Generierung von Leads

Wenn auch neue Kontakte oder Adressen gewonnen werden konnten, bleibt die Frage, ob auch wirklich Kaufabsichten bestehen. Insofern sind in einem weiteren Schritt die sogenannten *Leads* zu generieren, also qualifizierte Interessenten, die verfolgungswürdig sind. Als wichtiges Kriterium könnte hier die Zahlungsfähigkeit oder Bonität herangezogen werden, um die Interessenten herauszufiltern, die im Rahmen der Vertriebstätigkeit verstärkt akquiriert werden sollen.

Überzeugungsstrategien nutzen inhaltliche Argumentation

Bei der Suche nach Neukundenpotenzialen ist es weiterhin auch empfehlenswert, bisherige Nichtverwender zu gewinnen und Kunden von der Konkurrenz abzuwerben. Bei Nichtverwendern, also Kunden, die Produkte oder Leistungen des Unternehmens bislang noch nicht gekauft haben, besteht die Aufgabe darin, sie von der Notwendigkeit der Nutzung des Produktes oder der Leistung des Unternehmens zu überzeugen. Bei der Abwerbung von der Konkurrenz bedarf es im Rahmen der Überzeugungsarbeit insbesondere des Herausstellens der Vorteile der Leistungen des eigenen Unternehmens gegenüber jenen des konkurrierenden Anbieters. Je nachdem, ob Nichtverwender oder Abzuwerbender, beide potenziellen Kunden müssen argumentativ überzeugt werden. Dabei können faktische und symbolische Überzeugungsstrategien angewandt werden (vgl. hierzu und zum Folgenden Bruhn 2016b, S. 147 ff.). Bei einer *faktischen Überzeugungsstrategie* erfolgt eine leistungsbezogene Argumentation, bei der die Vorteile von Produkten oder Leistungen herausgestellt werden. Wird die Kundenüberzeugung argumentativ ohne direkten Produkt-/Leistungsbezug vorgenommen, handelt es sich um eine *symbolische Überzeugungsstrategie.*

Stimulierungsstrategien nutzen Anreize

Während Überzeugungsstrategien anhand einer inhaltlichen Argumentation Kundenbedürfnisse und -erwartungen zu erfüllen versuchen, können Unternehmen mittels *Stimulierungsstrategien* versuchen, Kunden über Anreize dazu zu bewegen, mit dem Unternehmen in Beziehung zu treten. Auch hier lassen sich faktische und symbolische Strategien unterscheiden:

Mit einer *faktischen Stimulierungsstrategie* werden mittels leistungsbezogener Anreize Impulskäufe initiiert. Zur Umsetzung einer *symbolischen Stimulierungsstrategie* erfolgt eine impulsgebende Stimulierung über die Marke und das Image des Unternehmens.

Die einzelnen Typen von Kundenakquisitionsstrategien – die je nach Branche und Unternehmen unterschiedlich relevant sind – können zusammenfassend der Tabelle 3-21 entnommen werden.

Erfolgsfaktoren der Kundenakquise

Bei der Durchführung der Neukundenakquisitionsstrategien sollten Unternehmen zehn *Erfolgsprinzipien* berücksichtigen (vgl. Winkelmann 2005, S. 503):

1. Definition von konkreten, messbaren, zeitlich differenzierten Zielen
2. Erarbeitung einer wirksamen Akquisitionsstrategie
3. Strukturierung von Akquisitionsprozessen
4. Anpassung der Organisationsstruktur
5. Sicherstellung ausreichender Kapazitäten im Vertrieb

Tab. 3-21

Typen von Kundenakquisitionsstrategien

Mittel / Aufgabe	faktisch	symbolisch
Stimulierung	**faktische Stimulierungsstrategie** Beispiele: • Sonderangebote • Preisausschreiben • Produktbeigaben	**symbolische Stimulierungsstrategie** Beispiele: • Imageaufbau • Testimonials in der klassischen Werbung • Sportsponsoring
Eingewöhnung	**faktische Eingewöhnungsstrategie** Beispiele: • Kundenschulungen • Service Hotlines	**symbolische Eingewöhnungsstrategie** Beispiele: • Events • Sponsoring
Überzeugung	**faktische Überzeugungsstrategie** Beispiele: • Leistungsproben • Vorher-Nachher-Werbung • Leistungsbezogene Qualitätsgarantien	**symbolische Überzeugungsstrategie** Beispiele: • Steuerung von Weiterempfehlungen über das Unternehmen • Kunden-Werben-Kunden-Aktionen • Qualitätszertifizierungen

(Quelle: Bruhn 2016b, S. 147)

6. Auswahl der richtigen Präferenzstrategie (Verkaufsargumente)
7. Anpassung der Steuerungsinstrumente (z. B. im Rahmen kommunikationspolitischer Steuerungsmaßnahmen)
8. Auswahl der passenden Kontaktinstrumente und -kanäle
9. Qualifizierung (Schulung) des Kundenkontaktpersonals im Innen- und Außendienst
10. Motivation der Beteiligten (auch Regelung von Vergütungs- und Provisionsfragen)

In diesem Zusammenhang sind vor allem die psychologischen Barrieren nicht zu vernachlässigen. So ist es nicht jedermanns Sache, ›Klinken zu putzen‹ bzw. Kaltakquise zu betreiben; zu einem guten Verkäufer gehört es aber nun einmal dazu, auch dieses ›Handwerk‹ zu beherrschen. Insofern sind diese Fähigkeiten u. a. bei der Personalauswahl zu berücksichtigen und bei der Personalentwicklung zu stärken.

Strategien der Kundenbindung

Die der Kundenakquisitionsstrategien folgenden *Kundenbindungsstrategien* haben als primäres Ziel, die Bindung der bestehenden/aktuellen Kunden zu erhöhen. Um konkrete Strategien entwickeln zu können, ist es sinnvoll, unter Berücksichtigung der Ursachen der Kundenbindung eine Unterscheidung zu treffen in Kundenbindung durch Gebundenheit und Kundenbindung durch Verbundenheit.

Gebundenheit vs. Verbundenheit

Bei der *Kundenbindung durch Gebundenheit* besteht ein mehr oder weniger unfreiwilliger Bindungszustand. Drei Formen der Gebundenheit können unterschieden werden (vgl. Bruhn 2016b, S. 97):

- vertragliche Gebundenheit (z. B. bei Wartungs- oder Nutzungsverträgen mit definierter Laufzeit)
- technisch-funktionale Gebundenheit (z. B. durch Unverträglichkeit oder Nicht-Vergleichbarkeit der Produkte und Leistungen verschiedener Anbieter)
- ökonomische Gebundenheit (z. B. durch Wechselkosten in Form von Kosten der Anbahnung einer neuen Geschäftsbeziehung)

Wird ein Bindungszustand aufgrund von psychologischen Ursachen beschrieben, handelt es sich um *Kundenbindung durch Verbundenheit.* Diese ist besonders wirksam, weil eine ›freiwillige Kundenbindung‹ besteht; häufig wird von einer ›Fan-Position‹ gesprochen. Damit auch die Gebundenheit vom Kunden nicht als negativ empfunden wird, ist es ratsam, damit ökonomische Vorteile wie z. B. Rabatte, Treueprämien o. Ä. zu verbinden.

Auf der Basis dieser Differenzierung und unter Berücksichtigung der Fristigkeit der jeweiligen Kundenbindung lassen sich folgende *Strategietypen* ableiten (vgl. hierzu und zum Folgenden Bruhn 2016b, S. 149 ff.):

Gebundenheitsstrategien

Bei einer *kurzfristigen Gebundenheitsstrategie* werden kurz- bis mittelfristige Wechselbarrieren umgesetzt; dies ist allerdings nur dann sinnvoll, wenn Kunden Bedenken gegenüber einer langfristigen Bindung haben. Im Rahmen der *langfristigen Gebundenheitsstrategie* wird mit Wechselbarrieren gearbeitet, die einen längeren Zeitraum beanspruchen.

Verbundenheitsstrategien

Bei *kurzfristigen Verbundenheitsstrategien* werden Maßnahmen umgesetzt, die für eine kurze Dauer eine positive psychologische Beurteilung des Unternehmens oder seiner Produkte und Leistungen erwirken. Sie sind allerdings nur dann geeignet, wenn damit die Entstehung einer dauerhaften Verbundenheit gefördert wird. Demgegenüber werden *langfristige Verbundenheitsstrategien* mit Maßnahmen erreicht, die eine dauerhafte positive psychologische Wirkung beim Kunden erzielen.

Der große *Vorteil der Kundenbindungsstrategien* besteht im Vergleich zu den Neukundenstrategien darin, dass sich die Beziehungspartner bereits kennen; Unternehmen können deshalb auf der Basis vorhandener Kundeninformationen (z. B. aus der Kundendatenbank) ihre Aktivitäten im Rahmen des Kundenbeziehungsmarketings wesentlich gezielter und kundenindividueller ausrichten.

In der folgenden Tabelle 3-22 werden die einzelnen Kundenbindungsstrategien zusammengefasst dargestellt:

Tab. 3-22

Typen von Kundenbindungsstrategien

Fristigkeit / **Art der Kundenbindung**	**kurzfristig**	**langfristig**
Gebundenheit	**kurzfristige Gebundenheitsstrategie** Beispiele: • kurzfristige Verträge • Mengenrabatte	**langfristige Gebundenheitsstrategie** Beispiele: • Langfristige Verträge • Abonnements • Mitgliedschaften
Verbundenheit	**kurzfristige Verbundenheitsstrategie** Beispiele: • Niedrigpreisangebote • Überraschung durch Geschenke	**langfristige Verbundenheitsstrategie** Beispiele: • Mitarbeiterbindung • Leistungsindividualisierung

(Quelle: Bruhn 2016b, S. 150)

Strategien der Kundenrückgewinnung

Kundenrückgewinnungsstrategien lohnen sich!

Gemäß der letzten Phase des Kundenbeziehungszyklus' sind Entscheidungen im Rahmen der *Kundenrückgewinnungsstrategie* zu fällen. Die Zielsetzung besteht hierbei darin, abwanderungsgefährdete Kunden emotional zurückzugewinnen und tatsächlich abgewanderte Kunden wiederzugewinnen. Getreu dem Motto »Reisende soll man nicht aufhalten« stellt sich die grundsätzliche Frage, ob sich derartige Aktionen überhaupt lohnen. Die eindeutige Antwort lautet: Ja! Verschiedene Marktstudien belegen den Erfolg von derartigen Kundenrückgewinnungs-Programmen (Customer Recovery Programs oder auch Win-Back-Management). Beispielsweise sind gemäß einer Studie des IMU Renditewerte pro zurückgeholtem Kunden von bis zu 102 % in der Automobilbranche, 41 % in der Finanzdienstleistungsbranche, 60 % im Einzelhandel und 65 % in der Telekommunikationsbranche zu verzeichnen (vgl. Winkelmann 2005, S. 542). Die Managementberatung The Consulting Company (TCC) stellte im Rahmen einer Studie heraus, dass die Kostenrelation zwischen Rück- und Neugewinnung bei etwa 1:3 bis 1:4 liegt (vgl. Schüller 2007, S. 13). Auch unter Berücksichtigung der Bindungsdauer zurückgewonnener Kunden konnte im Rahmen einer Best-Practice-Studie festgestellt werden, dass die Bindungsdauer der zurückgewonnenen Kunden insgesamt dem Durchschnitt der Stammkunden mindestens entspricht, z. T. liegt sie sogar höher (vgl. Sauerbrey 2003, S. 128).

Vier Typen von Rückgewinnungsstrategien

Je nachdem, welche Kunden zurückgeholt werden sollen (abwanderungsgefährdete oder tatsächlich abgewanderte) und unter Berücksichtigung der Art der Rückgewinnung (Wiedergutmachung oder Verbesserung) können folgende vier Typen einer Rückgewinnungsstrategie unterschieden werden (vgl. hierzu Bruhn 2016b, S. 151 ff.):

- Die *Kompensationsstrategie* umfasst die emotionale Rückgewinnung gefährdeter Kunden durch Maßnahmen, die der Wiedergutmachung entstandener Kundenprobleme dienen.
- Bei der *Stimulierungsstrategie* erfolgt eine Wiedergutmachung für entstandene Probleme bei Kunden, die tatsächlich abgewandert sind. Analog zur Stimulierung bei der Kundenakquisition können auch hier faktische und symbolische Aktionen durchgeführt werden.
- Bei einer *Nachbesserungsstrategie* wird eine nachträgliche Verbesserung oder Ergänzung der Leistung durchgeführt mit dem Ziel, die drohende Abwanderung des Kunden zu verhindern.
- Im Rahmen einer *Überzeugungsstrategie* werden bei bereits abgewanderten Kunden Verbesserungen des Produktes oder der Leistungen angeboten. Hier sind – wie bei der Kundenakquisition – faktische und symbolische Möglichkeiten gegeben.

Tab. 3-23

Typen von Kundenrückgewinnungsstrategien

Kundensituation / **Art der Rückgewinnung**	**abwandernde Kunden**	**abgewanderte Kunden**
Wiedergutmachung	**Kompensationsstrategie** Beispiele: • Ersatz beschädigter Leistungen • Kompensationszahlung	**Stimulierungsstrategie** Beispiele: • Rabatte bei Beziehungswiederaufnahme • Geschenk bei Wiederaufnahme
Verbesserung	**Nachbesserungsstrategie** Beispiele: • Reparatur beschädigter Leistungen • Service Recovery	**Überzeugungsstrategie** Beispiele: • Modifikation des Leistungsangebots • Innovation nach Kundenwunsch

(Quelle: Bruhn 2016b, S. 153)

Die einzelnen Alternativen im Rahmen der Rückgewinnungsstrategie werden in der Tabelle 3-23 zusammengefasst.

Erfolgsfaktoren von Kundenrückgewinnungsprogrammen

Kundenrückgewinnungsprogramme werden allerdings nur dann erfolgreich sein, wenn folgende Schritte konsequent umgesetzt werden (vgl. hierzu Winkelmann 2005, S. 543 f.):

- *Identifikation der verlorenen Kunden*
  Während sich abgewanderte Kunden leicht identifizieren lassen, ist dies bei Kunden mit Abwanderungsabsicht deutlich schwieriger. Häufigere Beschwerden oder zögerndes Verhalten des Kunden können erste Anzeichen dafür sein.
- *Migrationsanalyse*
  Die Analyse der Ursachen, warum der Kunde gewechselt hat, ist insofern besonders wichtig, damit gezielt gegengesteuert werden kann. Die Kündigungsgründe können dabei unternehmensbezogen (›pushed away reasons‹, wie z. B. unfreundliche Mitarbeitende, mangelhafte Vertriebsleistung), wettbewerbsbezogen (›pulled away reasons‹, wie etwa erfolgreiche Verkaufsaktionen oder attraktivere Angebote der Konkurrenz) oder kundenbezogen (›broken away reasons‹ wie z. B. Kündigung eines Zeitungsabonnements aufgrund von Umzug oder Wegfall des Versicherungsschutzes wegen Geschäftsaufgabe) sein.
- *Kundenqualifizierung/-bewertung*
  In diesem Zusammenhang ist die Frage zu beantworten, ob der Kunde wirklich ein potenzieller Wiederkäufer ist bzw. ob er wirklich zurückgewonnen werden soll. Insofern ist die Ermittlung der Kundenattraktivität von zentraler Bedeutung für die Kundenrückgewinnung. Als Bewertungsansätze kann auf die bereits diskutierten Möglichkeiten der Kundenbewertung zurückgegriffen werden.
- *Analyse der betriebsinternen Ursachen des Kundenverlustes*
  Mögliche kundengefährdende Schwachstellen im Unternehmen, seien es produkt-/qualitätsbezogene, prozessbezogene oder mitarbeiterbezogene, sind unverzüglich abzustellen, damit der Kunde nicht erneut einen Grund zur Abwanderung findet.
- *Festlegung kundenindividueller oder zielgruppenspezifischer Kundenrückgewinnungsprogramme*
  Es ist eher unwahrscheinlich, dass pauschale Zurückgewinnungsaktionen Erfolg versprechend sind; gefragt sind vielmehr individuell oder zielgruppenbezogen zugeschnittene Maßnahmen, die den Kunden überzeugen (z. B. durch besseres Preis-/Leistungsverhältnis) und die ihm das Gefühl vermitteln, dass man sich speziell um ihn bemüht.
- *Nachbetreuung der zurückgekehrten Kunden*
  Ein sensibles, behutsames Vorgehen scheint deswegen angebracht, damit nicht durch einen erneuten ›Stein des Anstoßes‹ der Kunde sein Zurückkehren bereut. Ein intensiveres Beschäftigen mit dem Kunden ist hierbei unabdingbar.
- *Controlling der zurückgekehrten Kunden*
  Damit erkennbar wird, ob ein Rückgewinnungsmanagement profitabel ist, d. h. der Nutzen der Rückgewinnungsaktivitäten die Kosten übersteigt, sollte ein Rückgewinnungscontrolling eingeführt werden (ausführlich zum Kundenrückgewinnungsmanagement vgl. Kapitel 4.2.3). Grundsätzlich ist dabei zu überprü-

fen, ob die gesetzten Ziele auch erreicht wurden. Letztendlich kann man auch nur das steuern (›controllen‹), was man messen kann.

Beendigung der Geschäftsbeziehung

Der Einsatz von Kundenrückgewinnungsprogrammen wird sicherlich dann erfolgen, wenn eine aus Anbietersicht positive Kosten-Nutzen-Relation prognostiziert wird. Grundsätzlich kann es aber auch notwendig werden, eine *anbieterseitige Beendigung der Geschäftsbeziehung* zum Kunden zu erwägen (vgl. zum Folgenden Bruhn 2016b, S. 154 ff.; Diller/Haas/Ivens 2005, S. 276 ff.).

Gründe zur Beendigung der Geschäftsbeziehung

Eine Beziehungsbeendigungsstrategie kann aus folgenden *Gründen* sinnvoll sein (vgl. auch Kapitel 3.3.3):

- Die prognostizierten Kosten zur Aufrechterhaltung der Kundenbeziehung übersteigen den prognostizierten Nutzen (negative Kosten-Nutzen-Relation).
- Das Vertrauensverhältnis ist massiv beeinträchtigt.
- Dem Kunden ist ein schwerwiegendes Fehlverhalten nachgewiesen worden (z. B. kriminelles Verhalten).
- Veränderte Rahmenbedingungen ›erzwingen‹ eine Beziehungsbeendigung (z. B. Rückzug aus einem Land und damit Beendigung von internationalen Kundenbeziehungen aufgrund politischer Entwicklungen).
- Das Unternehmen ändert seine Unternehmensstrategie und bestimmte Kunden bzw. Kundengruppen passen nicht mehr zur strategischen Ausrichtung des Unternehmens.

Prozessschritte zur Beendigung der Geschäftsbeziehung

Der *Prozess* zur Beendigung einer Geschäftsbeziehung zu Kunden erfolgt in zwei Schritten. Der erste Schritt besteht in der *Identifikation zu beendender Kundenbeziehungen.* In ökonomischer Hinsicht sind hierbei monetäre und nicht monetäre Aspekte zu berücksichtigen, wie etwa aktuelle und zukünftige Kosten-Nutzen-Relationen, aktuelle Situation der Kunden und zukünftige Kundenentwicklungen, ermittelter Customer Lifetime Value oder auch Referenz- und Informationspotenziale des Kunden. Der zweite Schritt betrifft die *Maßnahmen der Beziehungsbeendigung* und umfasst eine verdeckte und eine offene Vorgehensweise.

Strategien der verdeckten Beziehungsbeendigung

Bei den *verdeckten Strategieoptionen* kann die Beziehungsbeendigung aktiv oder passiv vollzogen werden und kundenorientiert oder selbstorientiert erfolgen. Hierzu zählen folgende Alternativen:

- *Strategie der Deeskalation:* Das Unternehmen verfolgt einen passiven und kundenorientierten Rückzug. Diese Rückzugsoption bietet sich beispielsweise dann an, wenn aufgrund veränderter strategischer Unternehmensentscheidungen bestimmte Kunden oder Kundengruppen zukünftig weniger relevant sind (z. B. Privatkunden bei Finanzdienstleistern), sie zurzeit aber noch eine bedeutende Stellung (z. B. als Meinungsführer) haben und nicht verärgert werden sollen.
- *Strategie der Eskalation:* Das Unternehmen strebt ebenfalls einen passiven, nunmehr jedoch selbstorientierten Rückzug an. Diese Strategie lässt sich beispielsweise durch Erhöhung der Preise umsetzen. Entweder wandern die Kunden zu preisgünstigen Anbietern ab oder sie akzeptieren die Preise, sodass eine Beziehungsfortführung auch aus Unternehmenssicht wieder von Interesse ist.

- *Strategie des ›Auslaufen lassens‹:* Bei dieser Strategie verfolgt das Unternehmen auf der Basis eines konkreten Plans zur Beendigung der Beziehung einen aktiven, aber noch kundenorientierten Rückzug. Es erfolgt eine schrittweise Reduktion von Investitionen und Kosten, die mit der Aufrechterhaltung bzw. Pflege der Beziehung anfallen.
- *Strategie des Rückzugs:* Diese Strategie erfolgt ebenfalls aktiv, jedoch wird sie im Wesentlichen durch die im Vordergrund stehenden Interessen des Unternehmens geleitet. Das Unternehmen peilt gezielt die Beendigung der Geschäftsbeziehung an, ohne diese Absicht jedoch offen zu kommunizieren. So kann beispielsweise ein Finanzdienstleister einen Ansprechpartner, mit dem ein Firmenkunde (B2B-Kunde) langjährig in Kontakt stand und eine Vertrauensbasis aufgebaut hat, durch einen anderen Mitarbeiter ersetzen und auf diese Weise eine vertrauensvolle Beziehungskonstellation ›zerstören‹.

In der folgenden Tabelle 3-24 werden die Strategien der verdeckten Beziehungsbeendigung zusammengefasst:

Tab. 3-24

Strategien der verdeckten Beziehungsbeendigung

Orientierung / **Aktivitätsgrad**	**Kundenorientierung**	**Selbstorientierung**
passiver Rückzug	**Strategie der Deeskalation** Beispiel: Pseudo-Weiterführung bei geringer Beziehungsintensität	**Eskalationsstrategie** Beispiel: Re-Rentabilisierung durch Anhebung der Preise
aktiver Rückzug	**Strategie des »Auslaufen lassen«** Beispiel: Senkung der Investitionen in die Beziehung	**Rückzugsstrategie** Beispiel: Abbau von Vertrauen und Vertrautheit

(Quelle: Bruhn 2016b, S. 155)

Strategien der offenen Beziehungsbeendigung

Im Rahmen *offener Strategieoptionen* besteht die Alternative, entweder die Beziehung endgültig zu beenden oder die Möglichkeit einer Beziehungswiederaufnahme zu wahren. Unter Berücksichtigung der Strategieorientierung (kundenorientiert oder selbstorientiert) ergeben sich folgende strategische Optionen:

- *Strategie der erklärten Beendigung:* Das Unternehmen vollzieht die unwiderrufliche Beendigung der Beziehung kundenorientiert, indem versucht wird, dem Kunden die Beweggründe nachvollziehbar zu erklären. Um mögliche negative Mund-zu-Mund-Kommunikation zu vermeiden, kann das Unternehmen dem Kunden etwa bei der Suche nach alternativen Anbietern behilflich sein.
- *Strategie der vollendeten Tatsachen:* Bei dieser Strategie wird dem Kunden offen kommuniziert, dass die Beziehung endgültig beendet ist. Das geschieht bei-

spielsweise durch ein Schreiben an den Kunden, in dem er über die Kündigung eines Vertrags und auch über die Gründe, die zur Vertragsauflösung geführt haben, informiert wird. Das Unternehmen sollte hierbei die Gefahr berücksichtigen, dass Kunden ihren Ärger unter Umständen über Social-Media-Plattformen kommunizieren und durch die virale Verbreitung Imageschäden folgen können. Kommunikative Gegenstrategien wären insofern mit einzuplanen.

- *Strategie des einvernehmlichen Gesprächs:* Das Unternehmen verhält sich im Rahmen dieser Strategie kundenorientiert, indem es trotz der derzeitigen Beziehungsbeendigung eine Wiederaufnahme der Geschäftsbeziehung in Aussicht stellt. So kann das Unternehmen beispielsweise mit einem vertraglich gebundenen Kunden, der einen größeren Rechnungsbetrag nicht beglichen hat, eine Vereinbarung treffen, dass die Geschäftsbeziehung wieder aufgenommen wird, wenn ein zukünftig fristgerechtes Zahlungsverhalten garantiert wird.
- *Strategie des ergebnislosen Gesprächs:* Diese Strategie ist selbstorientiert und nicht darauf ausgerichtet, einen Kompromiss mit dem Kunden einzugehen. Die Beziehungsbeendigung wird seitens des Unternehmens nur widerrufen, wenn der Kunde die Bedingungen des Unternehmens akzeptiert.

Die folgende Tabelle 3-25 zeigt die Strategien der offenen Beziehungsbeendigung im Überblick:

Tab. 3-25

Strategien der offenen Beziehungsbeendigung

Orientierung / **Endgültigkeit**	**Kundenorientierung**	**Selbstorientierung**
endgültige Beendigung	**Strategie der erklärten Beendigung** Beispiel: Gespräch zur Erklärung der Gründe des Unternehmens	**Strategie der vollendeten Tatsachen** Beispiel: Schriftliche Mitteilung an den Kunden
widerrufbare Beendigung	**Strategie des einvernehmlichen Gesprächs** Beispiel: Einigung auf Bedingungen einer Wiederaufnahme der Beziehung	**Strategie des ergebnislosen Gesprächs** Beispiel: Wiederaufnahme ohne Kompromisse seitens des Unternehmens

(Quelle: Bruhn 2016b, S. 156)

Zusammenfassend ist festzuhalten, dass Unternehmen im Rahmen des Kundenbeziehungsmarketings eine Vielzahl strategischer Gestaltungsoptionen zur Auswahl haben. Grundsätzlich sollte das Bestreben von Unternehmen darin liegen, die strategischen Ansätze des Kundenbeziehungsmarketings zu implementieren, die – basierend auf dem Leitgedanken einer kundenorientierten Unternehmensführung – dazu führen, nachhaltig stabile und ökonomisch vorteilhafte Kundenbeziehungen zu erzielen. Der strategische Fokus sollte demzufolge und aufgrund positiver empirischer Erfahrungen auf die Maßnahmen gelegt werden, die der Kundenbindung und damit der Erhaltung bzw. Pflege bestehender Kundenbeziehungen dienen.

WIEDERHOLUNGSFRAGEN

- Skizzieren Sie die Erfolgskette der Kundenorientierung und unterscheiden Sie relevante unternehmensinterne und unternehmensexterne Beeinflussungsfaktoren.
- Erstellen Sie ein Konzept zur Implementierung einer ganzheitlichen Kundenorientierung in Unternehmen.
- Differenzieren Sie analytisches, operatives und kommunikatives Kundenbeziehungsmarketing und diskutieren Sie die damit zusammenhängenden strategischen Fragestellungen.
- Im behandelten Kapitel werden relevante Kriterien der Makro- und Mikrosegmentierung auf B2B-Märkten vorgestellt. Nennen Sie Kriterien zur Segmentierung von B2C-Märkten und bringen Sie Beispiele.
- Diskutieren Sie Möglichkeiten zur Umsetzung der Kundenorientierung in Unternehmen.
- Skizzieren Sie den Kundenbeziehungslebenszyklus und beschreiben sie die unterschiedlichen Phasen.
- Differenzieren Sie Typen von Kundenbindungsstrategien. Welche dieser strategischen Ansätze eignen sich gleichzeitig auch als Kundenakquisitionsstrategie?
- Differenzieren Sie Typen von Kundenrückgewinnungsstrategien und diskutieren Sie Erfolgsfaktoren von Kundenrückgewinnungsprogrammen.
- Diskutieren Sie Strategien einer anbieterseitigen Beendigung der Geschäftsbeziehung.

3.3.7 Umweltbeziehungsmarketing

Kennzeichen des Umweltbeziehungsmarketings

Das Beziehungsmarketing bei den bislang zugrunde gelegten Stakeholdern ist gekennzeichnet durch die eindeutige Bezugsgruppenklassifizierung und -charakterisierung. Sie konnten zum einen in die Gruppe der Mitarbeitenden als interne Stakeholder und zum anderen in die Gruppe der Lieferanten, der Konkurrenten, der Kunden und des Handels als externe Stakeholder klassifiziert werden. Bezogen auf ihre Stellung in der Wertschöpfungskette sind sie jeweils gleich positioniert und haben ihre spezifischen Rollen (vereinfacht ausgedrückt: ein Lieferant liefert, ein Hersteller stellt her, ein Handel handelt, ein Konsument konsumiert etc.).

Von den genannten, eher homogenen Stakeholder-Gruppen hebt sich die Öffentlichkeit als komplexe, heterogene Masse ab. Neben der Gesamtbevölkerung setzt sie sich aus unterschiedlichen Akteuren der Makro- und Mikroumwelt zusammen (siehe Kapitel 1.6). Jeder Akteur oder jede Stakeholder-Gruppe ist jedoch ›Mitglied‹ dieser Öffentlichkeit, sodass die Öffentlichkeit letztlich als das ›Sammelbecken‹ aller unternehmerischen Bezugs- bzw. Anspruchsgruppen bezeichnet werden kann. Mit diesen Beziehungen zu den Akteuren der Makro- und Mikroumwelt bzw. mit den Stakeholdern insgesamt befasst sich das Umweltbeziehungsmarketing (auch *Public Relationship Marketing,* PRM). Es kann in Anlehnung an die allgemeine Definition des Beziehungsmarketings (siehe Kapitel 1.3) wie folgt definiert werden:

> *Umweltbeziehungsmarketing* umfasst sämtliche Maßnahmen der Analyse, Planung, Realisierung und Kontrolle der Beziehungen von Unternehmen zu Akteuren der Makro- und Mikroumwelt (Öffentlichkeit) mit dem Ziel, sämtliche Interaktionsprozesse im Sinne des Unternehmens zu beeinflussen.

Relevanz des Umweltbeziehungsmarketings

Die Notwendigkeit, die Beziehungen zur Umwelt bzw. zur Öffentlichkeit zu gestalten, ergibt sich vor allem aus folgenden Gründen:

- Unternehmen sind Akteure im Kontext einer Makro- und Mikroumwelt. Sie gehen insofern gezwungenermaßen Beziehungen zu ihrer Umwelt ein, zum einen direkt (etwa mit Geschäftspartnern) oder indirekt (z. B. mit der Politik). Diese Beziehungen sind aktiv zu gestalten, um vor allem von der Öffentlichkeit überhaupt wahrgenommen zu werden und um positive Effekte auslösen zu können (wie z. B. gesellschaftliche Akzeptanz).
- Die Stakeholder haben unterschiedliche Interessen, Ansprüche und Erwartungen an Unternehmen. Diese sind im Rahmen eines aktiven Beziehungsmarketings aufzugreifen, bezüglich ihrer Relevanz zu diskutieren und gegebenenfalls als unternehmerische Aktion zu implementieren. Zumindest ist zu prüfen, welcher positive wie negative Einfluss durch die (Nicht-) Berücksichtigung zu erwarten ist.
- Grundsätzlich bestehen zwischen Beziehungspartnern Informationsasymmetrien, da sie zu einem bestimmten Zeitpunkt nicht immer den gleichen Informationsstand haben. Derartige Informationsdefizite, die sich unter Umständen nachteilig für das Unternehmen entwickeln können, sind auszugleichen (vgl. Butzer-Strothmann 2012, S. 284 f.).
- Aufgrund der Heterogenität der Interessen, Ansprüche und Erwartungen der Akteure der Makro- und Mikroumwelt können Unternehmen nicht allen Anforderungen gleichermaßen entsprechen. Dies erhöht den Legitimisierungsdruck für Unternehmen, öffentlich Rechenschaft abzulegen über das Unterlassen oder Umsetzen von Handlungen.
- Die Öffentlichkeit erwartet von Unternehmen gesellschaftsadäquates Verhalten, d. h. die Berücksichtigung von Werten (z. B. soziale und ökologische Werte), die Beachtung der Gesetze und zunehmend die Übernahme unternehmensübergreifender Verantwortung (vgl. Schwegler 2008, S. 314). Die Versorgung der Um-

welt mit Informationen über die ›guten Taten‹ des Unternehmens erfordert eine professionelle Öffentlichkeitsarbeit.

- Die Notwendigkeit einer professionellen Öffentlichkeitsarbeit ergibt sich nicht zuletzt in Krisensituationen, in denen durch eine gut organisierte und praktizierte Public-Relations-Arbeit Schadensbegrenzung für betroffene Unternehmen erreicht werden kann (vgl. auch Kapitel 4.2.2).

Begriff, Ziele und Funktionen von Public Relations

Zentrales Instrument des Umweltbeziehungsmarketings ist die Öffentlichkeitsarbeit oder Public Relations (PR). Public Relations kann in Anlehnung an Grunig und Hunt definiert werden als »the management of communication between an organization and its publics« (Grunig/Hunt 1984, S. 6). Die Kommunikation zwischen einem Unternehmen und der Öffentlichkeit ist dabei zielorientiert zu steuern. Die übergeordnete *Zielsetzung* von Public Relations zeigt sich in der Legitimation und Sicherung unternehmerischer Handlungsspielräume (vgl. Zerfaß 2014, S. 44). Als untergeordnete Zielsetzungen gelten der Aufbau von Sozialkapital sowie die Stabilisierung bzw. Stärkung bestehenden Sozialkapitals. Zum Sozialkapital zählen vor allem Vertrauen, Reputation, Image oder gesellschaftliche Akzeptanz (vgl. auch Karmasin/Weder 2014, S. 92).

Diese Zielsetzungen spiegeln sich in den *Funktionen* der Public Relations wider, die in der folgenden Tabelle 3-26 zusammenfassend dargestellt werden:

Tab. 3-26

Funktionen der Public Relations

Funktionen der Public Relations	Erläuterungen
Informationsfunktion	Vermittlung von Informationen nach innen (Unternehmen) und nach außen (Öffentlichkeit)
Kontaktfunktion	Aufbau und Aufrechterhaltung von Verbindungen zu allen für das Unternehmen relevanten Lebensbereichen
Führungsfunktion	Repräsentation geistiger und realer Machtfaktoren und Schaffung von Verständnis für bestimmte Entscheidungen
Imagefunktion	Aufbau, Änderung und Pflege des Vorstellungsbildes von einem Meinungsgegenstand (z. B. Personen, Organisationen, Objekte)
Harmonisierungsfunktion	Beitrag zur Harmonisierung der wirtschaftlichen und gesellschaftlichen Verhältnisse sowie der innerbetrieblichen Verhältnisse (Human Relations)
Absatzförderungsfunktion	Förderung des Absatzes durch Anerkennung in der Öffentlichkeit
Stabilisierungsfunktion	Erhöhung der »Standfestigkeit« des Unternehmens in kritischen Situationen aufgrund der stabilen Beziehungen zu den Teilöffentlichkeiten
Kontinuitätsfunktion	Bewahrung eines einheitlichen Stils des Unternehmens nach innen und nach außen bzw. in der Zukunft
Inszenierungsfunktion	Herstellung eines bestimmten Ansehens (Reputation, guter Ruf, Beachtung)

(Quelle: Bruhn 2011b, S. 718)

Strategische Grundtypen

Zur Erfüllung der genannten Funktionen und Zielsetzungen stellt sich zunächst die Frage nach der generell zu verfolgenden Strategie. Die strategische Entscheidung ist dabei abhängig von dem Einfluss der Stakeholder auf der einen Seite und von der Unternehmensstärke auf der anderen Seite. Der *Einfluss der Umweltbezugsgruppen bzw. Stakeholder* ist insofern bedeutsam, da Stakeholder mit einem hohen Einfluss über eine stärkere Machtbasis verfügen, um ihre Interessen durchzusetzen, als Bezugsgruppen mit geringerem Einflusspotenzial. Mit der *Stärke des Unternehmens* wird die Fähigkeit des Unternehmens ausgedrückt, die unternehmensseitigen Interessen auch gegen die Forderungen der Stakeholder durchzusetzen (vgl. Bruhn 2011b, S. 749). Unter Berücksichtigung dieser Faktoren stehen folgende grundsätzlichen strategischen Optionen zur Auswahl (vgl. hierzu Meffert/Burmann/Kirchgeorg 2015, S. 308 ff.; Bruhn 2011b, S. 749 ff.; Balderjahn 2004, S. 101 ff.):

Anpassungsstrategie

- *Anpassungsstrategie:* Mit der Anpassungsstrategie verbindet sich eine reaktive Verhaltensweise. Das Unternehmen passt sich der jeweiligen Umweltsituation bzw. den Anforderungen einflussreicher Stakeholder an und reagiert erst dann, wenn sich ein erhöhter öffentlicher Druck abzeichnet oder wenn bei Nichtbeachtung negative Konsequenzen zu erwarten sind. Alternativ kann sich das Unternehmen resignativ verhalten und einen ersatzlosen Rückzug aus dem Tätigkeitsfeld vollziehen. Übernehmen Wettbewerber dieses Tätigkeitsfeld und verschaffen sich dadurch Akzeptanz bei einflussreichen Stakeholdern, eröffnen sich Vorteile für konkurrierende Unternehmen.

Innovations- oder Antizipationsstrategie

- *Innovations- oder Antizipationsstrategie:* Mit dieser Strategie agiert das Unternehmen proaktiv und versucht, den Ansprüchen relevanter Stakeholder möglichst frühzeitig und innovativ zu begegnen. Diese Vorgehensweise setzt eine aktive Gestaltung der Beziehungen zu den Stakeholdern voraus, um strategische Maßnahmen entwickeln und evaluieren zu können, beispielsweise in Form eines offenen Dialogs mit den Anspruchsgruppen oder durch unternehmensübergreifende Kooperationen. Auf diese Weise lassen sich auch potenzielle Problemfelder und zukünftige Entwicklungen antizipieren, aus denen weitere Maßnahmen generiert werden können.

Widerstandsstrategie

- *Widerstandsstrategie:* Im Rahmen dieser Strategie verfolgt das Unternehmen die Beibehaltung des Status quo. Es verhält sich primär resistiv und versucht, seine Position zu verteidigen, indem es aktiv Widerstand leistet oder öffentliche Ansprüche abzuwehren versucht. Wenn auch eine derartige Verhaltensweise kurzfristig Vorteile (z. B. Kostenvorteile durch Verzicht auf eine innovative Problemlösung) zu induzieren vermag, so besteht durch die Konfrontation langfristig jedoch die Gefahr, Imageeinbußen und Reputationsschäden zu erleiden.

Ausweichstrategie

- *Ausweichstrategie:* Mithilfe dieser Strategie versucht das Unternehmen, sich den Anforderungen der Stakeholder zu entziehen und Konflikte zu umgehen. Das kann zum einen durch eine Problemverlagerung erreicht werden, indem Probleme außerhalb der Wahrnehmung der Stakeholder verlegt werden. Als typisches Beispiel kann die Genforschung deutscher Unternehmen herangezogen werden. Um der Kritik an der Genforschung im eigenen Land zu entgehen, haben viele Unternehmen ihre Forschungsstätten in die Länder verlagert, in denen eine öffentliche Akzeptanz vorherrschte. Aufgrund der zunehmenden Internationalität und der vor allem kommunikativen Vernetzung von Anspruchsgruppen (z. B. durch soziale Medien) spielen Ländergrenzen allerdings kaum eine Rolle, sodass Stakeholder mit einer Problemverlagerung eher ein unternehmerisches ›Täuschungsmanöver‹ assoziieren und damit letztlich auch inländische Akzeptanzverluste auslösen können. Zum anderen kann einem Konflikt auch ausgewichen werden durch den Rückzug aus den in der Kritik stehenden Tätigkeitsfeldern. Bei einem Rückzug besteht allerdings die Gefahr, dass Wettbewerber diese Situation ausnutzen und komparative Wettbewerbsvorteile erzielen. Findet der unternehmerische Rückzug jedoch eine breite Unterstützung bei den Stakeholdern, kann damit auch ein Imagevorteil oder ein Reputationsgewinn einhergehen.

Die folgende Abbildung 3-23 fasst die grundlegenden Umweltbeziehungsstrategien zusammen:

Abb. 3-23

Grundtypen von Umweltbeziehungsstrategien

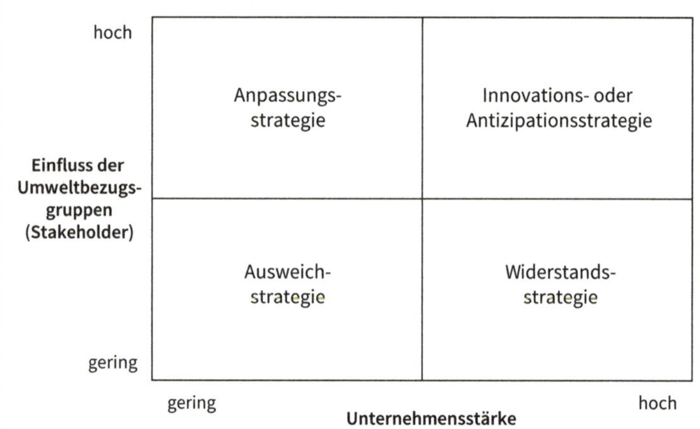

(Quelle: vgl. Meffert 1994, S. 197)

Strategiegestaltung

Dem Unternehmen stehen grundsätzlich alle Strategietypen zur Verfügung. Je nach situativem Kontext empfiehlt sich die Verfolgung der einen oder anderen Strategie oder sogar die Umsetzung mehrerer Strategien gleichzeitig. So kann etwa in einem Themenfeld eine Innovationsstrategie von Vorteil sein und in einem weiteren eine Ausweichstrategie. Wichtig ist hierbei, dass bei der unterschiedlichen Strategieanwendung keine ›kommunikative Dissonanz‹ entsteht, d. h. die Öffentlichkeit bzw. die Stakeholder keinen widersprüchlichen Gesamtauftritt des Unternehmens wahrnehmen, sondern die unterschiedlichen Verhaltensweisen auch zu differenzieren vermögen (vgl. Grunwald/Hennig 2012a, S. 29 f.).

Entscheidungsbereiche des Umweltbeziehungsmarketings

Welche Strategie(n) auch immer priorisiert wird (werden), für die Entwicklung der jeweiligen Strategie sind weitere Entscheidungen zu treffen. Diese Entscheidungsbereiche können unter Berücksichtigung folgender Fragestellungen strukturiert werden (vgl. hierzu Bruhn 2011b, S. 748 f.):

- *Wer?* Diese Fragestellung richtet sich nach dem *Objekt der Öffentlichkeitsarbeit,* um zu verdeutlichen, wer als Absender der an die Öffentlichkeit gerichteten Botschaft fungiert (z. B. Unternehmen, Personen, Produkte oder Dienstleistungen).
- *Welche?* Bei dieser Fragestellung geht es um die Entscheidung, welche *Zielgruppe(n)* angesprochen werden soll(en).
- *Was?* Mit der Beantwortung dieser Frage soll die zentral zu transportierende *Botschaft* definiert werden.
- *Wie?* Mit der Beantwortung dieser Frage werden die konkret umzusetzenden *Maßnahmen* spezifiziert.
- *Wo?* Hierbei geht es um die Entscheidung über das *Aktionsareal,* d. h., ob die Aktivitäten lokal, regional, national oder international auszurichten sind.
- *Wann?* Das *Timing* betrifft die zeitliche Konkretisierung der an die Öffentlichkeit gerichteten Aktivitäten hinsichtlich ihrer Dauer und ihrer Intensität.

In der folgenden Abbildung 3-24 werden die zentralen Entscheidungsbereiche einer Umweltbeziehungsmarketingstrategie dargestellt:

Abb. 3-24

Entscheidungsbereiche eines Umweltbeziehungsmarketings

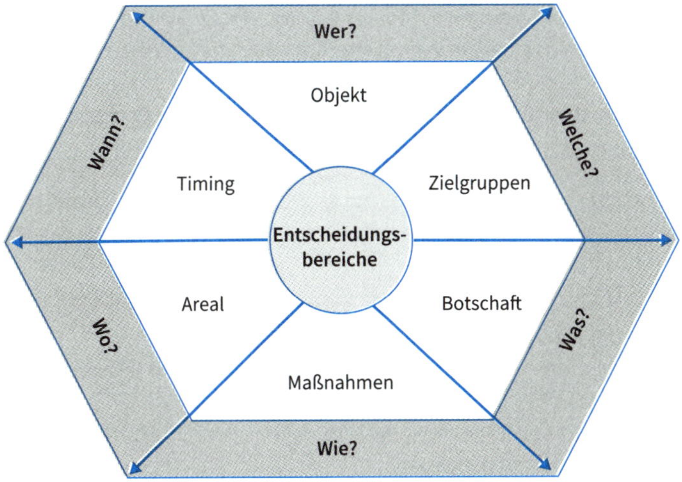

(Quelle: vgl. Bruhn 2011b, S. 748)

Objekte

Im Rahmen der Gestaltung der Beziehungen zur Umwelt eignen sich als *Objekte* das Unternehmen selbst, aber auch einzelne (materielle wie immaterielle) Leistungen, vor allem dann, wenn sie einen hohen Beitrag zum Sozialkapital liefern können (z. B. wenn Produkte von hoher gesellschaftlicher Akzeptanz vertrieben werden). Da grundsätzlich jedem Mitarbeiter und jeder Mitarbeiterin die Rolle als Markenbotschafter zugeordnet werden kann (vgl. Kilian 2012), sind sie implizit auch Multiplikatoren für entsprechende Botschaften an die unterschiedlichen Bezugsgruppen. Ihnen sollte demzufolge eine besondere Bedeutung zukommen. Insbesondere an Mitarbeitende mit Kundenkontakt, die regelmäßig in kontaktintensiven Interaktionsprozessen involviert sind, müssen erhöhte Anforderungen an die Sozialkompetenz gestellt werden, damit sie in Kontaktsituationen mit Stakeholdern (z. B. Kunden) vor allem auch in kommunikativer Hinsicht adäquat, d. h. öffentlichkeitswirksam, bestehen können. Gegebenenfalls sind diese Kompetenzen im Rahmen von Personalentwicklungsmaßnahmen zu trainieren bzw. weiterzuentwickeln (vgl. hierzu Schwill 2003, S. 784 f., sowie Kapitel 3.3.2).

Zielgruppen

Zur Festlegung der *Zielgruppen* wäre zunächst ein Umwelt-Monitoring bzw. ein »Scanning« der Öffentlichkeit erforderlich, um zunächst die »allgemeine Öffentlichkeit« in relevante »Teilöffentlichkeiten« oder »Publics« differenzieren und anschließend potenzielle Adressaten für das Umweltbeziehungsmarketing identifizieren und klassifizieren zu können (vgl. hierzu Grunig/Hunt 1984, S. 145 f.; Mast 2006, S. 131 ff.).

Klassifizierung nach Problembewusstsein und Handlungsbereitschaft

Zur Klassifizierung öffentlicher Zielgruppen wäre zunächst vorstellbar, sich der Grundidee der klassischen Marktsegmentierung zu bedienen und unter Berücksichtigung von relevanten Segmentierungskriterien homogene Teilmärkte bzw. Zielgruppen zu bilden. Dieses Vorgehen ist jedoch nicht empfehlenswert, da Teilöffentlichkeiten nicht zwangsläufig identisch sind mit traditionellen Marketing-Zielgruppen. Das marketingspezifische Zielgruppenkonzept basiert auf einer vom Unternehmen durchgeführten Segmentierung. Im Gegensatz dazu bilden sich Teilöffentlichkeiten ohne Zutun des Unternehmens; sie bilden sich aufgrund eines wahrgenommenen Problems oder Themas, eines sogenannte Issues, und sie haben ein »stake« am Unternehmen (vgl. Huck 2004, S. 64 f.). Neben dem Ausmaß des Problembewusstseins kommt noch die Stärke ihrer Handlungsbereitschaft hinzu, die sich darin äußert, aktiv zu werden und etwas gegen das Problem zu unternehmen (oder auch nicht). Demzufolge lassen sich in einer ersten Strukturierung folgende für das Umweltbeziehungsmarketing infrage kommenden Zielgruppen unterscheiden:

- *nicht relevante Zielgruppen:* Für sie ist das Problem irrelevant, da sie es (noch) nicht wahrgenommen haben bzw. davon (noch) nichts wissen.
- *latente Zielgruppen:* Für diese Zielgruppe ist das Problem relevant; sie sind betroffen, ohne es bislang aber zu wissen.
- *bewusste Zielgruppe:* Ihnen ist das Problem bekannt, sie bleiben aber inaktiv und unternehmen nichts dagegen.
- *aktive Zielgruppe:* Ihnen ist das Problem bewusst; sie organisieren sich und unternehmen etwas dagegen.

Diese Klassifizierung zeichnet sich jedoch durch ihren dynamischen Charakter aus. So können etwa latente Teilöffentlichkeiten schnell und unerwartet aktiv werden, wenn ein Problem wahrgenommen wird und sich Ansprüche entwickeln, die öffentlich kommuniziert werden.

Klassifizierung nach Wichtigkeit hinsichtlich Einflussnahme auf Meinungsbildung

Einen weiteren Strukturierungsansatz bietet Bruhn an. Er empfiehlt, die Vielzahl der Teilöffentlichkeiten unternehmensspezifisch nach ihrer Wichtigkeit unter Berücksichtigung des Grades der Einflussnahme auf die Meinungsbildung anderer Teilöffentlichkeiten zu differenzieren und demzufolge Muss-, Soll- und Kann-Zielgruppen zu bilden (vgl. Bruhn 2010, S. 235 f.; Mast 2006, S. 287):

- *Muss-Zielgruppen:* Hierzu zählen Gruppen oder Personen, die Kommunikationsinhalte unbedingt erhalten müssen, da sie diese vor allem auch für die Erfüllung ihrer Aufgaben oder Funktionen benötigen. Hierunter fallen beispielsweise
  - relevante Medienvertreter, die sich im Rahmen ihrer journalistischen Arbeit mit dem Unternehmen befassen,
  - Politiker, die z. B. in für das Unternehmen relevanten Ausschüssen tätig sind,
  - Vertreter von Organisationen, die von hoher Bedeutung für das Unternehmen sind (z. B. Umweltschutzorganisationen),
  - Mitarbeitende des Unternehmens etc.
- *Soll-Zielgruppen:* Für diese Zielgruppe sind Kommunikationsinhalte insofern relevant, da die Information bei diesen Personen (-gruppen) Verständnis für die unternehmerischen Belange schaffen kann. Hier finden sich beispielsweise
  - Vertreter von Gruppierungen wie Bürgerinitiativen,
  - Personen, die sich für die Unternehmensaktivitäten interessieren,
  - Verbraucherverbände, Testinstitutionen (z. B. Stiftung Warentest),
  - aktuelle und potenzielle Kunden etc.
- *Kann-Zielgruppen:* Diese Zielgruppe ist eher Empfänger von Informationen mit allgemeingültigem Inhalt, um etwa Akzeptanz für die allgemeine Geschäftspolitik zu erzielen. In diese Kategorie fallen beispielsweise
  - Schüler, Studierende,
  - örtliche Vereine (z. B. Sportvereine),
  - Vertreter kirchlicher Organisationen etc.

Für die Unternehmenspraxis scheint sich eine derartige Zielgruppeneinteilung zu empfehlen. Zum einen ergibt sich durch diese Hierarchisierung von bestehenden und zukünftigen relevanten Zielgruppen die Möglichkeit, das im Regelfall begrenzt vorhandene Kommunikationsbudget gemäß der hierarchischen Struktur zu dimensionieren und je nach Bedeutung der Zielgruppe unterschiedlich wichtige Maßnahmen der Beziehungsarbeit zielgruppenadäquat zuzuordnen. Zum anderen lassen sich auch die verschiedenen Handlungsalternativen der Umweltbeziehungsaktivitäten besser auf die einzelnen Zielgruppen zuordnen. So wäre etwa bei Muss-Zielgruppen eher eine dialogische Kommunikation zu priorisieren, während bei Kann-Zielgruppen eine einseitige Kommunikation ausreichend erscheint. Insgesamt sollte bei der Zielgruppenansprache beachtet werden, weniger wichtige Zielgruppen nicht zu vernachlässigen. Wenn auch der Einfluss einer Gruppierung momentan als gering eingeschätzt werden sollte, so kann sich dieser Zustand schnell ändern. Insbesondere aufgrund der kommunikativen Vernetzung nicht nur über soziale Medien ist davon auszugehen, dass die Zielgruppen miteinander interagieren und sich demzufolge schnell auch neue und wichtige Zielgruppenkonstellationen bilden können, denen nunmehr erhöhte Aufmerksamkeit geschenkt werden muss.

Die Botschaft als Kern des Umweltbeziehungsmarketings

Bei der an die Öffentlichkeit gerichteten *Botschaft* geht es um den inhaltlichen Kern des Umweltbeziehungsmarketing-Konzepts. Mit der Formulierung der Botschaft wird festgelegt, welche konkreten Inhalte bei den relevanten Zielgruppen ankommen müssen, damit die Ziele erreicht werden. Insofern haben an die Umwelt gerichtete Botschaften Zielqualität (vgl. Mast 2006, S. 149).

Die kommunikative Aufgabe bestimmt die Strategietypen

Um die Ziele nicht zu verfehlen, ist die Botschaft zum einen auf die jeweilige Zielgruppe zuzuschneiden. Zum anderen hat sich die Botschaft auf den thematischen Anlass zu beziehen. So ist beispielsweise aufgrund eines bestimmten kritischen Ereignisses im Unternehmen ein völlig anderer Inhalt zu transportieren als bei einer Information der Öffentlichkeit über eine ›gute Tat‹ (Krisenkommunikation vs. CSR-Kommunikation). Insgesamt ist also die kommunikative Aufgabenstellung ausschlaggebend für den Inhalt der Botschaft an die Anspruchsgruppen. Unter Bezugnahme auf die kommunikative Aufgabenstellung können folgende Strategietypen unterschieden werden (vgl. hierzu Bruhn 2011b, S. 752 ff.):

- *Bekanntmachungsstrategie:* Mit dieser Strategie wird das primäre Ziel verfolgt, Bekanntheitswerte zu steigern, um auf diese Weise absatzfördernde Effekte zu erzielen (z. B. Pressemitteilung über die bevorstehende Eröffnung einer Unternehmensfiliale).
- *Informationsstrategie:* Im Rahmen einer Informationsstrategie werden vorrangig Informationen über Produkte oder Dienstleistungen gestreut mit dem Ziel, die Zielgruppe aufzuklären oder zu überzeugen (z. B. Informationen über verwendete Stoffe bei der Herstellung von Lebensmitteln). Hierunter fallen auch unternehmensübergreifende Informationskampagnen, um die Öffentlichkeit über branchentypische Aktivitäten in Kenntnis zu setzen (z. B. Information über die branchenweite Nutzung von Service-Level-Standards).
- *Imageprofilierungsstrategie:* Diese Strategie zielt darauf ab, positive Einstellungen bei den Teilöffentlichkeiten gegenüber dem Unternehmen zu erreichen bzw. bestehende negative Einstellungen möglichst abzustellen (z. B. durch eine Imagekampagne, bei der die Umweltorientierung des Unternehmens herausgestellt wird).
- *Konkurrenzabgrenzungsstrategie:* Bei der Konkurrenzabgrenzungsstrategie steht die Profilierung gegenüber den Wettbewerbern im Vordergrund. Im Wesentlichen sollen mit der konkreten Botschaft spezifische Unternehmensmerkmale oder besondere Leistungen des Unternehmens hervorgehoben werden, die das Unternehmen vom Wettbewerbsumfeld abheben (z. B. Verzicht einer Einzelhandelskette auf Einsatz bzw. Verkauf von Plastiktüten).
- *Zielgruppenerschließungsstrategie:* Mit dieser Strategie sollen bestehende Zielgruppen durch Maßnahmen im Rahmen des Umweltbeziehungsmarketings in-

tensiver und umfassender angesprochen werden (z. B. gezielte und verstärkte Ansprache von Wissenschaftlern, die bislang nur wenig kontaktiert worden sind).

- *Kontaktanbahnungsstrategie:* Im Mittelpunkt dieser Strategie steht die Gewinnung von Teilöffentlichkeiten zur Unterstützung unternehmerischer Aktivitäten (z. B. Maßnahmen gegen Diskriminierung).
- *Schadensvermeidungsstrategie:* Diese Strategie ist vor allem im Rahmen von Krisensituationen relevant, um den von der Öffentlichkeit geäußerten Vorwürfen adäquat entgegentreten zu können (z. B. durch eine klare und sachlich fundierte Stellungnahme, die in der Lage ist, die Vorwürfe zu entkräften).
- *Beziehungspflegestrategie:* Die zentrale Zielsetzung bei dieser Strategie besteht in der Pflege der Beziehungen zu den relevanten Teilöffentlichkeiten. Aufgrund ihres hohen Einflusspotenzials wäre die Muss-Zielgruppe kommunikativ prioritär zu behandeln. Hierbei sind weniger kurzfristige öffentlichkeitsbezogene Aktionen als vielmehr langfristige Maßnahmen im Sinne eines kontinuierlichen Dialogs gefragt.

Die inhaltliche Ausrichtung umweltorientierter Botschaften ist nun abhängig von dem jeweiligen Strategietyp. Obwohl die einzelnen Strategietypen eine jeweils andere inhaltliche Fokussierung bzw. eine zu unterscheidende kommunikative Aufgabenstellung haben, sind gegenseitige Überstrahlungseffekte nicht auszuschließen. So können etwa im Zuge einer Imageprofilierungsstrategie und einer dementsprechend inhaltlich aufbereiteten Botschaft gleichzeitig auch bestehende Beziehungen gepflegt (Beziehungspflegestrategie) oder weitere Zielgruppen informiert (Informationsstrategie) werden.

Beziehungspflegestrategie ist besonders wichtig

Im Rahmen des Beziehungsmarketings dürfte der *Beziehungspflegestrategie* eine herausragende Bedeutung zugesprochen werden. Empfehlenswert dabei wäre, das *Vertrauen als inhaltliche Leitkomponente* für die Formulierung der an die Öffentlichkeit gerichteten Botschaft herauszustellen. Diese Empfehlung wird zum einen durch die Funktion des Vertrauens als eine Schlüsselkomponente der Beziehungsqualität gestützt (vgl. Kapitel 1.4). Zum anderen kann diese Entscheidung auch begründet werden mit der gegenseitigen Bedingtheit von Vertrauen und Kommunikation (vgl. hierzu Hubig 2014, S. 359). So scheint ohne Vertrauen und ohne persönliche Interaktion keine echte Kommunikation stattzufinden; Vertrauen ist somit *konstitutives Element* der Unternehmenskommunikation. Ohne Kommunikation wiederum ist kein Vertrauen ›machbar‹; Vertrauen ist vielmehr ein ›Interaktionsprodukt‹, das erst im Kommunikationsprozess entsteht. Insofern zeigt sich Kommunikation als *konstituierendes Element* von Vertrauen.

Praxisanforderungen an die Botschaftsgestaltung

Damit nun Vertrauen geschaffen oder gefördert werden kann, sollten zur Gestaltung der Unternehmenskommunikation im Allgemeinen bzw. der Botschaft an die (Teil-) Öffentlichkeit im Besonderen folgende zentrale *Praxisaspekte* berücksichtigt werden (vgl. hierzu Hubig 2014, S. 364):

- Zur Vertrauensgenese bieten sich vor allem eine Parallelkommunikation in Form von Chat- und Newsforen und ein direkter, verständnisvoller Dialog an. Auf beiden Kommunikationsebenen sollte insbesondere offen, ehrlich und umfassend informiert werden.
- Vertrauen lässt sich evozieren durch Botschaften, die Unternehmen als berechenbare, stabile und auf Kontinuität bedachte Institutionen herausstellen. Die Glaubwürdigkeit von Botschaften kann beispielsweise unterstützt werden durch empirische Belege (wie etwa Testurteile).
- Kontroll- und Gütesiegel von unabhängigen Institutionen und diesbezügliche Informationsdiffusionen helfen dabei, die Reputation des Unternehmens aufzubauen bzw. zu stärken.
- Eine glaubwürdige Kommunikation mit den Teilöffentlichkeiten setzt auch die Übermittlung korrekter, verständlicher und konsistenter Informationen voraus.
- Zu einem vertrauenswürdigen und integren Unternehmensauftritt sind Offenheit und Transparenz im Rahmen der Kommunikation unabdingbar. Dazu gehört auch eine schnelle bzw. rechtzeitige Informationsweitergabe, insbesondere in Krisensituationen, in denen seitens der Öffentlichkeit ein unternehmerisches Kommunikationsverhalten erwartet wird und eine Informationsweitergabe ›ohne Wenn und Aber‹ bzw. ›ohne Schönfärberei‹ erfolgt.
- Vertrauen wird zudem gefördert, wenn es relevanten Zielgruppen ermöglicht wird, eigene Erfahrungen mit dem Unternehmen zu machen (etwa durch Tage der offenen Tür, Betriebsbesichtigungen oder durch Teilnahme an Produkttests).
- Gemäß empirischer Untersuchungen zeichnen sich vertrauenswürdige Organisationen u. a. durch Bürgernähe und durch die Übernahme gesellschaftlicher Verantwortung aus.

Corporate Social Responsibility

Die Übernahme gesellschaftlicher Verantwortung, die unter der weit verbreiteten Bezeichnung *Corporate Social Responsibility* (CSR) zum Ausdruck kommt, bietet sich als ein geeigneter Ansatz für die Öffentlichkeitsarbeit und insgesamt für ein Umweltbeziehungsmarketing an (vgl. zu CSR-Strategien Grunwald/Hennig 2012a). Corporate Social Responsibility bedeutet die freiwillige Übernahme von Verantwortung von Unternehmen für ihre Auswirkungen auf die Gesellschaft (vgl. Europäische Kommission 2011, S. 7). Dieser Ansatz basiert zum einen auf dem *Nachhaltigkeitsprinzip*, wonach die strategische Orientierung eines Unternehmens nicht nur auf das betriebswirtschaftliche Gewinnziel, sondern auch auf soziale und ökologische Ziele gerichtet wird, zwischen denen ein Ausgleich herzustellen ist (vgl. Grunwald/Hennig 2012b, S. 83). Zum anderen beruht Corporate Social Responsibility auf dem *Selbstverantwortungsprinzip*. Hiermit ist die freiwillige, jedoch nicht beliebige Wahrnehmung berechtigter Ansprüche an das Unternehmen gemeint, und zwar auch solcher, die über gesetzliche (Mindest-) Anforderungen hinausgehen (vgl. Bundesministerium für Arbeit und Soziales 2010, S. 7). Grundsätzlich orientiert sich Corporate Social Responsibility auch an *ethischen Prinzipien* wie »Rechtschaffenheit, Integrität, Transparenz, Glaubwürdigkeit und Fairness gegenüber Menschen, Gesellschaft und Umwelt« (Balderjahn 2014, S. 141).

Insgesamt steht Corporate Social Responsibility demzufolge »für ein ganzheitliches Unternehmenskonzept, das alle sozialen, ökologischen und ökonomischen Beiträge eines Unternehmens zur freiwilligen Übernahme gesellschaftlicher Verantwortung umfasst, die über die Einhaltung gesetzlicher Bestimmungen (Compliance) hinausgehen« (Grunwald/Hempelmann 2017, S. 271). Diese freiwillige Übernahme insbesondere sozialer und ökologischer Verantwortung durch privatwirtschaftlich agierende Unternehmen spiegelt seit Jahren die Erwartungshaltung der Öffentlichkeit wider (vgl. z. B. Hansen 1996, S. 37; Balderjahn 2013, S. 28). Dieses Engagement scheint von einem steigenden Anteil der Bevölkerung für die Bewertung von Unternehmen herangezogen zu werden, vor allem dann, wenn unternehmerischem Handeln negative Effekte auf Mensch und Umwelt (etwa bei sozial und ökologisch bedenklichen Produktionsbedingungen) zugeschrieben werden (vgl. Hanisch 2017, S. 1). Die gesellschaftliche Bedeutung von Unternehmen zeigt sich jedoch nicht nur in ihrer Verantwortung für die ›Produktion‹ von negativen externen Effekten, sondern auch in ihrem Potenzial, positive externe Effekte herbeizuführen (vgl. Hansen/Schrader 2005, S. 378). Vor allem in diesem Kontext ergeben sich Ansatzpunkte für eine erfolgreiche Strategie im Rahmen des Umweltbeziehungsmarketings, wenn sie Aspekte der Corporate Social Responsibility in Umwelt-Botschaften stärker verankert. Mit der in aller Regelmäßigkeit stattfindenden Kommunikation des unternehmerischen Corporate-Social-Responsibility-Engagements ergeben sich Chancenpotenziale, die sich durch vorökonomische und ökonomische Erfolgswirkungen begründen lassen (vgl. hierzu Hansen/Schrader 2005, S. 383 ff.; Grunwald/Hempelmann 2017, S. 271):

Vorökonomische Wirkungen

Im Rahmen *vorökonomischer Erfolgswirkungen* trägt Corporate Social Responsibility zum Reputationsaufbau bzw. zum Imagegewinn bei. So zeigen Ergebnisse von Konsumentenbefragungen, dass die Reputation von Unternehmen verbessert werden kann, wenn das unternehmerische Handeln auch als besonders verantwortlich wahrgenommen wird. Eine hohe Reputation wiederum zeigt sich auch im positiven Einfluss auf die Beziehungen von Unternehmen zu ihren Anspruchsgruppen bzw. zu ihren Teilöffentlichkeiten. So kann das Ansehen als sozial verantwortliches Unternehmen die Bereitschaft der Stakeholder erhöhen, langfristig kooperative Beziehungen mit dem Unternehmen einzugehen (vgl. Grunwald/Hennig 2012b, S. 89). Weitere positive Folgeeffekte der Reputation werden in einem stärkeren Kundenvertrauen und in einer verbesserten Kundenbindung gesehen. Hinzu kommen die mit einer hohen Reputation zusammenhängenden internen positiven Effekte auf die Mitarbeitermotivation, -zufriedenheit und -bindung. Positive Wirkungen sind auch auf die Zielgruppe der potenziellen Mitarbeitenden zu erkennen, da Unternehmen, die gesellschaftliche Verantwortung übernehmen, als attraktiver wahrgenommen werden. Somit haben Unternehmen als Anbieter von Arbeitsplätzen Vorteile im sich aufgrund des demografischen Wandels verschärfenden Wettbewerb um qualifizierte Arbeitskräfte (war for talents) (vgl. auch Hanisch 2017, S. 11 f.).

Ökonomische Wirkungen

Neben den vorökonomischen Erfolgswirkungen sind für Unternehmen vor allem die möglichen Wertbeiträge und damit letztlich der Return on Investment eines Corporate-Social-Responsibility-Engagements von Interesse. Wenngleich in der Unternehmenspraxis vielerorts noch Unsicherheit über konkret messbare *ökonomische*

Erfolgswirkungen zu bestehen scheint, so ergeben sich auch in diesem Zusammenhang diverse positive Effekte durch die Umsetzung von Corporate-Social-Responsibility-Maßnahmen. Zum einen sind kostenseitige Wirkungen möglich. So können sich Kosteneinsparungseffekte ergeben, beispielsweise durch die Einführung eines Umweltmanagementsystems und der damit erzielbaren Steigerung der Ressourceneffizienz. Weiterhin lassen sich Transaktionskosten reduzieren, wenn das Unternehmen mit der Umsetzung von Corporate-Social-Responsibility-Maßnahmen auch Vertrauen zu seinen Beziehungspartnern aufbaut und mit diesem Vertrauensbonus etwa geringere Anbahnungs- oder Vereinbarungskosten einhergehen. Zum anderen sind positive Erlöswirkungen möglich. Beispielsweise können im Zuge der Entwicklung nachhaltiger Produkte neue Märkte erschlossen oder bestehende Märkte stärker durchdrungen und damit insgesamt Umsatzsteigerungen und/oder Umsatzstabilisierungen erzielt werden.

DIN ISO 26000

Die Erfolgswirksamkeit einer Corporate-Social-Responsibility-Strategie kann jedoch nur dann eintreten, wenn die Voraussetzung, nämlich die Wahrnehmung gesellschaftlicher Verantwortung durch die Öffentlichkeit, gegeben ist. Das Fundament für die Wahrnehmung des Corporate-Social-Responsibility-Engagements bilden die in der Tabelle 3-27 zusammengefassten *sieben* Grundsätze der *DIN ISO 26000*. Unternehmen wird empfohlen, sich an diesen Grundsätzen auszurichten, um den Ansprüchen, die die Gesellschaft an Unternehmen hat, gerecht werden zu können.

Tab. 3-27

Grundsätze der DIN ISO 26000

Grundsätze	Erläuterungen
1. Rechenschaftspflicht	Übernahme von Verantwortung für die Auswirkungen ihrer Entscheidungen und Aktivitäten und Ablegen nachweisbarer Rechenschaft
2. Transparenz	glaubwürdige, offene, verständliche Kommunikation und Berichterstattung über Zweck, Art und Standorte der Aktivitäten
3. ethisches Verhalten	Handeln auf Basis von Ehrlichkeit, Gerechtigkeit und Rechtschaffenheit
4. Achtung der Interessen von Anspruchsgruppen	Kennen und Berücksichtigen der (betroffenen) Anspruchsgruppen der Organisation
5. Achtung der Rechtsstaatlichkeit	zwingende Einhaltung von Recht und Gesetz
6. Achtung internationaler Verhaltensstandards	Handeln in Übereinstimmung mit internationalen Verhaltensstandards
7. Achtung der Menschenrechte	Anerkennung der grundlegenden Menschenrechte, deren Bedeutung und Allgemeingültigkeit

(Quelle: vgl. Bundesministerium für Arbeit und Soziales 2011, S. 12 f.)

Kernthemen und Handlungsfelder der Unternehmenskommunikation

Zur inhaltlichen Ausgestaltung der Unternehmenskommunikation im Allgemeinen und der Umwelt-Botschaft im Besonderen können sich Unternehmen thematisch fokussieren. Im Kontext der Übernahme gesellschaftlicher Verantwortung bieten sich *sieben Kernthemen* an, die wechselseitig in Beziehung stehen, und deren weitere Ausdifferenzierung in verschiedene *Handlungsfelder* inhaltliche Bezugspunkte für die Ausgestaltung der Umweltbeziehungsmarketingstrategie aufzeigt. Diese sind in Tabelle 3-28 aufgeführt.

Tab. 3-28

Kernthemen und Handlungsfelder der DIN ISO 26000

Kernthemen	Handlungsfelder
1. Unternehmensführung als zentrales, übergeordnetes Kernthema	Beachtung der Grundsätze gesellschaftlicher Verantwortung in der Entscheidungsfindung; gesellschaftlich verantwortliches Verhalten der Unternehmensleitung; Schaffung einer Unternehmenskultur und Etablieren formaler und informeller Mechanismen als Voraussetzungen zur Ermöglichung gesellschaftlicher Verantwortung bei allen Entscheidungen
2. Menschenrechte	Beachtung unternehmerischer Sorgfaltspflicht (Due Diligence); Achtung und Vorrang der Menschenrechte in kritischen Situationen; Vermeidung von Mittäterschaft; Beseitigung von Missständen; Verhinderung von Diskriminierung und Sicherstellen von Chancengleichheit; Achtung der bürgerlichen und politischen Individualrechte, der wirtschaftlichen, sozialen und kulturellen Rechte sowie der grundlegenden Prinzipien und Rechte bei der Arbeit
3. Arbeitspraktiken	Einhaltung der Rechte und Pflichten in Beschäftigungsverhältnissen; Beachtung von Arbeitsbedingungen und Sozialschutz; Praktizieren eines sozialen Dialogs; Beachtung von Gesundheit und Sicherheit am Arbeitsplatz; Ermöglichung menschlicher Entwicklung und Schulung am Arbeitsplatz
4. Umwelt	Vermeidung der Umweltbelastung; nachhaltige Nutzung von Ressourcen; Abschwächung des Klimawandels und Anpassung; Einsatz für Umweltschutz, Artenvielfalt und Wiederherstellung natürlicher Lebensräume
5. faire Betriebs- und Geschäftspraktiken	Korruptionsbekämpfung; verantwortungsbewusste politische Mitwirkung; fairer Wettbewerb; Förderung gesellschaftlicher Verantwortung in der Wertschöpfungskette; Achtung von Eigentumsrechten
6. Konsumentenanliegen	faire Werbe-, Vertriebs- und Vertragspraktiken sowie sachliche und unverfälschte, nicht irreführende Informationen; Schutz von Gesundheit und Sicherheit der Konsumenten; nachhaltiger Konsum; Berücksichtigung von Kundenanliegen in der Nachkaufphase durch Kundendienst, Beschwerdemanagement und Schlichtungsverfahren; Beachtung von Schutz und Vertraulichkeit von Kundendaten; Sicherung der Grundversorgung; Verbraucheraufklärung und Sensibilisierung
7. Einbindung und Entwicklung der Gemeinschaft	Pflege von Partnerschaften mit lokalen Organisationen und Anspruchsgruppen; Erhaltung und Förderung von Kultur und Bildung; Schaffen von Arbeitsplätzen und beruflicher Qualifizierung; Entwicklung von Technologien und Ermöglichung des Zugangs dazu; Schaffung von Wohlstand und Einkommen; Achtung und Förderung des Rechts auf Gesundheit; Investition zugunsten des Gemeinwohls

(Quelle: vgl. Bundesministerium für Arbeit und Soziales 2011, S. 14 ff.)

Aus den aufgezeigten sieben Kernthemen und den dort eingruppierten Handlungsfeldern lässt sich eine Vielzahl an thematischen Ansatzpunkten für den kontinuierlich zu gestaltenden kommunikativen Input bzw. für die inhaltliche Ausrichtung der an die Umwelt gerichteten Botschaft ableiten. Die Botschaft sollte dabei jedoch nicht darin bestehen, über die ›guten Taten‹ lediglich zu berichten. Vielmehr sollte das ›gelebte‹ gesellschaftliche Engagement auch belegt werden (eine Vielzahl an Praxisbeispielen, wie Corporate Social Responsibility in Unternehmen ›gelebt‹ wird, finden sich z. B. unter CSR Germany o. J.), um sich der Öffentlichkeit als verantwortungsbewusster Akteur im Wettbewerbsumfeld nachvollziehbar positionieren zu können. Ansonsten besteht die Gefahr, dass das unternehmerische Corporate-Social-Responsibility-Engagement als ›window dressing‹ wahrgenommen wird, das die Unternehmensperformance nach außen zu ›frisieren‹ versucht. Eine nachhaltig gute Beziehung zur Öffentlichkeit dürfte weniger durch ›kosmetische‹ Maßnahmen zu erreichen sein als durch einen Unternehmensauftritt, der durch Glaubwürdigkeit, Vertrauenswürdigkeit oder Integrität in der Unternehmenskommunikation gekennzeichnet ist. Vor allem ist die Glaubwürdigkeit im Rahmen der Corporate-Social-Responsibility-Kommunikation mit einer besonderen Herausforderung konfrontiert, da die Öffentlichkeit – und hier insbesondere Konsumenten – die Kommunikation von Unternehmen für weniger glaubwürdig halten als beispielsweise die Kommunikation von verbraucherpolitischen Institutionen oder von unabhängigen Medien (vgl. Fricke/Schrader 2014, S. 212).

Kontrollsysteme

Compliance-Intelligence-Konzept

Einen Beitrag, die Glaubwürdigkeit und auch die Vertrauenswürdigkeit unternehmerischen Handelns (nicht nur im Rahmen des Corporate-Social-Responsibility-Engagements) zu untermauern, wäre die Umsetzung des *Compliance-Intelligence-Konzepts* (vgl. hierzu Brauer 2009, S. 51 ff.). Compliance Intelligence bedeutet »die Anwendung von weitgehend automatisierten Kontrollaktivitäten in Geschäftsprozessen als Teil eines unternehmensweiten internen Kontrollsystems« (Brauer et al. 2009, S. 51) und umfasst »die Gewinnung, Verarbeitung und Bereitstellung von Informationen, um Unregelmäßigkeiten nachhaltig vorzubeugen bzw. zeitnah zu erkennen« (Brauer et al. 2009, S. 51). Durch die Nutzung automatisierter Kontrollmechanismen (z. B. in Form moderner Informationstechnologie, die die Einhaltung von Liefervereinbarungen überwacht) bzw. den Verzicht auf primär manuell betriebene Kontrollaktivitäten vermindert sich das Risiko, dass Unregelmäßigkeiten in Geschäftsvorgängen unentdeckt bleiben. Mit der Überwachung betrieblicher Vorgänge im Hinblick auf die Einhaltung von Gesetzesvorgaben, Richtlinien oder internen Vorschriften und dem im Problemfall einzuleitenden rechtzeitigen Einschalten von Gegenmaßnahmen lassen sich vor allem auch Imageschäden oder Reputationsverluste vermeiden.

Whistleblowing-Systeme

Folgekosten und Reputationsschäden für Unternehmen können auch mit der Institutionalisierung sogenannter *Whistleblowing-Systeme* (»Whistleblowing« kann mit »Alarm schlagen« übersetzt werden) vermieden werden. Whistleblowing »bezeichnet das Öffentlichmachen illegaler oder illegitimer Verhaltensweisen einer Organisation durch unternehmensinterne Hinweisgeber« (Aßländer 2011, S. 312).

Wenngleich ein derartiges Hinweisgebersystem nicht unproblematisch für den Whistleblower selbst ist (z. B. Konsequenzen im Hinblick auf eine eventuelle Verletzung der Loyalitätspflicht eines Arbeitnehmers gegenüber seinem Arbeitgeber oder eine Verletzung der Pflicht zur Wahrung von Geschäftsgeheimnissen), dürfte eine über Whistleblowing erfolgte offene Berichterstattung über unternehmensspezifische Missstände ein hohes Maß an Glaubwürdigkeit erzeugen, vor allem gegenüber der Öffentlichkeit (vgl. Aßländer 2011, S. 317).

Business Keeper Monitoring System

Die Notwendigkeit, organisationalem Fehlverhalten bzw. illegalen und illegitimen Praktiken frühzeitig zu begegnen, haben zahlreiche Unternehmen erkannt und Hinweisgebersysteme implementiert. So hat etwa die Compliance-Abteilung der Allianz Deutschland AG mehrere Meldewege eingerichtet, über die nicht nur Mitarbeitende des Unternehmens, sondern auch Außenstehende Hinweise z. B. über potenzielle Bestechungsdelikte, Kartellrechtsverstöße oder Verletzungen von Rechnungslegungsvorschriften abgeben können (vgl. Allianz 2017). Um vor allem den internen Hinweisgebern (Mitarbeitenden) Anonymität und Schutz vor Repressalien zu garantieren, bietet u. a. die Business Keeper AG ihr *Business Keeper Monitoring System* (BKMS) an, das Hinweise webbasiert erfasst und bearbeitet. Zur effizienten Fallaufklärung können Hinweisgeber auch in einen geschützten Dialog mit den Hinweisbearbeitern treten (vgl. Business Keeper 2017).

Formen der Öffentlichkeitsarbeit

Neben der Festlegung der Umwelt-Botschaft sind weitere Maßnahmen in Form von Kommunikationsträgern und -mitteln zu definieren. Aus dem Bündel unterschiedlicher Aktivitäten können folgende grundsätzliche *Handlungsalternativen* differenziert werden (vgl. Bruhn 2011b, S. 761 ff.):

- *Publicity:* Diese einfachste Form der Öffentlichkeitsarbeit vollzieht sich als einseitige Kommunikation zwischen dem Unternehmen und der Öffentlichkeit bzw. seinen Teilöffentlichkeiten. Die Informationen können über den Einsatz von Medien direkt an die Zielgruppen gestreut oder über Kontakte zu Multiplikatoren (z. B. Journalisten, Blogger) an die Öffentlichkeit kommuniziert werden.
- *Informationstätigkeit:* Während bei der Publicity die Vermittlung von Neuigkeiten und Wissenswertem und damit von positiven Informationen im Vordergrund steht, besteht das Ziel bei der Informationstätigkeit im Wesentlichen darin, die relevanten Zielgruppen in die Lage zu versetzen, einen Sachverhalt oder ein Ereignis vollständig beurteilen zu können. Das setzt auch die Vermittlung von für das Unternehmen negativen Informationen voraus, die zur sachdienlichen Aufklärung beitragen. Insbesondere im Rahmen der eigenen Krisenkommunikation sind Offenheit und Transparenz gefragt. Auf diese Weise können Unternehmen Glaubwürdigkeit und Verantwortungsbewusstsein sowie ihr ernsthaftes Interesse an der Aufklärung und Bewältigung der Krise signalisieren (vgl. Schwarz/Löffelholz 2014, S. 1312).
- *Überzeugungsarbeit:* Mit der Überzeugungsarbeit übernimmt das Öffentlichkeitsarbeit treibende Unternehmen den Versuch, durch Argumentation die Zielgruppen vom Standpunkt des Unternehmens oder von einer unternehmerischen Handlungsweise zu überzeugen, zumindest aber Verständnis zu erzeugen.

Um auch die Standpunkte der Kommunikationsempfänger aufnehmen bzw. ihnen eine Möglichkeit zur Stellungnahme anbieten zu können, bedarf es einer zweiseitigen Kommunikation.

- *Dialog:* Im Gegensatz zur Überzeugungsarbeit, bei der die Initiative in erster Linie vom Unternehmen ausgeht und demzufolge eher eine asymmetrische Zwei-Wege-Kommunikation vorherrscht, wird im Rahmen eines Dialogs eine zweiseitige symmetrische Kommunikation zwischen Unternehmen und Kommunikationsbeteiligten angestrebt. Die Initiative zum Dialog kann dabei von bestimmten Teilöffentlichkeiten ausgehen (z. B. Bürgerinitiativen oder Umweltschutzgruppierungen).

Stakeholder-Dialog

Im Rahmen des Beziehungsmarketings im Allgemeinen bzw. des Umweltbeziehungsmarketings im Besonderen scheint der *Dialog* eine für die Beziehungsarbeit besonders Erfolg versprechende Maßnahme darzustellen. Der Dialog mit gesellschaftlichen Anspruchsgruppen oder auch einzelnen Personen (z. B. Konsumenten) soll in diesem Zusammenhang »als eine verständigungsorientierte Commitment-Strategie von Unternehmen gegenüber der Gesellschaft« (Hansen 1996, S. 39) verstanden werden. Als Formen der Beziehungsgestaltung können Dialoge unterschieden werden nach Inhalt, Dialoganlässen und -zielen sowie nach Art und Anzahl der Dialogpartner (vgl. hierzu und zum Folgenden Hansen 1996, S. 41 ff.).

Inhaltliche Dimension

Unter Berücksichtigung ihrer *inhaltlichen Dimension* ergeben sich Dialogfelder insbesondere im Kontext ökonomischer, ökologischer und sozialer Herausforderungen. Der Dialog kann ausschließlich in einem dieser Dialogfelder stattfinden (z. B. Dialog eines Automobilherstellers mit Anspruchsgruppen zum Thema Nachhaltigkeit). Er kann aber auch gleichzeitig mehrere Themenfelder – siehe auch die oben erwähnten sieben Kernthemen – beinhalten, sofern eine Verständigung im Rahmen multidimensionaler Problemstellungen ansteht (z. B. Errichtung von Windkraftanlagen in der Nähe eines dichtbesiedelten Wohngebiets).

Dialoganlässe

Zu den Dialogformen nach *Dialoganlässen und -zielen* zählen der Präventivdialog und der Schadensregulierungsdialog. Präventivdialoge können initiiert werden, ohne dass ein konkreter Problemanlass besteht. Der kommunikative Austausch wird deshalb geführt, um die Zielgruppen frühzeitig auf Entwicklungen in einem Handlungsfeld vorzubereiten und für damit verbundene mögliche Chancen und Risiken zu sensibilisieren *(Sensibilisierungsdialog).*

Eine weitere Präventivmaßnahme stellt ein Dialog dar, der in der Absicht geführt wird, mögliche Risiken frühzeitig zu reflektieren *(Risikodialog).* Auf diese Weise kann das Entstehen von Konflikten vermieden werden, insbesondere dann, wenn – im Gegensatz zum Unternehmen – gesellschaftliche Anspruchsgruppen das Eintreten eines hohen Risikos vermuten und Gegenmaßnahmen seitens des Unternehmens einfordern. Im Falle des Eintretens von Schadensfällen wäre dann kommunikativ zu reagieren in Form eines *Regulierungsdialogs.* In Schadens- oder Konfliktsituationen können die Empfehlungen der Krisenkommunikation beachtet werden, die ein möglichst schnelles, konsistentes, offenes und transparentes sowie auf Problemlösung bedachtes Kommunikationsverhalten fordern (vgl. Schwarz/Löffelholz 2014, S. 1311 f.). Insbesondere im Zuge der Nutzung von Kommunikationsplattformen

(z. B. Social Media) ist es notwendig, die Aktionen im Rahmen des Umweltbeziehungsmarketings gerade in kritischen Situationen professionell zu steuern, um mediale Eskalationen durch exponentielle Verbreitung von Problemfällen zu vermeiden (negative virale Effekte).

Art und Anzahl der Dialogpartner

Hinsichtlich der *Art und Anzahl der Dialogpartner* können Dialoge auf der Mikro- und auf der Makroebene geführt werden. Auf der Mikroebene betrifft es den Austausch des Unternehmens mit einzelnen Personen (z. B. Kunden). Dieser Dialog kann geführt werden, um beispielsweise Produktentwicklung im Dialog mit Konsumenten zu praktizieren (vgl. Raabe 1996) oder um Dialogangebote im Rahmen eines Beschwerdemanagements umzusetzen (vgl. Jeschke 1996). Für die Öffentlichkeitsarbeit ist primär die Makroebene des Dialogs relevant, bei der sich die Dialogpartner aus unterschiedlichen Anspruchsgruppen zusammensetzen. Die Möglichkeit des kollektiven Dialogs mit Interessengruppen scheinen Unternehmen zunehmend zu nutzen. Exemplarisch soll der Stakeholder-Dialog des Daimler-Konzerns herangezogen werden (siehe hierzu den Nachhaltigkeitsbericht 2015 der Daimler AG 2016b, S. 13 ff.).

PRAXISBEISPIEL

Stakeholder-Dialog bei der Daimler AG

Neben den wichtigsten Stakeholdern wie Mitarbeitende, Kunden, Aktionäre, Investoren und Zulieferer kommen noch zivilgesellschaftliche Gruppen wie Nichtregierungsorganisationen sowie Analysten, Verbände, Gewerkschaften, Medien, Wissenschaft und Politik sowie zusätzlich noch Kommunen, Anwohner und Nachbarn der Daimler-Standorte hinzu, mit denen der Konzern in einen Dialog tritt. Die Einbeziehung der Stakeholder findet u. a. durch regelmäßige Stakeholder-Befragungen statt, die alle zwei Jahre in Form einer offenen, internationalen Online-Befragung durchgeführt werden. Den Stakeholder-Dialog praktiziert Daimler durch

- einen jährlich stattfindenden »Daimler Sustainability Dialogue«,
- einen konzernweiten internen Integritätsdialog,
- Fachtagungen zu gesellschaftlich relevanten Themen und Debatten,
- ein Daimler Supplier Portal,
- Mitgliedschaft in Initiativen und Verbänden,
- lokalen Dialog mit Anwohnern und Kommunen sowie durch
- anlass- und projektbezogene Gespräche.

(vgl. Daimler AG 2016b, S. 13 ff.)

Mit der Initiierung und Durchführung eines Dialogs mit Stakeholdern eröffnen sich für Unternehmen vielfältige Chancen, aber auch gewisse Risiken (vgl. dazu auch Hansen 1996, S. 47 ff.). Die Chancen liegen u. a. im Informationszuwachs bei allen Beteiligten, in der Verbesserung der Risikowahrnehmung und damit in einer ganzheitlichen Folgenabschätzung des eigenen Handelns sowie in der Chance, sich durch die Berücksichtigung von Ansprüchen relevanter Stakeholder auf dem Markt besser positionieren zu können. Nicht zuletzt besteht die Möglichkeit, sich über den Dialog zumindest eine ›licence to operate‹ einzuholen, mit der unternehmerisches Handeln gesellschaftlich akzeptiert bzw. legitimiert wird.

Risiken bestehen zum einen im ungewissen Ausgang eines Dialogs, insbesondere dann, wenn viele unterschiedliche Interessengruppen einbezogen werden und eine Konsensfindung von vornherein als problematisch antizipiert werden muss. Zum anderen kann die im dialogischen Prozess stattfindende Fokussierung unternehmensverursachter Problemfelder möglicherweise ›Wellen schlagen‹ und einen größeren, aber nicht gewollten Adressatenkreis erreichen. Die Organisation und Steuerung weiterer dialogischer Prozesse kann dann zu kapazitätsmäßiger Überforderung führen oder gar zur Entscheidung veranlassen, den Dialog abzubrechen. Ein weiteres Risiko liegt in einer erhöhten Verunsicherung der Mitarbeitenden, die sich im Rahmen von dialogischen Prozessen und zur Verteidigung der unternehmerischen Position möglicherweise einem zunehmenden Rechtfertigungs- oder Problemdruck ausgesetzt sehen.

Trotz möglicher Risiken dürfte sich der Dialog – in welchem Format auch immer – als geeignetes Instrument zur kommunikativen Steuerung der Beziehung eines Unternehmens zu seinen Anspruchsgruppen erweisen. Die kommunikative Wirkung kann noch erhöht werden, wenn neben dem Dialog weitere an die Umwelt gerichtete Aktivitäten umgesetzt und durch einen abgestimmten Medien-Mix ein kommunikativer Gesamtauftritt gewährleistet werden kann.

Areal

Die Entscheidungen bezüglich des *Aktionsareals* sind im Wesentlichen abhängig vom geografischen Aktionsradius des Unternehmens. Aufgrund der kommunikativen Vernetzung der Anspruchsgruppen und der steigenden internationalen Verflechtung von Unternehmen sind die an die Umwelt gerichteten Kommunikationsmaßnahmen stets auch im Hinblick auf ihre ›grenzüberschreitenden‹ Wirkungen zu überdenken.

Timing

Den letzten Entscheidungsbereich einer Umweltbeziehungsmarketingstrategie betrifft das *Timing*. Konkret geht es um die zeitliche Allokation der an die Umwelt gerichteten Aktivitäten. Der zeitliche Einsatz wird vor allem determiniert durch den Botschaftsinhalt bzw. die kommunikative Aufgabenstellung. So erfordert beispielsweise eine Imageprofilierungsstrategie einen eher zeitlich verteilten und kontinuierlichen Einsatz von öffentlichkeitsgerichteten Maßnahmen als eine Schadensvermeidungsstrategie, die einen sofortigen und konzentrierten Einsatz adäquater Aktivitäten verlangt (vgl. Bruhn 2010, S. 245). Grundsätzlich sollten die an die Umwelt gerichteten Aktivitäten zeitlich abgestimmt werden mit dem Einsatz der übrigen Kommunikationsinstrumente, um gegebenenfalls von kommunikativen Synergieeffekten profitieren zu können. So ist beispielsweise nicht auszuschließen, dass mit einer gezielten Werbekampagne zur Einführung eines neuen, ökologisch unbedenklichen Produktes und einer gleichzeitig stattfindenden Informationsstrategie, bei der die Öffentlichkeit über bestimmte Corporate-Social-Responsibility-Aktionen in Kenntnis gesetzt wird, eine komplementäre kommunikative Gesamtwirkung im Sinne eines hohen Aufmerksamkeitseffektes erzielt wird.

WIEDERHOLUNGSFRAGEN

- Begründen Sie die Notwendigkeit von Unternehmen, die Beziehungen zur Umwelt bzw. zur Öffentlichkeit aktiv zu gestalten.
- Skizzieren Sie unterschiedliche strategische Optionen im Rahmen des Umweltbeziehungsmarketings.
- Unterscheiden Sie die zentralen Entscheidungsbereiche eines Umweltbeziehungsmarketings.

- Diskutieren Sie Möglichkeiten zur Strukturierung öffentlicher Bezugsgruppen.
- Diskutieren Sie die Bedeutung des Corporate-Social-Responsibility-Ansatzes im Rahmen des Umweltbeziehungsmarketings. Welche Erfolgswirkungen eines Corporate-Social-Responsibility-Engagements können sich für Unternehmen ergeben?
- Welche Vor- und Nachteile sehen Sie in der Umsetzung eines Stakeholder-Dialogs?
- Skizzieren Sie Möglichkeiten zur Erhöhung der Glaubwürdigkeit unternehmerischer Aktivitäten im Rahmen der Öffentlichkeitsarbeit.

4 Ausgewählte Instrumente des Beziehungsmarketings

LERNZIELE

- Sie können vor, während und nach der Leistungserstellung einsetzbare Instrumente des Beziehungsmarketings unterscheiden und erläutern.
- Sie können den Prozess der Stakeholder-Integration in die Produkt- und Dienstleistungsentwicklung erklären. Insbesondere sind Sie mit ausgewählten Konzepten und Methoden der Stakeholder-Integration vertraut und können diese erläutern.
- Sie können die zentralen Herausforderungen des Managements von Dienstleistungsprozessen mit Kundenintegration erläutern. Insbesondere können Sie den Prozess der Wahrnehmung und Beurteilung von Dienstleistungsqualität erklären und Ansätze zur Messung von Dienstleistungsqualität erläutern.
- Sie können die verschiedenen Garantieformen benennen sowie die Funktionen von Garantien in der Vorkauf-, Kauf- und Nachkaufphase erläutern. Sie können zudem vorökonomische und ökonomische sowie externe und interne Garantiewirkungen aus Anbietersicht abschätzen und darlegen.
- Sie können unterschiedliche Formen der Lieferkettenkommunikation benennen, diese als Beziehungsmarketinginstrument einordnen und in ihrer Wirkungsweise erklären.
- Sie können die Instrumente, Wirkungen und Einflussfaktoren des Beschwerdemanagements als Beziehungsmarketinginstrument erläutern.
- Sie können unterschiedliche Reaktionsmöglichkeiten auf Produktkrisen beschreiben und diese in ihrer Wirkung unter Berücksichtigung von Einflussfaktoren abschätzen.
- Sie können den Prozess eines ganzheitlichen Kundenrückgewinnungsmanagements erläutern. Sie können Methoden zur Analyse des Status der Kundenbeziehung beschreiben und Wirkungen von Kundenrückgewinnungsmaßnahmen abschätzen.

Die Instrumente des Beziehungsmarketings sind in Abhängigkeit von den relevanten Stakeholdern sowie den Merkmalen der Geschäftsbeziehung (etwa deren Dauer und Intensität) einzusetzen (vgl. Hohn 2001, S. 86). Sie dienen der weiteren Ausgestaltung und Anpassung der in Kapitel 3 betrachteten übergeordneten und grundlegenden Strategien des Beziehungsmarketings für das mittel- bis kurzfristig angelegte taktisch-operative Marketing.

Produktpolitik

Im Kern einer beziehungsorientierten *Produktpolitik* steht die Gestaltung des Leistungsangebotes über die wertsteigernde Integration von Stakeholdern. Dies betrifft insbesondere die Koproduktion (Mitwirkung bzw. Beteiligung) von Kunden im Sinne einer interaktiven Wertschöpfung, die der stetigen Anpassung des Leistungsangebotes an individuelle und sich verändernde Anforderungen (z. B. Kundenbedürfnisse) dient (vgl. Hohn 2001, S. 86). Im Ergebnis führt dies zu einer Individualisierung des Leistungsangebotes, womit zum einen in der Vorkaufphase die Anbieter- bzw. Produktwahl der Nachfrager zugunsten des betreffenden Anbieters positiv beeinflusst werden kann. Zum anderen können aber auch in der Nachkaufphase durch ein bedürfnisgerechtes Produkt- und Serviceangebot Kundenzufriedenheit und Kundenbindung gesteigert werden. Die Individualisierung des Leistungsangebotes stellt eine Möglichkeit zur Umsetzung einer Marktausschöpfungsstrategie dar, bei der der Anbieter eine möglichst deckungsgleiche Übereinstimmung der Markenposition mit der Idealvorstellung der Zielgruppe in einem Marktsegment anstrebt (vgl. Grunwald/Hempelmann 2017, S. 269). Der Anbieter kann hiermit seine Wettbewerbsfähigkeit verbessern.

Preispolitik

Auch in einer beziehungsorientiert konzipierten *Preispolitik* (sogenanntes Relationship Pricing) stehen individuelle Anpassungen an die Stakeholder im Vordergrund. Bei der Preisdifferenzierung werden grundsätzlich gleiche Leistungen zu unterschiedlichen Preisen an verschiedene Marktsegmente abgesetzt. Als Segmentierungskriterien werden dabei vor allem Merkmale der Geschäftsbeziehung (z. B. Dauer der Geschäftsbeziehung, Commitment, erfolgte Wiederkäufe, Zusatzkäufe, Weiterempfehlungen usw.) genutzt. Durch Gewährung von Preisnachlässen können sowohl ein loyales Verhalten in der Vergangenheit belohnt als auch Anreize für zukünftig loyales Verhalten gesetzt werden. Eine weitergehende individuelle Anpassung wird bei der Preisindividualisierung vollzogen. Hierbei erfolgt eine individuelle Preisfestlegung für einzelne Kunden, z. B. im Rahmen von individuellen Preisverhandlungen (vgl. Bruhn 2016b, S. 210).

Distributionspolitik

Im Fokus der beziehungsorientiert angelegten *Distributionspolitik* steht das Angebot alternativer, bedürfnisgerecht ausgelegter Absatzkanäle, über die das Leistungsangebot für den Nachfrager leicht verfügbar ist und etwaige Kaufwiderstände (z. B. wahrgenommene Kaufrisiken) effizient abgebaut werden können (sogenannter Multi-Channel bzw. Mehrkanalvertrieb). Hierbei ist zu beachten, dass Nachfrager grundsätzlich mehrere Absatzkanäle in ihrem Kaufprozess miteinander kombinieren wollen, weil diese für sie bestimmte Funktionen im Kaufprozess erfüllen. So mögen sich Käufer über einen Katalog hinsichtlich des Produktangebotes zunächst informieren, sich im stationären Einzelhandel näher über die Produktqualität beraten lassen und diese Qualität persönlich näher inspizieren, um schließlich den Kaufabschluss online zu tätigen. Bei besonders treuen bzw. wertvollen Kunden könnte zudem eine persönliche Betreuung durch Außendienstmitarbeitende vorgesehen werden. Auch höherwertige bzw. andere Logistikleistungen können offeriert werden.

Kommunikationspolitik

Schließlich erfolgt im Rahmen einer beziehungsorientiert gestalteten *Kommunikationspolitik* ein passgenaues, individualisiertes Informationsangebot über die angebotenen Produkte und Dienstleistungen über verschiedene, an das jeweilige Nutzerverhalten angepasste Kommunikationsinstrumente und an die Informationsbedürfnisse angepasste Kommunikationsbotschaften. Individualisierungen der Kommunikation können beispielsweise aufgrund der technischen Möglichkeiten effizient über Social Media Marketing erfolgen, aber auch im Wege der persönlichen Kommunikation (in Verkaufs- und Beratungsgesprächen) sowie im Rahmen des Direktmarketings (z. B. über E-Mailing-Aktionen).

Typisch für die Gestaltung des Beziehungsmarketings ist gerade der instrumentübergreifende Charakter.

Diese vier Marketinginstrumente werden jedoch im Beziehungsmarketing in der Regel nicht isoliert eingesetzt, sondern zur Beeinflussung der Beziehungsqualität entlang der Phasen der Geschäftsbeziehung kombiniert und aufeinander abgestimmt.

Die folgende Darstellung ausgewählter Beziehungsmarketinginstrumente folgt daher nicht einer isolierten Behandlung einzelner Marketingpolitikbereiche, die insofern dem ganzheitlich-integrierenden Charakter des Beziehungsmarketings zuwiderlaufen würde. Vielmehr werden die aus Anbietersicht unterscheidbaren Phasen, nämlich vor, während und nach der Leistungserstellung, als Ansatzpunkte zur Gliederung der Instrumente gewählt, um den Entscheidungsbezug für Marketingtreibende sichtbar zu machen. Der Fokus der Darstellung liegt auf der Produktpolitik als dem Herzstück des Marketings, weil ein Anbieter dauerhaft nur aufgrund entsprechender Leistungen existieren kann.

4.1 Instrumente vor und während der Leistungserstellung

4.1.1 Stakeholder-Integration in den Entwicklungsprozess

Begriff Stakeholder-Integration

Bei der *Stakeholder-Integration* in den Entwicklungsprozess, also der Einbindung und Mitwirkung von Stakeholdern bei der Leistungserstellung, ist die Interaktion zwischen Anbieter und Stakeholder ein wesentlicher Bestandteil des Leistungsangebotes. Sie erfolgt vor allem dann, wenn ein (individualisiertes) Leistungsergebnis ohne Beteiligung des betreffenden Stakeholders gar nicht erbracht werden könnte (vgl. Scheutzow 2017, S. 107).

Ziele der Stakeholder-Integration

Mit der Integration von Stakeholdern in den Prozess der Entwicklung von Produkten und Leistungen, also insbesondere von (potenziellen) Kunden, Händlern, Lieferanten und der allgemeinen Öffentlichkeit, verknüpft der Anbieter das Ziel, die Beziehungsqualität zu seinen integrierten Stakeholdern zu verbessern. Die Verbesserung der Beziehungsqualität kann zum einen *direkt* dadurch erfolgen, dass die *Integration als Kommunikationsinstrument* als solche vom Stakeholder wahrgenommen und positiv, z. B. im Sinne von Kundennähe, interpretiert und bewertet wird.

Zum anderen entfaltet die Integration auch *indirekte* positive Wirkungen auf die Beziehungsqualität dadurch, dass die Produkte und Leistungen tendenziell näher an den Bedürfnissen und Erwartungen der Stakeholder erstellt werden. Wünsche und Bedürfnisse der Stakeholder können durch Integration vor allem auch frühzeitiger vom Anbieter erkannt werden. Dieses Wissen lässt sich für Innovationen und die Verbesserung der bereits am Markt befindlichen Produkte einsetzen. Insofern fungiert die *Integration als produktpolitisches Instrument* zur Ausrichtung der Forschung und Entwicklung an den Wünschen der Stakeholder. Im Umweg über die Steigerung der Zufriedenheit der integrierten Stakeholder mit den Produkten und Leistungen des Anbieters – die nun auch relativ zu denen der Wettbewerber besser beurteilt werden – resultieren sodann positive Wirkungen auf die Bindung an den Anbieter, die Beziehungsqualität und Wettbewerbsfähigkeit.

Von Stakeholdern können dabei verschiedene materielle Ressourcen (wie Geräte, PC, Geld, Zeit, Personal) und immaterielle Ressourcen (Erfahrungen, Kompetenzen/Wissen, Eindrücke und Beziehungen/Kontakte) in den Entwicklungsprozess eingebracht werden. Werden solche externen Ressourcen in hinreichender Qualität eingebracht, kann der Anbieter möglicherweise eigene Ressourcen (z. B. Marktforschung) einsparen. Mit der Stakeholder-Integration kann ein Anbieter somit das Ziel

Abb. 4-1

Ablaufschritte der Stakeholder-Integration

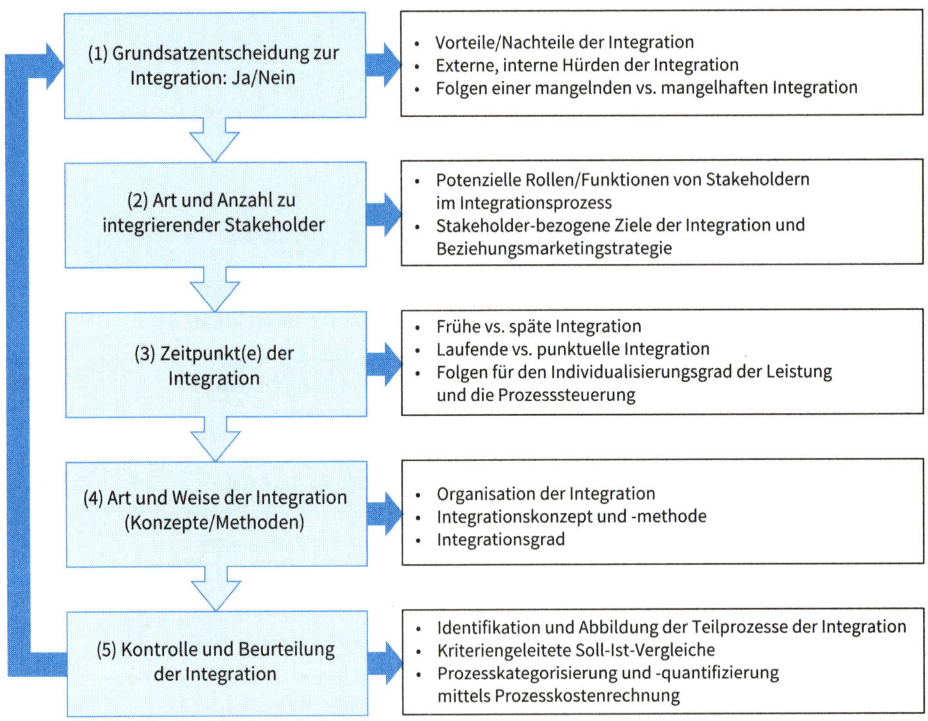

(Quelle: eigene Darstellung)

verfolgen, die Entwicklungskosten durch Einbringen von externen Ressourcen der Stakeholder zu reduzieren. Hierbei ist allerdings zu beachten, dass durch die Integration auch neue Kosten entstehen können (z. B. zur Vorbereitung und Kontrolle der Integration).

Prozess der Stakeholder-Integration

Die Durchführung der Stakeholder-Integration stellt sich aus der Perspektive eines Anbieters, wie in Abbildung 4-1 präsentiert, als *mehrstufiger Prozess* dar, dessen Schritte im Folgenden näher erläutert werden.

Phase 1 der Stakeholder-Integration

Im ersten Schritt gilt es, die Grundsatzentscheidung zu treffen, ob überhaupt Stakeholder in den Entwicklungsprozess integriert werden sollen. Hierbei sind die oben erläuterten Ziele und daraus resultierende, mit einer verbesserten Beziehungsqualität in Zusammenhang stehende Vorteile einer Integration gegen etwaige Nachteile einer Integration abzuwägen. Zudem sind mögliche externe und interne Hürden bei der Umsetzung der Integration zu antizipieren, die es im Falle einer Entscheidung für eine Integration zu überwinden gilt.

Herausforderungen der Integration

Mögliche *externe Hürden* liegen in einem unzureichenden Interesse von Stakeholdern an einer Integration sowie in mangelnden Fähigkeiten oder Ressourcen. Mögliche *interne Hürden* liegen z. B. in mangelnden Kenntnissen von Konzepten und Methoden zur Integration, im Zeit- und Kostendruck und mangelnder Flexibilität von Mitarbeitenden sowie im Leistungsprogramm und/oder in Produktionsstrukturen (vgl. Hofbauer 2013, S. 6). Befragt man Stakeholder trotz fehlenden Fachwissens und mit möglicherweise unpassenden Methoden zu Qualitätsaspekten des Angebotes, resultieren eventuell unrealistische Einschätzungen, die sich in der Produktentwicklung nicht sinnvoll umsetzen lassen. Ein besonderes Problem entsteht dann, wenn zukünftige Entwicklungen abzuschätzen oder völlig neuartige Produkte oder Problemlösungen zu beurteilen sind, die sich z. B. Kunden als Laien nicht in hinreichendem Maße vorstellen können. In diesem Fall könnten vom Anbieter sogenannte *Pilotkunden (lead user)* in die Entwicklung integriert werden, die sich neben einem hohen Interesse an Innovationen dadurch auszeichnen, dass ihre Bedürfnisse den Anforderungen des Massenmarktes vorauseilen. Zudem mögen von Stakeholdern artikulierte Anliegen (z. B. Kundenwünsche) nicht immer zeitstabil sein. In diesem Fall wäre es wichtig, das Kundenurteil über Expertenschätzungen anzunähern bzw. reflektieren zu lassen (vgl. zur Durchführung von Experteninterviews Grunwald/Hempelmann 2012, S. 47, sowie Mieg/Näf 2005). Geschieht dies nicht, so wird infolge der unzureichenden Qualität des Kundenurteils am Nachfragernutzen ›vorbeientwickelt‹, mit negativen Folgen für den langfristigen Vermarktungserfolg des Produktes. Ein weiteres Problem resultiert daraus, dass Stakeholder möglicherweise widersprüchliche Wünsche artikulieren, der Anbieter jedoch nicht allen Wünschen in gleichem Umfang nachkommen kann. Dann stellt sich die Frage, welche Wünsche der Anbieter prioritär bedienen möchte, wozu ihm eine vorgeschaltete *Stakeholder-Analyse* wichtige Hinweise liefern kann. Arbeitet der Anbieter mit anderen Betrieben, z. B. Händlern oder Lieferanten, bei der Entwicklung zusammen, entstehen *strategische Allianzen*, bei denen auch wettbewerbsrechtliche Risiken auftreten können.

Probleme einer fehlenden Integration

Verzichtet der Anbieter auf eine Integration von Stakeholdern in den Entwicklungsprozess, entsteht ihm ein Nutzen aus dem Nicht-Eintritt solcher oben genannter Nachteile, die als positive *Folgen einer mangelnden Integration,* also der nicht durchgeführten Integration, betrachtet werden können. Umgekehrt lassen sich die oben erläuterten Vorteile der Integration als negative Folgen einer mangelnden Integration auffassen. Die Nicht-Integration kann sich aber auch zwangsläufig für einen Anbieter ergeben, wenn Stakeholder über mangelnde Ressourcen (z. B. Zeit, Personal) verfügen und/oder eine mangelnde Motivation zur Integration zeigen. Insofern ist also zu fragen, ob Stakeholder überhaupt bei der Entwicklung mitwirken können und mitwirken wollen.

Aktive vs. passive Integration

Stehen entsprechende Stakeholder für eine *aktive Integration* nicht in ausreichendem Maße zur Verfügung, bei der Stakeholder bewusst Informationen und Wissen einbringen und gegebenenfalls körperlich an der Leistungserstellung beteiligt sind, stellt sich die Frage nach Alternativen. Diese bestehen in einer *passiven Integration,* bei der Stakeholder lediglich beobachtet, jedoch nicht explizit befragt oder physisch in Entwicklungsprozesse eingebunden werden. Beispiele sind die Nutzung von Beschwerdedaten zur Optimierung des Produktangebotes, die Beobachtung des Kundenverhaltens (z. B. bei einer Problemlösung), die Befragung von Mitarbeitenden mit Stakeholder-Kontakt, die sich in die Denk- und Verhaltensweisen von Stakeholdern besonders gut hineinversetzen können (wie z. B. Außendienstmitarbeitende), Abschätzungen durch Expertenurteile oder die Durchführung von Marktforschungsstudien zu Bedürfnissen und Markttrends.

Probleme einer mangelhaften Integration

Entschließt sich der Anbieter aufgrund der überwiegenden Vorteile einer Integration und der gegebenen Bereitschaft und Ressourcen der Stakeholder bewusst grundsätzlich für eine Einbindung von Stakeholdern, sollten in diesem Schritt auch mögliche *Folgen einer mangelhaften Integration,* also einer fehlerhaft durchgeführten Integration, ergründet werden. Hiermit sollen etwaige Probleme der Integration im Planungsstadium adressiert und bei der anschließenden Durchführung der Integration vermieden werden. Aus einer mangelhaften Integration von Stakeholdern können insbesondere Qualitäts-, Zeit- und Kostenprobleme resultieren (vgl. Fließ 2004a, S. 530):

- *Qualitätsprobleme* können darin bestehen, dass die über eine unpassende Methode der Integration gewonnenen Beiträge nicht den Anforderungen an eine technische Weiterentwicklung der Produkte genügen, also z. B. zu unpräzise sind und breite Interpretationsspielräume eröffnen. Durch Störungen im betrieblichen Produktionsablauf kann eine schlechtere Endproduktqualität resultieren. Bei unterschiedlichen Voraussetzungen der integrierten Stakeholder, z. B. in Bezug auf Kompetenzen, Interessen oder Verhaltensmuster, kann es auch zu einer unterschiedlichen Endproduktqualität kommen.
- *Zeitprobleme* können darin bestehen, dass die Beiträge der Stakeholder zu spät geliefert werden bzw. zu spät in den Entwicklungsprozess einfließen, wenn bereits wesentliche Teile der Endproduktqualität festgelegt sind.
- *Kostenprobleme* können aus den beiden oben erörterten Qualitäts- und Zeitproblemen resultieren. Darüber hinaus kann es notwendig werden, die unzureichenden Beiträge der Stakeholder selbst oder anderweitig (z. B. durch einen ex-

ternen Berater oder durch Marktforschung) zu erbringen, was neue Kosten nach sich ziehen kann.

Phase 2 der Stakeholder-Integration

Selektion von Stakeholdern

Nachdem nach Abschluss dieser ersten Phase die Entscheidung, auch unter Abwägung etwaiger Probleme, zugunsten einer Stakeholder-Integration getroffen wurde, ist weiter im zweiten Schritt die Art und Anzahl der Stakeholder festzulegen, die in die Entwicklung integriert werden sollen. Welche und wie viele Stakeholder (-gruppen) sollen also an der Entwicklung beteiligt werden? Hierbei sind zum einen die Anforderungen an die Qualität der für die Entwicklung benötigten Stakeholder-Beiträge zu berücksichtigen. Welcher Stakeholder kann zu welchen Themen der Produktentwicklung und auf Grundlage welcher Ressourcen einen profunden Beitrag liefern? Welcher Stakeholder ist auch motiviert, dies zu tun? Zum anderen sind aber auch die Pläne des Anbieters zu berücksichtigen, die dieser mit der Integration der verschiedenen Stakeholder (-gruppen) verfolgt. Zur Prüfung dieser Aspekte kann der folgende, in Tabelle 4-1 dargestellte Fragenkatalog dienen.

Tab. 4-1

Fragenkatalog zur Vorselektion von Stakeholdern für eine Integration

Fragestellung	**gemessener Teilaspekt**
• Welchen Einfluss hat die Integration auf die Produkt-/Servicequalität?	• Problemlösungs-/Individualisierungsgrad des Produkts/Services • relative Wichtigkeit von externen vs. internen Ressourcen für die Entwicklung
• Wo muss der Stakeholder mitwirken?	• Informationsdefizit des Anbieters • Stakeholder-Erwartungen an die Integration
• Wo soll der Stakeholder mitwirken?	• Anbieter-Erwartungen an die Integration • Einsparpotenziale durch die Integration
• Wo kann der Stakeholder mitwirken?	• Stakeholder-Kompetenzen (Wissen, Verstehen, Können, Urteilen, Innovieren) • Stakeholder-Ressourcen (z. B. Zeit)
• Wo will der Stakeholder mitwirken?	• Stakeholder-Interesse • Stakeholder-Motivation
• Welchen Einfluss hat die Integration auf die Steuerung und Gestaltung der Entwicklungsprozesse?	• erwartete Anpassungsbedarfe in der Entwicklung (Infrastruktur, Prozesse, Mitarbeiter-Kompetenzen) • zusätzliche Fehlerquellen

(Quelle: eigene Darstellung)

Stakeholder-Rollen

Zur Beantwortung dieser Fragen kann eine vorgeschaltete *Stakeholder-Analyse* wichtige Erkenntnisse, z.B. über die Ziele und Einflüsse der verschiedenen Stakeholder, liefern (vgl. Kapitel 3.1). Zu betrachten sind hierbei insbesondere die verschiedenen *Rollen,* die ein Stakeholder grundsätzlich im Rahmen der Produktentwicklung übernehmen könnte. Mit dem Rollenbegriff sind dabei Verhaltenserwartungen des Umfeldes, die Interpretation dieser Erwartungen durch den Rolleninhaber und ihre Ausgestaltung gemeint (vgl. Fließ 2009, S. 210; Miebach 2006, S. 40). Insbesondere könnte ein Stakeholder die folgenden Rollen ausfüllen:

- Er ist ein *Nutzer,* der eine bedürfnisgerechte Leistung nachfragt und anwendet.
- Er ist ein *Mitentwickler,* der Ressourcen einbringt und damit die Qualität bei der Leistungserstellung beeinflusst.
- Er ist ein *Konkurrent,* wenn der Stakeholder die Leistung ganz oder teilweise auch selbst erbringen kann.
- Er ist ein *Qualitätsprüfer,* der sein Feedback zu Produkten und Weiterentwicklungen abgibt.
- Er ist ein *Kommunikator,* der Rückmeldungen über das Angebot sowohl nach außen (z. B. an andere Kunden in Form von Weiterempfehlungen) wie auch nach innen (an Mitarbeitende des Anbieters) abgibt und damit eine potenziell führende (steuernde, motivierende) Funktion, gewissermaßen als Führungssubstitut (Substitute for Leadership), ausübt (vgl. Bruhn/Stauss 2009, S. 11 ff.; Fließ 2009, S. 211).

Da in den Rollen Verhaltenserwartungen sowohl an den Stakeholder als auch an den Anbieter enthalten sind, kommt ihnen auch eine Koordinationsfunktion im Rahmen der Integration zu (vgl. Fließ 2009, S. 211). So kann ein rollenkonformes Verhalten für beide Seiten die Transaktionskosten reduzieren. Die Erfüllung solcher Funktionen setzt jedoch wiederum voraus, dass sich Stakeholder (wie auch der Anbieter) grundsätzlich ihrer verschiedenen Rollen im Integrationsprozess auch bewusst sind. Ein hinreichendes Rollenbewusstsein kann jedoch nicht für alle Stakeholder per se in allen Phasen des Entwicklungsprozesses vorausgesetzt werden und es müsste gegebenenfalls auch vom Anbieter beobachtet und gesteuert werden. Eine Kontrolle und Steuerung des Rollenbewusstseins ist auch deshalb wichtig, weil sowohl beim Stakeholder als auch beim Anbieter *Rollenkonflikte* auftreten können, die beispielsweise aus unklaren, mehrdeutigen Erwartungen oder widersprüchlichen Anweisungen resultieren (vgl. Fließ 2009, S. 211 ff.).

Stakeholder-bezogene Ziele der Integration

Neben den Fähigkeiten und Bereitschaften der Stakeholder sind aber auch die *Ziele und Beziehungsmarketingstrategie* des Anbieters bei der Frage nach der Art und Anzahl an der Entwicklung zu beteiligender Stakeholder zu beachten (vgl. hierzu Kapitel 3.2). Spezielle beziehungsorientierte Ziele der Integration von Kunden liegen beispielsweise in ihrer Akquise, Bindung und Rückgewinnung (vgl. Bruhn/Stauss 2009, S. 7).

Nachfrager: Kunden

Bezogen auf die Stakeholder-Gruppe der *Nachfrager* leiten sich aus der Kundenintegration als produkt- und kommunikationspolitisches Instrument für den integrierenden Anbieter positive Effekte auf die Präferenzbildung und Nachfrage in der Vorkaufphase aus der Erstellung eines bedürfnisgerechteren Angebotes ab, das einen höheren Nachfragernutzen erwarten lässt (vgl. u. a. Hansen/Raabe 1986). In der Nachkaufphase treten sodann Beschwerdefälle vermutlich weniger häufig auf. Stattdessen stellen sich Zufriedenheit und Kundenbindung und damit Wiederkäufe, Zusatzkäufe und Weiterempfehlungen in höherem Maße ein.

Nachfrager: Händler

Neben privaten Nachfragern können auch organisationale Nachfrager, wie insbesondere *Händler,* in die Produktentwicklung integriert werden. Häufig erfolgt eine unternehmensübergreifende, intensive Zusammenarbeit mit Händlern im Rahmen von *Efficient Consumer Response* (ECR). Mit Efficient Consumer Response werden insbesondere die folgenden gemeinsamen Ziele von Hersteller und Händler verfolgt:

- Senkung von Transaktionskosten
- ganzheitliche Steuerung und Optimierung des Waren- und Informationsflusses zwischen Hersteller und Händler
- frühzeitige Erkennung von Änderungen der Kundenbedürfnisse
- bessere Erfüllung bestehender Kundenbedürfnisse

Als Kooperationsfelder zur Erreichung dieser Ziele dienen u. a. die effiziente Nachbestellung (Efficient Replenishment), effiziente Sortimentsgestaltung (Efficient Store Assortment), effiziente Verkaufsförderung (Efficient Promotion) und effiziente Produkteinführung (Efficient Product Introduction) (vgl. Kapitel 3.3.5).

Lieferanten

Bezogen auf die Stakeholder-Gruppe der *Lieferanten* kann die Integration, wie beispielsweise im Fall von Automobilzulieferern, zu einer verbesserten Qualität der zugelieferten Module oder Komponenten und besser abgestimmten Logistikleistungen führen. In der Folge lassen sich die Endproduktqualität und damit die Wettbewerbsfähigkeit des Automobilherstellers steigern. Der Lieferant selbst kann durch die gemeinsame Forschung und Entwicklung mit dem Abnehmer der Vorleistungen Lerneffekte für die zukünftige Entwicklung von Produkten und Logistikdienstleistungen generieren. Beide Integrationspartner können durch Synergien Potenziale besser abschöpfen und Entwicklungskosten einsparen. Durch gegenseitig gewährte intensive Einblicke in die jeweilige Leistungserstellung und weitgehende Abstimmung von Prozessen wird gegenseitiges Vertrauen aufgebaut und die Beziehungsqualität verbessert. In der Folge können Transaktionskosten (z. B. Kontroll- und Überwachungskosten) abgebaut werden.

Ingredient Branding und Co-Branding

Nicht nur bei der Gestaltung der (technischen) Kernleistung eines Produktes können Hersteller und Lieferant kooperieren. Auch bei der Markenpolitik ist eine Zusammenarbeit zu beiderseitigem Nutzen denkbar. Ein Beispiel hierfür bildet das *Ingredient Branding*, bei dem der Hersteller zur Vermarktung seiner Produkte eine markierte Lieferquelle, z. B. ein markiertes Bauteil, verwendet (vgl. Freter/Baumgarth 2005; Pförtsch/Müller 2006). Die Marke des Lieferanten wird also gegenüber dem Endkunden vom Anbieter des Produktes kommuniziert. Ingredient Brands sind beispielsweise die Marken Intel®, Dolby®, Gore-Tex® und Teflon/DuPont®. Die Initiative zum Ingredient Branding kann dabei einerseits vom Lieferanten ausgehen, der mit dieser Strategie im Idealfall seine Leistungen bei den Endabnehmern bekannt machen, Präferenzen für seine Komponenten aufbauen, sich von Wettbewerbern differenzieren, seine Preisvorstellungen gegenüber dem Abnehmer der Vorprodukte durchsetzen und eine starke Nachfrage nach Produkten mit seinen Komponenten auslösen kann. Auch der Anbieter des Endproduktes kann in ähnlicher Weise von Ingredient Branding profitieren, indem er als möglicherweise noch unbekannter neuer Hersteller im Markt seine Markenbekanntheit steigert und sein

Image durch einen Transfer positiver Markenassoziationen von der Marke des Lieferanten auf seine eigene Marke, also durch einen sogenannten *Imagetransfer,* verbessert (vgl. Havenstein 2004, S. 101). Während das Ingredient Branding eine vertikale Kooperation zwischen Unternehmen auf einer vor- und nachgelagerten Stufe der Wertschöpfungskette darstellt, handelt es sich beim *Co-Branding* um eine horizontale Kooperation zwischen Unternehmen auf derselben Wertschöpfungsstufe (vgl. Pförtsch/Müller 2006, S. 20). Ein Beispiel hierfür ist die Kooperation zwischen den Endproduktherstellermarken Langnese (Eiscreme) und Manner (Waffeln). Sowohl das Co-Branding als auch das Ingredient Branding implizieren dabei eine Integration der beiden Kooperationspartner in die Entwicklung gemeinsamer Leistungen und erfordern ein Wissen um die jeweilige Ist-Situation, z. B. das gegenwärtige Image der zu integrierenden Marken, die auf Passung (Marken-Fit) zu untersuchen sind, sowie der Pläne, also Markenziele und -strategien der Kooperationspartner.

Integration der allgemeinen Öffentlichkeit

Schließlich kann auch die *allgemeine Öffentlichkeit* als Stakeholder-Gruppe in die Entwicklungsprozesse mittelbar dadurch integriert werden, dass der Anbieter allgemeine Nachfragetrends wie den Trend zu mehr nachhaltigen, z. B. umweltschonenden oder fair gehandelten, Produkten regelmäßig über die Markforschung erhebt und diese Trends in seiner Innovationspolitik bei der Gestaltung von Produkten und Komponenten oder der Auswahl seiner Lieferanten und Vorprodukte berücksichtigt. Unmittelbar kann die allgemeine Öffentlichkeit, z. B. Anwohner eines Fabrikgeländes oder von einem Großprojekt betroffene Bürger einer Region, in Form von Anhörungen, Bürgerdialogen und öffentlichen Diskussionsrunden bei der Entscheidungsfindung über eine geplante Maßnahme integriert werden. Die vermehrt von Unternehmen und Regulierungsinstanzen bei geplanten größeren Projekten mit potenziellen Auswirkungen auf verschiedene Stakeholder-Kreise eingesetzte *Folgenabschätzung* (Impact Assessment) dient dabei unter anderem dem Ziel, Stakeholder-Belange frühzeitig in die Entscheidungsfindung über die geplante Maßnahme zu integrieren, um so eine breite Legitimationsbasis für die Maßnahme zu schaffen (vgl. Grunwald 2010a). Die Beteiligung der allgemeinen Öffentlichkeit erfolgt dabei häufig über sogenannte E-Konsultationen in Form von Online-Befragungen oder durch Anwendung weiterer Dialog-Formen (siehe hierzu Kapitel 3.3.7).

Phase 3 der Stakeholder-Integration

Nachdem der Anbieter nun die Anzahl und Art zu integrierender Stakeholder festgelegt hat, ist im dritten Schritt des Prozesses zur Stakeholder-Integration zu klären, wann, also zu welchem Zeitpunkt des Entwicklungsprozesses, welche Stakeholder integriert werden sollen. Grundsätzlich lässt sich argumentieren, dass mit zunehmendem Zeitablauf im Produktentwicklungsprozess die Kosten einer Änderung der Qualität aufgrund vermehrter Festlegung auf spezifische Konstruktionsqualitäten überproportional zunehmen, während die Möglichkeiten der Einsparung von Kosten kontinuierlich abnehmen. Diese Erfahrung spricht grundsätzlich für eine frühzeitige Integration von Stakeholdern in den Entwicklungsprozess. Solche frühen Phasen umfassen etwa die Suche nach Produktideen, die Vorauswahl von Produktideen, die Konzeption und Prototypenentwicklung (vgl. Grunwald/Hempelmann 2017, S. 290). Die Frage des Zeitpunktes der Integration ist aber nicht nur grundsätzlich, sondern auch in Abhängigkeit des jeweilig zu integrierenden Stakeholder-Typs zu beantworten. So lassen sich beispielsweise Experten bereits in frühen Phasen einbinden, auch ohne Vorhandensein eines Prototyps, während sich die Präferenzen von privaten Endverbrauchern valide erst etwas später im Entwicklungsprozess, z. B. durch Abfrage einer Präferenzrangfolge von konkret beschriebenen Produktkonzepten, ableiten lassen. Die Festlegung des Zeitpunktes der Integration umfasst indirekt weiterhin auch die Frage, ob Stakeholder laufend oder punktuell in den Entwicklungsprozess integriert werden sollen.

Werden im Rahmen der Stakeholder-Integration unterschiedliche Wünsche sichtbar, kann dies den Anlass zu einem *individualisierten Produktangebot* geben. Der Grad der Individualisierung, also der Anpassung des Produktangebotes an heterogene Bedarfe der Stakeholder, kann dabei beträchtlich variieren und ist nicht unabhängig vom Zeitpunkt der Integration zu sehen. Während zu einem frühen Integrationszeitpunkt im Entwicklungsprozess häufig noch große Spielräume für Individualisierungen bestehen, liegt die Produktqualität in einer späten Phase häufig schon zu weiten Teilen fest, abgesehen von Ausstattungsdetails. Während der Grad der Individualisierung bei einer Entwicklung auf Bestellung (»development-to-order«) oder Produktion auf Bestellung (»made-to-order«) vergleichsweise hoch ausgeprägt ist, da das Produkt von Grund auf ganz nach individuellen Wünschen des Kunden angefertigt wird, fällt dieser bei einer Erfüllung von Bestellungen (»match-to-order«) oder einer Produktion auf Lager (»made-to-stock«) geringer aus (vgl. Hofbauer 2013, S. 10 ff.; Düll 2009, S. 12).

Formen der Integration

Abbildung 4-2 zeigt am Beispiel der Kundenintegration verschiedene Formen der Einbindung in Abhängigkeit vom Zeitpunkt im Entwicklungsprozess bzw. in der Wertschöpfungskette, die mit einem unterschiedlichen Grad der Integration und Produktindividualisierung einhergehen.

Open Innovation und Co-Creation

Wird der Innovationsprozess nach außen weiter geöffnet und werden Stakeholder bereits auch in einer frühen Phase des Entwicklungsprozesses integriert, sodass sie mitbestimmen, welche neuen Produkte oder Geschäftsfelder entwickelt werden sollen, wird auch von *Open Innovation* gesprochen (vgl. Chesbrough 2003; Piller/Stotko 2003, S. 24 f.). Hierbei fließen Produktideen in den Entwicklungsprozess grundsätzlich gleichberechtigt sowohl von außen, von innen wie auch kooperativ durch gemeinsame Ideenentwicklung externer und interner Akteure ein. Letzteres wird auch als *Co-Creation* bezeichnet (vgl. Piller/West 2014, S. 39).

Mass Customization

Um individuelle Kundenanforderungen in der Herstellung mit (nahezu) der Effizienz einer Massenproduktion umzusetzen, wird häufig auf *Mass Customization* (kundenindividuelle Massenfertigung) zurückgegriffen. Hierbei wird ein Basisangebot in einer Vielfalt an Kombinationen hergestellt, aus denen Nachfrager das für sie passende auswählen können (vgl. Pine 1993; Piller 2007, S. 945 ff.). Die Produktentwicklung erfolgt dabei zunächst für einen Massenmarkt und anonyme Kunden. Vom Entwicklungsteam wird dann entschieden, welche Bereiche des Produktes (z. B.

Abb. 4-2

Formen der Kundenintegration im Entwicklungsprozess

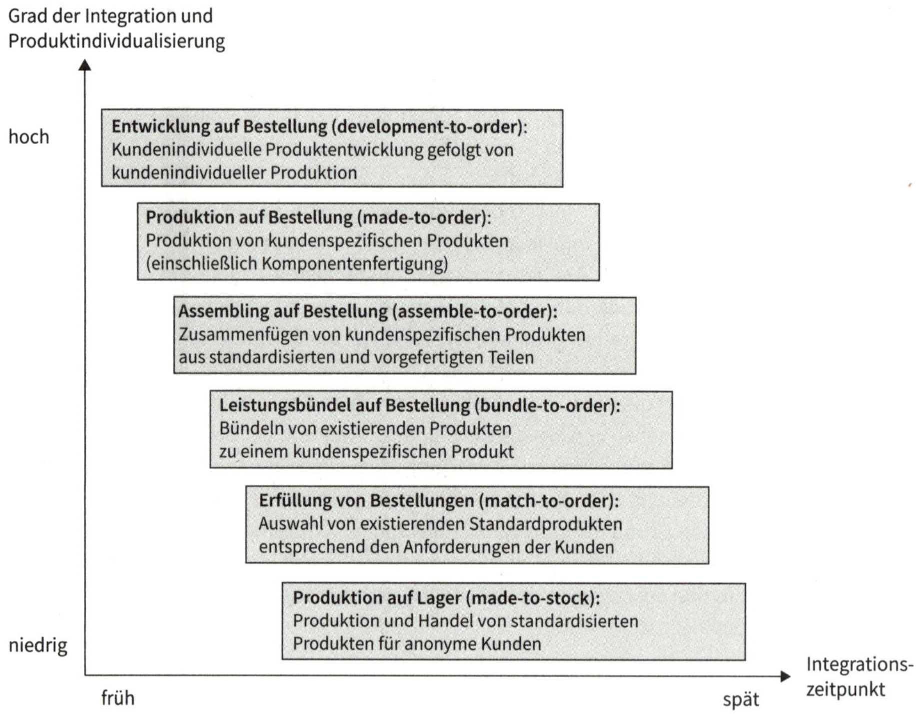

(Quelle: vgl. Hofbauer 2013, S. 11; Reichwald/Piller 2002, S. 11)

Material, Design, Farbe eines Sportschuhs) vom Kunden individuell gewählt bzw. in Varianten produziert werden sollen.

Hard and Soft Customization

Erfolgt die Individualisierung des Produktangebotes im Rahmen von Mass Customization bereits im Fertigungsprozess, wird von *Hard Customization* gesprochen (vgl. Piller 2007, S. 960). Hierbei stellt sich beispielsweise der Kunde nach der Auswahl eines grundlegenden vorproduzierten Modelltyps (z. B. Fahrzeugmodell beim Auto) nach dem Baukastenprinzip die für ihn passende Ausstattungsvariante des Modells (Extras) aus einer Menge verfügbarer Kombinationen zusammen, die dann vom Hersteller endproduziert wird. Ein Produktkonfigurator kann den Käufer bei der Auswahl geeigneter Merkmalskombinationen unterstützen und Komplexität reduzieren. Bei *Soft Customization* erfolgt die Individualisierung dagegen nicht in der Fertigung, sondern außerhalb der Herstellung, entweder im Handel bzw. Vertrieb oder bei der Produktnutzung durch den Anwender selbst (z. B. eine Standardsoftware, die durch Einrichten der Benutzeroberfläche und Symbolleisten an die individuellen Bedürfnisse angepasst wird) (vgl. Piller 2007, S. 960).

Phase 4 der Stakeholder-Integration

Im Anschluss an die Klärung des Zeitpunktes der Integration von Stakeholdern ist im vierten Schritt des Entscheidungsprozesses darüber zu befinden, wie, d. h. auf welche Art und Weise, auf der Grundlage welcher Konzepte und mit welchen Methoden die jeweiligen Stakeholder integriert werden sollen. Diese Frage betrifft zunächst die organisationale Umsetzung der Integration, die insbesondere in Abhängigkeit von der Häufigkeit der Interaktionen mit den integrierten Stakeholdern (laufend vs. punktuell) zu beantworten ist. Während bei einmaligen Rahmenbedingungen eines Innovationsvorhabens und punktueller Integration z. B. eher das Einzelprojektmanagement vorteilhaft ist, erscheint infolge der resultierenden Spezialisierungs- und Koordinationsvorteile die Einrichtung einer eigenen Forschungs- und Entwicklungsabteilung mit aufgebauten Kompetenzen zur regelmäßigen Stakeholder-Integration sinnvoll bei im Wesentlichen gleichbleibenden Rahmenbedingungen der Vorhaben und häufiger Stakeholder-Integration. Stakeholder-Kooperationen erscheinen empfehlenswert zur Bündelung gemeinsamer Ressourcen bei sehr kurzen Produktlebenszyklen bzw. hohen Entwicklungsaufwendungen (vgl. Meffert/Burmann/Kirchgeorg 2015, S. 415 ff.).

Strategische Allianzen

Werden solche Kooperationen mit Stakeholdern zur gemeinsamen Produktentwicklung längerfristig eingegangen, liegen *strategische Allianzen* vor. Je nach der Stufe, auf der sich der zu integrierende Stakeholder in der Wertschöpfungskette befindet, lassen sich horizontale, vertikale und diagonale (laterale) Allianzen unterscheiden:

- Bei *horizontalen Allianzen* arbeiten Stakeholder auf derselben Wertschöpfungsstufe zusammen. Beispielsweise kooperieren zwei Automobilzulieferer, um Kostenvorteile durch einen gemeinsamen Einkauf zu erlangen.
- Bei *vertikalen Allianzen* kooperieren Unternehmen, die sich auf verschiedenen Wertschöpfungsstufen befinden. Beispielsweise arbeitet der Automobilzulieferer mit dem Automobilhersteller zur Sicherung seiner Innovativität und Wettbewerbsfähigkeit und zur Stabilisierung der Geschäftsbeziehung zusammen.
- Bei *diagonalen (lateralen) Allianzen* kooperieren Unternehmen unterschiedlicher Branchen bzw. Wertschöpfungsketten miteinander. Beispielsweise arbeitet ein Automobilzulieferer mit einem Unternehmen der IT-Branche zusammen, um neue Technologien zur Erstellung der eigenen Leistungen oder auch neue Märkte zu erschließen.

Integrations-Konzepte

Bei gegebener Organisationsform der Stakeholder-Integration ist sodann über geeignete Konzepte und Methoden zur Integration zu befinden. Mit dem Begriff *Integrations-Konzept* ist dabei ein allgemeines Rahmenwerk und Ablaufschema gemeint, welches die Art und Weise der Integration näher beschreibt. Die *Integrations-Methode* ist ein Bestandteil des Integrations-Konzeptes (z. B. eine bestimmte direkte oder indirekte Befragungstechnik), mit der das Konzept als Rahmenwerk konkretisiert und in die Praxis umgesetzt wird. Ein Konzept zur umfassenden Integration von Stakeholdern wird dann üblicherweise verschiedene Methoden zur Integration (z. B. Befragungs- und Beobachtungsmethoden) miteinander kombinieren. Die zur Integration eingesetzten Konzepte und Methoden sind auf den jeweiligen Integrationszeitpunkt im Entwicklungs- bzw. Wertschöpfungsprozess abzustimmen (vgl. Bretschneider/Leimeister/Krcmar 2009). Als Konzepte speziell zur Integration von Kunden sei exemplarisch auf die im Bereich des Qualitätsmanagements etablierten Rahmenwerke, nämlich den Quality-Function-Deployment-Ansatz (QFD), das Voice-of-the-Customer-Konzept (VOC) sowie auf das Bridging-the-Gap-Konzept (BTG), verwiesen (vgl. im Folgenden Herrmann/Huber 2009, S. 194 ff.):

Quality-Funktion-Deployment-Konzept

Das *Quality-Function-Deployment-Konzept* (QFD) zielt auf eine systematische Transformation der ›Stimme des Kunden‹ in die ›Sprache des Ingenieurs‹ durch ein enges Zusammenwirken von Marktforschung und technischer Produktentwicklung. Der Marktforschung kommt dabei die Aufgabe zu, die für den Kunden wichtigen Eigenschaften eines Produktes zu erheben und sie in konkrete, konstruktive Produktmerkmale zu übersetzen. Die technische Entwicklung liefert Anhaltspunkte für die Umsetzung und gibt Vorschläge für die Realisierung. Das QFD-Konzept gliedert sich in die folgenden vier charakteristischen Ablaufschritte:

1. Im ersten Schritt sind die aus Kundensicht wesentlichen Anforderungen durch Marktforschung zu bestimmen.
2. Im zweiten Schritt sind diejenigen Eigenschaften des Produktes bzw. Prozesses zu identifizieren, die die Kundenanforderung potenziell beeinflussen (z. B. technische Parameter wie Dimensionierung, Prozessschritte, Organisationsstruktur).
3. Im dritten Schritt werden die Kundenanforderungen mit den Produkt- bzw. Prozesseigenschaften verknüpft. Die Beziehungen zwischen Anforderungen und Produkt- bzw. Prozesseigenschaften werden näher analysiert und bewertet. Wie wichtig sind also die Anforderungen, wie stark positiv oder negativ sind die Wechselwirkungen zwischen Anforderungen und Produkt- bzw. Prozesseigenschaften? Zur Visualisierung der Beziehungen wird häufig auf eine Dreiecksmatrix (›House of Quality‹) zurückgegriffen.
4. Im vierten Schritt erfolgt die Auswahl der gemäß dem zugrunde liegenden Zielkriterium bestmöglichen Eigenschaftskombination zur Erfüllung der Kundenanforderung.

Voice-of-the-Customer-Konzept

Das auf dem QFD-Konzept aufbauende *Voice-of-the-Customer-Konzept* (VOC) (vgl. Herrmann et al. 1997) kehrt von der relativ starken objektiv-technischen Ausrichtung des QFD ab und rückt stattdessen die subjektiven Ansprüche und Bedürfnisse der Nachfrager in bestimmten Produktverwendungssituationen in den Mittelpunkt. Der an der Produktentwicklung Beteiligte, also insbesondere der Kunde, die Marktforschung und die Fertigungsabteilung, soll bei der Rekonstruktion der für den Kauf und Konsum eines Produktes relevanten Eigenschaften stets die Verwendungssituation vor Augen haben. Um konkrete Vorgaben für die Produktentwicklung abzuleiten, ist zu klären, wer, wo, wann, warum und wie das interessierende Produkt verwendet. Für die Marktforschung ergibt sich hieraus die Notwendigkeit, den in die

Entwicklung integrierten Stakeholder stets in seine Kauf- und Konsumwelt zu versetzen, um aussagekräftige Informationen über seine Bedürfnisse zu erlangen. Implizit wird hiermit eine Abkehr von reinen Paper-Pencil-Befragungen im Rahmen der Produktentwicklung zugunsten des verstärkten Einsatzes von Beobachtungs- und Experiment-Methoden gefordert.

Bridging-the-Gap-Konzept

Aufbauend auf der Grundlage des VOC-Konzepts soll mit dem *Bridging-the-Gap-Konzept* (BTG) (vgl. Gustafsson/Johnson 1997) die ›Brücke‹ zwischen Produkteigenschaften, Kundenzufriedenheit und unternehmerischem Erfolg geschlagen werden. Den Ausgangspunkt bei der Produktgestaltung bilden, in Übereinstimmung mit den beiden oben dargestellten Konzepten, die physikalisch-technischen Eigenschaften, die ein Nachfrager wahrnimmt und beurteilt. Aus dem Wirkungszusammenhang dieser Eigenschaften entwickelt der Nachfrager Nutzenvorstellungen vor dem Hintergrund konkreter Produktverwendungen. Sofern das Produkt den Nutzenvorstellungen entspricht, stellt sich Zufriedenheit ein, die dann den Unternehmenserfolg positiv beeinflusst. Aus dem Konzept leitet sich somit mit der zu messenden Variable Kundennutzen eine konkrete Zielgröße für die Produktentwicklung ab. Der Kundennutzen ist von der Marktforschung mittels geeigneter Methoden zu erheben und auf einzelne Produkteigenschaften zu beziehen, um konkrete Anforderungen an die Produktentwicklung abzuleiten.

Integrations-Methoden

Nach der mit der Festlegung des Integrations-Konzeptes grundsätzlich gewählten Vorgehensweise zur Einbindung von Stakeholdern in die Entwicklung ist weiterhin über die im Rahmen des Konzeptes anzuwendenden konkreten *Integrations-Methoden* zu entscheiden. Mit der Methodenwahl sind verschiedene *Gestaltungsoptionen* der Stakeholder-Integration verbunden, die sich nach folgenden Kriterien und Abstufungsgraden kennzeichnen lassen (vgl. Bruhn/Stauss 2009, S. 11 ff.):

- Grad der Sichtbarkeit für den Stakeholder: offen vs. verdeckt
- Funktionen/Rolle des Stakeholders: z. B. Kommunikator, Qualitätsprüfer, Innovator, Mitentwickler, Leistungsnachfrager
- Art: physisch, intellektuell, emotional
- Ausmaß: aktiv (z. B. regelmäßig, lang, häufig) vs. passiv (z. B. sporadisch, kurz, selten)
- Form: direkt/persönlich, mediale Interaktion
- Vereinheitlichung: standardisiert vs. individualisiert

Am Beispiel der Stakeholder-Gruppe Kunden zeigt die Tabelle 4-2 unterschiedliche Rollen (Funktionen) von Stakeholdern und zugeordnete Integrations-Methoden im Rahmen der Produktentwicklung auf. Die Rollen reichen dabei auf einem ansteigenden Kontinuum von der eines passiven Beobachtungsobjektes bis hin zur aktiven Rolle als selbstständiger Innovator.

Methoden bei Nicht-Vorliegen eines Produktproblems

Neben den genannten Gestaltungsoptionen lassen sich die Methoden zur Stakeholder-Integration weiter danach unterscheiden, ob Stakeholder (z. B. Kunden) erst nach Vorliegen eines Qualitätsproblems (z. B. an einem Produkt) oder bereits vorher (prophylaktisch) bei Fehlen eines solchen Problems integriert werden.

Tab. 4-2

Gestaltungsmöglichkeiten von Methoden der Kundenintegration

Rolle des Kunden	mögliche Methoden	Integrationsgrad
• Kunde als passives Beobachtungsobjekt	Beobachtung	niedrig
• Kunde als fremdbestimmter Dialogpartner	Befragung	↓
• Kunde als selbstbestimmter Dialogpartner	Beschwerdeanalyse	↓
• Kunde als gleichberechtigter Interaktionspartner des Unternehmens	Workshop	↓
• Kunde als gleichberechtigter Mitarbeiter des Unternehmens	Innovationszirkel	↓
• Kunde als selbstständiger, aktiver Innovator	Toolkit	hoch

(Quelle: vgl. Bruhn/Stauss 2009, S. 19)

Zu den *Methoden bei Nicht-Vorliegen eines Produktproblems* lassen sich etwa das vor allem bei der Optimierung von Dienstleistungen angewandte Service Blueprinting, die Repertory Grid-Methode, das Tiefenpsychologische Interview, die Inhaltsanalyse, die Laddering-Methode sowie direkte und indirekte Methoden der Nutzenmessung (z. B. die konjunkte Analyse) zählen. Tabelle 4-3 fasst die Grundgedanken dieser Methoden zusammen.

Methoden bei Vorliegen eines Produktproblems

Zu den *Methoden bei Vorliegen eines Produktproblems* zählen u. a. die Critical Incident Technique (CIT), die Frequenz-Relevanz-Analyse, die Fishbone-Analyse (Ishikawa-Technik) sowie die Analyse von Beschwerdefällen (vgl. hierzu Kapitel 4.2.2). Zu Einzelheiten dieser und weiterer, vor allem aus der Marktforschung stammender Befragungs- und Beobachtungsmethoden sei auf die entsprechende Fachliteratur verwiesen (z. B. Herrmann/Huber 2009, S. 165 ff.; Bruhn/Stauss 2009; Grunwald/Hempelmann 2017; Grunwald/Hempelmann 2012). Tabelle 4-4 fasst die jeweilige Grundidee der genannten Methoden zur Stakeholder-Integration bei Vorliegen eines Produktproblems zusammen.

Phase 5 der Stakeholder-Integration

Im abschließenden fünften Schritt des Prozesses zur Stakeholder-Integration ist der Erfolg der Stakeholder-Integration, z. B. in Form von kriteriengeleiteten Soll-Ist-Vergleichen, zu kontrollieren und zu bewerten. Anhand dieser Informationen ist der Prozess stetig zu steuern. Hierzu können auch moderierte Evaluations-Workshops gemeinsam mit den integrierten Stakeholdern durchgeführt werden. Hieraus aufgedeckte Probleme, z. B. in Bezug auf einen unpassenden zeitlichen Einbezug bestimmter Stakeholder und daraus resultierende Qualitäts- und Kostenprobleme,

Tab. 4-3

Ausgewählte Methoden zur Stakeholder-Integration bei Nicht-Vorliegen eines Produktproblems

Integrations-Methode	Erläuterung	Beispiel
Service Blueprinting	grafische Darstellung des Dienstleistungsprozesses aus der Wahrnehmung von Kunden unter Berücksichtigung der Kontaktphasen bzw. -punkte mit dem Anbieter zur Analyse und Optimierung von Dienstleistungsprozessen	Unterteilung der Durchführung einer Autoreparatur in Kundenaktivitäten (z. B. Vereinbaren eines Reparaturtermins), die für den Kunden sichtbaren und unsichtbaren Anbieterprozesse
Repertory Grid-Methode	Ermittlung der kaufrelevanten Eigenschaften von Produkten anhand eines systematischen Vergleichs vorgegebener Objekte, bei dem die Auskunftsperson Eigenschaften nennen soll, nach denen sich zwei von jeweils drei Objekten einander ähnlich sind und sich darin vom dritten unterscheiden	Aufdeckung von Gemeinsamkeiten, Unterschieden und Besonderheiten vorgegebener mobiler Informations- und Kommunikations-Dienste (z. B. langsam – schnell, kommunikativ – informativ, audio – visuell) zur Ableitung innovativer Produkteigenschaften bzw. Angebote
tiefenpsychologisches Interview	freies (exploratives), wenig gelenktes Interview, in dem die Probanden in längeren Gesprächsphasen Auskunft über ihre eigene Person (z. B. Motive/Bedürfnisse, Einstellungen, Werthaltungen, Involvement, Erfahrungen) preisgeben sollen; Zur Auswertung kann die Inhaltsanalyse genutzt werden, deren Kern in Heuristiken zur Textinterpretation besteht	Im Anschluss an (z. B. mittels Repertory Grid-Methode) aufgedeckte relevante Produkteigenschaften werden die Auskunftspersonen näher zu ihrer Person befragt, um potenzielle Einflussfaktoren auf ihr Kauf- und Konsumverhalten zu ermitteln und gegebenenfalls Gruppen (Cluster) ähnlicher Personen zu bilden
Laddering-Methode	Hintereinanderreihung mehrerer Warum-Fragen, um die Leiter der Abstraktion (Verbindung) von den konkreten Produkteigenschaften zu den abstrakten Werthaltungen aufzudecken und in einem semantischen Netz zu visualisieren	Warum ist der genannte Informations- und Kommunikations-Dienst langsam? Warum ist Ihnen diese Eigenschaft wichtig? Aus der Verbindung von konkreten Produkteigenschaften mit abstrakten Werthaltungen lassen sich Ideen für innovative Produkte und Leistungen generieren sowie Vermarktungsmöglichkeiten (z. B. Kommunikationsbotschaften) erkennen
direkte Nutzenmessung	direkte Abfrage des Nutzens von vorgegebenen Produkteigenschaften, z. B. auf einer Wichtigkeitsskala	Wie wichtig ist Ihnen die Eigenschaft »Sicherheit« bei Autos? (1 = sehr wichtig, …, 5 = sehr unwichtig)
indirekte Nutzenmessung (konjunkte Analyse, Conjoint Measurement)	Abfrage der Gesamtpräferenz von Produktalternativen (Stimuli), z. B. durch Rangreihung, und anschließende rechnerische Ermittlung des Beitrags einzelner Produkteigenschaften (sogenannte Teilpräferenzwerte) zur Gesamtpräferenz	Produktstimuli (z. B. Digitalkameras) werden anhand von systematisch variierten Produkteigenschaften beschrieben. Sodann wird die Gesamtpräferenz abgefragt (z. B. Welche der folgenden Kameras würden Sie am ehesten kaufen?) Nach der Bewertung werden die Teilpräferenzwerte für die einbezogenen Produkteigenschaften ermittelt

(Quelle: eigene Darstellung)

Tab. 4-4

Ausgewählte Methoden zur Stakeholder-Integration bei Vorliegen eines Produktproblems

Integrations-Methode	Erläuterung	Beispiel
Critical Incident Technique (CIT)	strukturierte und standardisierte Form der Befragung, bei der die Probanden Vorfälle aus der jüngeren Vergangenheit der Geschäftsbeziehung mit dem Anbieter schildern sollen, die sie als kritisch erlebt haben	Hatten Sie in den letzten zwei Jahren ein besonders positives oder besonders negatives Erlebnis mit Produkten unseres Hauses? Falls Ja: Erläutern Sie bitte kurz Ihr Erlebnis: ______________________
Frequenz-Relevanz-Analyse	ausgehend von einer Liste möglicher Qualitätsprobleme (z. B. aufgedeckt durch CIT) und deren Gruppierung in trennscharfe Problemklassen erfolgt eine Kundenbefragung zur Häufigkeit des Auftretens und des Grades der Verärgerung. Die Ergebnisse werden in einem X-Y-Diagramm mit der Problemfrequenz (X-Achse) und der Problemrelevanz (Y-Achse) in jeweils zwei Ausprägungen (hoch, niedrig) dargestellt (vgl. Kapitel 4.2.2)	Mit dieser Methode lassen sich nach der Ausprägung der Frequenz und Relevanz Problemfälle priorisieren, z. B. in relevante und häufig auftretende Fehler (1. Priorität), wichtige Sonderfälle (2. Priorität), weniger auffallende, kontinuierliche Probleme (3. Priorität) bis hin zu vorläufig vernachlässigbaren Problemen (4. Priorität)
Fishbone-Analyse (Ishikawa-Technik)	Ausgangspunkt ist ein besonders gravierender Mangel (Wirkung), der im Diskussionsprozess mit Kunden (z. B. moderierten Workshops) systematisch auf trennscharfe Ursachen zurückgeführt werden soll. Die grobe Struktur der Ursachengruppen ist vorgegeben (z. B. durch die Kategorien Material, Methode, Mit(Um-)welt, Maschine, Mensch)	Ein vom Kunden wahrgenommenes Qualitätsproblem wird systematisch auf mögliche Ursachen untersucht. Zur Ursachengruppe »Maschine« werden Fehler des Qualitätsprüfverfahrens genannt. Zur Ursache »Material« werden Probleme in der eingebauten Haltbarkeit und Sicherheit identifiziert, zum Faktor »Mensch« eine unzureichende Verwendungssorgfalt
Beschwerdeanalyse	systematische, kriteriengeleitete Auswertung der eingegangenen Beschwerdefälle, häufig in Kombination mit anderen Methoden (wie z. B. CIT, Frequenz-Relevanz-Analyse, Kundenbefragungen)	z. B. Analyse der Beschwerdefälle nach Problemart (z. B. Produkt-/Servicefehler, betroffene Eigenschaften/Materialien), Problemausmaß (Schadenshöhe), Häufigkeit des Auftretens usw.

(Quelle: eigene Darstellung)

sollten zum Anlass genommen werden, den Integrations-Prozess vor einem erneuten Durchlauf diesbezüglich zu verbessern.

Controlling des Integrationsprozesses

Ein Controlling des Integrationsprozesses erfordert zunächst die *Identifikation und Abbildung der einzelnen Teilprozesse der Integration* (Integrationsschritte), in denen Stakeholder Leistungen in den Entwicklungsprozess einbringen oder daraus empfangen. Hierzu eignet sich beispielsweise die oben betrachtete Methode des Service Blueprinting zur grafischen Darstellung des Kundenintegrationsprozesses mit den hierbei bestehenden Kontaktpunkten zwischen Stakeholder und Anbieter. Auf dieser Grundlage können Optimierungen, z. B. des zeitlichen Ablaufs des Integrationsprozesses, erfolgen und eine weitere Prozesskategorisierung und -quantifizierung mittels der *Prozesskostenrechnung* (vgl. Kleinaltenkamp/Jacob 2006, S. 56).

WIEDERHOLUNGSFRAGEN

- Erläutern Sie die typischen Ablaufschritte der Stakeholder-Integration in den Entwicklungsprozess am Beispiel eines Automobilherstellers, der eine Entwicklung eines neuen Mittelklassewagens plant. In welcher Weise sollen welche Stakeholder wie in die Produktentwicklung integriert werden? Begründen Sie Ihre Ausführungen.
- Diskutieren Sie Voraussetzungen für eine erfolgreiche Stakeholder-Integration in den Entwicklungsprozess.
- Erläutern Sie, welche Probleme sich aus einer mangelnden und einer mangelhaften Stakeholder-Integration für einen Anbieter ergeben können.
- Erläutern Sie jeweils zwei Beispiele für ein Integrations-Konzept und eine Integrations-Methode.
- Anhand welcher Kriterien lassen sich Methoden zur Stakeholder-Integration unterscheiden?
- Beschreiben Sie die Rollen, die ein Kunde im Falle einer aktiven Integration grundsätzlich einnehmen kann.

4.1.2 Management von Dienstleistungsprozessen mit Kunden-Koproduktion

Besonderheiten von Dienstleistungen

Dienstleistungen sind immateriell und werden in der Regel kundenindividuell und mit bzw. am Kunden erbracht. Dienstleistungen erfordern in hohem Maße Kundenintegrationsprozesse, weil die Dienstleistung im Ergebnis häufig nicht ohne Mitwirkung des Kunden als Person oder nicht ohne von ihm zur Verfügung gestellte Objekte hergestellt werden kann. Der Nachfrager ist also als externer Faktor in der Regel an der Erstellung der Dienstleistung beteiligt. Dieses Erfordernis der Mitarbeit (Mitwirkung) des Kunden am Prozess der Dienstleistungserstellung rechtfertigt die Bezeichnung *Kunden-Koproduktion,* bei der der Kunde zum Wertschöpfungspartner wird und die Rolle als Mitproduzent übernimmt. Neben der Immaterialität unterscheidet diese notwendige Integration eines externen Faktors Dienstleistungen wesentlich von Sachgütern (vgl. Haller 2015, S. 23; Schwill 2013a, S. 253 f.). Das Ausmaß (die Intensität) dieser Kunden-Koproduktion kann dabei je nach Komplexität der zu erbringenden Leistung stark variieren. So kann der Kunde lediglich Informationen oder ein Objekt (z. B. sein Auto oder seinen PC) zur Verfügung stellen, an welchem die Dienstleistung erbracht wird. Er kann aber auch selbst zum aktiven Mitgestalter *(Co-Designer)* der Dienstleistung werden, der mit eigenen Entwürfen, als Ideengeber, Berater und Reflexionspunkt wesentlich zum Endergebnis beiträgt (vgl. Meyer/Blümelhuber/Pfeiffer 2000, S. 49 ff.).

Mit der Beteiligung des Kunden an der Leistungserstellung ist somit der Anbieter nicht mehr allein verantwortlich für die Qualität der Leistung. Im Falle einer Schlechtleistung lässt sich erwarten, dass ein Kunde die Ursachen hierfür nicht alleine beim Anbieter sucht und sich möglicherweise weniger schnell beim Anbieter beschwert. Hierdurch würden dem Anbieter jedoch auch wichtige Informationen, die er zur Verbesserung der Qualität seiner Leistungen benötigt, entgehen. Denn auch das Beschwerdemanagement ist ein zentraler Ansatz zur Kundenintegration.

Dimensionen der Dienstleistungsqualität

Potenzialqualität

Typisch für Dienstleistungen ist weiterhin, dass der Leistungserstellungsprozess erst nach dem Vermarktungsprozess der Leistung einsetzt. Die Leistung wird in der Regel erst nach Auftrag des Kunden und auf der Grundlage der von ihm mitgeteilten Wünsche erbracht. Vor dem Kauf und der Leistungserstellung stellt der Anbieter zunächst eine mögliche Leistung in Aussicht. Diese in Aussicht gestellte Leistung wird auch als *Leistungspotenzial* bezeichnet (vgl. Donabedian 1980). Da die Dienstleistung in diesem Stadium noch nicht existiert, bildet der Käufer sein Urteil über die zu erwartende Dienstleistungsqualität, die *Potenzialqualität*, aus sogenannten *Indikatoren* der Dienstleistungsqualität. Hierbei handelt es sich um bereits in der Kaufphase leicht verfügbare, verständliche und glaubwürdige Signale der zu erwartenden Qualität wie z. B. Auszeichnungen und Qualifikationen der Mitarbeitenden des Dienstleisters, Referenzen oder Bildmaterial zu bereits fertig gestellten Dienstleistungsprojekten.

Prozessqualität

Kommt es zur Einigung zwischen Kunde und Anbieter über die zu erbringende Leistung, setzt der *Leistungserstellungsprozess* ein. Wird die Dienstleistung beim Kunden oder mit ihm gemeinsam im Rahmen einer Kunden-Koproduktion erbracht, so kann der Kunde regelmäßig auch Teile des Leistungserstellungsprozesses als sogenannte *Prozessqualität* wahrnehmen und beurteilen. Sein Urteil über eine bestimmte Prozessqualität leitet der Kunde ab aus Kundenkontaktpunkten, häufig in persönlichen Interaktionen mit dem Anbieter während der Leistungserstellung. Diese Eindrücke prägen das gesamte Qualitätsurteil des Kunden (positiv wie negativ) und repräsentieren die Schlüsselerlebnisse bzw. Augenblicke der Wahrheit (moments of truth) (vgl. Grönroos 1990). Gerade in dieser Phase ist es wichtig, dass sich der Kunde seiner Rolle bei der Erstellung der Leistung bewusst ist. Je mehr er sich integriert fühlt und an der Leistungserstellung aktiv partizipiert, desto weniger ist damit zu rechnen, dass der Kunde schlechte Qualität (allein) dem Anbieter attribuiert. Allerdings kann auch der Integrationsprozess selbst Probleme aufweisen, was sich negativ auf das Kundenurteil der Dienstleistungsqualität auswirken kann. Hierbei ist zu beachten, dass auch die vom Anbieter gestaltete Kundenintegration selbst (z. B. welche Methoden der Kundenintegration wann vom Anbieter in welcher Weise eingesetzt werden) als Dienstleistung vom Kunden wahrgenommen und beurteilt wird.

Ergebnisqualität

Am Ende des Leistungserstellungsprozesses, bei Erhalt der Dienstleistung und danach, steht das *Leistungsergebnis,* also die fertig erbrachte Dienstleistung. Auch über sie bildet sich der Kunde ein subjektives Urteil, das als *Ergebnisqualität* bezeichnet wird. In die Beurteilung der Ergebnisqualität fließen wiederum die Potenzial- und Prozessqualitäten ein. Somit kann die Ergebnisqualität als Gesamteindruck, bestehend aus Indikatoren und Kundenkontaktpunkten, aufgefasst werden. Es ist somit durchaus vorstellbar, dass ein Leistungsergebnis zwar den Kundenan-

Abb. 4-3

Entstehung des Qualitätsurteils bei Dienstleistungen

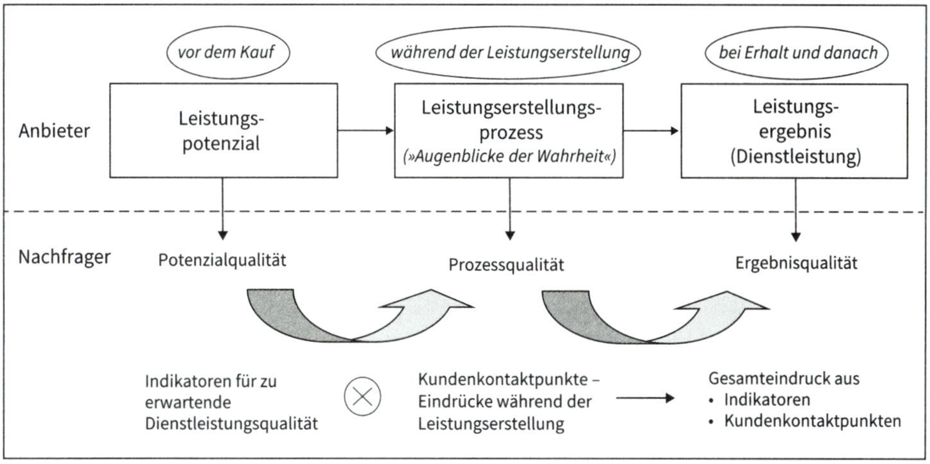

(Quelle: vgl. Fließ 2004b, S. 19)

forderungen und Leistungsspezifikationen, so wie sie vor dem Kauf vereinbart wurden, vollumfänglich entspricht. Aufgrund negativer Erlebnisse des Kunden mit dem Anbieter im Prozess während der Leistungserstellung, einschließlich einer möglicherweise als unstrukturiert erlebten Kundenintegration, kann es jedoch zu einer ungünstig beurteilten Ergebnisqualität als Gesamturteil kommen.

Abbildung 4-3 veranschaulicht den Prozess der Qualitätsbeurteilung bei Dienstleistungen.

Dienstleistungsbegriff

Entsprechend dieser drei Qualitätsdimensionen von Dienstleistungen kann die oben angeführte Definition des Dienstleistungsbegriffs nun wie folgt verfeinert werden:

Unter *Dienstleistungen* lassen sich selbstständige, marktfähige Leistungen verstehen,
- die mit der Bereitstellung und/oder dem Einsatz von Leistungsfähigkeiten verbunden sind (Potenzialdimension),
- bei deren Erstellung interne (anbieterseitige) und externe (kundenseitige) Faktoren kombiniert werden (Prozessdimension) und
- die mit dem Ziel eingesetzt werden, an den externen Faktoren (z. B. Kunden) und deren Objekten (z. B. PC, Auto) nutzenstiftende Wirkungen zu erzielen (Ergebnisdimension) (vgl. Meffert/Bruhn 2012, S. 17).

Probleme bei der Beurteilung von Dienstleistungsqualität

Aufgrund der Immaterialität der Dienstleistung, die – wie bei Beratungsleistungen – auch komplexer Natur sein kann, bestehen beträchtliche Spielräume des Anbieters, wie er die Leistung ausführt und Teilleistungen zu einem Ergebnis kombiniert. Der Kunde kann den Leistungserstellungsprozess nicht perfekt beobachten. Aufgrund der Individualität der Leistung fehlen ihm oftmals vor und sogar auch nach dem Kauf konkrete Vergleichsmöglichkeiten und -maßstäbe zur Qualitätsbeurteilung, sodass auch hohe Qualitätsunterschiede vom Käufer vermutet werden können. Somit liegt eine *asymmetrische Informationssituation* zulasten des Käufers vor. Der Anbieter hat sowohl vor und während als auch nach der Leistungserstellung den vergleichsweise höheren Informationsstand über die Qualität der zu erbringenden Leistung.

Hieraus können beträchtliche *Unsicherheiten eines Käufers* bei der Beurteilung der Qualität der Dienstleistung erwachsen, die sich in Kaufzurückhaltung oder – bei getroffener Kaufentscheidung – in einer eher vorsichtig-pessimistischen Qualitätsbeurteilung niederschlagen. Bei gegebenen Erwartungen sinkt dann, dem Confirmation/Disconfirmation-Paradigma folgend (vgl. Kapitel 2.2.3), auch die Kundenzufriedenheit und damit die Kundenbindung. Die in unterschiedlichen Phasen des Dienstleistungserstellungsprozesses zu den unterschiedlichen Dimensionen der Dienstleistungsqualität bestehende Unsicherheit kann weiter anhand des informationsökonomischen Ansatzes (vgl. Kapitel 2.1.1) charakterisiert werden, der eine Einteilung in Such-, Erfahrungs- und Vertrauenseigenschaften vornimmt (siehe Tabelle 4-5).

So ist das Leistungspotenzial noch durch einen vergleichsweise hohen Anteil an Sucheigenschaften gekennzeichnet. Ein Nachfrager kann verschiedene Dienstleistungsanbieter anhand der von ihm vorgegebenen Leistungsspezifikationen und (technischen) Anforderungen (z. B. dokumentiert durch Baupläne, Bildmaterial, Kennzahlen usw.) und bestehender (technischer) Standards ausführlich und zu relativ geringen Kosten vergleichen (vgl. Jacob 1995, S. 155). Zu einem gewissen Grad bleiben allerdings auch in Bezug auf die Einschätzung des Leistungspotenzials Un-

Tab. 4-5

Informationsökonomische Einordnung der Dienstleistungsdimensionen

		informationsökonomische Leistungseigenschaften		
		Such-eigenschaften	Erfahrungs-eigenschaften	Vertrauens-eigenschaften
Leistungs-dimensionen	Leistungsergebnis			
	Leistungs-erstellungsprozess			
	Leistungspotenzial			

(Quelle: vgl. Jacob 1995, S. 154; Läseke 2004, S. 200)

sicherheiten bestehen. Der Leistungserstellungsprozess weist dagegen in höherem Maße Erfahrungseigenschaften auf, da dieser in der Regel vor dem Kauf und der Leistungserstellung nicht vom Nachfrager inspiziert werden kann (vgl. Jacob 1995, S. 155). Jedoch kann der Nachfrager aus den während des Leistungserstellungsprozesses bestehenden Interaktionen mit dem Anbieter Erfahrungen sammeln, die er zur Qualitätsbeurteilung des Prozesses heranziehen kann. Hierzu zählen auch die Erfahrungen im Rahmen der Kundenintegration. Das Leistungsergebnis kann jedoch weder vor noch nach dem Kauf bzw. der Leistungserstellung perfekt in seiner Güte vom Nachfrager eingeschätzt werden. Aufgrund der Immaterialität der Leistung fehlen ihm Vergleichsmaßstäbe zur Einschätzung der Qualität des Ergebnisses der Dienstleistung (vgl. Jacob 1995, S. 155).

Beeinflussung von Dienstleistungsqualität

Marketingmanagement soll Unsicherheiten reduzieren

Dem Marketingmanagement kommt vor diesem Hintergrund die Aufgabe zu, wahrgenommene Unsicherheiten bei der Wahrnehmung und Beurteilung der Dienstleistungsqualität in Bezug auf das Leistungsergebnis, aber auch in Bezug auf den Leistungserstellungsprozess und das Leistungspotenzial zu reduzieren. Zur Reduktion der vom Käufer wahrgenommenen Unsicherheit kann ein Anbieter verschiedene Maßnahmen ergreifen, die darauf abzielen, die eigentlich immaterielle Leistung gleichsam zu materialisieren. Das Leistungsergebnis könnte bereits vor dem Kauf durch Präsentation von Bildmaterial zu fertiggestellten Projekten und Verweise auf zufriedene Kunden als Referenzen ›anfassbar‹ gemacht werden. Ein zu erwartender Projekterfolg lässt sich auch durch Leistungskennzahlen dokumentieren, aus denen ein Nutzen (z. B. in Form von Wirtschaftlichkeit) für den Käufer bereits im Kaufzeitpunkt greifbar wird. Vor allem könnte auch die Art und Weise der geplanten Kundenintegration, z. B. durch Erläuterung der angewandten Methoden, veranschaulicht werden. Zum Abbau von Unsicherheit über den Leistungsprozess kann dieser visualisiert bzw. grafisch veranschaulicht werden (z. B. durch eine Prozessskizze), um Einblicke in die Systematik und Bestandteile der Leistungserstellung zu geben. Während der Leistungserstellung ist es bedeutsam, dem Kunden Eindrücke von einer planvollen, systematischen Kundenintegration zu vermitteln. Hierbei sind auch qualitative Faktoren wie die Art der Kundenkommunikation und Gesprächsatmosphäre besonders zu beachten. Unsicherheit in Bezug auf das Leistungsergebnis kann schließlich durch Qualitätssignale wie Gütesiegel, Garantien, die Nutzung von starken Marken und aufgebaute Herstellerreputation oder den Absatz über bekannte Händler (Makler) mit hoher Reputation glaubwürdig abgebaut werden.

Tech- und Touch-Dimensionen der Dienstleistungsqualität

Typisch für die Qualitätsbeurteilung von Dienstleistungen als immaterielle Leistung ist, dass der Kunde in sein Qualitätsurteil nicht nur materielle (physisch-objektive, technische) Merkmale einbezieht, die vor allem auf das bezogen sind, *was* der Nachfrager als ›Anfassbares‹ wahrnimmt bzw. erhält. Die Besonderheit liegt darin, dass er zusätzlich auch immaterielle (subjektiv gefühlte) Aspekte in sein Qualitätsurteil einbezieht, die insbesondere mit dem *Wie*, also der Art und Weise der Leistungserstellung, in Zusammenhang stehen (vgl. Grönroos 1983). Im ersten Fall wird auch von der *Tech-Dimension*, im zweiten Fall von der *Touch-Dimension* der Dienstleistungsqualität gesprochen. Durch Kreuzung dieser beiden Dimensionen mit den oben genannten Leistungsdimensionen der Potenzial-, Prozess- und Ergebnisqualitäten resultiert die in Tabelle 4-6 dargestellte Matrix (vgl. Meyer/Mattmüller 1987). Ein Anbieter kann diese Matrix nutzen, um konkrete Vorschläge zur Beeinflussung des Qualitätsurteils des Nachfragers in unterschiedlichen Phasen, nämlich vor, während und nach der Leistungserstellung, unter Berücksichtigung der Kundenintegration abzuleiten. Für das Beispiel einer Bauleistung (z. B. Architekt, Planungsbüro) enthält Tabelle 4-6 einige Möglichkeiten, wie ein Anbieter das Qualitätsurteil des Nachfragers günstig beeinflussen kann.

Tab. 4-6

Tech- und Touch-Dimensionen der Dienstleistungsqualität

	TECH-Dimension (WAS)	**TOUCH-Dimension (WIE)**
Potenzialqualität	auffallendes Gebäude, hochwertige technische Ausstattung, Dokumentation der Qualifikation der Mitarbeitenden (Zertifikate, Auszeichnungen)	Bekanntheit der Mitarbeitenden/des Architekten, Auftreten, Persönlichkeit, Kompetenzen des Personals
Prozessqualität	Zeitdauer, Zeitpunkte, Ablauf der Kundenintegration	Atmosphäre, Klima, Einfühlungsvermögen bei der Kundenintegration
Ergebnisqualität	Übergabetermin, Funktion, Dauerhaftigkeit, Bestehen von Qualitätstests, Folgeleistungen	Zufriedenheit, kommunikative Nachbetreuung

(Quelle: vgl. Fließ 2004b, S. 20)

Herausforderungen der Kunden-Koproduktion

Mit der Einbindung von Kunden in die Leistungserstellung, die sich in der Regel in ihren Ansprüchen und ihrem Verhalten individuell unterscheiden, wird eine *Standardisierung und Qualitätskontrolle* für den Anbieter erschwert (vgl. Haller 2015, S. 24). Der Kunde ist sich möglicherweise der Bedeutung seiner Mitwirkung an der Leistungserstellung und seiner Rolle gar nicht bewusst. Zusätzlich ist er sich nicht immer im Klaren darüber, wann welche Leistungen von ihm zu erbringen sind; auch verhält er sich nicht immer konform zu den Erwartungen des Dienstleisters (vgl. Haller 2015, S. 25). Da der Kunde in den Prozessen und der Fachsprache des Dienstleisters nicht geübt ist, können auch vermehrt Fehler auftreten. Ist der Kunde physisch bei der Integration am Anbieterort präsent, kommt insofern dem Faktor Sicherheit, z. B. beim Design und Layout von Einrichtungen, ein hoher Stellenwert zu. Maßnahmen zur Verbesserung der Sicherheit der Kundenintegration sind z. B. eine ausführliche Beschilderung, Schulungen, Absperrungen, übersichtliche Raumgestaltung, technische Schutzmechanismen wie Warnsignale usw. (vgl. Haller 2015, S. 26). Wird die Leistung beim Kunden vor Ort erbracht (wie z. B. bei Handwerksleistungen), sind besonderes Einfühlungsvermögen und Flexibilität der Mitarbeitenden im Rahmen der Kundenintegration erforderlich. So müssen Mitarbeitende auf unterschiedliche und kurzfristig kommunizierte Bedarfe kompetent reagieren können.

Bei *E-Services* kommuniziert der Kunde vorwiegend mit der Software des Anbieters, sodass ein persönlicher Kontakt zumeist entfällt (vgl. Haller 2015, S. 27). Da die persönliche Komponente der Kundenintegration wegfällt, kommt es hier wesentlich auf eine einfache, intuitive, gut strukturierte Nutzerführung an, wobei auch individuelle Anpassungen der Software möglich sind (vgl. Haller 2015, S. 27). Auch ein Kunde, der elektronisch mit einem Anbieter kommuniziert, erwartet von diesem, z. B. bei der Kundenintegration, eine hohe Kompetenz, die sich als elektronische Kundenbeziehungs-Kompetenz bezeichnen lässt (vgl. Probst/Wenger 1998, S. 11).

Da der Kunde als mehr oder weniger gut planbarer externer Faktor an der Leistungserstellung beteiligt ist, kann somit in der Steuerung des Kundenintegrationsprozesses und der Sicherung der Qualität des Leistungserstellungsprozesses unter Herstellung von Prozessbewusstsein und Prozesstransparenz für den Kunden die zentrale Herausforderung des Managements von Dienstleistungsprozessen mit Kunden-Koproduktion gesehen werden. Steuerung und Kontrolle des Integrations- und Leistungserstellungsprozesses bedingen wiederum eine klare Spezifikation der Leistung. Dienstleistungen sind jedoch immateriell und können komplexer Natur sein, sodass die Leistungsspezifikation nicht immer leicht fällt und Dienstleistungsqualität nicht einfach zu messen ist (vgl. Haller 2015, S. 27; Parasuraman/Zeithaml/Berry 1985, S. 42).

Messung von Dienstleistungsqualität

Die Messung der Dienstleistungsqualität sei anhand des *SERVQUAL-Ansatzes* (SERVQUAL steht als Akronym für Service Quality) von Parasuraman, Zeithaml und Berry verdeutlicht. Die Autoren betrachten Servicequalität – ähnlich wie das Zufriedenheitskonstrukt – als eine subjektiv vom Kunden wahrgenommene Größe, die auf einem Vergleich von Erwartungen und Leistungen basiert. Die aus diesem Vergleich resultierende Lücke (Gap) zwischen Erwartungen und wahrgenommener Leistung wird als erlebte Qualität betrachtet (vgl. Parasuraman/Zeithaml/Berry 1985, S. 42; Schwill 2013b, S. 220).

Gap-Modell der Dienstleistungsqualität

Die Forscher entwickelten einen Fragebogen zur Messung der Dienstleistungsqualität auf der theoretischen Basis des von ihnen entwickelten *Gap-Modells der Qualität* (vgl. Parasuraman/Zeithaml/Berry 1985, S. 44; Grunwald/Hempelmann 2017, S. 217 f.). Das Modell beschreibt und erklärt das Entstehen negativer Qualitätsurteile in Gap 5. Ein solches negatives Qualitätsurteil besteht in einem Auseinanderfallen von Kundenbedürfnissen (Anforderungen, Erwartungen) einerseits und wahrgenommener Qualität andererseits (siehe Abbildung 4-4).

Das Entstehen von Gap 5 kann über vier weitere Gaps entlang der Stufen des Leistungserstellungsprozesses erklärt werden:

- *Gap 1* beschreibt die Abweichung zwischen tatsächlichen Kundenanforderungen einerseits und den vom Management wahrgenommenen und interpretierten Kundenanforderungen andererseits.
- *Gap 2* besteht in einer Kluft zwischen den vom Management wahrgenommenen und interpretierten Kundenanforderungen und den durch den Dienstleister in Leistungsspezifikationen umgesetzten Anforderungen.

Abb. 4-4

Gap-Modell der Qualität

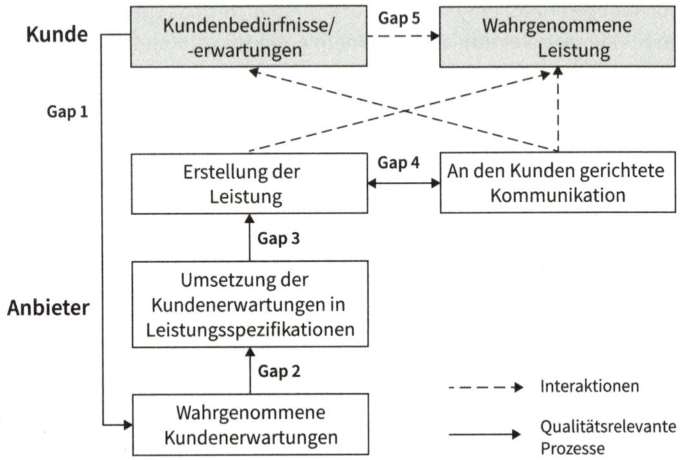

(Quelle: vgl. Parasuraman/Zeithaml/Berry 1985, S. 44)

- *Gap 3* besteht in einer Diskrepanz zwischen Leistungsspezifikationen und deren Umsetzung in die Leistungserstellung.
- *Gap 4* besteht schließlich in der Diskrepanz zwischen objektiv erstellter Leistung und der Art und Weise, wie das Leistungsangebot vom Marketing an den Kunden kommuniziert wird.

Identifizierung von Schnittstellenproblemen mithilfe des Gap-Modells

Die Anbieterkommunikation beeinflusst über Interaktionen mit dem Kunden zum einen die Kundenerwartungen an eine bestimmte Qualität. Zum anderen beeinflusst die Kommunikation aber auch die Wahrnehmung des Kunden hinsichtlich der tatsächlichen (objektiv-technischen) Qualität. Werden nun beispielsweise über eine stark übertriebene Werbung die Kundenerwartungen sehr weit gesteigert, kann selbst bei einwandfreier, guter Qualität ein negatives Qualitätsurteil des Kunden resultieren, wenn der Kunde den tatsächlichen Vorteil nicht zugleich wahrnimmt. Ein solches negatives Ergebnis ist also selbst dann vorstellbar, wenn der Anbieter in sämtlichen vorhergehenden Schritten des Entwicklungsprozesses keinerlei Fehler gemacht und alle Schnittstellenprobleme gelöst hat. Umgekehrt kann aber auch nur eine kleine Abweichung bereits in einer frühen Phase des Entwicklungsprozesses ausreichen, um sich in späteren Phasen zu einer größeren Lücke zu entwickeln, die dann im Ergebnis zu einem deutlich negativen Qualitätsurteil führt.

Das Gap-Modell der Qualität kann verwendet werden, um etwaige mit den Gaps verbundene Schnittstellenprobleme zwischen den an der Produktentwicklung beteiligten Abteilungen und Akteuren aufzuspüren, zu beschreiben und systematisch nach Ursachen für diese Probleme zu suchen. Damit können Potenziale für Verbesserungen identifiziert werden (vgl. Grunwald/Hempelmann 2017, S. 219 f.).

SERVQUAL-Ansatz: Abfrage von Ist-/Soll-Komponenten

Tabelle 4-7 enthält einen von den Autoren des Gap-Modells der Qualität entwickelten Fragenbogen zum *SERVQUAL-Ansatz,* der zur Analyse der im Gap-Modell der Qualität bezeichneten Schnittstellen und Messung der Dienstleistungsqualität eingesetzt werden kann (vgl. Parasuraman/Zeithaml/Berry 1988).

Zu jeder der 22 Aussagen (Items) des SERVQUAL-Fragebogens werden zwei Fragen auf einer siebenstufigen Skala mit Endpunkten »stimme völlig zu (7)« bis »lehne ich völlig ab (1)« gestellt (Doppelskala). Während die erste Frage (Soll-Frage) die all-

Tab. 4-7

Beispiel für einen SERVQUAL-Fragebogen

Annehmlichkeit des tangiblen Umfeldes (tangibles)	1. Unternehmen X verfügt über eine moderne technische Ausstattung. 2. Die Einrichtung des Unternehmens X fällt angenehm ins Auge. 3. Die Mitarbeitenden des Unternehmens X sind ansprechend gekleidet. 4. Die an die Kunden adressierten Medien des Unternehmens X sind angenehm gestaltet.
Zuverlässigkeit (reliability)	5. Wenn das Unternehmen X die Einhaltung eines Termins verspricht, wird der Termin mit Sicherheit eingehalten. 6. Beim Unternehmen X ist das Interesse erkennbar, ein Problem kundenorientiert zu lösen. 7. Das Unternehmen X erfüllt seine Aufgaben gleich beim ersten Mal richtig. 8. Das Unternehmen X führt seine Leistungen zum versprochenen Zeitpunkt aus. 9. Das Unternehmen X macht im Rahmen seiner schriftlichen Kommunikation keine Fehler.
Reaktionsfähigkeit (responsiveness)	10. Die Mitarbeitenden des Unternehmens X können über den Zeitpunkt einer Leistungsausführung immer Auskunft geben. 11. Die Mitarbeitenden des Unternehmens X bedienen ihre Kunden immer prompt. 12. Das Unternehmen X ist stets bereit, seinen Kunden zu helfen. 13. Beim Unternehmen X sind die Mitarbeitenden nie zu beschäftigt, um auf Kundenanliegen einzugehen.
Leistungskompetenz (assurance)	14. Beim Unternehmen X weckt das Verhalten der Mitarbeitenden immer Vertrauen bei den Kunden. 15. Beim Service des Unternehmens X fühlt man sich immer sicher. 16. Die Mitarbeitenden des Unternehmens X sind stets gleichbleibend höflich zu den Kunden. 17. Die Mitarbeitenden des Unternehmens X verfügen über das Fachwissen zur Beantwortung sämtlicher Kundenfragen.
Einfühlungsvermögen (empathy)	18. Das Unternehmen X widmet jedem seiner Kunden individuell seine Aufmerksamkeit. 19. Das Unternehmen X bietet seine Dienste zu Zeiten an, die allen Kunden gerecht werden. 20. Das Unternehmen X hat Mitarbeitende, die sich den Kunden persönlich widmen. 21. Dem Unternehmen X liegen die Interessen der Kunden am Herzen. 22. Die Mitarbeitenden des Unternehmens X verstehen die spezifischen Servicebedürfnisse ihrer Kunden.

(Quelle: vgl. Bruhn/Georgi 2006, S. 94; Parasuraman/Zeithaml/Berry 1988, S. 39 f.)

gemeinen Erwartungen des Kunden hinsichtlich des jeweiligen Qualitätsaspektes erfasst, bezieht sich die zweite Frage (Ist-Frage) auf die wahrgenommene Ist-Leistung des speziell zu betrachtenden Dienstleistungsunternehmens (vgl. Parasuraman/Zeithaml/Berry 1988, S. 38 ff.). Durch den Vergleich der beiden Werte kann letztlich Gap 5 im Gap-Modell der Qualität aufgedeckt und erklärt werden.

SERFPERF-Ansatz: Abfrage der Wahrnehmungskomponente

Da die nachträgliche Erfassung der Soll-Komponente jedoch dazu führen kann, dass der Befragte seine Erwartungen nach oben anpasst (Anspruchsinflation), bei der Erwartungsbildung oftmals auch unterschiedliche Vergleichsmaßstäbe zugrunde gelegt werden (z. B. Erwartung als maximal mögliche oder erwünschte Leistung) und die getrennte Erfassung von Erwartungen und Ist-Leistung für Probanden häufig künstlich wirkt, ist die im SERVQUAL-Ansatz verwendete Doppelskala im Rahmen des *SERVPERF-Ansatzes* (Akronym für Service Performance) von Cronin und Taylor (1992) angepasst worden. Dieser Ansatz verzichtet auf eine getrennte Abfrage von Soll- und Ist-Komponente. Stattdessen erfolgt die Messung der Dienstleistungsqualität allein anhand der Wahrnehmungskomponente des SERVQUAL-Ansatzes (vgl. Cronin/Taylor 1992).

WIEDERHOLUNGSFRAGEN

- Benennen Sie die Merkmale, die Dienstleistungen kennzeichnen.
- Erläutern Sie am Beispiel einer Autoreparatur, wie sich ein Kunde ein Urteil über die Qualität dieser Dienstleistung bildet. Gehen Sie hierbei auf verschiedene Dimensionen der Dienstleistungsqualität ein.
- Schildern Sie, welche Probleme bei der Wahrnehmung und Beurteilung der Dienstleistungsqualität aus Sicht des Kunden entstehen können.
- Erläutern Sie, durch welche Maßnahmen ein Anbieter die von Kunden wahrgenommene und beurteilte Dienstleistungsqualität grundsätzlich beeinflussen kann.
- Beschreiben Sie, welche Unterschiede in der wahrgenommenen und beurteilten Dienstleistungsqualität Sie durch eine aktive Integration des Kunden in die Leistungserstellung mittels Kunden-Koproduktion erwarten.
- Diskutieren Sie die Messung von Dienstleistungsqualität auf Grundlage des SERVQUAL-Ansatzes.

4.1.3 Gestaltung der Garantiepolitik

Kennzeichnung der Garantiepolitik

Eine *Garantie* ist eine auf einem (mündlichen oder schriftlichen) Vertrag fußende Verpflichtung zur kostenlosen Beseitigung auftretender Mängel der gelieferten Produkte im Rahmen des vereinbarten Umfangs zur Wiederherstellung ihrer beim Verkauf zugesicherten Beschaffenheit (vgl. Grunwald 2013; Grunwald 2008b). Garantien weisen definitionsgemäß mit der Zusicherung einer Leistung von wohl definierter Beschaffenheit einerseits und einer zugesicherten Kompensation im Falle der

Schlechtleistung andererseits zwei Kernelemente auf, die ein Anbieter als Stellgrößen (Entscheidungsvariablen) seiner Garantiepolitik ansehen und gestalten kann.

> Unter *Garantiepolitik* kann die Setzung von garantiepolitischen Zielen und die Bestimmung der zu ihrer Erreichung anzuwendenden Mittel, mithin die Festlegung garantiepolitischer Entscheidungsvariablen (z. B. Umfang und Art der garantierten Qualitätseigenschaften, Garantiedauer, gewährte Kompensation im Garantiefall), unter Beachtung der relevanten Einflussgrößen als Wirkungsbedingungen (z. B. des Ansehens des Anbieters auf dem Markt) verstanden werden.

Relevanz der Garantiepolitik

Werden mit der Garantiepolitik auch und vor allem Absatzziele wie die Verbesserung der Neukundengewinnung oder der Kundenbindung verbunden, so lässt sich von Garantien als Marketinginstrument sprechen. Viele Anbieter nutzen Garantien als Marketinginstrument zur Positionierung im Wettbewerb, vor allem aber zur Signalisierung hoher Produktqualität und zum Abbau wahrgenommener Kaufrisiken, die Kaufwiderstände darstellen. So wirbt beispielsweise der Automobilhersteller Opel mit einer lebenslangen Garantie auf Neuwagen bis 160.000 km und knüpft daran das Ziel, das Vertrauen in die durch Rückrufaktionen in Mitleidenschaft gezogene Marke wiederherzustellen und hohe Zuverlässigkeit der neuen Modelle zu signalisieren (vgl. Pander/Grünweg 2010). Der Automobilhersteller Kia wirbt beispielsweise mit einer Siebenjahres-Garantie und weitet diese auf alle seine Modelle aus.

Garantien wirken auf Beschwerdeverhalten

Der Einsatz von Garantien als Marketinginstrument kann für einen Anbieter darüber hinaus aber auch zu einer Verbesserung der Informationslage über seine Kunden und die eigenen Produkte beitragen, wenn über das Beschwerdemanagementsystem Qualitätsprobleme regelmäßig erfasst, typologisiert und im Hinblick auf mögliche Ursachen und typische Verwendungsweisen der Produkte ausgewertet

PRAXISBEISPIEL

7-Jahre-Kia-Herstellergarantie

»Vertrauen ist gut, Garantie ist besser:
Sorglos und sicher unterwegs mit der 7-Jahre-Kia-Herstellergarantie.
Das Leben steckt voller Überraschungen. Mit unserer 7-Jahre-Kia-Herstellergarantie bringt Sie so leicht nichts mehr aus der Ruhe. Es gilt für alle Kia Modelle, enthält auf Wunsch ein umfangreiches Wartungpaket [sic] und ermöglicht Ihnen 7 Jahre rundum sorgloses Autofahren. Und wenn Sie Ihren Kia verkaufen, freuen Sie sich über einen hohen Wiederverkaufswert, denn der nächste Besitzer kommt ebenfalls in den Genuss des Qualitätsversprechens« (KIA o. J.).

werden. Studien belegen, dass Garantien im Übrigen auch auf das Beschwerdeverhalten einwirken. Sie steigern nämlich potenziell die Bereitschaft von Konsumenten, sich beim Anbieter über ein erfahrenes Qualitätsproblem zu beschweren, was dem Anbieter die oben beschriebenen Möglichkeiten der Informationsgewinnung eröffnet (vgl. Grunwald 2013, S. 49).

Der mit dem Einsatz von Garantien verbundene Nutzen für einen Anbieter wird sich jedoch nicht in jedem Falle einstellen, sondern hängt zum einen ab von der konkreten Ausgestaltung des Instruments Garantiepolitik und zum anderen von der Wahrnehmung und Beurteilung der Garantie durch Konsumenten als Determinanten ihres Beschwerde- bzw. Reklamationsverhaltens. Mögliche Grenzen seien mit der von Konsumenten empfundenen Unglaubwürdigkeit eines weit übertriebenen Garantieversprechens und vermuteten verdeckten Kosten der Garantie angedeutet (vgl. Shimp/Bearden 1982).

Der Garantieprozess

Die mit der Vergabe von Garantien verbundenen konsumenten- und anbieterseitigen Wirkungen können allgemein durch einen Prozess wie folgt veranschaulicht werden (siehe Abbildung 4-5).

Der Hersteller (Garantiegeber, Garant) gibt gegenüber dem Konsumenten (Garantiesubjekt) auf bestimmte Produkteigenschaften ein Leistungsversprechen in Form einer Garantie ab. Die Gestaltung dieses Aspektes der Garantiepolitik, etwa die Auswahl der zu garantierenden Produkteigenschaften und -ausprägungen, ist insofern Teil der Produktpolitik des Anbieters. Parallel kommuniziert der Anbieter die Garantie – etwa in Form persönlicher oder unpersönlicher werblicher Kommunikation – an das Garantiesubjekt, womit dessen vor dem Kauf gebildete Qualitätserwartungen beeinflusst werden. Die inhaltliche und formale Gestaltung der Kommunikation der Garantiezusage ist wiederum Gegenstand der Kommunikationspolitik des Anbieters.

Aus dem Zusammenspiel von eingebauten Produkteigenschaften (z. B. eingebauter Produkthaltbarkeit, Produktsicherheit) einerseits und dem Verwendungsverhalten des Kunden, wie etwa seiner angewandten Sorgfalt und Nutzungsintensität andererseits, resultiert eine bestimmte Leistung, die der Konsument wahrnimmt und mit seinen vor dem Kauf gebildeten Qualitätserwartungen vergleicht.

Fällt diese Leistung aus Sicht des Konsumenten zufriedenstellend aus, was nach dem Confirmation/Disconfirmation-Paradigma dann eintritt, wenn die wahrgenommene Leistung mindestens seinen qualitätsbezogenen Erwartungen entspricht, so kommen auf den Anbieter keine Garantiekosten zu. Zudem mag die Kundenbindung erhöht werden können, was sich beispielsweise in gesteigerter Zusatzkauf- oder Weiterempfehlungsbereitschaft des Kunden zeigt. Ist der Konsument hingegen unzufrieden und beschwert sich über das Unzufriedenheit auslösende Qualitätsproblem beim Anbieter, so können auf den Anbieter Kosten zukommen, die mit der Abwicklung des Garantiefalls verbunden sind (Garantiekosten), wie beispielsweise Kosten für den Ersatz des Produktes oder eine Reparatur.

Einflussfaktoren auf Garantiekosten

Dieser in Abbildung 4-5 visualisierte Garantieprozess veranschaulicht somit, wovon die auf den Anbieter im Garantiefall zukommenden Garantiekosten abhängen.

Abb. 4-5

Der Garantieprozess im Überblick

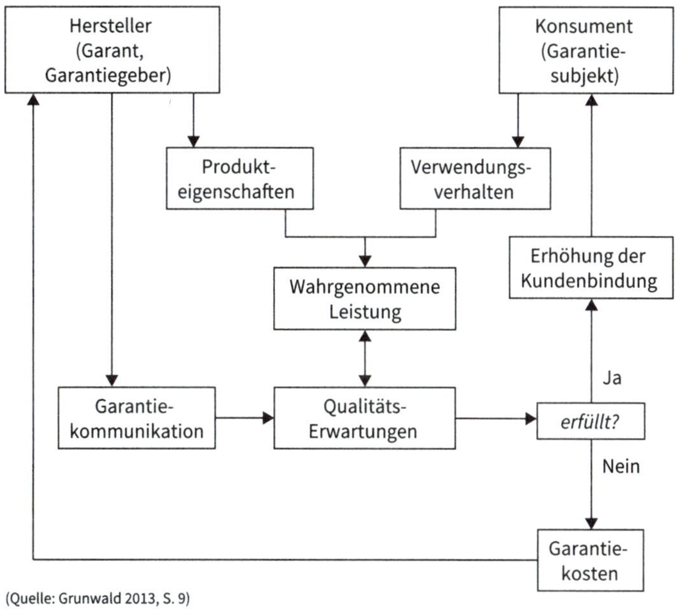

(Quelle: Grunwald 2013, S. 9)

Zu benennen sind hier drei Gruppen von Einflussfaktoren, durch die der Anbieter mehr oder weniger effektiv Garantiekosten abbauen könnte:

- Erstens durch die Festlegung seiner *Garantiepolitik* selbst: Beispielsweise geht es hierbei um die Frage, ob der Anbieter eine Vollerstattungs- oder Teilerstattungsgarantie wählt.
- Zweitens durch die Wahl seiner *Qualitätspolitik:* Hierbei sind die bei der Herstellung verwendeten Materialarten und -stärken, Produktsicherheitseigenschaften, Warnsignale, Qualitätsprüfverfahren usw. zu beachten.
- Drittens durch Einflussnahme auf das *Verwendungsverhalten* der Nachfrager: Hierfür kommen beispielsweise kommunikationspolitische Maßnahmen wie Produktaufschriften und Bedienungsanleitungen sowie sämtliche Formen der Sicherheitskommunikation in Betracht.

These der Risikokompensation

Die genannten Einflussgrößen auf die Garantiekosten wirken jedoch keineswegs nur isoliert voneinander. Im Rahmen von Optimierungsüberlegungen sind auch die Wechselwirkungen (Interaktionen) zwischen den Faktorengruppen zu beachten: So ist durchaus vorstellbar, dass ein vom Anbieter gewähltes und an Konsumenten kommuniziertes höheres Maß an Produktsicherheitseigenschaften von Konsumenten zum Anlass genommen wird, ihre übliche Verwendungssorgfalt zu reduzieren. Eine solche Wirkung würde die Anstrengungen des Anbieters zum Abbau von Konsumrisiken und Garantiekosten gleichsam kompensieren, weshalb in diesem Kontext auch von der *These der Risikokompensation* gesprochen wird. In der Forschung zur Risikokompensation ist noch die Frage offen, bei welchen Produkten Risikokompensation zum Problem gereicht und insofern bei Optimierungsüberlegungen vom Anbieter zu berücksichtigen wäre (vgl. Standop 2009).

Ziele der Garantiepolitik

Die an Garantien als Marketinginstrument aus Anbietersicht geknüpften ökonomischen Ziele betreffen regelmäßig Zielgrößen sowohl in der Vorkaufphase wie auch in der Nachkaufphase. Die garantiepolitischen Ziele lassen sich – wie in Abbildung 4-6 dargestellt – entlang eines typischen Kaufentscheidungsprozesses in fünf Kategorien einteilen (vgl. im Folgenden zu Funktionen von Garantien in der Vorkauf- und Nachkaufphase Grunwald 2013, S. 23 ff., sowie Standop/Grunwald 2009b, S. 107 ff.).

Vorkaufphase

In der Vorkaufphase dienen Garantien einem Anbieter als Merkmal zur *Differenzierung* im Wettbewerb. Im Zuge sich immer weiter annähernder (technischer) Produktqualitäten nimmt die Bedeutung neuer Abgrenzungsmerkmale im Wettbewerb zu. Durch Aussprechen einer marktüberdurchschnittlichen Garantie kann ein Anbieter im Markt sichtbar werden, d. h. die Wahrscheinlichkeit erhöhen, in die Menge

Abb. 4-6

Garantiepolitische Ziele in der Vorkauf- und Nachkaufphase

——— *Vorkaufphase* ——— *Nachkaufphase* ———→

Positionierungsziele	Kundenakquiseziele	Informationsziele	Kundenbindungsziele	Kommunikationsziele
• Differenzierung im Wettbewerb • Aufbau eines Qualitätsimages • Schaffung eines Zusatznutzens • Individualisierung des Produktangebotes	• Reduktion wahrgenommener Kaufrisiken • Beschleunigung des Kaufentscheidungsprozesses • Mehrabsätze/ Preiserhöhungen • Erlössteigerungen	• Identifikation von Stärken und Schwächen • Aufdeckung des Verwendungsverhaltens • Verbesserung des Leistungsangebotes • Prävention von Garantiefällen • Kostenreduktionen/ Erlössteigerungen	• Erhöhung der Beschwerdeneigung • Erhöhung der Kundenzufriedenheit über die Beschwerdezufriedenheit • Verbesserung der Einstellungen • Cross-Selling • Aufbau von Wechselbarrieren	• Vermeidung negativer Kundenreaktionen • Klärung der Haftungslage • Auslösen positiver Kundenempfehlungen • Signalisierung hoher Kundenorientierung (intern und extern)

(Quelle: Grunwald 2013, S. 12)

relevanter Alternativen aus Konsumentensicht – das sogenannte *Relevant Set* – zu gelangen. Dies kann einerseits dadurch geschehen, dass der Anbieter sich mit seiner Garantiezusage deutlich von den Garantiezusagen konkurrierender Anbieter absetzt und/oder er Garantien als gänzlich neue Produkteigenschaft in seiner Produktkommunikation auslobt, wenn nämlich Konkurrenzanbieter Garantien bislang lediglich auf dem Niveau gesetzlicher Gewährleistungen offerieren und damit nicht aktiv als Marketinginstrument genutzt haben. Über die Garantie kann er Nachfragern hohe Qualität und Qualitätskonstanz im Sinne von Zuverlässigkeit seiner Produkte glaubhaft signalisieren und damit sein *Qualitätsimage* auf- oder ausbauen.

Mit dem Angebot einer Garantie kann ein Anbieter Nachfragern einen für sie wichtigen *Zusatznutzen* neben dem Kernnutzen des Produktes schaffen, was insbesondere dann angezeigt ist, wenn mit dem Kauf aus Konsumentensicht hohe Risiken assoziiert werden. Letzteres dürfte insbesondere dann zu erwarten sein, wenn es sich um eine für Käufer noch relativ unbekannte Marke bzw. ein neues Produkt handelt, Käufe in einer von Nachfragern selten gekauften Produktkategorie getätigt werden und/oder eine längerfristige Bindung an das Produkt eingegangen werden soll. Mit der Möglichkeit, solchen Käufern ein gemäß ihrer individuellen Bedürfnisse und Zahlungsbereitschaften entsprechendes Produktbündel, bestehend aus dem Kernprodukt und einer jeweils passend gewählten Garantie als produktbegleitender Zusatzleistung, zu offerieren, ist ein Ansatz der *Individualisierung des Produktangebotes* geschaffen. Kunden könnten individuell nach ihrer Risikoneigung und Zahlungsbereitschaft zwischen einer besonders umfangreichen, aber teureren Garantie oder aber einer etwas über dem Marktstandard liegenden günstigeren Garantiezusage frei wählen. Die Individualisierung kann ebenso als Mittel zur Differenzierung des eigenen Produktangebotes in einem Markt von ansonsten homogenen und standardisierten Angeboten genutzt werden.

Kaufphase

Sofern durch eine passend gewählte Garantie *wahrgenommene Kaufrisiken* bei Nachfragern abgebaut werden können, kann der Kaufentscheidungsprozess tendenziell schneller durchlaufen werden. Der Konsument fühlt sich auch nach dem Kauf durch die Garantie gegen Schlechtleistung hinreichend geschützt. Das kann dazu führen, dass Verkaufsgespräche mit dem Käufer weniger ausführlich geführt werden müssen und dieser Alternativen weniger umfassend prüft, sondern eben anhand der Garantie auch schneller vergleichen kann. Damit kann der *Kaufentscheidungsprozess* beschleunigt werden. Die Garantie bündelt – vergleichbar einer Marke – viele Einzelinformationen (z. B. technische Details) über den Anbieter und seine Produkte, die der Käufer bei Fehlen eines solchen Qualitätssignals heranziehen würde. Solche Zusatznutzen für den Nachfrager drücken sich regelmäßig in einer erhöhten Zahlungsbereitschaft für das betreffende, zusammen mit einer Garantie angebotene Produkt aus sowie in Mehrabsätzen, wodurch der Anbieter *Erlössteigerungen* realisieren kann.

Nachkaufphase

Bereits in der Vorkaufphase kann der Anbieter bei Wahl einer bestimmten Garantievariante durch den Nachfrager auf dessen Risikoneigung und gegebenenfalls einen gesteigerten Servicebedarf in der Nachkaufphase schließen. Doch vor allem in der Nachkaufphase können im Rahmen der Abwicklung von Garantiefällen systematisch *Informationen* über den Kunden und sein Verwendungsverhalten sowie über Stärken und Schwächen samt Qualitätsproblemen des Produktes nach Art, Schwere und Häufigkeit des Auftretens gesammelt und ausgewertet werden.

Solche Informationen können systematisch in die Verbesserung der *Produktqualität* (Auswahl von Materialien, Lieferanten, Verbesserung von Qualitätsprüfverfahren) und die Produktkommunikation (z. B. Warnhinweise am Produkt, Aufklärungskampagnen für eine sichere Verwendung des Produktes, Gebrauchsanweisungen) einfließen. Hiermit können zukünftige Garantiefälle – jedenfalls teilweise – vermieden werden, womit der Anbieter *Garantiekosten* senken kann. Infolge höherer (wahrgenommener) Produktqualität und vermiedener Garantiefälle können sich auch die Anbietererlöse erhöhen.

Steigerung der Beschwerdeneigung

Mit dem Angebot einer Garantie gibt der Anbieter Nachfragern einen Anreiz, sich im Falle von Qualitätsproblemen beim Anbieter erfolgreich zu beschweren. Durch die Garantie macht er Nachfrager in besonderer Weise auf einen rechtlichen Schutz und einen etwaigen Anspruch aufmerksam und vermag damit die *Beschwerdeneigung* zu steigern. Mit der Beschwerdeabwicklung erhält der Anbieter zusätzliche Kundenkontaktpunkte, in denen er dem Kunden seine hohe Service- und Kundenorientierung demonstrieren und gegebenenfalls weitere Leistungen (z. B. kostenpflichtige Wartungen) anbieten kann.

Möglichkeit von Cross-Selling

Ein solcher Mitverkauf weiterer Leistungen an dieselben Kunden (*Cross-Selling*) kann auch dadurch forciert werden, dass die Einlösung eines Garantieanspruchs von bestimmten Bedingungen abhängig gemacht wird, die im Garantievertrag verankert sind. Hierzu gehört z. B. die regelmäßige Wartung und Inspektion des Produktes bei Vertragswerkstätten oder anderen Serviceeinrichtungen des Anbieters und die ausschließliche Verwendung von Originalersatzteilen des Anbieters.

Höhere Kundenzufriedenheit

Durch eine zufriedenstellende Garantieabwicklung mögen sich auch die *Zufriedenheit* mit dem Anbieter und die Einstellung zu dessen Produkten insgesamt verbessern. Sowohl verbesserte Einstellungs- und Zufriedenheitswerte wie auch zur regelmäßigen Wartung und zum Kauf von Originalteilen anreizende Garantieklauseln bilden *Wechselbarrieren,* die die Kundenbindung auf einem hohen Niveau bewahren.

Wird der Kunde im Falle der Schlechtleistung im Rahmen der Garantieabwicklung zufriedengestellt, so können negative Kundenreaktionen, wie etwa negative *Mund-zu-Mund-Kommunikation* gerichtet an andere Kunden oder gar an Dritte (z. B. Verbrauchschutzorganisationen, Medien) unterbunden werden. Werden Garantien gegeben, die sich – wie im Falle der spezifischen Garantie – auf ganz bestimmte Produkteigenschaften beziehen, so kann der Anbieter hiermit seine Haftung auf die in der Garantiezusage besonders zugesicherten Eigenschaften beschränken. Nicht nur die Vermeidung negativer, sondern auch das Auslösen positiver Kundenempfehlungen über den Anbieter können in diesem Zusammenhang Ziele der Garantiepolitik sein. Hintergrund ist hier die Vorstellung, dass der Kunde den Erfolg einer zufriedenstellenden Garantiefallabwicklung dem Anbieter zuschreibt und sich auch in Krisenzeiten auf das Unternehmen verlassen kann.

Positive Effekte auf Mitarbeitermotivation

Der Anbieter kann dem Kunden so seine hohe Kundenorientierung demonstrieren, die aber auch für die Mitarbeitenden des Anbieters zu einer wichtigen, durch die Garantie fest verankerten Handlungsmaxime werden kann. Hiermit kann die

Etablierung eines (umfassenden) Qualitätsmanagements mit qualitätsbezogenen Mitarbeiterzielen, Anreizen und Prüfverfahren verbunden sein, mit positiven Effekten auf die Mitarbeitermotivation und Marktorientierung des Unternehmens (vgl. Kashyap 2001, S. 12 ff.).

Garantieformen

Garantien beinhalten mit dem Leistungsversprechen und dem Wiedergutmachungsanspruch (Kompensationsleistung) zwei Kernelemente, die sich als garantiepolitische Entscheidungsvariablen des Anbieters auffassen lassen. Diese Kernelemente lassen sich, wie in Abbildung 4-7 dargestellt, weiter in unterschiedliche Merkmale und Ausprägungen aufgliedern. Aus der Kombination dieser Garantiemerkmale in jeweils einer Ausprägung resultieren Garantieformen.

Gestaltung des Leistungsversprechens

Bei der Festlegung des Leistungsversprechens ist zunächst dessen *Gegenstand* zu konkretisieren: Auf welche Produkte bzw. welche Produkteigenschaften wird das Leistungsversprechen ausgesprochen? Wie viele Produkte bzw. Produkteigenschaften sollen Gegenstand der Garantiezusage sein? So könnte ein Anbieter beispielsweise für alle oder aber nur für einen bestimmten Teil seiner Produkte eine Garantie aussprechen. Für ein bestimmtes Produkt könnten dann sämtliche Eigenschaften

Abb. 4-7

Garantiepolitische Entscheidungsvariablen im Überblick

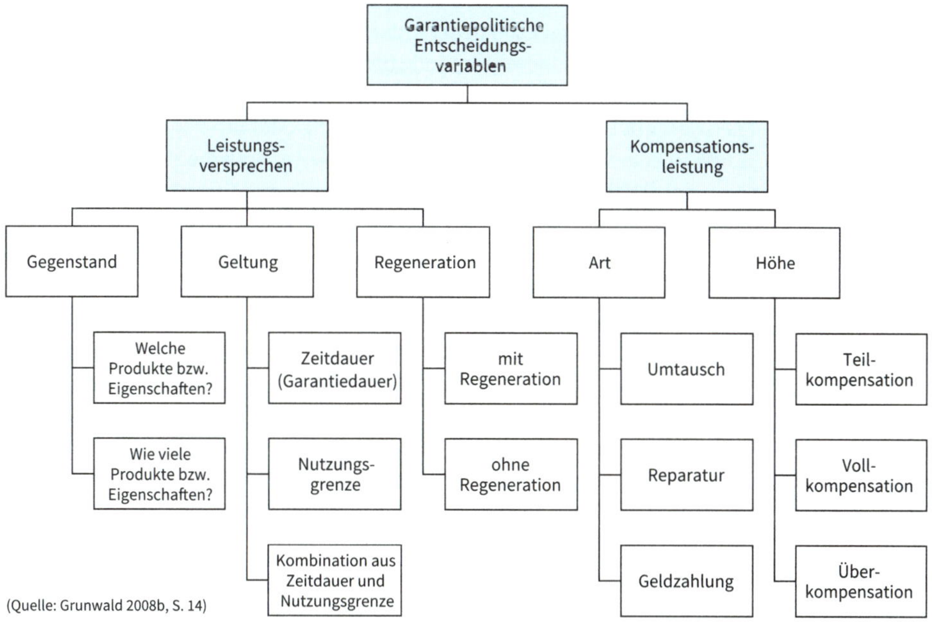

(Quelle: Grunwald 2008b, S. 14)

oder aber nur ein bestimmter Teil der Eigenschaften dem Leistungsversprechen unterliegen. Im ersten Fall wird auch von unspezifischer Garantie gesprochen und im zweiten Fall von spezifischer Garantie.

Zweitens muss über die *Geltung* (Gültigkeit) des Leistungsversprechens entschieden werden. Wie lange, in Zeiteinheiten ausgedrückt, soll die Garantiezusage gelten (Garantiedauer)? Anstelle der Festlegung einer Garantiedauer könnte der Anbieter auch eine oder mehrere Nutzungsobergrenzen vorgeben, die das Ende des Leistungsversprechens determinieren. Alternativ kann der Anbieter eine Kombination aus Garantiedauer und Erreichen einer oder mehrerer Nutzungsobergrenzen festlegen, um das Ende des Leistungsversprechens zu definieren.

Regeneration betrifft die Frage, ob sich das Leistungsversprechen nach einem eingetretenen Garantiefall und erfolgter Kompensation erneuert (mit Regeneration) oder ob es bei dem ursprünglichen, beim Kauf abgegebenen Leistungsversprechen verbleibt (ohne Regeneration).

Gestaltung der Kompensationsleistung

Die Kompensationsleistung lässt sich in ihrer Höhe (Kompensationshöhe) und in ihrer Beschaffenheit (Kompensationsart) variieren. Die *Kompensationsart* bezieht sich auf die materiellen Ausgleichsleistungen eines Anbieters, die im Wesentlichen in Form einer Geldzahlung, eines Produktumtauschs oder einer Reparatur des Produkts erfolgen können.

Hinsichtlich der *Kompensationshöhe* hat ein Anbieter grundsätzlich die Möglichkeit, Kunden im Vergleich zu einer Situation, in der es kein Produktproblem gegeben hätte, entweder materiell wertmäßig gleichzustellen (Vollkompensation), besserzustellen (Überkompensation) oder schlechterzustellen (Teilkompensation). Während also der Anbieter etwa im Rahmen einer Vollkompensation Kunden den vollen Ersatz etwaiger, mit dem Produktproblem in Zusammenhang stehender Kosten zusichert, verspricht er im Falle der Teilkompensation eine Entschädigung, die lediglich einen Bruchteil der mit dem Produktproblem zusammenhängenden Kosten deckt (z. B. eine monetäre Entschädigung oder die Möglichkeit, ein neues Produkt zu entsprechend verringertem Kaufpreis zu erwerben) und im Falle der Überkompensation einen deutlichen Mehrwert (z. B. eine Erstattungszahlung, die höher liegt als der Kaufpreis des Gutes).

Unbedingte vs. bedingte Garantie

Darüber hinaus kann die *Einlösung der Kompensation* bedingungslos erfolgen (unbedingte Garantie) oder aber von dem Vorliegen einer oder mehrerer Bedingungen abhängig gemacht werden (bedingte Garantie). Bei der *unbedingten Garantie* ist der Eintritt der Kompensationsleistung an keinerlei Bedingungen geknüpft, wobei auch die Garantiedauer keine Beschränkung darstellt. Sie ist im Extremfall unendlich lang gewählt. Anders sieht dies aus im Falle der *bedingten Garantie*. Hier hängt die Inanspruchnahme der Kompensationsleistung ab von entweder lediglich einer Bedingung (z. B. muss die Garantiefrist gewahrt sein) oder aber von dem simultanen Vorliegen mehrerer Bedingungen (wie etwa der Wahrung der Garantiefrist und der Nichtüberschreitung einer bestimmten Kilometerleistung).

Explizite vs. implizite Garantie

Nach der *Art der Garantiekommunikation* kann ferner zwischen expliziten und impliziten Garantien unterschieden werden. Bei der *expliziten Garantie* wird die Garantie ausdrücklicher Bestandteil der Kommunikation mit dem Kunden. Garantieaussagen werden beispielsweise zum Botschaftsinhalt der werblichen Produktkommunikation erhoben. *Implizite Garantien* werden dagegen nicht ausdrücklich oder offensiv gegenüber dem Kunden kommuniziert, beispielsweise, um nicht zu hohe Erwartungen zu schüren oder um den Kunden gar nicht erst auf den Eintritt möglicher Qualitätsprobleme aufmerksam zu machen.

WIEDERHOLUNGSFRAGEN

- Beschreiben Sie, welche Funktionen Garantien als Beziehungsmarketinginstrument für einen Anbieter in der Vorkauf-, Kauf- und Nachkaufphase erfüllen können.
- Diskutieren Sie am Beispiel des Automobilherstellers Kia die Wirkung einer weit marktüberdurchschnittlichen Garantiezusage auf potenzielle Nachfrager.
- Erläutern Sie, welche Möglichkeiten einem Anbieter zur Gestaltung der Garantiepolitik grundsätzlich zur Verfügung stehen.
- Stellen Sie dar, von welchen Einflussfaktoren im Rahmen der Garantiepolitik speziell die Wahl der Kompensationsart und -höhe abhängt.
- Ein Anbieter zielt bei der Gestaltung seiner Garantiepolitik auf die Minimierung von Garantiekosten ab. Erläutern Sie, durch welche Maßnahmen der Anbieter sein gesetztes Ziel erreichen könnte.

4.2 Instrumente nach der Leistungserstellung

4.2.1 Lieferkettenkommunikation

Unter dem Begriff *Lieferkettenkommunikation* kann das vom Anbieter geplante zielgerichtete Angebot von Informationen über dessen bereits erstellte Leistungen zur positiven Beeinflussung des Verhaltens vor- und nachgelagerter Akteure in der Lieferkette verstanden werden.

Die Lieferkettenkommunikation bezieht sich also üblicherweise auf das Leistungsangebot nach erfolgter Leistungserstellung.

Kommunikationsrichtungen

Nach der Richtung, in der die Informationen bewusst ausgesandt werden, kann zwischen Downstream- und Upstream-Kommunikation unterschieden werden (vgl. Grunwald/Ostendorf 2013, S. 129; Werner 2013, S. 196). Die Kommunikation von oben nach unten in der Lieferkette, also etwa vom Hersteller über die Weiterverarbeiter bis zum Handel und Endkunden, wird dabei als *Downstream-Kommunikation* bezeichnet. Die *Upstream-Kommunikation* ist von unten nach oben gerichtet, also etwa von Kunden, Händlern oder nachgeschalteten Anwendern hin zu ihren Lieferanten.

Kommunikationsziele

Mit der Lieferkettenkommunikation verfolgt ein Anbieter typischerweise insbesondere die folgenden Kommunikationsziele:

- Schaffung einer *Datengrundlage für die interne Steuerung* (z. B. über Bedarfe, Nachfragetrends, Lieferquellen)
- *Vermeidung fehlender Kommunikation* (z. B. Stille nach eingetretenem Serviceversagen, Informationsmangel zum Serviceprozess wie etwa in Bezug auf den Lieferzeitpunkt und Produktionsprozess)
- *Erwartungsmanagement* (z. B. Prävention oder Reduktion von Nachkauf-Dissonanzen, Unzufriedenheit, Reklamationen, negativen Kundenempfehlungen, Abwanderung)
- *Risikoreduktion* (z. B. Verbesserung des Verbraucher- und Arbeitsschutzes durch Warnhinweise am Produkt oder Gebrauchsanweisungen)
- *Image- und Reputationsziele* (z. B. CSR-Kommunikation, Demonstration von Kundennähe durch aktive kommunikative Begleitung der Nachkaufphase)
- *Positionierung* im Wettbewerb (z. B. Differenzierung durch offensive, freiwillig-zuvorkommende und transparente Kommunikation in der Lieferkette)

Beispiel: Sicherheitskommunikation

Die Ziele der Lieferkettenkommunikation können zudem an unterschiedlichen Phasen des Entscheidungsprozesses eines vor- bzw. nachgelagerten Akteurs der Lieferkette ansetzen. Bezogen auf einen typischen Entscheidungsprozess eines Käufers kann die an den Kunden gerichtete Lieferkettenkommunikation eines Anbieters

BEISPIEL

Sicherheitskommunikation

Wie Abbildung 4-8 für das Beispiel Sicherheitskommunikation am Produkt (z. B. in Form von Gebrauchsanweisungen oder Produktaufschriften) zur Reduktion produktbedingter Risiken verdeutlicht, kann die Kommunikation in der *Vorkaufphase* darauf abzielen, die Aufnahme sicherheitsbezogener Merkmale des Produktangebotes durch Schaffung von Aufmerksamkeit und Aktivierung zu verbessern. Weitergehend kann die Kommunikation darauf ausgerichtet werden, Denkprozesse beim Käufer auszulösen, um ein Verständnis für die Relevanz des Themas Sicherheit zu schaffen. Über das Verständnis könnte die Kommunikation schließlich darauf abzielen, Präferenzen für Produkte mit einem hohen Anteil eingebauter Produktsicherheit beim Käufer aufzubauen. In der *Kauf- und Nachkaufphase* kann die Kommunikation auf eine Veränderung des Verhaltens des Käufers gerichtet werden, verstärkt Produkte mit einem hohen Anteil eingebauter Produktsicherheit nachzufragen bzw. nach dem Kauf dessen eigene Verwendungssorgfalt durch vermehrte Achtsamkeit und Vorsicht beim Umgang mit dem Produkt zu steigern.

Abb. 4-8: Kommunikationsziele und -wirkungen von Sicherheitskommunikation am Produkt

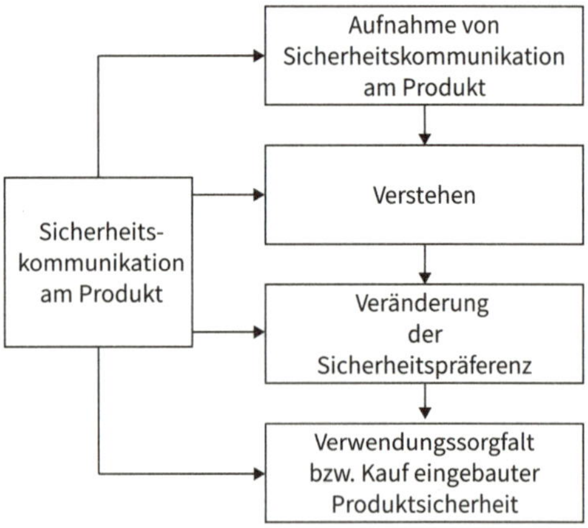

(Quelle: vgl. Klinger 1998, S. 63)

beispielsweise an unterschiedlichen Phasen des Kauf- und Nachkaufprozesses des Käufers ansetzen (vgl. Grunwald/Hempelmann 2017, S. 6 ff.).

Botschaftsinhalte

Geplante vs. ungeplante Botschaft

Die im Rahmen der Lieferkettenkommunikation zur Erreichung der genannten Ziele vom Anbieter verbreiteten Kommunikationsinhalte sind als *geplante Botschaften* zumeist auf dessen Leistungen gerichtet. Beispielsweise geht es darum, den Kunden durch klare Gebrauchsanweisungen anzuleiten, an den vollständigen Nutzen eines Produktes zu gelangen und Produktrisiken abzuwenden. Gleichwohl werden in der Lieferkette auch Botschaften von anderen Akteuren verbreitet, die sich in ihrer Entstehung nicht immer perfekt vom Anbieter voraussehen oder beeinflussen lassen. Sie lassen sich somit als *ungeplante Botschaften* charakterisieren. Im Rahmen der Lieferkettenkommunikation gilt es aber, auch solche ungeplante Kommunikation in das eigene Planungskalkül aufzunehmen, um hierauf frühzeitig reagieren zu können und die eigenen Kommunikationsmaßnahmen unter Berücksichtigung dieser Einflüsse effektiver planen und gestalten zu können. Die Steuerung und Kontrolle solcher ungeplanter Botschaften anderer Akteure, die insbesondere im Wege persönlicher Kommunikation und Social Media verbreitet werden, und das gezielte Auslösen hierauf gerichteter Kommunikation ist Gegenstand des *viralen Marketings*.

Produkt- vs. Servicebotschaft

Die vom Anbieter geplanten Botschaften lassen sich weiter in Produkt- und Servicebotschaften unterteilen. Beispiele für *geplante Produktbotschaften* im Rahmen der Lieferkettenkommunikation sind der Nutzen, das Design, die Anmutung, verwendete Rohstoffe und Produktionsprozesse. *Geplante Servicebotschaften* können sich u. a. beziehen auf die Lieferung, Abrechnung, Beschwerdebearbeitung, Produktdokumentation oder Servicehilfen (vgl. Grönroos 2004). Die Kommunikationsbotschaften können dabei über verschiedene Kommunikationsinstrumente verbreitet werden wie etwa Massenkommunikation (z. B. klassische Mediawerbung), Broschüren, Produktaufschriften, Website oder über persönliche Kommunikation. Mögliche *ungeplante Botschaften* (z. B. Kritik an der Qualität einer Leistung) können als Mund-zu-Mund-Kommunikation (z. B. von direkten oder indirekten Kunden oder Lieferanten), Referenzen, News Stories oder als Gerüchte, z. B. über Chat-Räume im Internet, verbreitet werden.

Ein einmal gewählter Botschaftsinhalt kann vom Anbieter unterschiedlich formuliert werden, z. B. emotional durch Auslösen von positiven oder negativen Gefühlen oder informativ mit vielen sachbezogenen Details.

Formulierung der Botschaft

Die *Formulierung der Kommunikationsbotschaft* ist insbesondere in Abhängigkeit vom Grad des *Involvements* der Empfänger (Rezipienten) der Botschaft zu bestimmen. Unter dem Involvement kann die Ich-Beteiligung bzw. das innere Engagement verstanden werden, mit dem sich ein Empfänger einem Objekt (z. B. einem Produkt), einem Subjekt (z. B. einem Verkäufer) bzw. allgemein einer Kommunikation zuwendet (vgl. Grunwald/Hempelmann 2017, S. 6 f.). Bei hohem (geringem) Involvement erscheint grundsätzlich die informative (emotionale) Formulierung als wirksamer und damit als geeigneter. Neben dem Grad des Involvements sind für die Gestaltung des Inhalts und die Formulierung der Kommunikationsbotschaft im Regelfall auch weitere *Empfängermerkmale* der Kommunikation zu beachten. So sind beispielsweise für die Gestaltung von Sicherheitskommunikation am Produkt die Produktvertrautheit, das Alter, Bildungsniveau, Einkommen, der Familienstand, das Geschlecht und die Anzahl der Kinder im Haushalt zu beachten (vgl. Klinger 1998, S. 63).

Derivative Nachfrage als Herausforderung

Etwaige *Probleme der Lieferkettenkommunikation* ergeben sich zum einen daraus, dass die Lieferketten eines Anbieters, wie beispielsweise im Fall von Mehrkanalvertriebssystemen (Multi-Channel), sehr stark vernetzt sein können, sodass nicht alle relevanten Akteure als potenzielle Rezipienten (Empfänger) oder Sender von Kommunikationsbotschaften auf Anhieb identifiziert werden können. So ist auf B2B-Märkten die Nachfrage nach Produkten typischerweise nicht (nur) originärer Natur, sondern zumeist auch derivativer Art. *Derivative (abgeleitete) Nachfrage* bedeutet, dass die Nachfrage nach Produkten eines betrachteten Anbieters abhängt von der Nachfrage der Kunden seines direkten Geschäftspartners. Bei mehrstufigen Lieferketten hängt also etwa die Nachfrage eines Herstellers chemischer Stoffe, z. B. von Farben, nicht nur ab von dem Verbrauch dieser Stoffe seiner direkten Abneh-

Abb. 4-9

Beispiel zur derivativen Nachfrage – Lieferkette der chemischen Industrie

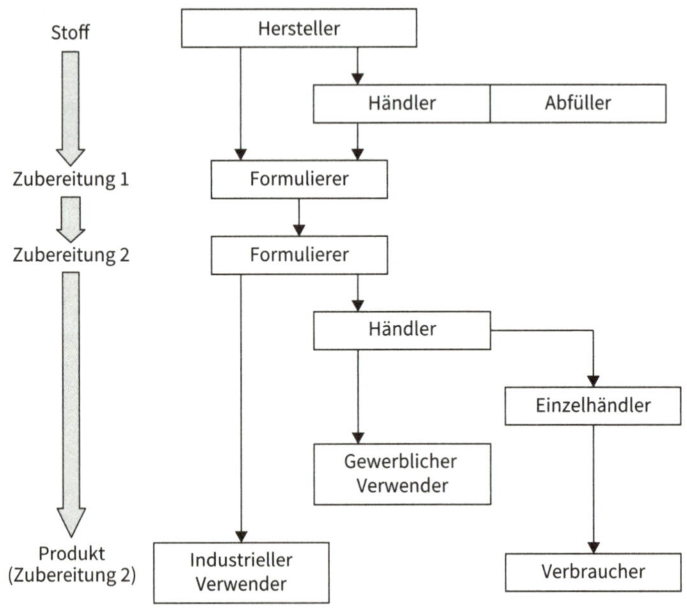

(Quelle: vgl. BAuA 2008, S. 20)

mer, nämlich den sogenannten Formulierern, die diese Stoffe zu Farben und Lacken mischen bzw. zubereiten, sondern ebenfalls von der Nachfrage der gewerblichen (z. B. Malermeister) und privaten Abnehmer dieses Farbenherstellers nach fertig gemischten, veredelten und verpackten Farben und Lacken. Entsprechend komplex gestalten sich die Kommunikationsbeziehungen zwischen diesen Akteuren. Ein Beispiel für die derivative Nachfrage im Kontext der chemischen Industrie kann Abbildung 4-9 entnommen werden.

Aufdeckung und Analyse komplexer Lieferketten

Um aktive Lieferkettenkommunikation betreiben zu können, hat ein Anbieter somit nicht nur die Beziehungen zu seinen direkten Kunden zu analysieren, sondern zusätzlich auch die indirekten Beziehungen zu den nachgelagerten Abnehmern in der Lieferkette bis hin zum Letztverbraucher oder -anwender (vgl. Grunwald/Hempelmann 2012, S. 27). Damit erhöht sich die Komplexität dieser Aufgabe, da viele verschiedene Märkte zu analysieren sind, auf denen der betrachtete Anbieter selbst gar nicht tätig ist. Aufgabe der *B2B-Marktforschung* ist es in diesem Zusammenhang, die Strukturen der Lieferkette transparent zu machen, also indirekte Abnehmer zu identifizieren und beispielsweise im Hinblick auf die Umsatzbedeutung und Risiken zu bewerten. Auf der Grundlage von Informationen über die Anzahl und Art der Anbieter und Nachfrager, einschließlich von Substitutprodukten auf den einzelnen Märkten entlang der Lieferkette, kann das Beziehungsmarketing Ansatzpunkte zur Verbesserung der Wettbewerbsfähigkeit der direkten Kunden des Anbieters durch Analyse von dessen Märkten und Entwicklungsmöglichkeiten ableiten. Eine zentrale Frage besteht in diesem Zusammenhang darin, ob der Anbieter auch direkte Kommunikationsbeziehungen zu seinen indirekten Kunden in der Lieferkette unterhalten kann bzw. sollte.

Mehrstufige Lieferkettenkommunikation

Mit dieser Frage beschäftigt sich das *mehrstufige Marketing,* welches alle Marketingaktivitäten umfasst, die ein Anbieter an die Kunden seiner Kunden (d. h. die indirekten Kunden) richtet. Die Maßnahmen des mehrstufigen Marketings zielen – wie in Abbildung 4-10 dargestellt – darauf ab, die eigenen Leistungen mit Präferenzen im Urteil der indirekten Kunden auszustatten, um so über die Nachfrager der indi-

Abb. 4-10

Mehrstufige Lieferkettenkommunikation

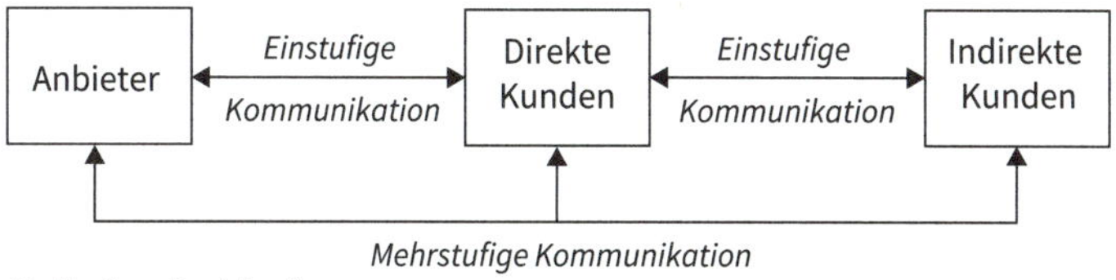

(Quelle: eigene Darstellung)

rekten Kunden eine Nachfrage der direkten Kunden mit hoher Preisbereitschaft und starkem Absatz herbeizuführen, also gleichsam einen *Nachfragesog (Pull-Effekt)* auszulösen (vgl. Grunwald/Hempelmann 2017, S. 311, sowie Grunwald 2009b und Grunwald 2009c). Im Rahmen der mehrstufigen Lieferkettenkommunikation als Ausprägung des mehrstufigen Marketings werden also speziell Kommunikationsbotschaften nicht nur an die direkten Kunden des Anbieters, sondern auch an seine indirekten Kunden gerichtet bzw. werden auch wechselseitige Kommunikationsprozesse mit nachgelagerten Akteuren der Lieferkette vom Anbieter initiiert.

Erfolgsfaktoren mehrstufiger Lieferkettenkommunikation

Ob der Anbieter tatsächlich Kommunikationsmaßnahmen an seine indirekten Kunden richten sollte, hängt v. a. von der *Akzeptanzbereitschaft* seiner direkten und indirekten Kunden ab. Einer empirischen Studie von Homburg und Wilczek zufolge ist die Akzeptanzbereitschaft der *indirekten Kunden* höher, wenn

- sich das Produkt nur wenig von Wettbewerberprodukten abhebt,
- das Produkt eine geringe Markenbekanntheit aufweist und
- das Produkt eine hohe Bedeutung für die indirekten Kunden hat (vgl. Homburg/Wilczek 2014, S. 13).

Die Akzeptanzbereitschaft der *direkten Kunden* wird der Studie zufolge positiv beeinflusst von

- offener Kommunikation mit den direkten Kunden über die Strategie und den Nutzenbeitrag für sie selbst sowie von
- dem Wissen darüber, dass auch die eigenen Kunden der direkten Ansprache positiv gegenüber eingestellt sind.

Die Akzeptanzbereitschaft der direkten Kunden fällt dagegen geringer aus, wenn diese eine größere Marktmacht im Vergleich zum Anbieter aufweisen (vgl. Homburg/Wilczek 2014, S. 14). Etwaige Widerstände können durch eine *offene Kommunikation* oder Kooperation mit den direkten Kunden abgebaut werden (vgl. Homburg/Wilczek 2014, S. 2). Dabei ist eine *Kooperation* zwischen Anbieter und direkten Kunden wahrscheinlicher,

- »wenn diese grundsätzlich stark in der Vermarktung des Anbieterproduktes sind,
- ein hohes Commitment gegenüber dem Anbieter aufweisen und
- wenn deren Erfolg stark von den Produkten des Anbieters abhängt« (Homburg/Wilczek 2014, S. 15).

Anpassung an veränderte Rahmenbedingungen

Neben der Aufdeckung und Analyse komplexer Lieferketten besteht eine zweite praktische Herausforderung in der stetigen Anpassung der Lieferkettenkommunikation an sich verändernde Rahmenbedingungen der Unternehmensumwelt. Solche Anpassungen werden erforderlich, weil sich Rechtsnormen (z. B. im Zuge neu geltender EU-Verordnungen) ändern oder weil sich die Ansprüche von Stakeholdern, wie insbesondere der Nachfrager und der allgemeinen Öffentlichkeit, grundsätzlich wandeln. In diesem Zusammenhang weisen die Ergebnisse einer Studie des Collaborating Centre on Sustainable Consumption and Production (CSCP) auf eine hohe gegenwärtige Bedeutung der Themen Transparenz, Arbeitsbedingungen und

Menschenrechte entlang der Lieferkette und Umweltschutz in der Lieferkette hin. Das Thema *Transparenz* scheint den Befragungsergebnissen zufolge zukünftig noch weiter an Bedeutung zu gewinnen (vgl. Pratt/Wagner/Beckers 2012, S. 13).

Beispiel REACH

Am Beispiel der *EU-Chemikalienverordnung REACH* (*R*egistration, *E*valuation, *A*uthorisation and Restriction of *CH*emicals) werden die mit der Anpassung der Lieferkettenkommunikation an ein verschärftes Chemikalienrecht verbundenen Herausforderungen aus Sicht eines Anbieters skizziert (vgl. zum Folgenden Grunwald/Ostendorf 2013, S. 129 ff.). Die Neuregelungen zielen darauf ab, den Informationsaustausch zwischen Kunden und Lieferanten hinsichtlich der Risiken, die bei der Verwendung von einem Stoff ausgehen können, zu intensivieren. Durch Informationspflichten soll nicht nur der Umgang mit gefährlichen Stoffen am Arbeitsplatz, sondern auch der Verbraucher- und Umweltschutz verbessert werden.

Vor Geltung der REACH-Verordnung bestanden im Chemikalienrecht ausschließlich bindende Informationspflichten der Hersteller und Händler gegenüber ihren Abnehmern, also nachgeschalteten Anwendern und Händlern, im Rahmen der Downstream-Kommunikation. Mit der REACH-Verordnung sind Informationspflichten in beide Richtungen der Lieferkette eingeführt worden. Die Informationsweitergabe beschränkt sich jetzt nicht mehr nur auf die Weitergabe eines sogenannten Sicherheitsdatenblattes, das den beruflichen Verwender von Chemikalien über die Identität des Produktes, etwaig auftretende Gefährdungen, eine sichere Handhabung und Maßnahmen zur Prävention sowie im Gefahrenfall informiert. Neuerdings müssen umfassende Informationen über die sichere Verwendung in der Lieferkette in beide Richtungen weitergegeben werden, also auch von unten nach oben in der Lieferkette im Rahmen der Upstream-Kommunikation. Nach der REACH-Verordnung haben etwa nachgeschaltete Anwender, die im Rahmen ihrer industriellen oder gewerblichen Tätigkeit einen Stoff als solchen oder in einer Zubereitung verwenden, Informationspflichten zu erfüllen, indem sie beispielsweise die Verwendung des chemischen Stoffes mit dem Hersteller oder Importeur absprechen oder für Verwendungen, die dem Hersteller unbekannt bleiben sollen, eine eigene Sicherheitsbeurteilung erstellen. Händler, gekennzeichnet durch die Funktionen der Lagerung und Weiterveräußerung, werden explizit aufgefordert, solche Informationen an den unmittelbar vorgeschalteten Akteur oder Händler der Lieferkette weiterzuleiten.

Problem: asymmetrische Informationsverteilung

Ein Problem vieler Hersteller besteht in diesem Zusammenhang häufig darin, dass ihnen ausführliche Informationen darüber fehlen, in welcher Weise die hergestellte und zu vermarktende Leistung (etwa ein Stoff bzw. ein Gemisch oder das einen Stoff enthaltende Erzeugnis) letztlich verwendet werden. Als Branchenbeispiele hierfür können Hersteller von Textilfarbstoffen und Kunststoffen angeführt werden. Das Informationsproblem mag sich bei einem zur Sicherstellung einer breiten Marktabdeckung vom Hersteller gewählten Mehrkanalvertriebssystem durch die parallele Bedienung verschiedener auch langer Absatzwege mit einer Vielzahl zwischengeschalteter Akteure (Händler, nachgeschaltete Anwender) als Kunden samt Querverflechtungen noch verschärfen. Werden große Handelskonzerne beliefert, so decken diese häufig ein breites Spektrum an Kunden unterschiedlichster Branchen ab, mit der Folge, dass der durch eigene Produkte generierte Umsatz nicht mehr eindeutig speziellen Anwendungsgebieten zugeordnet werden kann.

Über detailliertes Wissen hinsichtlich der vielfältigen Verwendungsmöglichkeiten verfügen anderseits aber die nachgeschalteten Anwender und meist auch die Händler, womit ein *Problem asymmetrischer Informationsverteilung* zulasten des Herstellers resultieren kann, mit dem dieser umzugehen hat. Denn gleichwohl hängen sein Markterfolg und damit sein Absatzrisiko nicht zuletzt auch von der Vielzahl an sicheren Verwendungsmöglichkeiten ab, die er kommunikationspolitisch einerseits als Kaufargumente gegenüber seinen potenziellen Abnehmern und andererseits als Alleinstellungsmerkmale im Wettbewerb formulieren kann. Je mehr sichere Verwendungsmöglichkeiten der Hersteller für sein Produkt finden kann, desto höher ist sein Erfolgspotenzial auf einem gegebenen Markt und desto größere Chancen wird er unter sonst gleichen Bedingungen haben, seinen Marktanteil unter Ausnutzung von Konkurrenzvorteilen zu steigern.

Mögliche Folge: Konflikte und Effizienzverluste

Werden dem Hersteller diese für ihn wichtigen Informationen von nachgelagerten Stufen der Lieferkette vorenthalten, z. B. aus Machtüberlegungen heraus, zur opportunistischen Ausnutzung von Spielräumen etwa im Hinblick auf Preise und Konditionen sowie zur Durchsetzung von Exklusivvertriebsrechten, können Konflikte entstehen. Vor allem bei komplexen Mehrkanalvertriebssystemen mit vielfachen Interdependenzen können sich in diesem Fall Effizienzverluste einstellen, die eine Umorganisation des Systems erforderlich machen.

Das Problem asymmetrischer Informationsverteilung bezogen auf die Upstream-Kommunikation ist dabei keineswegs beschränkt auf die Kommunikation in den Lieferketten unter REACH, welche den Informationsaustausch der Akteure vorgibt. Es findet sich ebenfalls in vertraglichen Vertriebssystemen, etwa Franchisesystemen, in denen die gegenseitige Bindung der Akteure (Franchisegeber als Hersteller bzw. Lieferanten und Franchisenehmer als Abnehmer bzw. Kunden) durchaus enger ausfallen kann.

Anreize zur Informationsweitergabe

Zieht man die *Anreiz-Beitrags-Theorie* (vgl. Kapitel 2.2.1) zur weiteren Analyse der Lieferkettenkommunikation im Kontext von REACH heran, so lässt sich argumentieren, dass zum einen die nachgeschalteten Anwender *Anreize* haben, dem Hersteller ihre beabsichtigte(n) Verwendung(en) mitzuteilen, um den betreffenden Stoff weiter wie bisher verwenden zu können, um relevante Informationen zur Kontrolle möglicher Risiken zu erhalten und letztlich nicht auf andere Substanzen und/oder Lieferanten ausweichen zu müssen. Auch vermiedene Schäden (erwartetes Einsparpotenzial) durch den verbesserten Informationsaustausch über sichere und beherrschbare Verwendungen und daraus abgeleitete vermiedene Wertschöpfungsverluste werden möglicherweise antizipiert und als Anreize wahrgenommen.

Beiträge zur Informationsweitergabe

Beiträge können andererseits entstehen in Verbindung mit dem umfassenden Austausch von Informationen unter den Akteuren sowie durch Implementierungs- und Anpassungskosten von Risikomanagementsystemen. Auch Opportunitätskosten aufgrund entgangener Verwendungsmöglichkeiten stellen potenzielle Beiträge dar. Nach REACH haben nachgeschaltete Anwender auf der anderen Seite auch die Möglichkeit, auf die Angabe ihrer Verwendung zu verzichten und müssen dann gegebenenfalls einen eigenen Stoffsicherheitsbericht erstellen, der zusätzliche Kosten verursacht. Dieser Fall kann eintreten, wenn sie glauben, dass durch die Bekanntmachung bestimmter Verwendungsweisen Wettbewerbsnachteile resultieren. Auch der Hersteller kann Bedenken haben, die Verwendung aufzunehmen, weil er sie als unsicher für Mensch und Umwelt ansieht. In diesem Fall ist es plausibel, dass er von dieser Verwendung im Sicherheitsdatenblatt abrät. In Bezug auf den erstgenannten Punkt besteht die Gefahr besonders bei Mehrkanalvertriebssystemen (mit horizontalen Informationsverflechtungen) darin, dass ein auf derselben Stufe des Absatzkanals befindlicher Konkurrent (nachgeschalteter Anwender) die Verwendungsmöglichkeit für sich als Kunde und für seine Abnehmer erkennt. Der Hersteller wiederum hätte hieran ein wirtschaftliches Interesse, da er auf diese Weise seinen Abnehmerkreis vergrößern, damit sein Absatzrisiko diversifizieren und gegebenenfalls sogar seinen Absatz ausweiten kann.

Die Bereitschaft zur Weitergabe von Informationen über Verwendungsmöglichkeiten wird aus Sicht der Anreiz-Beitrags-Theorie umso größer sein,

- je weniger die Abnehmer (nachgeschalteten Anwender bzw. Händler) hierdurch eine nachhaltige Verschlechterung ihres Anreiz-Beitrags-Saldos befürchten, was u. a. positiv von den Erwartungen an eine mit zunehmender Praxis standardisierte und damit kostengünstigere Form der Kunde-Anbieter-Kommunikation beeinflusst werden wird,
- je weniger Substitute zur Verfügung stehen und
- je bedeutsamer die Stabilität der Lieferkette etwa aufgrund getätigter spezifischer Investitionen eingeschätzt wird (Austrittsbarrieren).

Probleme beim Mehrkanalvertrieb

Beim *Mehrkanalvertrieb* werden die Anreize zur Upstream-Kommunikation entlang der Lieferkette auch abhängen von den horizontalen Beziehungen der Akteure auf jeweils einer Stufe des Absatzkanals. Je schärfer hier der Wettbewerb um die Versorgung mit knappen Ressourcen zu adäquaten Konditionen durch denselben Hersteller ist, desto eher werden vermutlich die Abnehmer entlang einer Lieferkette bereit sein, mit diesem zu kooperieren, d. h. etwa, Informationen über geplante Verwendungen preiszugeben und sich damit im Sinne des Systemerhalts auszurichten. Der noch näher zu bewertende Verlust einer exklusiven Lieferquelle wäre wiederum zu vergleichen mit dem Risiko von Marktanteilsverlusten für den Fall der Diffusion von Informationen über die Verwendungsmöglichkeiten des betreffenden Abnehmers auf derselben Stufe zwischen verschiedenen Absatzkanälen.

Die mit REACH eingeführten Informationspflichten gelten nicht nur für Stoffe oder Gemische, sondern zusätzlich muss über besonders besorgniserregende Stoffe (sogenannte SVHC – *S*ubstances of *V*ery *H*igh *C*oncern) in Erzeugnissen informiert werden. Hierunter fallen beispielsweise krebserzeugende, erbgutverändernde oder fortpflanzungsgefährdende (CMR-Stoffe) beziehungsweise persistente, bioakkumulierbare und toxische Stoffe (PBT-Stoffe). Der Verbraucher erhält durch REACH erstmals ein Auskunftsrecht zu SVHC-Stoffen in Erzeugnissen. Auf der Grundlage der Auskunft kann dieser sodann selbst entscheiden, ob er das Produkt kaufen möchte oder nicht. Aus Sicht eines Anbieters, z. B. eines Händlers von Erzeugnissen, besteht hierbei eine *zweifache Problematik* (vgl. Gottschlich 2011, S. 4):

1. Für den Anbieter stellt sich zum einen die Frage, wie er an Informationen darüber gelangen kann, welche Inhaltsstoffe in welchen Konzentrationen in den von ihm angebotenen Erzeugnissen enthalten sind. Die Problematik verschärft sich

PRAXISBEISPIEL

Anpassung an veränderte gesetzliche Rahmenbedingungen – Lieferkettenkommunikation bei Tchibo

Der Mehrkanalhändler Tchibo beispielsweise hat als Maßnahme zur Lösung des ersten Problems eine intensive Lieferantenkommunikation sowie eine Anpassung der Lieferantenverträge an die REACH-Vorschriften vorgenommen (vgl. Gottschlich 2011, S. 5). In einem Informationsschreiben wurden Lieferanten mit Hintergrundinformationen zum Thema REACH versorgt. Lieferanten bzw. Produzenten haben zudem über eine Negativerklärung zu bestätigen, dass das an Tchibo gelieferte Produkt sowie die Verpackung keine SVHC-Stoffe in der im Gesetz genannten Konzentration von mehr als 0,1 Massenprozent enthalten. Zur Überprüfung der Einhaltung sind Kontrollen durch Laboranalysen vorgesehen. Zur Lösung des zweiten Problems wurde ein Prozess zur Erfüllung der Kundeninformationspflicht entwickelt, bestehend aus

- einem Briefing der Filialmitarbeitenden,
- einem Briefing des Tchibo Customer Service als zentraler Auskunftsstelle,
- Informationen an die Tchibo Depotpartner sowie
- einer Erweiterung der Datenbank um REACH-relevante Kennzahlen (vgl. Gottschlich 2011, S. 14).

Um zu vermeiden, dass Kundenanfragen von verschiedenen Akteuren abweichend auf Basis unterschiedlicher Informationen beantwortet werden, was beträchtliche negative Imageauswirkungen nach sich ziehen kann, ist eine Verhaltensabstimmung der verschiedenen Akteure, Maßnahmen und Kanäle im Mehrkanalvertriebssystem zur Wahrung der Corporate Identity als einheitliches, abgestimmtes Erscheinungsbild im Markt zentral. Diese erfolgt im Beispiel Tchibo durch Rückkopplung mit dem Tchibo Customer Service als zentraler Auskunftsstelle.

dann, wenn sein Sortiment sehr umfangreich ist und die Produkte nicht selbst entwickelt und hergestellt, sondern von verschiedenen Herstellern, auch aus dem Ausland, bezogen werden.

2. Der Anbieter hat zum anderen dafür Sorge zu tragen, dass ein Prozess zur REACH-konformen Kundeninformationspflicht sichergestellt wird. Die Problematik verschärft sich bei einem Mehrkanalvertriebssystem insbesondere dadurch, dass Kunden ihre Anfrage grundsätzlich (parallel) über verschiedene Kanäle des Mehrkanalvertriebssystems (z. B. im stationären Einzelhandel, in Shop-in-Shops, im Versandhandel, per Internet) stellen, die potenziell von verschiedenen Akteuren, auch abweichend voneinander, beantwortet werden. Eine REACH-Kundenanfrage ist außerdem zunächst auch vom Anbieter als eine solche zu identifizieren, was vor allem dann problematisch erscheint, wenn der Kunde diese vage, ohne konkreten Bezug auf die Verordnung formuliert oder auch die Anfrage unspezifisch auf das ganze Sortiment oder große Teile des Sortiments bezieht.

WIEDERHOLUNGSFRAGEN

- Stellen Sie dar, welche Ziele ein Anbieter grundsätzlich mit der Lieferkettenkommunikation verfolgen kann. Unterscheiden Sie bei den von Ihnen genannten Zielen zwischen solchen, die sich auf die Downstream-Kommunikation und solchen, die sich auf die Upstream-Kommunikation des Anbieters beziehen.
- Erläutern Sie, welche geplanten Botschaftsinhalte mit der Lieferkettenkommunikation übermittelt werden können.
- Erläutern Sie am Beispiel der Sicherheitskommunikation am Produkt zwei verschiedene empfängerbezogene Einflussfaktoren, die bei der Gestaltung der

Lieferkettenkommunikation vom Anbieter zu beachten sind. Wozu könnte umgekehrt die Nichtbeachtung dieser Einflussfaktoren führen?

- Neben der Anpassung an Empfängermerkmale sind bei der Gestaltung der Lieferkettenkommunikation auch die Rahmenbedingungen der Unternehmensumwelt zu beachten. Erläutern Sie zwei verschiedene solcher Einflussfaktoren der Unternehmensumwelt auf die Gestaltung der Lieferkettenkommunikation.
- Im Rahmen der Planung der Lieferkettenkommunikation stellt sich die Frage, ob der Anbieter neben der Kommunikation an seine direkten Kunden auch explizit Kommunikationsbotschaften an seine indirekten Kunden senden sollte. Diskutieren Sie die Chancen und Risiken einer solchen mehrstufigen Lieferkettenkommunikation als Ausprägung eines mehrstufigen Marketings aus Sicht des Anbieters.

4.2.2 Beschwerde- und Produktkrisenmanagement

4.2.2.1 Beschwerdemanagement

Aufgrund der unterschiedlichen Interessenlagen von Stakeholdern auf der einen Seite und Unternehmen auf der anderen Seite erscheint das Auftreten von Problemen oder Konflikten wenig überraschend; sie sind quasi inhärenter Bestandteil von Beziehungen allgemein bzw. Geschäftsbeziehungen im Besonderen. Derartige Dissonanzen im Rahmen der Interaktion und Transaktion zwischen Geschäftspartnern führen zu Unzufriedenheiten, die zum einen Gefahren, zum anderen aber auch Chancen implizieren. Gefährlich für Unternehmen wird es dann, wenn diese Unzufriedenheit zu einer Auflösung der Geschäftsbeziehung und letztlich zu einer maßgeblichen Beeinträchtigung des Betriebsergebnisses führt. Hinzu kommt, dass Beziehungspartner ihre Verärgerung kommunizieren (negative Mundwerbung) oder gar in exponentieller Geschwindigkeit über soziale Medien verbreiten (negative virale Kommunikation) und somit einen beträchtlichen Imageschaden auslösen können. Allerdings ergeben sich für Unternehmen auch Chancenpotenziale. Vom Stakeholder geäußerte Probleme oder Unzufriedenheiten liefern dem Unternehmen Informationen über Schwachstellen im Unternehmen, die nunmehr diagnostiziert und eliminiert werden können. Sie ermöglichen dem Unternehmen, die Zufriedenheit der Stakeholder wiederherzustellen und die Beziehung langfristig zu stabilisieren.

In diesem Zusammenhang spielen insbesondere *Beschwerden* eine bedeutende Rolle.

> *Beschwerden* sollen hier in Anlehnung an Gaedke verstanden werden als »jede, direkt oder indirekt gegenüber dem Unternehmen, artikulierte Unzufriedenheitsäußerung eines oder mehrerer *Stakeholder,* die sich auf ein wahrgenommenes Problem mit der angebotenen Leistung, mit dem Verhalten eines Mitarbeiters oder mit dem gesellschaftspolitischen Verhalten des Beschwerdeadressaten bezieht« (Gaedke 2013, S. 11).

Beschwerden vs. Reklamationen

In Abgrenzung zu Beschwerden sind *Reklamationen* nur jene Beschwerdefälle, bei denen ein rechtlich substantiiertes Problem (etwa ein Mangel am Produkt) vorliegt, sodass der Anbieter aufgrund rechtlicher bzw. vertraglicher Verpflichtung einzustehen hat. Bei der Bearbeitung von Beschwerden bzw. Reklamationen ist seitens des Anbieters das generelle Ziel zu verfolgen, über eine Problemlösung eine (Beschwerde-) Zufriedenheit zu erreichen.

Zur Philosophie eines hier zu verstehenden aktiv ausgerichteten Beziehungsmarketings gehört es, *Beschwerden als Chance* zu begreifen, um subjektive Unzufriedenheiten der Stakeholder wahrzunehmen, zu bearbeiten und Vorkehrungen für ihre zukünftige Vermeidung einzuleiten (vgl. auch Hansen/Schoenheit 1986, S. 24). Dazu gehört auch, dass Unternehmen Beschwerden oder Kritik aktiv einfordern.

Aktives vs. passives Beschwerdemanagement

Notwendiger Bestandteil eines Beziehungsmarketings muss demzufolge ein *aktives Beschwerdemanagement* sein, das sich zur Wiederherstellung von Zufriedenheit nicht auf reaktive Maßnahmen beschränkt, sondern offensiv auszurichten ist, indem Unternehmen initiativ tätig werden und Maßnahmen einleiten, die das Entstehen von Unzufriedenheit zu verhindern suchen.

Die zentrale Bedeutung des Beschwerdemanagements für Anbieter von Produkten und Dienstleistungen ist in der Wissenschaft längst erkannt worden. Unzufriedene Stakeholder, und in diesem Zusammenhang insbesondere Kunden, werden im Rahmen eines aktiven Beschwerdemanagements nicht als »notwendiges Übel« degradiert, sondern als profitable Zielgruppe identifiziert (vgl. Stauss/Seidel 2014). In der Unternehmenspraxis dagegen scheinen die im Beschwerdemanagement steckenden Feedback-Potenziale nicht ausreichend genutzt zu werden (vgl. z. B. Niedergesäß/Bartels 2015, S. 70). Vielmehr dominiert eine eher passive Herangehensweise an Beschwerden, indem lediglich auf Kundenbeschwerden reagiert und eine Schadensbekämpfung in Form finanzieller Kompensation praktiziert wird (vgl. Riedel/Gresser 2016, S. 91).

Zur langfristigen Erhaltung von Geschäftsbeziehungen ist jedoch ein systematisches und institutionalisiertes Beschwerdemanagement notwendig, welches sämtliche Maßnahmen der Analyse, Planung, Durchführung und Kontrolle beinhaltet, die ein Unternehmen im Zusammenhang mit Beschwerden von Beziehungspartnern ergreifen kann (vgl. Wimmer 1985, S. 233).

Betrieblicher Nutzen von Beschwerden

Dem Beschwerdemanagement kommt eine Schlüsselrolle im Rahmen der Stabilisierung der Geschäftsbeziehungen zu; dies begründet sich vor allem wie folgt (vgl. hierzu Kornmeier/Schneider 2006, S. 135; Diller/Haas/Ivens 2005, S. 264):

- Beschwerden sind eine gute und nahezu kostenlose Quelle für detailliertere Informationen (im Gegensatz zu formalen und standardisierten Zufriedenheitsabfragen).
- Kunden, die sich beschweren, äußern ihre Unzufriedenheitsgründe und liefern damit wertvolle Informationen (im Gegensatz zu still abwandernden Kunden).
- Kunden, die sich beschweren, sind eher bereit, dem Unternehmen treu zu bleiben (sonst würden sie dies auch nicht tun, sondern gleich abwandern).
- Rund zwei Drittel der Kunden, die sich beschwert haben und deren Beschwerde zu ihrer Zufriedenheit gelöst wurde, bleiben dem Unternehmen treu. Die Wieder-

kaufrate steigt auf 95 % an, wenn die Beschwerdebearbeitung als zügig wahrgenommen wird.

- Kunden, deren Zufriedenheit wieder hergestellt wurde, berichten im Durchschnitt fünf Personen über ihre positiven Erfahrungen.

Das Globalziel des Beschwerdemanagements liegt in der Erhöhung des Gewinns und der Stärkung der Wettbewerbsfähigkeit (vgl. Stauss/Seidel 2014, S. 63) durch die Wiederherstellung der Zufriedenheit der Beziehungspartner. Daraus lassen sich die in Tabelle 4-8 zusammengefassten Teilziele ableiten, die sich im Rahmen unterschiedlicher Beziehungskonstellationen (z. B. Lieferant – Unternehmen, Unternehmen – Handel, Handel – Endverbraucher) ergeben können.

Tab. 4-8

Ziele des Beschwerdemanagements

Globalziel	• Erhöhung des Gewinns und Stärkung der Wettbewerbsfähigkeit durch Wiederherstellung der Zufriedenheit der Beziehungspartner
beziehungsrelevante Teilziele	• Stabilisierung gefährdeter Geschäftsbeziehungen bzw. Vermeidung von Beziehungsauflösungen durch Wiederherstellung von (Beschwerde-) Zufriedenheit • Erzielung von Mehrkäufen durch Erhöhung von Kaufintensität und Kauffrequenz sowie Förderung des Cross-Buying-Verhaltens • Verbesserung der Beziehungsqualität • Förderung eines beziehungsorientierten Unternehmensimages • Schaffung zusätzlicher akquisitorischer Effekte mittels Beeinflussung der Mundkommunikation
qualitätsrelevante Teilziele	• Verbesserung der Qualität von Produkten und Dienstleistungen durch Nutzung der in Beschwerden enthaltenen Informationen • Vermeidung externer Fehlerkosten • Vermeidung interner Fehlerkosten
produktivitäts- und kostenrelevante Teilziele	• effiziente Aufgabenerfüllung • Identifikation von Kostensenkungspotenzialen • Vermeidung von Abwanderungskosten • Vermeidung von Auseinandersetzungskosten • Vermeidung von Rückgewinnungskosten

(Quelle: vgl. Stauss/Seidel 2014, S. 63 ff.; Bruhn 2013, S. 165)

Direkter vs. indirekter Beschwerdemanagementprozess

Die Ziele des Beschwerdemanagements sind erreichbar, wenn die in Abbildung 4-11 im Überblick dargestellten und sich im Rahmen des Beschwerdemanagementprozesses ergebenden Aufgaben erfüllt werden (vgl. zum Folgenden Stauss/Seidel 2014, S. 67 ff.; Bruhn 2013, S. 165 ff.).

Der *direkte Beschwerdemanagementprozess* zeichnet sich durch unmittelbare Kontaktsituationen mit dem Beschwerdeführer aus (»Front-Office«). Im Gegensatz

Abb. 4-11

Beschwerdemanagementprozess im Überblick

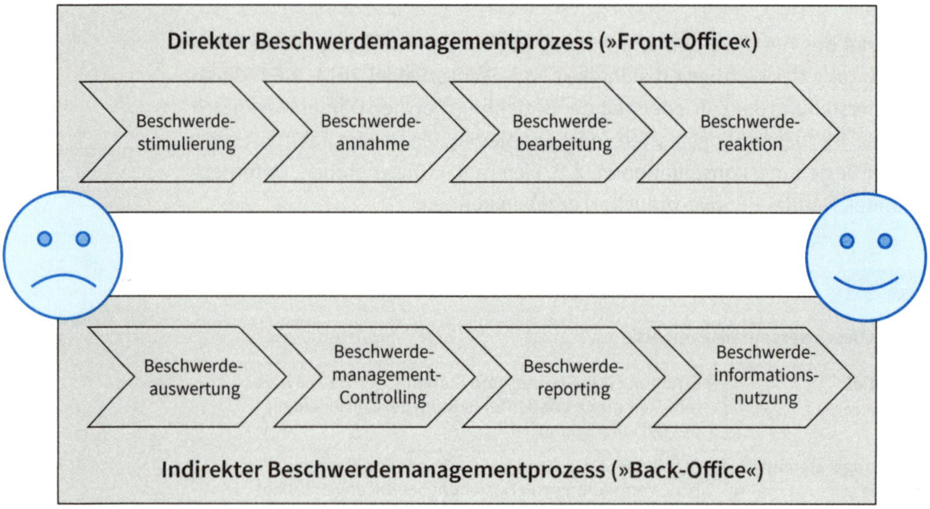

(Quelle: vgl. Stauss/Seidel 2014, S. 67 ff.)

dazu ist er bei der Aufgabenerfüllung im Rahmen des indirekten Beschwerdemanagementprozesses nicht unmittelbar beteiligt (»Back-Office«). Die Aufgaben des direkten Beschwerdemanagementprozesses konzentrieren sich auf die Beschwerdestimulierung, die Beschwerdeannahme, die Beschwerdebearbeitung und die Beschwerdereaktion.

Beschwerdestimulierung

Die *Beschwerdestimulierung* verfolgt das Ziel, Beziehungspartner zur Artikulation ihrer Unzufriedenheit zu motivieren und in eine beziehungsorientierte Beschwerdeinteraktion zu treten. Die Notwendigkeit einer aktiven Aufforderung zur Beschwerdeartikulation ergibt sich aus der Erkenntnis, dass sich oftmals nur ein geringer Anteil unzufriedener Kunden beim Anbieter eines Produktes oder einer Dienstleistung beschwert; die Mehrheit wandert eher ab oder übt – wenn möglich – Konsumverzicht. Nicht artikulierte Beschwerden machen also die Spitze des sogenannten »Unzufriedenheits-Eisbergs« aus (vgl. Heskett/Sasser/Schlesinger 1997, S. 179). Gemäß einer branchenübergreifenden Studie in den USA sind es 50 bis 80 % von Unzufriedenen, die passiv bleiben und auf eine Beschwerde verzichten (vgl. Goodman/O'Brien/Segal 2000). Nationale Zufriedenheitsstudien für Deutschland (siehe Kundenmonitor Deutschland 2014) belegen außerordentlich hohe branchenbezogene Schwankungen. So liegt beispielsweise der Anteil nicht artikulierter Beschwerden bei sozialen Netzwerken (96 % enttäuschte Kunden ohne Beschwerde) und Fondsgesellschaften (89 % enttäuschte Kunden ohne Beschwerde) am höchsten. Geringere Anteile finden sich dagegen bei Mobilfunkanbietern (59 % enttäuschte Kunden ohne Beschwerde) oder Autowerkstätten (46 % enttäuschte Kunden ohne Beschwerde).

Bei Vorliegen nicht artikulierter Beschwerden haben Unternehmen insofern kaum eine Chance, die Ursachen der Unzufriedenheit zu identifizieren oder geeignete Maßnahmen zur Wiederherstellung von Zufriedenheit einzuleiten. Insofern muss das Ziel von Unternehmen darin bestehen, die Beschwerdequote (Anteil der Kunden, die sich beim Unternehmen beschweren, bezogen auf den gesamten Kundenstamm) zu maximieren, indem Maßnahmen umgesetzt werden, die der Kanalisierung der Unzufriedenheit in unternehmensbezogene Beschwerden dienen (vgl. Hansen 1990, S. 458).

PRAXISTIPP

Beschwerdestimulierung

- aktiver Hinweis der Mitarbeitenden auf die Möglichkeit zur Beschwerde
- Einrichtung verschiedener Beschwerdekanäle (z. B. Website des Unternehmens, spezielle Beschwerdehotline, ›Comment Card‹, Beschwerde-App, web- oder tabletbasierte Feedbacksysteme) und Bekanntmachung dieser Möglichkeiten auf unternehmensspezifischen Medien wie Rechnungsformularen, Gebrauchsanweisungen o. Ä.)
- Aufforderung an den Stakeholder: »Wenn Sie zufrieden sind, erzählen Sie es weiter, wenn Sie unzufrieden sind, erzählen Sie es uns!«

Beschwerdekanäle

Den Unternehmen steht hierzu eine Vielzahl an Kommunikationskanälen zur Verfügung. Zum einen eignet sich der *persönliche Beschwerdeweg,* wenn die Kommunikationspartner im Face-to-Face-Kontakt stehen (z. B. im Rahmen des Dienstleistungserstellungsprozesses). Diese Vor-Ort-Beschwerde setzt jedoch vor allem aufseiten des Beschwerdeführers eine Kommunikationsbereitschaft voraus, seine Unzufriedenheit auch offen zu äußern. Das Kundenkontaktpersonal kann mögliche Kommunikationsbarrieren verhindern, indem es auf diese persönliche Beschwerdemöglichkeit oder auch auf andere Kommunikationskanäle explizit hinweist. Die Aufforderung »Wenn Sie zufrieden sind, erzählen Sie es weiter; wenn Sie unzufrieden sind, erzählen Sie es uns!« kann persönlich kommuniziert oder medial breit gestreut werden.

Weitere Beschwerdemöglichkeiten ergeben sich zum anderen durch die Nutzung medialer Beschwerdewege. Folgende wesentliche Formen können hier zusammengefasst werden:

- aktive *schriftliche Beschwerden* (z. B. Beschwerdebriefe, Beschwerden per E-Mails) oder passive schriftliche Beschwerden (z. B. Feedbackbögen oder ›Comment Cards‹)

- *telefonische Beschwerden* (z. B. durch Einrichtung einer Beschwerde-Hotline)
- *Online-Beschwerden* (z. B. durch Zurverfügungstellung von Beschwerdeformularen auf der Website des Unternehmens, einer Beschwerde-App oder eines Beschwerde-Blogs)

An stark oder häufig frequentierten Orten (z. B. Bahnhöfe, Flughäfen, Hotels, Einzelhandel) setzen sich zunehmend tabletbasierte Feedbacksysteme *(Feedback-Terminals)* durch. Sie eignen sich insbesondere durch die Möglichkeit eines direkten Feedbacks im Moment der konkreten Vor-Ort-Erfahrung. Durch die Einbindung verschiedener Sprachen und Schriftzeichen und durch die Nutzung verschiedener Fragetypen lassen sich derartige Systeme flexibel an die individuellen Anforderungen der Unternehmen anpassen.

Abb. 4-12

Feedback-Terminal

(Quelle: Honestly 2017)

Grundsätzlich scheinen im Zuge der verbreiteten Nutzung moderner Kommunikationstechnologien *webbasierte Live-Feedbacksysteme* an Attraktivität zu gewinnen. Sie bieten Unternehmen die Möglichkeit, Kunden aktiv einzubinden und durch Echtzeit-Reportings einen unmittelbaren Eindruck von der momentanen Zufriedenheit oder Unzufriedenheit zu erhalten. Probleme können auf diese Weise schnell identifiziert und Maßnahmen unverzüglich eingeleitet werden.

Aufgrund der vielfältigen und zum Teil leicht umzusetzenden Kommunikationsalternativen bietet es sich an, eine Kombination von traditionellen Offline- und moderneren Online-Beschwerdekanälen zu institutionalisieren. Ein derartiges Multichanneling ist in der Lage, Kommunikationsbarrieren zu reduzieren und Unzufriedenheitsartikulationen zu erleichtern, da auf individuell präferierte Kommunikationskanäle zurückgegriffen werden kann.

Beschwerdeannahme

In der Phase der *Beschwerdeannahme* liegen die Aufgaben in der Organisation des Beschwerdeeingangs und in der Erfassung der Beschwerdeinformationen.

Complaint Ownership: klare Verantwortungsstrukturen

In organisatorischer Hinsicht sind zunächst klare Verantwortungsstrukturen zu definieren. Hierbei kann der Ansatz des ›Complaint Ownership‹ praktiziert werden: Mitarbeitende, die die Beschwerde entgegennehmen, sind für diese Beschwerde verantwortlich und insofern ›Eigentümer dieser Beschwerde‹. Sie sind dann für die Falllösung verantwortlich, auch wenn sie das Problem zur Weiterbearbeitung delegieren müssen. Für den gesamten Prozess der Beschwerde – von der Annahme bis zur vollständigen Problemlösung – fungiert der jeweilige Mitarbeiter oder die Mitarbeiterin als Ansprechpartner für den Beschwerdeführer. Dieser Ansatz ist vor allem dann zu verfolgen, wenn Unternehmen keine spezielle organisatorische Einheit (z. B. Beschwerdeabteilung, Kundenservice) als Anlaufstelle für Beschwerden institutionalisiert haben.

Wichtig: Sozialkompetenz

Bei der Beschwerdeannahme ist vor allem die Sozialkompetenz der Mitarbeitenden gefragt, da es sich bei Beschwerden um hochemotionale Prozesse der Konfliktbewältigung bzw. um eine Beziehungskrise handelt. Killerphrasen wie »Da kann ich auch nichts machen« oder »Dafür bin ich nicht zuständig« oder gar »Sind Sie sicher, dass Sie das Produkt bei uns gekauft haben?« sind zu vermeiden, wenn das Bestreben darin besteht, die Beziehung aufrechtzuerhalten. Vielmehr muss auf die »Problemgeschichte« des Kunden sensibel eingegangen, dem Kunden gegenüber Verständnis und Problemlösungswille gezeigt werden (vgl. Schwill 2009, S. 99).

Hilfreich: geeignetes Kategorisierungssystem

Im Rahmen der Beschwerdeerfassung geht es um vollständige, schnelle und strukturierte Aufnahme der in den Beschwerden enthaltenen relevanten Informationen. Hilfreich ist hierbei ein geeignetes Kategorisierungssystem, das vor allem Informationen zusammenfasst über den Beschwerdeführer (z. B. Angaben zur Person, Erreichbarkeit, Verärgerungsgrad und Verhaltenskonsequenzen), über das Beschwerdeproblem (z. B. genaue Umstände des Beschwerdefalls, Problemursache, Erst- oder Folgebeschwerde) und über das Beschwerdeobjekt (Produkt und/oder Dienstleistung, Verhalten von Mitarbeitenden, Verhalten des Unternehmens im gesellschaftlichen Kontext). Das kann beispielsweise mit einer speziell dafür geschaffenen Software-Lösung erfolgen, die es auch ermöglicht, dass andere Abteilungen oder Funktionsbereiche des Unternehmens von den Beschwerdeinformationen Kenntnis erhalten.

Beschwerdebearbeitung

Die Aufgabe der *Beschwerdebearbeitung* beinhaltet die systematische Gestaltung der Beschwerdeabwicklung. Die hier notwendigen internen Prozesse sind klar zu regeln und intern zu kommunizieren, damit die am Beschwerdeprozess Beteiligten die einzelnen Bearbeitungsschritte kennen und schnell umsetzen können. Eine zeitnahe Bearbeitung und der Versuch, eine vollständige und faire Problemlösung zu erzielen, sollten dabei oberste Priorität haben.

PRAXISTIPP

Beschwerdebearbeitung

- Schnelligkeit der Beschwerdebearbeitung
- Einhaltung von Zusagen
- termingerechte Bearbeitung
- individuelle Behandlung des Falles
- vollständige und faire Problemlösung

Beschwerdereaktion

Im Rahmen der *Beschwerdereaktion* geht es im Wesentlichen um Maßnahmen, die zur Erzielung einer Beschwerdezufriedenheit umgesetzt werden können. Grundsätzlich sind finanzielle (z.B. Preisnachlass oder Schadensersatz), materielle (z.B. Reparatur, Umtausch) oder immaterielle (z.B. offizielles Entschuldigungsschreiben, Ankündigung von Maßnahmen zur Verhinderung derartiger Beschwerdefälle) Reaktionen möglich.

Standardisierte vs. individuelle Reaktion

Als Prinzipien zur Falllösung bieten sich standardisierte und individuelle Reaktionen an (vgl. Riemer 1986, S. 275 f.; Hansen 1990, S. 461 f.). *Standardisierte Reaktionsmuster* empfehlen sich sowohl für als Bagatellfälle einzustufende Beschwerden als auch für unkomplizierte und ohne großen Aufwand zu regulierende Beschwerden. *Individuelle Reaktionen* erfordern eine einzelfallspezifische Problemlösung. In diesem Fall kann durchaus in Erwägung gezogen werden, den Beschwerdeführer in die Entscheidungsfindung mit einzubeziehen. So kann er beispielsweise mit der Frage konfrontiert werden, welche Kompensationsmöglichkeit er erwartet, um eine faire und zufriedenstellende Problemlösung insbesondere aus Sicht des Beschwerdeführers zu erfahren. Auf diese Weise kann das Unternehmen nicht nur eine auf individuelle Wünsche eingehende Wiedergutmachung, sondern auch eine besondere Wertschätzung dem Kunden gegenüber signalisieren. Diese Maßnahme empfiehlt sich jedoch aufgrund möglicher hoher Regulierungskosten eher bei Beschwerdeführern, die zu einem Segment besonders wichtiger Stakeholder gehören.

In diesem Zusammenhang ist es förderlich, wenn den mit Beschwerden befassten Mitarbeitenden flexible Entscheidungs- und Handlungsspielräume eingeräumt werden, um eine situativ adäquate und beschwerdeführerspezifische Falllösung zu begünstigen. Ein diesbezügliches Empowerment der Mitarbeitenden ist erforderlich, um sie dahingehend zu befähigen, die Möglichkeiten individueller Problemlösungen unter Berücksichtigung des betriebswirtschaftlich Sinnvollen kritisch abwägen zu können.

Die Aufgaben des *indirekten Beschwerdemanagementprozesses* liegen in der Beschwerdeauswertung, dem Beschwerdemanagement-Controlling, dem Beschwerdereporting und der Beschwerdeinformationsnutzung.

Beschwerdeauswertung

Die *Beschwerdeauswertung* kann quantitativ und qualitativ erfolgen. Im Rahmen der quantitativen Beschwerdeauswertung ist vor allem das Beschwerdevolumen zu überwachen. Differenziert werden kann hierbei nach Kriterien wie z. B. Beschwerdezeitpunkt, Beschwerdethemen, Kundengruppen oder Kaufphasen. Die qualitative Beschwerdeanalyse konzentriert sich auf die Analyse der Beschwerdeursachen. Auf dieser Basis lassen sich gezielt Verbesserungsmaßnahmen entwickeln.

Beschwerdemanagement-Controlling

Die Aufgaben des Beschwerdemanagement-Controllings umfassen die Teilbereiche Evidenz-Controlling, Aufgaben-Controlling und Kosten-Nutzen-Controlling:

- Beim *Evidenz-Controlling* wird versucht, Größe und Struktur des Unzufriedenheits-Eisbergs transparent zu machen. Auch besteht die Aufgabe darin, den Anteil der nicht artikulierten Beschwerden sichtbar zu machen.
- Das *Aufgaben-Controlling* überwacht die im Rahmen der Aufgabenerfüllung formulierten Qualitäts- und Produktivitätsstandards (z. B. zeitliche Vorgaben für die Schnelligkeit einzelner Arbeitspakete; Vorgabe von Zufriedenheitswerten als Standard und Überprüfung durch eine Beschwerdezufriedenheitsbefragung).
- Das *Kosten-Nutzen-Controlling* überwacht die Effizienz aller Aktivitäten im gesamten Beschwerdemanagementprozess und überprüft insgesamt die Wirtschaftlichkeit und Rentabilität der beschwerderelevanten Aktivitäten.

Beschwerdereporting

Das *Beschwerdereporting* erfordert eine umfangreiche Dokumentation des Beschwerdemanagements. Sämtliche beschwerderelevanten Informationen sind hier zusammenzutragen – vom Grund der Beschwerde über die Maßnahmen zur Problemlösung bis hin zur Beschwerdeauswertung – und für weitere Zwecke (z. B. für das Management, für die Forschungs- und Entwicklungsabteilung, die Qualitätssicherung oder für den Vertrieb) bereitzustellen.

Beschwerdeinformationsnutzung

Die *Beschwerdeinformationsnutzung* hat schließlich sicherzustellen, dass die erfassten Beschwerdeinformationen auch tatsächlich einbezogen werden, beispielsweise im Rahmen des Qualitätsmanagements (z. B. zur Vermeidung von Produktfehlern), des Ideenmanagements (z. B. Nutzung von Beschwerden als Impulse für Produkt- und Leistungsinnovationen) oder des Kundenwissensmanagements (z. B. Analyse der Beschwerdedaten verschafft neue Erkenntnisse über den Kunden). Beschwerdeinformationen eignen sich nicht zuletzt auch als wichtige Signale für Risiken. Insofern sind diese Informationen auch relevant im Rahmen eines im Folgenden zu betrachtenden Produktkrisenmanagements.

4.2.2.2 Produktkrisenmanagement

Beschwerdefälle, vor allem wenn sie massenhaft auftreten und an Dritte kommuniziert werden, können sich für einen Anbieter zu einer Produktkrise ausweiten.

> Unter einer *Produktkrise* lässt sich näher eine vom Anbieter nicht gewollte, außergewöhnliche Unternehmenssituation mit ambivalentem Ausgang verstehen, die das Produkt/die Produkte des Anbieters zum Gegenstand hat und die aufgrund ihrer nachteiligen Auswirkungen in Verbindung mit einer Vielzahl bereits bzw. möglicherweise betroffener Produkte eine unmittelbare Entscheidung über Gegenmaßnahmen erfordert (vgl. Grunwald 2008a, S. 2; Krystek 1987, S. 6).

Im Unterschied zu Beschwerdefällen, die eine unmittelbare Kunde-Anbieter-Beziehung betreffen, zeichnen sich Produktkrisensituationen dadurch aus, dass auch nicht unmittelbar Betroffene (z. B. potenzielle Käufer, die allgemeine Öffentlichkeit) von einem vermeintlichen Qualitätsproblem des Anbieters erfahren. Dem Anbieter wird eine (Mit-) Verantwortlichkeit für die Existenz eines Produktproblems öffentlich vorgeworfen, gleichwohl bildet die tatsächliche Verantwortlichkeit des Anbieters eine noch offene, ungeklärte Frage (vgl. Grunwald 2008a, S. 15).

Rückrufsituation als spezielle Form von Produktkrise

Eine spezielle Form von Produktkrise bilden *Rückrufsituationen,* bei denen aufgrund eines aufgetretenen Mangels bzw. Mangelschadens an dem betreffenden Produkt und vermeintlicher Mangelfolgeschäden (Schäden an anderen Rechtsgütern) ein öffentlich geäußerter Verdacht besteht, dass vom Anbieter ausgelieferte Produkte mit besonderen physischen Risiken behaftet sind. Am Beispiel Automobil verdeutlicht, handelt es sich beim Einbau fehlerhafter, sich ablösender Bremsbeläge um einen *Mangel,* der gegebenenfalls zu einem *Mangelschaden* an dem Auto führen kann, wie etwa einer verminderten Gebrauchstauglichkeit und einem damit verbundenen Wertverlust sowie einem erforderlichen Reparaturaufwand. *Mangelfolgeschäden* beruhen dagegen nicht unmittelbar, sondern nur mittelbar auf einem Mangel am Produkt und entstehen auch nicht am Produkt selbst. Kommt es beispielsweise infolge eines plötzlichen Bremsmanövers mit unzureichender Bremskraft zu einem Unfall, bei dem der Fahrer und gegebenenfalls auch weitere Personen in Mitleidenschaft gezogen werden, so liegen hierin mögliche Mangelfolgeschäden. Bei Rückrufsituationen tritt also die Möglichkeit von Schäden im Produktumfeld, insbesondere auch von Personenschäden, nicht nur bei Benutzern (Käufern), sondern auch bei Dritten, mit dem Produkt in Kontakt kommenden Personen, deutlich hervor, sodass ein Produktrückruf im Raume steht (vgl. Standop/Grunwald 2009a, S. 229).

Negative Publizität als Auslöser von Produktkrisen

Typischerweise stammen die negativen produktbezogenen und öffentlich gemachten Informationen aus nicht-kommerziellen Quellen, weshalb sie oftmals als besonders glaubwürdig eingestuft werden und sich rasant im Markt verbreiten. Beispiele für solch *negative Publizität* sind

- negative Mund-zu-Mund-Kommunikation und Rezensionen unzufriedener Kunden (z. B. im Internet),
- die Veröffentlichung negativer Testergebnisse bei vergleichenden Warentests,
- eine negative Medienberichterstattung (z. B. über unzureichende Produktqualität oder ein schlechtes Preis-Leistungs-Verhältnis) sowie
- Warnmeldungen öffentlicher Institutionen (z. B. durch das Europäische Schnellwarnsystem für gefährliche Verbraucherprodukte – *Rap*id *Ex*change of Information System, kurz: RAPEX).

Da solch negative Publizität von ihren Rezipienten (von Käufern wie Nicht-Käufern) häufig als negatives Qualitätssignal interpretiert wird, kann es in der Folge zu einem verminderten Vertrauen in die Qualität der Produkte des betroffenen Unterneh-

Abb. 4-13

Entstehung von Produktkrisen im Überblick

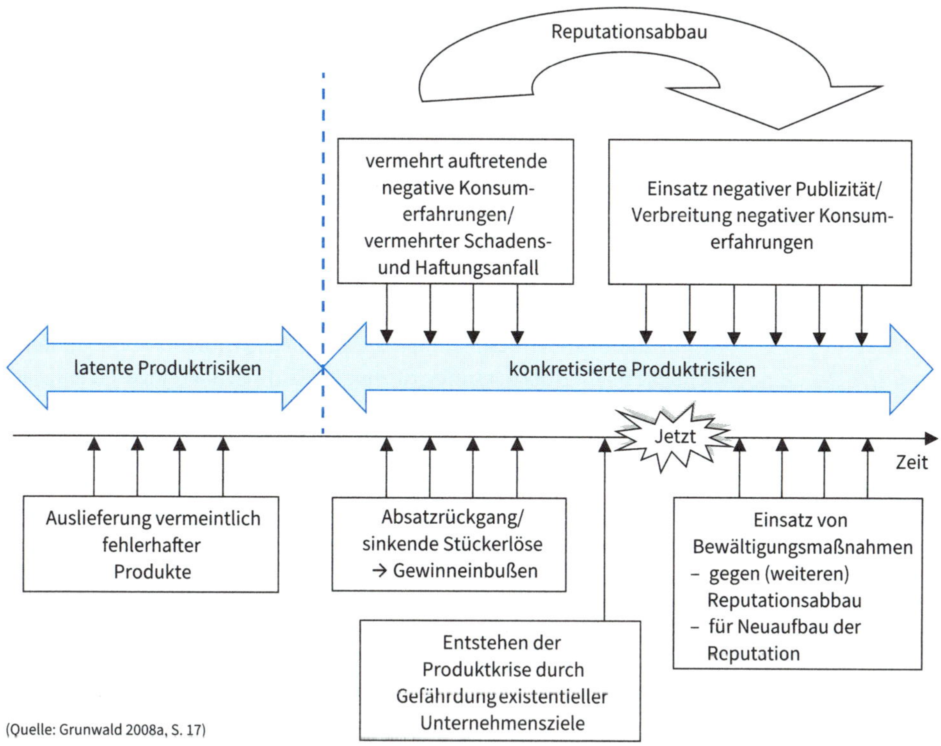

(Quelle: Grunwald 2008a, S. 17)

mens kommen, welches in der Konsequenz Marktanteile verliert, in Verruf oder gar in den Bankrott gerät (vgl. Standop 2006, S. 96; Mizerski 1982). Abbildung 4-13 veranschaulicht die Entstehung von Produktkrisen im Zeitablauf, beginnend mit der Auslieferung vermeintlich schlechter Produktqualität und der Existenz latenter Produktrisiken. Als *latente Produktrisiken* werden in Abbildung 4-13 in Abgrenzung zu konkretisierten Risiken solche bezeichnet, die sich (noch) nicht durch entsprechende negative Konsumerfahrungen von einem Produktproblem Betroffener konkretisiert haben. Sie sind Ausdruck allgemeiner, relativ diffuser, von dem Produkt ausgehender Gefährdungen der Konsumenten.

Durch ein vermehrtes Auftreten negativer Konsumerfahrungen werden im Zeitablauf aus latenten Produktrisiken konkretisierte Risiken, die sich an einem vermehrten Schadens- und Haftungsanfall des Anbieters erkennen lassen. Ein Nicht-Einlenken des von solchen Situationen betroffenen Unternehmens wird häufig unweigerlich weitere negative Publizität nach sich ziehen und damit zur Ausbreitung der Krise führen, was die Erreichung existenzieller Unternehmensziele und damit letztendlich den Fortbestand des Unternehmens gefährdet.

Drei Gruppen von Maßnahmen zur Produktkrisenbewältigung

Um einen (weiteren) Reputationsabbau zu vermeiden bzw. einen Neuaufbau der Reputation einzuleiten, kann ein Anbieter Maßnahmen zur *Krisenbewältigung* einsetzen, die planvoll aufeinander abgestimmt in ihrer Gesamtheit das Krisenmanagement des Anbieters ausmachen. Die Möglichkeiten von Unternehmen, in einer Produktkrise zu reagieren, ähneln denen des Beschwerdemanagements und lassen sich im Wesentlichen drei Gruppen zuordnen:

1. *Organisatorisch-infrastrukturelle Bewältigungsmaßnahmen* schaffen die personellen und technischen Voraussetzungen für eine Krisenbewältigung: Wie wird beispielsweise der Rücklauf fehlerhafter Produkte von den Kunden an den Hersteller organisiert? Erfolgen Rücksendungen direkt an den Hersteller oder werden Händler oder andere Mittler eingeschaltet? Welche Meldewege (etwa Beschwerde-Hotlines) stehen zur Verfügung? Alles in allem dürfte den diesem Bereich zuzuordnenden Maßnahmen vor allem krisensituationsübergreifend eine wichtige Funktion bei der Unterstützung der im Krisenfall eingesetzten, nachfolgend skizzierten, kompensatorischen und kommunikativen Bewältigungsmaßnahmen zukommen. Damit erfüllen sie eine eher krisenpräventive Funktion.
2. *Kompensatorische Bewältigungsmaßnahmen* sind primär auf die Leistung oder Ankündigung eines materiellen Ausgleichs bzw. einer Gegenleistung im Sinne einer Entschädigung für ein vermeintliches Produktproblem ausgerichtet. So könnte ein Anbieter im Rahmen einer Rückrufaktion betroffenen Kunden ein von einem Qualitätsproblem betroffenes Bauteil ersetzen und gegen ein gleichwertiges intaktes oder sogar höherwertiges austauschen oder eine Geldzahlung anbieten.
3. *Kommunikative Bewältigungsmaßnahmen* zielen darauf ab, im Wege einer Übermittlung krisenbezogener Informationen, nämlich einer nach Inhalt und Form passenden Kommentierung der in der Öffentlichkeit thematisierten Produktprobleme, die Reaktionen der Rezipienten zu verbessern. In Rückrufsituationen kann diese Kommunikation zum einen direkt in Verbindung mit der Aufforderung zur Rückgabe des vermeintlich fehlerhaften Produktes erfolgen und zum anderen separat.

Krisenkommunikation

Der *Krisenkommunikation* kommt bei der Krisenbewältigung eine besonders hohe Bedeutung zu, weil der Anbieter häufig sehr frühzeitig im Krisenverlauf bereits auf erste Verdachtsmomente reagieren muss, um eine Ausbreitung der Krise zu vermeiden. Zudem sind nicht nur Reaktionen gegenüber den unmittelbar betroffenen Kunden zu zeigen, sondern auch gegenüber anderen Stakeholder-Gruppen (z. B. Medien, Verbraucherverbänden, der allgemeinen Öffentlichkeit), wofür sich das Instrumentarium der Krisenkommunikation als besonders flexibel anbietet. Die Krisenkommunikation wird daher im Folgenden vertiefend behandelt.

Bei der Gestaltung der Krisenkommunikation sind sowohl die Kommunikationsinhalte als auch die Form oder Formulierung dieser Inhalte vom Unternehmen festzulegen. Kommunikationsinhalte stellen auf die vom Anbieter gewählte Botschaft als dem Gegenstand seiner Kommunikation ab. Es geht um die Frage, was kommuniziert werden soll. Beispiele hierfür bilden eine vom Anbieter gegebene Erklärung für das Zustandekommen eines vermeintlichen, öffentlich thematisierten Produktproblems, die Bekundung von Anteilnahme sowie die Leugnung der Existenz eines Problems.

Formulierung der Krisenkommunikation

Die Formulierung bezieht sich auf die Art und Weise der Argumentation, mit der ein einmal gewählter Kommunikationsinhalt Rezipienten nahe gebracht werden soll. Es geht um die Frage, wie die Botschaft ›verbal eingekleidet‹ werden soll. Abbildung 4-14 stellt die verschiedenen Möglichkeiten der Formulierung von Kommunikationsinhalten im Überblick dar.

Abb. 4-14

Möglichkeiten der Formulierung von Kommunikationsinhalten

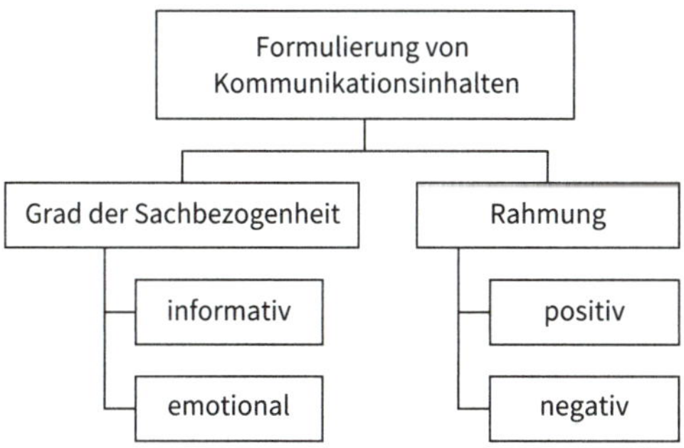

(Quelle: Standop/Grunwald 2009a, S. 233)

Informative vs. emotionale Formulierung

Nach dem Grad der Sachbezogenheit lässt sich hier zwischen informativer und emotionaler Formulierung unterscheiden (vgl. Standop 1993, S. 954 ff.). Bei *informativer Formulierung* läuft die Argumentation primär auf der kognitiven Schiene ab. Sie lässt sich in der Tendenz als rational, nüchtern-sachlich, an Fakten orientiert, durch Wahl von Expertensprache kennzeichnen. Beispiele bilden die Vermittlung technischer Angaben zu einzelnen Produkteigenschaften oder zur Funktionsweise des Produktes. Die *emotionale Formulierung* benutzt emotionale Reize und zielt auf die Vermittlung von Erlebnissen. Sie lässt sich in der Tendenz als mitfühlend/empathisch, wenig an Fakten orientiert, durch Wahl von Empfängersprache charakterisieren. Als Beispiel kann die öffentlich bekundete tiefe Betroffenheit und Rührung von Unternehmenslenkern als unmittelbare Reaktion auf bekannt gewordene Schadensfälle angeführt werden.

Positive vs. negative Rahmung

Je nach den durch die Krisenkommunikation vermittelten angenehmen oder unangenehmen Assoziationen lässt sich von positiver und negativer Rahmung sprechen. So mag ein Anbieter im Falle *positiver Rahmung* durch geeignete Wortwahl dazu beitragen, dass das in der öffentlichen Medienberichterstattung angeprangerte Problem eher als Chance zum Neubeginn denn als Last gewertet wird. Es wird alles das vermieden, was die Bewertung des Vorfalls als schmerzhaft, unglücklich oder als Schadensfall begünstigt. Bei *negativer Rahmung* kann ein Anbieter noch schlimmere Ereignisse in der Vergangenheit als Referenzpunkt anführen, durch die das aktuell kritisierte Problem relativiert werden soll.

Inhalte der Krisenkommunikation

Hinsichtlich der Wahl des Kommunikationsinhaltes hat ein Anbieter grundsätzlich folgende Möglichkeiten: Zum einen kann er die Verantwortlichkeit für die Existenz der in einer Krisensituation thematisierten Produktprobleme bekunden (einräumen) oder aber auch nicht einräumen bzw. bestreiten; zum anderen kann er die Problemexistenz in seiner Stellungnahme anerkennen oder aber eine solche negieren. Durch Kreuzung dieser beiden Dimensionen, des Grades an Einräumung von Verantwortlichkeit für das thematisierte Produktproblem einerseits und des Grades an Anerkennung der Problemexistenz andererseits, in jeweils zwei Ausprägungsgraden, resultieren vier Gruppen unterschiedlicher Inhalte von Maßnahmen der Krisenkommunikation zur Bewältigung von Produktkrisen (siehe Tabelle 4-9).

Eingeständnis und Leugnung als eindeutige Kommunikationsinhalte

- Bei einer *Eingeständnis*-Strategie (concession) räumt der Anbieter öffentlich (explizit oder implizit) ein, in der Vergangenheit Fehler gemacht zu haben, die zu den in der Berichterstattung angeprangerten Produktproblemen geführt haben, deren Existenz er zugleich anerkennt. Alternativ könnte der Anbieter gestehen, Maßnahmen unterlassen oder verzögert eingesetzt zu haben, die ein Aufkommen der als existent erachteten Probleme hätten verhindern können (vgl. Bradford/Garrett 1995, S. 878 und 890). Ein konkretes Beispiel für eine Eingeständnis-Strategie bildet eine vom Anbieter öffentlich ausgesprochene Entschuldigung für ein thematisiertes Produktproblem. Ein anderer, wie die Entschuldigung, implizit auf die Einräumung von Verantwortlichkeit für ein thematisiertes Produktproblem ausgerichteter Kommunikationsinhalt besteht darin, zukunftsgerichtet Verantwortung für das öffentlich thematisierte Produktproblem zu bekunden. Ein Beispiel könnte lauten: »Als kundenorientiertes Unternehmen übernehmen wir für

Tab. 4-9

Mögliche Inhalte einer Krisenkommunikation

Anerkennung der Problemexistenz / Einräumung von Verantwortlichkeit	ja	nein
ja	Eingeständnis	Rechtfertigung
nein	Ausrede	Leugnung/Dementi

(Quelle: Grunwald 2008a, S. 53)

etwaige nachteilige Folgen und im Hinblick auf die Vermeidung zukünftiger Probleme die Verantwortung.« Zum anderen besteht die Möglichkeit, konkrete Maßnahmen bekannt zu machen, die eine Abmilderung etwaiger negativer Folgen des Produktproblems bzw. das Abstellen oder ein Überprüfen etwaiger vermeintlicher (nicht notwendigerweise anbieterseitiger) Problemquellen bewirken, wodurch ein Anbieter implizit Verantwortungsbereitschaft signalisiert. Bei Rückrufsituationen kann eine Empfehlung zu einer adäquaten Verwendungsweise oder können Hinweise auf andere Einsatzmöglichkeiten des Produkts gegeben werden, welche eine höhere Nutzenstiftung für den Kunden erwarten lassen.

- Bei Anwendung einer Strategie der *Leugnung* bzw. des Dementi (denial) wird genau spiegelbildlich zur Eingeständnis-Strategie die Existenz des öffentlich thematisierten Produktproblems per se samt Verantwortlichkeit des Anbieters negiert. Dabei mögen Rezipienten bereits aus der Leugnung der Existenz des Problems als solcher auf die Nichtanerkennung von Verantwortlichkeit schließen, ohne dass der Anbieter in seiner Stellungnahme explizit Verantwortlichkeit bestritten hat.
- Der Inhalt von Strategien der *Rechtfertigung* besteht darin, dass der Anbieter zwar Verantwortlichkeit für das öffentlich diskutierte Kundenanliegen einräumt, der Sachverhalt jedoch nicht als Problem anerkannt wird. Der Tenor dieses Kommunikationsinhalts könnte dabei wie folgt lauten: »Wir als Anbieter sind für den angeprangerten Vorfall verantwortlich, ein Problem liegt jedoch keineswegs vor« (vgl. Shaver 1985, S. 163). So könnte ein von einer Produktkrise betroffener Anbieter das vermeintliche ›Problem‹ näher oder anders (als in der öffentlichen Berichterstattung) erläutern bzw. etwaige Ursachen für die Wahrnehmung des Kundenanliegens als Problem aufklären.

Rechtfertigung und Ausrede als ambivalente Kommunikationsinhalte

- Bei der in der Wirtschaftspraxis häufig angewandten Strategie der *Ausrede* wird eine Leugnung von Verantwortlichkeit verknüpft mit einer grundsätzlichen Anerkennung des Vorliegens eines Problems. Der Tenor dieser Strategie könnte etwa wie folgt lauten: »Es gibt zwar ein Problem, dieses Problem ist jedoch durch außerhalb der Einflusssphäre des Unternehmens liegende Faktoren (etwa des Verwendungsverhaltens der Konsumenten, durch äußere, nicht kontrollierbare Umstände oder eine Verkettung beider Faktoren) herbeigeführt worden.« So könnte ein Anbieter eine ihm öffentlich vorgeworfene Verantwortlichkeit abweisen, möglicherweise aufgrund mangelnder und kaum gegen ihn zu erbringender Beweise bzw. einer wenig stichhaltigen öffentlichen Diskussion. Er könnte etwa behaupten, dass er ein ihm vorgehaltenes Qualitätsversprechen auf seine in die Kritik geratenen Produkte in der angegebenen Art nie ausgesprochen hat und somit für etwaige wahrgenommene Mängel nicht verantwortlich sei (vgl. Tedeschi/Reiss 1981, S. 286).

Wirkungen von Krisenkommunikationsinhalten

Aus empirischen Studien zur Bewältigung von Produktkrisen (vgl. für einen Überblick Standop/Grunwald 2009a) lässt sich grundsätzlich ableiten, dass von einer einseitig auf Leugnung von Verantwortlichkeit und Problemexistenz abzielenden Strategie infolge ihres provokativen und unglaubwürdigen Charakters eher abzuraten ist. Wird jedoch die Leugnung der Problemexistenz mit einer Abschwächung der

PRAXISTIPP

Auswahl von Bewältigungsmaßnahmen

Welche Art von Bewältigungsmaßnahme ein Anbieter wann einsetzen sollte, ist maßgeblich abhängig von

- der generellen Wirkung dieser Maßnahme auf die Reaktion der Stakeholder (z. B. Erwartungen an eine umfangreiche Kompensation, Zuweisung von Verantwortlichkeit),
- dem Grad der Betroffenheit der jeweiligen Stakeholder (z. B. unmittelbar Betroffene wie Käufer vs. mittelbar Betroffene wie potenzielle Käufer/Interessenten),
- dem Grad der Markentreue bzw. Commitment der Konsumenten (vgl. Germann et al. 2014),
- Merkmalen des Anbieters (v. a. seiner Reputation im Markt, Bekanntheit und Image, Ressourcenausstattung) (vgl. Grunwald/Hempelmann 2010) sowie vor allem von
- Merkmalen der Krisensituation (v. a. Art und Ausmaß des Produktproblems) (vgl. Grunwald 2008a).

Relevanz des Problems verbunden, so lassen sich günstigere Reaktionen der Rezipienten erwarten. Einer uneingeschränkten Anerkennung der Problemexistenz und Einräumung von Verantwortlichkeit im Sinne der Eingeständnis-Strategie wird häufig eine vergleichsweise höhere Bewältigungswirkung beigemessen. Bei einer solchen umfassenden Reaktion ergeben sich jedoch grundsätzlich zwei Probleme: Zum einen verpflichtet sich der Anbieter hiermit häufig zu einer bestimmten Kompensationsleistung bzw. werden die Erwartungen der Kunden an eine solche Leistung oftmals unbotmäßig gesteigert. Hierdurch verliert der Anbieter Freiheitsgrade bei einer gegebenenfalls zu einem späteren Zeitpunkt erfolgenden Ankündigung von Kompensationsleistungen. Zum anderen gerät der Anbieter bei Wahl einer solchen Strategie in Produktkrisensituationen, denen es an manifesten Produktproblemen mangelt, möglicherweise in eine Glaubwürdigkeitsfalle.

Zwischen diesen beiden Extrempositionen, der Leugnung auf der einen und dem Eingeständnis auf der anderen Seite, stehen *ambivalente Strategien,* die entweder Verantwortlichkeit leugnen bei gleichzeitiger Anerkennung der Existenz eines Problems (Ausrede) oder aber die Problemexistenz negieren bei gleichzeitiger Übernahme von Verantwortlichkeit (Rechtfertigung). Der Verzicht auf die Einräumung von Verantwortlichkeit im Sinne der Strategie der Ausrede stellt im Unterschied zur Strategie der Rechtfertigung ein probates Mittel dar, um Handlungsspielräume bei der Ankündigung etwaiger Kompensationsleistungen zu bewahren, weil sich der Anbieter hiermit nicht als Verursacher für ein Problem darstellt. Der Einsatz ambivalenter Strategien scheint insgesamt jedoch vor allem für den Fall geeignet, dass sich die Rezipienten der Anbieterkommunikation vorwiegend aus stark markengebundenen Konsumenten zusammensetzen, die aus eigener Motivation heraus nach Gegenargumenten gegen die öffentlichen Vorwürfe suchen.

WIEDERHOLUNGSFRAGEN

- Zeigen Sie auf, worin die zentralen Unterschiede und Gemeinsamkeiten von Beschwerden einerseits und Produktkrisen andererseits liegen.
- Erläutern Sie, wie ein Anbieter auf Beschwerden und Produktkrisen grundsätzlich reagieren kann.

- Erläutern Sie, welche Faktoren ein Anbieter vor der Entscheidung über die Wahl seiner Reaktion auf Beschwerden und Produktkrisen abwägen sollte. Wovon hängt also seine Wahlentscheidung in einem konkreten Fall ab?
- Im Skandal um die manipulierten Abgastests bei VW-Dieselwagen in den USA wirbt der damalige VW-Chef Martin Winterkorn zu Beginn der Krise um Vertrauen, tritt jedoch nicht zurück. In einem Video-Statement zeigt er folgende Reaktion:
  »Es wäre falsch, wenn wegen der schlimmen Fehler einiger weniger die ehrliche Arbeit von 600.000 Menschen unter Generalverdacht gerät. Deshalb bitte ich um Ihr Vertrauen auf unserem weiteren Weg. Die Unregelmäßigkeiten bei Dieselmotoren unseres Konzerns widersprechen allem, für was Volkswagen steht. Auch ich habe zum jetzigen Zeitpunkt nicht die Antworten auf alle Fragen. Es tut mir unendlich leid, dass wir dieses Vertrauen enttäuscht haben. Ich entschuldige mich in aller Form bei unseren Kunden, bei den Behörden und der gesamten Öffentlichkeit für das Fehlverhalten.« (Quelle: Federl et al. 2015)

  Welcher Art von Krisenkommunikationsinhalt lässt sich diese Reaktion des ehemaligen VW-Chefs am ehesten zuordnen? Begründen Sie Ihre Zuordnung und zeigen Sie mögliche Wirkungen dieses Kommunikationsinhaltes auf die in der Reaktion angesprochenen Stakeholder-Gruppen auf.

4.2.3 Kundenrückgewinnungsmanagement

Die *Rückgewinnung* dient allgemein dem Ziel, bereits beendete oder erodierende, d. h. sich abzeichnend vor einer Beendigung stehende bzw. problembehaftete, Geschäftsbeziehungen zu revitalisieren. Eine solche Wiederbelebung kann sich auf die Geschäftsbeziehung zu verschiedenen Stakeholdern beziehen. Rückgewinnungsmaßnahmen können grundsätzlich sowohl auf Beziehungen zu früheren Lieferanten, abgewanderten Kunden, nicht mehr belieferten Händlern wie auch zu früheren Mitarbeitenden oder sogar auf die allgemeine, nicht mehr (z. B. aufgrund veränderter Trends und Bedarfe) an den Themen (z. B. Lösungen, Problemen) des Anbieters interessierte Öffentlichkeit gerichtet werden. Aufgrund ihrer dominierenden Bedeutung für den Unternehmenserfolg und den zur Planung von Maßnahmen zumeist erforderlichen Einsichten in tatsächliche (frühere) Transaktionen konzentrieren sich die nachfolgenden Ausführungen zur Rückgewinnung auf die Stakeholder-Gruppe der Kunden. Die Kundenrückgewinnung setzt am Ende des Kundenbeziehungszyklus' ein, wenn nach erfolgtem Kauf und Wiederkauf die Abwanderung des Kunden droht oder diese schon erfolgt ist (vgl. zum Folgenden Büttgen 2003, S. 60 ff.).

Unter dem Begriff *Kundenrückgewinnungsmanagement* (Customer Recovery Management) lassen sich alle Planungs-, Umsetzungs- und Controllingaktivitäten eines Unternehmens fassen, die der Wiedergewinnung verlorener Kunden oder der Vermeidung bzw. Reduzierung der Abwanderung von Kunden dienen.

Maßnahmen und Ziele

Die *Maßnahmen* des Kundenrückgewinnungsmanagements können also zum einen

- *proaktiv* auf die Identifikation und Prävention drohender Kundenverluste, zum anderen aber auch
- *reaktiv* auf die Wiedergewinnung faktisch bereits verlorener Kunden gerichtet sein.

Ziele des Kundenrückgewinnungsmanagements sind insbesondere

- die Steigerung der *Kundenbindung* (z. B. Analyse von Abwanderungsgründen zur Verbesserung der Beziehungsqualität, Erlösstabilisierung und -steigerung durch Verlängerung und Festigung der Kundenbeziehung),
- die *Kosteneinsparung* (Vermeidung des Ersatzes verlorener Kunden, Reduzierung entgangener Gewinne aus verlorenen Kundenbeziehungen) und
- die *Schadensminimierung* (Vermeidung negativer Publizität, z. B. in Form negativer Kundenempfehlungen).

Abb. 4-15

Prozess eines ganzheitlichen Kundenrückgewinnungsmanagements

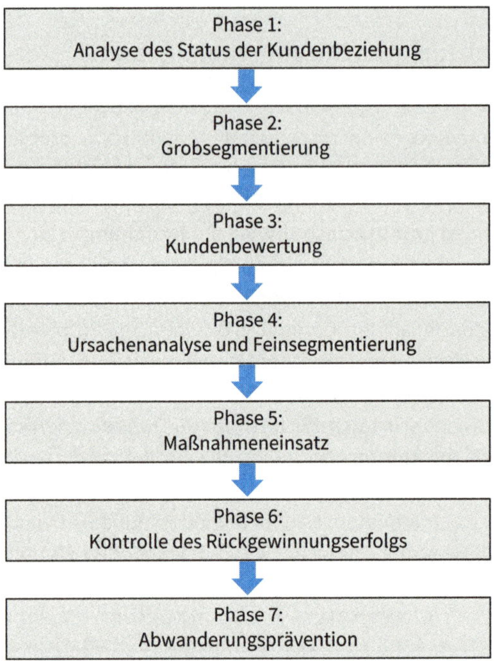

(Quelle: eigene Darstellung)

Recovery Paradoxon

Die Potenziale einer erfolgreichen Kundenrückgewinnung leiten sich dabei aus dem sogenannten *Recovery Paradoxon* ab. Hierunter versteht man eine Situation, in der die Gesamtzufriedenheit und Loyalität von Beschwerdeführern im Nachgang eines erfolgreich abgewickelten Beschwerdefalles höher ist als die von Kunden, die sich noch nie beschwert haben oder im Vergleich zu jenen, die ein geringeres Problem mit dem Anbieter erfahren haben (vgl. Hart/Heskett/Sasser Jr. 1990, McCollough/Bharadwaj 1992). Der wirtschaftliche Wert einer solchen Rettung vermeintlich verlorener Kunden durch geeignete Rückgewinnungsmaßnahmen leitet sich dabei ab aus sämtlichen zukünftigen Kundenumsätzen, positiver Mund-zu-Mund-Kommunikation und der höheren Rentabilität langfristiger Kundenbeziehungen. Abbildung 4-15 veranschaulicht den Prozess eines ganzheitlichen Kundenrückgewinnungsmanagements, dessen Phasen im Folgenden näher erläutert werden.

Phase 1: Statusanalyse

In Phase 1 gilt es, den *Status der Kundenbeziehung* durch Analysen zur Aufdeckung von Veränderungen der Beziehungsqualität zu ermitteln. Hierbei kann auf die in Tabelle 4-10 aufgeführten Fragestellungen zur Identifizierung von (offenkundigen) Veränderungen in der Geschäftsbeziehung zurückgegriffen werden. Sie stellen darauf ab, dass solche Veränderungen in der Geschäftsbeziehung sowohl (primär) kundeninduziert, anbieter- bzw. produktinduziert und/oder wettbewerberinduziert sein können.

Anhand der in Tabelle 4-10 formulierten Fragen zur Aufdeckung von kundeninduzierten Veränderungen in der Geschäftsbeziehung lässt sich somit auf mögliche Problemquellen wie ein abnehmendes Produktinteresse, ein Streben nach Abwechslung (variety seeking), veränderte Bedürfnisse und Bedarfe oder Zahlungsprobleme schließen, ohne jedoch die Gründe in dieser frühen Phase des Kundenrückgewinnungsmanagementprozesses ausführlich analysieren zu müssen.

Zur Beantwortung der in Tabelle 4-10 dargestellten Fragen zur näheren Beschreibung des Kunden zur Kennzeichnung des Status der Kundenbeziehung lässt sich u. a. zurückgreifen auf

- *Analysen der Kaufhistorie* auf Basis beobachteter Kaufdaten (z. B. vergangene Zeitdauer seit der letzten Bestellung, auffällig von einem durchschnittlichen Kaufverhalten abweichende Kaufmuster),
- *Analyse der Verträge* und *Vertragskündigungen,*
- *Kundenbefragungen* zur Zufriedenheit mit der Produkt- und Servicequalität sowie zur Kundenbindung und darauf basierende Zufriedenheits- und Kundenbindungsanalysen,
- *Außendienstberichte* und *Beobachtungen* (Eindrücke) *der Außendienstmitarbeitenden* (z. B. zur Nutzung von Konkurrenzprodukten seitens des Kunden) sowie von Mitarbeitenden mit unmittelbarem Kundenkontakt (z. B. eines Kundenservice-Centers hinsichtlich des Ausmaßes der Kundenverärgerung und der Gesprächsatmosphäre),
- *Analysen der Beschwerdefälle* und Garantieforderungen sowie
- *Insolvenzbekanntmachungen.*

Tab. 4-10

Fragestellungen zur Identifizierung von (offenkundigen) Veränderungen in der Geschäftsbeziehung

Veränderungen in der Geschäftsbeziehung		
kundeninduziert	**anbieter-/produktinduziert**	**wettbewerberinduziert**
• Wie lange ist der Käufer schon Kunde des betrachteten Anbieters? • Welche Produkte und Zusatzleistungen wurden zu welcher Zeit und in welchen Intervallen gekauft? • Hat sich die Kundenkommunikation geändert? • Wie reagiert der Kunde auf Werbemaßnahmen und Verkaufsförderungsaktionen (z. B. Häufigkeit und Art der Kundenkontakte)? • Welche Anfragen hat der Kunde bereits an den Anbieter gerichtet? • Für welche Produkte und Leistungen interessiert sich der Kunde noch? • Hat sich das Zahlungsverhalten des Kunden verändert?	• Hat sich der Kunde bereits einmal oder mehrmals erfolglos beim Anbieter beschwert? • Gab es negative Medienberichte oder Kundenrezensionen über ein Produkt des Anbieters, die der Kunde wahrgenommen haben könnte oder auf die er explizit verweist? • Führen wir als Anbieter die vom Kunden (noch zusätzlich) gewünschten Produkte und Leistungen im eigenen Sortiment?	• Hat der Kunde präzise Kenntnisse über Wettbewerberprodukte? • Hat der Kunde bereits erkennbar Angebote von anderen Anbietern eingeholt? • Gehen Wettbewerber derzeit aggressiver in der Kundenakquise vor? • Haben Wettbewerber ihre Preise oder Produkte angepasst?

(Quelle: eigene Darstellung)

Phase 2: Grobsegmentierung

Die Beschreibung der Kunden anhand dieser Informationen kann zu einer *Grobsegmentierung* der Kunden in Phase 2 des Kundenrückgewinnungsmanagementprozesses führen. Hiermit ist die Einteilung der Kunden nach dem Status ihrer Geschäftsbeziehung mit dem Anbieter in möglichst trennscharfe Gruppen (Kundensegmente) gemeint. Beispiele für nach dem Status der Kundenbeziehung gebildete, noch relativ grobe Kundensegmente sind

- Neukunden,
- treue Kunden,
- abwanderungsanfällige Kunden und
- abgewanderte (ehemalige) Kunden.

Unter dem Begriff *abwanderungsanfällige Kunden* werden solche Kunden subsumiert, bei denen sich, z. B. infolge mehrfach erfahrenen Serviceversagens, eine Abwanderung erkennbar (z. B. an Kundenartikulationen) anbahnt, diese aber faktisch noch nicht vollzogen ist. Von den in der Aufzählung aufgeführten Segmenten kommen insbesondere die beiden letztgenannten Segmente als potenzielle Zielgruppen für Kundenrückgewinnungsmaßnahmen in Betracht, die daher im Folgenden näher zu betrachten sind.

Hilfreich für eine Grobsegmentierung können Analysen sein, die einen merkmalsgestützten *Abgleich von Kündigern mit Bestandskunden* vornehmen. Mittels mustererkennender Analysen *(Data Mining)* lassen sich typische (Un-) Regelmäßigkeiten im Kaufverhalten der Kündiger aufdecken und als frühe Signale einer Abwanderung interpretieren, um sodann die Bestandskunden auf ähnliche Muster zu untersuchen (z. B. hohe Unzufriedenheitswerte, veränderte Imagewerte, Veränderungen im Bestellrhythmus nach einer Preiserhöhung, Anzahl Kundenkontakte usw.). Derartige Muster können mittels multivariater Analysemethoden wie insbesondere Cluster- und Diskriminanzanalyse aufgedeckt werden (vgl. hierzu Grunwald/Hempelmann 2012). Die *Clusteranalyse* eignet sich dabei zur Bildung von Kündigergruppen auf der Basis erhobener (beobachteter oder abgefragter) Merkmale. Durch Anwendung der *Diskriminanzanalyse* können jene Merkmale identifiziert werden, die einen hohen (geringen) Beitrag zur Gruppenbildung leisten. Auf der Grundlage einer aufgedeckten Diskriminanzfunktion kann für Bestandskunden eine Prognose abgegeben werden, welcher Kundengruppe sie am ehesten zugeordnet werden können, z. B. der Gruppe der stark, mittel oder schwach gebundenen Kunden bzw. der Gruppe der abwanderungsanfälligen Kunden. Der Vorteil eines solchen Abgleichs von Merkmalen der Kündiger und Bestandskunden unter Aufdeckung eines Modells (z. B. in Form einer Diskriminanzfunktion) zur Erklärung der Abwanderungsanfälligkeit ist darin zu sehen, dass sich die Analyseergebnisse im Regelfall über einen längeren Zeitraum hinweg effizient für die Prognose von abwanderungsanfälligen Kunden nutzen lassen.

Abgleich von Kündigern mit Bestandskunden durch: Data Mining, Clusteranalyse und Diskriminanzanalyse

Zur Analyse der Kundenabwanderung auf aggregierter Ebene und Planung von Maßnahmen zur Kundenrückgewinnung (Customer Recovery) kann in diesem Stadium auch die *Churn-Rate* ermittelt werden (ein Kunstwort aus »Change« und »Turn«). Sie gibt den Anteil der abgewanderten Kunden an der durchschnittlichen Kundenanzahl in der betrachteten Periode an und kann wie folgt berechnet werden (vgl. Grunwald/Hempelmann 2017, S. 157 f.):

Churn-Rate: Analyse der Kundenabwanderung

$$\text{Churn-Rate} = \frac{\text{Kunden}_{\text{Beginn}} - \text{Kunden}_{\text{Ende}}}{\text{Kunden}_{\text{Beginn}} + \text{Neuzugänge}}$$

Liegt beispielsweise der Kundenbestand eines Unternehmens am Anfang einer Periode bei 1.000 und werden während der Dauer der Periode insgesamt 100 Abmeldungen und 200 Neuzugänge verzeichnet, so berechnet sich die Churn-Rate zu 100 / (1.000 + 200) = 0,083.

Phase 3: Kundenbewertung

Vor einer eingehenden Analyse der (potenziellen) Abwanderungsgründe für jeden aufgedeckten abwanderungsanfälligen oder abgewanderten Kunden sollte jedoch in Phase 3 des Kundenrückgewinnungsmanagementprozesses zunächst eine Kundenbewertung erfolgen. Diese *Kundenbewertung* erfolgt – dem nutzenorientierten Charakter des Beziehungsmarketings (vgl. Kapitel 1.3) folgend – vor einer intensiven Ursachenanalyse in Phase 4, weil auch die Ursachenanalyse erhebliche zeitliche, personelle, organisatorische und finanzielle Ressourcen binden kann, deren

Investition sich in der Regel nicht bei jedem Kunden lohnt. Zur Kundenbewertung können die in Kapitel 5 angesprochenen Methoden angewandt werden, wie insbesondere die ABC-Analyse, die Kundendeckungsbeitragsrechnung sowie der Customer-Lifetime-Value-Ansatz (vgl. zu Einzelheiten dieser Methoden Kapitel 5 sowie Grunwald/Hempelmann 2017, S. 150 ff.).

Phase 4: Ursachenanalyse und Feinsegmentierung

Sind durch Anwendung solcher Methoden abwanderungsanfällige oder abgewanderte Kunden identifiziert worden, bei denen sich Rückgewinnungsmaßnahmen aufgrund eines angemessenen Kundenwertes prinzipiell lohnen, so kann sich für diese Kunden eine ausführliche *Ursachenanalyse* in Phase 4 des Kundenrückgewinnungsmanagementprozesses anschließen. Da Zufriedenheit eine zentrale Determinante für Kundenbindung darstellt, leiten sich mögliche Ursachen für eine (drohende) Abwanderung insbesondere aus Kundenzufriedenheitsanalysen ab.

Zufriedenheitsanalyse mittels merkmalsgestützter standardisierter Fragebögen und Critical Incident Technique

Um mögliche Ursachen für eine kommunizierte (hohe) Zufriedenheit oder Unzufriedenheit des Kunden aufzudecken, lassen sich *merkmalsgestützte standardisierte Fragebögen* zur Kundenzufriedenheit einsetzen, die um die *Critical Incident Technique* (CIT) (Methode der kritischen Ereignisse) erweitert werden können (vgl. Grunwald/Hempelmann 2017, S. 160). Die Critical Incident Technique ist eine weitgehend strukturierte und standardisierte Form der Befragung, in deren Rahmen die Probanden Vorfälle (häufig aus der jüngeren Vergangenheit der Geschäftsbeziehung mit dem Anbieter) schildern sollen, die sie als kritisch erlebt haben. Kritisch bedeutet in diesem Zusammenhang, dass mit den Ereignissen besonders positive Gefühle und Zufriedenheit oder umgekehrt starke negative Gefühle und Unzufriedenheit verbunden werden. Der Einbezug der Critical Incident Technique trägt, neben der Aufdeckung möglicher Gründe für extreme Zufriedenheit oder Unzufriedenheit, dazu bei, Zufriedenheitsanalysen in ihrer Aussagekraft zu unterstützen, da sich Untergruppen von Kunden (etwa Kunden mit vs. ohne erlebte kritische Ereignisse, solche mit positiven vs. negativen Erfahrungen in der Geschäftsbeziehung) vergleichend gegenüberstellen lassen. Zudem kann ein Gesamtmittelwert (etwa zur Zufriedenheit) unter Aufdeckung und separater Analyse der extrem Antwortenden (sogenannte Ausreißer) leichter interpretiert werden.

Integration von Freitextfeldern zur Inhaltsanalyse

Freitextfelder können in einem Fragebogen zur Kundenzufriedenheit ergänzend eingesetzt werden, um ausführliche Informationen über die kritischen Ereignisse und Hintergründe zu erfahren. Von Kunden eingetragener Fließtext kann dann durch Anwendung von Verfahren der *Inhaltsanalyse (Content-Analyse)* ausgewertet werden (vgl. Grunwald/Hempelmann 2012, S. 137 ff.), indem Worte oder Sätze bestimmten Kategorien zugeordnet (kodiert) werden, anhand derer ein Käufer charakterisiert und einer Gruppe zugeordnet werden kann.

Integration von Fragen zur Kundenbindung

Um Zusammenhänge zwischen Kundenzufriedenheit und Kundenbindung aufzudecken und so die ökonomischen Auswirkungen hoher vs. geringer Kundenzufriedenheit abzuschätzen, können in einen standardisierten Fragebogen zur Zufriedenheit auch *Fragen zur Kundenbindung* (z. B. in der Facette der Wiederkaufabsicht und/oder Zusatzkaufabsicht und/oder Weiterempfehlungsabsicht) integriert werden (vgl. Grunwald/Hempelmann 2013, S. 37). Abbildung 4-16 zeigt einen Aus-

Abb. 4-16

Ausschnitt aus einem erweiterten Fragebogen zur Kundenzufriedenheit von Geschäftspartnern

3. Wie zufrieden sind Sie mit der laufenden Betreuung durch Mitarbeiter der Systemzentrale bezüglich …

	sehr zufrieden 1	2	3	4	5	6	sehr unzufrieden 7
a) Freundlichkeit?	☐	☐	☐	☐	☐	☐	☐
b) Erreichbarkeit?	☐	☐	☐	☐	☐	☐	☐
c) Einsatzbereitschaft?	☐	☐	☐	☐	☐	☐	☐
d) ihrer Fähigkeit, Probleme zu lösen?	☐	☐	☐	☐	☐	☐	☐
e) der Bearbeitungsdauer von Anfragen?	☐	☐	☐	☐	☐	☐	☐
f) Kontakthäufigkeit?	☐	☐	☐	☐	☐	☐	☐

8. Ergänzen Sie bitte die folgenden Sätze zu Ihrer Beziehung zu anderen Franchisenehmern Ihres Systems!

	sehr zufrieden 1	2	3	4	5	6	sehr unzufrieden 7
a) Mit der Häufigkeit von Treffen mit anderen Franchisenehmern bin ich	☐	☐	☐	☐	☐	☐	☐
b) Die Kommunikationsmöglichkeiten mit anderen Franchisenehmern stellen mich	☐	☐	☐	☐	☐	☐	☐
c) Mit der Unterstützung durch andere Franchisenehmer bin ich im Allgemeinen	☐	☐	☐	☐	☐	☐	☐
d) Der Zusammenhalt der Franchisenehmer bei Problemen mit dem Franchisegeber macht mich	☐	☐	☐	☐	☐	☐	☐

Fragen zu Teilzufriedenheiten

12. Wie zufrieden sind Sie insgesamt als Franchisenehmer?

sehr zufrieden 1	2	3	4	5	6	sehr unzufrieden 7
☐	☐	☐	☐	☐	☐	☐

Frage zur Gesamtzufriedenheit

13. Gab es in letzter Zeit ein Ereignis, mit dem Sie als Franchisenehmer besonders zufrieden oder unzufrieden waren? ☐ Ja ☐ Nein

Erläuterung: ______________________________

Critical Incident Technique (CIT)

14. Haben Sie schon einmal ernsthaft in Erwägung gezogen, Ihren Vertrag mit Ihrem Franchisegeber vorzeitig zu lösen? ☐ Ja ☐ Nein

Begründung: ______________________________

15. Würden Sie sich aufgrund Ihrer Erfahrungen noch einmal dafür entscheiden, Franchisenehmer Ihres Systems zu werden? ☐ Ja ☐ Nein

Begründung: ______________________________

Fragen zur Kundenbindung

(Quelle: vgl. Hempelmann/Grunwald 2003 und 2004)

schnitt aus einem standardisierten Fragebogen zur Messung der Kundenzufriedenheit von Geschäftspartnern (hier: Franchisenehmern), in welchem zur umfassenden Analyse der Geschäftsbeziehung ergänzend auch Fragen zur Kundenbindung sowie die Critical Incident Technique (mit Freitextfeldern) verwendet werden.

Frequenz-Relevanz-Analyse zur Priorisierung von Maßnahmen bei Produktproblemen

Kunden werden Abwanderungstendenzen vor allem dann zeigen, wenn sie gewichtige Produktprobleme erfahren haben, die häufig aufgetreten sind. Mit der *Frequenz-Relevanz-Analyse* werden beide Aspekte miteinander verknüpft, um Handlungsprioritäten für die Bearbeitung (Lösung) der Probleme abzuleiten. Hierzu erfolgt im ersten Schritt eine möglichst vollständige Auflistung möglicher Produktprobleme bzw. Kundenanliegen, wozu beispielsweise die Critical Incident Technique oder auch Workshops mit hoch involvierten Kunden eingesetzt werden können. Im zweiten Schritt der Frequenz-Relevanz-Analyse werden die identifizierten Probleme in möglichst trennscharfe Problemklassen eingeteilt. In einem dritten Schritt wird festgestellt, wie häufig das jeweilige Problem aufgetreten ist (Frequenz) und wie stark die Verärgerung seitens des Kunden, unter Berücksichtigung der geplanten bzw. bereits erfolgten Verhaltensreaktionen, ausgefallen ist (Relevanz). Während die Relevanz des Problems vor allem aus Befragungsdaten (etwa einer standardisierten Kundenzufriedenheitsbefragung mit integrierten Fragen zur Kundenbindung und zu Verhaltensintentionen) abgeleitet werden kann, ergibt sich die Frequenz zumeist aus Beobachtungsdaten, wie etwa aufgetretenen Problemfällen, Beschwerden und Reklamationen. Beide Dimensionen werden skaliert und jeweils in zwei Bereiche (niedrig und hoch) eingeteilt, um die Problemfälle im vierten Schritt in einer gemeinsamen Matrix darzustellen, mit der Frequenz auf der X-Achse

Abb. 4-17

Frequenz-Relevanz-Matrix

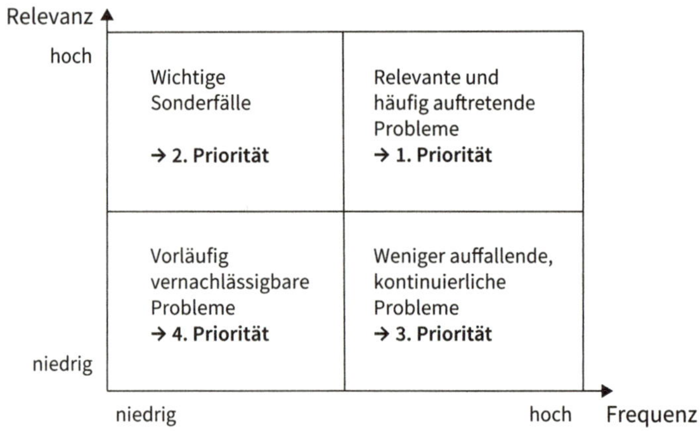

(Quelle: vgl. Pepels 2008, S. 42)

und der Relevanz auf der Y-Achse (siehe Abbildung 4-17). Im fünften Schritt schließt sich die Interpretation der so aufgestellten *Frequenz-Relevanz-Matrix* zur Ableitung von Handlungsprioritäten für die Bearbeitung der Probleme an.

Wie die bisherigen Ausführungen zeigen, können also mit der erfahrenen (hohen) Unzufriedenheit, der empfundenen Relevanz und Häufigkeit von Problemen einerseits *interne Ursachen* für eine (drohende) Abwanderung vorliegen. Andererseits kommen für eine Abwanderung aber auch *externe Ursachen* in Betracht, die ebenfalls im Rahmen der Ursachenanalyse zu berücksichtigen sind. Externe Ursachen können vor allem in einem vergleichsweise überlegenen Angebot der Konkurrenz liegen (z. B. einem besseren Preis-Leistungs-Verhältnis) wie aber auch in situativen und persönlichen Rahmenbedingungen des Kunden selbst (z. B. Wegzug aus dem Einzugsgebiet des Anbieters), die einem Wiederkauf im Wege stehen (vgl. Schöler 2011, S. 507 ff.).

Feinsegmentierung abwanderungsanfälliger und abgewanderter Kunden

Die auf qualitativen und quantitativen Befragungs- und Beobachtungsdaten beruhende Ursachenanalyse kann im Ergebnis zu einer *Feinsegmentierung* der abwanderungsanfälligen bzw. abgewanderten Kunden führen. Nach den jeweils vorliegenden (dominierenden) Abwanderungsursachen lassen sich u. a. die folgenden Kundensegmente (vgl. zum Folgenden Stauss/Seidel 2009, S. 146) unterscheiden:

- *abgeworbene Kunden,* die aufgrund überlegener Produkt- und Servicequalität und/oder eines niedrigeren Preises zur Konkurrenz wechseln wollen
- *vertriebene Kunden,* die mit dem betreffenden Anbieter und dessen Produkten bzw. Leistungen (z. B. aufgrund häufig auftretender, gravierender Qualitätsprobleme) unzufrieden sind
- *Kunden mit Bedarfswegfall,* die das Produkt bzw. die Leistung nicht mehr benötigen, z. B. weil sie auf eine andere Technologie umgestiegen sind
- *ungewollt abwandernde Kunden,* die eigentlich weiter kaufen wollen, jedoch aus finanziellen Gründen oder wegen eines nicht mehr passenden Sortiments nicht mehr weiter kaufen
- *nicht mehr gewollte Kunden,* denen der Anbieter die Geschäftsbeziehung wegen Zahlungsproblemen aufgekündigt hat
- *notwendigerweise ausscheidende Kunden,* die durch natürliche Umstände wie Umzug oder Tod als Kunden nicht mehr zur Verfügung stehen

Zielgruppen für Rückgewinnungsmaßnahmen: vertriebene und abgeworbene Kunden

Von den genannten Untergruppen (Subsegmenten) der abgewanderten bzw. abwanderungsanfälligen Kunden kommen die notwendigerweise ausscheidenden Kunden, die Kunden mit Bedarfswegfall und die ungewollt abwandernden Kunden als mögliche Zielgruppen für Kundenrückgewinnungsmaßnahmen in der Regel nicht in Betracht, da die (drohende) Abwanderung vom Anbieter bei diesen Gruppen kaum (zu vertretbaren Kosten) zu vermeiden ist. Auch die nicht mehr gewollten Kunden können als Zielgruppe für Kundenrückgewinnungsmaßnahmen ausgeklammert werden, weil sich der Anbieter aufgrund einer unüberwindbar gestörten Geschäftsbeziehung bereits bewusst gegen eine weitere Bearbeitung dieser problembehafteten Kunden entschieden hat. Übrig bleiben somit die Segmente der *vertriebenen und abgeworbenen Kunden,* die sich sinnvoll als Zielgruppen für Kundenrückgewinnungsmaßnahmen ansehen lassen. Bei den vertriebenen Kunden können die zur Abwanderung beitragenden Prozesse optimiert werden. Bei den abgeworbenen Kunden können (vorübergehende) Konkurrenznachteile durch Verbesserung des Preis-Leistungs-Verhältnisses ausgeglichen werden.

Nach den für eine Abwanderung maßgeblichen Ursachen, die zumeist im Preis und/oder in der Qualität zu suchen sind, lassen sich die als grundsätzlich beeinflussbar anzusehenden Segmente der vertriebenen und abgeworbenen Kunden weiter in die in Tabelle 4-11 dargestellten Subsegmente untergliedern.

Tab. 4-11

Feinsegmentierung abgewanderter bzw. abwanderungsanfälliger Kunden

	vertriebene Kunden	**abgeworbene Kunden**
Qualitätskündiger	vertriebene Qualitätskündiger	abgeworbene Qualitätskündiger
Preiskündiger	vertriebene Preiskündiger	abgeworbene Preiskündiger

(Quelle: vgl. Stauss/Seidel 2009, S. 148)

- *Vertriebene Qualitätskündiger* wandern aufgrund eines Qualitätsproblems bei Kern- oder Zusatzleistung ab.
- *Abgeworbene Qualitätskündiger* wandern wegen einer wahrgenommenen Überlegenheit der Qualität von Konkurrenzangeboten ab.
- *Vertriebene Preiskündiger* wandern aufgrund eines Preisproblems (z. B. einer nicht angekündigten oder drastischen Preiserhöhung) ab.
- *Abgeworbene Preiskündiger* wechseln zum Wettbewerber aufgrund wahrgenommener bestehender oder erwarteter preislicher Vorteile.

Phase 5: Maßnahmeneinsatz

Auf der Grundlage der in diesen Subsegmenten vorliegenden unterschiedlichen Erfahrungen und Erwartungen der Kunden lassen sich nun in Phase 5 des Kundenrückgewinnungsmanagementprozesses zielgruppenadäquate, differenzierte *Kundenrückgewinnungsmaßnahmen* für Kunden dieser Segmente konzipieren.

Allgemein umfassen individuelle Rückgewinnungsmaßnahmen den Rückgewinnungskontakt, eine eventuelle Problemlösung sowie ein individuelles Rückgewinnungsangebot (vgl. Schöler 2011, S. 510). Das Rückgewinnungsangebot kann *immaterieller Art* (z. B. Entschuldigung, Erklärung, Verständnis und Wertschätzung) und/ oder *materieller Art* (z. B. schnelle Schadensbehebung, Rückkehrprämie, Gutschein, Preisnachlass) sein. Insgesamt ähneln die grundsätzlich einsetzbaren Kundenrückgewinnungsmaßnahmen den bereits in Kapitel 4.2.2 dargestellten Maßnahmen des Beschwerdemanagements.

Rückgewinnungsaktivität abhängig von Problemart und Problemausmaß

Gleichwohl werden nicht in jedem Falle alle Arten von Rückgewinnungsaktivitäten des Anbieters gleichermaßen effektiv sein, ein Recovery Paradoxon auszulösen.

So leitet sich aus der einschlägigen Forschung ab, dass die Art des Rückgewinnungsangebotes passend zur erfahrenen *Problemart* und zu den Kundenerwartungen an ein wiederholtes Auftreten des Problems (Stabilität der Problemursache) gewählt werden sollte (vgl. Folkes 1984, S. 398 ff.; Grunwald 2008a, S. 47 f.). Sofern die Ursache für das Produktproblem von Konsumenten als stabil eingeschätzt wird, sodass ein erneutes Auftreten in der Zukunft nicht ausgeschlossen werden kann, wird eine Geldzahlung (z. B. eine Kaufpreisrückerstattung) einem Produktumtausch gegen ein einwandfreies Produkt vorgezogen. Zudem werden von Konsumenten sich selbst zugeschriebene (also konsumentenattribuierte) Problemursachen gegenüber solchen, die dem Anbieter zugeschrieben werden (also anbieterattribuierten Ursachen) als weniger stabil erachtet. Folglich werden Geldzahlungen Produktumtäuschen auch vorgezogen, sofern die Problemursache dem Anbieter zugeschrieben, also anbieterseitig attribuiert, wird.

Neben der an der Problemart festzulegenden Art der Rückgewinnungsaktivität sollte auch deren Ausmaß passend, nämlich adäquat zum erfahrenen *Problemausmaß,* gewählt werden. Aus der empirischen Rückgewinnungsforschung leitet sich ab, dass ein zunehmender Rückgewinnungsaufwand nicht immer zu höherer Zufriedenheit und Loyalität führt. So ist ein Kunde bei Fehlern mit geringer Tragweite eher an einem Rabatt als an einer sofortigen Behebung interessiert. Bei einem großen Fehlerausmaß steigt dagegen seine Loyalität erst bei einer sofortigen Behebung des Problems im Sinne des Recovery Paradoxons überproportional an. In diesem Fall sollte der Anbieter also alles unternehmen, den Fehler wieder gut zu machen, um den Kunden langfristig an sich zu binden (vgl. Webster/Sundaram 1998; Michel 2001, S. 5).

Rückgewinnungsaktivität passend zur jeweiligen Kündigungsgruppe

Neben diesen generellen Überlegungen zur Formulierung wirksamer Rückgewinnungsaktivitäten zur Ausschöpfung der Potenziale eines Recovery Paradoxons sind die Maßnahmen auf die oben betrachteten unterschiedlichen Kündigergruppen zu beziehen. Für die Gestaltung von Rückgewinnungsmaßnahmen für die Gruppe der abgeworbenen Kunden kommt es vor allem darauf an, im Dialog die Gründe für die wahrgenommene Überlegenheit des Konkurrenzangebotes zu identifizieren (vgl. Schöler 2011, S. 512). Auf dieser Grundlage können dem *abgeworbenen Qualitätskündiger* die eigenen Leistungsvorteile glaubwürdig kommuniziert werden, die ihm bislang offenbar nicht hinreichend bewusst geworden sind. Dies wiederum erfordert einen idealerweise dem Kunden überlegenen umfassenden Wissensstand zu den betrachteten Konkurrenzangeboten (z. B. hinsichtlich technisch-funktionaler Unterschiede). Einem *abgeworbenen Preiskündiger* können finanzielle Anreize gegeben werden (z. B. Preisnachlässe oder zusätzliche, für den Kunden kostenlose Serviceleistungen). Ein möglicherweise vorschnell vom Kunden als preisgünstiger eingeschätztes Konkurrenzangebot könnte vom Anbieter unter Hinweis auf divergierende Qualitätseigenschaften oder ein unvollständiges Folgekostenkalkül relativiert werden. Bei den Gruppen der *vertriebenen Kündiger* ist zunächst eine Problemlösung für das vom Anbieter induzierte Problem zu suchen und diese Problemlösung als Angebot an den Kunden zu kommunizieren.

Phase 6: Kontrolle des Rückgewinnungserfolgs

Werden vom Anbieter Maßnahmen zur Kundenrückgewinnung ergriffen, so kann der *Rückgewinnungserfolg* auf aggregierter Ebene in Phase 6 des ganzheitlichen Kundenrückgewinnungsmanagementprozesses anhand der Kennzahl »Rückgewinnungserfolg« eingeschätzt werden:

$$\text{Rückgewinnungserfolg} = \frac{\text{Anzahl reaktivierter Kundenbeziehungen}}{\text{Anzahl kontaktierter Kunden}}$$

Aus empirischen Studien leitet sich dabei ab, dass es für einen Rückgewinnungserfolg insgesamt weniger darauf ankommt, was man dem Kunden tatsächlich für die Wiederaufnahme der Geschäftsbeziehung bietet. Der Erfolg hängt vielmehr von der Qualität des Rückgewinnungsprozesses und der Rückgewinnungsinteraktion ab (vgl. Homburg/Krohmer 2003, S. 801; Sieben 2002).

Phase 7: Abwanderungsprävention

In der abschließenden Phase 7 sollte das im Rahmen der durchgeführten Rückgewinnungsaktivitäten von Kunden gewonnene Feedback genutzt werden, um einer zukünftigen Abwanderung vorzubeugen *(Abwanderungsprävention)*. Hierbei ergibt sich jedoch das Problem, ob und wie *Kundenabwanderungstendenzen* frühzeitig erkannt werden können. Oftmals wird hierbei auf kostspielige Kundenbefragungen im Feld zurückgegriffen, was insbesondere für kleine und mittelständische Unternehmen häufig einen sehr großen Aufwand darstellt. Zudem erfordert die Ermittlung von Abwanderungstendenzen auch, dass die Determinanten der Kundenbindung in zeitlich nah aufeinander folgenden Abständen überprüft werden, was den durch Befragungen entstehenden Aufwand noch vergrößert. Es fragt sich somit, mit welchen möglichst einfachen, kostengünstigen und praktikablen Mitteln Unternehmen Informationen darüber erhalten, wie stark ausgeprägt ihre Fähigkeit ist, Kunden zu binden. Ein solches Mittel kann die *Inhaltsanalyse (Content-Analyse) von Weblogs* sein (vgl. Beinke/Grunwald 2008). Das Vorgehen sei an nebenstehendem Fallbeispiel verdeutlicht (vgl. hierzu Beinke/Grunwald 2008).

Die am Beispiel gezeigten Ablaufschritte der Inhaltsanalyse sollten in regelmäßigen Abständen wiederholt und die so ermittelten Gesamtpunktzahlen dokumentiert werden. Auf diese Weise ist es möglich, ein *Monitoring-System* aufzubauen, um Kundenabwanderungstendenzen, die sich durch im Zeitablauf fallende Punktzahlen bemerkbar machen, frühzeitig aufzudecken.

FALLBEISPIEL

Inhaltsanalyse mit Weblogs

Anhand der Einträge in einem Weblog zum Thema Elektrogeräte möchte sich der Elektromarkt A einen Überblick darüber verschaffen, wie das Verhältnis von positiven zu neutralen bzw. negativen kundenbindungsrelevanten Äußerungen ausfällt. Dazu zieht er eine Stichprobe aus einer Grundgesamtheit von 380 Weblog-Einträgen. Im Anschluss erfolgt die Festlegung der Merkmale und der Merkmalsausprägungen, mit denen das Untersuchungsmaterial beschrieben wird.
Als mögliche Kategorien zur Erfassung des Konstrukts Kundenbindung konnte Giering im Rahmen einer explorativen Faktorenanalyse die Faktoren Wiederkaufabsicht, Weiterempfehlungsabsicht und Zusatzkaufabsicht aufdecken (vgl. Giering 2000, S. 161). Nach diesen Merkmalen, die den theoretisch-begrifflich zu erfassenden Sachverhalt abbilden, lässt sich im weiteren Verlauf der Analyse das Untersuchungsmaterial kodieren. Tabelle 4-12 zeigt die sich ergebende Zuordnung der Items zu Faktoren als Grundlage für die Kategorienbildung. Die formulierten Items stellen typische Beispiele dar, die signalisieren, ob ein Wort oder Satz zu einer bestimmten Kategorie gehört.

Tab. 4-12 : Ergebnisse der explorativen Faktorenanalyse für das Konstrukt Kundenbindung als Grundlage zur Kategorienbildung

Faktor	Item (Indikator)
Wiederkaufabsicht	*Es ist sehr wahrscheinlich, dass ich das nächste Mal wieder dieselbe Marke kaufe.*
	Ich beabsichtige nicht, eine andere Marke zu kaufen.
	Ich habe die Absicht, dieser Marke treu zu bleiben.
	Ich denke nicht, dass ich beim nächsten Mal eine andere Marke ausprobieren werde.
Weiterempfehlungs-absicht	*Ich werde meinen Freunden und Bekannten von den Vorzügen dieser Marke erzählen.*
	Von meinen guten Erfahrungen mit der Marke sollen auch andere erfahren.
	Ich habe die Absicht, diese Marke anderen Personen weiterzuempfehlen.
Zusatzkaufabsicht	*Ich denke, dass ich auch andere Produkte dieses Markenanbieters ausprobieren werde.*
	Ich habe die Absicht, noch zusätzliche Produkte desselben Markenanbieters zu kaufen.
	Ich beabsichtige, meine Einkäufe bei diesem Markenanbieter auszudehnen.
	Wahrscheinlich werde ich häufiger als bisher Produkte bei diesem Markenanbieter kaufen.

(Quelle: Giering 2000, S. 161)

Die gezogene Stichprobe besteht aus insgesamt 90 Weblog-Einträgen, in welchen sich Kunden über den Anbieter A äußern. In Tabelle 4-13 sind beispielhaft markante Äußerungen aufgeführt, die gemäß den in Zeile 1 angeführten Kodieranweisungen den drei aus der Literatur abgeleiteten Kundenbindungskategorien zugeordnet werden können.
Jeder Weblog-Eintrag wird gemäß seiner Bewertungsrichtung mit +1, −1 bzw. 0 bewertet, je nachdem, ob die jeweilige Äußerung eine positive, negative oder neutrale Einstellung der Kunden zu der Geschäftsbeziehung mit Anbieter A repräsentiert. Die Anzahl der positiven, neutralen und negativen Bewertungen werden aufsummiert und so zu einer Gesamtpunktzahl je untersuchter Kategorie verrechnet, die in der letzten Zeile in Tabelle 4-13 dargestellt sind. Je näher die Gesamtpunktzahl an der Anzahl der für die Kategorie untersuchten Weblogeinträge in der Stichprobe liegt, desto höher ist die Kundenbindung des ▸

Unternehmens zu beurteilen. Aus Tabelle 4-13 geht klar hervor, dass dem hier exemplarisch betrachteten Anbieter A ein hohes Kundenbindungspotenzial in den Kategorien »Wiederkaufabsicht« und »Weiterempfehlungsabsicht« zugesprochen werden kann. Das Potenzial zur Kundenbindung, das von der Kategorie »Zusatzkaufabsicht« ausgeht, ist jedoch nur vergleichsweise gering.

Tab. 4-13: Ergebnisse der Kodierung

Kategorien					
Weblog-Eintrag	**Wiederkaufabsicht** Bewertungen beziehen sich auf mögliche Wiederkäufe des Produktes bei einem Anbieter.	*Weblog-Eintrag*	**Weiterempfehlungsabsicht** Bewertungen beziehen sich auf die Verbreitung von Konsumerfahrungen.	*Weblog-Eintrag*	**Zusatzkaufabsicht** Bewertungen beziehen sich auf mögliche Käufe anderer Produkte eines Anbieters.
Nr. 1	*Ich werde zur Abwechslung einmal nicht das Produkt von A kaufen.* −1	Nr. 31	*Ich kann nur allen raten, keine Produkte von A zu kaufen.* −1	Nr. 61	*Außer dem PC könnte ich mir auch vorstellen, noch den Drucker bei A zu kaufen.* +1
Nr. 2	*Ich werde auch mein nächstes Handy bei A einkaufen.* +1	Nr. 32	*Die PC-Zeitschrift empfiehlt, mit dem Kauf der Produkte von A zu warten.* 0	Nr. 62	*Wahrscheinlich werde ich noch öfter als bisher Produkte bei A kaufen.* +1
...	...	...	...	...	...
Nr. 30	*Ich bleibe bei dem Unternehmen A.* +1	Nr. 60	*Die Produkte von A sollten kein Geheimtipp bleiben.* +1	Nr. 90	*Ich weiß noch nicht, ob ich auch meinen Fernseher bei A kaufen werde.* 0
Summe	22 x (+1) 4 x (0) 4 x (−1)		24 x (+1) 2 x (0) 4 x (−1)		13 x (+1) 7 x (0) 10 x (−1)
Punktzahl	22 – 4 = 18		24 – 4 = 20		13 – 10 = 3

(Quelle: Beinke/Grunwald 2008, S. 7)

WIEDERHOLUNGSFRAGEN

- Ein Telekommunikationsanbieter verliert seit kürzerer Zeit überproportional viele Kunden. Erläutern Sie an diesem Beispiel den Prozess eines ganzheitlichen Kundenrückgewinnungsmanagements.
- Erläutern Sie, welche Methoden zur Analyse des Status der Geschäftsbeziehung mit einem Kunden angewandt werden können. Wie können speziell abwanderungsanfällige und abgewanderte Kunden aufgedeckt werden?
- Erläutern Sie, welche Ursachen für eine (drohende) Abwanderung von Kunden in Betracht kommen. Nach welchen Kriterien lassen sich abgewanderte bzw. abwanderungsanfällige Kunden segmentieren?

- Zeigen Sie die Methoden auf, mit denen die Ableitung von Handlungsempfehlungen zur Priorisierung und Gestaltung von Kundenrückgewinnungsmaßnahmen unterstützt werden kann.
- Erläutern Sie, welche Aspekte bei der Gestaltung von Kundenrückgewinnungsmaßnahmen zu beachten sind.
- Erläutern Sie, wie sich der Rückgewinnungserfolg messen lässt.

5 Steuerung und Kontrolle von Beziehungen

LERNZIELE

- Sie können den Ansatz der Beziehungsmarketing-Balanced-Scorecard erläutern und kritisch reflektieren.
- Sie sind mit den einschlägigen Kennzahlen zur Analyse, Steuerung und Kontrolle der Beziehungen zu Mitarbeitenden, Lieferanten, Kooperationspartnern, Kunden und der Öffentlichkeit vertraut und können erläutern, wie sie eingesetzt werden.
- Sie können ausgewählte Methoden zur Messung des Lieferantenwertes und des Kundenwertes benennen.
- Sie können Vor- und Nachteile ausgewählter Methoden zur Bewertung von Stakeholdern diskutieren und Alternativen vorschlagen.

Die Steuerung und Kontrolle der Beziehungen zu den einschlägigen Stakeholdern der Unternehmung setzt deren Identifikation und strukturierte Abbildung voraus, die im Rahmen einer *Stakeholder-Analyse* (vgl. Kapitel 3.1) erfolgen kann (vgl. Hügens 2004). Auf der Grundlage der Ergebnisse der Stakeholder-Analyse können zur Steuerung und Kontrolle geeignete Bewertungsperspektiven abgeleitet werden.

Die klassische Balanced Scorecard

Diese Bewertungsperspektiven können sich an dem Muster der *Balanced Scorecard* orientieren, die ein aus vier Perspektiven bestehendes ausgewogenes (»balanced«) Kennzahlensystem aus monetären und nicht-monetären Erfolgsfaktoren darstellt, das die Leistungsfähigkeit (Performance) von Unternehmen ganzheitlich anhand ihrer Quellen kausal zu erfassen sucht (vgl. Kaplan/Norton 1997; Bischof 2002). Die Gesamtperformance eines Unternehmens wird dabei über eine

- Finanzperspektive, eine
- Kundenperspektive, eine
- Prozessperspektive und eine
- Personal- und Innovationsperspektive (bzw. Lern- und Entwicklungsperspektive)

mehrdimensional erfasst (vgl. Grunwald/Hempelmann 2017, S. 185 f. und S. 394 ff.).

Zu jeder Perspektive werden Ziele, Kennzahlen, Vorgaben und Maßnahmen aus der Strategie abgeleitet. Die Kennzahlen werden weiter in Ergebniskennzahlen (Lagging Indicators) und Leistungstreiber (Leading Indicators) unterschieden (vgl.

Kaplan/Norton 1997; Hahn/Wagner 2001, S. 2). Während *Ergebniskennzahlen* anzeigen, ob bzw. inwieweit die zentralen strategischen Ziele in den Perspektiven erreicht wurden, bilden die *Leistungstreiber* die entscheidenden Voraussetzungen zur Erreichung dieser Ergebnisse ab. Sie geben somit als Frühindikatoren Eindrücke über die zukünftige Entwicklung des Unternehmens.

Ergebniskennzahlen

Typische Beispiele für Ergebniskennzahlen sind

- Gesamtkapitalrentabilität (Finanzperspektive),
- Marktanteil und Kundenzufriedenheit (Kundenperspektive),
- Produktionskosten (Prozessperspektive) und
- Mitarbeiterzufriedenheit (Personal- und Innovationsperspektive).

Leistungstreiber

Leistungstreiber sind jene Größen, die die Ergebnisgrößen beeinflussen. Typische Beispiele sind

- Absatzsteigerung, Umsatzwachstum, Kostensenkung, Optimierung der Vermögensstruktur (Finanzperspektive),
- Produkteigenschaften, Kundenbeziehungen, Image und Reputation (Kundenperspektive),
- Energie- und Materialeffizienz, Fehlerquote (Prozessperspektive),
- Arbeitsklima, Kompetenzen und technische Infrastruktur (Personal- und Innovationsperspektive) (vgl. Hahn/Wagner 2001, S. 14).

Ergebniskennzahlen und Leistungstreiber werden in der Balanced Scorecard über *Ursache-Wirkungs-Ketten* miteinander verknüpft und auf den langfristigen Unternehmenserfolg in der Finanzperspektive bezogen (vgl. Hahn/Wagner 2001, S. 2). Die vier Perspektiven der klassischen Balanced Scorecard sind jedoch nicht starr vorgegeben, sondern sie sollten unternehmensindividuell auf die jeweilige Strategie und die zentralen Treiber des Erfolgs und der Wettbewerbsfähigkeit des Unternehmens bezogen werden. Bei der Wahl der Perspektiven sind jene wichtigen Stakeholder-Gruppen zu berücksichtigen, welche den Erfolg des Unternehmens wesentlich mitbestimmen (vgl. Niven 2009, S. 146).

Erweiterungen der klassischen Balanced Scorecard

Erweiterung um Stakeholder-Perspektiven: Beziehungsmarketing-Balanced-Scorecard

Die klassische Balanced Scorecard lässt sich somit unter Berücksichtigung der Perspektiven der zentralen Stakeholder zu einer *Beziehungsmarketing-Balanced-Scorecard* weiterentwickeln, also zu einem Kennzahlensystem zur ganzheitlichen Analyse der Geschäftsbeziehungen mit den wichtigsten internen und externen Stakeholder-Gruppen als Quellen der Gesamtperformance des Unternehmens. Die Beziehungsmarketing-Balanced-Scorecard kann dann beispielsweise bestehen aus einer

- Mitarbeiterperspektive, einer
- Lieferantenperspektive, einer
- Kooperationspartnerperspektive, einer
- Kundenperspektive (gegebenenfalls weiter aufgeschlüsselt in private und organisationale Kunden wie z. B. Handelskunden) und einer
- Öffentlichkeitsperspektive,

durch die die Beziehungsqualität mit den wichtigsten Stakeholdern als Teilbeiträge zur Gesamtperformance gemessen wird (vgl. Hügens 2004, S. 54).

Erweiterung um soziale und ökologische Aspekte: Sustainability Balanced Scorecard

Um nicht nur die ökonomischen Leistungen des Unternehmens in der Scorecard abzubilden, sondern auch etwaige Engagements im Rahmen freiwilliger sozial und ökologisch verantwortlicher Unternehmensführung (Corporate Social Responsibility) im Hinblick auf den langfristigen Unternehmenserfolg transparent zu machen, kann die Balanced Scorecard um soziale und ökologische Aspekte erweitert werden. Diese Integration der drei Säulen des Nachhaltigkeitskonzepts, nämlich Ökonomie, Ökologie und Soziales, in die Balanced Scorecard zur Verbesserung der Unternehmensleistung in allen drei Nachhaltigkeitsdimensionen wird auch als *Sustainability Balanced Scorecard* bezeichnet (vgl. Hahn/Wagner 2001, S. 2; Balderjahn 2013, S. 196 ff.). Dabei können Nachhaltigkeitsaspekte entweder in die bestehenden Perspektiven der konventionellen Balanced Scorecard bzw. der Beziehungsmarketing-Balanced-Scorecard eingeordnet werden. Alternativ hierzu kann aber auch eine neue Perspektive der Balanced Scorecard zur Berücksichtigung von ökologischen und sozialen Aspekten ergänzt werden. Schließlich könnte auch eine separate Umwelt- und/oder Sozial-Scorecard aufgestellt werden (vgl. Hahn/Wagner 2001, S. 2).

Im Folgenden werden ausgewählte Kennzahlen im Sinne potenzieller Ergebniskennzahlen und Leistungstreiber zur Abbildung der verschiedenen Perspektiven einer Beziehungsmarketing-Balanced-Scorecard erläutert. In den einzelnen Perspektiven werden auch Nachhaltigkeitsaspekte im unteren Teil einer jeden Tabelle einbezogen. Zudem werden ausgewählte Methoden zur Ermittlung komplexerer Kennzahlen, vor allem im Bereich der Kundenperspektive, vorgestellt.

5.1 Erfassung der Mitarbeiterperspektive

Die folgende Tabelle 5-1 enthält mögliche Kennzahlen zur Messung der Mitarbeiterperspektive einer Beziehungsmarketing-Balanced-Scorecard (vgl. Schütte/Kenning/Hügens 2004, S. 54 ff.).

Tab. 5-1

Kennzahlen zur Erfassung der Mitarbeiterperspektive einer Beziehungsmarketing-Balanced-Scorecard

Kennzahl	Beispiele zur Ermittlung
Mitarbeiterzufriedenheit	Mitarbeiterbefragung zur Wichtigkeit von Teilaspekten ihrer Tätigkeit für die Zufriedenheit mit ihrer Beziehung zum Unternehmen und anschließende Abfrage der Zufriedenheit entlang dieser Faktoren
Fluktuationsquote der Mitarbeitenden	Abgänge / durchschnittliche Anzahl der Beschäftigten

▸

Kennzahl	Beispiele zur Ermittlung
Personalbedarfsquote	(Abgänge mit Notwendigkeit zur Ersatzeinstellung + neu geschaffene Stellen) / durchschnittliche Anzahl der Beschäftigten
Ertrag pro Mitarbeiter	Ertrag / Gesamtzahl der Mitarbeitenden
Umsatz oder Umsatzwachstum pro Mitarbeiter	Umsatz oder Umsatzwachstum / Gesamtzahl der Mitarbeitenden
Wertschöpfung pro Mitarbeiter	Wertschöpfung / Gesamtzahl der Mitarbeitenden
mitarbeiterbezogener Deckungsbeitrag	Deckungsbeitrag / Gesamtzahl der Mitarbeitenden
Reklamationsquote	Anzahl der eingegangenen Reklamationen pro Jahr bzw. pro verkauftem Produkt usw.
Arbeitszeitquote	tatsächlich geleistete Arbeitsstunden / mögliche Arbeitsstunden insgesamt
Qualifikation	Gesamtweiterbildungstage pro Jahr / (Gesamtzahl der Mitarbeitenden × durchschnittliche Arbeitstage pro Jahr)
internationale Erfahrungen pro Mitarbeiter	Anzahl der Teilnahmen an internationalen Projekten / (Gesamtzahl der Mitarbeitenden × Projekte pro Jahr)
Führungspersonalentwicklungsprogramm	Anzahl der Teilnahmen an Führungsentwicklungsprogrammen pro Jahr / Anzahl an Führungskräften
Zielvereinbarungs-/ Zielerreichungsgrad	Zahl der geführten Führungs- und Mitarbeitergespräche / Anzahl der Führungskräfte und Mitarbeitenden
Zielvereinbarungsquote	Anzahl der Zielvereinbarungen mit Mitarbeitenden oder Teams / Gesamtzahl der Mitarbeitenden
Gesundheitsstand	Krankheitstage (Abwesenheit bescheinigt durch Arzt) / Sollarbeitszeit (in Tagen)
Wissensnutzung	Anzahl aufgerufener Dokumente des Intranets / Gesamtzahl eingestellter Dokumente
Innovationsfähigkeit	Anzahl der Verbesserungsvorschläge
Annahmequote der Verbesserungsvorschläge	angenommene Verbesserungsvorschläge / Gesamtzahl der Verbesserungsvorschläge
Realisierungsquote der Verbesserungsvorschläge	• umgesetzte Verbesserungsvorschläge / Gesamtzahl aller Verbesserungsvorschläge • umgesetzte Verbesserungsvorschläge / angenommene Verbesserungsvorschläge
Nachhaltigkeitsaspekt:	
Schadstoffkonzentration am Arbeitsplatz	Messung der Staubbelastung am Arbeitsplatz; Einhaltung von Grenzwerten

(Quelle: vgl. Schütte/Kenning/Hügens 2004, S. 66 ff.)

5.2 Erfassung der Lieferantenperspektive

Kennzahlen zur Erfassung der Lieferantenperspektive können zur Berechnung des Supplier Lifetime Value eingesetzt werden

Zur Abbildung der *Lieferantenperspektive* können die in Tabelle 5-2 vorgestellten Kennzahlen dienen. Hierbei kann u. a. der *Supplier Lifetime Value* (Lieferantenkapitalwert) berechnet werden, der analog zum Customer Lifetime Value (Kundenlebenszeitwert) angibt, welche Rückflüsse aus Investitionen in die Lieferantenentwicklung über den gesamten Beziehungszyklus zu erwarten sind (vgl. Batran/Eßig 2009). Bevor jedoch Investitionen des Anbieters in die Entwicklung eines Lieferanten getätigt werden, ist zu prüfen, ob der Lieferant überhaupt über das notwendige Basispotenzial verfügt. Hierzu können in einem ersten Schritt die zukünftig zu erwartenden Marktanforderungen (z. B. über Szenarien) abgeschätzt und in einem Zielwert (Soll-Wert) für die erforderlichen Leistungsmerkmale konkretisiert werden. Anschließend wird die aktuelle Leistungsfähigkeit des betreffenden Lieferanten mit diesem Soll-Wert verglichen, um dessen Entwicklungsfähigkeit einzuschätzen (vgl. Batran/Eßig 2009).

Tab. 5-2

Kennzahlen zur Erfassung der Lieferantenperspektive einer Beziehungsmarketing-Balanced-Scorecard

Kennzahl	**Beispiele zur Ermittlung**
Supplier Lifetime Value (SLV)	Lieferantenkapitalwert; diskontierte lieferantenspezifische Ein- und Auszahlungen der Investition in die Lieferantenentwicklung (in den Auf-/Ausbau einer Lieferantenbeziehung) über die geplante Beziehungsdauer
Preis	absoluter Preis oder Preisindex
Preisreduktion	Preisreduktion der eigenen Verkaufspreise / Preisreduktion der Einstandspreise
Einkaufsvolumen	Gesamtwert der Einkäufe bei einem Lieferanten
durchschnittliches Einkaufsvolumen	Gesamtwert der Einkäufe bei einem Lieferanten / Gesamtzahl der Lieferanten
Zufriedenheit (mit den Leistungen des Lieferanten)	Gesamtzufriedenheit und Teilzufriedenheiten zu verschiedenen Aspekten der Lieferantenbeziehung wie z. B. Dialogbereitschaft, Leistungsqualität, Interaktionsqualität, Beschwerdequalität usw.; Erhebung durch Befragung, etwa im Rahmen von Quality Function Deployment (QFD) (vgl. Kapitel 4.1.1)
Innovationsfähigkeit des Lieferanten	• Anzahl der Verbesserungsvorschläge pro Jahr / Mitarbeiter / Umsatz usw. • Anzahl neuer Produkte (Produkte mit einem Alter von höchstens »x« Jahren seit ihrer Markteinführung) als Anteil an allen Produkten
Annahmequote der Verbesserungsvorschläge	angenommene Verbesserungsvorschläge / Gesamtzahl der Verbesserungsvorschläge

▶

Kennzahl	Beispiele zur Ermittlung
Realisierungsquote der Verbesserungsvorschläge	• umgesetzte Verbesserungsvorschläge / Gesamtzahl aller Verbesserungsvorschläge • umgesetzte Verbesserungsvorschläge / angenommene Verbesserungsvorschläge
Termintreue	Anzahl/Wert der termingerecht angelieferten Ware / Gesamtzahl/Gesamtwert der Lieferungen
Lieferschnelligkeit	durchschnittlicher Zeitbedarf zwischen Bestellung und Anlieferung
Fehllieferungsquote	Zahl der Fehllieferungen / Gesamtzahl der Lieferungen × 100 %
Lieferantenkonzentration pro Artikelgruppe (Lieferantenabhängigkeit)	Gesamtzahl der möglichen Lieferanten einer Artikelgruppe / Lieferant(en) einer Artikelgruppe; Ausweichmöglichkeiten auf andere Anbieter
Nachhaltigkeitsaspekte:	
Umweltverantwortung	Punktbewertung von Lieferanten unter Berücksichtigung von u. a. • nachhaltigem Einkauf (Sortiment) • Recyclingbereitschaft • Einhaltung international anerkannter Standards
soziale Verantwortung	Beurteilung u. a. von • Arbeitsbedingungen • fairen Geschäftspraktiken • Einhaltung international anerkannter Standards

(Quelle: vgl. Schütte/Kenning/Hügens 2004, S. 74 ff.)

5.3 Erfassung der Kooperationspartnerperspektive

Zur Steuerung und Kontrolle von Beziehungen zu *Kooperationspartnern* des Anbieters (wie beispielsweise zu anderen Anbietern im Bereich von Forschung und Entwicklung) lassen sich die in Tabelle 5-3 dargestellten Kriterien heranziehen.

Ähnlich wie beim Punktbewertungsverfahren handelt es sich beim *Analytic Hierarchy Prozess* (AHP) um eine Methode zur Lösung multikriterieller Entscheidungsprobleme, womit sich simultan qualitative und quantitative Informationen verarbeiten lassen. Anders als beim einfachen Punktbewertungsverfahren können jedoch hiermit auch die Logik und Konsistenz einer Entscheidung bewertet werden. Durch paarweise Vergleiche von Beurteilungskriterien und Alternativen sollen subjektive Spielräume bei der Festlegung von Gewichtungsfaktoren reduziert werden (vgl. Saaty 1980 sowie Grunwald/Hempelmann 2017, S. 74 ff.).

Tab. 5-3

Kennzahlen zur Erfassung der Kooperationspartnerperspektive einer Beziehungsmarketing-Balanced-Scorecard

Kennzahl	**Beispiele zur Ermittlung**
Steuerungs-/ Kontrollaufwand	Bewertung der erforderlichen Maßnahmen zur Vereinbarung, Steuerung, Kontrolle und Anpassung (Transaktionskosten) auf einer Ordinalskala, gegebenenfalls unterstützt durch einen Analytic Hierarchy Process (AHP) (vgl. Peters/Zelewski 2002 und 2003)
Interaktionsintensität	Anzahl der Interaktionen pro Zeiteinheit
entgangener Gewinn	Vergleich zwischen möglichem und realisiertem Gewinn
strategische Allianzen	Anzahl der strategischen Allianzen
Innovationsfähigkeit	• Anzahl der Verbesserungsvorschläge pro Jahr / Mitarbeiter / Umsatz usw. • Anzahl neuer Produkte (Produkte mit einem Alter von höchstens »x« Jahren seit ihrer Markteinführung) als Anteil an allen Produkten
Annahmequote der Verbesserungsvorschläge	angenommene Verbesserungsvorschläge / Gesamtzahl der Verbesserungsvorschläge
Realisierungsquote der Verbesserungsvorschläge	• umgesetzte Verbesserungsvorschläge / Gesamtzahl aller Verbesserungsvorschläge • umgesetzte Verbesserungsvorschläge / angenommene Verbesserungsvorschläge
Nachhaltigkeitsaspekt:	
Nachhaltigkeitsengagement des Kooperationspartners	Analyse des Zielsystems des Kooperationspartners; soziales und kulturelles Engagement des Kooperationspartners; Beurteilung von Geschäftspraktiken und der Einhaltung von Standards

(Quelle: vgl. Schütte/Kenning/Hügens 2004, S. 71 ff.)

5.4 Erfassung der Kundenperspektive

Die *Kundenperspektive* kann in der Beziehungsmarketing-Balanced-Scorecard durch die in Tabelle 5-4 dargestellten Kennzahlen abgebildet werden. Innerhalb der Kundenperspektive setzt die Steuerung und Kontrolle von Beziehungen regelmäßig an der Erfassung und kontinuierlichen Beobachtung der Veränderung der Erfolgsgröße Kundenwert an.

Komponenten des Kundenwerts

Aus Anbietersicht stellt der *Kundenwert (Customer Value)* den vom Anbieter wahrgenommenen und bewerteten Beitrag eines Kunden bzw. des gesamten Kundenstammes zur Erreichung der monetären und nicht-monetären Unternehmens-

Tab. 5-4

Kennzahlen zur Erfassung der Kundenperspektive einer Beziehungsmarketing-Balanced-Scorecard

Kennzahl	Beispiele zur Ermittlung
Kundenwert	• periodenbezogen: – ABC-Analyse: Ordnung der Kunden nach Umsatz bzw. Umsatzanteil und Einteilung in Gruppen – Kundendeckungsbeitrag, Kundenerfolgsrechnung (vgl. Reinecke/Janz 2007, S. 85; Schmidt 1997, S. 104) • periodenübergreifend: Kundenlebenszeitwert (Customer Lifetime Value) als diskontierte kundenspezifische Ein- und Auszahlungen der Investition in den Auf-/Ausbau einer Kundenbeziehung über die geplante Beziehungsdauer
Kundenzufriedenheit	• Kundenbefragung (vgl. Kapitel 4.2.3) • Gruppendiskussion • Methode kritischer Ereignisse (Critical Incident Technique, CIT) (vgl. Kapitel 4.2.3) • Beschwerdeanalyse
Servicequalität	• SERVQUAL-Messansatz (vgl. Kapitel 4.1.2) bzw. Kundenscoring • Mitarbeiterbefragungen (Service-/Kundenzufriedenheit aus Mitarbeitersicht) • durchschnittliche Bearbeitungszeit • Erledigungsquote • Kosten pro Vorgang
Churn-Rate (Abwanderungsrate)	Anzahl der innerhalb einer Periode beendeten Beziehungen / Gesamtzahl aller Kunden des Unternehmens (vgl. Kapitel 4.2.3)
neu eingegangene Beziehungen	Anzahl der innerhalb einer Periode neu eingegangenen Beziehungen / Gesamtzahl aller Kunden des Unternehmens
Halbwertzeit	Länge des Zeitraums, bis zu dem 50 % der ursprünglichen Kunden das Unternehmen verlassen haben
Silent-Shopper-Bewertungen	Ermittlung der Dienstleistungsqualität durch Testeinkäufer und Auswertung mithilfe statistischer Methoden; Ermittlung einer Silent-Shopper-Bewertung über die Dienstleistungsqualität
Willingness-to-Pay	• Anzahl bezahlter Rechnungen innerhalb einer Frist »x« / Gesamtzahl ausgestellter Rechnungen pro Jahr • Summe der Dauern bis Zahlungseingang summiert über alle Rechnungen / Summe der Zahlungsziele über alle Rechnungen
Ergebnisse von Qualitätsaudits	Überprüfung der Qualität durch Externe, Durchführung einer Zertifizierung
Kundenkontakte	Anzahl der Kundenkontakte pro Jahr / pro Mitarbeiter (Kundenkontakte per E-Mail, Fax, Telefon, persönlich usw.)
Kundenbindungsrate	Zahl der Kunden zum Ende eines Jahres / Zahl der Kunden zum Beginn eines Jahres × 100 %
Nachhaltigkeitsaspekte:	
Produkteigenschaften	• Langlebigkeit • Gesundheitsverträglichkeit
Image und Reputation	umwelt- und sozialverträgliches Image, aufgedeckt durch Befragungen

(Quelle: vgl. Schütte/Kenning/Hügens 2004, S. 54 ff.)

ziele dar (vgl. Helm/Günter 2003, S. 7). Das Bewertungsobjekt können also sowohl Kundengruppen bzw. -segmente als auch einzelne Kunden bzw. individuelle Kundenbeziehungen sein. Zu den *monetären Komponenten* des Kundenwertes zählen (vgl. dazu Tomczak/Rudolf-Sipötz 2006, S. 133 ff.)

Monetäre Komponenten

- das *Erlöspotenzial* als gegenwärtiger monetärer Beitrag eines Kunden zum wirtschaftlichen Erfolg eines Unternehmens,
- das *Entwicklungspotenzial* als zukünftig im Laufe der Kunde-Anbieter-Beziehung aus Wiederkäufen zu erwartende Erträge des Kunden im Sinne einer Entwicklungsprognose des Ertragspotenzials sowie
- das *Loyalitätspotenzial,* welches die More-, Cross- und Up-Selling-Möglichkeiten mit dem Kunden ausdrückt. Hiermit sind zu erwartende Zusatz- und Mehrkäufe während der Kunde-Anbieter-Beziehung gemeint, die sich mit Kundenbindungsmaßnahmen (z. B. der Einführung einer Kundenkarte) voraussichtlich erzielen lassen, deren Abschätzung (im Unterschied zur Abschätzung des Entwicklungspotenzials) regelmäßig auch den Einsatz von Wirkungsprognosen erforderlich macht (vgl. für einen Überblick über Prognoseverfahren Grunwald/Hempelmann 2017, S. 102 ff.).

Als *nicht-monetäre Komponenten* des Kundenwertes können aufgefasst werden (vgl. dazu Tomczak/Rudolf-Sipötz 2006, S. 135 ff.)

Nicht-monetäre Komponenten

- das *Referenzpotenzial,* verstanden als Anzahl weiterer Kunden, die durch Weiterempfehlungen des betrachteten Kunden voraussichtlich generiert werden können, welche gegebenenfalls auch durch Marketingmaßnahmen des Anbieters (wie Kunden-werben-Kunden-Aktionen) unterstützt werden können,
- das *Informationspozential,* welches sich auf vom Kunden zum Unternehmen laufende Informationsströme bezieht, durch die der Anbieter seine Leistungen und Produkte verbessern oder eigene Marketingkosten reduzieren kann (z. B. im Rahmen der Auswertung von Kundenbeschwerden erfahrene Produktfehler und Gründe für Unzufriedenheit, in Kunden-Workshops aufgedeckte Kundenbedürfnisse als Grundlage für die Innovationen),
- das *Kooperations- und Synergiepotenzial,* das sich auf die Möglichkeiten der Integration des Kunden in die Wertschöpfungskette des Anbieters zur Ausschöpfung von Synergien bezieht (z. B. Forschungs- und Entwicklungs-Kooperationen, Logistik-Netze, Vertriebskooperationen).

Die Kundenbewertung kann zur Ableitung von Aussagen hinsichtlich der Wichtigkeit von Käufer (-segmenten) genutzt werden. Durch Vergleich des derzeitigen Kundenwertes mit definierten Soll-Größen lassen sich Käuferpotenziale erkennen. Auf Basis einer Kundenbewertung kann die Priorisierung von Käufern bzw. Segmenten für die weitere Marktbearbeitung erfolgen, sofern aufgrund von Kapazitätsrestriktionen oder zur Begrenzung des Risikos nicht parallel mehrere Segmente bearbeitet werden können. An der Anzahl, Art und Wichtigkeit der Käufer werden sich regelmäßig die Marketinganstrengungen eines Anbieters orientieren (vgl. Grunwald/Hempelmann 2017, S. 147 f.).

Der Customer-Lifetime-Value-Ansatz

Zur Ermittlung des Kundenwertes stehen verschiedene Verfahren zur Verfügung (siehe Tabelle 5-4). Während in der ABC-Analyse und Kundenerfolgsrechnung eine vergangenheits- bzw. gegenwartsbezogene Betrachtung erfolgt, werden im *Customer Lifetime Value-Ansatz* (CLV) zur Kundenwertermittlung auch zukünftig zu erwartende kundenbezogene Erlöse und Kosten integriert. Es wird eine langfristige Perspektive unterstellt, bei der der Kunde als Investitionsobjekt aufgefasst wird (vgl. Hempelmann/Lürwer 2003, S. 336; Kleine-Doepke/Standop/Wirth 2006, S. 55 ff.). Ziel ist die Bestimmung des Lebenszeitwertes, den ein Kunde aus Anbietersicht aufweist.

Customer Lifetime Value: Kapitalwert einer Investition in die Kundenbeziehung

Aus der Sicht des Customer-Lifetime-Value-Ansatzes sind die Kosten, die ein Kunde (z. B. durch Nutzung eines Kundenkartensystems) verursacht, Auszahlungen und die Erlöse, die mit dem Kunden erwirtschaftet werden, Einzahlungen. Sowohl die einmaligen Kosten zur Anbahnung der Geschäftsbeziehung als auch die laufenden Kosten werden den aktuellen und zukünftigen Einzahlungen des Kunden während der Kunde-Anbieter-Beziehung gegenübergestellt (vgl. Grunwald 2009a, S. 585). Die Ein- und Auszahlungen werden auf den Investitionszeitpunkt abgezinst und ergeben den Barwert der Investition, der sich als Wertzuwachs interpretieren lässt, den die Anbahnung und Ausweitung der Kunde-Anbieter-Beziehung unter Berücksichtigung der Opportunitätskosten erbringt. Unter der Annahme, dass die Ein- und Auszahlungen jeweils am Ende einer Periode anfallen, lässt sich der Customer Lifetime Value als Kapitalwert einer Investition in eine Kundenbeziehung wie folgt ermitteln (vgl. Bruhn et al. 2000, S. 173):

$$CLV = -A_0 + \sum_{t=0}^{T} \left[x_t \cdot (p-k) - KKS_t \right] \cdot (1+r)^{-t}$$

Mit:		
	CLV	Customer Lifetime Value
	A_0	Akquisitionskosten im Zeitpunkt t = 0
	x_t	Absatzprognose im Zeitpunkt t = 0
	p	kundenindividueller Produktpreis
	k	Stückkosten
	KKS_t	kundenspezifische Kosten in Periode t
	r	Kalkulationszinsfuß
	t	Periodenindex
	T	voraussichtliche Dauer der Geschäftsbeziehung mit dem Kunden (in Perioden)

Die Anwendung des Customer-Lifetime-Value-Ansatzes erfordert die Schätzung der zukünftigen Ein- und Auszahlungen, welche zudem starken Schwankungen unterliegen können und kundenspezifisch aufzuschlüsseln sind. Vorteilhaft ist dagegen die vorausschauende Betrachtung, bei der Überlegungen zur systematischen Steigerung des Kundenwertes als geplante kundenspezifische Auszahlungen und auch Opportunitätskosten in das Kalkül einfließen (vgl. Reinecke/Keller 2006, S. 271). Auch Erweiterungen der hier dargestellten Grundversion der Formel zur CLV-Berechnung sind möglich, beispielsweise um die Stabilität der Geschäftsbeziehung

PRAXISBEISPIEL

Customer-Lifetime-Value-Ansatz

Das Vorgehen des CLV-Ansatzes sei an folgendem Zahlenbeispiel demonstriert: Ein Kunde gibt in einem Onlineshop jährlich im Durchschnitt 300,– € aus. Die Dauer der Geschäftsbeziehung bei diesem Kundentyp beträgt im Durchschnitt 4 Jahre. Für die Akquise des Kunden werden etwa 60,– € eingesetzt (anteilige Werbekosten, Zusendung von Informationsmaterial, Beantwortung von Rückfragen). Jährlich fallen anteilige Marketingkosten für eine E-Mail-Kampagne von 6,– € an. Die Rücklaufquote der Mailings liegt im 1. Jahr bei 60 %, im 2. Jahr bei 50 %, im 3. Jahr bei 40 % und im 4. Jahr bei 30 %. Der Deckungsbeitrag beträgt 30 % vom Umsatz (Deckungsbeitragssatz). Der Zinssatz soll 10 % p. a. betragen.

Aus diesen Daten kann der CLV wie folgt berechnet werden:

$$CLV = -60 + (300 \cdot 0{,}3 \cdot 0{,}6 - 6) \cdot 1{,}1^{-1} + (300 \cdot 0{,}3 \cdot 0{,}5 - 6) \cdot 1{,}1^{-2} + (300 \cdot 0{,}3 \cdot 0{,}4 - 6) \cdot 1{,}1^{-3} + (300 \cdot 0{,}3 \cdot 0{,}3 - 6) \cdot 1{,}1^{-4} = 52{,}75\ €$$

Da mit der Investition in diesen Kunden ein positiver Kapitalwert erwirtschaftet wird, ist die Investition in die Kundenbeziehung lohnend.

oder das Meinungsführerpotenzial von Kunden zu erfassen (vgl. für einen Überblick Grunwald 2009a).

Das obige Praxisbeispiel zeigt exemplarisch die Ermittlung des Customer Lifetime Value auf.

Scoring-Verfahren

Mithilfe von *Punktbewertungsverfahren* (Scoring-Verfahren) können simultan mehrere gemischt monetäre und nicht-monetäre Bestimmungsfaktoren des Kundenwertes auf einer einheitlichen Bewertungsskala erfasst werden (vgl. Grunwald/Hempelmann 2017, S. 163 ff.).

RFMR-Methode: Punktbewertung auf Basis von Kaufdaten

Die *RFMR-Methode* ist ein auf Kaufdaten beruhendes spezielles Punktbewertungsverfahren zur Kundenwertermittlung. Die Punktbewertung erfolgt auf Basis der Kaufdaten *R*ecency (letztes Kaufdatum), *F*requency (Kaufhäufigkeit) und *M*onetary *R*atio (Umsatz oder Deckungsbeitrag). Hierbei wird üblicherweise Käufern, die Käufe in der jüngeren Vergangenheit getätigt haben, ein höherer Kundenwert zugeschrieben als Käufern, deren Käufe bereits weiter zurückliegen. Zudem werden Kunden mit einer höheren Kaufhäufigkeit und einem höheren Umsatz oder Deckungsbeitrag besser bewertet.

Die Bewertung der Kunden erfolgt entlang dieser drei Kriterien durch Vergabe von Punkten (z. B. 0 bis 20), wobei die Kriterien auch gewichtet werden können. Die über die drei Kriterien errechnete (gewichtete) Punktsumme liefert dann einen Nutzwert pro Kunde, der Aufschluss über den Kundenwert geben soll. Dieser Nutzwert lässt sich mit den Werten anderer Kunden oder definierten Soll-Werten vergleichen, um Aussagen über die relative Wertigkeit des Kunden abzuleiten.

Bei Bedarf kann auch die Verteilung des Umsatzes auf verschiedene Warengruppen berücksichtigt werden, um dem Umstand Rechnung zu tragen, dass ein sich auf mehrere Warengruppen verteilender hoher Erstbestellwert eine hohe Kaufwahrscheinlichkeit in Folgeperioden indiziert (vgl. Bruns 2007, S. 122).

Scoring-Verfahren ermöglichen mehrdimensionale Ermittlung des Kundenwerts.

Positiv fällt an den Punktbewertungsverfahren zur Kundenwertermittlung die Möglichkeit zur Berücksichtigung verschiedener Dimensionen des Kundenwertes auf, was der Mehrdimensionalität dieses Konstrukts Rechnung trägt. Der Ansatz ist

BEISPIEL

Die Berechnung von Punktwerten mit der RFMR-Methode könnte wie folgt aussehen (vgl. Bruns 2007, S. 121):

- Der Faktor Recency wird anhand des letzten Kaufdatums abgestuft beurteilt, wobei für einen Kauf im letzten Quartal 20 Punkte vergeben werden, für einen Kauf innerhalb der letzten sechs Monate 10 Punkte und für einen Kauf innerhalb der letzten zwölf Monate 5 Punkte.
- Der Faktor Frequency wird über die Anzahl der Käufe im letzten Jahr multipliziert mit dem Gewichtungsfaktor 3 beurteilt.
- Der Faktor Monetary Ratio fließt ein, indem je umgesetztem Euro 0,05 Punkte vergeben werden, wobei 20 Punkte als Obergrenze gesetzt werden.

Mit der Festlegung einer Obergrenze soll dem Umstand Rechnung getragen werden, dass von hohen Umsätzen in einer Periode bei Gebrauchsgütern (wie dem Kauf von Möbeln oder Haushaltsgeräten) nicht zwingend auf hohe Umsätze in der Folgeperiode geschlossen werden kann.

Das Ergebnis der im Beispiel durchgeführten Bewertungen, die hier am Ende des Jahres erfolgt, kann Tabelle 5-5 entnommen werden.

Tab. 5-5: Punktbewertung auf Basis der RFMR-Methode

Kunde	Monat des Kaufs (Recency)	Punkte	Anzahl der Käufe (Frequency)	Punkte	Umsatz in EUR (Monetary Ratio)	Punkte	Punktsumme
A	Februar Juli September	5 10 10	1 1 1	3 3 3	199,– 75,– 95,–	10 4 5	18 17 18
Summe A		25	3	9	369,–	19	53
B	Januar	5	1	3	999,–	20	28
C	November	20	1	3	149,–	7	30
D	März Oktober Dezember	5 20 20	1 1 1	3 3 3	49,– 59,– 39,–	2 3 2	10 26 25
Summe D		45	3	9	147,–	7	61
E	April	5	2	6	98,–	5	16

(Quelle: vgl. Bruns 2007, S. 121)

Wie aus der Tabelle ersichtlich ist, weist Kunde D, gefolgt von Kunde A somit im Beispiel die höchste Punktsumme und nach dieser Methode den höchsten Kundenwert auf, mit deutlichem Abstand zu den übrigen Kunden. Auf der Grundlage dieser Information könnten dann Maßnahmen zur weiteren Förderung der Kunden D und A geplant werden. Der Erfolg dieser Maßnahmen kann sodann an der Veränderung der Punktsumme beurteilt werden.

zudem sehr flexibel, da gemischt monetäre, quantitative und qualitative Faktoren simultan einbezogen und in einem Ansatz miteinander verrechnet werden können. Zudem ist die RFMR-Methode erweiterbar. So werden bei der sogenannten *FRAT-Methode* neben der Kaufhäufigkeit (Frequency – F), dem letzten Kaufdatum (Recency – R), der Umsatzhöhe (Amount of Purchase – A) auch die Warengruppe bzw. der Sortimentsbereich (Type of Merchandise – T) berücksichtigt (vgl. Grunwald/Hempelmann 2017, S. 165).

Der Net Promotor Score

Erfassung des Referenz-, Loyalitäts- und Entwicklungspotenzials von Kunden

Auf aggregierter Ebene kann speziell zur Erfassung des Referenz-, Loyalitäts- und Entwicklungspotenzials der Kunden der *Net Promoter Score* (NPS) berechnet werden (vgl. Grunwald/Hempelmann 2017, S. 167 f.). Grundlage hierfür ist eine im ersten Schritt durchzuführende Kundenbefragung zur Weiterempfehlungsabsicht auf einer standardisierten 10-Punkt-Skala, auf der Kunden die Wahrscheinlichkeit angeben sollen, das Produkt bzw. Unternehmen an einen Freund oder Kollegen weiterzuempfehlen. Ergänzend kann nach dem Grund für die abgegebene Einschätzung gefragt werden, um Hintergründe der Beurteilung (z. B. Bedürfnisse, Erwartungen, Erfahrungen) aufzudecken, die bei der Konzeption von Kundenbindungsmaßnahmen nützlich sein können.

Nach Durchführung der Kundenbefragung erfolgt im zweiten Schritt eine Clusterung der Kunden durch Einteilung der 10-Punkt-Skala in drei Bereiche:

- Skalenpunkte 9 und 10 repräsentieren Kunden, die ihre Weiterempfehlungsabsicht als hoch einschätzen und somit als echte Fürsprecher der Leistungen des Anbieters (engl. promoter) angesehen werden können.
- Skalenpunkte 7 und 8 repräsentieren die unentschiedenen Kunden (passives), bei denen eine Weiterempfehlungsabsicht eher unklar ist.
- Skalenpunkte 0 bis 6 repräsentieren die Gruppe der Kritiker (detractors), bei denen eine Weiterempfehlung der Leistungen des Anbieters eher unwahrscheinlich ist.

Im dritten Schritt der Analyse erfolgt die Berechnung des prozentualen Anteils von Fürsprechern und Kritikern an der Anzahl der Befragten. Der Net Promoter Score wird sodann aus der Differenz dieser beiden Anteile ermittelt:

NPS = %-Anteil Fürsprecher (Promoter) – %-Anteil Kritiker (Detractors)

Wie an der Formel zu erkennen ist, nimmt der Net Promoter Score negative Werte an, sofern der betrachtete Anbieter mehr Kritiker als Fürsprecher hat.

Einfaches Konzept, aber mit begrenzter Aussagekraft

Da der NPS auf einer Kundenbefragung basiert, hängt die Aussagekraft stark ab von der Höhe der Rücklaufquote bei dieser Befragung. Ob der Net Promoter Score überdies die tatsächliche Kundenzufriedenheit und Kundenbindung erfasst, dürfte fraglich sein, da es sich um (hypothetische) Absichtsbekundungen handelt. Die Vorteile der Net Promoter Score-Berechnung liegen in dem sehr einfachen Konzept begründet. Die Einteilung der Skala berücksichtigt zudem einen nichtlinearen (exponentiellen) Zusammenhang zwischen Skalenwert und Kundenwert. Realistischerweise führt also nicht jeder (lineare) Anstieg der Weiterempfehlungsabsicht zu einer Erhöhung der Kundenbindung bzw. des Kundenwertes (vgl. zur Anwendung des Net Promoter Score in der Praxis Greve/Benning-Rohnke 2010).

Portfolio-Analysen

Portfolio-Analysen erfassen den Kundenwert mehrdimensional. Hierbei werden zwei Dimensionen des Kundenwertes in einem Diagramm gegenübergestellt und die Käufer räumlich anhand der Ausprägungen dieser beiden Dimensionen abgebildet.

Kundenattraktivität-Wettbewerbsposition-Portfolio

Im *Kundenattraktivität-Wettbewerbsposition-Portfolio* erfolgt die Bewertung der Kunden anhand dieser beiden Dimensionen, die wiederum durch Punktbewertung mehrerer Kriterien und deren Gewichtung erfasst werden können (vgl. Bruns 2007, S. 123 f., und Link/Hildebrand 1993, S. 50 ff.). Die Kunden lassen sich in der Matrix als

Kreise darstellen, die proportional zu ihrer jeweiligen Bedeutung (z. B. gemessen am Umsatzpotenzial) gezeichnet werden. Ergänzend lassen sich in den Kreisen die eigenen Lieferanteile vermerken.

Es ergibt sich die folgende Matrix mit den in den Feldern vermerkten Bezeichnungen zur Charakterisierung der Kunden als Grundlage für die Ableitung von Normstrategien.

Abb. 5-1

Kundenattraktivität-Wettbewerbsposition-Portfolio

Kundenattraktivität	schwach	mittel	stark
hoch	Entwicklungskunden III	Starkunden II	Starkunden I
mittel	Mitnahmekunden VI	Abschöpfungskunden V	Perspektivkunden IV
niedrig	Verzichtskunden IX	Mitnahmekunden VIII	Abschöpfungskunden VII

Relative Wettbewerbsposition

(Quelle: Link/Hildebrand 1993, S. 52)

Als Kriterien zur Beurteilung der Kundenattraktivität lassen sich die bereits zum Customer-Lifetime-Value-Ansatz erörterten monetären und nicht-monetären Komponenten des Kundenwertes heranziehen. Darüber hinausgehend können die Bonität des Kunden, die Beratungs-/Serviceintensität, Preissensibilität und das Beschwerde-/Reklamationsverhalten als Merkmale zur Einschätzung der Kundenattraktivität verwendet werden (vgl. Link/Hildebrand 1993, S. 50 f.).

Aus der Position des Kunden im Portfolio wird geeignete Strategie ermittelt.

Zur Bewertung der eigenen Wettbewerbsposition können die geografische Nähe zum Kunden, der Ausstattungsgrad mit den eigenen Produkten, der eigene Lieferanteil, das Produktimage aus Sicht des eigenen Kunden sowie dessen Kunden und die Beziehung des eigenen Außendienstes zum Kunden als Kriterien betrachtet werden (vgl. Link/Hildebrand 1993, S. 50 f.).

Je nach Position eines Kunden in der Matrix sind verschiedene Strategien Erfolg versprechend. Diese Normstrategien werden für die einzelnen Felder der Matrix im Folgenden kurz skizziert.

- Für *Starkunden* (Felder I und II) empfiehlt sich eine Investitionsstrategie, um die eigene Position bei diesen wichtigen Kunden zu halten oder auszubauen.

- Für *Entwicklungskunden* (Feld III) sollte geprüft werden, ob sich die eigene relativ schwache Wettbewerbsposition durch Maßnahmen verbessern lässt, um diese Kunden zu Starkunden zu entwickeln.
- Für *Perspektivkunden* (Feld IV) ist eine Stabilisierung der Lieferantenposition empfehlenswert. Der eigene relative Wettbewerbsvorteil kann hier zur weiteren Steigerung der Kundenattraktivität eingesetzt werden. Vorab sollte jedoch das Entwicklungspotenzial dieser Kunden näher abgeschätzt werden.
- Für *Abschöpfungskunden* (Felder V und VII) ist infolge der mittleren bis geringen Kundenattraktivität bei (über-) durchschnittlicher Wettbewerbsstellung eine vorsichtige Investitionsstrategie zur weiteren Sicherung der eigenen Position und Abschöpfung der Deckungsbeiträge dieser Kunden empfehlenswert zur weiteren Unterstützung der Entwicklungs- und Perspektivkunden.
- Für *Mitnahmekunden* (Felder VI und VIII) empfiehlt sich infolge der deutlich schlechteren Wettbewerbsposition eine Desinvestitionsstrategie. Es sind somit eher kostengünstigere Marketingmaßnahmen einzusetzen. Der Bearbeitungsaufwand ist zu reduzieren.
- Für *Verzichtskunden* (Feld IX) mit negativen Deckungsbeiträgen sollte in Betracht gezogen werden, die Beziehung zu lösen, sofern keine Synergien zu anderen Kunden bestehen oder negative Mund-zu-Mund-Kommunikation und Imageeinbußen zu erwarten sind.

Kundenattraktivität-Verlustrisiko-Portfolio

Im *Kundenattraktivität-Verlustrisiko-Portfolio* wird der Dimension der Kundenattraktivität anstelle der relativen Wettbewerbsposition das Abwanderungsrisiko des Kunden gegenübergestellt (siehe Abbildung 5-2). Das Abwanderungsrisiko kann dabei anhand von Zufriedenheitswerten, Eindrücken der Außendienstmitarbeiter-

Abb. 5-2

Kundenattraktivität-Verlustrisiko-Portfolio

(Quelle: Büttgen 2003, S. 67)

den, Analyse der Beschwerdefälle, Auswertung der Kaufhistorie (z. B. vergangene Zeitdauer seit der letzten Bestellung, abweichende Kaufmuster) usw. eingeschätzt werden.

In den Feldern der Matrix sind bereits die Normstrategien vermerkt, die denen des Kundenattraktivität-Wettbewerbsposition-Portfolio ähneln. Dies erklärt sich durch die inhaltliche Nähe der beiden Dimensionen des Abwanderungsrisikos und der relativen Wettbewerbsposition. Es darf vermutet werden, dass das Abwanderungsrisiko mit einer Schwächung der eigenen Wettbewerbsposition ansteigt, wobei jedoch auch weitere Abwanderungsgründe zu betrachten sind, die nicht in etwaigen eigenen Wettbewerbsnachteilen liegen (wie beispielsweise die Insolvenz des Kunden oder der entfallene Bedarf).

Vor- und Nachteile von Portfolioanalysen

Portfolioanalysen zur Kundenbewertung sind vor allem geeignet, um etwaige Problemlagen einfach und schnell aufzudecken. Zudem stellen sie ein Denkraster zur Entwicklung von Strategieempfehlungen und zur Ableitung von Prioritäten für den Einsatz von Marketingmaßnahmen dar. Gleichwohl sind die betrachteten Normstrategien auslegungsbedürftig und noch stets unternehmensindividuell anzupassen. Weiterhin ist fraglich, ob die mit der Portfolio-Darstellung unterstellte Unabhängigkeit der beiden Dimensionen in der Praxis stets gegeben ist. Abhängigkeiten auch zwischen den Kunden sind im Rahmen der Strategieableitung stets zu reflektieren, um voreilige Schlüsse in Bezug auf die möglicherweise folgenschwere Vernachlässigung vermeintlich irrelevanter Kunden zu vermeiden.

5.5 Erfassung der Öffentlichkeitsperspektive

Die *Öffentlichkeitsperspektive* kann durch die in Tabelle 5-6 dargestellten Kennzahlen eingefangen werden. Mit dem Einsatz von Maßnahmen im Bereich Public Relations (PR) und Sponsoring bzw. auch von Marketingevents werden in der Regel durch mehrstufige Kommunikationsprozesse – im Umweg über zwischengeschaltete Medien und Meinungsführer an Zielpersonen – Kommunikationswirkungen bei der Umwelt bzw. Öffentlichkeit als allgemeiner Stakeholder-Gruppe in Gang gesetzt. Daher kann die Erfassung der Zielerreichung zunächst an einer Aufnahme der Maßnahmen in den Medien ansetzen. Auch sind (mittelbare) Effekte auf die psychografischen Zielgrößen (wie Bekanntheit, Image, Einstellung, Reputation) und auf ökonomische Zielgrößen (z. B. das Kauf- und Weiterempfehlungsverhalten der Zielpersonen) zu betrachten.

Tab. 5-6

Kennzahlen zur Erfassung der Öffentlichkeitsperspektive einer Beziehungsmarketing-Balanced-Scorecard

Kennzahl	Beispiele zur Ermittlung
Medienresonanz	Wer berichtet was, wo und wie über das Unternehmen, seine Leistungen und bestimmte Themen in den Medien? • Analyse von Presse-Clippings: Sammlung und Auswertung von Pressebeiträgen und Erwähnungen der Leistungen des Unternehmens in den relevanten Medien (vgl. Reinecke/Janz 2007, S. 277) • inhaltsanalytische Auswertung der Medienberichte (z. B. vor, während und nach Durchführung von Public-Relations- und Sponsoring-Maßnahmen oder Event Marketing) (vgl. Reinecke/Janz 2007, S. 278; Grunwald/Hempelmann 2012, S. 137ff): – quantitative Analyse: Häufigkeit und zeitliche Verteilung der medialen Verbreitung, z. B. Verhältnis positiver, neutraler und negativer Medienbeiträge – qualitative Analyse: Aufnahme und Wiedergabe von gesendeten Botschaften
Bekanntheit	Anteil derjenigen Personen, die den Namen (die Marke) des Unternehmens kennen, an allen potenziellen Zielpersonen im Markt; • ungestützte Bekanntheit (Erinnerung, recall): Fähigkeit, die Marke aus dem Gedächtnis einer Produktkategorie korrekt zuzuordnen • gestützte Bekanntheit (Wiedererkennung, recognition): Fähigkeit, die Marke als zuvor gesehen oder gehört korrekt wiederzuerkennen Ermittlung der Bekanntheit durch Befragung und/oder Beobachtung: z. B. Medienbeobachtung in Form von Presse-Clippings, Pageranks, Share-of-Voice (= Summe der Zielpersonenkontakte durch eigene Public Relations bzw. Werbung im Verhältnis zur Anzahl der Zielpersonenkontakte durch PR bzw. Werbung in der gesamten Branche) (vgl. Grunwald/Hempelmann 2017, S. 375)
Image	Gesamteindruck (Bild), den sich die Öffentlichkeit als potenzielle Zielgruppe von der eigenen Marke (des eigenen Unternehmens) im Wettbewerbsumfeld entlang kaufrelevanter Eigenschaften (Imagedimensionen) macht (vgl. Grunwald 2017, S. 194 ff.): • direkte Imagemessung: Objektvergleich anhand vorgegebener oder direkt abgefragter Imagedimensionen • indirekte Imagemessung: ganzheitlicher Vergleich von Objekten ohne Vorgabe von Imagedimensionen Beurteilung des derzeitigen Images nach • Art, • Stärke, • Vorteilhaftigkeit und • Einzigartigkeit der Assoziationen sowie durch Vergleich mit • Wettbewerbermarkenposition, • Idealmarkenposition (Präferenzen), • Soll-Positionierung, • objektiv-technischer Wirklichkeit (zur Einschätzung der Markt(in)transparenz) und • früherer Markenposition
Einstellung	dauerhafte Bereitschaft von Stakeholdern, auf Leistungen und Marketingmaßnahmen des Anbieters relativ dauerhaft konsistent (positiv, neutral, negativ) zu reagieren: • kognitive Komponente: Wahrnehmung des Anbieters und bestimmter Eigenschaften • affektive Komponente: subjektive Wichtigkeit dieser Eigenschaften • konative Komponente: Verhaltensdisposition (Kaufneigung)

▶

Kennzahl	Beispiele zur Ermittlung
Reputation	auf direkten Erfahrungen und verarbeiteten Kommunikationsbotschaften basierendes Ansehen und Vertrauen in einen Anbieter, das sich auf die Erwartungsbildung der Stakeholder auswirkt (vgl. Schwaiger/Cannon 2004): • Messung durch Punktbewertungsverfahren, z. B. basierend auf den Kriterien – Kompetenz als kognitive Komponente der Reputation (z. B. international anerkanntes Unternehmen, außergewöhnliche Leistungen) und – Sympathie als affektive Komponente der Reputation (z. B. Attraktivität, Bedauern bei Wegfall) • Berechnung der zukünftigen Einzahlungsüberschüsse, die mit der Marke erwirtschaftet werden können (Kapitalwertmethode) • Messung des Markenwissens (in Form von Bekanntheit und Image)
Verhaltensgrößen	Lassen sich Verhaltensänderungen feststellen? • Messung der Kaufabsicht und Weiterempfehlungsabsicht • Anzahl Leads (erfolgreiche Kontaktanbahnung zu einem potenziellen Interessenten) • getätigte Projektabschlüsse • Veränderungen bei Absatz, Umsatz und Kosten
Nachhaltigkeitsaspekt:	
Image und Reputation	Messung des umwelt- und sozialverträglichen Images; Analyse der Sponsoringaktivitäten z. B. in den Bereichen Kultur, Soziales und Umwelt

(Quelle: eigene Darstellung)

WIEDERHOLUNGSFRAGEN

- Erläutern Sie, wie sich der Wert eines Lieferanten bestimmen lässt. Gehen Sie hierbei auf das Konzept des Supplier Lifetime Value (SLV) ein.
- Erläutern Sie den Customer-Lifetime-Value-Ansatz (CLV) zur Messung des Kundenwertes.
- Erläutern Sie das Vorgehen von Portfolio-Ansätzen zur Ermittlung des Kundenwertes. Gehen Sie hierbei auf das Kundenattraktivität-Wettbewerbsposition-Portfolio ein.
- Vergleichen Sie den CLV-Ansatz mit dem Portfolio-Ansatz zur Kundenwertermittlung und wägen Sie Vor- und Nachteile beider Ansätze ab.
- Erläutern Sie, wie die Kennzahlen zur Messung der Öffentlichkeitsperspektive einer Beziehungsmarketing-Balanced-Scorecard aufgebaut sind. Gehen Sie hierbei auf die typische Wirkungskette von Public-Relations- und Sponsoring-Maßnahmen sowie von Event Marketing ein.

6 Erfolgsfaktoren des Beziehungsmarketings

Ein ganzheitlich ausgerichtetes Beziehungsmarketing, das Beziehungen zu internen und externen Stakeholdern berücksichtigt und den Unternehmenserfolg vor allem auch durch die Gestaltung der Beziehungsqualität und den davon abhängigen Beziehungserfolg begründet sieht, lässt sich zusammenfassend durch mehrere Erfolgsfaktoren charakterisieren. Im Folgenden sollen die zentralen erfolgsrelevanten Faktoren durch die *›10 C‹ des Beziehungsmarketings* skizziert werden (vgl. Abbildung 6-1):

1. Customer

Die Ausrichtung der Marketingaktivitäten an den Bedürfnissen der Kunden stellt die zentrale Handlungsmaxime der traditionellen Marketingphilosophie dar. Ein ganzheitlich orientiertes Beziehungsmarketing verlässt diese einseitige Ausrichtung und berücksichtigt aufgrund der gestiegenen Relevanz des Denkens in Wertschopfungsketten und der hohen Bedeutung auch anderer Anspruchsgruppen eine mehr-

Abb. 6-1

Erfolgsfaktoren des Beziehungsmarketings

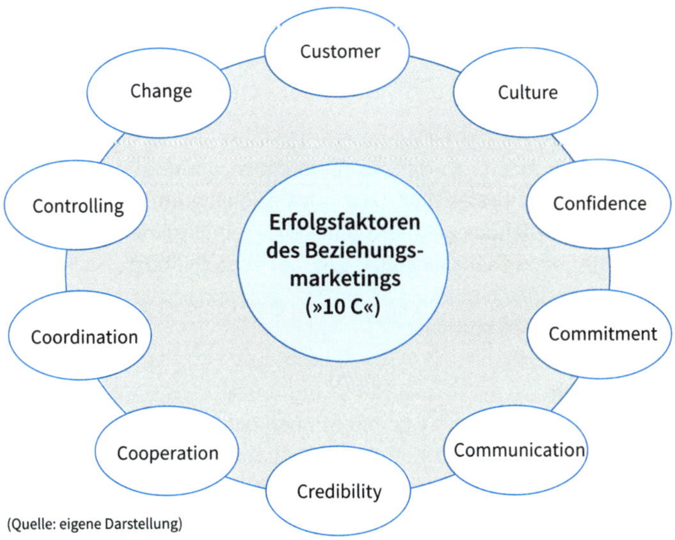

(Quelle: eigene Darstellung)

dimensionale Kundenfokussierung. Kunden im Sinne des holistischen Ansatzes sind Mitarbeitende (interne Kunden) und Abnehmer von Produkten und Dienstleistungen (externe Kunden, private wie organisationale), aber auch Lieferanten und relevante Zielgruppen der Umwelt, wie die Öffentlichkeit. Sie alle sind von den unternehmerischen Leistungen direkt oder indirekt betroffen. Ganzheitliches Beziehungsmarketing sieht interne wie externe Anspruchsgruppen als Beziehungspartner und orientiert sich an ihren Bedürfnissen, Anforderungen oder Erwartungen. Ein derartig ausgerichtetes Beziehungsmarketing fokussiert auch Wettbewerber als Zielgruppe, wenn sich Kosten- und Nutzenvorteile im Rahmen einer kooperativen Beziehungskonstellation erzielen lassen.

2. Culture

Ein Beziehungsmarketing, das auf langfristig profitable Geschäftsbeziehungen setzt, benötigt ein ›kulturelles Fundament‹, das durch Artefakte, Verhaltensstandards und Normen sowie Basiswerte klar definiert (›gegossen‹) werden muss. Dieses Fundament ›trägt‹ eine Beziehungskultur, die sich durch das ›Denken in Beziehungen‹ (kognitive Ebene), das ›Wollen von Beziehungen‹ (affektive Ebene) und das ›Handeln in Beziehungen‹ (konative Ebene) auszeichnet. Es bildet die Grundlage für die Entwicklung von Beziehungsqualität und Beziehungserfolg und begründet letztendlich auch den Unternehmenserfolg.

3. Confidence

Mit der Schaffung einer Unternehmens- bzw. Beziehungskultur ergibt sich ein Wertesystem, das vor allem auch Werte wie Integrität, Fairness, Ehrlichkeit oder Gerechtigkeit impliziert. Diese Werte sind geeignet, Vertrauen zu generieren und zu bewahren. Vertrauen repräsentiert eine wesentliche Komponente der Beziehungsqualität; es stellt das Kapital dar, mit dem sich Geschäftsbeziehungen nachhaltig ›finanzieren‹ lassen.

4. Commitment

Commitment als beziehungsrelevantes Konstrukt zeichnet sich durch eine Verhaltensabsicht aus, alle Anstrengungen zu unternehmen, um eine Geschäftsbeziehung aufzubauen oder eine bestehende Geschäftsbeziehung aufrechtzuerhalten. Das setzt ein von allen Beziehungspartnern getragenes gemeinsames Grundverständnis voraus, diese Beziehung auch eingehen bzw. aufrechterhalten zu wollen, und vollendet sich in einer starken Bindung an ein Bezugsobjekt bzw. in einer emotionalen Bindung (affektives Commitment).

5. Communication

Beziehungen einzugehen und sie zu pflegen bedingt eine stetige Kommunikation – nach innen und nach außen. Das Kommunikationsklima zeigt sich in Werten wie Wertschätzung, Vertrauen, Offenheit, Transparenz und auch im Bestreben, Probleme zu thematisieren und konstruktiv zu lösen. Der intern und extern geführte Dialog dominiert die Kommunikationsform, sei es auf formeller oder informeller Basis, sei es gegenüber Mitarbeitenden, Lieferanten, Handelspartnern oder Kunden.

6. Credibility
Eng mit der Kommunikation verbunden ist die Glaubwürdigkeit. Sämtliche informations- und kommunikationsbezogenen Aktivitäten müssen dem Anspruch genügen, glaubwürdig zu sein. Dazu gehören zum einen sachgerechte Informationen und zum anderen auch regelmäßige Beweise für Leistungen, die die Erwartungen der Anspruchsgruppen erfüllen sollen. Es reicht nicht aus, Gutes zu tun (etwa zur Erfüllung ökologischer und/oder ethischer Ansprüche) und dieses Handeln ›nur‹ zu kommunizieren (getreu dem Grundsatz »Tue Gutes und rede darüber«); zum Aufbau oder zur Sicherung einer vertrauensvollen Beziehung sind regelmäßige Leistungsbeweise erforderlich.

7. Cooperation
Eine auf Langfristigkeit angelegte Kooperation erfordert zunächst Vertrauen und Commitment, aber auch die Bereitschaft und Fähigkeit zur partnerschaftlichen Zusammenarbeit und die damit verbundene Aufgabe unternehmerischer Entscheidungsautonomien zugunsten der Beziehungspartnerschaft. Damit die Kooperation auch erfolgreich verläuft, ist ein gegenseitiger Austausch erforderlich, der sich in der Übertragung von Rechten und Ressourcen (transaktionale Dimension), in dem formalen und informalen Informationsaustausch (kommunikative Dimension) oder in der Berücksichtigung der jeweiligen Erwartungshaltungen der Kooperationspartner (normative Dimension) zeigt.

8. Coordination
Erfolgreiches Beziehungsmarketing erfordert die Abstimmung sämtlicher Aktivitäten, die im Rahmen der Analyse, Planung, Realisierung und Kontrolle und gegebenenfalls auch zur Beendigung von Geschäftsbeziehungen umgesetzt werden. Sowohl strategische Verhaltenspläne bzw. langfristig ausgerichtete Marketingaktionen als auch kurzfristige Aktionen im Rahmen des taktisch-operativen Einsatzes der Marketinginstrumente sind zu koordinieren, damit ein einheitlicher Gesamtauftritt des Unternehmens sichergestellt werden kann. Vor allem sind interne Maßnahmen des Beziehungsmarketings (z. B. Mitarbeiterkommunikation) mit Aktionen, die an externe Beziehungspartner gerichtet sind (z. B. Kundenkommunikation), auf ihre Stimmigkeit zu überprüfen. Ohne koordinierte interne Aktivitäten ist ein konsistentes externes Beziehungsmarketing nicht möglich.

9. Controlling
Der Unternehmenserfolg wird durch den Beziehungserfolg determiniert. Der Beziehungserfolg wiederum resultiert aus der internen wie externen Kostenwirtschaftlichkeit, Beziehungssicherheit und Ergiebigkeit der Beziehung (siehe Abbildung 1-7). Insofern bedarf es geeigneter Messkonzepte und Bewertungsverfahren, mit denen die Zielerreichung überprüft werden kann. Auf der Basis der Mess- und Bewertungsergebnisse können Steuerungsmaßnahmen zur Optimierung des Beziehungsmarketings abgeleitet werden. Ein effektives und effizientes Beziehungsmarketing setzt insofern ein leistungsfähiges Controlling voraus.

10. Change

Erfolgreiches Beziehungsmarketing erfordert eine ständige Anpassung an die sich ändernden Umweltbedingungen. Nicht nur durch die zunehmende Digitalisierung und die sich daraus ergebende Notwendigkeit, unternehmerische Prozesse und Strukturen anzupassen, sondern vor allem auch durch die sich im Zeitablauf verändernden Wünsche, Anforderungen und Erwartungen der Beziehungspartner bzw. Stakeholder ist Veränderung ein Erfolgsfaktor. Nachhaltiges Beziehungsmarketing heißt, die Bereitschaft und den Willen zur Veränderung zu fördern und in Prozesse der Veränderung zu investieren.

Die Erfolgsfaktoren dienen als Eckpfeiler eines ganzheitlich auszurichtenden und nachhaltig wirkenden Beziehungsmarketings. Letztendlich sollen sie auch als Motivation derjenigen dienen, die Beziehungsmarketing nicht nur implementieren, sondern zu erfolgreichen Geschäftsbeziehungen im Rahmen ihrer täglichen Beziehungsarbeit beitragen wollen.

Literatur und Internetquellen

A

Achouri, C. (2011): Human Resources Management. Eine praxisbasierte Einführung. Wiesbaden: Gabler.

Adams, J. S. (1965): Inequity in Social Exchange. In: Berkowitz, L. (Hrsg.): Advances in Experimental Social Psychology. 2. Aufl., New York: Academic Press, S. 267–299.

Adidas Group (2012): Together We Win – Geschäftsbericht 2011. Herzogenaurach 2012. http://www.hauptversammlung.de/assets/files/adidas/2012/GB_2011_De.pdf (abgerufen am 25.01.2016).

Allianz (2017): Hinweisgebersystem. https://www.allianz.de/compliance/ (abgerufen am 11.02.2017).

Ammann, P. (2000): Marktsegmentierung für Investitionsgüter. In: Pepels, W. (Hrsg.): Marktsegmentierung. Marktnischen finden und besetzen. Heidelberg: Sauer, S. 313–355.

Appelfeller, W./Buchholz, W. (2011): Supplier Relationship Management. Strategie, Organisation und IT des modernen Beschaffungsmanagements. 2. Aufl., Wiesbaden: Gabler.

Arnolds, H./Heege, F./Röh, C./Tussing, W. (2016): Materialwirtschaft und Einkauf. Grundlagen – Spezialthemen – Übungen. 13. Aufl., Wiesbaden: Gabler.

Aßländer, M. S. (2011): Grundlagen der Wirtschafts- und Unternehmensethik. Marburg: Metropolis.

B

Backhaus, C. (2009): Beziehungsqualität in Dienstleistungsnetzwerken. Theoretische Fundierung und empirische Analyse. Wiesbaden: Gabler.

Backhaus, K. (1998): Relationship Marketing – Ein neues Paradigma im Marketing? In: Bruhn, M./Steffenhagen, H. (Hrsg.): Marktorientierte Unternehmensführung. Reflexionen – Denkanstöße – Perspektiven. Festschrift für Heribert Meffert zum 60. Geburtstag. 2. Aufl., Wiesbaden: Gabler, S. 19–55.

Backhaus, K./Voeth, M. (2014): Industriegütermarketing. Grundlagen des Business-to-Business-Marketings. 10. Aufl., München: Vahlen.

Bahrke, M./Kempermann, H. (2015): Hybride Geschäftsmodelle als Lösungsanbieter zum Erfolg. Eine Studie der Vereinigung der Bayrischen Wirtschaft (vbw) e. V., erstellt vom Institut der deutschen Wirtschaft Consult GmbH, Köln. München.

Balderjahn, I. (2004): Nachhaltiges Marketing-Management. Möglichkeiten einer umwelt- und sozialverträglichen Unternehmenspolitik. Stuttgart: Lucius & Lucius.

Balderjahn, I. (2013): Nachhaltiges Management und Konsumentenverhalten, Konstanz: UVK.

Balderjahn, I. (2014): Entscheidungsorientierung im Sustainable Marketing Management. In: Meffert, H./Kenning, P./Kirchgeorg, M. (Hrsg.): Sustainable Marketing Management. Grundlagen und Cases. Wiesbaden: Gabler, S. 135–158.

Balderjahn, I./Specht, G. (2007): Einführung in die Betriebswirtschaftslehre. 5. Aufl., Stuttgart: Schäffer-Poeschel.

Barnard, C. (1974): The Functions of the Executive. Cambridge (MA): Harvard University Press.

Barta, M. (2015): Efficient Consumer Response: Eine Analyse zur Anwendung des Konzepts und seiner Strategien in Deutschland, Schriftenreihe des Lehrstuhls für Logistikmanagement der Universität Bremen, 4/2015.

Batran, A./Eßig, M. (2009): Supplier Lifetime Value statt Partnerschaftsromantik – Erfolgsfaktor und Wertbeitrag strategischer Lieferantenentwicklung. In: Beschaffung aktuell, 56. Jg., Nr. 7, S. 18–20.

BAuA – Bundesanstalt für Arbeitsschutz und Arbeitsmedizin (2008): REACH-Info 1: Erste Schritte unter der neuen EU-Verordnung REACH. 3. Aufl., Dortmund.

Baum, H. (2011): Morphologie der Kooperation als Grundlage für das Konzept der Zwei-Ebenen-Kooperation. Wiesbaden: Gabler.

Becker, J. (2013): Marketing-Konzeption. Grundlagen des ziel-strategischen und operativen Marketing-Managements. 10. Aufl., München: Vahlen.

Becker, M. (2011): Systematische Personalentwicklung. Planung, Steuerung und Kontrolle im Funktionszyklus. 2. Aufl., Stuttgart: Schäffer-Poeschel.

Becker, U. (2014): Wertschöpfung durch Lieferantenintegration. Eine praxisorientierte Fallstudie für das Controlling der Produktentwicklung, Wiesbaden: Gabler.

Beinke, K.-S./Grunwald, G. (2008): Das Aufspüren von Kundenabwanderungstendenzen: Ein Anwendungsbeispiel der Content-Analyse für Weblogs. In: Beiträge des Fachbereichs Wirtschaftswissenschaften der Universität Osnabrück Nr. 2008/02. Osnabrück.

Bengtsson, M./Kock, S. (2000): »Coopetition« in Business Networks – to Cooperate und Compete Simultaneously. In: Industrial Marketing Management, 29. Jg., Nr. 5, S. 411–426.

Bensaou, M. (1999): Portfolios of Buyer-Supplier Relationships. In: Sloan Management Review, 40. Jg., Nr. 4, S. 35–40.

Berentzen, J. B. (2010): Handelsmarkenmanagement. Solution Selling in vertikalen Wertschöpfungsnetzwerken, Wiesbaden: Gabler.

Berry, L. L. (1983): Relationship Marketing. In: Berry, L. L./Shostack, G. L./Upah, G. D. (Hrsg.): Emerging Perspectives on Services Marketing. Chicago: American Marketing Association, S. 25–28.

Bickmann R./Schad, M. (1998): Der Kunde sitzt nebenan. Kundenzufriedenheit beginnt beim Mitarbeiter. Wien: Ueberreuter.

Bieberstein, I. (2001): Dienstleistungs-Marketing. 3. Aufl., Ludwigshafen (Rhein): Friedrich Kiehl.

Bischof, J. (2002): Die Balanced Scorecard als Instrument einer modernen Controlling-Konzeption. Wiesbaden: Deutscher Universitätsverlag.

Bisnode (o. J.a): Wie aktuell und vollständig sind Ihre Kundendaten? Vermeiden Sie Dubletten, investieren Sie in aktuelle Daten – und sparen Sie Kosten! https://www.bisnode.de/ (abgerufen am 09.12.2016).

Bisnode (o. J.b): Die D&B-D-U-N-S® Nummer – Unternehmen weltweit eindeutig identifizieren. https://www.bisnode.de/loesungen/daten/duns-nummer/ (abgerufen am 09.12.2016).

Bleicher, K. (1992): Der Strategie-, Struktur- und Kulturfit Strategischer Allianzen als Erfolgsfaktor. In: Bronder, C./Pritzl, R. (Hrsg.): Wegweiser für Strategische Allianzen. Meilen- und Stolpersteine bei Kooperationen. Frankfurt am Main: FAZ-Gabler Edition, S. 267–292.

Blodgett, J. G./Hill, D. J./Tax, S. S. (1997): The Effects of Distributive, Procedural, and Interactional Justice on Postcomplaint Behavior. In: Journal of Retailing, 73. Jg., Nr. 2, S. 185–210.

Blodgett, J. G./Tax, S. S. (1993): The Effects of Distributive and Interactional Justice on Complainants' Repatronage Intentions and Negative Word-of-Mouth Intentions. In: Journal of Consumer Satisfaction, Dissatisfaction and Complaining Behavior, 6. Jg., S. 100–110.

Bosch (o. J.a): Einkauf und Logistik. Lieferantenentwicklung. http://purchasing.bosch.com/de/de/partner_training/supplier_development/supplier_development.html (abgerufen am 10.12.2016).

Bosch (o. J.b): Einkauf und Logistik. Supply Chain Academy. http://purchasing.bosch.com/de/de/about/academy/academy.html (abgerufen am 10.12.2016).

Bosch (2017): http://www.bosch.com/de/com/innovation/open_innovation/open_innovation.php (abgerufen am 10.12.2016).

Bovensiepen, G./Rumpff, S./Bender, S. (2016): Store 4.0. Zukunft des stationären Handels. Düsseldorf: PricewaterhouseCoopers AG.

Bradford, J. L./Garrett, D. E. (1995): The Effectiveness of Corporate Communicative Responses to Accusations of Unethical Behavior. In: Journal of Business Ethics, 14. Jg., Nr. 11, S. 875–892.

Brauer, M. H./Steffen, K.-D./Biermann, S./Schuler, A. H. (2009): Compliance Intelligence. Praxisorientierte Lösungsansätze für die risikobewusste Unternehmensführung. Stuttgart: Schäffer-Poeschel.

Bretschneider, U./Leimeister, J.M./Krcmar, H. (2009): Methoden der Kundenintegration in den Innovationsprozess: Bestandsaufnahme. In: Krcmar, H. (Hrsg.): Arbeitspapier Nr. 34, Lehrstuhl für Wirtschaftsinformatik Technische Universität München.

Bruhn, M. (1998): Interne Kommunikation. In: Meyer, A. (Hrsg.): Handbuch Dienstleistungs-Marketing, Band 1. Stuttgart: Schäffer-Poeschel, S. 1045–1062.

Bruhn, M. (2000): Sicherstellung der Dienstleistungsqualität durch integrierte Kommunikation. In: Bruhn, M./Stauss, B. (Hrsg.): Dienstleistungsqualität. Konzepte – Methoden – Erfahrungen. 3. Aufl., Wiesbaden: Gabler, S. 405–431.

Bruhn, M. (2009): Das Konzept der kundenorientierten Unternehmensführung. In: Hinterhuber, H. H./Matzler, K. (Hrsg.): Kundenorientierte Unternehmensführung. Kundenorientierung – Kundenzufriedenheit – Kundenbindung. 6. Aufl., Wiesbaden: Gabler, S. 34–68.

Bruhn, M. (2010): Kommunikationspolitik. Systematischer Einsatz der Kommunikation für Unternehmen. 6. Aufl., München: Vahlen.
Bruhn, M. (2011a): Qualitätsmanagement für Dienstleistungen. Grundlagen, Konzepte, Methoden. 8. Aufl., Heidelberg: Springer.
Bruhn, M. (2011b): Unternehmens- und Marketingkommunikation. Handbuch für ein integriertes Kommunikationsmanagement. 2. Aufl., München: Vahlen.
Bruhn, M. (2013): Servicequalität. Konzepte und Instrumente für eine perfekte Dienstleistung, München: dtv.
Bruhn, M. (2016a): Kundenorientierung. Bausteine für ein exzellentes Customer Relationship Management (CRM). 5. Aufl., München: dtv.
Bruhn, M. (2016b): Relationship Marketing. Das Management von Kundenbeziehungen. 5. Aufl., München: Vahlen.
Bruhn, M./Georgi, D./Treyer, M./Leumann, S. (2000): Wertorientiertes Relationship Marketing: Vom Kundenwert zum Customer Lifetime Value. In: Die Unternehmung, 54. Jg., H. 3, S. 167–187.
Bruhn, M./Georgi, D. (2006): Dienstleistungsmanagement in Banken. Konzeption und Umsetzung auf Basis der Service Value Chain. Frankfurt am Main: Bankakademie.
Bruhn, M./Georgi, D. (2010): Wirtschaftlichkeit des Kundenbindungsmanagements. In: Bruhn, M./Homburg, C. (Hrsg.): Handbuch Kundenbindungsmanagement. 7. Aufl., Wiesbaden: Gabler, S. 635–666.
Bruhn, M./Grund, M. A. (1999): Interaktionen als Determinante der Zufriedenheit und Bindung von Kunden und Mitarbeitern. In: Bruhn, M. (Hrsg.): Internes Marketing. Integration der Kunden- und Mitarbeiterorientierung. Grundlagen – Implementierung – Praxisbeispiele. 2. Aufl., Wiesbaden: Gabler, S. 495–523.
Bruhn, M./Meffert, H. (2012): Handbuch Dienstleistungsmarketing. Planung – Umsetzung – Kontrolle. Wiesbaden: Gabler.
Bruhn, M./Stauss, B. (2009): Kundenintegration im Dienstleistungsmanagement – Eine Einführung in die theoretischen und praktischen Problemstellungen. In: Bruhn, M./Stauss, B. (Hrsg.): Kundenintegration. Forum Dienstleistungsmanagement. Wiesbaden: Gabler, S. 3–33.
Bruns, J. (2007): Direktmarketing. 2. Aufl., Ludwigshafen: Friedrich Kiehl.
Bryant, M. D. (2010): Commitment in Kundenbeziehungen. Eine multipartiale Messung und Analyse von Determinanten und Erfolgswirkungen. Wiesbaden: Gabler 2010.
Bubendorf, D. E. (2014): Lieferanten beurteilen und vergleichen: Ein wichtiger Prozess der Supply Chain. In: MQ – Management und Qualität, H. 11/2014, S. 16–17.
Büchel, B. (2003): Kooperationsbeziehungen während des Joint-Venture-Lebenszyklus: Auswirkungen auf den Erfolg von Joint Ventures. In: Zentes, J./Swoboda, B./Morschett, D. (Hrsg.): Kooperationen, Allianzen und Netzwerke. Grundlagen – Ansätze – Perspektiven. Wiesbaden: Gabler, S. 587–603.
Bundesministerium für Arbeit und Soziales (Hrsg.) (2010): Empfehlungsbericht des Nationalen CSR-Forums an die Bundesregierung. Bonn.

Bundesministerium für Arbeit und Soziales (Hrsg.) (2011): Die DIN ISO 26000. »Leitfaden zur gesellschaftlichen Verantwortung von Organisationen« – Ein Überblick. Bonn.

Bundesverband Materialwirtschaft, Einkauf und Logistik e. V. (2017): Lieferanten-/Risikomanagement. Checkliste: Lieferantenaudit. http://www.bme.de/checkliste-lieferantenaudit-550/ (abgerufen am 09.12.2016).

Burmann, C./Halaszovich, T./Hemmann, F. (2012): Identitätsbasierte Markenführung. Grundlagen – Strategie – Umsetzung – Controlling. Wiesbaden: Gabler.

Business Keeper (2017): Whistleblowing per Webanwendung. BKMS® System. https://www.business-keeper.com/de/bkms-compliancesystem/bkms-system.html (abgerufen am 11.02.2017).

Büttgen, M. (2003): Recovery Management – systematische Kundenrückgewinnung und Abwanderungsprävention zur Sicherung des Unternehmenserfolges. In: Die Betriebswirtschaft, 63. Jg., H. 1, S. 60–76.

Butzer-Strothmann, K. (1999): Krisen in Geschäftsbeziehungen. Wiesbaden: Deutscher Universitätsverlag.

Butzer-Strothmann, K. (2012): Social Media im Customer Relationship Management. In: Baaken, T./Kesting, T./Kliewe, T./Pörner, R. (Hrsg.): Business-to-Business-Kommunikation. Neue Entwicklungen im B-to-B-Marketing. 2. Aufl., Berlin: Erich Schmidt, S. 283–300.

C

Carlzon, J. (1987): The Moments of Truth. Pensacola (FL): Ballinger Publishing.

Caterpillar (2017): Lieferanten. http://www.caterpillar.com/de/company/suppliers/supplier-communication.html (abgerufen am 09.01.2017).

Chernatony, L. de (2001): From Brand Vision to Brand Evaluation: Strategically Building and Sustaining Brands. Oxford: Butterworth-Heinemann.

Chesbrough, H. W. (2003): Open Innovation. The New Imperative for Creating and Profiting from Technology. Boston (MA): Harvard Business Review Press.

Chip (2017): Der neue Ikea Katalog 2017 kommt jetzt mit Augmented Reality kostenlos auf Ihr Android-Handy. Online-Ausgabe vom 27.08.2016. http://beste-apps.chip.de/android/app/ikea-katalog-android-app,com.ikea.catalogue.android/ (abgerufen am 26.01.2017).

Claas (o. J.a): Lieferant werden. http://www.claas-supplier.net/csn-de/lieferant_werden (abgerufen am 26.04.2017).

Claas (o. J.b): Lieferantentage. Festigung der Lieferpartnerschaft. http://www.claas-supplier.net/csn-de/supplier_management/lieferantentage (abgerufen am 26.04.2017).

Claas (o. J.c): Supplier.Net. http://www.claas-supplier.net/ (abgerufen am 26.04.2017).

Claas (o. J.d): Lieferantenbewertung. Informationen zum CLAAS Lieferanten-Bewertungssystem. http://www.claas-supplier.net/csn-de/supplier_management/rund_um_den_lieferanten/lieferanten_bewertung (abgerufen am 26.04.2017).

Clauß, T. (2013): Strategische Zusammenarbeit mit Zulieferern. Empirische Befunde zur Governance im Kontext von Zielsetzung und Beziehung. Wiesbaden: Gabler.

Coenen, C. (2001): Serviceorientierung und Servicekompetenz von Kundenkontakt-Mitarbeitern. In: Bruhn, M./Stauss, B. (Hrsg.): Dienstleistungsmanagement. Jahrbuch 2001. Interaktionen im Dienstleistungsbereich. Wiesbaden: Gabler, S. 341–374.

Cornelsen, J. (2000): Kundenwertanalysen im Beziehungsmarketing. Theoretische Grundlegungen und Ergebnisse einer empirischen Studie im Automobilbereich. Nürnberg: Gesellschaft für Innovatives Marketing.

Cronin, J. J. Jr./Taylor, S. A. (1992): Measuring Service Quality: A Reexamination and Extension. In: Journal of Marketing, 56. Jg., Nr. 3, S. 55–68.

CSR Germany (o. J.): CSR in der Praxis. Best Practice: Praxisbeispiele von Unternehmen. http://www.csrgermany.de/www/csr_cms_relaunch.nsf/id/best-practice-de (abgerufen am 11.02.2017).

Czech-Winkelmann, S. (2002): Handbuch Trade-Marketing. Konzepte, Instrumente, Organisationsgestaltung und Management. Berlin: Cornelsen.

D

Daecke, N. (2013): Akteursbasierte Führung von Supply Chain-Beziehungen. Handlungsrahmen zum Erfolgsfaktoren-basierten Lieferanten-Management. Wiesbaden: Gabler.

Daimler (2016a): Strategische Kooperation zwischen Daimler und Renault-Nissan Allianz in 2016 intensiviert. Investor Relations Release vom 30. September 2016. https://www.daimler.com/dokumente/investoren/nachrichten/kapitalmarktmeldungen/daimler-ir-release-de-20160930.pdf (abgerufen am 29.12.2016).

Daimler AG (Hrsg.) (2016b): Daimler Nachhaltigkeitsbericht 2015. Stuttgart.

Decker, A. (1998): Franchisenehmer-Zufriedenheit: Theoretische Fundierung und empirische Überprüfung – dargestellt am Beispiel eines Franchise-Systems in der Tourismusindustrie. Diskussionsbeitrag Nr. 110 der Wirtschaftswissenschaftlichen Fakultät Ingolstadt (Katholische Universität Eichstätt), Ingolstadt.

Dessler, G. (2003): Human Resource Management. 9. Aufl., Upper Saddle River (NJ): Prentice Hall.

Deutz AG (o. J.): Lieferantenportal SupplyOn. Optimierte Zusammenarbeit der Deutz AG mit seinen Lieferanten über SupplyOn. http://www.deutz.de/file/ae-23f5863311b1ba013325042d923ebc.de.0/deutz_lieferantenbroschuere_final_01.13.pdf (abgerufen am 10.12.2016).

Dietzfelbinger, D. (2008): Praxisleitfaden Unternehmensethik. Wiesbaden: Gabler.

Diller, H. (1992): Interaktionstheorie. In: Diller, H. (Hrsg.): Vahlens Großes Marketing Lexikon, München: Vahlen, S. 471–472.

Diller, H. (1995a): Beziehungsmanagement. In: Tietz, B./Köhler, R./Zentes, J. (Hrsg.): Handwörterbuch des Marketing. 2. Aufl., Stuttgart: Schäffer-Poeschel, S. 286–300.

Diller, H. (1995b): Beziehungs-Marketing. In: Wirtschaftswissenschaftliches Studium, 24. Jg., H. 9, S. 442–447.
Diller, H. (2011): Die Bedeutung des Beziehungsmarketing für den Unternehmenserfolg. In: Hippner, H./Hubrich, B./Wilde, K. D. (Hrsg.): Grundlagen des CRM. Strategie, Geschäftsprozesse und IT-Unterstützung. 3. Aufl., Wiesbaden: Gabler, S. 247–270.
Diller, H./Haas, A./Ivens, B. (2005): Verkauf und Kundenmanagement. Eine prozessorientierte Konzeption. Stuttgart: Kohlhammer.
Dölle, J. E. (2013): Lieferantenmanagement in der Automobilindustrie. Struktur und Entwicklung der Lieferantenbeziehungen von Automobilherstellern. Wiesbaden: Gabler.
Donabedian, A. (1980): Explorations in Quality Assessment and Monitoring, Bd. 1: The Definition of Quality and Approaches to Its Assessment. Ann Arbor (MI): Health Administration Press.
Donaldson, T./Preston, L. E. (1995): The Stakeholder Theory of the Corporation: Concepts, Evidence, and Implications. In: Academy of Management Review, 20. Jg., Nr. 1, S. 65–91.
Düll, A. (2009): Aktive Produktindividualisierung: Ansatzpunkte zur nutzerorientierten Konzeption von Mass-Customization-Angeboten im Konsumgütermarkt. Wiesbaden: Gabler.
Durst, S. M. (2011): Strategische Lieferantenentwicklung. Rahmenbedingungen, Optionen und Auswirkungen auf Abnehmer und Lieferant. Wiesbaden: Gabler.
Dwyer, F. R./Schurr, P. H./Oh, S. (1987): Developing Buyer-Seller Relationships. In: Journal of Marketing, 51. Jg., Nr. 2, S. 11–27.

E

Eayrs, W. E./Ernst, D./Prexl, S. (2011): Corporate Finance Training: Planung, Bewertung und Finanzierung von Unternehmen. 4. Aufl., Stuttgart: Schäffer-Poeschel.
Ehrenmann, F. (2015): Kosten- und zeiteffizienter Wandel von Produktionssystemen. Ein Ansatz für ein ausgewogenes Change Management von Produktionsnetzwerken. Wiesbaden: Gabler.
Eichinger, M. (2010): Internationale Kooperationen – Ein Ansatz für ein vertrauensbasiertes Management. Bamberg: Opus.
Esch, F.-R./Eichenauer, S. (2014): Mit Employer Branding die Arbeitgeberattraktivität steigern. In: Esch, F. R./Tomczak, T./Kernstock, J./Langner, T./Redler, J. (Hrsg.): Corporate Brand Management. Marken als Anker strategischer Führung von Unternehmen. 3. Aufl., Wiesbaden: Gabler, S. 289–312.
Esch, F.-R./Petri, J./Hanisch, J./Knörle, C./Kochann, D. (2014): Führungskräfte als Markenbotschafter nutzen. In: Esch, F. R./Tomczak, T./Kernstock, J./Langner, T./Redler, J. (Hrsg.): Corporate Brand Management. Marken als Anker strategischer Führung von Unternehmen. 3. Aufl., Wiesbaden, S. 267–287.
Europäische Kommission (2011): Mitteilung der Kommission an das Europäische Parlament, den Rat, den Europäischen Wirtschafts- und Sozialausschuss und den Ausschuss der Regionen. Eine neue EU-Strategie (2011–14) für die soziale Verantwortung der Unternehmen (CSR). KOM(2011) 681. Brüssel.

F

Federl, F./Mortsiefer, H./Jahberg, H./Frese, A. (2015): VW-Chef Martin Winterkorn will nicht zurücktreten. In: Der Tagesspiegel, Newsblog zum Abgas-Skandal bei Volkswagen vom 22.09.2015. http://www.tagesspiegel.de/wirtschaft/news-blog-zum-abgas-skandal-bei-volkswagen-vw-chef-martin-winterkorn-will-nicht-zuruecktreten/12351882.html (abgerufen am 22.05.2016).

Figge, F. (2002a): Stakeholder und Unternehmensrisiko. Eine stakeholderbasierte Herleitung des Unternehmensrisikos, Lüneburg: Universität Lüneburg.

Figge, F. (2002b): Stakeholder Value Matrix. Die Verbindung zwischen Shareholder Value und Stakeholder Value. Lüneburg: Universität Lüneburg.

Figge, F./Schaltegger, S. (1999): Was ist »Stakeholder Value«? Vom Schlagwort zur Messung. Lüneburg: Universität Lüneburg.

Fisk, R. P./Young, C. E. (1985): Disconfirmation of Equity Expectations: Effects on Consumer Satisfaction with Services. In: Advances in Consumer Research, 12. Jg., Nr. 1, S. 340–345.

Fließ, S. (2004a): Kundenintegration. In: Backhaus, K./Voeth, M. (Hrsg.): Handbuch Industriegütermarketing: Strategien – Instrumente – Anwendungen. Wiesbaden: Gabler, S. 521–552.

Fließ, S. (2004b): Serviceorientierung und kundenorientiertes Prozessmanagement in Hochschulen. Gütersloh: Centrum für Hochschulforschung (CHW).

Fließ, S. (2006): Prozessorganisation in Dienstleistungsunternehmen. Stuttgart: Kohlhammer.

Fließ, S. (2009): Dienstleistungsmanagement: Kundenintegration gestalten und steuern. Wiesbaden: Gabler.

Folkes, V. S. (1984): Consumer Reactions to Product Failure: An Attributional Approach. In: Journal of Consumer Research, 10. Jg., Nr. 3, S. 398–409.

Foster, C./Punjaisri, K./Cheng, R. (2010): Exploring the relationship between corporate, internal and employer branding. In: Journal of Product & Brand Management, 19. Jg., H. 6, S. 401–409.

Franke, N. (2002): Realtheorie des Marketing – Gestalt und Erkenntnis. Tübingen: Mohr Siebeck.

Fraunhofer (o. J.a): Industriebenchmarking. Der Mehrwert für Ihr Unternehmen. http://www.industriebenchmarking.eu (abgerufen am 09.12.2016).

Fraunhofer (o. J.b): Performance Benchmark des European Manufacturing Surveys. Beschreibung der Indikatoren und Kennzahlen. http://www.industriebenchmarking.eu/download/Beschreibung_der_Kennzahlen.pdf (Abrufdatum: 27.03.2017).

Freeman, R. E. (1984): Strategic Management: A Stakeholder Approach. Boston: Pitman.

French, J. R. P./Raven, B. (1959): The Bases of Social Power. In: Cartwright, D. (Hrsg.): Studies in Social Power. Ann Arbor: Institute for Social Research, S. 150–167.

Freter, H./Baumgarth, C. (2005): Ingredient Branding – Begriff und theoretische Begründung. In: Esch, F.-R. (Hrsg.): Moderne Markenführung: Grundlagen – Innovative Ansätze – Praktische Umsetzungen. 4. Aufl., Wiesbaden: Gabler, S. 455–480.

Fricke, V./Schrader, U. (2014): Unternehmenskommunikation zur Förderung des nachhaltigen Konsums. In: Meffert, H./Kenning, P./Kirchgeorg, M. (Hrsg.): Sustainable Marketing Management. Grundlagen und Cases. Wiesbaden: Gabler, S. 205–226.

Fritz, W./Oelsnitz, D. von der (2006): Marketing: Elemente marktorientierter Unternehmensführung. 4. Aufl., Stuttgart: Kohlhammer.

G

Gaedke, Y. (2013): Herausforderung Beschwerdemanagement 2.0 – Akzeptanzanalyse eines Beschwerdeblogs bei Mitarbeitern einer Hochschule. Dissertation, Technische Universität Braunschweig.

Garrett, D. E. (1999): The Effectiveness of Compensation Given to Complaining Consumers: Is More Better? In: Journal of Consumer Satisfaction, Dissatisfaction and Complaining Behavior, 12. Jg., S. 26–34.

Gawantka, A. (2006): Anbieterzufriedenheit in industriellen Geschäftsbeziehungen. Das Beispiel Automobilindustrie. Wiesbaden: Deutscher Universitätsverlag.

Gelgenmüller, A. (2012): Interaktionsqualität und Kundenintegrationsverhalten. Theoretische Konzeption und empirische Analyse. Wiesbaden: Gabler.

Geiger, I. (2011): Strategien des Geschäftsbeziehungsmanagements. In: Kleinaltenkamp, M./Plinke, W./Geiger, I./Jacob, F./Söllner, A. (Hrsg.): Geschäftsbeziehungsmanagement. Konzepte, Methoden, Instrumente. 2. Aufl., Wiesbaden: Gabler, S. 142–191.

Georgi, D. (2003): Kundenbindungsmanagement im Kundenbeziehungslebenszyklus. In: Bruhn, M./Homburg, C. (Hrsg.): Handbuch Kundenbindungsmanagement. Strategien und Instrumente für ein erfolgreiches CRM. 4. Aufl., Wiesbaden: Gabler, S. 222–243.

Germann, F./Grewal, R./Ross, W. T. Jr./Srivastava, R. K. (2014): Product Recalls and the Moderating Role of Brand Commitment. In: Marketing Letters, 25. Jg., Nr. 2, S. 179–191.

Giering, A. (2000): Der Zusammenhang zwischen Kundenzufriedenheit und Kundenloyalität. Eine Untersuchung moderierender Effekte. Wiesbaden: Deutscher Universitätsverlag.

Godefroid, P./Pförtsch, W. (2008): Business-to-Business-Marketing. 4. Aufl., Ludwigshafen (Rhein): Friedrich Kiehl.

Goodman, J. A./O'Brien, P./Segal, E. (2000): Turning CFOs Into Quality Champions. In: Quality Progress, 33. Jg., Nr. 3, S. 47–54.

Gottschlich, N. (2011): Auswirkungen der Kandidatenliste – Aufwand und Nutzen: Wie geht der Handel mit seinen Informationspflichten um? Präsentation vom 11. April 2011, Dortmund. http://www.reach-clp-biozid-helpdesk.de/de/Veranstaltungen/pdf/2011/110411/110411-09-Gottschlich.pdf?__blob=publicationFile&v=2 (abgerufen am 02.01.2017).

Great Place to Work® Deutschland (2016): Great Place to Work® Mitarbeiterbefragung & Wettbewerb: Deutschlands beste Arbeitgeber, Köln. http://www.greatplacetowork.de/storage/documents/DBA/Broschuere_Deutschlands_Beste_Arbeitgeber.pdf (abgerufen am 03.02.2017).

Greve, G./Benning-Rohnke, E. (Hrsg.) (2010): Kundenorientierte Unternehmensführung – Konzept und Anwendung des Net Promoter Score in der Praxis. Wiesbaden: Gabler.

Grönroos, C. (1983): Strategic Management and Marketing in Service Sector. Cambridge (MA): Marketing Science Institute.

Grönroos, C. (1990): Service Management and Marketing. Managing the Moments of Truth in Service Competition. Lexington (MA): Lexington Books.

Grönroos, C. (2004): The Relationship Marketing Process: Communication, Interaction, Dialogue, Value. In: Journal of Business & Industrial Marketing, 19. Jg., Nr. 2, S. 106.

Grunig, J. E./Hunt, T. (1984): Managing Public Relations. New York: Wadsworth Inc Fulfillment.

Grüninger, S. (2010): Werteorientiertes Compliance Management System. In: Wieland, J./Steinmeyer, R./Grüninger, S. (Hrsg.): Handbuch Compliance-Management. Berlin: Erich Schmidt, S. 39–69.

Grunwald, G. (2008a): Die Bewältigung von Produktkrisen: Ein Vergleich von Beschwerde-, Reklamations- und Rückrufsituationen, Reihe Marketing, Band 36. Lohmar: Josef Eul.

Grunwald, G. (2008b): Die Variation der Garantiedauer als Entscheidungsproblem des Anbieters – dargestellt am Beispiel eines Unternehmens der IT-Branche. In: Beiträge des Fachbereichs Wirtschaftswissenschaften der Universität Osnabrück Nr. 2008/01, Osnabrück.

Grunwald, G. (2009a): Analyse der Wirtschaftlichkeit von Kundenkartensystemen: Theoretische Grundlagen und empirische Anwendung. In: Seicht, G. (Hrsg.): Jahrbuch für Controlling und Rechnungswesen 2009. Wien: LexisNexis, S. 585–609.

Grunwald, G. (2009b): Investitionen in den Absatzkanal vs. Investitionen in die Marke? Eine Entscheidungsanalyse aus Sicht kleiner und mittlerer Unternehmen (KMU) – Teil 2: Lösungen. In: Wirtschaftswissenschaftliches Studium (WiSt), 38. Jg., H. 11, S. 597–601.

Grunwald, G. (2009c): Investitionen in den Absatzkanal vs. Investitionen in die Marke? Eine Entscheidungsanalyse aus Sicht kleiner und mittlerer Unternehmen (KMU) – Teil 1: Fallbeschreibung und Aufgaben. In: Wirtschaftswissenschaftliches Studium (WiSt), 38. Jg., H. 10, S. 541–543.

Grunwald, G. (2010a): Die sozioökonomische Analyse in Chemieunternehmen: Herausforderungen bei der Umsetzung der Europäischen Chemikalienverordnung. In: Ökologisches Wirtschaften, 4/2010, S. 30–34.

Grunwald, G. (2010b): Markenstrategien kleiner und mittlerer Unternehmen (KMU) – dargestellt am Beispiel der Umpositionierung einer Sportartikelmarke. In: Meyer, J.-A. (Hrsg.): Strategien von kleinen und mittleren Unternehmen – Jahrbuch der KMU-Forschung und -Praxis 2010. Lohmar: Josef Eul, S. 201–215.

Grunwald, G. (2013): Garantien als Marketinginstrument: Wirkungs- und Entscheidungsanalyse, Reihe Marketing, Band 66, Lohmar: Josef Eul.

Grunwald, G. (2017): Positionierungsanalyse: Prozess, Methoden, Strategieableitung. In: Das Wirtschaftsstudium (wisu), 46. Jg., H. 2, S. 194–200.

Grunwald, G./Hempelmann, B. (2010): Impacts of Reputation for Quality on Perceptions of Company Responsibility and Product-related Dangers in Times of Product-recall and Public Complaints Crises: Results from an Empirical Investigation. In: Corporate Reputation Review, 13. Jg., H. 4, S. 264–283.

Grunwald, G./Hempelmann, B. (2012): Angewandte Marktforschung. Eine praxisorientierte Einführung. München: Oldenbourg Wissenschaftsverlag.

Grunwald, G./Hempelmann, B. (2013): Übungen zur angewandten Marktforschung. München: Oldenbourg Wissenschaftsverlag.

Grunwald, G./Hempelmann, B. (2017): Angewandte Marketinganalyse – Praxisbezogene Konzepte und Methoden zur betrieblichen Entscheidungsunterstützung. Berlin: De Gruyter.

Grunwald, G./Hennig, P. (2012a): REACH und CSR: Mehr Reputation durch Nachhaltigkeit in kleinen und mittleren Unternehmen, Reihe Marketing, Band 57. Lohmar: Josef Eul.

Grunwald, G./Hennig, P. (2012b): Beiträge der REACH-Umsetzung zur CSR-Strategie. In: Zeitschrift für Wirtschafts- und Unternehmensethik (zfwu), 13. Jg., H. 1, S. 82–91.

Grunwald, G./Ostendorf, R. J. (2013): Kompatibilität moderner Kommunikationsanforderungen an KMU mit der Dynamischen Ökologieführerschaft. In: Meyer, J.-A. (Hrsg.): Kommunikation kleiner und mittlerer Unternehmen – Jahrbuch der KMU-Forschung und -Praxis 2013. Lohmar: Josef Eul, S. 123–150.

GS1 Germany (2016): GS1 Standards. GS1 Standards gelten weltweit. https://www.gs1-germany.de/gs1-standards/ (abgerufen am 29.12.2016).

GS1 Germany (2017a): GS1 Solutions. Planunsprozess CPFR®. CPFR® optimiert Ihre Warenversorgung. https://www.gs1-germany.de/gs1-solutions/efficient-consumer-response/cpfrr/ (abgerufen am 02.01.2017).

GSI Germany (2017b): GS1 Standards. EPC/RFID. RFID überträgt Daten ohne Sichtkontakt. https://www.gs1-germany.de/gs1-standards/barcodesrfid/epcrfid/ (abgerufen am 03.01.2017).

Gummesson, E. (1997): Relationship Marketing as a Paradigm Shift: Some Conclusions from the 30R Approach, in: Management Decision, 35. Jg., Nr. 4, S. 267–272.

Gummesson, E. (2002): Relationship Marketing in the New Economy. In: Journal of Relationship Marketing, 1. Jg., Nr. 1, S. 37–57.

Gummesson, E. (2008): Total Relationship Marketing. 3. Aufl., London: Routledge.

Gustafsson, A./Johnson, M. D. (1997): Bridging the Quality-Satisfaction Gap. In: Quality Management Journal, 4. Jg., Nr. 3, S. 27–43.

H

Hadwich, K. (2003): Beziehungsqualität im Relationship Marketing. Konzeption und empirische Analyse eines Wirkungsmodells. Wiesbaden: Gabler.

Hahn, T./Wagner, M. (2001): Sustainability Balanced Scorecard: Von der Theorie zur Umsetzung, Lehrstuhl für Umweltmanagement. Universität Lüneburg.

Haller, S. (2015): Dienstleistungsmanagement: Grundlagen – Konzepte – Instrumente. 6. Aufl., Wiesbaden: Gabler.

Handelskammer Hamburg (o. J.): Kooperationsbörse. Innovation durch Kooperation. http://www.hk-kooperationsboerse.de/ (abgerufen am 09.12.2016).

Hanisch, S. (2017): Corporate Social Responsibility aus Nachfragersicht. Eine Analyse der Wirkungen des CSR-Images auf den Erfolg der Markenführung. Wiesbaden: Gabler.

Hansen, U. (1988): Ökologisches Marketing im Handel. In: Brandt, A./Hansen, U./Schoenheit, I./Werner, K. (Hrsg.): Ökologisches Marketing. Frankfurt am Main: Campus, S. 331–362.

Hansen, U. (1990): Absatz- und Beschaffungsmarketing des Einzelhandels. Eine Aktionsanalyse. 2. Aufl., Göttingen: Vandenhoeck & Ruprecht.

Hansen, U. (1996): Marketing im gesellschaftlichen Dialog. In: Hansen, U. (Hrsg.): Marketing im gesellschaftlichen Dialog. Frankfurt am Main: Campus, S. 33–53.

Hansen, U. (2000): Lost in Relationship-Marketing Space: The Limitations of Relationship Marketing from the Perspective of the Consumer. In: Hennig-Thurau, T./Hansen, U. (Hrsg.): Relationship Marketing. Gaining Competitive Advantage Through Customer Satisfaction and Customer Retention. Heidelberg: Springer, S. 415–435.

Hansen, U. (2011): Beziehungslos im Dschungel des Beziehungsmarketing oder: Grenzen des Beziehungsmarketing aus Verbraucherperspektive. In: Hippner, H./Hubrich, B./Wilde, K. D. (Hrsg.): Grundlagen des CRM. Strategie, Geschäftsprozesse und IT-Unterstützung. Wiesbaden: Gabler, S. 294–315.

Hansen, U./Bode, M. (1999): Marketing & Konsum. Theorie und Praxis von der Industrialisierung bis ins 21. Jahrhundert. München: Vahlen.

Hansen, U./Raabe, T. (1986): Konsumentenbeteiligung an der Produktentwicklung als Form des Dialogs zwischen Unternehmen und Verbrauchern. In: Hansen, U./Raabe, T./Schoenheit, I. (Hrsg.): Konsumentenbeteiligung an der Produktentwicklung. Dialoge zwischen Unternehmen und Verbrauchern, Universität Hannover/Stiftung Verbraucherinstitut. Berlin, S. 1–22.

Hansen, U./Schoenheit, I. (1986): Chancen eines aktiven Beschwerdemanagements angesichts eines neuen Verbraucherbewusstseins. In: Bulletin des Direktvertriebs, o. Jg., Teil 1: Nr. 1, S. 22–31.

Hansen, U./Schrader, U. (2005): Corporate Social Responsibility als aktuelles Thema der Betriebswirtschaftslehre. In: Die Betriebswirtschaft, 65. Jg., Nr. 4, S. 373–395.

Hansen, U./Schulze, H. S. (1990): Transaktionsanalyse und persönlicher Verkauf. In: Jahrbuch der Absatz- und Verbrauchsforschung, 36. Jg., H. 1, S. 4–26.

Harland, P. E. (2002): Kooperationsmanagement. Der Aufbau von Kooperationskompetenz für das Innovationsmanagement. Fischbachtal: Harland Media.

Hart, C. W./Heskett, J. L./Sasser Jr., W. E. (1990): The Profitable Art of Service Recovery. In: Harvard Business Review, 68. Jg., Nr. 4, S. 148–156.

Havenstein, M. (2004): Ingredient Branding: Die Wirkung der Markierung von Produktbestandteilen bei konsumtiven Gebrauchsgütern. Wiesbaden: Deutscher Universitätsverlag.

Heilmann, L. W. (2016): Finanzielle Nutzenrechnungen im technischen Vertrieb und Marketing. Konzeptionelle Grundlagen und Fallstudien. Wiesbaden: Gabler.

Heinemann, G. (2013): Digitale Revolution im Handel – steigende Handelsdynamik und disruptive Veränderung der Handelsstrukturen. In: Heinemann, G./Haug, K./Gehrckens, M./dgroup (Hrsg.): Digitalisierung des Handels mit ePace. Innovative E-Commerce-Geschäftsmodelle und digitale Zeitvorteile. Wiesbaden: Gabler, S. 3–25.

Heinemann, G./Gaiser, C. W. (2016): SoLoMo – Always-on im Handel. Die soziale, lokale und mobile Zukunft des Omnichannel-Shopping. 3. Aufl., Wiesbaden: Gabler.

Helm, S./Günter, B. (2006): Kundenwert – eine Einführung in die theoretischen und praktischen Herausforderungen der Bewertung von Kundenbeziehungen. In: Günter, B./Helm, S. (Hrsg.): Kundenwert: Grundlagen – Innovative Konzepte – Praktische Umsetzungen. 3. Aufl., Wiesbaden: Gabler, S. 3–38.

Helmke, S./Uebel, M./Dangelmaier, W. (2017): Grundlagen und Ziele des CRM-Ansatzes. In: Helmke, S./Uebel, M./Dangelmaier, W. (Hrsg.): Effektives Customer Relationship Management. Instrumente – Einführungskonzepte – Organisation. 6. Aufl., Wiesbaden: Gabler, S. 4–21.

Helmold, M./Terry, B. (2016): Lieferantenmanagement 2030. Wertschöpfung und Sicherung der Wettbewerbsfähigkeit in digitalen und globalen Märkten. Wiesbaden: Gabler.

Hempelmann, B./Grunwald, G. (2003): Zufriedenheit von Franchisenehmern in der Region Weser-Ems. In: Beiträge des Fachbereichs Wirtschaftswissenschaften der Universität Osnabrück Nr. 2003/11. Osnabrück.

Hempelmann, B./Grunwald, G. (2004): Die Zufriedenheit von Franchisenehmern: Ergebnisse einer empirischen Studie. In: GfK Jahrbuch für Absatz- und Verbrauchsforschung, 50. Jg., H. 3, S. 296–314.

Hempelmann, B./Lürwer, M. (2003): Der Customer Lifetime Value-Ansatz zur Bestimmung des Kundenwertes. In: Das Wirtschaftsstudium (wisu), 32. Jg., H. 3, S. 336–341.

Henkel, S./Tomczak, T./Kernstock, J./Wentzel, D./Brexendorf, T. O. (2012): Das Behavioral-Branding-Konzept. Leitlinie für das Management von Brand Behavior. In: Tomczak, T./Esch, F.-R./Kernstock, J./Herrmann, A. (Hrsg.): Behavioral Branding. Wie Mitarbeiterverhalten die Marke stärkt. 3. Aufl., Wiesbaden: Gabler, S. 189–212.

Hennig-Thurau, T. (2000): Die Qualität von Geschäftsbeziehungen auf Dienstleistungsmärkten. Konzeptualisierung, empirische Messung, Gestaltungshinweise. In: Bruhn, M./Stauss, B. (Hrsg.): Dienstleistungsmanagement. Jahrbuch 2000. Kundenbeziehungen im Dienstleistungsbereich. Wiesbaden: Gabler S. 133–158.

Hennig-Thurau, T./Gwinner, K. P./Gremler, D. D. (2002): Unterstanding Relationship Marketing Outcomes. In: Journal of Service Research, 4. Jg., Nr. 3, S. 230–247.

Hennig-Thurau, T./Hansen, U. (2000): Relationship Marketing – Some Reflections on the State-of-the-Art of the Relational Concept. In: Hennig-Thurau, T./Hansen, U. (Hrsg.): Relationship Marketing. Gaining Competitive Advantage Through Customer Satisfaction and Customer Retention. Heidelberg: Springer, S. 3–27.

Hennig-Thurau, T./Klee, A. (1997): The Impact of Customer Satisfaction and Relationship Quality on Customer Retention: A Critical Reassessment and Model Development. In: Psychology & Marketing, 14. Jg., Nr. 8, S. 737–764.

Hentze, J./Thies, B. (2014): Stakeholder-Management und Nachhaltigkeits-Reporting. Wiesbaden: Gabler.

Herrmann, A./Huber, F. (2009): Produktmanagement: Grundlagen, Methoden, Beispiele. 2. Aufl., Wiesbaden: Gabler.

Herrmann, A./Huber, F./Gustafsson, A./Elg, M. (1997): An Integrative Framework for Product Development and Satisfaction Measurement. In: Proceedings of the Third Annual International QFD Symposium, 2. Jg., University of Linköping.

Heskett, J. L./Jones, T. O./Loveman, G. W./Sasser Jr., W. E./Schlesinger, L. A. (1994): Putting the Service-Profit Chain to Work. In: Harvard Business Review, 72. Jg., Nr. 2, S. 164–170.

Heskett, J. L./Sasser, W. E./Schlesinger, L. A. (1997): The Service Profit Chain. New York: Free Press.

Heuer, A. (1999): Handelsbeteiligung am Produktentwicklungsprozeß von Markenartikeln. Dissertation, Schriesheim.

Hinde, R. A. (1976): On Describing Relationships. In: Journal of Child Psychology and Psychiatry, 17. Jg., S. 1–14.

Hinterhuber, H. H./Handlbauer, G./Matzler, K. (2003): Kundenzufriedenheit durch Kernkompetenzen. 2. Aufl., Wiesbaden: Gabler.

Hippner, H./Wilde, K. D. (2003): CRM – Ein Überblick. In: Helmke, S./Uebel, M./Dangelmaier, W. (Hrsg.): Effektives Customer Relationship Management. Instrumente – Einführungskonzepte – Organisation. 3. Aufl. Wiesbaden: Gabler, S. 3–37.

Ho, T. H./Lim, N./Camerer, C. F. (2006): Modeling the Psychology of Consumer and Firm Behavior with Behavioral Economics. In: Journal of Marketing Research, 43. Jg., Nr. 3, S. 307–331.

Höft, U. (2012): Multimedia- und Online-Kommunikation im B-to-B-Marketing. In: Baaken, T./Kesting, T./Kliewe, T./Pörner, R. (Hrsg.): Business-to-Business-Kommunikation. Neue Entwicklungen im B-to-B-Marketing. 2. Aufl., Berlin: Erich Schmidt, S. 257–282.

Hofbauer, G. (2013): Customer Integration – Prinzipien der Kundenintegration zur Entwicklung neuer Produkte. In: Working Paper Technische Hochschule Ingolstadt, Heft Nr. 26, Ingolstadt.

Hofbauer, G./Mashhour, T./Fischer, G. (2009): Lieferantenmanagement. Die wertorientierte Gestaltung der Lieferbeziehung. München: Oldenbourg Wissenschaftsverlag.

Hohn, B. (2001): Internet-Marketing und -Fundraising für Nonprofit-Organisationen. Wiesbaden: Deutscher Universitätsverlag.

Hollensen, S./Opresnik, M. (2015): Marketing. A Relationship Perspective. 2. Aufl., München: Vahlen.

Homans, G. (1968): Elementarformen sozialen Verhaltens. Wiesbaden: VS.

Homburg, C. (2017): Marketingmanagement. Strategie – Instrumente – Umsetzung – Unternehmensführung. 6. Aufl., Wiesbaden: Gabler.

Homburg, C./Krohmer, H. (2003): Marketingmanagement: Strategie – Instrumente – Umsetzung – Unternehmensführung. Wiesbaden: Gabler.

Homburg, C./Stock, R. (2001): Burnout von Mitarbeitern im Dienstleistungsbereich – Ansatzpunkte zur Vermeidung durch persönliches Ressourcen-Management. In: Bruhn, M., Stauss, B. (Hrsg.): Dienstleistungsmanagement. Jahrbuch 2001. Interaktionen im Dienstleistungsbereich. Wiesbaden: Gabler, S. 479–500.

Homburg, C./Wilczek, H. (2014): Mehrstufiges Marketing: Erfolgswirkungen und Erfolgsfaktoren. In: IMU Research Insights Nr. 021, Mannheim: Institut für Marktorientierte Unternehmensführung.

Honestly (2017): Feedback per Terminal und Smartphone. https://www.honestly.de/ (abgerufen am 27.04.2017)

Hubert, F. (2016): Neue Institutionenökonomik. In: Das Wirtschaftsstudium (wisu), 45. Jg., H. 8–9, S. 892–896.

Hubig, C. (2014): Vertrauen und Glaubwürdigkeit als konstituierende Elemente der Unternehmenskommunikation. In: Zerfaß, A./Piwinger, M. (Hrsg.): Handbuch Unternehmenskommunikation. Strategie – Management – Wertschöpfung. 2. Aufl., Wiesbaden: Gabler, S. 351–369.

Huck, S. (2004): Public Relations ohne Grenzen? Eine explorative Analyse der Beziehung zwischen Kultur und Öffentlichkeitsarbeit von Unternehmen. Wiesbaden: VS.

Hügens, T. (2004): Identifikation der relevanten Stakeholder für die Perspektiven der Relationship Management Balanced Scorecard. In: Ahlert, D./Zelewski, S. (Hrsg.): MOTIWIDI-Projektbericht Nr. 14 (Motivationseffizienz in wissensintensiven Dienstleistungsnetzwerken), Essen/Münster.

Hügens, T./Zelewski, S. (2006): Eine Stakeholder-Analyse zur Ermittlung potenzieller Perspektiven für das Beziehungsmanagement mithilfe der Balanced Scorecard. In: Wirtschaftswissenschaftliches Studium (WiSt), 35. Jg., H. 7, S. 368–373.

Hunt, J. M./Kernan, J. B./Mizerski, R. W. (1983): Causal Inference in Consumer Response to Inequitable Exchange: A Case of Deceptive Advertising. In: Advances in Consumer Research, 10. Jg., Nr. 1, S. 136–141.

I

Immerschitt, W./Stumpf, M. (2014): Employer Branding für KMU. Der Mittelstand als attraktiver Arbeitgeber. Wiesbaden: Gabler.

Ingerowski, J. B./Kölsch, D./Tschochohei, H. (2008): Anspruchsgruppen in der neuen europäischen Chemikalienregulierung (REACh). Centrum für Nachhaltigkeitsmanagement (CNM) e. V., Lüneburg: Centre for Sustainability Management.

Institut für Handelsforschung (IfH); BBE Retail Experts (2009): Angebots- und Nachfragemacht. Zum Verhältnis von Industrie und Handel. Eine Studie des Instituts für Handelsforschung (IfH) und der BBE Retail Experts im Auftrag des Hauptverbands des Deutschen Einzelhandels (HDE). Köln.

J

Jacob, F. (1995): Produktindividualisierung: Ein Ansatz zur innovativen Leistungsgestaltung im Business-to-Business-Bereich. Wiesbaden: Gabler.

Jeschke, K. (1995): Nachkaufmarketing. Kundenzufriedenheit und Kundenbindung auf Konsumgütermärkten. Frankfurt am Main: Peter Lang.

Jeschke, K. (1996): Kundenanfragen und -beschwerden als Dialogangebot an Unternehmen. In: Hansen, U. (Hrsg.): Marketing im gesellschaftlichen Dialog. Frankfurt am Main: Campus, S. 281–292.

Jeschke, K./Schulze, H. S./Bauersachs, J. (2000): Internal Marketing and its Consequences for Complaint Handling Effectiveness. In: Hennig-Thurau, T./Hansen, U. (Hrsg.): Relationship Marketing. Gaining Competitive Advantage Through Customer Satisfaction and Customer Retention. Heidelberg: Springer, S. 193–216.

Jochem, R./Geers, D. (2010): Was versteht man unter Wirtschaftlichkeit von Qualität? In: Jochem, R. (Hrsg.): Was kostet Qualität? Wirtschaftlichkeit von Qualität ermitteln. München: Hanser, S. 27–54.

Jochims, T. (2013): Die Gestaltung der internen Kommunikation im Entwicklungsprozess von KMU. In: Meyer, J.-A. (Hrsg.): Kommunikation kleiner und mittlerer Unternehmen. Jahrbuch der KMU-Forschung und -Praxis 2013 in der Edition »Kleine und mittlere Unternehmen«. Köln: Josef Eul, S. 151–170.

Johnson, M. P. (1982): Social and Cognitive Features of the Dissolution of Commitment to Relationships. In: Duck, S. (Hrsg.): Personal Relationships 4: Dissolving Personal Relationships. New York: Academic Press, S. 51–73.

K

Kano, N./Seraku, N./Takahashi, F./Tsuji, S. (1984): Attractive Quality and Must-Be Quality. In: The Journal of the Japanese Society for Quality Control, 14. Jg., Nr. 2, S. 39–48.

Kaplan, R. S./Norton, D. P. (1997): Balanced Scorecard: Strategien erfolgreich umsetzen. Stuttgart: Schäffer-Poeschel.

Karmasin, M./Weder, F. (2014): Stakeholder-Management als kommunikatives Beziehungsmanagement: Netzwerktheoretische Grundlagen der Unternehmenskommunikation. In: Zerfaß, A./Piwinger, M. (Hrsg.): Handbuch Unternehmenskommunikation. Strategie – Management – Wertschöpfung, 2. Aufl., Wiesbaden, S. 81–103.

Karpe, N./Scharf, A. (2006): Ermittlung relevanter Determinanten der Kundenzufriedenheit mittels Kano-Modell – dargestellt am Beispiel der Dienstleistungen von Immobilienmaklern. In: Scharf, A./Stein, B. (Hrsg.): Nordhäuser Hochschultexte. Schriftenreihe Betriebswirtschaft, H. 1, Fachhochschule Nordhausen.

Kashyap, R. (2001): The Effects of Service Guarantees on External and Internal Markets. In: Academy of Marketing Science Review, 10. Jg., Nr. 10, S. 1–19.

Keller, M. (2004): Management und Gestaltung von Strategischen Allianzen unter besonderer Berücksichtigung der Funktionen und der Architektur von Anreiz- und Management-Development-Systemen. In: Zeitschrift für Personalforschung, 19. Jg., Nr. 4, S. 347–349.

Kenzelmann, P. (2008): Kundenbindung. Kunden begeistern und nachhaltig binden. Berlin: Cornelsen.

Kernstock, J. (2012): Behavioral-Branding als Führungsansatz. Mit Behavioral Branding das Unternehmen stärken. In: Tomczak, T./Esch, F.-R./Kernstock, J./Herrmann, A. (Hrsg.): Behavioral Branding. Wie Mitarbeiterverhalten die Marke stärkt. 3. Aufl., Wiesbaden: Gabler, S. 3–33.

Kernstock, J./Brexendorf, T. O. (2014): Die Corporate Brand in Richtung Mitarbeiter gestalten und verankern. In: Esch, F. R./Tomczak, T./Kernstock, J./Langner, T./Redler, J. (Hrsg.): Corporate Brand Management. Marken als Anker strategischer Führung von Unternehmen. 3. Aufl., Wiesbaden: Gabler, S. 243–265.

KIA (o. J.): 7-Jahre-KIA-Herstellergarantie. http://www.kia.com/de/angebote/7-jahre-kia-herstellergarantie/?gclid=cmdq4ky0uticfxcw0woduz8lcq (abgerufen am 03.03.2017).

Kilian, T. (2012): Mitarbeiter als Markenbotschafter. In: Absatzwirtschaft, 55. Jg., Nr. 1 2, S. 11–16.

Klaus, P. G. (1984): Auf dem Weg zu einer Betriebswirtschaftslehre der Dienstleistungen: Der Interaktions-Ansatz. In: Die Betriebswirtschaft, 44. Jg., H. 3, S. 467–457.

Kleemann, F. C. (2014): Supplier Relationship Management im Performance-based Contracting. Anbieter-Lieferanten-Beziehungen in komplexen Leistungsbündeln. Wiesbaden: Gabler.

Kleinaltenkamp, M./Jacob, F. (2006): Grundlagen der Gestaltung des Leistungsprogramms. In: Kleinaltenkamp, M./Plinke, W./Jacob, F./Söllner, A. (Hrsg.): Markt- und Produktmanagement: Die Instrumente des Business-to-Business-Marketing. 2. Aufl., Wiesbaden: Gabler, S. 3–81.

Kleinaltenkamp, M./Plinke, W./Söllner, A. (2011): Geschäftsbeziehungen – empirisches Phänomen und Herausforderung für das Management. In: Kleinaltenkamp, M./Plinke, W./Geiger, I./Jacob, F./Söllner, A. (Hrsg.): Geschäftsbeziehungsmanagement. Konzepte, Methoden, Instrumente. 2. Aufl., Wiesbaden: Gabler, S. 17–44.

Kleine-Doepke, R./Standop, D./Wirth, W. (2006): Management-Basiswissen. Konzepte und Methoden zur Unternehmenssteuerung. 3. Aufl., München: dtv.

Klinger, E. (1998): Gestaltung von Sicherheitskommunikation: Eine Wirkungsanalyse sicherheitsrelevanter Produktaufschriften. Wiesbaden: Deutscher Universitätsverlag.

Klumpp, M./Jasper, A. (2007): Efficient Consumer Response (ECR) in der Logistikpraxis des Handels. Arbeitspapier der FOM, Nr. 6, Essen.

Kornmeier, M./Schneider, W. (2006): Balanced Scorecard. Toolbox für erfolgreiche Unternehmensführung. Berlin: Erich Schmidt.

Kotler, P./Armstrong, G./Wong, V./Saunders, J. (2011): Grundlagen des Marketing. 5. Aufl., München: Pearson Studium.

KPMG AG Wirtschaftsprüfungsgesellschaft (Hrsg.) (2016): Trends im Handel 2025. Erfolgreich in Zeiten von Omni-Business. http://hub.kpmg.de/trends-im-handel-2025 (abgerufen am 12.04.2017).

Kreutzer, R. T. (2014): Internal Branding. Ein zentraler Baustein des Corporate Reputation Managements. Wiesbaden: Gabler.

Kreutzer, R. T. (2016): Kundenbeziehungsmanagement im digitalen Zeitalter. Konzepte, Erfolgsfaktoren, Handlungsideen. Stuttgart: Kohlhammer.

Krieger, K. (2005): Customer Relationship Management und Innovationserfolg: Eine theoretisch-konzeptionelle Fundierung und empirische Analyse. Wiesbaden: Deutscher Universitäts-Verlag.

Krüger, C./Müller-Henning, M (2005): Brent Spar als Geschichte der Gegenwart. Zur sozialen Brisanz der Auseinandersetzung. In: Greenpeace e. V. (Hrsg.): Brent Spar und die Folgen. Zehn Jahre danach. Hamburg, S. 25–29.

Krüger, W. (1974): Macht in der Unternehmung – Elemente und Strukturen. Poeschel: Stuttgart.

Krystek, U. (1987): Unternehmungsskrisen: Beschreibung, Vermeidung und Bewältigung überlebenskritischer Prozesse in Unternehmungen. Wiesbaden: Gabler.

Kull, S. (1998): Ökologieorientiertes Handelsmarketing. Grundlegungen, konzeptuale Ausformungen und empirische Einsichten. Frankfurt am Main: Peter Lang.

Kull, S. (2013): »Augmented Retailing«. Die virtuelle Erweiterung realer Shoppingwelten. In: Hofbauer, G./Pattloch, A./Stumpf, M. (Hrsg.): Marketing in Forschung und Praxis. Jubiläumsaufgabe zum 40-jährigen Bestehen der Arbeitsgemeinschaft für Marketing. Berlin: Uni-Edition, S. 829–848.

Kundenmonitor Deutschland (2014): Anteil nicht artikulierter Beschwerden ist bei Sozialen Netzwerken und Fondsgesellschaften am höchsten. https://www.servicebarometer.net/kundenmonitor/de/branchenuebergreifende-ergebnisse.html (abgerufen am 27.03.2016).

Kundenmonitor Deutschland (2016): Service Insights. https://www.servicebarometer.net/kundenmonitor/de/service-insights.html (abgerufen am 02.09.2016).

Künzel, H. (2013): Kundenfokus. Employer Branding als Erfolgsfaktor. In: Künzel, H. (Hrsg.): Erfolgsfaktor Employer Branding. Mitarbeiter binden und die Gen Y gewinnen. Wiesbaden: Gabler, S. 47–61.

Kuß, A. (2011): Marketing-Theorie – Eine Einführung. 2. Aufl., Wiesbaden: Gabler.

L

Lammers, L. M. (2012): Efficient Consumer Response. Strategische Bedeutung und organisatorische Implikationen absatzorientierter ECR-Kooperationen. Wiesbaden: Gabler.

Large, R. (2009): Strategisches Beschaffungsmanagement. Eine praxisorientierte Einführung. Mit Fallstudien. 4. Aufl., Wiesbaden: Gabler.

Läseke, A. (2004): Suchen, Erfahren und Vertrauen in den »Moments of Truth«. In: Meyer, A. (Hrsg.): Dienstleistungsmarketing – Impulse für Forschung und Management. Wiesbaden: Deutscher Universitätsverlag, S. 191–216.

Leimeister, J. M./Glauner, C. (2008): Hybride Produkte – Einordnung und Herausforderungen für die Wirtschaftsinformatik. In: Wirtschaftsinformatik, 50. Jg., Nr. 3, S. 248–251.

Lewicki, R. J./Bunker, B. B. (1996): Developing and Maintainig Trust in Work Relationships. In: Kramer, R. M./Tyler, T. R. (Hrsg.): Trust in Organizations: Frontiers of Theory and Research. London: Sage, S. 114–139.

Lewin, K. (1963): Feldtheorie in den Sozialwissenschaften – Ausgewählte theoretische Schriften. Bern: Hans Huber, Stuttgart.

Lietke, B. (2009): Efficient Consumer Response. Eine agency-theoretische Analyse der Probleme und Lösungsansätze. Wiesbaden: Gabler.

Liljander, V. (2000): The Importance of Internal Relationship Marketing for External Relationship Success. In: Hennig-Thurau, T./Hansen, U. (Hrsg.): Relationship Marketing. Gaining Competitive Advantage Through Customer Satisfaction and Customer Retention. Heidelberg: Springer, S. 161–192.

Lingenfelder, M./Kreipl, C. (2005): Die ECR-Bereitschaft als Schlüssel für erfolgreiche vertikale Kooperationen. Konstrukt und Determinanten. In: Haas, A./Ivens, B. S. (Hrsg.): Innovatives Marketing. Entscheidungsfelder – Management – Instrumente. Hermann Diller zum 60. Geburtstag. Wiesbaden: Gabler, S. 233–254.

Link, J./Hildebrand, V. (1993): Database Marketing und Computer Aided Selling. München: Vahlen.

Lohmann, S. (2014): Interaktionsqualität im Technologietransfer. Theoretischer Ansatz, empirische Untersuchung und Implikationen. Wiesbaden: Gabler.

Lovelock, C. H./Wright, L. (2002): Principles of Service Marketing and Management. 2. Aufl., Upper Saddle River (NJ): Prentice Hall.

Luhmann, N. (2000): Vertrauen: Ein Mechanismus der Reduktion sozialer Komplexität. Stuttgart: Lucius & Lucius.

M

Maak, T./Ulrich, P. (2007): Integre Unternehmensführung. Ethisches Orientierungswissen für die Wirtschaftspraxis. Stuttgart: Schäffer-Poeschel.

Macneil, I. R. (1980): The New Social Contract – An Inquiry into Modern Contractual Relations. New Haven (CT): Yale University Press.

March, J./Simon, H. (1993): Organizations. 2. Aufl., Hoboken (NJ): Wiley-Blackwell.

Mast, C. (2006): Unternehmenskommunikation. Ein Leitfaden. 2. Aufl., Stuttgart: UTB.

Mattmüller, R./Buschmann, A. (2015): Marketing: Das Management aller Zielgruppen. In: Hesse, G./Mattmüller, R. (Hrsg.): Perspektivwechsel im Employer Branding. Neue Ansätze für die Generationen Y und Z. Wiesbaden: Gabler, S. 1–16.
Mayer, R. C./Davis, J. H./Schoorman, F. D. (1995): An Integrative Model of Organizational Trust. In: Academy of Management Review, 20. Jg., Nr. 3, S. 709–734.
Mayerhofer, W./Dickert, S./Müller, B. (2016): Research Online – Purchase Offline: Ergebnisse einer Studie zum ROPO-Effekt. In: transfer – Werbeforschung & Praxis. Zeitschrift für Kommunikation und Markenführung, 62. Jg., Nr. 01, S. 39–44.
McCollough, M. A./Bharadwaj, S. G. (1992): The Recovery Paradox: An Examination of Customer Satisfaction in Relation to Disconfirmation, Service Quality, and Attribution Based Theories. In: Allen, C. T. (Hrsg.): Marketing Theory and Applications, American Marketing Association. Chicago (Il): American Marketing Association.
Meffert, H. (1994): Marketing-Management. Analyse – Strategie – Implementierung. Wiesbaden: Gabler.
Meffert, H./Bruhn, M. (2012): Dienstleistungsmarketing. Grundlagen – Konzepte – Methoden. 7. Aufl., Wiesbaden: Gabler.
Meffert, H./Burmann, C./Kirchgeorg, M. (2015): Marketing. Grundlagen marktorientierter Unternehmensführung. Konzepte – Instrumente – Praxisbeispiele. 12. Aufl., Wiesbaden: Gabler.
Meinig, W. (1995): DSI – Dealer Satisfaction Index ’95: Das Händler-Zufriedenheits-Barometer. Ottobrunn: Autohaus.
Meyer, A./Blümelhuber, C./Pfeiffer, M. (2000): Der Kunde als Co-Produzent und Co-Designer – oder: die Bedeutung der Kundenintegration für die Qualitätspolitik von Dienstleistungsanbietern. In: Bruhn, M./Stauss, B. (Hrsg.): Dienstleistungsqualität: Konzepte – Methoden – Erfahrungen. Wiesbaden: Gabler, S. 49–70.
Meyer, A./Mattmüller, R. (1987): Qualität von Dienstleistungen – Entwurf eines praxisorientierten Qualitätsmodells. In: Marketing ZFP, 9. Jg., H. 3, S. 187–195.
Meyer, J. P./Allen, N. J. (1991): A Three-Component Conceptualization of Organizational Commitment. In: Human Resource Management Review, 1. Jg., Nr. 1, S. 61–89.
Michaelis, M. (2009): Internes Marketing in Dienstleistungsnetzwerken. Konzeption und Erfolgsmessung. Wiesbaden: Gabler.
Michel, S. (2001): Service Recovery: Wiederherstellung von Kundenzufriedenheit nach Service Fehlern. Cham. http://www.dienstleistungsmarketing.ch/oldsite/downloads/artikel/michel/service_rec.pdf (abgerufen am 10.12.2016).
Miebach, B. (2006): Soziologische Handlungstheorie. Eine Einführung. 2. Aufl., Wiesbaden: VS.
Mieg, H. A./Näf, M. (2005): Experteninterviews. 2. Aufl., Institut für Mensch-Umwelt-Systeme (HES), ETH Zürich.
Mitchell, R. K./Agle, B. R./Wood, D. J. (1997): Toward a Theory of Stakeholder Identification and Salience: Defining the Principle of Who and What Really Counts. In: The Academy of Management Review, 22. Jg., Nr. 4, S. 853–886.

Mizerski, R. W. (1982): An Attribution Explanation of the Disproportionate Influence of Unfavorable Information. In: Journal of Consumer Research, 9. Jg., S. 301–310.

Morgan, R. M./Hunt, S. D. (1994): The Commitment-Trust Theory of Relationship Marketing. In: Journal of Marketing, 58. Jg., Nr. 3, S. 20–38.

Morschett, D. (2003): Formen von Kooperationen, Allianzen und Netzwerken. In: Zentes, J./Swoboda, B./Morschett, D. (Hrsg.): Kooperationen, Allianzen und Netzwerke. Grundlagen – Ansätze – Perspektiven. Wiesbaden: Gabler, S. 387–413.

Müller, W./Riesenbeck, H.-J. (1991): Wie aus zufriedenen auch anhängliche Kunden werden. In: Harvard Manager, 13. Jg., Nr. 3, S. 67–79.

Müller-Hagedorn, L./Dach, C./Spork, S./Toporowski, W. (1999): Vertikales Marketing. Trends in der Praxis und Schwerpunkte der theoretischen Diskussion. In: Marketing ZFP, 21. Jg., H. 1, S. 61–74.

N

Nagel, M./Mieke, C. (2014): BWL-Methoden. Handbuch für Studium und Praxis. Stuttgart: UTB.

Nalebuff, B. J./Brandenburger, A. M. (1996): Coopetition – Kooperativ konkurrieren. Mit der Spieltheorie zum Unternehmenserfolg. Frankfurt am Main: Campus.

Nelson, P. (1970): Information and Consumer Behavior. In: Journal of Political Economy (JPE), 78. Jg., Nr. 2, S. 311–329.

Neue Verpackung online (2016): Kennzeichnen. Digital Watermark Code – der unsichtbare Barcode. http://www.neue-verpackung.de/44671/digital-watermark-code-der-unsichtbare-barcode/ (abgerufen am 03.01.2017).

Neumann, O. (2017): Competitor Relationship Management. Beschreibung, Erklärung und Gestaltung von Beziehungen zwischen Wettbewerbern. Wiesbaden: Gabler.

Niedergesäß, U./Bartels, S. (2015): Beschwerdemanagement wird wenig Beachtung geschenkt – Feedback-Potenziale bleiben ungenutzt. In: Energiewirtschaftliche Tagesfragen, 65. Jg., H. 1/2, S. 70–73.

Niven, P. R. (2009): Balanced Scorecard – Arbeitsbuch. 2. Aufl., Weinheim: Wiley-VCH.

O

o. V. (2016a): Einigung im Streit mit Zulieferer: VW-Werke werden wieder beliefert. http://www.handelsblatt.com/unternehmen/industrie/einigung-im-streit-mit-zulieferer-vw-werke-werden-wieder-beliefert/14442816.html (abgerufen am 20.12.2016).

o. V. (2016b): Mega-Zeppeline. Amazon lässt fliegende Warenhäuser patentieren. Spiegel online vom 29.12.2016. http://www.spiegel.de/wirtschaft/unternehmen/amazon-prueft-fliegende-warenhaeuser-patent-schon-erteilt-a-1127867.html (abgerufen am 02.01.2017).

Obersojer, T. (2009): Efficient Consumer Response. Supply Chain Management für die Ernährungswirtschaft. Wiesbaden: Gabler.

Oliver, R. L. (1980): A Cognitive Model of the Antecedents and Consequences of Satisfaction Decisions. In: Journal of Marketing Research, 17. Jg., Nr. 4, S. 460–469.

P

Pander, J./Grünweg, T. (2010): Garantie bis 160.000 Kilometer. Lebenslänglich für Opel-Fahrer. Spiegel online vom 05.08.2010. http://www.spiegel.de/auto/aktuell/garantie-bis-160-000-kilometer-lebenslaenglich-fuer-opel-fahrer-a-710184.html (abgerufen am 02.03.2017).

Parasuraman, A./Zeithaml, V. A./Berry, L. L. (1985): A Conceptual Model of Service Quality and its Implications for Future Research. In: Journal of Marketing, 49. Jg., Nr. 2, S. 41–50.

Parasuraman, A./Zeithaml, V. A./Berry, L. L. (1988): SERVQUAL: A Multiple-Item Scale for Measuring Consumer Perceptions of Service Quality. In: Journal of Retailing, 64. Jg., Nr. 1, S. 12–40.

Pepels, W. (2008): Qualitäts- und Zufriedenheitsmessung als CRM-Basis. In: Helmke, S./Uebel, M. F./Dangelmaier, W. (Hrsg.): Effektives Customer Relationship Management: Instrumente – Einführungskonzepte – Organisation. 4. Aufl., Wiesbaden: Gabler, S. 25–56.

Peterke, J. (2007): Kundenorientierung schafft Vorteile im Wettbewerb. In: Der Betriebswirt, 48. Jg., H. 1, S. 15–20.

Peters, M. L./Zelewski, S. (2002): Analytical Hierarchy Process (AHP) – dargestellt am Beispiel der Auswahl von Projektmanagement-Software zum Multiprojektmanagement, Arbeitsbericht Nr. 14. Essen: Institut für Produktion und Industrielles Informationsmanagement.

Peters, M. L./Zelewski, S. (2003): Fallstudie zur Lösung eines Standortplanungsproblems mit Hilfe des Analytical Hierarchy Process (AHP), Arbeitsbericht Nr. 19. Essen: Institut für Produktion und Industrielles Informationsmanagement.

Pförtsch, W./Müller, I. (2006): Die Marke in der Marke – Bedeutung und Macht des Ingredient Branding. Heidelberg: Springer.

Picot, A. (1991): Ökonomische Theorien der Organisation – Ein Überblick über neuere Ansätze und deren betriebswirtschaftliches Anwendungspotential. In: Ordelheide, D./Rudolph, B./Büsselmann, E. (Hrsg.): Betriebswirtschaftslehre und Ökonomische Theorie. Stuttgart: Poeschel, S. 143–170.

Piehler, R. (2011): Interne Markenführung. Theoretisches Konzept und fallstudienbasierte Evidenz. Wiesbaden: Gabler.

Piller, F. T. (2007): Mass Customization. In: Albers, S./Herrmann, A. (Hrsg.): Handbuch Produktmanagement. 3. Aufl., Wiesbaden: Gabler, S. 943–968.

Piller, F. T./Stotko, C. M. (2003): Vom Faustkeil über das Fließband zur Mass Customization? In: Piller, F. T./Stotko, C. M. (Hrsg.): Mass Customization und Kundenintegration – Neue Wege zum innovativen Produkt. Düsseldorf: Symposion, S. 19–28.

Piller, F./West, J. (2014): Firms, Users, and Innovation: An Interactive Model of Coupled Open Innovation. In: Chesbrough, H./Vanhaverbeke, W./West, J. (Hrsg.): New Frontiers in Open Innovation. Oxford: Oxford University Press, S. 29–49.

Pine, B. J. (1993): Mass Customization: The New Frontier in Business Competition. Boston (MA): Harvard Business Review Press.

Piontek, J. (2013): Bausteine des Logistikmanagements. Supply Chain Management, E-Logistics, Logistikcontrolling, Green Logistics, Logistikinstrumente. 4. Aufl., Herne: NWB.

Plinke, W. (1997): Grundlagen des Geschäftsbeziehungsmanagements. In: Kleinaltenkamp, M./Plinke, W. (Hrsg.): Geschäftsbeziehungsmanagement. Heidelberg: Springer, S. 1–62.

Porter, M. E. (1995): Wettbewerbsstrategie. 8. Aufl., Frankfurt am Main: Campus.

Pratt, N./Wagner, T./Beckers, S. (2012): CSR-Kommunikation im Wandel. Status quo und Trends aus Sicht der Unternehmen. Wuppertal: Collaborating Centre on Sustainable Consumption and Production (CSCP).

Probst, A.-R./Wenger, D. (1998): Elektronische Kundenintegration. Marketing, Beratung & Verkauf, Support und Kommunikation, Braunschweig/Wiesbaden: Friedr. Vieweg & Sohn.

R

Raab, G./Unger, A./Unger, F. (2010): Marktpsychologie: Grundlagen und Anwendung. 3. Aufl., Wiesbaden: Gabler.

Raab, W./Werner, N. (2009): Customer Relationship Management. Aufbau dauerhafter und profitabler Kundenbeziehungen. Frankfurt am Main: Fachmedien Recht und Wirtschaft.

Raabe, T. (1996): Produktentwicklung im Dialog mit Konsumenten. In: Hansen, U. (Hrsg.): Marketing im gesellschaftlichen Dialog. Frankfurt am Main: Campus, S. 267–280.

Raven, B. H. (1965): Social Influence and Power. In: Steiner, I. D./Fishbein, M. (Hrsg.): Current Studies in Social Psychology. New York: Holt, Rinehart & Winston of Canada, S. 371–382.

Regierungskommission Deutscher Corporate Governance Kodex (2017): Deutscher Corporate Governance Kodex. http://www.dcgk.de/de/ (abgerufen am 29.12.2016).

Reichwald, R./Piller, F. T. (2002): Customer Integration. Formen und Prinzipien einer Integration der Kunden in die unternehmerische Wertschöpfung, Arbeitsbericht Nr. 26 (Jan. 2002) des Lehrstuhls für Allgemeine und Industrielle Betriebswirtschaftslehre der Technischen Universität München, München.

Reinecke, S./Janz, S. (2007): Marketingcontrolling. Stuttgart: Kohlhammer.

Reinecke, S./Keller, J. (2006): Strategisches Kundenwertcontrolling – Planung, Steuerung und Kontrolle von Kundenerfolgspotenzialen. In: Reinecke, S./Tomczak, T. (Hrsg.): Handbuch Marketingcontrolling: Effektivität und Effizienz einer marktorientierten Unternehmensführung. Wiesbaden: Gabler, S. 253–282.

Reiß, M./Ehrenmann, F./Neumann, O. (2011): Organisierter Wettbewerb: Zerreißprobe für die Automotive Supply Chain. In: Supply Chain Management, o. Jg., Nr. 1, S. 7–14.

Riedel, K./Gresser, F. (2016): Das kundenorientierte Unternehmen. 12 Erfolgsprinzipien für eine konsequente Ausrichtung am Kunden. Stuttgart: Schäffer-Poeschel.

Riemer, K. (2008): Beziehungsmanagement. Grundlagen, Konzepte und Maßnahmen am Beispiel von Supplier- und Customer-Relations. Arbeitsberichte des Kompetenzzentrums Internetökonomie und Hybridität. Nr. 55, Münster.

Riemer, M. (1986): Beschwerdemanagement. Frankfurt am Main: Campus.

Roj, M. (2013): Die Relevanz der Markenarchitektur für das Employer Branding. Eine verhaltenstheoretisch-experimentelle Untersuchung zum Einfluss von hierarchieübergreifenden Markenkombinationen auf die Employer Brand Strength. Wiesbaden: Gabler.

Rosenberger, B. (2014): Einleitung: Personalmanagement – ein Zukunftsprojekt. In: Rosenberger, B. (Hrsg.): Modernes Personalmanagement. Strategisch – operativ – systemisch. Wiesbaden: Gabler, S. 9–28.

Rossmann, A. (2010): Vertrauen in Kundenbeziehungen. Wiesbaden: Gabler.

Rudolph, A./Rudolph, M. (2000): Customer Relationship Management – individuelle Kundenbeziehungen. Berlin: Cornelsen.

S

Saab, S. (2007): Commitment in Geschäftsbeziehungen. Konzeptualisierung und Operationalisierung für das Business-to-Business-Marketing. Wiesbaden: Deutscher Universitätsverlag.

Saaty, T. L. (1980): The Analytic Hierarchy Process. New York: McGraw-Hill.

Sauerbrey, C. (2003): Erfolgreiche Kunden-Rückgewinnung. In: Kamenz, U. (Hrsg.): Applied Marketing. Anwendungsorientierte Marketingwissenschaft der deutschen Fachhochschulen. Heidelberg: Springer, S. 127–138.

Savage G. T./Nix, T. W./Whitehead, C. J./Blair, J. D. (1991): Strategies for Assessing and Managing Organizational Stakeholders. In: Academy of Management Executive, 5. Jg., Nr. 2, S. 61–75.

Schein, E. H. (1984): Coming to a New Awareness of Organizational Culture. In: Sloan Management Review, 25. Jg., Nr. 2, S. 3–16.

Scheutzow, S. (2017): Kundenbindung durch Kundenintegration auf Industriegütermärkten. Wiesbaden: Gabler.

Schlüter, H. (2001): Franchisenehmer-Zufriedenheit: Theoretische Fundierung und empirische Analyse. Wiesbaden: Deutscher Universitätsverlag.

Schmidt, H. J./Kilian, K. (2012): Internal Branding, Employer Branding & Co.: Der Mitarbeiter im Markenfokus. In: transfer – Werbeforschung und Praxis. Zeitschrift für Kommunikation und Markenführung, 58. Jg., Nr. 1, S. 28–33.

Schmidt, R. W. (1997): Strategisches Marketing-Accounting – Nutzung des Rechnungswesens bei strategischen Marketingaufgaben. Wiesbaden: Deutscher Universitätsverlag.

Schmitt, V. (2010): Supplier Relationship Management und die Möglichkeit der Steuerung von Beschaffungsprozessen. In: Fröhlich, L./Lingohr, T. (Hrsg.): Gibt es die optimale Einkaufsorganisation? Organisatorischer Wandel und pragmatische Methoden zur Effizienzsteigerung. Wiesbaden: Gabler, S. 101–113.

Schneider, B. (1987): The People Make the Place. In: Personnel Psychology, 40. Jg., Nr. 3, S. 437–453.

Schöler, A. (2011): Rückgewinnungsmanagement. In: Hippner, H./Hubrich, B./ Wilde, K. D. (Hrsg.): Grundlagen des CRM – Strategie, Geschäftsprozesse und IT-Unterstützung. 3. Aufl., Wiesbaden: Gabler, S. 499–526.

Schönsleben, P. (2016): Integrales Logistikmanagement. Operations und Supply Chain Management innerhalb des Unternehmens und unternehmensübergreifend. 7. Aufl., Heidelberg: Springer.

Schoorman, F. D./Mayer, R. C./Davis, J. H. (2007): An Integrative Model of Organizational Trust: Past, Present, and Future. In: Academy of Management Review, 32. Jg., Nr. 2, S. 344–354.

Schrader, M. F. (2008): Das Management einer Innovationskooperation zwischen einem Investitionsgüterhersteller und einem Lead User im Rahmen des Beziehungsmarketing. Eine branchenunabhängige Analyse aus Herstellersicht. Mering: Rainer Hampp.

Schröder, H. (2012a): Handelsmarketing. Strategien und Instrumente für den stationären Einzelhandel und für Online-Shops. Mit Praxisbeispielen. 2. Aufl., Wiesbaden: Gabler.

Schröder, H. (2012b): Category Management. In: Zentes, J./Swoboda, B./Morschett, D./Schramm-Klein, H. (Hrsg.): Handbuch Handel. Strategien – Perspektiven – Internationaler Wettbewerb. 2. Aufl., Wiesbaden: Gabler, S. 527–541.

Schuh, G./Boos, W./Kampker, A./Gartzen, U. (2011): Strategie. In: Schuh, G./ Kampker, A. (Hrsg.): Strategie und Management produzierender Unternehmen. Handbuch Produktion und Management 1. 2. Aufl., Heidelberg: Springer VDI-Buch, S. 63–131.

Schuhmacher, F./Geschwill, R. (2014): Employer Branding. Human Resources Management für die Unternehmensführung. 2. Aufl., Wiesbaden: Gabler.

Schul, P. L./Little, T. E./Pride, W. M. (1985): Channel Climate: It's Impact on Channel Members' Satisfaction. In: Journal of Retailing, 61. Jg., Nr. 2, S. 9–38.

Schüller, A. M. (2007): Come back! Wie Sie verlorene Kunden zurückgewinnen. 2. Aufl., Zürich: Orell Fuessli.

Schulze, H. S. (1992): Internes Marketing von Dienstleistungsunternehmungen: Fundierungsmöglichkeiten mittels ausgewählter Konzepte der Transaktionsanalyse. Frankfurt am Main: Peter Lang.

Schütte, R./Kenning, P./Hügens, T. (2004): Konzeption einer Relationship Management Balanced Scorecard für das Beziehungsmanagement in Dienstleistungsnetzwerken. In: Ahlert, D./Zelewski, S. (Hrsg.): MOTIWIDI-Projektbericht Nr. 20 (Motivationseffizienz in wissensintensiven Dienstleistungsnetzwerken). Essen/ Münster.

Schwaiger, M./Cannon, H. M. (2004): Unternehmensreputation – Bestandsaufnahme und Messkonzepte. In: Jahrbuch der Absatz- und Verbrauchsforschung, 50. Jg., Nr. 3, S. 237–261.

Schwarz, A./Löffelholz, M. (2014): Krisenkommunikation: Vorbereitung, Umsetzung, Erfolgsfaktoren. In: Zerfaß, A./Piwinger, M. (Hrsg.): Handbuch Unternehmenskommunikation. Strategie – Management – Wertschöpfung. 2. Aufl., Wiesbaden: Gabler, S. 1303–1319.

Schwegler, R. (2008): Moralisches Handeln von Unternehmen. Eine Weiterentwicklung des neuen St. Galler Management-Modells und der Ökonomischen Ethik. Wiesbaden: Gabler.

Schwill, J. (1995): Reparaturservice als Marketingaufgabe des Handels. Frankfurt am Main: Peter Lang.

Schwill, J. (2003): Personalorientiertes internes Marketing als Instrument zur Gestaltung der Servicequalität. In: Kamenz, U. (Hrsg.): Applied Marketing. Anwendungsorientierte Marketingwissenschaft der deutschen Fachhochschulen. Heidelberg: Springer, S. 779–792.

Schwill, J. (2009): Customer Relationship Management (CRM). Schriftlicher Lehrgang Vertriebsmanagement. In 9 Lektionen zum Zertifikat. Freiburg: Haufe.

Schwill, J. (2010): Internationales Innovationsmanagement – Trends in Wissensgenerierung und Ansätze zur Ausschöpfung von Innovationspotenzialen. In: Baaken, T./Höft, U./Kesting, T. (Hrsg.): Marketing für Innovationen. Wie innovative Unternehmen die Bedürfnisse ihrer Kunden erfüllen, Lichtenberg (Odw.): Harland Media, S. 13–34.

Schwill, J. (2013a): Charakteristika und Maßnahmen des Dienstleistungsrelaunch. In: Pepels, W. (Hrsg.): Praxishandbuch Relaunch. Potenziale vorhandener Marken richtig ausschöpfen. Düsseldorf: Symposion, S. 251–283.

Schwill, J. (2013b): Dienstleistungsmarketing. In: Pepels, W. (Hrsg.): Marketing im Nebenfach. Berlin, S. 215–234.

Schwill, J./Brandt, S. (2013): Cause related Marketing als Instrument ethischer Unternehmensführung im Mittelstand. In: Hofbauer, G./Pattloch, A./Stumpf, M. (Hrsg.): Marketing in Forschung und Praxis. Jubiläumsausgabe zum 40-jährigen Bestehen der Arbeitsgemeinschaft für Marketing, Berlin: Uni-Edition, S. 1103–1124.

Shaver, K. G. (1985): The Attribution of Blame – Causality, Responsibility, and Blameworthiness. New York: Springer.

Sheth, J. N./Parvatiyar, A. (1995): Relationship Marketing in Consumer Markets: Antecedents and Consequences. In: Journal of the Academy of Marketing Science, 23. Jg., Nr. 4, S. 255–271.

Shimp, T. A./Bearden, W. O. (1982): Warranty and Other Extrinsic Cue Effects on Consumers' Risk Perceptions. In: Journal of Consumer Research, 9. Jg., Nr. 6, S. 38–46.

Sieben, F. (2002): Rückgewinnung verlorener Kunden: Erfolgsfaktoren und Profitabilitätspotenziale. Schriftenreihe des Instituts für marktorientierte Unternehmensführung (IMU), Universität Mannheim. Wiesbaden: Deutscher Universitätsverlag.

Simon, H. (1957): Models of Man: Social and Rational. New York: Wiley.
Simon, H. (1997): Administrative Behaviour: A Study of Decision-Making Processes in Administrative Organizations. 4. Aufl., New York: Free Press.
Simon, H./Smithburg, D. W./Thompson V. A. (1950): Public Administration. New York: Transaction Publishers.
Smith, A. K./Bolton, R. N./Wagner, J. (1999): A Model of Customer Satisfaction with Service Encounters Involving Failure and Recovery. In: Journal of Marketing Research, 36. Jg., Nr. 3, S. 356–372.
Spence, M. (1973): Job Market Signaling. In: Quarterly Journal of Economics, 87. Jg., Nr. 3, S. 355–374.
Spence, M. (1974): Competitive and Optimal Responses to Signals: An Analysis of Efficiency and Distribution. In: Journal of Economic Theory, 7. Jg., Nr. 3, S. 296–332.
Standop, D. (1993): Sicherheitskommunikation. In: Berndt, R./Hermanns, A. (Hrsg.): Handbuch Marketing-Kommunikation. Wiesbaden: Gabler, S. 946–964.
Standop, D. (2006): Der Verlust von Konsumentenvertrauen gegenüber Anbietern: Der Fall von Produktrückrufen. In: Bauer, H./Neumann, M./Schüle, A. (Hrsg.): Konsumentenvertrauen: Konzepte und Anwendungen für ein nachhaltiges Kundenbindungsmanagement. München: Vahlen, S. 95–104.
Standop, D. (2009): Mehr Sicherheit des privaten Konsums durch verstärkte Produkthaftung? Abschiedsvorlesung von Prof. Dr. Dirk Standop, 17. Juli 2009. In: Beiträge des Fachbereichs Wirtschaftswissenschaften der Universität Osnabrück, Nr. 7, Osnabrück.
Standop, D./Grunwald, G. (2009a): Kommunikationsstrategien bei Produktkrisen und Rückrufsituationen. In: Gröppel-Klein, A./Germelmann, C. C. (Hrsg.): Medien im Marketing – Optionen der Unternehmenskommunikation. Wiesbaden: Gabler, S. 227–248.
Standop, D./Grunwald, G. (2009b): Impacts of Warranty Claims on Consumers' Complaint Behaviour and Producer's Reputation: A Behavioural Psychology Analysis and Empirical Findings. In: Ebers, M./Janssen, A./Meyer, O. (Hrsg.): European Perspectives on Producers' Liability: Direct Producers' Liability for Non-conformity and the Sellers' Right of Redress. München: Sellier European Law Publishers, S. 105–124.
Stauss, B. (2000a): Perspektivwandel: Vom Produkt-Lebenszyklus zum Kundenbeziehungs-Lebenszyklus. In: Thexis, 17. Jg., Nr. 2, S. 15–18.
Stauss, B. (2000b): »Augenblicke der Wahrheit« in der Dienstleistungserstellung – Ihre Relevanz und ihre Messung mit Hilfe der Kontaktpunkt-Analyse. In: Bruhn, M./Stauss, B. (Hrsg.): Dienstleistungsqualität. 3. Aufl., Wiesbaden: Gabler, S. 321–340.
Stauss, B. (2000c): Internes Marketing als personalorientierte Qualitätspolitik. In: Bruhn, M./Stauss, B. (Hrsg.): Dienstleistungsqualität. 3. Aufl., Wiesbaden: Gabler, S. 203–222.
Stauss, B./Schulze, H. S. (1990): Internes Marketing. In: Marketing ZFP, 12. Jg., H. 3, S. 149–158.

Stauss, B./Seidel, W. (2006): Prozessuale Zufriedenheitsermittlung und Zufriedenheitsdynamik bei Dienstleistungen. In: Homburg, C. (Hrsg.): Kundenzufriedenheit: Konzepte – Methoden – Erfahrungen. 6. Aufl., Wiesbaden: Gabler, S. 171–195.

Stauss, B./Seidel, W. (2009): Preiskündiger und Qualitätskündiger: Zur Segmentierung verlorener Kunden. In: Link, J./Seidl, F. (Hrsg.): Kundenabwanderung: Früherkennung, Prävention, Kundenrückgewinnung. Wiesbaden: Gabler, S. 143–162.

Stauss, B./Seidel, W. (2014): Beschwerdemanagement. Unzufriedene Kunden als profitable Zielgruppe. 5. Aufl., München.

Steiff, J. (2004): Opportunismus in Franchisesystemen. Wiesbaden: Deutscher Universitätsverlag.

Steiner, S. (2007): Category Management. Zur Konfliktregelung in Hersteller-Handels-Beziehungen. Wiesbaden: Deutscher Universitätsverlag.

Stenglin, A. von (2008): Commitment in der Dienstleistungsbeziehung. Entwicklung eines integrierten Erklärungs- und Wirkungsmodells. Wiesbaden: Gabler.

Stoll, P. P. (2007): E-Procurement. Grundlagen, Standards und Situation am Markt. Wiesbaden: Vieweg+Teubner.

Stollenwerk, A. (2016): Wertschöpfungsmanagement im Einkauf. Analysen – Strategien – Methoden – Kennzahlen. 2. Aufl., Wiesbaden: Gabler.

Supplyon (2016): Gemeinsame Branchen-Plattform. Solide Basis: eine gemeinsame Plattform. http://www.supplyon.com/de/plattform.html (abgerufen am 10.12.2016).

T

Tax, S. S./Brown, S. W./Chandrashekaran, M. (1998): Customer Evaluations of Service Complaint Experiences: Implications for Relationship Marketing. In: Journal of Marketing, 62. Jg., Nr. 2, S. 60–76.

Tchibo GmbH (2012): Stakeholder-Befragung 2012: Auswertung und Erkenntnisse. http://www.tchibo-nachhaltigkeit.de/servlet/cb/954978/data/-/Stakeholder-Befragung2012AuswertungundErgebnisse.pdf (abgerufen am 19.12.2016).

Tedeschi, J. T./Reiss, M. (1981): Verbal Strategies in Impression Management. In: Antaki, C. (Hrsg.): The Psychology of Ordinary Explanations of Social Behavior. London: Academic Press, S. 271–309.

Theis, H.-J. (2007): Handbuch Handelsmarketing, Band 1: Erfolgreiche Strategien und Instrumente im Handelsmarketing. Frankfurt am Main: Deutscher Fachverlag.

Theling, T./Loos, P. (2004): Determinanten und Formen von Unternehmenskooperationen. Working Papers of the Research Group Information Systems & Management, Paper 18. Mainz: ISYM.

Theuvsen, L. (2001): Stakeholder-Management – Möglichkeiten des Umgangs mit Anspruchsgruppen. Münsteraner Arbeitspapiere zum Nonprofit-Sektor, Nr. 16. Wiesbaden: Leske+Budrich.

Thurau, C. (2002): Die Kundenorientierung von Mitarbeitern. Schlüsselgröße für den Unternehmenserfolg. Lohmar: Josef Eul.

Tödtmann, C. (2015): Servicewüste Deutschland: Wenn das Unternehmen noch nicht mal das Problem versteht. In: Wirtschaftswoche vom 14.10.2015. http://www.wiwo.de/unternehmen/dienstleister/servicewueste-deutschland-wenn-das-unternehmen-noch-nicht-mal-das-problem-versteht/12446774.html (abgerufen am 13.09.2016).

Tomczak, T./Herrmann, A., Brexendorf, T. O./Kernstock, J. (2005): Behavioral Branding – Markenprofilierung durch persönliche Kommunikation. In: Thexis, 22. Jg., Nr. 1, S. 28–31.

Tomczak, T./Kuß, A./Reinecke, S. (2014): Marketingplanung. Einführung in die marktorientierte Unternehmens- und Geschäftsfeldplanung. 7. Aufl., Wiesbaden: Gabler.

Tomczak, T./Rudolf-Sipötz, E. (2006): Bestimmungsfaktoren des Kundenwertes: Ergebnisse einer branchenübergreifenden Studie. In: Günter, B./Helm, S. (Hrsg.): Kundenwert: Grundlagen – Innovative Konzepte – Praktische Umsetzungen. 3. Aufl., Wiesbaden: Gabler, S. 127–155.

Töpfer, A. (2008): Ursache-Wirkungs-Konzepte für Kundenloyalität und Kundenbindung. Wodurch entstehen Kundenloyalität und Kundenbindung? In: Töpfer, A. (Hrsg.): Handbuch Kundenmanagement. Anforderungen, Prozesse, Zufriedenheit, Bindung und Wert von Kunden. 3. Aufl., Heidelberg: Springer, S. 81–103.

Töpfer, A./Mann, A. (2008): Kundenzufriedenheit als Basis für Unternehmenserfolg. Welche Bedeutung kommt der Zufriedenheit von Kunden für den Markterfolg des Unternehmens zu? In: Töpfer, A. (Hrsg.): Handbuch Kundenmanagement. Anforderungen, Prozesse, Zufriedenheit, Bindung und Wert von Kunden. 3. Aufl., Heidelberg: Springer, S. 37–79.

TÜV Süd (o. J.): Managementsysteme. Lieferantenaudit. Einheitliche Standards auf höchstem Niveau und nachvollziehbare Transparenz. http://www.tuev-sued.de/management_systeme/lieferantenaudit (abgerufen am 09.12.2016).

U

Ungericht, B. (2012): Strategiebewusstes Management. Konzepte und Instrumente für nachhaltiges Handeln. München: Pearson Studium.

V

Vargo, S. L./Lusch, R. F. (2004): Evolving to a New Dominant Logic for Marketing. In: Journal of Marketing, 68. Jg., Nr. 1, S. 1–17.

Via Consulting Group (2016): Leitfaden für Qualitätsauditoren. Laden Sie unterstützende Beispiele und Unterlagen zum »Leitfaden für Qualitätsauditoren«. http://www.via-cg.com/de/05_publications/auditorenleitfaden/auditorenleitfaden.aspx (abgerufen am 09.12.2016).

Voeth, M./Herbst, U. (2013): Marketing-Management. Grundlagen, Konzeption und Umsetzung, Stuttgart: Schäffer-Poeschel.

W

Wagner, S. M. (2003): Management der Lieferantenbasis. In: Boutellier, R./Wagner, S. M./Wehrli, H. P. (Hrsg.): Handbuch Beschaffung. Strategien, Methoden, Umsetzung. München: Carl Hanser, S. 691–731.

Walsh, G./Deseniss, A./Kilian, T. (2013): Marketing. Eine Einführung auf der Grundlage von Case Studies. 2. Aufl., Wiesbaden: Gabler.

Wannenwetsch, H. (2010): Integrierte Materialwirtschaft und Logistik. Beschaffung, Logistik, Materialwirtschaft und Produktion. 4. Aufl., Heidelberg: Springer.

Weber, J./Schäffer, U. (2016): Einführung in das Controlling. 15. Aufl., Stuttgart: Schäffer-Poeschel.

Webster, C./Sundaram, D. S. (1998): Service Consumption Criticality in Failure Recovery. In: Journal of Business Research, 41. Jg., Nr. 2, S. 153–159.

Weiber, R. (1993): Was ist Marketing? Ein informationsökonomischer Erklärungsansatz. Arbeitspapier Nr. 1 zur Marketingtheorie. Universität Trier.

Weißenberger, B. E. (1997): Die Informationsbeziehung zwischen Management und Rechnungswesen: Analyse institutionaler Koordination. Wiesbaden: Deutscher Universitätsverlag.

Wellbrock, W./Traumann, C. (2012): Zukünftige Herausforderungen im Bereich des Handels. Chancen und Risiken ausgewählter Supply-Chain-Management-Konzepte. In: Göpfert, I. (Hrsg.): Discussion Papers on Logistics and Supply Chain Management, Philipps-Universität Marburg, Nr. 3, Marburg.

Werner, H. (2013): Supply Chain Management. Grundlagen, Strategien, Instrumente und Controlling. 5. Aufl., Wiesbaden: Gabler.

Wer zu Wem Firmendatenbank (2017): No-Name-Produkte Lebensmittel. https://www.wer-zu-wem.de/handelsmarken/no-name-suche/ (abgerufen am 02.01.2017).

Westphal, A./Gmür, M. (2009): Organisationales Commitment und seine Einflussfaktoren: eine qualitative Metaanalyse. In: Journal für Betriebswirtschaft, 59. Jg., H. 4, S. 201–229.

Wey, C. (2011): Nachfragemacht im Handel. In: Haucap, J. (Hrsg.): Ordnungspolitische Perspektiven, Nr. 21 (Dezember 2011), Heinrich-Heine-Universität Düsseldorf.

Wicher, U. (2015): Managementkompetenzen. Herne: NWB.

Wieland, J. (2004): Wozu Wertemanagement? Ein Leitfaden für die Praxis. In: Wieland, J. (Hrsg.): Handbuch Wertemanagement. Hamburg: Murmann, S. 13–52.

Williamson, O. E. (1981): The Economics of Organization: The Transaction Cost Approach. In: The American Journal of Sociology, 87. Jg., Nr. 2, S. 548–577.

Wimmer, F. (1985): Beschwerdepolitik als Marketinginstrument. In: Hansen, U./Schoenheit, I. (Hrsg.): Verbraucherabteilungen in privaten und öffentlichen Unternehmen. Frankfurt am Main: Campus, S. 225–254.

Winkelmann, P. (2005): Vertriebskonzeption und Vertriebssteuerung. Die Instrumente des integrierten Kundenmanagements (CRM). 3. Aufl., München: Vahlen.

Winter, S. (2005): Mitarbeiterzufriedenheit und Kundenzufriedenheit. Eine mehrebenenanalytische Untersuchung der Zusammenhänge auf Basis multidimensionaler Zufriedenheitsmessung. Dissertation, Universität Mannheim.

Winter, S. (2014): Management von Lieferanteninnovationen. Eine gestaltungsorientierte Untersuchung über das Einbringen und die Bewertung. Wiesbaden: Gabler.

Woodruff, R. B./Cadotte, E. R./Jenkins, R. L. (1983): Modeling Consumer Satisfaction Processes Using Experience-Based Norms. In: Journal of Marketing Research, 20. Jg., Nr. 3, S. 296–304.

Woratschek, H./Roth, S. (2004): Informationsökonomischer Erklärungsansatz der Markenführung. In: Bruhn, M. (Hrsg.): Handbuch Markenführung: Kompendium zum erfolgreichen Markenmanagement. Strategien — Instrumente — Erfahrungen. 2. Aufl., Band 1, Wiesbaden: Gabler, S. 347–370.

Wüst, C. (2012): Corporate Reputation Management – die kraftvolle Währung für Unternehmenserfolg. In: Wüst, C./Kreutzer, R. T. (Hrsg.): Corporate Reputation Management. Wirksame Strategien für den Unternehmenserfolg. Wiesbaden: Gabler, S. 3–56.

Z

Zentes, J. (2012): Vertikale Integration. In: Zentes, J./Swoboda, B./Morschett, D./Schramm-Klein, H. (Hrsg.): Handbuch Handel. Strategien – Perspektiven – Internationaler Wettbewerb. 2. Aufl., Wiesbaden: Gabler, S. 89–101.

Zentes, J./Swoboda, B. (2005): Hersteller-Handels-Beziehungen aus markenpolitischer Sicht – Strategische Optionen der Markenartikelindustrie. In: Esch, F.-R. (Hrsg.): Moderne Markenführung. Grundlagen – Innovative Ansätze – Praktische Umsetzungen. 4. Aufl., Wiesbaden: Gabler, S. 1063–1086.

Zentes, J./Swoboda, B./Morschett, D./Schramm-Klein, H. (2012): Herausforderungen des Handelsmanagements. In: Zentes, J./Swoboda, B./Morschett, D./Schramm-Klein, H. (Hrsg.): Handbuch Handel. Strategien – Perspektiven – Internationaler Wettbewerb. 2. Aufl., Wiesbaden: Gabler, S. 1–18.

Zentes, J./Swoboda, B./Schramm-Klein, H. (2013): Internationales Marketing. München: Vahlen.

Zerfaß, A. (2014): Unternehmenskommunikation und Kommunikationsmanagement: Strategie, Management und Controlling. In: Zerfaß, A./Piwinger, M. (Hrsg.): Handbuch Unternehmenskommunikation. Strategie – Management – Wertschöpfung. 2. Aufl., Wiesbaden: Gabler, S. 21–79.

Zhalgassova, A. (2014): Logistik mit Gedanken lesen. Anticipatory Shipping im Onlinehandel. In: Bundesvereinigung Logistik (BVL) e. V., Nr. 3, Dezember. https://www.bvl.de/misc/filePush.php?id=27433&name=logistic-2GO%2C+Nr.+3+2014%2C+Anticipatory+Shipping (abgerufen am 28.12.2016).

Zipser, A. (2001): Business Intelligence im Customer Relationship Management – Die Relevanz von Daten und deren Analyse für profitable Kundenbeziehungen. In: Link, J. (Hrsg.): Customer Relationship Management. Erfolgreiche Kundenbeziehungen durch integrierte Informationssysteme. Heidelberg: Springer, S. 35–57.

Stichwortverzeichnis

A

ABC-Analyse 113, 189, 292, 310, 312
Agent 56
Anreiz-Beitrags-Theorie 57, 58, 59, 61, 268
Attraction-Selection-Attrition-Modell 104

B

Balanced Scorecard 303
Basisanforderungen 65
Begeisterungsanforderungen 65
Behavioral Branding 93, 102, 103, 104, 108, 109, 110
Benchmarking 148
Beschwerde 271
Beschwerdeanalyse 279
Beschwerdeauswertung 278
Beschwerdebearbeitung 278
Beschwerdemanagement 272
Beschwerdestimulierung 274
Beziehungsbeendigungsstrategie 194, 201
Beziehungserfolg 22
Beziehungsmarketing
- Definition 1, 17, 21
- Erfolgskette 11
- Gegenstand 8
- Merkmale 19
- Strategien 80, 81, 82, 83
- Vorteile 15

Beziehungsmarketing-Balanced-Scorecard 304
Beziehungsmarketing-Dreieck 93
Beziehungspflegestrategie 213
Beziehungsportfolio 116, 117
Beziehungsqualität 22
Beziehungssicherheit 22
Bridging-the-Gap-Konzept (BTG) 239

C

Category Management 168, 169
Chancen-Risiken-Analyse 33, 37, 39, 40
Churn-Rate 291
Co-Branding 234
Commitment 23, 25, 26, 27, 28, 67
- affektives Commitment 26
- kalkulatorisches Commitment 26
- normatives Commitment 26

Commitment-Trust-Theorie 67, 68, 70
Compliance Intelligence-Konzept 218
Confirmation/Disconfirmation-Paradigma 61
Coopetition 142, 154, 157
Corporate Social Responsibility (CSR) 20, 214
Critical Incident Technique (CIT) 240, 292
Cross-Selling 72, 82, 177, 190, 258, 311
Customer Lifetime Value 189, 201, 307, 310, 312, 313, 316, 320

D

Data Mining 182, 183, 184, 291
Data Universal Numbering System 121
Delphi-Methode 34, 37
Derivative Nachfrage 264
DIN ISO 26000 43, 216, 217
Downstream-Kommunikation 261, 267, 270

E

Efficient Consumer Response 166, 167, 174, 175, 176, 233
Employer Branding XI, 93, 105, 106, 107, 108, 109, 110
Employer Value Proposition 106, 108
Empowerment-Ansatz 99
Equity-Theorie 60, 67
Erfahrungseigenschaften 53, 54
Ergebnisqualität 244

F

Fishbone-Analyse 240, 242
FRAT-Methode 314
Frequenz-Relevanz-Analyse 240, 293, 294
Frühwarnsystem 34
Führungsstil
- Management-by-Prinzipien 99
- transaktional 105
- transformational 105

Fünf-Kräfte-Modell XI, 147

G

Gap-Modell 249, 251
Garantie 252
- Formen 259
- Politik 253
- Prozess 254

Gatekeeper 163
Gerechtigkeit 60
- distributive Gerechtigkeit 61
- interaktionale Gerechtigkeit 61
- prozedurale Gerechtigkeit 61

Geschäftsbeziehung
- Definition 7
- Formen 5
- Gebundenheit 7
- Interaktionsbeziehung 7
- Merkmale 3
- Verbundenheit 7

I

Informationsökonomik 52, 55, 246
Ingredient Branding 111, 233
Inhaltsanalyse 292, 293
Interaktion 2, 3, 9, 18, 19

J

Joint Venture 144, 156, 157

K

Kano-Modell 12, 64, 65
Kommunikationskultur 30, 101
komparativer Konkurrenzvorteil 16
Kooperation 144
Kooperationskultur 152
Krisenbewältigung 282
Krisenkommunikation 282
Kundenakquisitionsstrategie 196, 197
Kundenattraktivität-Verlustrisiko-Portfolio 317

Kundenattraktivität-/Wettbewerbsposition-Portfolio 315
Kundenbewertung 291
Kundenbeziehungszyklus 185, 186, 189, 191
Kundenbindung 7, 10, 12, 13
Kundenbindungsstrategie 197, 198, 204
Kundenrückgewinnung 287, 288, 291
Kundenrückgewinnungsmanagement 288
Kundenrückgewinnungsstrategie 194, 198
Kundensegmentierung 186
Kundenwert 83, 188, 189, 309, 313, 314, 315

L

Laddering-Methode 240
Leads 195, 320
Lead user 229
Leistungsanforderungen 65
Lieferantenauditierung 124
Lieferantenauswahl 122
Lieferantenbeurteilung 121
Lieferantenbewertung 113, 121, 127, 130, 131, 136
Lieferantenentwicklung 111, 112, 130, 131, 132, 135, 137, 307, 132
Lieferantenintegration 111, 113, 133, 134, 137
Lieferantenkommunikation 113, 126, 128, 270
Lieferantenportfolio 115, 129, 134
Lieferantenpyramide 118
Lost-Order-Analyse 181

M

Makroumwelt 32, 33, 35, 39
Markenbotschafter 92, 103, 104, 210
Markenidentität 103, 104, 105
Mass Customization 235, 236
Materialportfolio 114, 115, 134
Mehrstufige Lieferkettenkommunikation 266
Mikroumwelt 32, 33, 39
More-Selling 311

N

Nachhaltigkeitsprinzip 20, 214
Net Promoter Score (NPS) 314
Nutzenmessung 240, 241

O

Online Analytical Processing (OLAP) 182
Open Innovation 122, 235
Opportunity Management 181

P

PEST-Analyse 35
PESTEL-Analyse 35
Potenzialqualität 244
Prinzipal 56
Prinzipal-Agent-Theorie 56
Produktkrise 279
Prognoseverfahren 34, 189, 311
Prozessqualität 19, 112, 244
Pull-Strategie 163
Push-Strategie 163

Q

Qualitätsunsicherheit 52
Quality Function Deployment-Konzept (QFD) 238

R

Recovery Paradoxon 289
Repertory Grid-Methode 240, 241
RFMR-Methode 313

S

Sales-Cycle-Analyse 181
SAZUG-Klassifizierung 120
Scoring-Verfahren 122, 123, 124, 313
Screening 55, 56
Selbstverantwortungsprinzip 214
Service Blueprinting 240, 242
Service Dominant Logic 69, 70
Service-Profit Chain 87, 110
SERVPERF-Ansatz 252
SERVQUAL-Ansatz 249, 251, 252, 310
Sicherheitskommunikation 255, 262, 264, 270
Signaling 55, 56
Stakeholder
- Anspruch 45
- beziehungsorientierter Ansatz 48
- Definition 43
- Einfluss 46
- externe Stakeholder 43
- Integration 47, 229
- interne Stakeholder 43
- Macht 75
- Rollen 232

Stakeholder-Analyse 73
Stakeholder-Matrix 76
Stärken-Schwächen-Analyse 41
strategische Allianz 156, 157, 229, 237
Sucheigenschaften 53, 54, 55
Supplier Lifetime Value 307
Supply Chain Management 111, 166, 167
Sustainability Balanced Scorecard 305
SWOT-Analyse 40, 41
Szenariotechnik 34

T

Tech-Dimension 247
Touch-Dimension 247
Transaktion 2, 3, 4, 9, 13, 19
Transaktionskosten 22, 56, 57
Transaktionsmarketing 17, 18

U

Ungerechtigkeit 61
Unsicherheitsanalyse 33, 34, 35, 40
Unternehmenskultur 192
Up-Selling 311
Upstream-Kommunikation 261, 267, 268, 269, 270

V

Variety Seeking 30, 190, 289
Vertrauen 19, 20, 23, 24, 25, 27, 28
Vertrauenseigenschaften 53, 54, 55
Voice-of-the-Customer-Konzept (VOC) 238

W

Werte 90
Wettbewerbsanalyse 147

Z

Zufriedenheit 61
- Beziehungszufriedenheit 24
- Definition 23
- Interaktionszufriedenheit 24
- Kundenzufriedenheit 10, 11, 12, 13, 23
- Transaktionszufriedenheit 24

Die Autoren

Prof. Dr. rer. pol. Guido Grunwald ist Inhaber der Professur für Betriebswirtschaftslehre, insbesondere Marketing und Marktforschung am Institut für Duale Studiengänge der Fakultät Management, Kultur und Technik an der Hochschule Osnabrück – Campus Lingen/Ems.

Prof. Dr. rer. pol. Jürgen Schwill ist Inhaber der Professur für Allgemeine Betriebswirtschaftslehre, insbesondere Internationales Management und Marketing im Fachbereich Wirtschaft der Technischen Hochschule Brandenburg in Brandenburg an der Havel.